开源.NET 生态软件开发

C#入门经典
（第9版）

[德] 本杰明·帕金斯(Benjamin Perkins)　　著
乔恩·D. 里德(Jon D. Reid)

齐立博　　　　　　　　　　　　译

U0252926

清华大学出版社

北　京

北京市版权局著作权合同登记号 图字：01-2021-1029

图书在版编目(CIP)数据

C#入门经典：第9版 / (德) 本杰明•帕金斯，(德)乔恩•D. 里德著；齐立博译. —北京：清华大学出版社，2022.3（2024.8重印 ）

(开源.NET生态软件开发)
书名原文：Beginning C# and .NET 2021 Edition
ISBN 978-7-302-60303-0

Ⅰ. ①C… Ⅱ. ①本… ②乔… ③齐… Ⅲ. ①C 语言—程序设计 Ⅳ. ①TP312.8

中国版本图书馆 CIP 数据核字(2022)第 039218 号

责任编辑：王　军　韩宏志
装帧设计：孔祥峰
责任校对：成凤进
责任印制：宋　林

出版发行：清华大学出版社
　　　　网　　　址：https://www.tup.com.cn，https://www.wqxuetang.com
　　　　地　　　址：北京清华大学学研大厦 A 座　　　　邮　　编：100084
　　　　社 总 机：010-83470000　　　　　　　　　　邮　　购：010-62786544
　　　　投稿与读者服务：010-62776969，c-service@tup.tsinghua.edu.cn
　　　　质 量 反 馈：010-62772015，zhiliang@tup.tsinghua.edu.cn
印 装 者：大厂回族自治县彩虹印刷有限公司
经　　销：全国新华书店
开　　本：170mm×240mm　　　　印　张：39.5　　　字　数：1185 千字
版　　次：2022 年 4 月第 1 版　　　印　次：2024 年 8 月第 3 次印刷
定　　价：118.00 元

产品编号：095343-01

译 者 序

.NET 是 Windows 系统下的环境模型工具。.NET 经过几代的发展，现已将功能性与技术性完美结合起来。.NET 可用于创建任意基于 Windows 系统的应用程序，支持各种业务流程，是程序开发必不可少的工具。

.NET 的功能包括：

- 面向对象的编程环境。
- 软件部署和版本控制冲突最小化。
- 可提高代码(包括由未知的或不完全受信任的第三方创建的代码)的执行安全性。
- 可消除脚本环境或解释环境的性能问题。
- 按照行业标准生成所有通信。

C#旨在设计成为一种简单、现代、通用以及面向对象的程序设计语言；此种语言的实现，应提供对于以下软件工程要素的支持：强类型检查、数组维度检查、未初始化的变量引用检测、自动垃圾收集(Garbage Collection，指一种自动内存释放技术)。软件必须做到强大、持久，并具有较高的编程生产效率。C#语言为在分布式环境中的开发提供适用的组件。

本书从初学者角度出发，围绕 C#语言的基础知识和新功能，详细介绍使用 C#进行应用程序开发应该掌握的各方面技术，语言通俗易懂、实例丰富多彩。所有知识都结合具体实例进行介绍，涉及的程序代码给出了详细注释，可使读者轻松领会 C#应用程序开发的精髓，快速提高开发技能。

全书分为 3 个部分，共 21 章。无论是刚开始接触面向对象编程的新手，还是打算迁移到 C#的 C、C++或 Java 程序员，都可以从本书汲取到新的知识。迅速掌握 C#编程技术。

对于这本经典之作，译者本着"诚惶诚恐"的态度，在翻译过程中力求"信、达、雅"，但鉴于译者水平有限，失误在所难免，如有任何意见和建议，请不吝指正。感激不尽！最后，希望读者通过阅读本书能早日步入 C#语言编程的殿堂，领略 C#语言之美！

作者简介

Benjamin Perkins(MBA、MCSD、ITIL)目前在微软(德国慕尼黑)工作,是一位资深的高级工程师,在 IT 行业工作了二十多年。他 11 岁时就开始在 Atari 1200XL 台式机上用 QBasic 编写计算机程序。他喜爱诊断和排除技术问题,品味写出好程序的乐趣。高中毕业后,他加入美国军队。在成功服完兵役后,他进入得克萨斯州的得克萨斯 A&M 大学,在那里他获得管理信息系统的工商管理学士学位。

他在 IT 行业的足迹遍及整个行业,包括程序员、系统架构师、技术支持工程师、团队领导。在受雇于惠普时,他获得了诸多奖项、学位和证书。他对技术和客户服务富有激情,期待排除故障,编写出更多世界级技术解决方案。

"我的方法是烂熟于心之后才编写代码,完整、正确地编写一次,这样就不需要再次考虑它,除非要改进它。"

Benjamin 写过许多杂志文章和培训课程,还是一个活跃的博主。他撰写的书涉及 C#编程、IIS、NHibernate、开源和微软 Azure。

- 在 LinkedIn 上与 Benjamin 联系:www.linkedin.com/in/csharpguitar
- 在 Twitter 上关注 Benjamin:@csharpguitar: twitter.com/csharpguitar
- 阅读 Benjamin 的博客:www.thebestcsharpprogrammerintheworld.com
- 在 GitHub 上访问 Benjamin:github.com/benperk

Benjamin 与妻子 Andrea 以及两个可爱的孩子 Lea 和 Noa 一起快乐地生活。

Jon D. Reid 担任 IFS Field Service Management(www.IFSWORLD.com)的 IFS AB (www.ifs.com)研发项目经理,专注于现场服务管理。他已与他人合著了多本关于微软技术的图书,包括 *Beginning C# 7 Programming with Visual Studio 2017*、*Fast Track C#*和 *Pro Visual Studio .NET* 等。

技术编辑简介

    Rod Stephens 是一位长期的开发人员和作者,他写了 250 多篇杂志文章和 35 本书,这些文章被翻译成不同语言文字在世界各地转载。在他的职业生涯中,Rod 曾在电话交换、账单、维修调度、税务处理、废水处理、音乐会门票销售、制图和职业足球队训练等领域开发多种应用。

    Rod 的 C#助手网站(www.csharphelper.com)每年都有数百万的点击率,其中包含 C#程序员的技巧和示例程序。他的 VB 助手网站(www.vb-helper.com)也为 Visual Basic 程序员提供了类似的资料。

    可通过 RodStephens@csharphelper.com 或 RodStephens@vb-helper.com 联系 Rod。

致　　谢

为使本书内容以清晰美观的形式呈现给学生和专业人士，使他们从中获益，需要做大量工作。作者的确有卓越的技术知识和经验与大家分享，但如果没有技术作家、技术评审人员、开发人员、编辑、出版人员、平面设计师等提供有价值的帮助，就不可能编写出高质量的书籍。编程技术日新月异，在有效技术过时之前，个人无法凭一己之力完成所有这些任务。正因为如此，作者只有与伟大的团队合作，才能很快把本书的所有组件组合在一起，才能确保把最新信息传达给读者，帮助读者了解最新功能。感谢 Rod Stephens 在整个过程中做技术审查和提供建议。最后，感谢在幕后帮助本书出版的所有人员。

前　　言

C#是 Microsoft 于 2002 年推出.NET Framework 的第 1 版时提供的一种全新语言。C#从那时起迅速流行开来，成为使用.NET Framework 的桌面、Web、云和跨平台开发人员无可争议的选择。开发人员喜欢 C#的一个原因是其继承自 C/C++的简洁明了的语法，这种语法简化了以前给程序员带来困扰的一些问题。尽管做了这些简化，但 C#仍保持了 C++原有的功能，所以现在没理由不从 C++转向 C#。C#语言并不难，也非常适合开发人员学习基本编程技术。易于学习，再加上.NET Framework 的功能，使 C#成为开始你编程生涯的绝佳方式。

C#的最新版本 C# 9 是.NET 5.0 和.NET Framework 4.8 的一部分，它建立在已有的成功基础之上，还添加了一些更吸引人的功能。Visual Studio 的最新版本 Visual Studio 和开发工具的 Visual Studio Code 系列也有许多变化和改进，这大大简化了编程工作，显著提高了效率。

本书将全面介绍 C#编程的所有知识，从该语言本身一直到桌面编程、云编程和跨平台编程，再到数据源的使用，最后是一些新的高级技术。我们还将学习 Visual Studio 的功能和利用它开发应用程序的各种方式。

本书文笔优美流畅，阐述清晰，每一章都以前面章节的内容为基础，便于读者掌握高级技术。每个概念都会根据需要介绍和讨论，而不会突然冒出某个技术术语妨碍读者的阅读和理解。本书尽量减少使用的技术术语数量，但如有必要，将根据上下文进行正确的定义和布置。

本书作者都是各自领域的专家，都是 C#语言和.NET Framework 的爱好者，没人比他们更有资格讲授 C#了，他们将在你掌握从基本原理到高级技术的过程中为你保驾护航。除基础知识外，本书还有许多有益的提示、练习、完全成熟的示例代码(可扫描封底二维码下载)，在你的职业生涯中一定会反复用到它们。

本书将毫无保留地传授这些知识，希望读者能通过阅读本书成为最优秀的程序员。

0.1　本书读者对象

本书面向想学习如何使用.NET 编写 C#程序的所有人。本书针对的是想要通过学习一种干净、现代、优雅的编程语言来掌握程序设计的完完全全的初学者。但是，对于熟悉其他编程语言、想要探索.NET 平台的读者，以及想要了解旗舰语言.NET 的开发人员，本书同样很有价值。

0.2　本书内容

本书前面的章节介绍 C#语言本身，读者不需要具备任何编程经验。以前对其他语言有一定了解的开发人员，会觉得这些章节的内容非常熟悉。C#语法的许多方面都与其他语言相同，许多结构对所有的编程语言来说都是相通的(例如，循环和分支结构)。但是，即使是有经验的程序员也可以通过这些章节理解此类技术应用于 C#的特征，从而从中获益。

如果读者是编程新手，就应从头开始学习，了解基本的编程概念，并熟悉 C#和支持 C#的.NET 平台。如果读者对.NET 比较陌生，但知道如何编程，就应阅读第 1 章，然后快速跳读后面几章，这样就能掌握 C#语言的应用方式了。如果读者知道如何编程,但以前从未接触过面向对象的编程语言,就应从第 8 章开始阅读。

如果读者对 C#语言比较了解,就可以集中精力学习那些详细论述最新.NET 和 C#语言开发的章节,尤其是集合、泛型和 C#语言新增内容的相关章节(第 11 章和第 12 章)。

本书章节的编排方式可以达到两个目的:可以按顺序阅读这些章节,将其视为 C#语言的一个完整教程;还可以按照需要深入学习这些章节,将其作为一本参考资料。

除核心内容外,从第 3 章开始,大多数章节的末尾还包含一组习题,完成这些习题有助于读者理解所学的内容。习题包括简单的选择题、判断题以及需要修改或创建应用程序的较难问题。附录中给出了全部习题的答案。这些习题也可以通过本书的配套网站 www.wrox.com 下载,它们是 wrox.com 代码下载的一部分。

随着 C#和.NET 新版本的发布,对每一章都进行了彻底的检查,删掉了不太相关的内容,增加了新内容。所有代码都在最新版本的开发工具上进行了测试,所有屏幕截图都在 Windows 操作系统上重新截取,以提供最新的窗口和对话框。

本书的亮点包括:
- 增加并改进了代码示例。
- 增加了编写跨平台运行的 ASP.NET Core 应用程序的示例。
- 增加了编写云应用程序的示例,并使用 Azure SDK 创建和访问云资源。

0.3 本书结构

本书分为 3 大部分。
- **C#语言**:介绍 C#语言的所有内容,从基础知识到面向对象的技术,一应俱全。
- **数据访问**:介绍如何在应用程序中使用数据,包括存储在硬盘文件中的数据、以XML格式存储的数据和数据库中的数据。
- **云和跨平台编程**:讲述使用C#和.NET的一些额外方式,包括云和跨平台开发、ASP .NET Web API、Windows Presentation Foundation (WPF)、Windows Communication Foundation (WCF)和Universal Windows Applications。

下面介绍本书 3 个重要部分中的章节。

0.3.1 C#语言(第 1~13 章)

第 1 章介绍 C#及其与.NET 的关系,了解在这个环境下编程的基础知识,以及 Visual Studio 与它的关系。

第 2 章开始介绍如何编写 C#应用程序,学习 C#的语法,并将 C#和示例命令行、Windows 应用程序结合起来使用。这些示例将说明如何快速轻松地启动和运行 C#,并附带介绍 Visual Studio 开发环境以及本书将要使用的基本窗口和工具。

接着将学习 C#语言的基础知识。第 3 章介绍变量的含义以及如何操纵它们。第 4 章将用流程控制(循环和分支)改进应用程序的结构,第 5 章介绍一些更高级的变量类型,如数组。第 6 章开始以函数形式封装代码,这样就更易于执行重复操作,使代码更容易让人理解。

从第 7 章将运用 C#语言的基础知识,调试应用程序。这包括在运行应用程序时输出跟踪信息,使用 Visual Studio 查找错误,在强大的调试环境中找出解决问题的办法。

第 8 章将学习面向对象编程(Object-Oriented Programming，OOP)。首先了解这个术语的含义，回答 "什么是对象？" OOP 初看起来是较难的问题。我们将用一整章的篇幅来介绍它，解释对象的强大之处。直到该章的最后才会真正使用 C#代码。

第 9 章将理论知识应用于实践，当开始在 C#应用程序中使用 OOP 时，这才体现出 C#的真正威力。在第 9 章介绍如何定义类和接口之后，第 10 章将探讨类成员(包括字段、属性和方法)，在该章的最后将开始创建一个扑克牌游戏，这个游戏将在后续章节中逐步开发完成，它非常有助于理解 OOP。

学习了 OOP 在 C#中的工作原理后，第 11 章将介绍几种常见的 OOP 场景，包括处理对象集合、比较和转换对象。第 12 章讨论.NET 2.0 中引入的一个非常有用的 C#特性——泛型，利用它可以创建非常灵活的类。第 13 章通过其他一些技术(主要是事件，它在 Windows 编程中非常重要)继续讨论 C# 语言和 OOP。最后介绍 C#最新版本中引入的新特性。

0.3.2　数据访问(第 14~17 章)

第 14 章介绍应用程序如何将数据保存到磁盘以及如何检索磁盘上的数据(作为简单的文本文件或者更复杂的数据表示方式)。该章还将讨论如何压缩数据，以及如何监视和处理文件系统的变化。

第 15 章介绍数据交换的事实标准 XML，简要论述 JSON 格式。该章将讨论 XML 的基本规则，论述 XML 的所有功能。

该部分的其余章节介绍 LINQ(这是内置于.NET 中的查询语言)。第 16 要介绍 LINQ。第 17 论如何使用 LINQ 访问数据库和其他数据。

0.3.3　其他技术(第 18~21 章)

第 18 章介绍.NET Standard 和.NET Core，它们是面向任何应用程序类型(如 WPF、Windows 和 ASP.NET)的工具，新兴的应用程序可以在 Linux 或 macOS 等平台上运行。该章讨论.NET 标准库的安装、创建和实现指令，还描述了 ASP.NET 和它的许多不同类型(例如，ASP.NET Webforms、ASP.NET MVC 和 ASP .NET Core)。

第 19 章首先描述什么是云编程，并讨论了云优化的堆栈。云环境与传统的程序编码方式不同，因此讨论了一些云编程模式。要完成这一章，需要一个 Azure trail 账户，它是免费创建的，并附带一些积分，这样就可以创建和测试一个 App Service Web 应用程序。然后使用 Azure SDK 和 C#，创建并访问 ASP .NET Web 应用程序中的存储账户。

第 20 章将学习如何创建 ASP.NET Web API，并通过 Blazor WebAssembly App 使用它。然后，该章介绍了 Windows Communication Foundation (WCF)，它为在企业级以编程方式跨本地网络和 Internet 访问信息和功能提供了许多工具。该章将介绍如何以平台无关的方式使用 WCF，向 Web 应用程序和桌面应用程序公开复杂的数据和功能。

第 21 章首先介绍什么是 Windows 编程，并看看如何在 Visual Studio 中实现。将 WPF (Windows Presentation Foundation)作为一种工具，以图形化方式构建桌面应用程序，并以最少的努力和时间组装高级应用程序。你将从 WPF 编程的基础知识开始，逐步积累到更高级的概念。

0.4　使用本书的要求

本书中 C#和.NET Framework 的代码和描述都适用于 C# 9 和.NET Framework 4.8。除了.NET 之外，不需要其他组件就可以理解本书这方面的内容，但书中许多示例都需要使用开发工具。本书将 Visual

Studio Community 2019 作为主要开发工具。使用 Visual Studio Community 2019 来创建 Windows 应用程序、云应用程序、跨平台的应用程序，以及访问数据库的 SQL Server Express 应用程序。

可扫描封底二维码下载全书代码。

0.5 本书约定

为了帮助读者在阅读本书的过程中获取最多信息，并随时了解当前处理的事项，本书使用了许多约定。

试一试

"试一试"是一个应该跟随书中的文本完成的练习。

1. 这些练习通常包括一组步骤。
2. 每一步都有一个数字。
3. 按照这些步骤走到底。

示例说明

在每个"试一试"之后，会详细解释输入的代码。

> **警告：**
> 包含重要且应该记住的信息，这些信息与周围的文字直接关联。

> **注意：**
> 表示注释、提示、暗示、技巧或对当前讨论的弦外之音。

本书通过两种方式来显示代码：

- 对于大多数代码示例，使用没有突出显示的等宽字体来表示。
- 对在当前上下文中特别重要的代码，用粗体字强调显示。

0.6 源代码

在读者学习本书中的示例时，可以手工输入所有的代码，也可以使用本书附带的源代码文件。本书使用的所有源代码都可通过扫描封底二维码下载。

大部分代码都以.ZIP、.RAR 或者适合平台的类似归档格式进行了压缩。下载代码后，只需要用合适的解压缩工具对它进行解压缩即可。

目　录

第I部分
C# 语 言

第**1**章

C# 简 介

本章内容:

- .NET 的含义
- C#的含义
- Visual Studio

本书第 I 部分将介绍使用最新版本的 C# 语言所需的基础知识。第 1 章将概述.NET 和 C#,包括这两项技术的含义、作用及相互关系。

首先讨论.NET。这种技术包含的许多概念初看起来都不是很容易掌握。也就是说,我们必须在很短的篇幅介绍许多新概念,但快速浏览这些基础知识对于理解如何利用 C#进行编程是非常重要的,本书后面将详细论述这里提到的许多话题。

在对.NET 进行了全面介绍后,本章提供了 C#本身的基本描述,包括它的起源以及与 C++的相似之处。最后,你将看到本书中使用的主要工具:Visual Studio(VS)。Visual Studio 是一个集成开发环境(IDE),微软从 20 世纪 90 年代末开始开发它,并定期更新它的特性。Visual Studio 包括各种各样的功能,包括对桌面、云、Web、移动、数据库、机器学习、人工智能和跨平台编程的完整支持。

1.1　.NET 的含义

.NET 是 Microsoft 为开发应用程序创建的一个具有革命意义的平台。首先,请注意.NET 提供的不仅是创建针对 Windows 操作系统的程序的方法。.NET 是完全开源的,完全支持跨平台运行。跨平台意味着用.NET 编写的代码也可以在 Linux 和 macOS 操作系统上运行。.NET 的源代码是开源的,可在 github.com/dotnet/core 上找到。

.NET 软件框架由预先编写的计算机代码组成,提供了对基本计算资源(如硬盘驱动器和计算机内存)的简单访问。这个框架的一个方面称为基类库(BCL),包含 System 类。随着阅读的深入,你会对它非常熟悉。更深入地研究 System 类内部的源代码,会发现它包括数据类型的定义,如字符串、整数、布尔值和字符。如果程序需要这些数据类型中的一种来存储信息,就可以使用已经编写好的.NET 代码来实现。如果这样的代码还不存在,就需要使用汇编或机器码等低级编程语言来自己分配和管理所需的内存。System 类中的基本类型还促进了.NET 编程语言之间的互操作性,这一概念被称为公共类型系统(Common Type System，CTS)。互操作性意味着 C#中的字符串与 Visual Basic 或 F#中的字符串具有相同的属性和行为。除了提供这个源代码库，.NET 还包括公共语言运行库(CLR)，CLR 负责执行使用.NET 库开发的所有应用程序；稍后再详细介绍。

除了 System 类，.NET 还包含许多其他类，通常称为模块。有些人会说它是一个庞大的 OOP 代码库，这些代码被分类为不同的模块——根据想要实现的结果，可以使用其中的一部分。例如，System.IO 和 System.Text 是用于读取和写入计算机硬盘驱动器上的文件的类。程序员可以简单地使用 System.IO 类中已经存在的代码来操作文件的内容，而不需要管理句柄或从硬盘驱动器将文件加载到内存。.NET 中存在许多帮助程序员快速编写程序的类，因为完成任务需要的所有底层代码都已经编写好了，编程人员只需要知道他们需要哪些类来实现编程目标。

.NET 不仅加速了应用程序的开发，还可以被包括 C#在内的其他许多编程语言所利用。用 C++、F#、Visual Basic 甚至 COBOL 等较老语言编写的程序都可以使用.NET 中存在的类。这些语言可以访问.NET 库中的代码，但是用一种编程语言编写的代码可以与来自另一种编程语言的代码进行通信。例如，用 C#编写的程序可以使用 Visual Basic 或 F#编写的代码，反之亦然。所有这些例子都使.NET 成为构建定制软件的正确选择。

1.1.1　.NET Framework、.NET Standard 和.NET Core

当.NET 框架最初创建时，它面向 Windows 操作系统平台。多年来，.NET Framework 代码被分叉，以支持许多其他平台，如物联网设备、台式机、移动设备和其他操作系统。你可能认识一些以.NET Compact Framework、.NET Portable 或.NET Micro Framework 的名称命名的分支。每个分叉都包含自己的稍微修改过的 BCL。请注意，BCL 不仅仅是字符串、布尔值和整数，还包括文件访问、字符串操作、管理流、在集合中存储数据、安全属性等功能。

即使有一个稍微不同的 BCL，程序员也需要学习、开发和管理每个.NET 分支的 BCL 之间的细微差别。尽管每个程序都使用.NET，但针对桌面、互联网或移动平台的.NET Framework 的每个分支都可能有显著的实现差异。对于公司来说，在不同的平台上运行相同程序逻辑的桌面、网站和电话应用程序是十分常见的(现在仍然如此)。这种情况下，使用.NET 需要为每个平台提供公司应用程序的版本；这是没有效率的。这就是.NET Standard 解决的问题。.NET Standard 为程序员提供了一个位置来创建可以跨.NET Framework 的任何分支使用的应用程序逻辑。.NET Standard 通过将公司的程序逻辑与特定于平台的依赖解耦，使得不同平台(如桌面、移动和 Web)与 BCL 无关。

.NET Core 是.NET 库的开源、跨平台版本。这个代码分支可用来创建针对众多不同平台和操作系统的程序，如 Linux、macOS 和 Windows。它也最终成为.NET 源代码库唯一维护的分支。到 2020 年，对.NET Framework、.NET Standard 和.NET Core 的了解已经不再像以前那样重要了。这里必须提到.NET 的这三个分支，因为在未来几年里，仍然可能会看到它们、读到它们并面对它们。重要的是，要知道它们是什么以及它们的目的，以便可以在项目中实现它们。到 2020 年，.NET 有了一个新版本，直接简称为".NET"。.NET 是完全开源的、完全跨平台的，可以在许多平台上使用，而不必支持程序的多个版本和分支。

1.1.2　使用.NET 编写程序

用.NET 创建计算机程序意味着使用.NET 库中的现有代码来编程。本书使用 Visual Studio 来开发程序。Visual Studio 是一个强大的集成开发环境，支持 C#(以及 C++、Visual Basic 和 F#等)。这种环境的优势在于，可轻松地将.NET 特性集成到代码中。所创建的代码将完全是 C#的；但要全面使用.NET，必要时还可在 Visual Studio 中使用一些额外的工具。要执行 C#代码，必须将其转换为目标操作系统能够理解的语言，即本地代码。这种转换称为编译，是由编译器执行的动作，分为两个阶段。

1. CIL 和 JIT

在编译使用.NET 库的代码时，不是立即创建专用于操作系统的本机代码，而是把代码编译为通用中间语言(Common Intermediate Language，CIL)代码，这些代码并非专门用于任何一种操作系统，也非专门用于 C#。其他.NET 语言(如 Visual Basic .NET 或 F#)也会在第一阶段编译为这种语言。开发 C#应用程序时，这个编译步骤由 Visual Studio 完成。

显然，要执行应用程序，必须完成更多工作，这是 Just-In-Time(JIT)编译器的任务，它把 CIL 编译为专用于 OS 和目标机器架构的本机代码。这样 OS 才能执行应用程序。这里编译器的名称 Just-In-Time 反映了 CIL 代码仅在需要时才编译的事实。这种编译可以在应用程序的运行过程中动态发生，不过开发人员一般不需要关心这个过程。除非要编写性能十分关键的高级代码，否则知道这个编译过程会在后台自动进行，并不需要人工干预就可以了。

过去，经常需要把代码编译为几个应用程序，每个应用程序都用于特定的操作系统和 CPU 架构。这通常是一种优化形式(例如，为了让代码在 AMD 芯片组上运行得更快)，但有时则是非常重要的(例如，使应用程序可以同时工作在 Win9x 和 WinNT/2000 环境下)。现在就没必要了，因为 JIT 编译器使用 CIL 代码，而 CIL 代码是独立于计算机、操作系统和 CPU 的。目前有几种 JIT 编译器，每种编译器都用于不同的架构，CLR 会使用合适的编译器创建所需的本机代码。

这样，开发人员需要做的工作就比较少了。实际上，可以忽略与系统相关的细节，将注意力集中在代码的功能上就够了。

> **注意:**
> 读者可能遇到过 Microsoft Intermediate Language(MSIL)这一术语，它是 CIL 原来的名称，许多开发人员仍沿用这个术语。可以访问 https://en.wikipedia.org/wiki/Common_Intermediate_Language 获取 CIL 的更多信息。

2. 程序集

编译应用程序时，所创建的 CIL 代码存储在一个程序集(assembly)中。程序集包括可执行的应用程序文件(这些文件可以直接在 Windows 上运行，不需要其他程序，其扩展名是.exe)和其他应用程序使用的库(其扩展名是.dll)。

除包含 CIL 外，程序集还包含元信息(即程序集中包含的数据的信息，也称为元数据)和一些可选的资源(CIL 使用的其他数据，例如，声音文件和图片)。元信息允许程序集是完全自描述的。不需要其他信息就可以使用程序集，也就是说，我们不会遇到没有把需要的数据添加到系统注册表中这样的问题，而在使用其他平台进行开发时这个问题常常出现。

因此，部署应用程序就非常简单了，只需要把文件复制到远程计算机上的目录下即可。因为不需要目标系统上的其他信息，所以对于针对.NET 的应用程序，只需要从该目录中运行可执行文件即可(假定安装了.NET CLR)。根据部署场景，运行该程序需要的所有模块都包含在部署包中，不需要进行其他配置。

在.NET 中，不必将运行应用程序需要的所有信息都安装到一个地方。可以编写一些代码来执行多个应用程序所要求的任务。此时，通常把这些可重用的代码放在所有应用程序都可以访问的地方。在.NET 中，这个地方是全局程序集缓存(Global Assembly Cache，GAC)，把代码放在这个缓存中十分简单，只需要把包含代码的程序集放在包含该缓存的目录中即可。

3. 托管代码

在将代码编译为 CIL，再用 JIT 编译器将它编译为本机代码后，CLR 的任务尚未全部完成，还需要管理正在执行的用.NET 编写的代码(这个执行代码的阶段通常称为运行时或运行库(runtime))。即 CLR 管理着应用程序，其方式是管理内存、处理安全性以及允许进行跨语言调试等。相反，不受 CLR 控制运行的应用程序属于非托管类型，某些语言(如 C++)可以用于编写此类应用程序，例如，访问操作系统的底层功能的应用程序。但是在 C#中，只能编写在托管环境下运行的代码。我们将使用 CLR 的托管功能，让.NET 处理与操作系统的任何交互。

4. 垃圾回收

托管代码最重要的一个功能是垃圾回收(garbage collection)。这种.NET 方法可确保应用程序不再使用某些内存时，就会完全释放这些内存。在.NET 推出以前，这项工作主要由程序员负责，代码中的几个简单错误会把大块内存分配到错误的地方，使这些内存神秘失踪。这通常意味着计算机的速度逐渐减慢，最终导致系统崩溃。

.NET 垃圾回收会定期检查计算机的内存，从中删除不再需要的内容。执行垃圾回收的时间并不固定，可能一秒钟内会进行数千次的检查，也可能每几秒钟才检查一次，不过一定会进行检查。

这里要给程序员一些提示。因为是在不可预知的时间执行这项工作，所以在设计应用程序时，必须留意这一点。需要许多内存才能运行的代码应自行完成清理工作，而不是坐等垃圾回收，但这不像听起来那样难。

5. 把它们组合在一起

在继续学习之前，先总结一下上述所讨论的创建.NET 应用程序所需的步骤：

(1) 使用某种.NET 兼容语言(如 C#)编写应用程序代码，如图 1-1 所示。

(2) 把代码编译为 CIL，存储在程序集中，如图 1-2 所示。

图　1-1

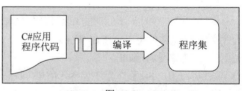

图　1-2

(3) 在执行代码时(如果这是一个可执行文件，就自动运行，或者在其他代码使用它时运行)，首先必须使用 JIT 编译器将代码编译为本机代码，如图 1-3 所示。

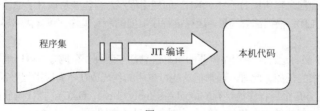

图　1-3

(4) 在托管的 CLR 环境下运行本机代码，以及其他应用程序或进程，如图 1-4 所示。

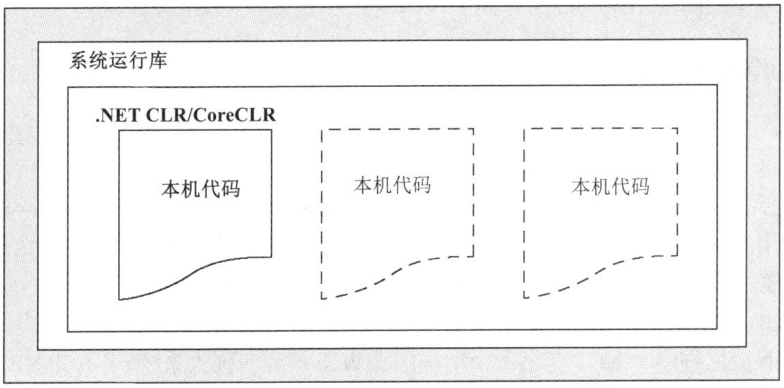

图 1-4

6. 链接

在上述过程中还有一点要注意。在第(2)步中编译为 CIL 的 C#代码未必包含在一个单独文件中，可以把应用程序代码放在多个源代码文件中，再把它们编译到一个单独的程序集中。这个过程称为链接(linking)，是非常有用的。原因是处理几个较小的文件比处理一个大文件要简单得多。可以把逻辑上相关的代码分解到一个文件中，以便单独进行处理，这也更便于在需要时找到特定的代码块，让开发小组把编程工作分解为一些可管理的块，让每个人编写一小块代码，而不会破坏已编写好的代码部分或其他人正在处理的部分。

1.2 C#的含义

如上所述，C#是可用于创建要运行在.NET CLR 上的应用程序的语言之一。它从 C 和 C++语言演化而来，是 Microsoft 专门为使用.NET 平台而创建的。C#吸取了以往语言失败的教训，融合了其他语言的许多优点，并解决了它们存在的问题。

使用 C#开发应用程序比使用 C++简单，因为其语法更简单。但 C#是一种强大的语言，在 C++中能完成的任务几乎都能利用 C#完成。虽然如此，C#中与 C++高级功能等价的功能(例如直接访问和处理系统内存)，只能在标记为 unsafe 的代码中使用。顾名思义，这种高级编程技术存在潜在威胁，因为它可能覆盖系统中重要的内存块，导致严重后果。因此，本书不讨论这个问题。

C#代码通常比 C++代码略长一些。这是因为 C#是一种类型安全的语言(与 C++不同)。在外行人看来，这表示一旦为某个数据指定了类型，就不能转换为另一种不相关的类型。所以，在类型之间转换时，必须遵守严格的规则。执行相同的任务时，用 C#编写的代码通常比用 C++编写的代码长。但 C#代码更健壮，调试起来也比较简单，.NET 始终可以随时跟踪数据的类型。在 C#中，不能完成诸如 "把 4 字节的内存分配给这个数据后，我们使其有 10 字节长，并把它解释为 X" 等任务，但这并不是一件坏事。

C#只是用于.NET 开发的一种语言，但它是最好的一种语言。C#的优点是，它是唯一彻头彻尾为.NET 设计的语言，是在移植到其他操作系统上的.NET 版本中使用的主要语言。要使诸如 Visual Basic .NET 的语言尽可能类似于其以前的语言，且仍遵循 CLR，就不能完全支持.NET 代码库的某些功能，至少需要不常见的语法。

C#能使用.NET 代码库提供的每种功能,但并非所有的功能都已移植到.NET 版本中。而且,.NET 的每个新版本都在 C#语言中添加了新功能,满足了开发人员的要求,使之更强大。

1.2.1　用 C#能编写什么样的应用程序

如前所述,.NET 没有限制应用程序的类型。C#使用的是.NET Framework,所以也没有限制应用程序的类型。这里仅讨论几种常见的应用程序类型。

- **桌面应用程序**　这些应用程序(如 Microsoft Office)具有我们很熟悉的 Windows 外观和操作方式,使用.NET 的 Windows Presentation Foundation(WPF)模块就可以简便地生成这种应用程序。WPF 模块是一个控件库,其中的控件(例如按钮、工具栏和菜单等)可用于建立 Windows 用户界面(UI)。
- **云/Web 应用程序**　.NET 包括一个动态生成 Web 内容的强大系统——ASP.NET Core,允许进行个性化和实现安全性等。另外,这些应用程序可以在云中驻留和访问,例如 Microsoft Azure 平台。
- **移动应用程序**　使用 C#和 Xamarin 移动 UI 框架,可以创建面向 Android 操作系统的移动应用程序。
- **Web API**　这是建立 REST 风格的 HTTP 服务的理想框架,支持许多客户端,包括移动设备和浏览器。它们也称为 REST API。
- **WCF 服务**　这是一种灵活创建各种分布式应用程序的方式。使用 WCF 服务可以通过局域网或 Internet 交换几乎各种数据。无论使用什么语言创建 WCF 服务,也无论 WCF 服务驻留在什么系统上,都使用一样简单的语法。这是一项较老的技术,需要使用较老版本的.NET Framework 来创建。

这些类型的应用程序也可能需要某种形式的数据库访问,这可以通过.NET 的 Active Data Objects .NET (ADO.NET)部分、Entity Framework 或 C#的 LINQ(Language Integrated Query)功能来实现。对于需要数据库访问的.NET Core 应用程序,将使用 Entity Framework Core 库。也可以使用许多其他资源,例如,创建联网组件、输出图形、执行复杂数学任务的工具来实现。

1.2.2　本书中的 C#

本书第 I 部分介绍 C#语言的语法和用法,但不过分强调.NET。这是必需的,因为我们不能没有一点儿 C#编程基础就使用.NET。首先介绍一些比较简单的内容,把较复杂的面向对象编程(Object-Oriented Programming, OOP)主题放在基础知识的后面论述。假定读者没有一点儿编程的知识,这些是首要原则。

学习了基础知识后,本书还将介绍如何开发更复杂、更有用的应用程序。本书第 II 部分将介绍数据访问(ORM 数据库概念、文件系统和 XML 数据)和 LINQ,第 III 部分将详细讨论其他技术,例如 REST API、云和 Windows 桌面。

1.3　Visual Studio

本书使用 Visual Studio 开发工具的最近版本进行所有的 C#编程,包括简单的命令行应用程序,乃至较复杂的项目类型。Visual Studio 不是开发 C#应用程序必需的开发工具或集成开发环境(IDE),但使用它可以使任务更简单一些。如果愿意的话,可在基本的文本编辑器(如常见的记事本应用程序)中处理 C#源代码文件,再使用.NET 中包含的命令行编译器把代码编译到程序集中。但是,为什么不使用功能完备的 IDE 呢？

1.3.1　Visual Studio 产品

Microsoft 提供了如下几个 Visual Studio 版本：
- Visual Studio Community
- Visual Studio Professional
- Visual Studio Enterprise
- Visual Studio Code
- Visual Studio for Mac

其中，Visual Studio Code、Mac 和 Community 版本可从 visualstudio.microsoft.com/downloads 获得。但 Professional 和 Enterprise 版本提供了一些额外的功能，但需要购买。

各种 Visual Studio 产品可以创建所需的几乎所有 C#应用程序。Visual Studio Code 是一个简单但健壮的代码编辑器，它运行在 Windows、Linux 和 iOS 操作系统上。与 Visual Studio Code 不同，Visual Studio Community 在外观和操作方式上类似于 Visual Studio Professional 和 Enterprise。虽然 Microsoft 在 Visual Studio Community 中提供了许多与 Professional 和 Enterprise 版本相同的功能，但还是缺少一些重要功能，比如深度调试功能和代码优化工具。但是缺少的特性并不影响使用 Community 版本来学习本书的各个章节。本书示例使用的 IDE 版本就是 Visual Studio Community。

1.3.2　解决方案

在使用 Visual Studio 开发应用程序时，可以通过创建解决方案来完成。在 Visual Studio 术语中，解决方案不仅是一个应用程序，它还包含项目，可以是控制台应用程序、WPF 项目、云/Web 应用程序项目和 ASP.NET Core 项目等。但是，解决方案可以包含多个项目，这样，即使相关的代码最终在硬盘上的多个位置被编译为多个程序集，也可以把它们组合到一处。

这是非常有用的，因为它可以处理"共享"代码(这些代码放在 GAC 中)，同时，应用程序也使用这段共享代码。在使用唯一的开发环境时，调试代码是非常容易的，因为可在多个代码模块中单步调试指令。

1.4　本章要点

主题	要点
.NET 基础	.NET Framework 是 Microsoft 的代码开发平台。它包括一个公共类型系统(CTS)和一个公共语言运行库(CLR/CoreCLR)。.NET Framework 应用程序使用面向对象编程(OOP)的方法论编写，通常包含托管代码。托管代码的内存管理由.NET 运行库处理，其中包括垃圾回收
.NET 应用程序	用.NET 编写的应用程序首先编译为 CIL。在执行应用程序时，JIT 把 CIL 编译为本机代码。应用程序编译后，把不同的部分链接到包含 CIL 的程序集中
.NET Core 应用程序	.NET Core 应用程序的工作方式与.NET Framework 应用程序类似，但不使用 CLR，而使用 CoreCLR。.NET Core 是原始.NET Framework 的一个分支，可以跨平台运行
.NET Standard	.NET Standard 提供了一个统一的类库，多个.NET 平台(如.NET Framework、.NET Core 和 Xamarin)都可将它作为目标

主题	要点
C#基础	C#是包含在.NET 中的一种语言，它是已有语言(如 C++)的一种演变，可用于编写任意应用程序，包括 Web 应用程序、跨平台应用程序和桌面应用程序
集成开发环境(IDE)	可在 Visual Studio 2017 中用 C#编写任意类型的.NET 应用程序，还可以在免费的但功能稍弱的 Community 产品中用 C#创建.NET 应用程序。IDE 使用解决方案，解决方案可以包含多个项目

第**2**章

编写 C#程序

本章源代码下载：

本章源代码可以通过本书合作站点 www.wiley.com 上的 Download Code 选项卡下载，也可以通过网址 github.com/benperk/BeginningCSharpAndDotNET 下载。下载代码位于 Chapter02 文件夹中并已根据本章示例的名称单独命名。

第 1 章已用一定的篇幅讨论了 C#是什么，以及它是如何适应.NET 的，现在就该编写一些代码了。本书主要使用 Visual Studio Community，所以首先介绍这个开发环境的一些基础知识。

Visual Studio 是一个庞大的复杂产品，可能会使初学者望而生畏，但使用它创建简单的应用程序是非常容易的。在本章开始使用 Visual Studio 时，不需要了解许多知识，就可以编写 C#代码。本书的后面将介绍 Visual Studio 能执行的一些更复杂的操作，现在仅介绍基础知识。

介绍完 IDE 后，将创建两个简单的应用程序。现在不必过多地考虑代码，只要应用程序可以运行即可。在这些早期的示例中熟悉了应用程序的创建过程后，不久就会适应这个过程了。

本章将学习创建两种基本的应用程序类型：控制台应用程序和桌面应用程序。

下面要创建的第一个应用程序是一个简单的控制台应用程序。控制台应用程序没有使用图形化的 Windows 环境，所以不需要考虑按钮、菜单、用鼠标指针进行交互等，而是在命令行窗口中运行应用程序，用更简单的方式与其交互。

第二个应用程序是使用 Windows Presentation Foundation(WPF)创建的一个桌面应用程序，其外观和操作方式对 Windows 用户来说会非常熟悉，而且该应用程序创建起来并不费力。但所需代码的语法比较复杂，尽管在许多情况下，并不需要考虑细节。

本书的第 II 部分和第III部分也使用这两种应用程序类型，但开始时主要讨论控制台应用程序。在学习 C#语言时，不需要了解桌面应用程序的其他灵活性。控制台应用程序的简单性可以让我们集中精力学习语法，而不必考虑应用程序的外观和操作方式。

2.1 Visual Studio 开发环境

开始安装 Visual Studio Community 时，系统会给出一个类似于图 2-1 所示的窗口提示。其中包含 Workloads(工作负载)列表、Individual components(单独组件)以及一些随核心编辑器安装的 Language packs(语言包)。

安装以下 Workloads 并单击 Install 按钮。

- Desktop & Mobile——.NET desktop development
    - .NET Framework 4.8 development tools
- Web & Cloud——ASP.NET and web development
- Web & Cloud——Azure development
- Other Toolsets——.NET Core cross-platform development

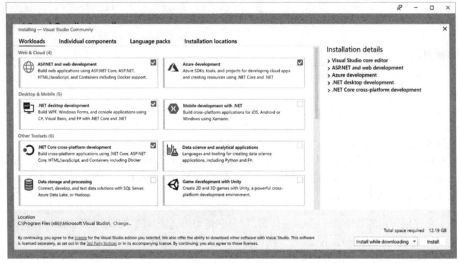

图 2-1

安装完成后，在首次加载 Visual Studio 时，会立即显示选项 Sign in to Visual Studio using your Microsoft account(用 Microsoft 账户注册 Visual Studio)。注册后，Visual Studio 设置就会在设备上同步，在多个工作站上使用 IDE 时，就不必配置它。如果没有 Microsoft 账户，可以创建一个，再使用它注册。如果不希望注册，就单击 "Not now, maybe later" 链接，继续 Visual Studio 的初始配置。有时建议注册，获得一个开发人员许可证。

如果是首次运行 Visual Studio，则屏幕上会显示一个首选项列表。如果用户使用过这个开发环境的旧版本，则可以在这里做出选择，这些选择会影响到很多方面，例如窗口的布局、控制台窗口运行的方式等。所以应选择 Visual C#，否则会发现一些地方和本书的描述不一样。注意，可用选项会随着安装 Visual Studio 时选择的选项而变化，但只要选择安装 C#，这个选项就是可用的。

如果不是第一次运行 Visual Studio，但以前选择了另一个选项，也不必惊慌。为将设置重置为 Visual C#，只需要导入它们即可。为此，单击 Tools 菜单中的 Import and Export Settings 选项，再选中 Reset all settings 选项，如图 2-2 所示。

图　2-2

单击 Next 按钮，选择是否要在继续之前保存已有的设置。如果对设置进行了定制，就保存设置，否则单击 No 按钮，再次单击 Next 按钮。在下一个对话框中，选择 Visual C#选项，如图 2-3 所示。可用的选项可能会变化。

图　2-3

最后单击 Finish 按钮，然后单击 Close 按钮，应用设置。

Visual Studio 环境布局是完全可定制的，但默认设置很适合我们。在 C# Developer Settings 设置下，其布局如图 2-4 所示。

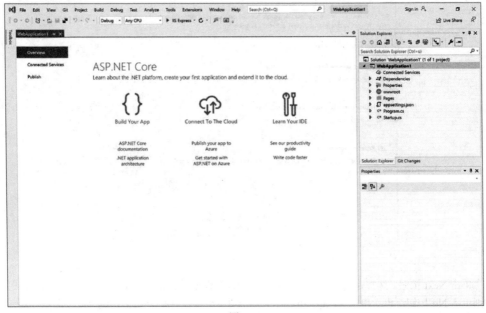

图　2-4

主窗口是显示所有代码的地方，它会根据所创建的解决方案的类型而有所不同。图 2-4 所示的是 ASP.NET Core Web 应用程序；启动页面提供了与该应用程序类型相关的一些链接和附加信息。主窗口可以包含许多文档，每个文档都有一个选项卡，单击文件名，就可以在文件之间切换。这个窗口也具有其他功能：它可以显示为项目设计的 GUI、纯文本文件、HTML 以及各种内置于 Visual Studio 的工具。本书将陆续介绍它们。

在主窗口的上面，有工具栏和 Visual Studio 菜单。这里有几个不同的工具栏，其功能包括：保存和加载文件、生成和运行项目，以及调试控件等。在需要使用这些工具栏时将会讨论它们。

下面简要描述 Visual Studio 最常用的主要功能：

- 单击 Toolbox 选项卡时，就会显示 Toolbox 工具栏，它提供了桌面应用程序的用户界面构件等条目。另一个选项卡 Server Explorer 也可以在这里显示(通过 View | Server Explorer 菜单项选择它)，它包含其他许多功能，例如 Azure 订阅细节、数据源访问、服务器设置和服务等。
- Solution Explorer 窗口显示当前加载的解决方案的信息。如第 1 章所述,解决方案是一个 Visual Studio 术语，表示一个或多个项目及其配置。Solution Explorer 窗口显示了解决方案中项目的各种视图，例如项目中包含了哪些文件，这些文件中又包含了什么内容。
- Git Changes 窗口显示了关于当前的 Git Repository 连接的信息，可用于源代码管理、bug 跟踪、自动生成等功能。但这是一个高级主题，本书不予介绍。
- Solution Explorer 窗口之下可以显示 Properties 窗口，该窗口没有显示在图 2-4 中。稍后会看到这个窗口，因为它只在处理项目时才出现(也可以使用 View | Properties Window 菜单项切换它)。这个窗口提供了更详细的项目内容视图，允许另外配置单独元素。例如，使用这个窗口可以改变桌面应用程序中按钮的外观。

- 另一个非常重要的窗口也未出现在图 2-4 中：Error List 窗口。可以使用 View | Error List 菜单项打开这个窗口，它显示了错误、警告和其他与项目有关的信息。这个窗口会持续不断地更新，但其中一些信息只有在编译项目时才出现。

这似乎需要理解很多东西，但不必担心，过不了多久就习惯了。下面首先建立第一个示例项目，它将使用上面介绍的许多 Visual Studio 元素。

> 注意：
> Visual Studio 还可以显示许多其他窗口，它们都包含许多信息，有许多功能。其中一些窗口与上面提及的窗口共享屏幕空间，可以使用选项卡切换它们或把它们停靠在其他位置。如果有多个显示器，甚至可以分离它们，把它们放到其他显示器上显示。本书后面会介绍其中的许多窗口，在读者自己深入探索 Visual Studio 环境时，可能还会发现更多窗口。

2.2 控制台应用程序

本书将频繁使用控制台应用程序，特别是开始时要使用这类应用程序，所以下面分步演示如何创建一个简单的控制台应用程序。

试一试 创建一个简单的控制台应用程序：ConsoleApp1\Program.cs

(1) 选择 File | New | Project 菜单项，创建一个新的控制台应用程序项目，如图 2-5 所示。

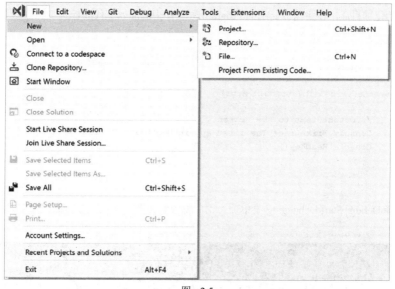

图 2-5

(2) 确保从 All Languages 下拉菜单中选择了 C#，选择 Console App lication(.NET Framework)项目类型，如图 2-6 所示。单击 Next 按钮，把 Location 文本框改为 C:\BeginningCSharpAndDotNET\Chapter02(如果该目录不存在，会自动创建)。Name 文本框中的默认文本(ConsoleApp1)和其他设置不变。

(3) 从 Target Framework 下拉菜单中选择.NET 5.0，然后单击 Create 按钮。

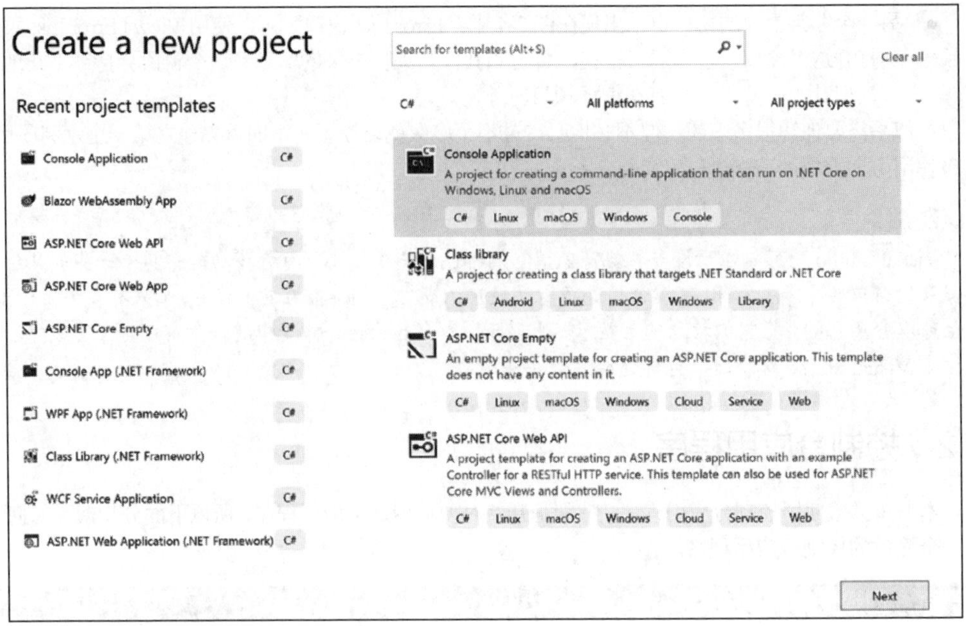

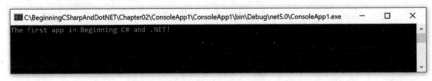

图 2-6

(4) 初始化项目后，在主窗口显示的 Program.cs 文件中添加如下代码行：

```csharp
namespace ConsoleApp1
{
    class Program
    {
        static void Main(string[] args)
        {
            // Output text to the screen.
            Console.WriteLine("The first app in Beginning C# and .NET!");
            Console.ReadKey();
        }
    }
}
```

(5) 选择 Debug | Start Debugging 菜单项。稍后将看到如图 2-7 所示的结果。

图 2-7

(6) 按下任意键，退出应用程序(可能需要首先单击控制台窗口，以激活它)。只有像本章前面描述的那样应用了 Visual C# Developer Settings，才会显示图 2-7 所示内容。例如，若应用了 Visual Basic Developer Settings，就会显示一个空的控制台窗口，应用程序的输出结果显示在 Immediate 窗口中。这种情况下，Console.ReadKey()代码也会失败，显示一个错误。如果遇到这个问题，本书中所有示例的最佳解决方案是应用 Visual C# Developer Settings，这样读者看到的结果才与书中显示的相同。

示例说明

现在不必仔细研究这个项目中使用的代码,而是关心如何使用开发工具来启动和运行代码。显然,Visual Studio 自动完成了许多工作,简化了编译和执行代码的过程。执行这些简单的步骤还有多种方式。例如,创建一个新项目可以像前面那样使用菜单项,也可以按下 Ctrl+Shift+N 组合键,还可以单击工具栏上的相应图标。

同样,也可以采用多种方式编译和执行代码。上例中使用的方法是选择 Debug | Start Debugging 菜单项,也可以按下功能键(F5),或者使用工具栏中的图标。使用 Debug | Start Without Debugging 菜单项(也可以按下 Ctrl+F5 组合键)还可以采用非调试模式运行代码,使用 Build | Build Solution 菜单项或 F6 快捷键可以编译项目但不运行它(打开或关闭调试功能)。注意,执行项目但不调试,或者使用工具栏中的图标生成项目,只是这些图标在默认情况下没有显示在工具栏中。编译好代码后,在Windows 资源管理器中运行生成的.exe 文件,就可以执行代码。也可以在命令提示窗口中执行代码,为此,应打开一个命令提示窗口,把目录改为 C:\BeginningCSharpAndDotNET\Chapter02\ConsoleApp1\ConsoleApp1\bin\Debug\net5.0,键入 ConsoleApp1,并按下回车键。

> **注意:**
> 在以后的示例中,我们仅说明"创建一个新的控制台项目"或"执行代码",用户可以选用自己喜欢的方式执行这些步骤。除非特别声明,否则所有的代码都应在启用调试的情况下运行。另外,本书中的"启动""执行""运行"等术语的含义是相同的,可互换使用,示例后面的讨论总是假定已经退出了示例中的应用程序。
>
> 控制台应用程序会在执行完毕后立即终止,如果直接通过 IDE 运行它们,就无法看到运行结果。为解决上例中的这个问题,使用:
>
> ```
> Console.ReadKey();
> ```
>
> 这告诉代码在结束前等待按键。后面的示例将多次使用这种技术。前面创建了一个项目,现在详细讨论开发环境中的各个组成部分。

2.2.1　Solution Explorer 窗口

Solution Explorer 窗口默认位于屏幕右上角。与其他窗口一样,可把它移到任何位置,或者单击图钉图标将它设为自动隐藏。Solution Explorer 窗口与另一个有用的窗口 Class View 位于相同的位置,使用 View | Class View 菜单项就可以显示 Class View 窗口。图2-8显示了展开所有节点的这两个窗口(在窗口停靠时,单击窗口底部的选项卡,就可以切换它们)。

Solution Explorer 窗口显示了组成 ConsoleApp1 项目的文件,包括我们在其中添加代码的文件Program.cs 和项目 Dependencies.。

> **注意:**
> 所有 C#代码文件都使用.cs 文件扩展名。

使用这个窗口可以改变主窗口中显示的代码,方法是双击.cs 文件,或右击这些文件并选择 View Code,或选中它们并单击窗口顶部的工具栏按钮。还可以对这些文件执行其他操作,例如,重命名它们,或从项目中删除它们等。在该窗口中还可以显示其他类型的文件,例如,项目资源(资源是项目使用的文件,这些文件可能不是 C#文件,如位图图像和声音文件等)。可以通过同一界面处理它们。

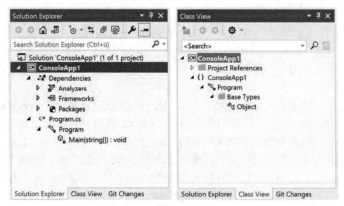

图　2-8

展开代码项(例如 Program.cs)可以查看其中包含的内容。这个代码结构概览是一个很有帮助的工具,可用来直接定位到代码文件中的特定部分,而不必打开代码文件并滚动到想要处理的部分。

References 项包含项目中使用的一个.NET 库列表,这个列表会在后面介绍,因为标准引用很适合初学者使用。Class View 窗口显示了项目的另一种视图,可以用于查看刚才创建的代码结构。本书后面将介绍代码结构,现在使用 Solution Explorer 窗口就足够了。单击这些窗口中的文件或其他图标,Properties 窗口的内容就会发生相应变化,如图 2-9 所示。

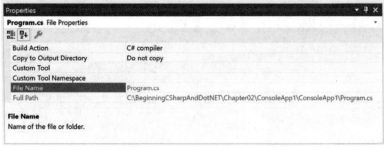

图　2-9

2.2.2　Properties 窗口

使用 View | Properties Window 菜单项就可以打开 Properties 窗口。这个窗口显示了在其上面的窗口中所选的项的其他信息。例如,选择项目中的 Program.cs 文件,就会显示如图 2-9 所示的窗口。这个窗口还显示了其他选中项的信息,例如用户界面组件(参见本章的 2.3 节"桌面应用程序")。

通常在 Properties 窗口中对项目的改变会直接影响代码,如添加代码行,或改变文件中的内容。对于一些项目来说,通过这个窗口来操作与手动修改代码所用的时间是相同的。

2.2.3　Error List 窗口

当前 Error List 窗口(View | Error List)没有显示什么有趣的信息,这是因为应用程序没有错误。但这的确是一个非常有用的窗口。下面进行测试,从上一节添加的代码中删除某一行末尾的分号。稍后将看到如图 2-10 所示的结果。

图　2-10

这次项目不会编译。

注意:
第 3 章介绍 C#语法后,你就会明白大多数代码行的末尾必须有一个分号。

这个窗口有助于根除代码中的错误,因为它会跟踪我们的工作,编译项目。如果双击该窗口中显示的错误,光标就会跳到源代码中出错的地方(如果包含错误的源文件没有打开,它将被打开),这样就可以快速地更正错误。代码中有错误的行会出现红色的波浪线,以便我们快速浏览源代码,找出错误。

注意错误位置用一个行号指定。默认情况下,行号不会显示在 Visual Studio 文本编辑器中,但其实有必要显示它。为此,需要单击 Tools | Options 菜单项,选中 Options 对话框中的 Line numbers 复选框。该复选框位于 Text Editor | All Languages | General 类别中。

在这个对话框中,也可以在与各个语言对应的设置页面中针对具体语言单独修改此设置。这个对话框中还包含其他许多有用的选项,本书后面将使用其中几个选项。

2.3　桌面应用程序

通常,在演示代码时,将其当作桌面应用程序的一部分来运行,要比通过控制台窗口或命令提示符来运行更便于说明。下面用用户界面构件组合一个用户界面。

下面的示例介绍建立用户界面的基础知识,说明如何启动和运行桌面应用程序,但并不详细讨论应用程序实际完成的工作。Microsoft 推荐使用 WPF 技术来创建桌面应用程序,所以本例中使用了 WPF。本书后面会详细研究桌面应用程序,以及 WPF 到底是什么,它到底可以做些什么。

试一试　创建一个简单的 Windows 应用程序:WpfApp1\MainWindow.xaml
和 WpfApp1\MainWindow.xaml.cs

(1) 如图 2-11 所示,在与之前相同的位置(C:\BeginningCSharpAndDotNET\Chapter02)创建一个类型为 WPF Application 的新项目,其默认名称是 WpfApp1。

(2) 单击 Next,从 Target Framework 下拉菜单中选择.NET 5.0,然后单击 Create 按钮。之后应该会看到一个新的分成两个窗格的选项卡。上面的窗格显示了一个空窗口,称为 MainWindow,下面的窗格显示了一些文本。这些文本实际上是用来生成窗口的代码,在修改 UI 时,会看到这些文本也发生了变化。

(3) 单击屏幕左上方的 Toolbox 选项卡,然后双击 Common WPF Controls 区域中的 Button,在窗口中添加一个按钮。

(4) 双击刚才添加到窗口中的按钮。

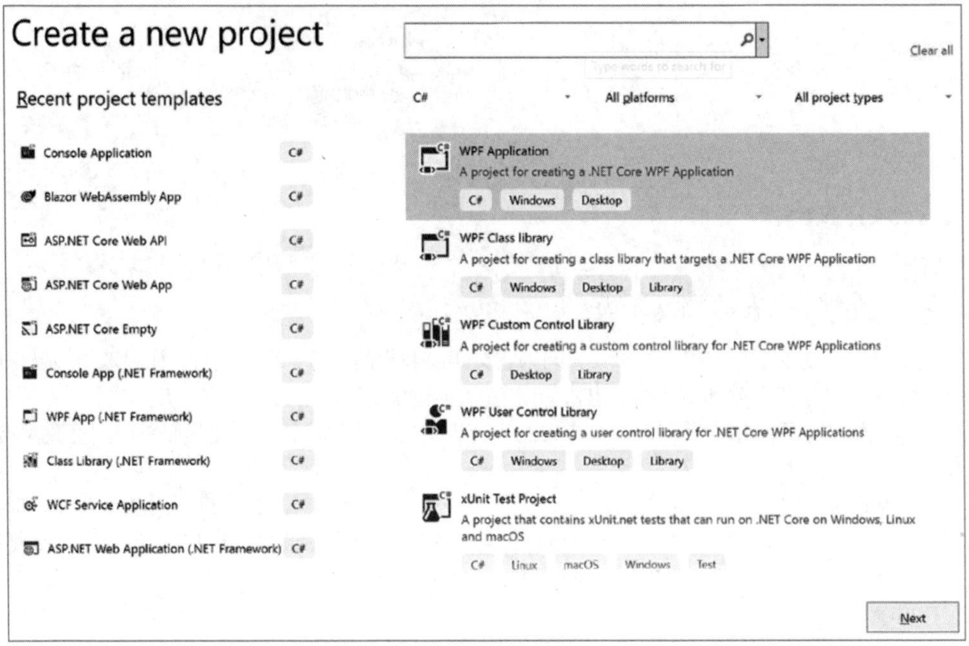

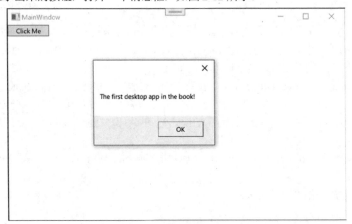

图   2-11

(5) 现在应显示 MainWindow.xaml.cs 中的 C#代码。执行如下修改(为简短起见，这里只显示了文件中的部分代码)：

```
private void button_Click(object sender, RoutedEvetnArgs e)
{
    MessageBox.Show("The first desktop app in the book!");
}
```

(6) 运行应用程序。

(7) 单击显示出来的按钮，打开一个消息框，如图 2-12 所示。

图   2-12

(8) 单击 OK 按钮。像每个标准桌面应用程序那样，单击右上角的×图标，退出应用程序。

示例说明

IDE 又一次自动完成了许多工作，使我们不费吹灰之力就能完成一个实用的桌面应用程序的创建。刚才创建的应用程序与其他窗口的行为方式相同——可以移动、重新设置其大小、最小化等。我们不必编写任何代码来实现这种功能。我们添加的按钮也是如此。双击按钮，IDE 就知道我们想添加一些代码，当运行应用程序时，用户单击该按钮，就执行我们已经编写好的代码。只要提供了这段代码，就可以得到按钮单击的所有功能。

当然，桌面应用程序不仅限于带有按钮的普通窗口。如果浏览从中选择 Button 选项的工具箱，就会看到一整套用户界面构件(称为控件)，其中一些用户可能很熟悉。本书在其他地方将使用其中的大多数用户界面构件，它们使用起来都非常简单，可以省去许多时间和精力。

应用程序的代码在 MainWindow.xaml.cs 中，这些代码看起来并不比上一节提供的代码复杂多少，Solution Explorer 窗口中其他文件的代码也不太复杂。MainWindow.xaml 中的代码(可在添加按钮的拆分窗格视图中看到)看上去也很简单。

这是一段 XAML 代码。XAML 是在 WPF 应用程序中定义用户界面的语言。

下面仔细分析一下在窗口中添加的按钮。在 MainWindow.xaml 的顶部窗格，单击按钮一次选中它。此时屏幕右下角的 Properties 窗口显示了按钮控件的属性(控件也有属性，就像上一个示例中的文件一样)。确保应用程序当前没有运行，然后向下滚动到 Content 属性，该属性现在被设为 Button。将它改设为 Click Me，如图 2-13 所示。

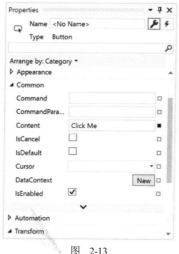

图 2-13

设计器中按钮上的文本以及 XAML 代码也会反映这种变化，如图 2-14 所示。

这个按钮具有许多属性，从按钮的颜色和大小这些简单格式，到某些模糊设置(如数据绑定设置，它可以建立与数据的联系)，应有尽有。如上例所述，改变属性通常会直接改变代码，这也不例外，从 XAML 代码的改变中可以看到这一点。但如果切换回 MainWindow.xaml.cs 的代码视图，是看不到代码所发生的变化的。这是因为 WPF 应用程序能够保持应用程序的设计(如按钮上的文本)与功能(如单击按钮后发生的操作)的分离。

图   2-14

> **注意:**
> 也可以使用 Windows Forms 来创建桌面应用程序。但 WPF 是一种更新的技术，能够以更灵活、更强大的方式来创建桌面应用程序，而且其目的就是取代 Windows Forms，所以本书中不讨论 Windows Forms。

2.4   本章要点

主题	要点
Visual Studio 2017 设置	本书需要在第一次运行 Visual Studio 时选择 C# Development Settings 选项，或者重置它们
控制台应用程序	控制台应用程序是简单的命令行应用程序，本书主要用它演示技术。在 Visual Studio 中创建新项目时，使用 Console Application 模板就会创建新的控制台应用程序。要在调试模式下运行项目，可使用 Debug|Start Debugging 菜单项或者按下 F5 功能键

(续表)

主题	要点
IDE 窗口	项目内容显示在 Solution Explorer 窗口中。所选中项的属性显示在 Properties 窗口中。错误显示在 Error List 窗口中
桌面应用程序	桌面应用程序具备标准 Windows 应用程序的外观和操作方式，包括最大化、最小化和关闭应用程序等大家熟悉的图标。它们是在 New Project 对话框中使用 WPF App (.NET)模板创建的

第**3**章

变量和表达式

本章内容：

- C#的基本语法
- 变量及其用法
- 表达式及其用法

本章源代码下载：

本章源代码可以通过本书合作站点 ww.wiley.com 上的 Download Code 选项卡下载，也可以通过网址 github.com/benperk/BeginningCSharpAndDotNET 下载。下载代码位于 Chapter03 文件夹中并已根据本章示例的名称单独命名。

要高效地使用 C#，就一定要理解创建计算机程序时真正需要做些什么。计算机程序最基本的描述也许是"一系列处理数据的操作"，即使对于最复杂的示例，例如 Microsoft Office 套装软件之类的大型多功能 Windows 应用程序，这个论述也正确无误。应用程序的用户虽然看不到它们，但这些操作总是在后台进行。

为进一步解释这一点，考虑一下计算机的显示单元。我们常比较熟悉屏幕上的内容，很难不把它设想为"移动的图片"。但实际上，我们看到的仅是一些数据的显示结果，其最初的形式是存储在计算机内存中的 0 和 1 数据流。因此我们在屏幕上执行的任何操作，无论是移动鼠标指针、单击图标或在字处理器中输入文本，都会改变内存中的数据。

当然，还可以利用一些较简单的情形来说明这一点。如果使用计算器应用程序，就要提供数字，对这些数字执行操作，就像用纸和笔计算数字一样，但使用程序会快得多。

如果计算机程序是对数据执行操作，则说明我们需要以某种方式来存储数据，需要某些方法来处理它们。这两种功能是由变量和表达式提供的，本章将探究它们的一般含义和具体含义。

在开始之前，应该首先了解一下 C#编程的基本语法，因为我们需要一个环境来学习和使用 C#语言中的变量和表达式。

3.1 C#的基本语法

C#代码的外观和操作方式与 C++和 Java 非常类似。初看起来，其语法可能比较混乱，不像某些语言那样与书面英语十分接近。但实际上，在 C#编程中，使用这种风格是很合理的，而且不用花太多力气就可以编写出便于阅读的代码。

与其他语言(如 Python)的编译器不同，C#编译器不考虑代码中的空格、回车符或制表符(这些字符统称为空白字符)。这样格式化代码时就有很大的自由度，但遵循某些规则将有助于提高代码的可读性。

C#代码由一系列语句组成，每条语句都用一个分号结束。因为空白被忽略，所以一行可以有多条语句，但从可读性的角度看，通常在分号的后面加上回车符，不在一行中放置多条语句。但一条语句放在多行是可以的(也比较常见)。

C#是一种块结构的语言，所有语句都是代码块的一部分。这些块用花括号来界定("{"和"}")，代码块可以包含任意多行语句，或者根本不包含语句。注意花括号字符不需要附带分号。

例如，简单的 C#代码块如下所示:

```
{
    <code line 1, statement 1>;
    <code line 2, statement 2>
        <code line 3, statement 2>;
}
```

其中<code line *x*, statement *y*>部分并非真正的 C#代码，而是用这个文本作为 C#语句的占位符。在这段代码中，第 2 行、第 3 行代码是同一条语句的一部分，因为在第 2 行的末尾没有分号。缩进第 3 行代码，就更容易确定这是第二行代码的继续。

下面的简单示例还使用了缩进格式，提高了 C#代码的可读性。这是标准做法，实际上在默认情况下 Visual Studio 会自动缩进代码。一般情况下，每个代码块都有自己的缩进级别，即它向右缩进了多少。代码块可以互相嵌套(即块中可以包含其他块)，而被嵌套的块要缩进得多一些。

```
{
    <code line 1>;
    {
        <code line 2>;
        <code line 3>;
    }
    <code line 4>;
}
```

另外，前面代码行的续行通常也要缩进得多一些，如上面第一个示例中的第 3 行代码所示。

> **注意:**
> 在能通过 Tools | Options 访问的 Visual Studio Options 对话框中，显示了 Visual Studio 用于格式化代码的规则。在 Text Editor | C# | Formatting 节点的子类别下，包含了其中很多规则。此处的大多数设置都反映了还没有讲述的 C#部分，但如果以后要修改设置，以更适合自己的个性化样式，就可以回过头来看看这些设置。在本书中，为简洁起见，所有代码段都使用默认设置来格式化。

当然，这种样式并不是强制的。但如果不使用它，读者在阅读本书时会很快陷入迷茫中。

在 C#代码中，另一种常见的语句是注释。注释并非严格意义上的 C#代码，但代码最好有注释。注释的作用不言自明: 给代码添加描述性文本(用英语、法语、德语等)，编译器会忽略这些内容。在开始处理冗长的代码段时，注释可用于为正在进行的工作添加提示，例如"这行代码要求用户输入一个数字"，或"这段代码由 Benjamin 编写"。

C#添加注释的方式有两种。可以在注释的开头和结尾放置标记，也可以使用一个标记，其含义

是 "这行代码的其余部分是注释"。在 C#编译器忽略回车符的规则中，后者是一个例外，但这是一种特殊情况。

要使用第一种方式标记注释，可在注释开头加上/*字符，在末尾加上*/字符。这些注释符号可以在单独一行上，也可以在不同的行上，注释符号之间的所有内容都是注释。注释中唯一不能输入的是*/，因为它会被看成注释结束标记。所以下面的语句是正确的：

```
/* This is a comment */
/* And so. . .
            . . . is this! */
```

但以下语句会产生错误：

```
/* Comments often end with "*/" characters */
```

注释结束符号后的内容("*/"后面的字符)会被当作 C#代码，因此产生错误。

另一种添加注释的方式是用//开始一个注释，在其后可以编写任何内容，只要这些内容在一行上即可。下面的语句是正确的：

```
// This is a different sort of comment.
```

但下面的语句会失败，因为第二行代码会被解释为 C#代码：

```
// So is this,
   but this bit isn't.
```

这类注释可用于语句的说明文档，因为它们都放在一行上：

```
<A statement>; // Explanation of statement
```

前面讲过，有两种给 C#代码添加注释的方式。但在 C#中，还有第三类注释，严格地说，这是//语法的扩展。它们都是单行注释，用三个/符号来开头，而不是两个。

```
/// A special comment
```

正常情况下，编译器会忽略它们，就像其他注释一样，但可以通过配置 Visual Studio，在编译项目时，提取这些注释后面的文本，创建一个特殊格式的文本文件，该文件可用于创建文档。为了创建文档，注释必须遵循 XML 文档的规则，详见 docs.microsoft.com/en-us/dotnet/csharp/programming-guide/xmldoc。本书不讨论这个主题，但这是很值得探讨的内容，如果读者有时间，建议学习掌握。

特别要注意的一点是，C#代码是区分大小写的。与其他语言不同，必须使用正确的大小写形式输入代码，因为简单地用大写字母代替小写字母会中断项目的编译。看看下面这行代码，它曾在第 2 章中使用：

```
Console.WriteLine("The first app in Beginning C# Programming!");
```

C#编译器能理解这行代码，因为 Console.WriteLine()命令的大小写形式是正确的。但是，下面的语句都不能工作：

```
console.WriteLine("The first app in Beginning C# and .NET!");
CONSOLE.WRITELINE("The first app in Beginning C# and .NET!");
Console.Writeline("The first app in Beginning C# and .NET!");
```

这里使用的大小写形式是错误的，所以 C#编译器不知道我们要做什么。幸好，Visual Studio 在代码的键入方面提供了许多帮助，在大多数情况下，它都知道我们要做什么。在键入代码的过程中，Visual Studio 会推荐用户可能要使用的命令，并尽可能地纠正大小写问题。

3.2 C#控制台应用程序的基本结构

下面看看第 2 章的控制台应用程序示例(ConsoleApp1)，并研究一下它的结构。其代码如下所示：

```
using System;
namespace ConsoleApp1
{
   class Program
   {
      static void Main(string[] args)
      {
         // Output text to the screen.
         Console.WriteLine("The first app in Beginning C# and .NET!");
         Console.ReadKey();
      }
   }
}
```

立即就可以看出，上一节讨论的所有语法元素这里都有。其中有分号、花括号、注释和适当的缩进。

目前看来，这段代码中最重要的部分如下所示：

```
static void Main(string[] args)
{
   // Output text to the screen.
   Console.WriteLine("The first app in Beginning C# and .NET!");
   Console.ReadKey();
}
```

当运行控制台应用程序时，就会执行这段代码，更确切地讲，是运行花括号中的代码块。如前所述，注释行不做任何事情，包含它们只为了保持代码的清晰。其他两行代码在控制台窗口中输出一些文本，并等待一个响应。但目前我们还不需要关心它的具体机制。

这里要注意一下如何实现第 2 章介绍的代码大纲功能(虽然在第 2 章中介绍的是 Windows 应用程序的代码大纲功能)，因为它是一个非常有用的特性。要实现该功能，需要使用#region 和#endregion 关键字来定义可以展开和折叠的代码区域的开头和结尾。例如，可以修改针对 ConsoleApp1 生成的代码，如下所示：

```
#region Using directives
using System;
#endregion
```

这样就可以把这些代码行折叠为一行，以后要查看其细节时，可以再次展开它。这里包含的 using 语句和其下的 namespace 语句将在本章后面予以解释。

> **注意：**
> 以#开头的任意关键字实际上是一个预处理指令，严格地说并不是 C#关键字。除了这里描述的#region 和#endregion 关键字外，其他关键字都相当复杂，也都有专门的用途。所以在阅读完本书后，读者可以再去研究这个主题。相关更多内容，可访问 docs.microsoft.com/en-us/dotnet/csharp/language-reference/preprocessor-directives。

现在不必考虑示例中的其他代码，因为本书前几章仅解释 C#的基本语法，至于应用程序进行 Console.WriteLine()调用的具体方式，则不在我们的考虑之列。以后会阐述这行代码的重要性。

3.3　变量

如前所述，变量关系到数据的存储。实际上，可以把计算机内存中的变量看成架子上的盒子。在这些盒子中，可以放入一些东西，再把它们取出来，或者只是看看盒子里是否有东西。变量也是这样，数据可放在变量中，可以根据需要从变量中取出数据或查看它们。

尽管计算机中的所有数据事实上都是相同的东西(一组 0 和 1)，但变量有不同的内涵，称为类型。下面再用盒子来类比，盒子有不同的形状和尺寸，某些东西只适合放在特定的盒子中。建立这个类型系统的原因是，不同类型的数据需要用不同的方法来处理。将变量限定为不同的类型可以避免混淆。例如，组成数字图片的 0 和 1 序列与组成音频文件的 0 和 1 序列，其处理方式是不同的。

要使用变量，需要先声明它们，即给变量指定名称和类型。声明变量后，就可以把它们用作存储单元，存储所声明的数据类型的数据。

声明变量的 C#语法仅指定类型和变量名，如下所示：

```
<type> <name>;
```

如果使用未声明的变量，代码将无法编译，但此时编译器会告诉我们出现了什么问题，所以这不是一个灾难性错误。另外，使用未赋值的变量也会产生一个错误，编译器会检测出这个错误。

3.3.1　简单类型

简单类型就是组成应用程序中基本构件的类型，例如，数值和布尔值(true 或 false)。与复杂类型不同，简单类型没有子类型或特性。大多数简单类型都是存储数值的，初看起来有点奇怪，使用一种类型来存储数值不可以吗？

有很多数值类型是因为在计算机内存中，把数字作为一系列的 0 和 1 来存储。对于整数值，用一定的位(单个数字，可以是 0 或 1)来存储，用二进制格式来表示。以 N 位来存储的变量可以表示任何介于 0 到 (2^N-1)之间的数。大于这个值的数因为太大，所以无法存储在这个变量中。

例如，有一个变量存储了两位，在整数和表示该整数的位之间的映射应如下所示：

```
0 = 00
1 = 01
2 = 10
3 = 11
```

如果要存储更多数字，就需要更多的位(例如，3 位可以存储 0 到 7 的数)。

这样得到的结论是要存储每个可以想象得到的数，就需要非常多的位，这并不适合 PC。即使可以用足够多的位来表示每一个数，用这么多的位存储一个表示范围很小的变量(例如 0 到 10)的效率非常低下，因为存储器被浪费了。其实表示 0 到 10 之间的数，4 位就足够了，这样就可以用相同的内存空间存储这个范围内的更多数值。

相反，许多不同的整数类型可用于存储不同范围的数值，占用不同的内存空间(至多 64 位)，这些类型如表 3-1 所示。

表 3-1　整数类型

类型	别名	允许的值
sbyte	System.SByte	介于-128 和 127 之间的整数
byte	System.Byte	介于 0 和 255 之间的整数
short	System.Int16	介于-32 768 和 32 767 之间的整数
ushort	System.UInt16	介于 0 和 65 535 之间的整数
int	System.Int32	介于-2 147 483 648 和 2 147 483 647 之间的整数
uint	System.UInt32	介于 0 和 4 294 967 295 之间的整数
long	System.Int64	介于-9 223 372 036 854 775 808 和 9 223 372 036 854 775 807 之间的整数
ulong	System.UInt64	介于 0 和 18 446 744 073 709 551 615 之间的整数

注意:

这些类型中的每一种都利用了.NET 中定义的标准类型。如第 1 章所述，使用标准类型可以在语言之间交互操作。在 C#中这些类型的名称是库中定义的类型的别名，表 3-1 列出了这些类型在.NET 库中的名称。

一些变量名称前面的 "u" 是 unsigned 的缩写，表示不能在这些类型的变量中存储负数，参见表 3-1 中的 "允许的值" 一列。

当然，还需要存储浮点数，它们不是整数。可以使用的浮点数变量类型有 3 种: float、double 和 decimal。前两种可以用 $\pm m \times 2^e$ 的形式存储浮点数，其中 m 和 e 的值因类型而异。decimal 使用另一种形式: $\pm m \times 10^e$。这 3 种类型、它们所允许的 m 和 e 的值，以及它们在实数中的上下限如表 3-2 所示。

表 3-2　浮点类型

类型	别名	m 的最小值	m 的最大值	e 的最小值	e 的最大值	近似的最小值	近似的最大值
float	System.Single	0	2^{24}	-149	104	1.5×10^{-45}	3.4×10^{38}
double	System.Double	0	2^{53}	-1075	970	5.0×10^{-324}	1.7×10^{308}
decimal	System.Decimal	0	2^{96}	-28	0	1.0×10^{-28}	7.9×10^{28}

除数值类型外，另外还有 3 种简单类型，如表 3-3 所示。

表 3-3　文本和布尔类型

类型	别名	允许的值
char	System.Char	一个 Unicode 字符，存储 0 和 65 535 之间的整数
bool	System.Boolean	布尔值: true 或 false
string	System.String	一个字符序列

注意组成 string 的字符数量没有上限，因为它可以使用可变大小的内存。

布尔类型 bool 是 C#中最常用的一种变量类型，类似的类型在其他语言的代码中非常丰富。当编写应用程序的逻辑流程时，一个可以是 true 或 false 的变量有非常重要的分支作用。例如，考虑一下有多少问题可以用 true 或 false(或 yes 和 no)来回答。执行变量值之间的比较或检查输入的有效性就是后面使用布尔变量的两个编程示例。

介绍了这些类型后，下面用一个简短示例来声明和使用它们。在下例中，要使用一些简单的代码来声明两个变量，给它们赋值，再输出这些值。

试一试　使用简单类型的变量：Ch03Ex01\Program.cs

(1) 在目录 C:\BeginningCSharAndDotNET\Chapter03 下创建一个新的控制台应用程序 Ch03Ex01。

(2) 在 Program.cs 中添加如下代码：

```
static void Main(string[] args)
{
    int myInteger;
    string myString;
    myInteger = 17;
    myString = "\"myInteger\" is";
    Console.WriteLine($"{myString} {myInteger}");
    Console.ReadKey();
}
```

(3) 运行代码，结果如图 3-1 所示。

图　3-1

示例说明

我们添加的代码完成了以下 3 项任务：

● 声明两个变量；

● 给这两个变量赋值；

● 将这两个变量的值输出到控制台。

变量声明使用下述代码：

```
int myInteger;
string myString;
```

第一行声明一个类型为 int 的变量 myInteger，第二行声明一个类型为 string 的变量 myString。

> **注意：**
> 变量的命名是有限制的，不能使用任意字符序列。3.3.2 节 "变量的命名" 将介绍变量的命名规则。

接下来的两行代码为变量赋值：

```
myInteger = 17;
myString = "\"myInteger\" is";
```

使用＝赋值运算符(在本章的 3.4 节 "表达式" 中将详细介绍)给变量分配两个固定的值(在代码中称为字面值)。把整数值 17 赋给 myInteger，把字符串"myInteger " is(包括引号)赋给 myString。

```
"myInteger" is
```

以这种方式给字符串赋予字面值时，必须用双引号把字符串括起来。因此，如果字符串本身包含双引号，就会出现错误，必须用一些表示这些字符的其他字符(即转义序列)来替代它们。本例使用序列\"来转义双引号：

```
myString = "\"myInteger\" is";
```

如果不使用这些转义序列，而输入如下代码：

```
myString = ""myInteger" is";
```

就会出现编译错误。

注意给字符串赋予字面值时，必须小心换行——C#编译器会拒绝分布在多行上的字符串字面值。若要添加一个换行符，可在字符串中使用换行符的转义序列，即\n。例如，赋值语句：

```
myString = "This string has a\nline break.";
```

会在控制台视图中将字符串显示为两行，如下所示：

```
This string has a
line break.
```

所有转义序列都包含一个反斜杠符号，后跟一个字符组合(详见后面的内容)，因为反斜杠符号的这种用途，所以它本身也有一个转义序列，即两个连续的反斜杠\\。

下面继续解释代码，还有一行没有说明：

```
Console.WriteLine($"{myString} {myInteger}");
```

双引号前面的$符号是用来实现一个称为字符串插值(String Interpolation)的特性的符号它看起来类似于第一个示例中把文本写到控制台的简单方法，但本例指定了变量。这里不详细讨论这行代码，只需要知道这是本书第 I 部分用于给控制台窗口输出文本的一种技巧。

在后面的示例中，就使用这种给控制台输出文本的方式来显示代码的输出结果。最后一行代码在前面的示例中也出现过，用于在程序结束前等待用户输入内容：

```
Console.ReadKey();
```

这里不详细探讨这行代码，但后面的示例会常常用到它。现在只需要知道，它暂停代码的执行，直到用户按下某个键。

3.3.2 变量的命名

如上一节所述，不能把任意序列的字符作为变量名。但没必要为此感到担心，因为这种命名系统仍是非常灵活的。

基本的变量命名规则如下：

- 变量名的第一个字符必须是字母、下画线(_)或@。
- 其后的字符可以是字母、下画线或数字。

另外，有一些关键字对于 C#编译器而言具有特定的含义，例如前面出现的 using 和 namespace 关键字。如果错误地使用其中一个关键字，编译器会生成一个错误，我们马上就会知道出错了，所以不必担心。

例如，下面的变量名是正确的：

```
myBigVar
VAR1
_test
```

下列变量名有误:

```
99BottlesOfBeer
namespace
It's-All-Over
```

3.3.3　字面值

在前面的示例中，有两个字面值示例：整数(17)和字符串("\"myInteger\" is")。其他变量类型也有相关的字面值，如表 3-4 所示。其中有许多涉及后缀，即在字面值的后面添加一些字符来指定想要的类型。一些字面值有多种类型，在编译时由编译器根据它们的上下文确定其类型(同样见表 3-4)。

表3-4　字面值

类型	类别	后缀	示例/允许的值
bool	布尔	无	true 或 false
int、uint、long、ulong	整数	无	100
uint、ulong	整数	u 或 U	100U
long、ulong	整数	l 或 L	100L
ulong	整数	ul、uL、Ul、UL、lu、lU、Lu 或 LU	100UL
float	实数	f 或 F	1.5F
double	实数	无、 d 或 D	1.5
decimal	实数	m 或 M	1.5M
char	字符	无	'a'或转义序列
string	字符串	无	"a...a"，可以包含转义序列

1. 二进制字面值与数字分隔符

无论编程语法有多复杂，计算机都只能以两种状态——0 和 1 来工作，这就是人们所熟知的二进制(基数为 2)。如果愿意，可以将所有的程序都编码为由 1 和 0 组成的序列，之后再运行程序。虽然这种方式既不实用也不值得推荐，但这样做可以减轻解释器的负担，让解释器不用再从 C#、十进制(基数为 10)、八进制(基数为 8)或十六进制(基数为 16)等对程序进行转换。这样做并没有多大好处，所以必须认识到只有在非常特殊的情况下才会用到二进制表示法。例如，可能需要以二进制、十六进制或 ASCII 码的形式将一些值传递给第三方的代码包。大部分情况下，除非确实需要二进制字面值，否则还是应该使用 C#等编程语言来编写代码。

深入理解了有关半字节、位、字节、字符、字、二进制、八进制、十六进制等字面值的技术知识和历史背景，才能够深入理解何时、在什么地方、如何以及为什么使用这些字面值。我们不会深入探讨 "为什么使用" 这个历史问题，也不会深入探讨 "如何使用" 这个专业问题。现在明白下面这样的问题就已经足够，例如，可将二进制字面值作为一种优雅方法，在进行模式匹配和比较时将值存储为常量，还可用来实现位掩码。如下面代码行中对二进制和十六进制所做的对比所示，可以发现，二进制数字从右往左循环移动一位。十六进制值不存在模式，所以很难快速确定代码的意图。

```
int[] binaryPhases = { 0b00110001, 0b01100010, 0b11000100, 0b10001001 };
int[] hexPhases = { 0x31, 0x62, 0xC4, 0x89 };
```

了解这些背景知识后，我们并不会深入探讨模式匹配和位掩码。本节剩余部分将重点介绍 C# 中的二进制字面值和数字分隔符。在阅读本书并有了更多的编码经验后，你可以自行阅读有关二进制模式匹配和位掩码的更多信息，增加自己的知识储备。

为了更好地理解 C# 的二进制字面值，以下面的代码为例：

```
int[] numbers = {1, 2, 4, 8, 16 };
```

在 C# 中，可以直接以二进制的形式向 numbers 数组添加值，如下所示：

```
int[] numbers = { 0b0001, 0b0010, 0b00100, 0b0001000, 0b00010000 };
```

正如十六进制值以前缀 0x 表示，编译器会将以 0b 开头的任何值都识别为二进制值，并按照二进制值进行处理。能够想到，较大数的二进制值会非常长，当手动输入时特别容易犯错。例如数字 128 的二进制值为 10000000——即 1 后面要跟 7 个 0。对于这种情况，数字分隔符就可以派上用场。例如，下面的代码：

```
int[] numbers = { 32, 64, 128 };
int[] numbers = { 0b0010_0000, 0b0100_0000, 0b1000_0000 };
```

可以看出，将二进制字面值分隔成数字组有助于增强代码的可读性，便于代码的管理。数字分隔符不只适用于二进制值，也可以用于十进制、浮点数和双精度数。下面的代码在表示 Pi 的值时，每三位使用了一个分隔符。使用数字分隔符的主要目的就是使代码更易读。

```
const double Pi = 3.141_592_653_589_793_238_462_643_383_279_502;
```

2. 字符串字面值

本章前面介绍了几个可在字符串字面值中使用的转义序列，表 3-5 是这些转义序列的完整列表，以便以后引用。

表 3-5　字符串字面值的转义序列

转义序列	生成的字符	字符的 Unicode 值
\'	单引号	0x0027
\"	双引号	0x0022
\\	反斜杠	0x005C
\0	null	0x0000
\a	警告(产生蜂鸣)	0x0007
\b	退格	0x0008
\f	换页	0x000C
\n	换行	0x000A
\r	回车	0x000D
\t	水平制表符	0x0009
\v	垂直制表符	0x000B

表 3-5 中的"字符的 Unicode 值"列是字符在 Unicode 字符集中的十六进制值。除了上面这些，还可以使用 Unicode 转义序列指定其他任何 Unicode 字符，该转义序列包括标准的\字符，后跟一个 u 和一个 4 位十六进制值(例如，表 3-5 中 x 后面的 4 位数字)。

下面的字符串是等价的：

```
"Benjamin\'s string."
"Benjamin\u0027s string."
```

显然，Unicode 转义序列还有更多用途。

也可以一字不变地指定字符串，即两个双引号之间的所有字符都包含在字符串中，包括行末字符和原本需要转义的字符。唯一的例外是必须指定双引号字符的转义序列，以免结束字符串。这种方法需要在字符串之前加一个@字符：

```
@"Verbatim string literal."
```

也可以用普通方式指定这个字符串，但下面的字符串就必须使用@字符：

```
@"A short list:
item 1
item 2"
```

一字不变的字符串在文件名中非常有用，因为文件名中大量使用了反斜杠字符。如果使用一般字符串，就必须在字符串中使用两个反斜杠，例如：

```
"C:\\Temp\\MyDir\\MyFile.doc"
```

而有了一字不变的字符串字面值，这段代码就更便于阅读。下面的字符串与上面的等价：

```
@"C:\Temp\MyDir\MyFile.doc"
```

> **注意：**
> 从本书的后面可以看出，字符串是引用类型，而本章中的其他类型都是值类型。所以，字符串也可以被赋予 null 值，表示字符串变量不引用字符串(或其他任何东西)。

3.4　表达式

C#包含许多执行这类处理的运算符。把变量和字面值(在使用运算符时，它们都称为操作数)与运算符组合起来，就可以创建表达式，它是计算的基本构件。

运算符范围广泛，有简单的，也有非常复杂的，其中一些可能只在数学应用程序中使用。简单的操作包括所有的基本数学操作，例如+运算符是把两个操作数加在一起，而复杂的操作包括通过变量内容的二进制表示来处理它们。还有专门用于处理布尔值的逻辑运算符，以及赋值运算符，如=运算符。

本章主要介绍数学和赋值运算符，而逻辑运算符将在第 4 章中介绍，因为第 4 章主要论述控制程序流程的布尔逻辑。

运算符大致分为如下 3 类：

- 一元运算符，处理一个操作数。
- 二元运算符，处理两个操作数。
- 三元运算符，处理三个操作数。

大多数运算符都是二元运算符，只有几个一元运算符和一个三元运算符，三元运算符即条件运算符(条件运算符是一个逻辑运算符，详见第 4 章)。下面首先介绍数学运算符，它包括一元运算符和二元运算符。

3.4.1 数学运算符

有 5 个简单的数学运算符，其中两个(+和-)有二元和一元两种形式。表 3-6 列出了这些运算符，并用一个简短示例来说明它们的用法，以及使用简单的数值类型(整数和浮点数)时它们的结果。

表 3-6 简单的数学运算符

运算符	类别	示例表达式	结果
+	二元	var1 = var2 + var3;	var1 的值是 var2 与 var3 的和
-	二元	var1 = var2 - var3;	var1 的值是从 var2 减去 var3 所得的值
*	二元	var1 = var2 * var3;	var1 的值是 var2 与 var3 的乘积
/	二元	var1 = var2 / var3;	var1 是 var2 除以 var3 所得的值
%	二元	var1 = var2 % var3;	var1 是 var2 除以 var3 所得的余数
+	一元	var1 = +var2;	var1 的值等于 var2 的值
-	一元	var1 = -var2;	var1 的值等于 var2 的值乘以-1

> **注意:**
> +(一元)运算符有点古怪，因为它对结果没有影响。它不会把值变成正的: 如果 var2 是-1，则+var2 仍是-1。但这是一个得到普遍认可的运算符，所以也把它包含进来。这个运算符最有用的方面是，可以定制它的操作，本书在后面探讨运算符的重载时会介绍它。

上面的示例都使用简单的数值类型，因为使用其他简单类型，结果可能不太清晰。例如把两个布尔值加在一起，会得到什么结果? 因此，如果对 bool 变量使用+(或其他数学运算符)，编译器会报错。char 变量的相加也会有点让人摸不着头脑。记住，char 变量实际上存储的是数字，所以把两个 char 变量加在一起也会得到一个数字(其类型为 int)。这是一个隐式转换示例，稍后将详细介绍这个主题和显式转换，因为它也可以应用到 var1、var2 和 var3 是混合类型的情况。

二元运算符+在用于字符串类型变量时也是有意义的。此时，它的作用如表 3-7 所示。

表 3-7 字符串连接运算符

运算符	类别	示例表达式	结果
+	二元	var1 = var2 + var3;	var1 的值是存储在 var2 和 var3 中的两个字符串的连接值

但其他数学运算符不能用于处理字符串。

这里应介绍的另两个运算符是递增和递减运算符，它们都是一元运算符，可通过两种方式来使用它们: 放在操作数的前面或后面。简单表达式的结果如表 3-8 所示。

表 3-8 递增和递减运算符

运算符	类别	示例表达式	结果
++	一元	var1 = ++var2;	var1 的值是 var2 + 1，var2 递增 1
--	一元	var1 = --var2;	var1 的值是 var2 - 1，var2 递减 1
++	一元	var1 = var2++;	var1 的值是 var2，var2 递增 1
--	一元	var1 = var2--;	var1 的值是 var2，var2 递减 1

这些运算符会改变存储在操作数中的值。

● ++总是使操作数加 1
● --总是使操作数减 1

var1 中存储的结果有区别，其原因是运算符的位置决定了它什么时候发挥作用。把运算符放在操作数的前面，则操作数是在进行任何其他计算前受到运算符的影响；而如果把运算符放在操作数的后面，则操作数是在完成表达式的计算后受到运算符的影响。

再看一个示例。考虑以下代码：

```
int var1, var2 = 5, var3 = 6;
var1 = var2++ * --var3;
```

要把什么值赋予 var1？在计算表达式前，var3 前面的运算符--会起作用，把它的值从 6 改为 5。可以忽略 var2 后面的++运算符，因为它是在计算完成后才发挥作用，所以 var1 的结果是 5 与 5 的乘积，即 25。

许多情况下，这些简单的一元运算符使用起来非常方便，它们实际上是下述表达式的简写形式：

```
var1 = var1 + 1;
```

这类表达式有许多用途，特别适于在循环中使用，这将在第 4 章讲述。下面的示例说明如何使用数学运算符，并介绍另外两个有用的概念。代码提示用户键入一个字符串和两个数字，然后显示计算结果。

试一试 用数学运算符处理变量：Ch03Ex02\Program.cs

(1) 在目录 C:\BeginningCSharpAndDotNET\Chapter03 下创建一个新的控制台应用程序 Ch03Ex02。

(2) 在 Program.cs 中添加如下代码：

```
static void Main(string[] args)
{
    double firstNumber, secondNumber;
    string userName;
    Console.WriteLine("Enter your name:");
    userName = Console.ReadLine();
    Console.WriteLine($"Welcome {userName}!");
    Console.WriteLine("Now give me a number:");
    firstNumber = Convert.ToDouble(Console.ReadLine());
    Console.WriteLine("Now give me another number:");
    secondNumber = Convert.ToDouble(Console.ReadLine());
    Console.WriteLine($"The sum of {firstNumber} and {secondNumber} is " +
                $"{firstNumber + secondNumber}.");
    Console.WriteLine($"The result of subtracting {secondNumber} from " +
                $"{firstNumber} is {firstNumber - secondNumber}.");
    Console.WriteLine($"The product of {firstNumber} and {secondNumber} " +
                $"is {firstNumber * secondNumber}.");
    Console.WriteLine($"The result of dividing {firstNumber} by " +
                $"{secondNumber} is {firstNumber / secondNumber}.");
    Console.WriteLine($"The remainder after dividing {firstNumber} by " +
                $"{secondNumber} is {firstNumber % secondNumber}.");
    Console.ReadKey();
}
```

(3) 执行代码，结果如图 3-2 所示。

图 3-2

(4) 输入名称，按下回车键，如图 3-3 所示。

图 3-3

(5) 输入一个数字，按下回车键，再输入另一个数字，按下回车键，结果如图 3-4 所示。

图 3-4

示例说明

除了演示数学运算符外，这段代码还引入了两个重要概念，在以后的示例中将多次用到这些概念：

● 用户输入
● 类型转换

用户输入使用与前面所学的 Console.WriteLine()命令类似的语法。但这里使用 Console.ReadLine()。这个命令提示用户输入信息，并把它们存储在 string 变量中：

```
string userName;
Console.WriteLine("Enter your name:");
userName = Console.ReadLine();
Console.WriteLine($"Welcome {userName}!");
```

这段代码直接将已赋值变量 userName 的内容写到屏幕上。

这个示例还读取了两个数字。这有些复杂，因为 Console.ReadLine()命令生成一个字符串，而我们希望得到一个数字，所以这就引入了类型转换的问题。第 5 章将详细讨论类型转换，下面首先分析本例使用的代码。

首先声明要存储数字输入的变量：

```
double firstNumber, secondNumber;
```

接着给出提示，对 Console.ReadLine()得到的字符串使用命令 Convert.ToDouble()，把字符串转换为 double 类型，把这个数值赋给前面声明的变量 firstNumber：

```
Console.WriteLine("Now give me a number:");
firstNumber = Convert.ToDouble(Console.ReadLine());
```

这个语法相当简单，其他许多转换也用类似的方式进行。

其余代码按同样方式获取第二个数：

```
Console.WriteLine("Now give me another number:");
secondNumber = Convert.ToDouble(Console.ReadLine());
```

然后输出两个数字加、减、乘、除的结果，并用余数运算符(%)显示除操作的余数：

```
Console.WriteLine($"The sum of {firstNumber} and {secondNumber} is " +
            $"{firstNumber + secondNumber}.");
Console.WriteLine($"The result of subtracting {secondNumber} from " +
            $"{firstNumber} is {firstNumber - secondNumber}.");
Console.WriteLine($"The product of {firstNumber} and {secondNumber} " +
            $"is {firstNumber * secondNumber}.");
Console.WriteLine($"The result of dividing {firstNumber} by " +
            $"{secondNumber} is {firstNumber / secondNumber}.");
Console.WriteLine($"The remainder after dividing {firstNumber} by " +
            $"{secondNumber} is {firstNumber % secondNumber}.");
```

注意，我们提供了表达式 firstNumber + secondNumber 等，作为 Console.WriteLine()语句的一个参数，而没有使用中间变量：

```
Console.WriteLine($"The sum of {firstNumber} and {secondNumber} is " +
            $"{firstNumber + secondNumber}.");
```

这种语法可以提高代码的可读性，并减少需要编写的代码量。

3.4.2 赋值运算符

我们迄今一直在使用简单的=赋值运算符，其实还有其他赋值运算符，而且它们都很有用。除了=运算符外，其他赋值运算符都以类似方式工作。与=一样，它们都是根据运算符和右边的操作数，把一个值赋给左边的变量。

表 3-9 列出了这些运算符及其说明。

表 3-9　赋值运算符

运算符	类别	示例表达式	结果
=	二元	var1 = var2;	var1 被赋予 var2 的值
+=	二元	var1 += var2;	var1 被赋予 var1 与 var2 的和
-=	二元	var1 -= var2;	var1 被赋予 var1 与 var2 的差
*=	二元	var1 *= var2;	var1 被赋予 var1 与 var2 的乘积
/=	二元	var1 /= var2;	var1 被赋予 var1 与 var2 相除所得的结果
%=	二元	var1 %= var2;	var1 被赋予 var1 与 var2 相除所得的余数

可以看出，这些运算符把 var1 也包括在计算过程中，例如：

```
var1 += var2;
```

与下面的代码结果相同。

```
var1 = var1 + var2;
```

注意:

与+运算符一样, +=运算符也可用于字符串。

使用这些运算符, 特别是在使用长变量名时, 可使代码更便于阅读。

3.4.3 运算符的优先级

在计算表达式时, 会按顺序处理每个运算符。但这并不意味着必须从左至右地运用这些运算符。例如, 考虑下面的代码:

```
var1 = var2 + var3;
```

其中+运算符就是在=运算符之前进行计算的。在其他一些情况下, 运算符的优先级并没有这么明显, 例如:

```
var1 = var2 + var3 * var4;
```

其中*运算符首先计算, 其后是+运算符, 最后是=运算符, 这是标准的数学运算顺序, 其结果与我们在纸上进行算术运算的结果相同。

像这样的计算, 可以使用括号控制运算符的优先级, 例如:

```
var1 = (var2 + var3) * var4;
```

首先计算括号中的内容, 即+运算符在*运算符之前计算。

对于前面介绍的运算符, 其优先级如表 3-10 所示, 优先级相同的运算符(如*和/)按照从左至右的顺序计算。

表 3-10　运算符的优先级

优先级	运算符
优 先 级 由 高 到 低	++、--(用作前缀)、+、-(一元)
	*、/、%
	+、-
	=、*=、/=、%=、+=、-=
	++、--(用作后缀)

注意:

如上所述, 括号可用于重写优先级顺序。另外, ++和--用作后缀运算符时, 在概念上其优先级最低, 如表 3-10 所示。它们不对赋值表达式的结果产生影响, 所以可以认为它们的优先级比所有其他运算符都高。但是, 它们会在计算表达式后改变操作数的值, 所以认为它们的优先级如表 3-10 所示会十分方便。

3.4.4 名称空间

在继续学习前, 应花一定的时间了解一个比较重要的主题——名称空间。它们是.NET 中提供应用程序代码容器的方式, 这样就可以唯一地标识代码及其内容。名称空间也用作.NET 中给项分类的一种方式。大多数项都是类型定义，例如，本章描述的简单类型(System.Int32 等)。

默认情况下，C#代码包含在全局名称空间中。这意味着对于包含在这段代码中的项，全局名称空间中的其他代码只要通过名称进行引用，就可以访问它们。可使用 namespace 关键字为花括号中的代码块显式定义名称空间。如果在该名称空间代码的外部使用名称空间中的名称，就必须写出该名称空间中的限定名称。

限定名称包括它所有的分层信息。这意味着，如果一个名称空间中的代码需要使用在另一个名称空间中定义的名称，就必须包括对该名称空间的引用。如下所示：

```
namespace LevelOne
{
    // code in LevelOne namespace
    // name "NameOne" defined
}
// code in global namespace
```

这段代码定义了一个名称空间 LevelOne，以及该名称空间中的一个名称 NameOne(注意这里在应该定义名称空间的地方添加了一个注释，而没有列出实际代码，这是为了使我们的讨论更具普遍性)。在名称空间 LevelOne 中编写的代码可以直接使用 NameOne 来引用该名称，但全局名称空间中的代码必须使用限定名称 LevelOne.NameOne 来引用这个名称。

需要注意特别重要的一点：using 语句本身不能访问另一个名称空间中的名称。除非名称空间中的代码以某种方式链接到项目上，或者代码是在该项目的源文件中定义的，或者是在链接到该项目的其他代码中定义的，否则就不能访问其中包含的名称。另外，如果包含名称空间的代码链接到项目上，那么无论是否使用 using，都可以访问其中包含的名称。using 语句便于我们访问这些名称，减少代码量，以及提高可读性。

回头分析本章开头的 ConsoleApplication1 中的代码，会看到下面这些被应用到名称空间上的代码：

```
using System;
namespace ConsoleApp1
{
...
}
```

这里显示了其他一些常见的名称空间，例如：

```
using System.Collections.Generic;
using System.Linq;
using System.Text;
using System.Threading.Tasks;
```

以 using 关键字开头的 4 行代码声明在这段 C#代码中使用 System、System.Collections.Generic、System.Linq、System.Text 和 System.Threading.Tasks 名称空间，它们可以在该文件的所有名称空间中访问，不必进行限定。System 名称空间是.NET 应用程序的根名称空间，包含控制台应用程序需要的所有基本功能。其他 4 个名称空间常用于控制台应用程序，所以该程序包含了它们。最后，为应用程序代码本身声明一个名称空间 ConsoleApp1。

C# 包含 using static 关键字。这个关键字允许把静态成员直接包含到 C#程序的作用域中。例如，本章的两个示例都使用了 System.Console 静态类中的 System.Console.WriteLine()方法。注意，在这些例子中，应包括 Console 类和 WriteLine()方法。把 using static System.Console 添加到名称空间列表中时，访问 WriteLine()方法就不再需要在前面加上静态类名。

3.5 习题

(1) 在下面的代码中，如何从名称空间 fabulous 的代码中引用名称 great？

```
namespace fabulous
{
    // code in fabulous namespace
}
namespace super
{
    namespace smashing
    {
        // great name defined
    }
}
```

(2) 下面哪些变量名不合法？
- myVariableIsGood
- 99Flake
- _floor
- time2GetJiggyWidIt
- wrox.com

(3) 字符串"supercalifragilisticexpialidocious"是不是太长了，不能放在 string 变量中？如果是，原因是什么？

(4) 考虑运算符的优先级，列出下述表达式的计算步骤：

```
resultVar += var1 * var2 + var3 % var4 / var5;
```

(5) 编写一个控制台应用程序，要求用户输入 4 个 int 值，并显示它们的乘积。提示：前面看到可以使用 Convert.ToDouble()命令把用户在控制台上输入的数转换为 double 类型；类似地，从 string 类型转换为 int 类型的命令是 Convert.ToInt32()。

附录 A 给出了习题答案。

3.6 本章要点

主题	要点
C#基本语法	C#是一种区分大小写的语言，每行代码都以分号结束。如果代码行太长或者想要标识嵌套的块，可以缩进代码行，以方便阅读。使用//或/*...*/语法可以包含不编译的注释。代码块可以隐藏到区域中，也是为了方便阅读
变量	变量是有名称和类型的数据块。.NET 定义了大量简单类型，例如数字和字符串(文本)类型，以供使用。变量只有经过声明和初始化后，才能使用。可以把字面值赋予变量，以初始化它们
表达式	表达式利用运算符和操作数来建立，其中运算符对操作数执行操作。运算符有 3 种：一元、二元和三元运算符，它们分别操作 1、2 和 3 个操作数。数学运算符对数值执行操作，赋值运算符把表达式的结果放在变量中。运算符有固定的优先级，优先级确定了运算符在表达式中的处理顺序
名称空间	.NET 应用程序中定义的所有名称，包括变量名，都包含在名称空间中。名称空间采用层次结构，我们通常需要根据包含名称的名称空间来限定名称，以便访问它们

第**4**章

流 程 控 制

本章内容:

- 布尔逻辑的用法
- 如何控制代码的分支
- 如何编写循环代码

本章源代码下载:

本章源代码可以通过本书合作站点 www.wiley.com 上的 Download Code 选项卡下载,也可以通过网址 github.com/benperk/BeginningCSharpAndDotNET 下载。下载代码位于 Chapter04 文件夹中并已根据本章示例的名称单独命名。

我们迄今看到的所有 C#代码有一个共同点:程序的执行都是一行接一行、自上而下地进行,不遗漏任何代码。如果所有应用程序都这样执行,我们能做的工作就很有限了。本章介绍控制程序流程的两种方法。程序流程就是 C#代码的执行顺序。这两种方法是分支和循环。分支根据计算的结果有条件地执行代码,例如,"只有变量 myVal 的值小于 10,才执行这行代码"。循环重复执行相同的语句(重复执行一定的次数,或在满足测试条件后才停止执行)。

这两种方法都用到了布尔逻辑。第 3 章介绍了 bool 类型,但并未过多地讨论它。本章将在很多地方使用它,所以先讨论布尔逻辑,以便在流程控制环境下使用它。

4.1 布尔逻辑

第 3 章介绍的 bool 类型可以有两个值:true 或 false。这种类型常用于记录某些操作的结果,以便处理这些结果。特别是,bool 类型可用于存储比较的结果。

> **注意:**
> 19 世纪中叶的英国数学家乔治·布尔(George Boole)为布尔逻辑奠定了基础。

例如,考虑下述情形(如本章引言所述):要根据变量 myVal 的值是否小于 10 来确定是否执行代码。为此,需要确定语句"myVal 小于 10"的真假,即需要了解比较的布尔结果。

布尔比较需要使用布尔比较运算符(也称为关系运算符)，如表 4-1 所示。

表 4-1　布尔比较运算符

运算符	类别	示例表达式	结果
==	二元	var1 = var2 == var3;	如果 var2 等于 var3，var1 的值就是 true，否则为 false
!=	二元	var1 = var2 != var3;	如果 var2 不等于 var3，var1 的值就是 true，否则为 false
<	二元	var1 = var2 < var3;	如果 var2 小于 var3，var1 的值就是 true，否则为 false
>	二元	var1 = var2 > var3;	如果 var2 大于 var3，var1 的值就是 true，否则为 false
<=	二元	var1 = var2 <= var3;	如果 var2 小于或等于 var3，var1 的值就是 true，否则为 false
>=	二元	var1 = var2 >= var3;	如果 var2 大于或等于 var3，var1 的值就是 true，否则为 false

在表 4-1 中，var1 都是 bool 类型的变量，var2 和 var3 则可以是不同类型。

在代码中，可以对数值使用这些运算符：

```
bool isLessThan10;
isLessThan10 = myVal < 10;
```

如果 myVal 存储的值小于 10，这段代码就给 isLessThan10 赋予 true 值，否则赋予 false 值。

也可以对其他类型使用这些比较运算符，例如字符串：

```
bool isBenjamin;
isBenjamin = myString == "Benjamin";
```

如果 myString 存储的字符串是 Benjamin，isBenjamin 的值就为 true。

也可以对布尔值使用这些运算符：

```
bool isTrue;
isTrue = myBool == true;
```

但只能使用==和!=运算符。

注意：

错误地认为当 val1 < val2 为 false 时，val1 > val2 为 true，则会导致一个常见的代码错误。如果 val1 == val2，那么前两条语句都是 false。

&和 | 运算符也有两个类似的运算符，称为条件布尔运算符(见表 4-2)。

表 4-2　条件布尔运算符

运算符	类别	示例表达式	结果
&&	二元	var1 = var2 && var3;	如果 var2 和 var3 都是 true，var1 的值就是 true，否则为 false (逻辑与)
||	二元	var1 = var2 || var3;	如果 var2 或 var3 是 true(或两者都是)，var1 的值就是 true，否则为 false (逻辑或)

这些运算符的结果与&和 | 完全相同，但得到结果的方式有一个重要区别：其性能更好。两者都是检查第一个操作数的值(表 4-2 中的 var2)，如果已经能判断结果，就根本不必处理第二个操作数(表 4-2 中的 var3)。

如果&&运算符的第一个操作数是 false，就不需要考虑第二个操作数的值了，因为无论第二个操作数的值是什么，其结果都是 false。同样，如果第一个操作数是 true，||运算符就返回 true，不必再考虑第二个操作数的值。

4.1.1 布尔按位运算符和赋值运算符

使用布尔赋值运算符可以把布尔比较与赋值组合起来，其方式与第 3 章中的数学赋值运算符(+=、*=等)相同。布尔赋值运算符如表 4-3 所示。当表达式使用赋值(=)和按位运算符(&、|、^)时，就使用所比较数值的二进制表示来计算结果，而不是使用整数、字符串或相似的值。

表 4-3 布尔赋值运算符

运算符	类别	示例表达式	结果
&=	二元	var1 &= var2;	var1 的值是 var1 & var2 的结果
|=	二元	var1 |= var2;	var1 的值是 var1 | var2 的结果
^=	二元	var1 ^= var2;	var1 的值是 var1 ^ var2 的结果

例如，等式 var1 ^= var2 类似于 var1 = var1 ^ var2，其中 var1 = true、var2 = false。当比较 false(二进制表示为 0000)与 true(不是 0000 的任何值，通常是 0001)时，var1 就设置为 true。

注意:
&=和 |= 赋值运算符并不使用&&和||条件布尔运算符，即无论赋值运算符左边的值是什么，都处理所有操作数。

试一试 使用布尔运算符: Ch04Ex01\Program.cs

(1) 在目录 C:\BeginningCSharpAndDotNET\Chapter04 下创建一个新的控制台应用程序 Ch04Ex01。

(2) 将以下代码添加到 Program.cs 中:

```
static void Main(string[] args)
{
    Console.WriteLine("Enter an integer:");
    int myInt = Convert.ToInt32(Console.ReadLine());
    bool isLessThan10 = myInt < 10;
    bool isBetween0And5 = (0 <= myInt) && (myInt <= 5);
    Console.WriteLine($"Integer less than 10? {isLessThan10}");
    Console.WriteLine($"Integer between 0 and 5? {isBetween0And5}");
    Console.WriteLine($"Exactly one of the above is true? " +
                    $"{isLessThan10 ^ isBetween0And5}");
    Console.ReadKey();
}
```

(3) 运行该应用程序，出现提示时，输入一个整数，结果如图 4-1 所示。

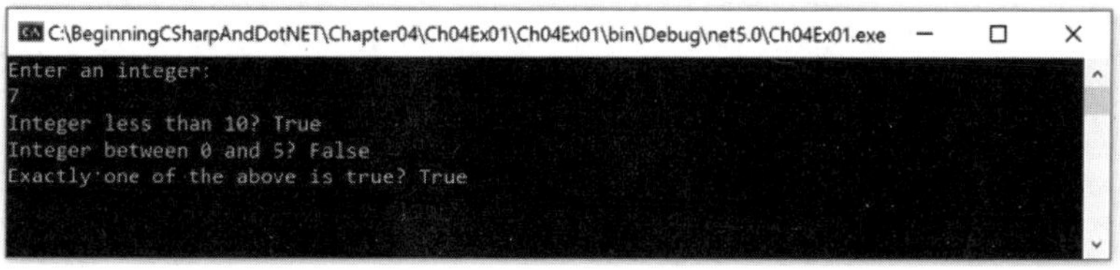

图 4-1

示例说明

前两行代码使用前面介绍的技术，提示并接受一个整数值:

```
Console.WriteLine("Enter an integer:");
int myInt = Convert.ToInt32(Console.ReadLine());
```

使用 Convert.ToInt32()从字符串输入中得到一个整数。Convert.ToInt32()是另一个类型转换命令，与前面使用的 ToDouble()命令属于同一系列。注意，没有检查用户是否输入了一个整数。如果提供的值不是整数(如字符串)，在试图执行转换时会发生异常。可以使用 try{ }…catch{ }块处理这种情况，或在执行转换之前使用 GetType()方法，检查输入的值是不是一个整数。这两种方法将在后续章节讨论。

接着声明两个布尔变量：isLessThan10 和 isBetween0And5，并赋值，其中的逻辑匹配其名称中的描述：

```
bool isLessThan10 = myInt < 10;
bool isBetween0And5 = (0 <= myInt) && (myInt <= 5);
```

接着在下面的 3 行代码中使用这些变量，前两行代码输出它们的值，而第 3 行对它们执行一个操作，并输出结果。在执行这段代码时，假定用户输入了 7，如图 4-1 所示。

第一个输出是操作 myInt < 10 的结果。如果 myInt 是 7，则它小于 10，因此结果为 true。如果 MyInt 的值是 10 或更大，就会得到 false。

第二个输出涉及较多计算: (0 <= myInt) && (myInt <= 5)，其中包含两个比较操作，用于确定 myInt 是否大于或等于 0，且小于或等于 5。接着对结果进行布尔 AND 操作。输入数字 6，则(0 <= myInt)返回 true，而(myInt <= 5)返回 false，最终结果就是(true) && (false)，即 false，如图 4-1 所示。

最后，对两个布尔变量 isLessThan10 和 isBetween0And5 执行逻辑异或操作。如果一个变量的值是 true，另一个是 false，则代码返回 true。所以只有 myInt 是 6、7、8 或 9 时，才返回 true，本例输入的是 6，所以结果是 true。

4.1.2　运算符优先级的更新

现在要考虑更多的运算符，所以应更新第 3 章中的运算符优先级表 3-10，把它们包括在内，如表 4-4 所示。

表 4-4　运算符优先级(更新后)

优先级	运算符
优先级由高到低	++, -- (用作前缀); ( ), +,-(一元), !, ~
	*, /, %
	+, -
	<<, >>
	<, >, <=, >=
	==, !=
	&
	∧
	|
	&&
	‖
	=, *=, /=, %=, +=, -=, <<=, >>=, &=, ^=, |=
	++, --(用作后缀)

该表增加了好几个级别，但明确定义了下述表达式该如何计算：

```
var1 = var2 <= 4 && var2 >= 2;
```

其中&&运算符在<=和>=运算符之后执行(在这行代码中，var2 是一个 int 值)。

这里要注意的是，添加括号可以使这样的表达式看起来更清晰。编译器知道用什么顺序执行运算符，但人们常会忘记这个顺序(有时可能想改变这个顺序)。上述表达式也可以写为：

```
var1 = (var2 <= 4) && (var2 >= 2);
```

通过明确指定计算的顺序就解决了这个问题。

4.2 分支

分支是控制下一步要执行哪行代码的过程。要跳转到的代码行由某个条件语句来控制。这个条件语句使用布尔逻辑，对测试值和一个或多个可能的值进行比较。

本节介绍 C#中的 3 种分支技术：

- 三元运算符
- if 语句
- switch 语句

4.2.1 三元运算符

最简单的比较方式是使用第 3 章介绍的三元(或条件)运算符。一元运算符有一个操作数，二元运算符有两个操作数，所以三元运算符有三个操作数。其语法如下：

```
<test> ? <resultIfTrue>: <resultIfFalse>
```

其中，计算<test>可得到一个布尔值，运算符的结果根据这个值来确定是<resultIfTrue>还是<resultIfFalse>。

使用三元运算符可以测试 int 变量 myInteger 的值，如下所示：

```
string resultString = (myInteger < 10) ? "Less than 10"
                                        : "Greater than or equal to 10";
```

三元运算符的结果是两个字符串中的一个，这两个字符串都可能赋给 resultString。把哪个字符串赋给 resultString，取决于 myInteger 的值与 10 的比较结果。如果 myInteger 的值小于 10，就把第一个字符串赋给 resultString；如果 myInteger 的值大于或等于 10，就把第二个字符串赋给 resultString。例如，如果 myInteger 的值是 4，则 resultString 的值就是字符串 Less than 10。

4.2.2 if 语句

if 语句的功能比较多，是一种有效的决策方式。与?:语句不同的是，if 语句没有结果(所以不在赋值语句中使用它)，使用该语句是为了根据条件执行其他语句。

if 语句最简单的语法如下：

```
if (<test>)
   <code executed if <test> is true>;
```

先执行<test>(其计算结果必须是一个布尔值，这样代码才能编译)，如果<test>的计算结果是 true，就执行该语句之后的代码。这段代码执行完毕后，或者因为<test>的计算结果是 false，而没有执行这段代码，将继续执行后面的代码行。

也可将 else 语句和 if 语句合并使用，指定其他代码。如果<test>的计算结果是 false，就执行 else 语句：

```
if (<test>)
    <code executed if <test> is true>;
else
    <code executed if <test> is false>;
```

可使用成对的花括号将这两段代码放在多个代码行上：

```
if (<test>)
{
    <code executed if <test> is true>;
}
else
{
    <code executed if <test> is false>;
}
```

例如，重新编写上一节使用三元运算符的代码：

```
string resultString = (myInteger < 10) ? "Less than 10"
                                        : "Greater than or equal to 10";
```

因为 if 语句的结果不能赋给一个变量，所以要单独给变量赋值：

```
string resultString;
if (myInteger < 10)
    resultString = "Less than 10";
else
    resultString = "Greater than or equal to 10";
```

这样的代码尽管比较冗长，但与对应的三元运算符形式相比，更便于阅读和理解，也更灵活。下面的示例演示了 if 语句的用法。

试一试　使用 if 语句：Ch04Ex02\Program.cs

(1) 在目录 C:\BeginningCSharpAndDotNET\Chapter04 中创建一个新的控制台应用程序 Ch04Ex02。

(2) 把下列代码添加到 Program.cs 中：

```
static void Main(string[] args)
{
    string comparison;
    Console.WriteLine("Enter a number:");
    double var1 = Convert.ToDouble(Console.ReadLine());
    Console.WriteLine("Enter another number:");
    double var2 = Convert.ToDouble(Console.ReadLine());
    if (var1 < var2)
        comparison = "less than";
    else
    {
        if (var1 == var2)
            comparison = "equal to";
```

```
    else
        comparison = "greater than";
    }
    Console.WriteLine($"The first number is {comparison} " +
            $"the second number.");
    Console.ReadKey();
}
```

(3) 执行代码，根据提示输入两个数字，如图 4-2 所示。

图   4-2

示例说明

我们已经十分熟悉代码的第一部分，它从用户输入中得到两个 double 值：

```
string comparison;
Console.WriteLine("Enter a number:");
double var1 = Convert.ToDouble(Console.ReadLine());
Console.WriteLine("Enter another number:");
double var2 = Convert.ToDouble(Console.ReadLine());
```

接着根据 var1 和 var2 的值，将一个字符串赋给 string 变量 comparison。首先看看 var1 是否小于 var2：

```
if (var1 < var2)
    comparison = "less than";
```

如果不是，则 var1 大于或等于 var2。在第一个比较操作的 else 部分，需要嵌套第二个比较：

```
else
{
    if (var1 == var2)
        comparison = "equal to";
```

只有在 var1 大于 var2 时，才执行第二个比较操作中的 else 部分：

```
    else
        comparison = "greater than";
}
```

最后将 comparison 的值写到控制台：

```
Console.WriteLine($"The first number is {comparison} " +
                $the second number."
```

这里使用的嵌套只是进行这些比较的一种方式，还可以编写如下代码：

```
if (var1 < var2)
    comparison = "less than";
if (var1 == var2)
    comparison = "equal to";
```

```
if (var1 > var2)
   comparison = "greater than";
```

这种方式的缺点在于：无论 var1 和 var2 的值是什么，都要执行 3 个比较操作。在第一种方式中，如果 var1 < var2 是 true，就只执行一个比较操作，否则就要执行两个比较操作(还执行了 var1 == var2 比较操作)，这样将使执行的代码行较少。在本例中性能上的差异较小，但在较重视执行速度的应用程序中，差异就很明显了。

使用 if 语句判断更多条件

在上例中，检查了涉及 var1 的值的 3 个条件，包括这个变量所有可能的值。有时要检查特定的值，例如 var1 是否等于 1、2、3 或 4 等。使用上面那样的代码会得到很多烦人的嵌套代码：

```
if (var1 == 1)
{
   // Do something.
}
else
{
   if (var1 == 2)
   {
      // Do something else.
   }
   else
   {
      if (var1 == 3 || var1 == 4)
      {
         // Do something else.
      }
      else
      {
         // Do something else.
      }
   }
}
```

> **警告：**
> 人们经常会错误地将诸如 if(var1 == 3 || var1 == 4)的条件写为 if(var1 == 3 || 4)。由于运算符具有优先级，因此首先执行 == 运算符，接着用 || 运算符处理布尔和数值操作数，就会出现错误。

这些情况下，就要使用稍有不同的缩进模式，缩短 else 代码块(即在 else 块的后面使用一行代码而不是一个代码块)，这样就得到了 else if 语句结构：

```
if (var1 == 1)
{
   // Do something.
}
else if (var1 == 2)
{
   // Do something else.
}
else if (var1 == 3 || var1 == 4)
```

```
{
    // Do something else.
}
else
{
    // Do something else.
}
```

这些 else if 语句实际上是两个独立的语句，它们的功能与上述代码相同，但更便于阅读。像这样进行多个比较的操作，应考虑使用另一种分支结构：switch 语句。

4.2.3　switch 语句

switch 语句非常类似于 if 语句，因为它也是根据测试的值来有条件地执行代码。但是，switch 语句可以一次将测试变量与多个值进行比较，而不是仅测试一个条件。这种测试仅限于离散的值，而不是像"大于 X"这样的子句，所以它的用法有点不同，但它仍是一种强大的技术。

switch 语句的基本结构如下：

```
switch (<testVar>)
{
    case <comparisonVal1>:
        <code to execute if <testVar> == <comparisonVal1> >
        break;
    case <comparisonVal2>:
        <code to execute if <testVar> == <comparisonVal2> >
        break;
    ...
    case <comparisonValN>:
        <code to execute if <testVar> == <comparisonValN> >
        break;
    default:
        <code to execute if <testVar> != comparisonVals>
        break;
}
```

<testVar>中的值与每个<comparisonValX>值(在 case 语句中指定)进行比较，如果有一个匹配，就执行为该匹配提供的语句。如果没有匹配，但有 default 语句，就执行 default 部分的代码。

执行完每个部分的代码后，还需要有另一个语句 break。在执行完一个 case 块后，再执行第二个 case 语句是非法的。

> **注意：**
> 在此，C#与 C++是有区别的。在 C++中，可以在运行完一个 case 语句后，运行另一个 case 语句。

这里的 break 语句将中断 switch 语句的执行，而执行该结构后面的语句。

在 C#代码中，还有其他方法可以防止程序流程从一个 case 语句转到下一个 case 语句。可以使用 return 语句，中断当前函数的运行，而不是仅中断 switch 结构的执行(详见第 6 章)。也可以使用 goto 语句(如前所述)，因为 case 语句实际上是在 C#代码中定义的标签。例如：

```
switch (<testVar>)
{
    case <comparisonVal1>:
        <code to execute if <testVar> == <comparisonVal1> >
        goto case <comparisonVal2>;
```

```
    case <comparisonVal2>:
        <code to execute if <testVar> == <comparisonVal2> >
        break;
...
```

一个 case 语句处理完毕后，不能自由进入下一个 case 语句，但这条规则有一个例外。如果把多个 case 语句放在一起(堆叠它们)，其后加一个代码块，实际上是一次检查多个条件。如果满足这些条件中的任何一个，就会执行代码，例如：

```
switch (<testVar>)
{
    case <comparisonVal1>:
    case <comparisonVal2>:
        <code to execute if<testVar> == <comparisonVal1> or
                          <testVar> == <comparisonVal2> >
        break;
    ...
```

注意，这些条件也适用于 default 语句。default 语句不一定要放在比较操作列表的最后，还可以把它和 case 语句放在一起。用 break 或 return 添加一个断点，可确保在任何情况下，该结构都有一条有效的执行路径。

在下面的示例中，将使用 switch 语句，根据用户为测试字符串输入的值，将不同字符串写到控制台。

试一试　使用 switch 语句：Ch04Ex03\Program.cs

(1) 在目录 C:\BeginningCSharpAndDotNET\Chapter04 中创建一个新的控制台应用程序 Ch04Ex03。

(2) 把以下代码添加到 Program.cs 中：

```
static void Main(string[] args)
{
    const string myName = "benjamin";
    const string niceName = "andrea";
    const string sillyName = "ploppy";
    string name;
    Console.WriteLine("What is your name?");
    name = Console.ReadLine();
    switch (name.ToLower())
    {
        case myName:
            Console.WriteLine("You have the same name as me!");
            break;
        case niceName:
            Console.WriteLine("My, what a nice name you have!");
            break;
        case sillyName:
            Console.WriteLine("That's a very silly name.");
            break;
    }
    Console.WriteLine($"Hello {name}!");
    Console.ReadKey();
}
```

(3) 执行代码，输入一个姓名，结果如图 4-3 所示。

图 4-3

示例说明

这段代码建立了 3 个常量字符串,接受用户输入的一个字符串,再根据输入的字符串把文本写到控制台。这里,字符串是用户输入的姓名。

在比较输入的姓名(在变量 name 中)和常量值时,首先要用 name.ToLower()把输入的姓名转换为小写。name.ToLower()是一个标准命令,可用于处理所有字符串变量,在不能确定用户输入的内容时,使用它是很方便的。使用这种技术,字符串 Benjamin、benJamin、benjamin 等就会与测试字符串 benjamin 匹配了。

switch 语句尝试将输入的字符串与定义的常量值进行匹配,如果成功,就会用一条个性化的消息问候用户。如果不匹配,则只简单地问候用户。

4.3 循环

循环就是重复执行语句。这种技术使用起来非常方便,因为可以对操作重复任意多次(数千次,甚至数百万次),而不必每次都编写相同的代码。

举一个简单例子,下面的代码计算一个银行账户在 10 年后的金额,假定支付每年的利息,且该账户没有其他款项的存取:

```
double balance = 1000;
double interestRate = 1.05; // 5% interest/year
balance *= interestRate;
balance *= interestRate;
balance *= interestRate;
balance *= interestRate;
balance *= interestRate;
balance *= interestRate;
balance *= interestRate;
balance *= interestRate;
balance *= interestRate;
balance *= interestRate;
```

将相同代码编写 10 次很费时间,如果把 10 年改为其他值,又会如何?那就必须把该代码行手工复制需要的次数,这是一件多么痛苦的事!幸运的是,完全不必这样做。使用一个循环就可以对指令执行需要的次数。

循环的另一种重要类型是一直循环到给定的条件满足为止。这些循环比上面描述的循环稍简单些(但同样很有用),所以首先介绍这类循环。

4.3.1 do 循环

do 循环以下述方式执行:执行标记为循环的代码,然后进行一个布尔测试,如果测试结果为 true,

就再次执行这段代码，并重复这个过程。当测试结果为 false 时，就退出循环。

do 循环的结构如下：

```
do
{
    <code to be looped>
} while (<Test>);
```

其中，计算<Test>会得到一个布尔值。

> **注意：**
> while 语句之后必须使用分号。

例如，使用该结构可以把从 1 到 10 的数字输出到一列：

```
int i = 1;
do
{
Console.WriteLine($"{i++}");
} while (i <= 10);
```

在把 i 的值写到屏幕上后，使用后缀形式的++运算符递增 i 的值，所以需要检查一下 i <= 10，以便把数字 10 也输出到控制台中。

下例使用这个结构略微修改一下本节前面的代码。该段代码计算一个账户在 10 年后的余额。这次使用一个循环，根据起始的金额和固定利率，计算该账户的金额需要多少年才能达到某个指定的数额。

试一试　使用 do 循环：Ch04Ex04\Program.cs

(1) 在目录 C:\BeginningCSharpAndDotNET\Chapter04 中创建一个新的控制台应用程序 Ch04Ex04。

(2) 把下述代码添加到 Program.cs 中：

```
static void Main(string[] args)
{
    double balance, interestRate, targetBalance;
    Console.WriteLine("What is your current balance?");
    balance = Convert.ToDouble(Console.ReadLine());
    Console.WriteLine("What is your current annual interest rate (in %)?");
    interestRate = 1 + Convert.ToDouble(Console.ReadLine()) / 100.0;
    Console.WriteLine("What balance would you like to have?");
    targetBalance = Convert.ToDouble(Console.ReadLine());
    int totalYears = 0;
    do
    {
        balance *= interestRate;
        ++totalYears;
    }
    while (balance < targetBalance);
    Console.WriteLine($"In {totalYears} year{(totalYears == 1 ? "": "s")} " +
            $"you'll have a balance of {balance}.");
    Console.ReadKey();
}
```

(3) 执行代码，输入一些值，示例结果如图 4-4 所示。

图　4-4

示例说明

这段代码利用固定的利率，对年度计算余额的过程重复必要的次数，直到满足结束条件为止。在每次循环中，递增一个计数器变量，就可以确定需要多少年：

```
int totalYears = 0;
do
{
    balance *= interestRate;
    ++totalYears;
}
while (balance < targetBalance);
```

然后就可以将这个计数器变量用作输出结果的一部分：

```
Console.WriteLine($"In {totalYears} year{(totalYears == 1 ? "": "s")}" +
        $"you'll have a balance of {balance}.");
```

> **注意：**
> 这可能是?: (三元)运算符最常见的用法了——用最少的代码有条件地格式化文本。这里，如果 totalYears 不等于 1，就在 year 后面输出一个 s。

但这段代码并不完美，考虑一下目标余额少于当前余额的情况，则结果应如图 4-5 所示。

图　4-5

do 循环至少执行一次。有时(如这个示例)这并不是很理想。当然，可以添加一条 if 语句：

```
int totalYears = 0;
if (balance < targetBalance)
{
    do
    {
        balance *= interestRate;
        ++totalYears;
    }
    while (balance < targetBalance);
}
```

```
Console.WriteLine($"In {totalYears} year{(totalYears == 1 ? "": "s")} " +
        $"you'll have a balance of {balance}.");
```

这显然无谓地增加了复杂性。更好的解决方案是使用 while 循环。

4.3.2 while 循环

while 循环非常类似于 do 循环，但有一个重要的区别：while 循环中的布尔测试在循环开始时进行，而不是最后进行。如果测试结果为 false，就不会执行循环。程序的执行会直接跳转到循环之后的代码。

按下述方式指定 while 循环：

```
while (<Test>)
{
    <code to be looped>
}
```

while 循环的使用方式几乎与 do 循环完全相同，例如：

```
int i = 1;
while (i <= 10)
{
    Console.WriteLine($"{i++}");
}
```

这段代码的执行结果与前面的 do 循环相同，它在一列中输出从 1 到 10 的数字。下面使用 while 循环修改上一个示例。

试一试 使用 while 循环：Ch04Ex05\Program.cs

(1) 在目录 C:\BeginningCSharpAndDotNET\Chapter04 中创建一个新的控制台应用程序 Ch04Ex05。

(2) 修改代码，如下所示(使用 Ch04Ex04 中的代码作为起点，记住要删除原来 do 循环最后的 while 语句)：

```
static void Main(string[] args)
{
double balance, interestRate, targetBalance;
Console.WriteLine("What is your current balance?");
balance = Convert.ToDouble(Console.ReadLine());
Console.WriteLine("What is your current annual interest rate (in %)?");
interestRate = 1 + Convert.ToDouble(Console.ReadLine()) / 100.0;
Console.WriteLine("What balance would you like to have?");
targetBalance = Convert.ToDouble(Console.ReadLine());
int totalYears = 0;
while (balance < targetBalance)
{
    balance *= interestRate;
    ++totalYears;
}
Console.WriteLine($"In {totalYears} year{(totalYears == 1 ? "": "s")} " +
        $"you'll have a balance of {balance}.");
    if (totalYears == 0)
        Console.WriteLine(
            "To be honest, you really didn't need to use this calculator.");
```

```
Console.ReadKey();
}
```

(3) 再次执行代码，但这次使用少于起始余额的目标余额，如图4-6所示。

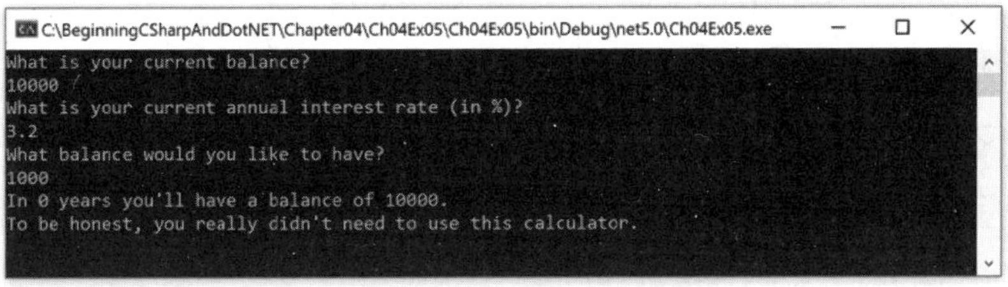

图 4-6

示例说明

这段代码只是把 do 循环改为 while 循环，就解决了上个示例中的问题。把布尔测试移到开头处，就考虑了不需要执行循环的情况，可以直接跳转到输出结果。

当然，对于这种情况还有一个解决方案。例如，可以检查用户输入，确保目标余额大于起始余额。此时，可将用户输入部分放在循环中，如下所示：

```
Console.WriteLine("What balance would you like to have?");
do
{
    targetBalance = Convert.ToDouble(Console.ReadLine());
    if (targetBalance <= balance)
        Console.WriteLine("You must enter an amount greater than " +
                          "your current balance!\nPlease enter another value.");
}
while (targetBalance <= balance);
```

这将拒绝接受无意义的值，得到如图4-7所示的结果。

图 4-7

在设计应用程序时，用户输入的有效性检查是一个很重要的主题，有时称为"范围检查"。本书将列举更多这方面的示例。

4.3.3 for 循环

本章介绍的最后一类循环是 for 循环。这类循环可以执行指定的次数，并维护它自己的计数器。要定义 for 循环，需要下列信息：

● 初始化计数器变量的一个起始值。

- 继续循环的条件，应涉及计数器变量。
- 在每次循环的最后，对计数器变量执行一个操作。

例如，如果要在循环中，使计数器从1递增到10，递增量为1，则起始值为1，条件是计数器小于或等于10，在每次循环的最后，要执行的操作是给计数器加1。

这些信息必须放在 for 循环的结构中，如下所示：

```
for(<initialization>;<condition>;<operation>)
{
    <code to loop>
}
```

它的工作方式与下述 while 循环完全相同：

```
<initialization>
while (<condition>)
{
    <code to loop>
    <operation>
}
```

前面使用 do 循环和 while 循环输出了从 1 到 10 的数字。下面看看如何使用 for 循环完成这个任务：

```
int i;
for (i = 1; i <= 10; ++i)
{
    Console.WriteLine($"{i}");
}
```

计数器变量是一个整数 i，它的初始值是 1，在每次循环的最后递增 1。在每次循环过程中，把 i 的值写到控制台。

注意，当 i 的值为 11 时，将执行循环后面的代码。这是因为在 i 等于 10 的循环末尾，i 会递增为 11。这是在测试条件 i <= 10 之前发生的，此时循环结束。与 while 循环一样，在第一次执行前，只在条件计算为 true 时才执行 for 循环，所以可能根本就不会执行循环中的代码。

最后注意，可将计数器变量声明为 for 语句的一部分，重新编写上述代码，如下所示：

```
for (int i = 1; i <= 10; ++i)
{
    Console.WriteLine($"{i}");
}
```

但如果这样做，就不能在循环外部使用变量 i(参见第 6 章 6.2 节"变量的作用域")。

4.3.4　循环的中断

有时需要更精细地控制循环代码的处理。C#为此提供了以下命令：

- break——立即终止循环。
- continue——立即终止当前的循环(继续执行下一次循环)。
- return——跳出循环及包含该循环的函数(参见第 6 章)。

break 命令可退出循环，继续执行循环后面的第一行代码，例如：

```
int i = 1;
while (i <= 10)
```

```
{
    if (i == 6)
        break;
    Console.WriteLine($"{i++}");
}
```

这段代码输出数字 1 到 5，因为 break 命令在 i 的值为 6 时退出循环。

continue 仅终止当前迭代，而不是整个循环，例如：

```
int i;
for (i = 1; i <= 10; i++)
{
    if ((i % 2) == 0)
        continue;
    Console.WriteLine(i);
}
```

在上面的示例中，只要 i 除以 2 的余数是 0，continue 语句就终止当前的迭代，所以只显示数字 1、3、5、7 和 9。

4.3.5　无限循环

在代码编写错误或故意进行设计时，可以定义永不终止的循环，即所谓的无限循环(infinite loop)。例如，下面的代码就是无限循环的一个简单例子：

```
while (true)
{
    // code in loop
}
```

有时这种代码也是有用的，而且使用 break 语句或者手工使用 Windows 任务管理器总是可以退出这样的循环。但当意外出现这种情形时，就会出问题。考虑下面的循环，它与上一节中的 for 循环非常类似：

```
int i = 1;
while (i <= 10)
{
    if ((i % 2) == 0)
        continue;
    Console.WriteLine($"{i++}");
}
```

在此，i 是在循环的最后一行代码(即 continue 语句后的那条语句)执行完后才递增的。如果程序执行到 continue 语句(此时 i 为 2)，程序会用相同的 i 值进行下一个循环，然后测试这个 i 值，继续循环，一直这样下去。这就冻结了应用程序。注意，仍可采用一般方式退出已冻结的应用程序，所以不必重新启动计算机。

4.4　习题

(1) 如果两个整数存储在变量 var1 和 var2 中，该进行什么样的布尔测试，可查看其中的一个(但不是两个)是否大于 10？

(2) 编写一个应用程序，其中包含习题(1)中的逻辑，要求用户输入两个数字，并显示它们，但拒绝接受两个数字都大于 10 的情况，并要求用户重新输入。

(3) 下面的代码存在什么错误？

```
int i;
for (i = 1; i <= 10; i++)
{
    if ((i % 2) = 0)
        continue;
    Console.WriteLine(i);
}
```

附录 A 给出了习题答案。

4.5　本章要点

主题	要点
布尔逻辑	布尔逻辑使用布尔值(true 和 false)计算条件。布尔运算符用于比较数值，返回布尔结果。一些布尔运算符也用于对数值的底层位结构执行按位操作，还有一些专门的按位运算符
分支	可使用布尔逻辑控制程序流。计算结果为布尔值的表达式可用于确定是否执行某个代码块，可以使用 if 语句或?:(三元)运算符进行简单的分支，或者使用 switch 语句同时检查多个条件
循环	循环允许根据指定的条件多次执行代码块。使用 do 循环和 while 循环可在布尔表达式为 true 时执行代码，使用 for 循环可在循环代码中包含一个计数器。循环可以使用 continue 中断当前的迭代，或者使用 break 完全中断。一些循环只能在用户强制中断时结束，这些循环称为无限循环

第5章

变量的更多内容

本章内容:

- 如何在类型之间进行隐式和显式转换
- 如何创建和使用枚举类型
- 如何创建和使用结构类型
- 如何创建和使用数组
- 如何处理字符串值

本章源代码下载:

本章源代码可以通过本书合作站点 www.wiley.com 上的 Download Code 选项卡下载,也可以通过网址 github.com/benperk/BeginningCSharpAndDotNET 下载。下载代码位于 Chapter05 文件夹中并已根据本章示例的名称单独命名。

前面介绍了有关 C#语言的一些内容,现在将回顾和讨论与变量相关的其他一些较复杂的主题。

首先讨论类型转换,即把值从一种类型转换为另一种类型。前面已经描述了其中一些信息,这里则要正式讨论。掌握这个主题可以更好地理解表达式中(有意或无意地)混合使用类型时会发生什么,更好地控制处理数据的方式。这有助于理顺代码,避免引起不必要的误解。

接着阐述另一些类型的变量:

- **枚举**—— 一种变量类型,用户定义了一组可能的离散值,这些值可用人们能理解的方式使用。
- **结构**—— 一种合成的变量类型,由用户定义的一组其他变量类型组成。
- **数组**—— 包含一种类型的多个变量,允许以索引方式访问各个值。

这些类型比前面使用的简单类型复杂一些,但可以使工作更容易完成。最后,学习另一个与字符串相关的主题——基本字符串处理。

5.1　类型转换

本书前面说过,无论是什么类型,所有数据都是一系列的位,即一系列 0 和 1。变量的含义是通过解释这些数据的方式来确定的。最简单的示例是 char 类型,这种类型用一个数字表示 Unicode 字符集中的一个字符。实际上,这个数字与 ushort 的存储方式完全相同——它们都存储 0 和 65 535 之间的数字。

但一般情况下,不同类型的变量使用不同的模式来表示数据。这意味着,即使可以把一系列的位从一种类型的变量移到另一种类型的变量中(也许它们占用的存储空间相同,也许目标类型有足够的存储空间包含所有的源数据位),结果也可能与期望的不同。

因此,需要对数据进行类型转换,而不是将数据位从一个变量一对一映射到另一个变量。类型转换采用以下两种形式。

- **隐式转换**:从类型 A 到类型 B 的转换可在所有情况下进行,执行转换的规则非常简单,可以让编译器执行转换。
- **显式转换**:从类型 A 到类型 B 的转换只能在某些情况下进行,转换规则比较复杂,应进行某种类型的额外处理。

5.1.1 隐式转换

隐式转换不需要做任何工作,也不需要另外编写代码。考虑下面的代码:

```
var1 = var2;
```

如果 var2 的类型可以隐式地转换为 var1 的类型,这条赋值语句就涉及隐式转换。这两个变量的类型也可能相同,此时就不需要隐式转换。例如,ushort 和 char 的值是可以互换的,因为它们都可以存储 0 和 65 535 之间的数字,在这两种类型之间可以进行隐式转换,如下面的代码所示:

```
ushort destinationVar;
char sourceVar = 'a';
destinationVar = sourceVar;
Console.WriteLine($"sourceVar val: {sourceVar}");
Console.WriteLine($"destinationVar val: {destinationVar}");
```

这里存储在 sourceVar 中的值放在 destinationVar 中。在用两个 Console.WriteLine()命令输出变量时,得到如下结果:

```
sourceVar val: a
destinationVar val: 97
```

即使两个变量存储的信息相同,使用不同的类型解释它们时,方式也是不同的。

简单类型有许多隐式转换,bool 和 string 没有隐式转换,但数值类型有一些隐式转换。表 5-1 列出了编译器可以隐式执行的数值转换(记住,char 存储的是数值,所以 char 被当作数值类型)。

表 5-1 隐式数值转换

类型	可以安全地转换为
byte	short, ushort, int, uint, long, ulong, float, double, decimal
sbyte	short, int, long, float, double, decimal
short	int, long, float, double, decimal
ushort	int, uint, long, ulong, float, double, decimal
int	long, float, double, decimal
uint	long, ulong, float, double, decimal
long	float, double, decimal
ulong	float, double, decimal
float	double
char	ushort, int, uint, long, ulong, float, double, decimal

不必担心——不需要记住这个表格，因为很容易看出编译器可以执行哪些隐式转换。第 3 章中的表 3-1、表 3-2 和表 3-3 列出了每种简单数字类型的取值范围。这些类型的隐式转换规则是：任何类型 A，只要其取值范围完全包含在类型 B 的取值范围内，就可以隐式转换为类型 B。

其原因是很简单的。如果要把一个值放在变量中，而该值超出了变量的取值范围，就会出问题。例如，short 类型的变量可以存储 0～32 767 的数字，而 byte 可以存储的最大值是 255，所以如果要将 short 值转换为 byte 值，就会出问题。如果 short 包含的值在 256 和 32 767 之间，相应数值就不能放在 byte 中。

但是，如果 short 类型变量中的值小于 255，就应能转换这个值吗？答案是可以。具体而言，虽然可以，但必须使用显式转换。执行显式转换有点类似于"我已经知道你提出了警告，但我将对其后果负责"。

5.1.2　显式转换

顾名思义，在明确要求编译器把数值从一种数据类型转换为另一种数据类型时，就是在执行显式转换。因此，这需要另外编写代码，代码的格式因转换方法而异。在学习显式转换代码前，首先分析如果不添加任何显式转换代码，会发生什么情况。

例如，下面对上一节的代码进行修改，试着将 short 值转换为 byte 类型：

```
byte destinationVar;
short sourceVar = 7;
destinationVar = sourceVar;
Console.WriteLine($"sourceVar val: {sourceVar}");
Console.WriteLine($"destinationVar val: {destinationVar}");
```

如果编译这段代码，就会产生如下错误：

```
Cannot implicitly convert type 'short' to 'byte'. An explicit conversion exists
(are you missing a cast?)
```

为成功编译这段代码，需要添加代码，进行显式转换。最简单的方式是把 short 变量强制转换为 byte 类型(如上述错误字符串所建议)。强制转换就是强迫数据从一种类型转换为另一种类型，其语法比较简单：

```
(<destinationType>)<sourceVar>
```

这将把*<sourceVar>*中的值转换为*<destinationType>*类型。

> **注意：**
> 这种转换方式只在某些情况下可行。彼此间几乎没有什么关系的类型或根本没关系的类型不能进行强制转换。例如，不能将数值转换为字符串。

因此可使用这个语法修改示例，把 short 类型强制转换为 byte 类型：

```
byte destinationVar;
short sourceVar = 7;
destinationVar = (byte)sourceVar;
Console.WriteLine($"sourceVar val: {sourceVar}");
Console.WriteLine($"destinationVar val: {destinationVar}");
```

得到如下结果：

```
sourceVar val: 7
```

```
destinationVar val: 7
```

在试图把一个值强制转换为不兼容的变量类型时，会发生什么呢？以整数为例，不能把一个大整数放到一个太小的数值类型中。按如下所示修改代码就能证明这一点：

```
byte destinationVar;
short sourceVar = 281;
destinationVar = (byte)sourceVar;
Console.WriteLine($"sourceVar val: {sourceVar}");
Console.WriteLine($"destinationVar val: {destinationVar}");
```

结果如下：

```
sourceVar val: 281
destinationVar val: 25
```

发生了什么？看看这两个数字的二进制表示，以及可以存储在 byte 中的最大值 255：

```
281 = 100011001
 25 = 000011001
255 = 011111111
```

可以看出，源数据的最左边一位丢失了。这会引发一个问题：如何确定数据是何时丢失的？显然，当需要显式地将一种数据类型转换为另一种数据类型时，最好能够了解是否有数据丢失的情况。如果不知道这些，就会发生严重问题。例如，财务应用程序或确定火箭飞往月球轨道的应用程序。

一种方式是检查源变量的值，将它与目标变量的取值范围进行比较。还有另一种技术，就是迫使系统特别注意运行期间的转换。在将一个值放在一个变量中时，如果该值过大，不能放在该类型的变量中，就会导致溢出，这就需要检查。

对于为表达式设置所谓的溢出检查上下文，需要用到两个关键字——checked 和 unchecked。按下述方式使用这两个关键字：

```
checked(<expression>)
unchecked(<expression>)
```

下面对上一个示例进行溢出检查：

```
byte destinationVar;
short sourceVar = 281;
destinationVar = checked((byte)sourceVar);
Console.WriteLine($"sourceVar val: {sourceVar}");
Console.WriteLine($"destinationVar val: {destinationVar}");
```

执行这段代码时，程序会崩溃，并显示如图 5-1 所示的错误信息(在 OverflowCheck 项目中编译这段代码)。

但在这段代码中，如果用 unchecked 替代 checked，就会得到与以前同样的结果，不会出现错误。这与前面的默认做法是一样的。

也可以配置应用程序，让这种类型的表达式都和包含 checked 关键字一样，除非表达式明确使用 unchecked 关键字(换言之，可以改变溢出检查的默认设置)。为此，应修改项目的属性：右击 Solution Explorer 窗口中的项目，选择 Properties 选项。单击窗口左边的 Build，打开 Build 设置。

要修改的属性是一个 Advanced 设置，所以单击 Advanced 按钮。在打开的对话框中，选中 Check for arithmetic overflow/underflow 选项，如图 5-2 所示。默认情况下这个设置被禁用，激活它可以提供上述 checked 行为。这个设置可能会对程序的执行速度带来一定影响，因此当不再需要它时就禁用它。

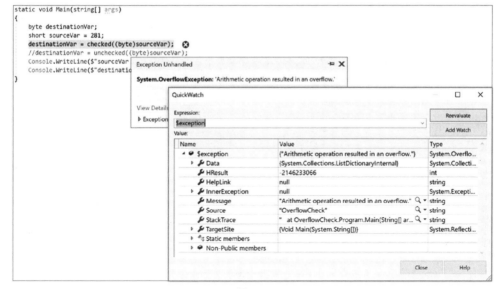

图　5-1

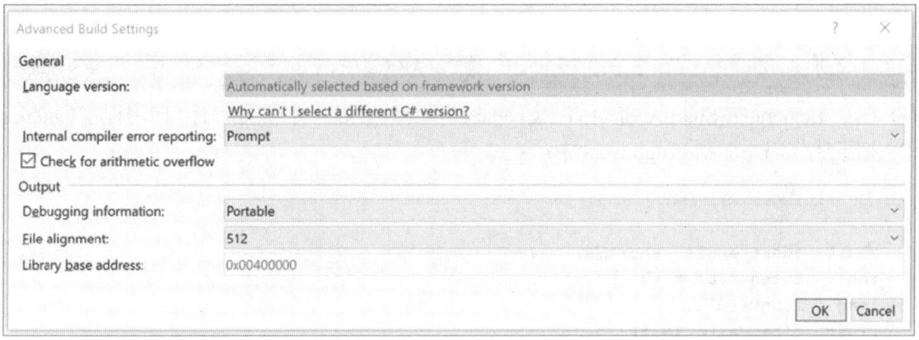

图　5-2

5.1.3　使用 Convert 命令进行显式转换

前面章节中的许多"试一试"示例中使用的显式类型转换，这与本章前面的示例有一些区别。前面使用 Convert.ToDouble()等命令把字符串值转换为数值，显然，这种方式并不适用于所有字符串。

例如，如果使用 Convert.ToDouble()把 Number 字符串转换为 double 值，在执行代码时，将看到如图 5-3 所示的对话框。

可以看出，执行失败。为成功执行此类转换，所提供的字符串必须是数值的有效表达方式，该数还必须是不会溢出的数。数值的有效表达方式是：首先是一个可选符号(加号或减号)，然后是 0 位或多位数字，一个可选的句点后跟一位或多位数字，接着是一个可选的 e 或 E，后跟一个可选符号和一位或多位数字，除了还可能有空格(在这个序列之前或之后)，不能有其他字符。利用这些可选的额外数据，可将-1.2451e-24 这样复杂的字符串识别为数值。

对于这些转换要注意的一个重要问题是，它们总是要进行溢出检查，checked 和 unchecked 关键字以及项目属性设置不起作用。

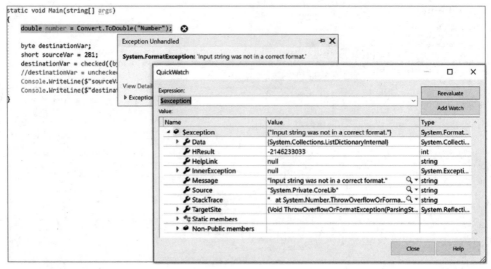

图 5-3

下面的示例包括本节介绍的许多转换类型。它声明和初始化许多不同类型的变量，再在它们之间进行隐式和显式转换。

试一试 类型转换实践：Ch05Ex01\Program.cs

(1) 在 C:\BeginningCSharpAndDotNET\Chapter05 目录中创建一个新的控制台应用程序 Ch05Ex01。

(2) 把下述代码添加到 Program.cs 中：

```csharp
static void Main(string[] args)
{
    short   shortResult, shortVal = 4;
    int     integerVal = 67;
    long    longResult;
    float   floatVal = 10.5F;
    double doubleResult, doubleVal = 99.999;
    string stringResult, stringVal = "17";
    bool    boolVal = true;
    Console.WriteLine("Variable Conversion Examples\n");
    doubleResult = floatVal * shortVal;
    Console.WriteLine($"Implicit, -> double: {floatVal} * {shortVal} ->
{ doubleResult }");
    shortResult = (short)floatVal;
    Console.WriteLine($"Explicit, -> short: {floatVal} -> {shortResult}");
    stringResult = Convert.ToString(boolVal) +
        Convert.ToString(doubleVal);
    Console.WriteLine($"Explicit, -> string: \"{boolVal}\" + \"{doubleVal}\" -> " +
            $"{stringResult}");
    longResult = integerVal + Convert.ToInt64(stringVal);
    Console.WriteLine($"Mixed, -> long: {integerVal} + {stringVal} ->
{longResult}");
    Console.ReadKey();
}
```

(3) 执行代码，结果如图 5-4 所示。

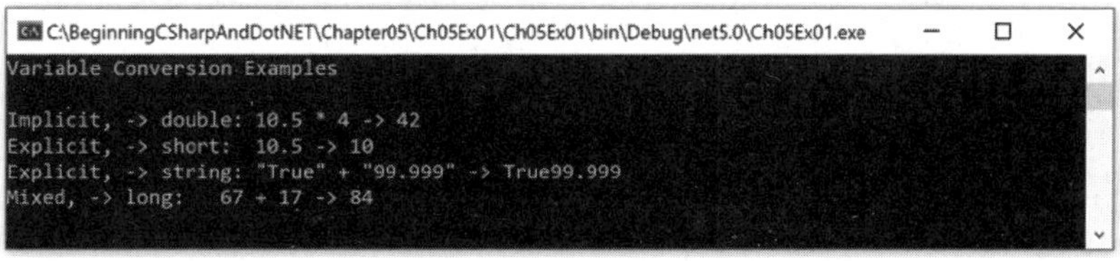

图 5-4

示例说明

这个示例包含前面介绍的所有转换类型，既有像前面简短代码示例中的简单赋值，也有在表达式中进行的转换。必须考虑这两种情况，因为每个非一元运算符的处理都可能要进行类型转换，而不仅是赋值运算符。例如：

```
shortVal * floatVal
```

其中把一个 short 值与一个 float 值相乘。在这样的指令中，没有指定显式转换，所以如有可能，就会进行隐式转换。在这个示例中，唯一有意义的隐式转换是把 short 值转换为 float 值(因为把 float 值转换为 short 值需要进行显式转换)，所以这里将使用隐式转换。

不过，也可以覆盖这种行为，如下所示：

```
shortVal * (short)floatVal
```

注意:
有趣的是，两个 short 值相乘的结果并不会返回一个 short 值。因为这个操作的结果很可能大于 32 767(这是 short 类型可以存储的最大值)，所以这个操作的结果实际上是 int 值。
这个转换过程初看起来比较复杂，但只要按照运算符的优先级把表达式分解为不同的部分，就可以弄清楚这个过程。

5.2 复杂的变量类型

除了这些简单的变量类型外，C#还提供了 3 个较复杂(但非常有用)的变量：枚举、结构和数组。

5.2.1 枚举

本书迄今介绍的每种类型(除 string 外)都有明确的取值范围。诚然，有些类型(如 double)的取值范围非常大，可以看成是连续的，但它们仍是一个固定集合。最简单的示例是 bool 类型，它只能取两个值：true 或 false。

有时希望变量取的是一个固定集合中的值。例如，让 orientation 类型可以存储 north、south、east 或 west 中的一个值。

此时可以使用枚举类型。枚举可以完成这个 orientation 类型的任务：它们允许定义一个类型，其取值范围是用户提供的值的有限集合。所以，需要创建自己的枚举类型 orientation，它可以从上述 4 个值中取一个值。

注意有一个附加步骤——不是仅声明一个给定类型的变量，而是声明和描述一个用户定义的类型，再声明这个新类型的变量。

定义枚举

可以用 enum 关键字定义枚举，如下所示：

```
enum <typeName>
{
    <value1>,
    <value2>,
    <value3>,
    ...
    <valueN>
}
```

接着声明这个新类型的变量：

```
<typeName> <varName>;
```

并赋值：

```
<varName> = <typeName>.<value>;
```

枚举使用一个基本类型来存储。枚举类型可取的每个值都存储为该基本类型的一个值，默认情况下该类型为 int。通过在枚举声明中添加类型，就可以指定其他基本类型：

```
enum <typeName> : <underlyingType>
{
    <value1>,
    <value2>,
    <value3>,
    ...
    <valueN>
}
```

枚举的基本类型可以是 byte、sbyte、short、ushort、int、uint、long 和 ulong。

默认情况下，每个值都会根据定义的顺序(从 0 开始)，被自动赋予对应的基本类型值。这意味着 <value1>的值是 0，<value2>的值是 1，<value3>的值是 2，等等。可以重写这个赋值过程：使用＝运算符，指定每个枚举的实际值：

```
enum <typeName> : <underlyingType>
{
    <value1> = <actualVal1>,
    <value2> = <actualVal2>,
    <value3> = <actualVal3>,
    ...
    <valueN> = <actualValN>
}
```

还可使用一个值作为另一个枚举的基础值，为多个枚举指定相同的值：

```
enum <typeName> : <underlyingType>
{
    <value1> = <actualVal1>,
    <value2> = <value1>,
    <value3>,
    …
    <valueN> = <actualValN>
}
```

未赋值的任何值都会自动获得一个初始值，这里使用的值是从比上一个明确声明的值大 1 开始的序列。例如，在上面的代码中，<*value3*>的值是<*value1*>＋1。

注意这可能会产生预料不到的问题，在一个定义(如<*value2*> = <*value1*>)后指定的值可能与其他值相同。例如，在下面的代码中，<*value4*>的值与<*value2*>的值相同：

```
enum <typeName> : <underlyingType>
{
    <value1> = <actualVal1>,
    <value2>,
    <value3> = <value1>,
    <value4>,
    …
    <valueN> = <actualValN>
}
```

当然，如果这正是希望的结果，代码就是正确的。还要注意，以循环方式赋值可能会产生错误，例如：

```
enum <typeName> :<underlyingType>
{
    <value1> = <value2>,
    <value2> = <value1>
}
```

下面看一个示例。其代码定义了一个枚举 orientation，然后演示了它的用法。

(1) 在 C:\BeginningCSharpAndDotNET\Chapter05 目录中创建一个新的控制台应用程序 Ch05Ex02。

(2) 把下列代码添加到 Program.cs 中：

```
namespace Ch05Ex02
{
    enum orientation : byte
    {
        north = 1,
        south = 2,
        east = 3,
        west = 4
    }
    class Program
    {
        static void Main(string[] args)
        {
            orientation myDirection = orientation.north;
            Console.WriteLine($"myDirection = {myDirection}");
            Console.ReadKey();
        }
    }
}
```

(3) 运行应用程序，应得到如图 5-5 所示的输出结果。

图 5-5

(4) 退出应用程序，并修改 Main()方法中的代码，如下所示：

```
byte directionByte;
string directionString;
  orientation myDirection = orientation.north;
  Console.WriteLine($"myDirection = {myDirection}");
directionByte = (byte)myDirection;
directionString = Convert.ToString(myDirection);
Console.WriteLine($"byte equivalent = {directionByte}");
Console.WriteLine($"string equivalent = {directionString}");
```

(5) 再次运行应用程序，输出结果如图 5-6 所示。

图 5-6

示例说明

这段代码定义并使用了一个枚举类型 orientation。首先要注意，类型定义代码放在名称空间 Ch05Ex02 中，但没有与其余代码放在一起。这是因为在运行期间，类型定义代码并不像执行应用程序中的代码那样逐行执行。应用程序是从我们熟悉的位置开始执行的，它可以访问新类型，因为该类型位于同一个名称空间中。

这个示例的第一个迭代演示了创建新类型的变量，给它赋值以及把它输出到屏幕上的基本方法。接着修改代码，把枚举值转换为其他类型。注意这里必须使用显式转换。即使 orientation 的基本类型是 byte，也仍必须使用(byte)强制实现类型转换，把 myDirection 的值转换为 byte 类型：

```
directionByte = (byte)myDirection;
```

如果要将 byte 类型转换为 orientation，也同样需要进行显式转换。例如，可以使用下述代码将 byte 变量 myByte 转换为 orientation 值，并将这个值赋给 myDirection：

```
myDirection = (orientation)myByte;
```

当然，这里必须要小心，因为并不是所有 byte 类型变量的值都可以映射为已定义的 orientation 值。orientation 类型可以存储其他 byte 值，所以这么做不会直接产生错误，但会在应用程序的后面违反逻辑。

要获得枚举值的字符串值，可以使用 Convert.ToString()：

```
directionString = Convert.ToString(myDirection);
```

使用(string)强制类型转换是行不通的，因为需要进行的处理并不仅是把存储在枚举变量中的数据放在 string 变量中，而是更复杂一些。另外，可使用变量本身的 ToString()命令。下面的代码与使用 Convert.ToString()的效果相同：

```
directionString = myDirection.ToString();
```

也可以把 string 转换为枚举值,但其语法稍复杂一些。有一个特定命令可用于完成此类转换,即 Enum.Parse(),其用法如下:

```
(enumerationType)Enum.Parse(typeof(enumerationType), enumerationValueString);
```

这里使用了另一个运算符 typeof,它可以得到操作数的类型。对 orientation 类型使用这个命令,如下所示:

```
string myString = "north";
orientation myDirection = (orientation)Enum.Parse(typeof(orientation), myString);
```

当然,并非所有字符串值都会映射为一个 orientation 值。如果传入的一个值不能映射为枚举值中的一个,就会产生错误。与 C#中的其他值一样,这些值是区分大小写的,所以如果字符串与一个值相同,但大小写不同(例如,将 myString 设置为 North 而不是 north),就会产生错误。

5.2.2 结构

下一个要介绍的变量类型是结构(struct,structure 的简写)。结构就是由几个数据组成的数据结构,这些数据可能具有不同的类型。根据这个结构,可以定义自己的变量类型。例如,假定要存储从起点开始到某一位置的路径,路径由方向和距离值(英里)组成。为简单起见,可以假定该方向是指南针上的一点(这样,方向就可以用上一节的 orientation 枚举来表示),距离值可用 double 类型来表示。

通过前面的代码,可用两个不同的变量来表示路径:

```
orientation myDirection;
double      myDistance;
```

像这样使用两个变量,是没有错误的,但在一个地方存储这些信息更加简单(在需要多个路径时,就尤为简单)。

定义结构

使用 struct 关键字定义结构,如下所示:

```
struct <typeName>
{
    <memberDeclarations>
}
```

*<memberDeclarations>*部分包含变量(称为结构的数据成员)的声明,其格式与前面的变量声明一样。每个成员的声明都采用如下形式:

```
<accessibility> <type> <name>;
```

要让调用结构的代码访问该结构的数据成员,可以对*<accessibility>*使用关键字 public,例如:

```
struct route
{
    public orientation direction;
    public double      distance;
}
```

定义结构类型后,就可以定义该结构类型的变量:

```
route myRoute;
```

还可以通过句点字符访问这个组合变量中的数据成员：

```
myRoute.direction = orientation.north;
myRoute.distance = 2.5;
```

下面的"试一试"示例中将演示这个类型，其中使用上一个"试一试"示例中的 orientation 枚举和上面的 route 结构。本例在代码中处理这个结构，以便你了解结构的工作原理。

试一试　使用结构：Ch05Ex03\Program.cs

(1) 在 C:\BeginningCSharpAndDotNET\Chapter05 目录中创建一个新的控制台应用程序 Ch05Ex03。

(2) 将下列代码添加到 Program.cs 中：

```
namespace Ch05Ex03
{
    enum orientation: byte
    {
        north = 1,
        south = 2,
        east = 3,
        west = 4
    }
    struct route
    {
        public orientation direction;
        public double distance;
    }
    class Program
    {
        static void Main(string[] args)
        {
            route myRoute;
            int myDirection = -1;
            double myDistance;
            Console.WriteLine("1) North\n2) South\n3) East\n4) West");
            do
            {
                Console.WriteLine("Select a direction:");
                myDirection = Convert.ToInt32(Console.ReadLine());
            }
            while ((myDirection < 1) || (myDirection > 4));
            Console.WriteLine("Input a distance:");
            myDistance = Convert.ToDouble(Console.ReadLine());
            myRoute.direction = (orientation)myDirection;
            myRoute.distance = myDistance;
            Console.WriteLine($"myRoute specifies a direction of {myRoute.direction} " +
                $"and a distance of {myRoute.distance}");
            Console.ReadKey();
        }
    }
}
```

(3) 执行代码，输入一个属于 1~4 范围内的数字，以选择一个方向，输入一个距离值，结果如图 5-7 所示。

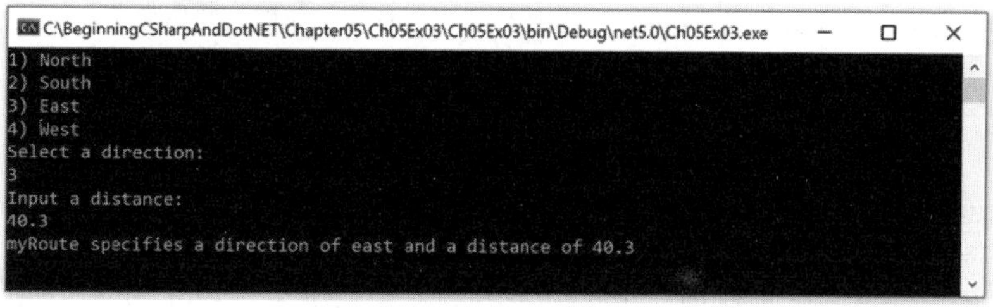

图　5-7

示例说明

结构和枚举一样，也是在代码的主体之外声明。在名称空间声明中声明 route 结构及其使用的 orientation 枚举:

```
enum orientation: byte
{
    north = 1,
    south = 2,
    east = 3,
    west = 4
}
struct route
{
    public orientation direction;
    public double distance;
}
```

代码的主体结构与前面的一些示例代码类似，要求用户输入一些信息，并显示它们。把方向选择放在 do 循环中，对用户的输入进行有效性检查，拒绝不属于 1~4 范围的整数输入(选择该范围中的值可以映射到枚举成员，从而方便赋值)。

> **注意:**
> 不能解释为整数的输入会导致一个错误。本章后面会说明其原因和处理方法。

注意，在引用 route 的成员时，处理它们的方式与处理成员类型相同的变量完全一样。赋值语句如下所示:

```
myRoute.direction = (orientation)myDirection;
myRoute.distance = myDistance;
```

可直接把输入的值放到 **myRoute.distance** 中，而不会有负面效果，如下所示:

```
myRoute.distance = Convert.ToDouble(ReadLine());
```

还应进行有效性验证，但这段代码不存在这一步骤。对结构成员的任何访问都以相同的方式处理。<structVar>.<memberVar>形式的表达式可计算<memberVar>类型的变量的值。

5.2.3　数组

前面的所有类型有一个共同点: 它们都只存储一个值(结构中存储一组值)。有时，需要存储许多数据，这样就会带来不便。有时需要同时存储几个相同类型的值，而不想为每个值使用不同的变量。

例如，假定要对所有朋友的姓名执行一些操作。可以使用简单的字符串变量，如下所示：

```
string friendName1 = "Todd Anthony";
string friendName2 = "Kevin Holton";
string friendName3 = "Shane Laigle";
```

但这看起来需要做很多工作，特别是需要编写不同的代码来处理每个变量。例如，不能在循环中迭代这个字符串列表。

另一种方式是使用数组。数组是一个变量的索引列表，存储在数组类型的变量中。例如，有一个数组 friendNames 存储上述 3 个名字。在方括号中指定索引，即可访问该数组中的各个成员，如下所示：

```
friendNames[<index>]
```

这个索引是一个整数，第一个条目的索引是 0，第二个条目的索引是 1，以此类推。这样就可以使用循环遍历所有条目，例如：

```
int i;
for (i = 0; i < 3; i++)
{
    Console.WriteLine($"Name with index of {i}: {friendNames[i]}");
}
```

数组有一个基本类型，数组中的各个条目都是这种类型。friendNames 数组的基本类型是字符串，因为它要存储 string 变量。数组的条目通常称为元素。

1. 声明数组

采用下述方式声明数组：

```
<baseType>[] <name>;
```

其中，*<baseType>* 可以是任何变量类型，包括本章前面介绍的枚举和结构类型。数组必须在访问之前初始化，不能像下面这样访问数组或给数组元素赋值：

```
int[] myIntArray;
myIntArray[10] = 5;
```

数组的初始化有两种方式。可以以字面值形式指定数组的完整内容，也可以指定数组的大小，再使用关键字 new 初始化所有数组元素。

要使用字面值指定数组，只需要提供一个用逗号分隔的元素值列表，该列表放在花括号中，例如：

```
int[] myIntArray = { 5, 9, 10, 2, 99 };
```

其中，myIntArray 有 5 个元素，每个元素都被赋予一个整数值。

另一种方式需要使用下述语法：

```
int[] myIntArray = new int[5];
```

这里使用关键字 new 显式地初始化数组，用一个常量值定义其大小。这种方式会给所有数组元素赋予同一个默认值，对于数值类型来说，其默认值是 0。也可以使用非常量的变量来进行初始化，例如：

```
int[] myIntArray = new int[arraySize];
```

还可以根据需要组合使用这两种初始化方式：

```
int[] myIntArray = new int[5] { 5, 9, 10, 2, 99 };
```

使用这种方式，数组大小必须与元素个数相匹配。例如，不能编写如下代码：

```
int[] myIntArray = new int[10] { 5, 9, 10, 2, 99 };
```

其中数组定义为有 10 个元素，但只定义了 5 个元素，所以编译会失败。如果使用变量定义其大小，该变量必须是一个常量，例如：

```
const int arraySize = 5;
int[] myIntArray = new int[arraySize] { 5, 9, 10, 2, 99 };
```

如果省略了关键字 const，运行这段代码就会失败。

与其他变量类型一样，并非必须在声明数组的代码行中初始化该数组。下面的代码是合法的：

```
int[] myIntArray;
myIntArray = new int[5];
```

下面的示例利用了本节开头的示例，创建并使用一个字符串数组。

试一试　使用数组：Ch05Ex04\Program.cs

(1) 在 C:\BeginningCSharpAndDotNET\Chapter05 目录中创建一个新的控制台应用程序 Ch05Ex04。

(2) 将下列代码添加到 Program.cs 中：

```
static void Main(string[] args)
{
    string[] friendNames = { "Todd Anthony", "Mary Chris",
                             "Autry Rual" };
    int i;
    Console.WriteLine($"Here are {friendNames.Length} of my friends:");
    for (i = 0; i < friendNames.Length; i++)
    {
        Console.WriteLine(friendNames[i]);
    }
    Console.ReadKey();
}
```

(3) 执行代码，结果如图 5-8 所示。

图 5-8

示例说明

这段代码用 3 个值建立了一个 string 数组，并在 for 循环中把它们列在控制台上。使用 friendNames.Length 来确定数组中的元素个数：

```
Console.WriteLine($"Here are {friendNames.Length} of my friends:");
```

这是获取数组大小的一种简便方法。在 for 循环中输出值容易出错。例如，把<改为<=，如下所示：

```
for (i = 0; i <= friendNames.Length; i++)
{
    Console.WriteLine(friendNames[i]);
}
```

编译并执行上述代码，就会弹出如图 5-9 所示的对话框。

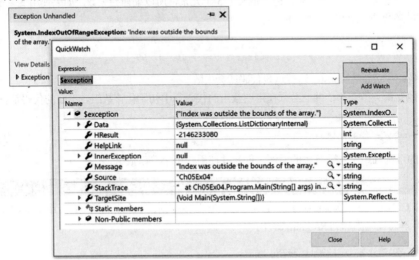

图 5-9

这里，代码试图访问 friendNames[3]。记住，数组索引从 0 开始，所以最后一个元素是 friendNames[2]。如果试图访问超出数组大小的元素，代码就会出问题。还可以通过一个更具弹性的方法来访问数组的所有成员，即使用 foreach 循环。

2. foreach 循环

foreach 循环可以使用一种简便的语法来定位数组中的每个元素：

```
foreach (<baseType> <name> in <array>)
{
    // can use <name> for each element
}
```

这个循环会迭代每个元素，依次把每个元素放在变量<name>中，且不存在访问非法元素的危险。不需要考虑数组中有多少个元素，并可以确保将在循环中使用每个元素。使用这个循环，可以修改上个示例中的代码，如下所示：

```
static void Main(string[] args)
{
    string[] friendNames = { "Todd Anthony", "Mary Chris",
                             "Autry Rual" };
    Console.WriteLine($"Here are {friendNames.Length} of my friends:");
    foreach (string friendName in friendNames)
    {
        Console.WriteLine(friendName);
```

```
    }
    Console.ReadKey();
}
```

这段代码的输出结果与前面的"试一试"示例完全相同。使用这种方法和标准的 for 循环的主要区别在于：foreach 循环对数组内容进行只读访问，所以不能改变任何元素的值。例如，不能编写如下代码：

```
foreach (string friendName in friendNames)
{
    friendName = "Lea the unicorn";
}
```

如果编译这段代码，就会失败。但如果使用简单的 for 循环，就可以给数组元素赋值。

3. 使用 switch case 表达式进行模式匹配

第 4 章介绍了 switch 语句。在该章的讨论中，switch case 基于特定变量的值。回顾一下下面的代码，<testVar>的类型已知，例如，可以是 integer、string 或者 boolean。如果是 integer 类型，则变量中存储的是数字值，case 语句将检查特定的整数值(1、2、3 等)，当找到相匹配的数字后，就执行对应的代码。

```
switch (<testVar>)
{
    case <comparisonVal1>:
        <code to execute if <testVar> == <comparisonVal1> >
        break;
    case <comparisonVal2>:
        <code to execute if <testVar> == <comparisonVal2> >
        break;
    ...
    case <comparisonValN>:
        <code to execute if <testVar> == <comparisonValN> >
        break;
    default:
        <code to execute if <testVar> != comparisonVals>
        break;
}
```

C#中可以基于变量的类型(如 string 或 integer 数组)在 switch case 中进行模式匹配。因为变量的类型是已知的，所以可以访问该类型提供的方法和属性。查看下面的 switch 结构：

```
switch (<testVar>)
{
    case int value:
        <code to execute if <testVar> is an int >
        break;
    case string s when s.Length == 0:
        <code to execute if <testVar> is a string with a length = 0 >
        break;
    ...
    case null:
        <code to execute if <testVar> == null >
        break;
    default:
        <code to execute if <testVar> != comparisonVals>
```

```
        break;
    }
```

    case 关键字之后紧跟的是想要检查的变量类型(string、int 等)。在 case 语句匹配时，该类型的值将保存到声明的变量中。例如，若<*testVar*>是一个 integer 类型的值，则该 integer 的值将存储在变量 value 中。接下来，注意 C# 将 when 关键字修饰符应用到 switch case 表达式(when 关键字修饰符称为表达式过滤器，第 7 章会进一步讨论)。when 关键字修饰符允许扩展或添加一些额外的条件，以执行 case 语句中的代码。

    下面的示例对上述内容进行了详解，并说明了其他几个概念。

试一试　使用数组：Ch05Ex05\Program.cs

(1) 在 C:\BeginningCSharpAndDotNET\Chapter05 目录中创建一个新的控制台应用程序 Ch05Ex05。

(2) 将下列代码添加到 Program.cs 中：

```csharp
static void Main(string[] args)
{
    string[] friendNames = { "Todd Anthony", "Mary Chris",
                             "Autry Rual", null, "" };
    foreach (var friendName in friendNames)
    {
        switch (friendName)
        {
            case string t when t.StartsWith("T"):
              Console.WriteLine("This friends name starts with a 'T': " +
                $"{friendName} and is {t.Length - 1} letters long ");
              break;
            case string e when e.Length == 0:
              Console.WriteLine("There is a string in the array with no value");
              break;
            case null:
              Console.WriteLine("There was a 'null' value in the array");
                    break;
            case var x:
              Console.WriteLine("This is the var pattern of type: " +
                    $"{x.GetType().Name}");
              break;
            default:
              break;
        }
    }

    int sum = 0, total = 0, counter = 0, intValue = 0;
    int?[] myIntArray = new int?[7] { 5, intValue, 9, 10, null, 2, 99 };
    foreach (var integer in myIntArray)
    {
        switch (integer)
        {
          case 0:
          Console.WriteLine($"Integer number '{ counter }' has a default value of 0");
            counter++;
            break;
          case int value:
          sum += value;
          Console.WriteLine($"Integer number '{ counter }' has a value of {value}");
```

```
                counter++;
                break;
            case null:
                Console.WriteLine($"Integer number '{ counter }' is null");
                counter++;
                break;
            default:
                break;
        }
    }
    Console.WriteLine($"The sum of all {counter} integers is {sum}");
    Console.ReadLine();
}
```

(3) 执行代码。结果如图 5-10 所示。

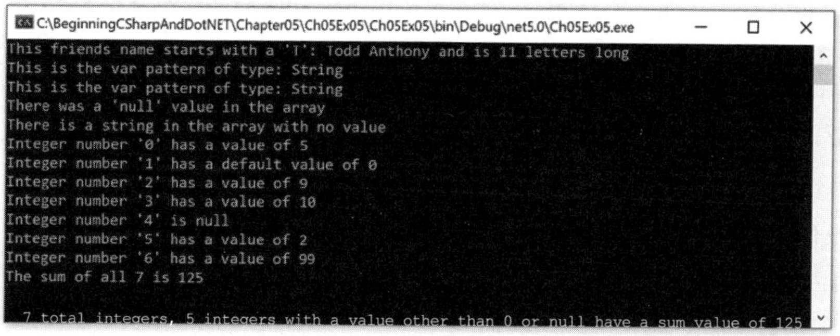

图 5-10

示例说明

本示例中有两个 foreach 循环：一个迭代 string[] 数组，另一个迭代 int[] 数组。迭代 string[]数组的 foreach 循环包含一个 null 值和一个不包含值的项，用于详细描述模式匹配(Pattern Matching)概念。

```
string[] friendNames = { "Todd Anthony", "Mary Chris",
                          "Autry Rual", null, "" };
```

switch 表达式中包含 4 个 case 语句：

```
case string t when t.StartsWith("T")
```

当把非模式匹配的 switch 语句与本示例进行比较时，可以看出最显著的区别在于，这里匹配的并不是一个特定的值，如 1、2 或 "Beginning C# Rocks"，而在 case 语句后直接是一个字符串 t 的类型声明。进行类型声明后，t 就可以用来访问 friendName 中的值以及 string 类型中可用的方法和属性。注意，在 when 表达式过滤器后使用了 System.String 类的 StartsWith()方法。该方法接收一个参数，并且如果 friendName 中的字符串值以这个参数开头(本例中为"T")，则与 case 语句相匹配，将执行该 case 语句。

下面的 switch case 表达式检查一个字符串是否为空：

```
case string e when e.Length == 0
```

同样，string 声明 e 引用 System.String 类的 Length 属性。如果长度为 0，就执行该 case 语句。下面的代码片段是一个 case 表达式，检查 friendName 中的值是否为 null：

```
case null
```

下面的代码片段演示了如何使用 x 的 var 声明捕获任何其他变量类型。我们知道该数组中的所有元素都是字符串，但在某些实现中，数组可能是一个由未知对象组成的数组。此时，通过 x 使用 System.Object 类的 GetType()方法，可以看到其类型：

```
case var x
```

该表达式引出了模式匹配特性的一个关键点：case 表达式的顺序现在很重要。若将 case var x 表达式放在 switch 语句的顶部，将捕获所有的 string 或 string[]中的一切内容。但不必担心，编译器会发出警告，通知你 "the switch case has already been handled by a previous case(该 switch case 已由上一个 case 语句处理)"。现在，在具备模式匹配能力后，应做到让表达式过滤器尽可能精确，且在 switch 语句中应该是唯一的。

对于 int[] 数组，也有几点需要深入理解：

```
int?[] myIntArray = new int?[7] { 5, intValue, 9, 10, null, 2, 99 };
```

首先要注意的是紧跟在 int 声明之后的问号(?)。问号旨在让编译器知道这个 int[]数组可包含空对象，若没有这个问号，就会显示编译异常。其次要注意在初始化一个整数时，通常将其值默认设置为 0。如果编写一个 *switch case* 表达式来检查整数，则应该检查默认值为 0 的情况，并进行适当处理。

```
case 0
```

如果没有检查 0，就会进入下一个 case 语句：

```
case int value:
    sum += value;
```

给 sum 加 0 后并不会导致值的改变，而这正是代码在没有 case 0 表达式时的行为。审查一下代码，会发现只有在整数值不为 0 和 null 时，才可以与 sum 和 counter 相加。所有迭代都会导致 total 增加 1。如果不编写代码，就不知道 0 是实际值，还是添加到数组的一个默认初始值。case 0 为我们提供了执行代码并验证这一点的机会。

下面的代码片段演示了 case 表达式如何检查 value 中的值是否为 null：

```
case null
```

除了 switch case 表达式模式外，还可以使用 is 关键字实现模式匹配。本章并不会介绍 is 关键字，到第 11 章将学习如何使用它实现模式匹配。

---

4. 多维数组

多维数组是使用多个索引访问其元素的数组。例如，假定要确定一座山相对于某位置的高度，可使用两个坐标 x 和 y 来指定一个位置。把这两个坐标用作索引，让数组 hillHeight 可以用每对坐标来存储高度，这就要使用多维数组了。

像这样的二维数组可以声明如下：

```
<baseType>[,] <name>;
```

多维数组只需要更多逗号，例如：

```
<baseType>[,,,] <name>;
```

该语句声明了一个 4 维数组。赋值也使用类似的语法，用逗号分隔大小。要声明和初始化二维数组 hillHeight，其基本类型是 double，x 的大小是 3，y 的大小是 4，则需要：

```
double[,] hillHeight = new double[3,4];
```

还可以使用字面值进行初始赋值。这里使用嵌套的花括号块，它们之间用逗号分开，例如：

```
double[,] hillHeight = { { 1, 2, 3, 4 }, { 2, 3, 4, 5 }, { 3, 4, 5, 6 } };
```

这个数组的维度与前面的相同，也是 3 行 4 列。通过提供字面值隐式定义了这些维度。

要访问多维数组中的每个元素，只需要指定它们的索引，并用逗号分开，例如：

```
hillHeight[2,1]
```

接着就可以像处理其他元素那样处理它了。这个表达式将访问上面定义的第 3 个嵌套数组中的第 2 个元素(其值是 4)。记住，索引从 0 开始，第一个数字是嵌套的数组。换言之，第一个数字指定花括号对，第 2 个数字指定该对花括号中的元素。用图 5-11 来可视化地表示这个数组。

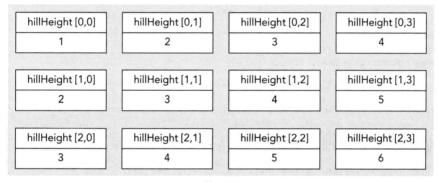

图 5-11

foreach 循环可以访问多维数组中的所有元素，其方式与访问一维数组相同，例如：

```
double[,] hillHeight = { { 1, 2, 3, 4 }, { 2, 3, 4, 5 }, { 3, 4, 5, 6 } };
foreach (double height in hillHeight)
{
    Console.WriteLine($"{height}");
}
```

元素的输出顺序与赋予字面值的顺序相同(这里显示了元素的标识符而非实际值)：

```
hillHeight[0,0]
hillHeight[0,1]
hillHeight[0,2]
hillHeight[0,3]
hillHeight[1,0]
hillHeight[1,1]
hillHeight[1,2]
...
```

5. 数组的数组

上一节讨论的多维数组可称为矩形数组，这是因为每一行的元素个数都相同。使用上一个示例，任何一个 x 坐标都有一个对应 0 至 3 的 y 坐标。

也可以使用锯齿数组(jagged array)，其中每行的元素个数可能不同。为此，需要有这样一个数组，其中的每个元素都是另一个数组。也可以有数组的数组的数组，甚至更复杂的数组。但是，注意这些数组都必须有相同的基本类型。

声明数组的数组时，其语法要求在数组的声明中指定多个方括号对，例如：

```
int[][] jaggedIntArray;
```

但初始化这样的数组不像初始化多维数组那样简单，例如，不能采用以下声明方式：

```
jaggedIntArray = new int[3][4];
```

即使可以这样做，也不是很有效，因为使用简单的多维数组可以较为轻松地取得相同的结果。也不能使用下面的代码：

```
jaggedIntArray = { { 1, 2, 3 }, { 1 }, { 1, 2 } };
```

有两种方式：可以初始化包含其他数组的数组(为清晰起见，称其为子数组)，然后依次初始化子数组。

```
jaggedIntArray = new int[2][];
jaggedIntArray[0] = new int[3];
jaggedIntArray[1] = new int[4];
```

也可以使用上述字面值赋值的一种改进形式：

```
jaggedIntArray = new int[3][] { new int[] { 1, 2, 3 }, new int[] { 1 },
                                new int[] { 1, 2 } };
```

也可以进行简化，把数组的初始化和声明放在同一行上，如下所示：

```
int[][] jaggedIntArray = { new int[] { 1, 2, 3 }, new int[] { 1 },
                           new int[] { 1, 2 } };
```

可对锯齿数组使用 foreach 循环，但通常需要使用嵌套的 foreach 循环才能得到实际数据。例如，假定下述锯齿数组包含 10 个数组，每个数组又包含一个整数数组，其元素是 1~10 的约数：

```
int[][] divisors1To10 = { new int[] { 1 },
                          new int[] { 1, 2 },
                          new int[] { 1, 3 },
                          new int[] { 1, 2, 4 },
                          new int[] { 1, 5 },
                          new int[] { 1, 2, 3, 6 },
                          new int[] { 1, 7 },
                          new int[] { 1, 2, 4, 8 },
                          new int[] { 1, 3, 9 },
                          new int[] { 1, 2, 5, 10 } };
```

以下代码会失败：

```
foreach (int divisor in divisors1To10)
{
    Console.WriteLine(divisor);
}
```

这是因为数组 divisors1To10 包含的是 int[ ]元素而不是 int 元素。正确的做法是循环遍历每个子数组和数组本身：

```
foreach (int[] divisorsOfInt in divisors1To10)
```

```
    {
        foreach(int divisor in divisorsOfInt)
        {
            Console.WriteLine(divisor);
        }
    }
```

可以看出，使用锯齿数组的语法要复杂得多！大多数情况下，使用矩形数组比较简单，这是一种比较简单的存储方式。但是，有时必须使用锯齿数组，所以知道如何使用它们是没有坏处的。一个例子是，使用 XML 文档时，其中一些元素有子元素，而一些元素没有。

5.3 字符串的处理

到目前为止，对字符串的使用还仅限于把字符串写到控制台，从控制台读取字符串，以及使用+运算符连接字符串。在编写较有趣的应用程序时，会发现字符串的操作非常多。所以，下面占用几页的篇幅介绍 C#中较常用的字符串处理技巧。

首先要注意，string 类型的变量可以看成是 char 变量的只读数组。这样，就可以使用下面的语法访问每个字符：

```
string myString = "A string";
char myChar = myString[1];
```

但不能采用这种方式为各个字符赋值。为获得一个可写的 char 数组，可以使用下面的代码，其中使用了数组变量的 ToCharArray()命令：

```
string myString = "A string";
char[] myChars = myString.ToCharArray();
```

接着就可以采用标准方式处理 char 数组了。也可在 foreach 循环中使用字符串，例如：

```
foreach (char character in myString)
{
    Console.WriteLine($"{character}");
}
```

与数组一样，还可以使用 myString.Length 获取元素个数，这将给出字符串中的字符数，例如：

```
string myString = Console.ReadLine();
Console.WriteLine($"You typed {myString.Length} characters.");
```

其他基本字符串处理技巧采用与这个*<string>*.ToCharArray()命令类似的格式使用命令。两个简单却有效的命令是*<string>*.ToLower()和*<string>*.ToUpper()。它们可以分别把字符串转换为小写和大写形式。为理解它们的重要作用，可以考虑下面的情形：要检查用户的某个响应，例如字符串 yes。如果可将用户输入的字符串转换为小写形式，就也能检查字符串 YES、Yes、yeS 等，第 4 章介绍了这样一个示例：

```
string userResponse = Console.ReadLine();
if (userResponse.ToLower() == "yes")
{
    // Act on response.
}
```

注意，这个命令与本节的其他命令一样，并未真正改变应用它的字符串。把这个命令与字符串结合使用，就会创建一个新的字符串，以便与另一个字符串进行比较(如上所述)，或者赋给另一个变量。该变量可以是当前操作的其他变量，例如：

```
userResponse = userResponse.ToLower();
```

记住这一点很重要，因为只写出下面的代码是没有效果的：

```
userResponse.ToLower();
```

下面看看在简化用户输入方面还可以做什么。如果用户无意间在输入内容的前面或后面添加了多余的空格，会怎样？此时，上述代码就不起作用了。这就需要删除所输入的字符串前后的空格，此时可以使用<*string*>.Trim()命令来处理：

```
string userResponse = Console.ReadLine();
userResponse = userResponse.Trim();
if (userResponse.ToLower() == "yes")
{
    // Act on response.
}
```

使用该命令，还可以检测如下字符串：

```
" YES"
"Yes "
```

也可以使用这些命令删除其他字符，只要在一个 char 数组中指定这些字符即可，例如：

```
char[] trimChars = {' ', 'e', 's'};
string userResponse = Console.ReadLine();
userResponse = userResponse.ToLower();
userResponse = userResponse.Trim(trimChars);
if (userResponse == "y")
{
    // Act on response.
}
```

这将删除字符串前后的所有空格、字母 e 和 s。如果字符串中没有其他字符，就会检测以下字符串：

```
"Yeeeees"
" y"
```

还可以使用<*string*>.TrimStart()和<*string*>.TrimEnd()命令，它们可以删除字符串前面或后面的空格。使用这些命令时也可以指定 char 数组。

还有另外两个字符串命令也可以处理字符串的空格：<*string*>.PadLeft()和<*string*>.PadRight()。它们可以在字符串的左边或右边添加空格，使字符串达到指定的长度。其语法如下：

```
<string>.PadX(<desiredLength>);
```

例如：

```
myString = "Aligned";
myString = myString.PadLeft(10);
```

这将在 myString 中把 3 个空格添加到单词 Aligned 的左边。这些方法可用于在列中对齐字符串，特别适于放置包含数字的字符串。

与修整命令一样，还可以按第二种方式使用这些命令，即提供要添加到字符串上的字符。但是这需要一个 char 字符，而不是像修整命令那样指定一个 char 数组。例如：

```
myString = "Aligned";
myString = myString.PadLeft(10, '-');
```

这将在 myString 的开头加上 3 个短横线。

还有许多这样的字符串处理命令，其中一些只用于非常特殊的情况，在后续章节中遇到它们时再进行讨论。在继续下面的内容之前，有必要介绍 Visual Studio 中的一个特性，前几章(特别是本章)曾提及过这个特性。下面的示例会试验语句自动完成(auto-completion)功能，IDE 通过这种功能试着给出用户有可能要插入的代码。

试一试　Visual Studio 中的语句自动完成功能：Ch05Ex06\Program.cs

(1) 在 C:\BeginningCSharpAndDotNET\Chapter05 目录中创建一个新的控制台应用程序 Ch05Ex06。

(2) 在 Program.cs 中输入下列代码，注意输入过程中弹出的窗口：

```
static void Main(string[] args)
{
   string myString = "This is a test.";
   char[] separator = {' '};
   string[] myWords;
   myWords = myString.
}
```

(3) 输入最后的句点时，注意会弹出如图 5-12 所示的窗口。

★ Split
★ Length
★ Trim
★ Contains
★ ToLower
AsMemory
AsSpan
Clone

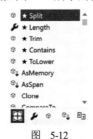

图　5-12

(4) 注意图 5-12 中 Split 成员旁边的星号。成员弹出列表使用人工智能(AI)来猜测最可能在这种情况下使用的选项，在这里是 Split。当这个特性不存在时，会出现一个按字母顺序排列的列表，然后需要用户手动从列表中找到所需的成员。弹出窗口改变，出现如图 5-13 所示的工具提示。

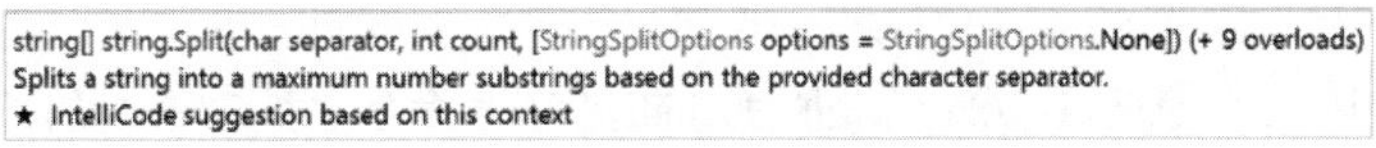
string[] string.Split(char separator, int count, [StringSplitOptions options = StringSplitOptions.None]) (+ 9 overloads)
Splits a string into a maximum number substrings based on the provided character separator.
★ IntelliCode suggestion based on this context

图　5-13

(5) 输入字符“(se”，会弹出另一个窗口和工具提示，如图 5-14 所示。

图 5-14

(6) 输入两个字符 "); ", 代码如下所示, 弹出窗口随之消失:

```
static void Main(string[] args)
{
    string myString = "This is a test.";
    char[] separator = {' '};
    string[] myWords;
    myWords = myString.Split(separator);
}
```

(7) 添加下述代码, 注意弹出的窗口:

```
static void Main(string[] args)
{
    string myString = "This is a test.";
    char[] separator = {' '};
    string[] myWords;
    myWords = myString.Split(separator);
    foreach (string word in myWords)
    {
        Console.WriteLine($"{word}");
    }
    Console.ReadKey();
}
```

(8) 执行代码, 结果如图 5-15 所示。

图 5-15

示例说明

在这段代码中, 要注意两点。第一点是所使用的新字符串命令, 第二点是使用了自动完成功能。使用命令*<string>*.Split()把 string 字符串转换为 string 数组, 把它在指定的位置隔开。这些位置采用了 char 数组形式, 在本例中该数组只有一个元素, 即空格字符:

```
char[] separator = {' '};
```

下面的代码把字符串在每个空格处分解开,并获取得到的子字符串,即得到包含单个单词的数组:

```
string[] myWords;
myWords = myString.Split(separator);
```

接着使用 foreach 循环迭代这个数组中的单词，并把这些单词写到控制台：

```
foreach (string word in myWords)
{
    Console.WriteLine($"{word}");
}
```

> **注意：**
> 得到的每个单词都没有空格，单词的内部和两端都没有空格。在使用 split()时，删除了分隔符。

5.4　习题

(1) 下面的转换哪些不是隐式转换？

a.　int 转换为 short

b.　short 转换为 int

c.　bool 转换为 string

d.　byte 转换为 float

(2) 以 short 类型作为基本类型编写一个 color 枚举，使其包含彩虹的颜色加上黑色和白色。这个枚举可使用 byte 类型作为基本类型吗？

(3) 下面的代码可以成功编译吗？为什么？

```
string[] blab = new string[5]
blab[5] = 5th string.
```

(4) 编写一个控制台应用程序，它接收用户输入的一个字符串，将其中的字符以与输入相反的顺序输出。

(5) 编写一个控制台应用程序，它接收一个字符串，用 yes 替换字符串中所有的 no。

(6) 编写一个控制台应用程序，给字符串中的每个单词加上双引号。

附录 A 给出了习题答案。

5.5　本章要点

主题	要点
类型转换	值可以从一种类型转换为另一种类型，但在转换时应遵循一些规则。隐式转换是自动进行的，但只有当源值类型的所有可能值都可在目标值类型中使用时，才能进行隐式转换。也可进行显式转换，但可能得不到期望的值，甚至可能出错
枚举	枚举是包含一组离散值的类型，每个离散值都有一个名称。枚举用 enum 关键字定义，以便在代码中理解它们，因为它们的可读性都很强。枚举有基本的数值类型(默认是 int)，可使用枚举值的这个属性在枚举值和数值之间转换，或者标识枚举值
结构	结构是同时包含几个不同值的类型。结构用 struct 关键字定义。包含在结构中的每个值都有名称和类型，存储在结构中的每个值的类型不一定相同
数组	数组是同类型数值的集合。数组有固定的大小或长度，确定了数组可以包含多少个值。可以定义多维数组或锯齿数组来保存不同数量和形状的数据。还可以使用 foreach 循环来迭代数组中的值

第6章

函　　数

本章内容：

- 如何定义和使用既不接受任何数据也不返回任何数据的简单函数
- 如何在函数中传入和传出数据
- 使用变量作用域
- 如何结合使用 Main()函数和命令行参数
- 如何把函数提供为结构类型的成员
- 如何使用函数重载
- 如何使用委托

本章源代码下载：

本章源代码可以通过本书合作站点 www.wiley.com 上的 Download Code 选项卡下载，也可以通过网址 github.com/benperk/BeginningCSharpAndDotNET 下载。下载代码位于 Chapter06 文件夹中并已根据本章示例的名称单独命名。

我们迄今看到的代码都是以单个代码块的形式出现的，其中包含一些重复执行的代码行，以及有条件地执行的分支语句。如果要对数据执行某种操作，就应把所需要的代码放在合适的地方。

这种代码结构的作用是有限的。某些任务常需要在一个程序中的多个位置执行，例如查找数组中的最大值。此时可以把相同(或几乎相同)的代码块按照需要放在应用程序中，但这样做存在一个问题。对于常见的任务，即使进行非常小的改动(例如，修改某个代码错误)，也需要修改多个代码块，而这些代码块可能散布在整个应用程序中。如果忘了修改其中一个代码块，就会产生很大影响，导致整个应用程序失败。另外，应用程序也较长。

解决这个问题的方法是使用函数。在 C#中，函数可提供在应用程序中的任何一处执行的代码块。

注意：

本章介绍的特定类型的函数称为"方法"。但是，这个术语在.NET 编程中有非常特殊的含义，本书后面会详细讨论它，所以现在不使用这个术语。

例如，有一个函数返回数组中的最大值，可在代码的任何位置使用这个函数，且在每个地方都使用相同的代码行。因为只需要提供一次这段代码，所以对代码的任何修改将影响使用该函数进行的计算。这个函数可以被认为包含可重用的代码。

函数还可以提高代码的可读性，因为可以使用函数将相关代码组合在一起。这样，应用程序主体就会非常短，因为代码的内部工作被分散了。这类似于在 Visual Studio 中使用大纲视图将代码区域折叠在一起(方法是在 Solution Explorer 窗口中展开和折叠对象)，这样应用程序的结构更加合理。

函数还可以用于创建多用途的代码，让它们对不同的数据执行相同的操作。可以采用参数形式为函数提供信息，以返回值的形式得到函数的结果。在上面的示例中，参数就是一个要搜索的数组，而返回值就是数组中的最大值。这意味着每次可以使用同一函数处理不同的数组。函数的定义包括函数名、返回类型以及一个参数列表，这个参数列表指定了该函数需要的参数数量和参数类型。函数的名称和参数(不是返回类型)共同定义了函数的签名。

6.1 定义和使用函数

本节介绍如何将函数添加到应用程序中，以及如何在代码中使用(调用)它们。首先从基础知识开始，看看不与调用代码交换任何数据的简单函数，然后介绍更高级的函数用法。首先分析一个示例。

试一试　定义和使用基本函数：Ch06Ex01\Program.cs

(1) 在 C:\BeginningCSharpAndDotNET\Chapter06 目录中创建一个新的控制台应用程序 Ch06Ex01。

(2) 将以下代码添加到 Program.cs 中：

```
class Program
{
    static void Write()
    {
        Console.WriteLine("Text output from function.");
    }
    static void Main(string[] args)
    {
        Write();
        Console.ReadKey();
    }
}
```

(3) 执行代码，结果如图 6-1 所示。

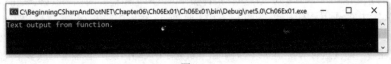

图 6-1

示例说明

下面的 4 行代码定义了函数 Write()：

```
static void Write()
{
    Console.WriteLine("Text output from function.");
}
```

这些代码把一些文本输出到控制台窗口中。但此时这些并不重要，我们更关心定义和使用函数的机制。

函数定义由以下几部分组成：

- 两个关键字：static 和 void
- 函数名后跟圆括号，如 Write()
- 一个要执行的代码块，放在花括号中

定义 Write()函数的代码非常类似于应用程序中的其他代码：

```
static void Main(string[] args)
{
    ...
}
```

这是因为，到目前为止我们编写的所有代码(类型定义除外)都是函数的一部分。函数 Main()是控制台应用程序的入口点函数。当执行 C#应用程序时，就会调用它包含的入口点函数，这个函数执行完毕后，应用程序就终止了。所有 C#可执行代码都必须有一个入口点。

Main()函数和 Write()函数的唯一区别(除了它们包含的代码)是函数名 Main 后面的圆括号中还有一些代码，这是指定参数的方式，相关内容详见后面的内容。

Main()函数和 Write()函数都是使用关键字 static 和 void 定义的。关键字 static 与面向对象的概念相关，本书在后面讨论。现在只需要记住，本节的应用程序中使用的所有函数都必须使用这个关键字。

void 更容易解释。这个关键字表明函数没有返回值。本章后面将讨论函数有返回值时需要编写什么代码。

继续下去，调用函数的代码如下所示：

```
Write();
```

键入函数名，后跟空括号即可。当程序执行到这行代码时，就会运行 Write()函数中的代码。

6.1.1　返回值

通过函数进行数据交换的最简单方式是利用返回值。有返回值的函数会最终计算得到这个值，就像在表达式中使用变量时，会计算得到变量包含的值一样。与变量一样，返回值也有数据类型。

例如，有一个函数 GetString()，其返回值是一个字符串，可在代码中使用该函数，如下所示：

```
string myString;
myString = GetString();
```

还有一个函数 GetVal()，它返回一个 double 值，可在数学表达式中使用它：

```
double myVal;
double multiplier = 5.3;
myVal = GetVal() * multiplier;
```

当函数返回一个值时，必须采用以下两种方式修改函数：

- 在函数声明中指定返回值的类型，但不使用关键字 void。
- 使用 return 关键字结束函数的执行，把返回值传送给调用代码。

从代码角度看，对于我们讨论的控制台应用程序函数，其使用返回值的形式如下所示：

```
static <returnType> <FunctionName>()
{
    ...
    return <returnValue>;
}
```

这里唯一的限制是<returnValue>必须是<returnType>类型的值，或者可以隐式转换为该类型。但是，<returnType>可以是任何类型，包括前面介绍的较复杂类型。这段代码可以很简单：

```
static double GetVal()
{
    return 3.2;
}
```

但是，返回值通常是函数执行的一些处理的结果。上面的结果使用 const 变量也可以简单地实现。

当执行到 return 语句时，程序会立即返回调用代码。这条语句后面的代码都不会执行。但这并不意味着 return 语句只能放在函数体的最后一行。可以在前边的代码里使用 return 语句，例如放在分支逻辑之后。把 return 语句放在 for 循环、if 块或其他结构中会使该结构立即终止，函数也立即终止。例如：

```
static double GetVal()
{
    double checkVal;
    // checkVal assigned a value through some logic (not shown here).
    if (checkVal < 5)
        return 4.7;
    return 3.2;
}
```

根据 checkVal 的值，将返回两个值中的一个。这里的唯一限制是，必须在函数的闭合花括号 } 之前处理 return 语句。下面的代码是不合法的：

```
static double GetVal()
{
    double checkVal;
    // checkVal assigned a value through some logic.
    if (checkVal < 5)
        return 4.7;
}
```

如果 checkVal>= 5，就不会执行到 return 语句，这是不允许的。所有处理路径都必须执行到 return 语句。大多数情况下，编译器会检查是否执行到 return 语句，如果没有，就给出错误"并不是所有的处理路径都返回一个值"。

执行一行代码的函数可使用一个功能：表达式体方法(expression-bodied method)。以下函数模式使用=>(Lambda 箭头)来实现这一功能。

```
static <returnType> <FunctionName>() => <myVal1 * myVal2>;
```

例如，Multiply()函数如下：

```
static double Multiply(double myVal1, double myVal2)
{
    return myVal1 * myVal2;
}
```

现在可以使用=>(Lambda 箭头)编写它。下述代码用更简单和统一的方式表达方法的意图:

```
static double Multiply(double myVal1, double myVal2) => mVal1 * MyVal2;
```

6.1.2　参数

当函数接受参数时,必须指定以下内容:

- 函数在其定义中指定接受的参数列表,以及这些参数的类型。
- 在每个函数调用中提供匹配的实参列表。

> **注意:**
> 仔细阅读 C#规范会发现形参(parameter)和实参(argument)之间存在一些细微的区别: 形参是函数定义的一部分,而实参则由调用代码传递给函数。但是,这两个术语通常被简单地称为参数,似乎没有人对此感到十分不满。

示例代码如下所示,其中可以有任意数量的参数,每个参数都有类型和名称:

```
static <returnType> <FunctionName>(<paramType> <paramName>, ...)
{
    ...
return <returnValue>;
}
```

参数之间用逗号隔开。每个参数都在函数的代码中用作一个变量,都是可访问的。例如,下面是一个简单的函数,带有两个 double 参数,并返回它们的乘积:

```
static double Product(double param1, double param2)
{
    ...
    return param1 * param2;
}
```

或

```
static double Product(double param1, double param2) => param1 * param2;
```

下面看一个较复杂的示例。

试一试　通过函数交换数据(1): Ch06Ex02\Program.cs

(1) 在 C:\BeginningCSharpAndDotNET\Chapter06 目录中创建一个新的控制台应用程序 Ch06Ex02。

(2) 把下列代码添加到 Program.cs 中:

```
class Program
{
    static int MaxValue(int[] intArray)
    {
        int maxVal = intArray[0];
        for (int i = 1; i < intArray.Length; i++)
```

```
        {
            if (intArray[i] > maxVal)
                maxVal = intArray[i];
        }
        return maxVal;
    }
    static void Main(string[] args)
    {
        int[] myArray = { 1, 8, 3, 6, 2, 5, 9, 3, 0, 2 };
        int maxVal = MaxValue(myArray);
        Console.WriteLine($"The maximum value in myArray is {maxVal}");
        Console.ReadKey();
    }
}
```

(3) 执行代码，结果如图 6-2 所示。

图   6-2

示例说明

这段代码包含一个函数，它执行的任务就是本章开头的示例函数所完成的任务。该函数以一个整数数组作为参数，并返回该数组中的最大值。该函数的定义如下所示：

```
static int MaxValue(int[] intArray)
{
    int maxVal = intArray[0];
    for (int i = 1; i < intArray.Length; i++)
    {
        if (intArray[i] > maxVal)
            maxVal = intArray[i];
    }
    return maxVal;
}
```

函数 MaxValue() 定义了一个参数，即 int 数组 intArray，它还有一个 int 类型的返回值。最大值的计算是很简单的。局部整型变量 maxVal 初始化为数组中的第一个值，然后把这个值与数组中后面的每个元素依次进行比较。如果一个元素的值比 maxVal 大，就用这个值代替当前的 maxVal 值。循环结束时，maxVal 就包含数组中的最大值，用 return 语句返回。

Main() 中的代码声明并初始化一个简单的整数数组，用于 MaxValue() 函数：

```
int[] myArray = { 1, 8, 3, 6, 2, 5, 9, 3, 0, 2 };
```

调用 MaxValue()，把一个值赋给 int 变量 maxVal：

```
int maxVal = MaxValue(myArray);
```

接着，使用 WriteLine() 把这个值写到屏幕上：

```
Console.WriteLine($"The maximum value in myArray is {maxVal}");
```

1. 参数匹配

在调用函数时，必须使提供的参数与函数定义中指定的参数完全匹配，这意味着要匹配参数的类型、个数和顺序。例如，以下函数：

```
static void MyFunction(string myString, double myDouble)
{
    ...
}
```

不能使用下面的代码调用：

```
MyFunction(2.6, "Hello");
```

这里试图把一个 double 值作为第一个参数传递，把 string 值作为第二个参数传递，参数顺序与函数声明中定义的顺序不匹配。这段代码不能编译，因为参数类型是错误的。本章后面的 6.5 节"函数的重载"将介绍解决这个问题的一种有效技术。

2. 参数数组

C#允许为函数指定一个(只能指定一个)特殊参数，这个参数必须是函数定义中的最后一个参数，称为参数数组。参数数组允许使用个数不定的参数来调用函数，可使用 params 关键字定义它们。

参数数组可以简化代码，因为在调用代码中不必传递数组，而是传递同类型的几个参数，这些参数会放在可在函数中使用的一个数组中。

定义使用参数数组的函数时，需要使用下列代码：

```
static <returnType> <FunctionName>(<p1Type> <p1Name>, ...,
                                   params <type>[] <name>)
{
    ...
    return <returnValue>;
}
```

可以使用下面的代码调用该函数：

```
<FunctionName>(<p1>, ..., <val1>, <val2>, ...)
```

其中<val1>和<val2>等都是<type>类型的值，用于初始化<name>数组。可以指定的参数个数几乎不受限制，但它们都必须是<type>类型。甚至根本不必指定参数。

下面的示例定义并使用带有 params 类型参数的函数。

试一试　通过函数交换数据(2)：Ch06Ex03\Program.cs

(1) 在 C:\\BeginningCSharpAndDotNET\Chapter06 目录中创建一个新的控制台应用程序 Ch06Ex03。

(2) 把下述代码添加到 Program.cs 中：

```
class Program
{
    static int SumVals(params int[] vals)
    {
        int sum = 0;
        foreach (int val in vals)
        {
            sum += val;
        }
```

```
        return sum;
    }
    static void Main(string[] args)
    {
        int sum = SumVals(1, 5, 2, 9, 8);
        Console.WriteLine($"Summed Values = {sum}");
        Console.ReadKey();
    }
}
```

(3) 执行代码，结果如图 6-3 所示。

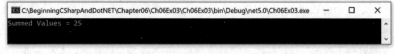

图 6-3

示例说明

这个示例用关键字 params 定义函数 sumVals()，该函数可以接受任意个 int 参数(但不接收其他类型的参数)：

```
static int SumVals(params int[] vals)
{
    ...
}
```

这个函数对 vals 数组中的值进行迭代，将这些值加在一起，返回其结果。

在 Main()中，用 5 个整型参数调用函数 SumVals()：

```
int sum = SumVals(1, 5, 2, 9, 8);
```

也可以用 0、1、2 或 100 个整型参数调用这个函数——参数的数量不受限制。

> **注意：**
> C# 包含指定函数参数的新方式，包括用一种可读性更好的方式来包含可选参数。第 13 章将介绍这些方法，该章将讨论 C#语言。

3. 引用参数和值参数

本章迄今定义的所有函数都带有值参数。其含义是：在使用参数时，是把一个值传递给函数所使用的一个变量。在函数中对此变量的任何修改都不影响函数调用中指定的参数。例如，下面的函数使传递过来的参数值加倍，并显示出来：

```
static void ShowDouble(int val)
{
    val *= 2;
    Console.WriteLine($"val doubled = {val}");
}
```

参数 val 在这个函数中被加倍，如果按以下方式调用它：

```
int myNumber = 5;
Console.WriteLine($"myNumber = {myNumber}");
ShowDouble(myNumber);
```

```
Console.WriteLine($"myNumber = {myNumber}");
```

输出到控制台的文本如下所示:

```
myNumber = 5
val doubled = 10
myNumber = 5
```

把 myNumber 作为一个参数, 调用 ShowDouble()并不影响 Main()中 myNumber 的值, 即使把 myNumber 赋值给 val 后再将 val 加倍, myNumber 的值也不变。

这很不错, 但如果要改变 myNumber 的值, 就会有问题。可以使用一个为 myNumber 返回新值的函数, 如下所示:

```
static int DoubleNum(int val)
{
    val *= 2;
    return val;
}
```

并使用下面的代码调用它:

```
int myNumber = 5;
Console.WriteLine($"myNumber = {myNumber}");
myNumber = DoubleNum(myNumber);
Console.WriteLine($"myNumber = {myNumber}");
```

但这段代码一点也不直观, 且不能改变用作参数的多个变量值(因为函数只有一个返回值)。

此时可以通过"引用"传递参数。即函数处理的变量与函数调用中使用的变量相同, 而不仅是值相同的变量。因此, 对这个变量进行的任何改变都会影响用作参数的变量值。为此, 只需要使用 ref 关键字指定参数:

```
static void ShowDouble(ref int val)
{
    val *= 2;
    Console.WriteLine($"val doubled = {val}");
}
```

在函数调用中再次指定它(这是必需的):

```
int myNumber = 5;
Console.WriteLine($"myNumber = {myNumber}");
ShowDouble(ref myNumber);
Console.WriteLine($"myNumber = {myNumber}");
```

输出到控制台的文本现在如下所示:

```
myNumber = 5
val doubled = 10
myNumber = 10
```

注意, 用作 ref 参数的变量有两个限制。首先, 函数可能会改变引用参数的值, 所以必须在函数调用中使用"非常量"变量。所以, 下面的代码是非法的:

```
const int myNumber = 5;
Console.WriteLine($"myNumber = {myNumber}");
ShowDouble(ref myNumber);
Console.WriteLine($"myNumber = {myNumber}");
```

其次，必须使用初始化过的变量。C#不允许假定 ref 参数在使用它的函数中初始化，下面的代码也是非法的：

```
int myNumber;
ShowDouble(ref myNumber);
Console.WriteLine("myNumber = {myNumber}");
```

到目前为止，只看到了将 ref 关键字用于函数参数的情况，但也可以将它应用于局部变量和返回值。此处的 myNumberRef 引用 myNumber，修改 myNumberRef 也会导致 myNumber 发生变化。如果显示 myNumber 和 myNumberRef 的值，则将看到两个变量的值都为 6。

```
int myNumber = 5;
ref int myNumberRef = ref myNumber;
myNumberRef = 6;
```

也可以将 ref 关键字用作返回类型。注意以下代码中的 ref 关键字将返回类型标识为 ref int，且代码体中也使用了 ref，让函数返回 ref val。

```
static ref int ShowDouble(int val)
{
val *= 2;
return ref val;
}
```

如果试图编译上面的函数，就会得到一个错误。原因在于通过引用传递参数时，若在变量声明前没有 ref 关键字，就不能将变量类型作为函数参数传递。查看下面添加了 ref 关键字的代码段，该函数将通过编译并按预期的那样运行。

```
static ref int ShowDouble(ref int val)
{
val *= 2;
return ref val;
}
```

strings 和 arrays 这样的变量是引用类型，在没有参数声明的情况下使用 ref 关键字可以返回 arrays。

```
static ref int ReturnByRef()
{
int[] array = { 2 };
return ref array[0];
}
```

注意：
虽然 strings 是引用类型，但属于特例，因为它们是不可改变的。修改它们会产生新的 string，原有的 string 则会被解除分配。如果试图通过 ref 返回 string，则 C#编译器会报错。

4. 输出参数

除了按引用传递值外，还可以使用 out 关键字，指定所给的参数是一个输出参数。out 关键字的使用方式与 ref 关键字相同(在函数定义和函数调用中用作参数的修饰符)。实际上，它的执行方式与引用参数几乎完全一样，因为在函数执行完毕后，该参数的值将返回给函数调用中使用的变量。但是，二者存在一些重要区别：

● 把未赋值的变量用作 ref 参数是非法的，但可以把未赋值的变量用作 out 参数。

- 另外，在函数使用 out 参数时，必须把它看成尚未赋值。

即调用代码可以把已赋值的变量用作 out 参数，但存储在该变量中的值会在函数执行时丢失。

例如，考虑前面返回数组中最大值的 MaxValue() 函数，略微修改该函数，获取数组中最大值的元素索引。为简单起见，如果数组中有多个元素的值都是这个最大值，只提取第一个最大值的索引。为此，修改函数，添加一个 out 参数，如下所示：

```
static int MaxValue(int[] intArray, out int maxIndex)
{
    int maxVal = intArray[0];
    maxIndex = 0;
    for (int i = 1; i < intArray.Length; i++)
    {
        if (intArray[i] > maxVal)
        {
            maxVal = intArray[i];
            maxIndex = i;
        }
    }
    return maxVal;
}
```

可采用以下方式使用该函数：

```
int[] myArray = { 1, 8, 3, 6, 2, 5, 9, 3, 0, 2 };
Console.WriteLine("The maximum value in myArray is " +
                $"{MaxValue(myArray, out int maxIndex)}");
Console.WriteLine("The first occurrence of this value is " +
                $"at element {maxIndex + 1}");
```

结果如下：

```
The maximum value in myArray is 9
The first occurrence of this value is at element 7
```

注意，必须在函数调用中使用 out 关键字，就像 ref 关键字一样。当使用 TryParse() 方法解析数据时 out 关键字也非常有用，这种情况下，该方法检查输入是否为整数，如下所示：

```
if (!int.TryParse(input, out int result))
{
    return null;
}
return result;
```

这段代码检查 input 变量中存储的值是不是整型值。如果不是，则返回 null 值；如果是，则通过声明为 result 的 out 变量向调用函数返回整型值。

5. 元组

从函数中返回多个值有多种方法。例如，可用使用前面讨论的 out 关键字、结构或数组，也可用使用本章后面将讨论的类。虽然使用 out 关键字可以达到此目的，但这样使用该关键字并不是它最初的设计用途。记住，out 关键字旨在通过引用传递参数，而不必事先初始化它。而结构、数组和类都是有效的选择，但需要额外编写代码来创建、初始化、引用和读取它们。相比之下，使用元组则是达到此目的的一种非常优雅的方法，且只需要很小的开销。

因为元组提供了一种非常方便和直接的方法从函数中返回多个值，在程序不需要结构或更复杂的实现时，使用元组非常有效。如下面的简单示例所示：

```
var numbers = (1, 2, 3, 4, 5);
```

上面的代码创建了一个名为 numbers 的元组，其中包含成员 Item1、Item2、Item3、Item4 和 Item5，可采用下面的方式来访问这些成员：

```
var number = numbers.Item1;
```

如果要给这些成员指定特定的名称，可以明确地标识它们：

```
(int one, int two, int three, int four, int five) nums = (1, 2, 3, 4, 5);
int first = nums.one;
```

方法声明看起来应该如下所示：它使用了 IEnumerable 接口。接口将在第 8 章的后面介绍，但是现在，要知道 Enumerable 对象意味着它公开允许查询其中包含的值的方法。

```
private static (int max, int min, double average)
    GetMaxMin(IEnumerable<int> numbers)
    {
        return (Enumerable.Max(numbers),
                Enumerable.Min(numbers),
                Enumerable.Average(numbers));
    }
```

然后，在简单的控制台应用程序运行下面的代码：

```
static void Main(string[] args)
{
    IEnumerable<int> numbers = new int[] { 1, 2, 3, 4, 5, 6 };
    var result = GetMaxMin(numbers);
    Console.WriteLine($"Max number is {result.max}, " +
                      $"Min number is {result.min}, " +
                      $"Average is {result.average}");
    Console.ReadLine();
}
```

运行结果如图 6-4 所示。可以在 Tuple\Program.cs 中找到下载章节中讨论的代码。

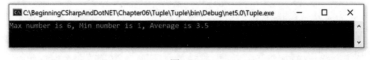

图 6-4

> **注意：**
> 第 10 章将介绍类和成员的创建方法，那里会给出一个有关元组析构的示例。要彻底理解这个概念，就必须理解类的一些基本原理；第 10 章将继续介绍元组。

6.2 变量的作用域

在上一节中，读者可能想知道为什么需要利用函数来交换数据。原因是 C#中的变量仅能从代码的本地作用域访问。给定的变量有一个作用域，在这个作用域外是不能访问该变量的。

变量的作用域是一个重要主题,最好用一个示例加以说明。下例将演示在一个作用域中定义变量,但试图在另一个作用域中使用该变量的情形。

(1) 对 Ch06Ex01 中的 Program.cs 执行如下修改:

```
class Program
{
    static void Write()
    {
        Console.WriteLine($"myString = {myString}");
    }
    static void Main(string[] args)
    {
        string myString = "String defined in Main()";
        Write();
        Console.ReadKey();
    }
}
```

(2) 编译代码,注意显示在错误列表中的错误和警告:

```
The name 'myString' does not exist in the current context
The variable 'myString' is assigned but its value is never used
```

示例说明

什么地方出错了?不能在 Write()函数中访问在应用程序主体(Main()函数)中定义的变量 myString。

原因在于变量是有作用域的,在相应作用域中,变量才是有效的。这个作用域包括定义变量的代码块和直接嵌套在其中的代码块。函数中的代码块与调用它们的代码块是不同的。在 Write()中,没有定义 myString,在 Main()中定义的 myString 变量则超出了作用域——它只能在 Main()中使用。

实际上,在 Write()中可以有一个完全独立的变量 myString。修改代码,如下所示:

```
class Program
{
    static void Write()
    {
        string myString = "String defined in Write()";
        Console.WriteLine("Now in Write()");
        Console.WriteLine($"myString = {myString}");
    }
    static void Main(string[] args)
    {
        string myString = "String defined in Main()";
        Write();
        Console.WriteLine("\nNow in Main()");
        Console.WriteLine($"myString = {myString}");
        Console.ReadKey();
    }
}
```

这段代码就可以编译,输出结果如图 6-5 所示。

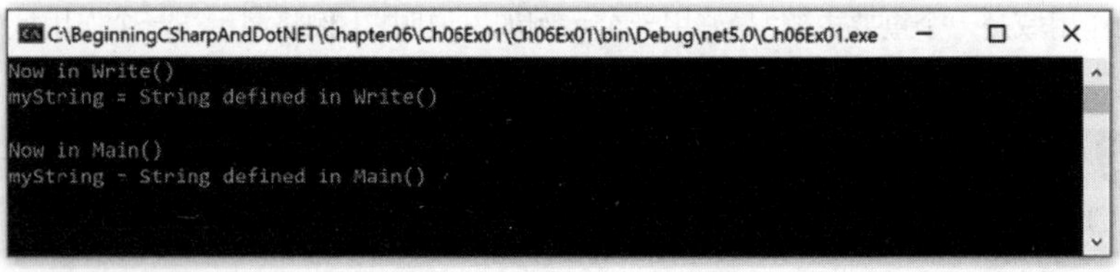

图 6-5

这段代码执行的操作如下:

- Main()定义和初始化字符串变量 myString。
- Main()把控制权传送给 Write()。
- Write()定义和初始化字符串变量 myString,它与 Main()中定义的 myString 变量完全不同。
- Write()把 Now in Main()输出到控制台。
- Write()把一个字符串输出到控制台,该字符串包含在 Write()中定义的 myString 的值。
- Write()把控制权传送回 Main()。
- Main()把一个字符串输出到控制台,该字符串包含在 Main()中定义的 myString 的值。

其作用域以这种方式覆盖一个函数的变量称为局部变量。还有一种全局变量,其作用域可覆盖多个函数。修改代码,如下所示:

```
class Program
{
    static string myString;
    static void Write()
    {
        string myString = "String defined in Write()";
        Console.WriteLine("Now in Write()");
        Console.WriteLine($"Local myString = {myString}");
        Console.WriteLine($"Global myString = {Program.myString}");
    }
    static void Main(string[] args)
    {
        string myString = "String defined in Main()";
        Program.myString = "Global string";
        Write();
        Console.WriteLine("\nNow in Main()");
        Console.WriteLine($"Local myString = {myString}");
        Console.WriteLine($"Global myString = {Program.myString}");
        Console.ReadKey();
    }
}
```

执行结果如图 6-6 所示。

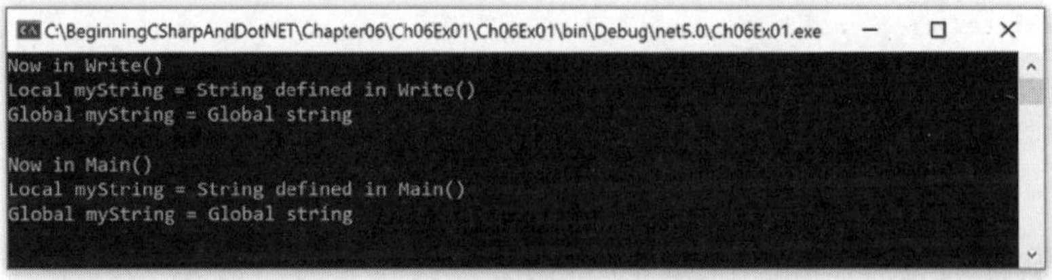

图 6-6

这里添加了另一个变量 myString，这次进一步加深了代码中的名称层次。这个变量定义如下：

```
static string myString;
```

注意，这里也需要 static 关键字。读者只需要理解在此类控制台应用程序中，必须使用 static 或 const 关键字来定义这种形式的全局变量，而不必了解更多细节。如果要修改全局变量的值，就需要使用 static，因为 const 禁止修改变量的值。

为区分这个变量和 Main() 与 Write() 中的同名局部变量，必须用一个完全限定的名称为变量名分类，参见第 3 章。这里把全局变量称为 Program.myString。注意，只有在全局变量和局部变量同名时，才需要这么做。如果没有局部变量 myString，就可以使用 myString 表示全局变量，而不需要使用 Program.myString。如果局部变量和全局变量同名，会屏蔽全局变量。

全局变量的值在 Main() 中设置如下：

```
Program.myString = "Global string";
```

在 Write() 中可以通过如下语句访问全局变量：

```
Console.WriteLine($"Global myString = {Program.myString}");
```

为什么不能使用这种技术通过函数来交换数据，而要使用前面介绍的参数来交换数据？有时，这确实是一种交换数据的首选方式，例如编写一个对象，用作插件，或者在较大项目中使用的短脚本。但许多情况下不应使用这种方式。使用全局变量的最常见问题与并发性的管理相关。例如，可以编写一个全局变量来读取一个类的众多方法或读取不同的线程。如果大量的线程和方法可以写入全局变量，能确定全局变量中的值是有效数据吗？没有额外的同步代码，就不能确定。此外，一段时间过去后，可能会忘记最初使用全局变量的真正意图，而将其用于其他目的。因此，是否使用全局变量取决于函数的用途。

使用全局变量的问题在于，它们通常不适用于"常规用途"的函数——这些函数能处理我们所提供的任意数据，而不仅限于处理特定全局变量中的数据。详见本章后面的内容。

6.2.1　其他结构中变量的作用域

上一节的一个要点并不只是与函数之间的变量作用域有关：变量的作用域包含定义它们的代码块和直接嵌套在其中的代码块。接下来要讨论的代码可在本章的下载文件 VariableScopeInLoops\Program.cs 中找到。这一点也适用于其他代码块，例如分支和循环结构的代码块。考虑下面的代码：

```
int i;
for (i = 0; i < 10; i++)
{
    string text = $"Line {Convert.ToString(i)}";
    Console.WriteLine($"{text}");
}
Console.WriteLine($"Last text output in loop: {text}");
```

字符串变量 text 是 for 循环的局部变量，这段代码不能编译，因为在该循环外部调用的 WriteLine() 试图使用该字符串变量，但是在循环外部该字符串变量会超出作用域。修改代码，如下所示：

```
int i;
string text;
for (i = 0; i < 10; i++)
{
```

```
    text = $"Line {Convert.ToString(i)}";
    Console.WriteLine($"{text}");
}
Console.WriteLine($"Last text output in loop: {text}");
```

这段代码也会失败，原因是必须在使用变量前对其进行声明和初始化，但 text 只在 for 循环中进行了初始化。由于没有在循环外进行初始化，因此赋给 text 的值在循环块退出时就丢失了。但可以进行如下修改：

```
int i;
string text = "";
for (i = 0; i < 10; i++)
{
    text = $"Line {Convert.ToString(i)}";
    Console.WriteLine($"{text}");
}
Console.WriteLine($"Last text output in loop: {text}");
```

这次 text 是在循环外部初始化的，所以可以访问它的值。这段简单代码的执行结果如图 6-7 所示。

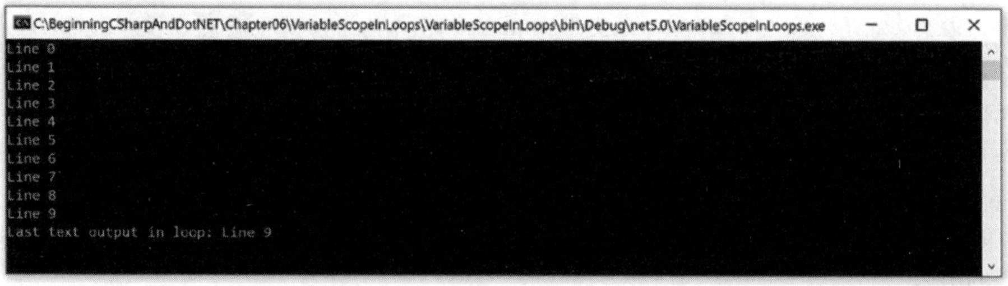

图 6-7

在循环中最后赋给 text 的值可以在循环外部访问。可以看出，这个主题的内容需要花一点时间来掌握。在前面的示例中，循环之前将空字符串赋给 text，而在循环之后的代码中，text 就不会是空字符串了，其原因可能一下子看不出来。

这种情况的解释涉及分配给 text 变量的内存空间，实际上任何变量都是这样。只声明一个简单的变量类型，并不会引起其他变化。只有在给变量赋值后，这个值才会被分配一块内存空间。如果这种分配内存空间的行为在循环中发生，该值实际上被定义为一个局部值，在循环外部会超出其作用域。

即使变量本身未局部化到循环上，其包含的值却会局部化到该循环上。但在循环外部赋值可以确保该值是主体代码的局部值，在循环内部它仍处于其作用域中。这意味着变量在退出主体代码块之前是没有超出作用域的，所以可在循环外部访问它的值。

幸好，C# 编译器可检测变量作用域的问题，根据它生成的错误信息修正程序有助于我们理解变量的作用域问题。

6.2.2　参数和返回值与全局数据

本节将详细介绍如何通过全局数据以及参数和返回值与函数交换数据。首先分析下面的代码：

```
class Program
{
    static void ShowDouble(ref int val)
    {
        val *= 2;
```

```
        Console.WriteLine($"val doubled = {val}");
    }
    static void Main(string[] args)
    {
        int val = 5;
        Console.WriteLine($"val = {val}");
        ShowDouble(ref val);
        Console.WriteLine($"val = {val}");
        Console.ReadLine();
    }
}
```

注意:
这段代码与本章前面的代码稍有不同，在前面的示例中，在 Main() 中使用了变量名 myNumber，
这说明局部变量可以具有相同的名称，且不会相互干涉。

将上面的代码与下面的代码相比较:

```
class Program
{
    static int val;
    static void ShowDouble()
    {
        val *= 2;
        Console.WriteLine($"val doubled = {val}");
    }
    static void Main(string[] args)
    {
        val = 5;
        Console.WriteLine($"val = {val}");
        ShowDouble();
        Console.WriteLine($"val = {val}");
        Console.ReadLine();
    }
}
```

这两个 ShowDouble() 函数的结果是相同的。

使用哪种方法并没有什么硬性规定，这两种方法都十分有效，但需要考虑如下一些规则。

首先，在第一次讨论这个问题时就提到过，使用全局值的 ShowDouble() 版本只使用全局变量 val。
为使用这个版本，必须使用这个全局变量。这会对该函数的灵活性有轻微的限制，如果要存储结果，
就必须总是把这个全局变量值复制到其他变量中。另外，全局数据可能在应用程序的其他地方被代码
修改，这会导致预料不到的结果(其值可能会改变，等我们认识到这一点时为时已晚)。最后，使用名
为 VAL 的全局变量将意味着其他人不能在项目代码的任何其他地方使用该名称，如果出现这种情况。
就会存在一个混淆，即当引用的时候不清楚到底引用的是哪一个。使用全局变量应谨慎。

当然，也可以说，这种简化实际上使代码更难理解。显式指定参数可以一眼看出发生了什么改变。
例如对于 FunctionName(val1, out val2) 函数调用，马上就可以知道 val1 和 val2 都是要考虑的重要变量，
在函数执行完毕后，会为 val2 赋予一个新值。反之，如果这个函数不带参数，就不能对它处理了什
么数据做任何假设。

总之，可以自由选择使用哪种技术来交换数据。一般情况下，最好使用参数，而不使用全局数据，
但有时使用全局数据可能更合适，使用这种技术并没有错。

6.2.3　局部函数

本章开头部分介绍了函数的概念，提到了从 Main(string[] args)函数中提取出代码的原因在于，可在同一程序中复用这些提取出的代码，而不必多次编写它们。在此想要强调的是，在大多数情况下设计和创建程序时，应该都要遵循这种思维方式。

注意随着时间的流逝，人们期望程序做的事情越来越多，所以程序会变得越来越复杂。随着程序功能不断增加，会导致开发人员在程序中添加更多函数。而程序拥有的函数越多，对其他开发人员而言，修改(如修复 bug 或添加新功能)的难度就会越大。这不仅是因为函数量的增加，还因为函数的最初意图被遗忘。这样一来，有些函数就可能不按创建者的最初意图，被用于其他目的，这样在错误修改它们后就会导致严重问题。

如果发现需要对他人所编写的函数进行修改，可以考虑使用局部函数。局部函数允许在另一个函数的上下文中声明一个函数，这样做有助于提高程序的可读性，让他人快速理解程序的目的。

以下面的代码为例：

```
class Program
{
    static void Main(string[] args)
    {
        int myNumber = 5;
        Console.WriteLine($"Main Function = {myNumber}");
        DoubleIt(myNumber);
        Console.ReadLine();

        void DoubleIt(int val)
        {
            val *= 2;
            Console.WriteLine($"Local Function - val = {val}");
        }
    }
}
```

注意，DoubleIt()函数存在于 Main(string[] args)函数中。不能从 Program 类中的其他函数中调用该函数。这段简单代码的运行结果如图 6-8 所示。

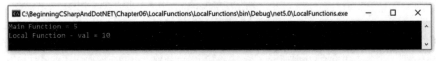

图　6-8

可以在 LocalFunctions\Program.cs 下载章节中找到讨论的代码。

6.3　Main()函数

前面介绍了创建和使用函数时涉及的大多数简单技术，下面详细论述 Main()函数。

Main()是 C#应用程序的入口点，执行这个函数就是执行应用程序。也就是说，在执行过程开始时，会执行 Main()函数，在 Main()函数执行完毕时，执行过程就结束了。

这个函数可以返回 void 或 int，有一个可选参数 string[] args。Main()函数可使用如下 4 种版本：

```
static void Main()
```

```
static void Main(string[] args)
static int Main()
static int Main(string[] args)
```

上面的第 3 个和第 4 个版本返回一个 int 值，它们可以用于表示应用程序的终止方式，通常用作一种错误提示(但这不是强制的)。一般情况下，返回 0 反映了"正常"的终止(即应用程序已经执行完毕，并安全地终止)。

Main()的可选参数 args 提供了一种从应用程序的外部接受信息的方法，这些信息在运行应用程序时以命令行参数的形式指定。

在执行控制台应用程序时，指定的任何命令行参数都放在这个 args 数组中，之后可以根据需要在应用程序中使用这些参数。下面用一个示例来说明。这个示例可以指定任意数量的命令行参数，每个参数都被输出到控制台。

试一试　命令行参数：Ch06Ex04\Program.cs

(1) 在 C:\BeginningCSharpAndDotNET\Chapter06 目录中创建一个新的控制台应用程序 Ch06Ex04。

(2) 把下列代码添加到 Program.cs 中：

```
class Program
{
    static void Main(string[] args)
    {
        Console.WriteLine($"{args.Length} command line arguments were specified:");
        foreach (string arg in args)
            Console.WriteLine(arg);
        Console.ReadKey();
    }
}
```

(3) 打开项目的属性页面(在 Solution Explorer 窗口中右击 Ch06Ex04 项目名称，然后选择 Properties 选项)。

(4) 选择 Debug 页面，在 Application arguments 设置中添加所希望的命令行参数，如图 6-9 所示。

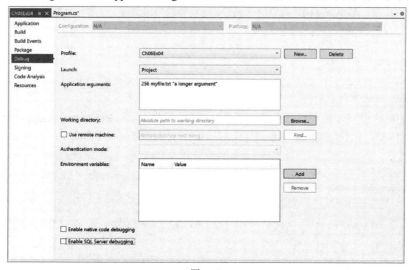

图　6-9

(5) 运行应用程序，输出结果如图 6-10 所示。

图 6-10

示例说明

这里使用的代码非常简单：

```
Console.WriteLine($"{args.Length} command line arguments were specified:");
foreach (string arg in args)
    Console.WriteLine(arg);
```

使用 args 参数与使用其他字符串数组类似。我们没有对参数进行任何异样的操作，只是把指定信息写到屏幕上。在本例中，通过 IDE 中的项目属性提供参数，这是一种便捷方式，只要在 IDE 中运行应用程序，就可以使用相同的命令行参数，不必每次都在命令行提示窗口中键入它们。在项目输出所在的目录(C:\BeginningCSharpAndDotNET\Chapter06\Ch06Ex04\Ch06Ex04\bin\Debug\net5.0)下打开命令提示窗口，键入下述代码，也可以得到同样的结果：

```
Ch06Ex04 256 myFile.txt "a longer argument"
```

每个参数都用空格分开。如果参数包含空格，就可以用双引号把参数括起来，这样才不会把这个参数解释为多个参数。

6.4 结构函数

第 5 章介绍了结构类型，它可在一个地方存储多个数据元素，但实际上结构可以做的工作远不止这一点。例如，除了数据，结构还可以包含函数。这初看起来很奇怪，但实际上是非常有用的。例如，考虑以下结构：

```
struct CustomerName
{
    public string firstName, lastName;
}
```

如果变量类型是 CustomerName，并且要在控制台上输出一个完整的姓名，就必须使用姓、名构成该姓名。例如，对于 CustomerName 变量 myCustomer，可以使用下述语法：

```
CustomerName myCustomer;
myCustomer.firstName = "Rual";
myCustomer.lastName = "Perkins";
Console.WriteLine($"{myCustomer.firstName} {myCustomer.lastName}");
```

将函数添加到结构中，就可以集中处理常见任务，从而简化这个过程。可以把合适的函数添加到结构类型中，如下所示：

```
struct CustomerName
{
```

```
   public string firstName, lastName;
   public string Name() => firstName + " " + lastName;
}
```

这看起来这与本章前面的其他函数类似，只不过没有使用 static 修饰符。本书后面将阐明其原因，现在知道该关键字不是结构函数所需的即可。这个函数的用法如下所示：

```
CustomerName myCustomer;
myCustomer.firstName = "Rual";
myCustomer.lastName = "Perkins";
Console.WriteLine(myCustomer.Name());
```

这个语法比前面的语法简单得多，也更容易理解。注意，Name()函数可以直接访问 firstName 和 lastName 结构成员。在 customerName 结构中，它们可以被看成全局成员。

6.5　函数的重载

本章前面提到过，在调用函数时，必须匹配函数的签名。这表明，需要有不同的函数来操作不同类型的变量。函数重载允许创建多个同名函数，每个函数可使用不同的参数类型。例如，前面使用了下述代码，其中包含函数 MaxValue()：

```
class Program
{
    static int MaxValue(int[] intArray)
    {
        int maxVal = intArray[0];
        for (int i = 1; i < intArray.Length; i++)
        {
            if (intArray[i] > maxVal)
                maxVal = intArray[i];
        }
        return maxVal;
    }
    static void Main(string[] args)
    {
        int[] myArray = { 1, 8, 3, 6, 2, 5, 9, 3, 0, 2 };
        int maxVal = MaxValue(myArray);
        Console.WriteLine($"The maximum value in myArray is {maxVal}");
        Console.ReadKey();
    }
}
```

这个函数只能用于处理 int 数组。可为不同的参数类型提供不同名称的函数，例如把上述函数重命名为 IntArrayMaxValue()，并添加诸如 DoubleArrayMaxValue()的函数来处理其他类型。还有一种方法，即在代码中添加如下函数：

```
static double MaxValue(double[] doubleArray)
{
    double maxVal = doubleArray[0];
    for (int i = 1; i < doubleArray.Length; i++)
    {
        if (doubleArray[i] > maxVal)
            maxVal = doubleArray[i];
    }
```

```
        return maxVal;
    }
```

这里的区别是使用了 double 值。函数名称 MaxValue()是相同的，但其签名是不同的。这是因为如前所述，函数的签名包含函数的名称及其参数。用相同签名来定义两个函数是错误的，但因为这里的两个函数的签名不同，所以没有问题。

> **注意:**
> 函数的返回类型不是其签名的一部分，所以不能定义两个仅返回类型不同的函数，它们实际上有相同的签名。

添加了前面的代码后，现在有两个版本的 MaxValue()，它们的参数是 int 和 double 数组，分别返回 int 或 double 类型的最大值。

这种代码的优点是不必显式地指定要使用哪个函数。只需要提供一个数组参数，就可以根据使用的参数类型执行相应的函数。

此时，应注意 Visual Studio 中 IntelliSense 的另一项功能。如果在应用程序中有上述两个函数，而且要在 Main()或其他函数中键入函数的名称，IDE 就可以显示出可用的重载函数。如果键入下面的代码:

```
double result = MaxValue
```

IDE 会提供两个 MaxValue()版本的信息，可使用上下箭头键在其间滚动，如图 6-11 所示。

图 6-11

在重载函数时，应包括函数签名的所有方面。例如，有两个不同的函数，它们分别带有值参数和引用参数:

```
static void ShowDouble(ref int val)
{
    ...
}
static void ShowDouble(int val)
{
    ...
}
```

选用哪个版本完全根据函数调用是否包含 ref 关键字来确定。下面的代码将调用引用版本:

```
ShowDouble(ref val);
```

下面的代码将调用值版本:

```
ShowDouble(val);
```

此外，还可以根据参数的个数等来区分函数。

6.6　委托

委托(delegate)是一种存储函数引用的类型。这听起来相当深奥，但其机制是非常简单的。委托最重要的用途在本书后面介绍到事件和事件处理时才能解释清楚，但这里也将介绍有关委托的许多内容。委托的声明非常类似于函数，但不带函数体，且要使用 delegate 关键字。委托的声明指定了一个返回类型和一个参数列表。

定义了委托后，就可以声明该委托类型的变量。接着把这个变量初始化为与委托具有相同返回类型和参数列表的函数引用。之后，就可以使用委托变量调用这个函数，就像该变量是一个函数一样。

有了引用函数的变量后，就可以执行无法用其他方式完成的操作。例如，可以把委托变量作为参数传递给一个函数，这样，该函数就可以使用委托调用它引用的任何函数，而且在运行之前不必知道调用的是哪个函数。下面的示例使用委托访问两个函数中的一个。

试一试　使用委托来调用函数：Ch06Ex05\Program.cs

(1) 在 C:\BeginningCSharpAndDotNET\Chapter06 目录中创建一个新的控制台应用程序 Ch06Ex05。

(2) 把下列代码添加到 Program.cs 中：

```
class Program
{
    delegate double ProcessDelegate(double param1, double param2);
    static double Multiply(double param1, double param2) => param1 * param2;
    static double Divide(double param1, double param2) => param1 / param2;

    static void Main(string[] args)
    {
        ProcessDelegate process;
        Console.WriteLine("Enter 2 numbers separated with a comma:");
        string input = Console.ReadLine();
        int commaPos = input.IndexOf(',');
        double param1 = Convert.ToDouble(input.Substring(0, commaPos));
        double param2 = Convert.ToDouble(input.Substring(commaPos + 1,
                                        input.Length - commaPos - 1));
        Console.WriteLine("Enter M to multiply or D to divide:");
        input = Console.ReadLine();
        if (input == "M")
            process = new ProcessDelegate(Multiply);
        else
            process = new ProcessDelegate(Divide);
        Console.WriteLine($"Result: {process(param1, param2)}");
        Console.ReadKey();
    }
}
```

(3) 执行代码，在看到提示时输入值，结果如图 6-12 所示。

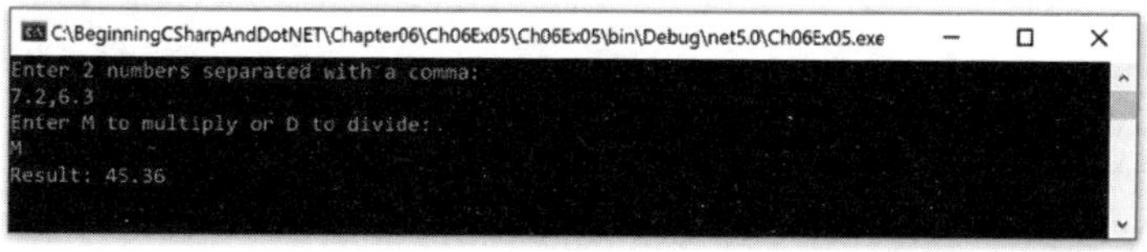

图　6-12

示例说明

这段代码定义了一个委托 ProcessDelegate，其返回类型和参数与函数 Multiply()和 Divide()相匹配。注意 Multiply()和 Divide()方法使用了=>(Lambda 箭头/表达式方法)。

```
static double Multiply(double param1, double param2) => param1 * param2;
```

委托的定义如下所示:

```
delegate double ProcessDelegate(double param1, double param2);
```

delegate 关键字指定该定义是用于委托的，而不是用于函数的(该定义所在的位置与函数定义相同)。接着，该定义指定 double 返回类型和两个 double 参数。实际使用的名称可以是任意的，所以可以给委托类型和参数指定任意名称。这里委托名是 ProcessDelegate，double 参数名是 param1 和 param2。

Main()中的代码首先使用新的委托类型声明一个变量:

```
static void Main(string[] args)
{
    ProcessDelegate process;
```

接着用一些比较标准的 C#代码请求由逗号分隔的两个数字，并将这些数字放在两个 double 变量中:

```
Console.WriteLine("Enter 2 numbers separated with a comma:");
string input = Console.ReadLine();
int commaPos = input.IndexOf(',');
double param1 = Convert.ToDouble(input.Substring(0, commaPos));
double param2 = Convert.ToDouble(input.Substring(commaPos + 1,
                                input.Length - commaPos - 1));
```

> **注意:**
> 为说明问题，这里没有验证用户输入的有效性。如果这些是"现实中的"代码，就应花费更多时间来确保在局部变量 param1 和 param2 中得到有效的值。

接着询问用户，这两个数字是要相乘还是相除:

```
Console.WriteLine("Enter M to multiply or D to divide:");
input = Console.ReadLine();
```

根据用户的选择，初始化 process 委托变量:

```
if (input == "M")
    process = new ProcessDelegate(Multiply);
else
    process = new ProcessDelegate(Divide);
```

要把一个函数引用赋给委托变量，需要使用略显古怪的语法。这个过程比较类似于给数组赋值，必须使用 new 关键字创建一个新委托。在这个关键字的后面，指定委托类型，提供一个引用所需函数的参数，这里也就是指 Multiply()或 Divide()函数。注意这个参数与委托类型或目标函数的参数不匹配，这是委托赋值的一种独特语法，参数是要使用的函数名且不带括号。

实际上，这里可以使用略微简单的语法:

```
if (input == "M")
```

```
    process = Multiply;
else
    process = Divide;
```

编译器会发现，process 变量的委托类型匹配两个函数的签名，于是自动初始化一个委托。可以自行确定使用哪种语法，但一些人喜欢使用较长的版本，因为它更容易一眼看出会发生什么。

最后，使用该委托调用所选的函数。无论委托引用的是什么函数，该语法都是有效的：

```
Console.WriteLine($"Result: {process(param1, param2)}");
Console.ReadKey();
}
```

这里把委托变量看成一个函数名。但与函数不同，我们还可以对这个变量执行更多操作，例如，通过参数将其传递给一个函数，如下例所示：

```
static void ExecuteFunction(ProcessDelegate process)
        => process(2.2, 3.3);
```

就像选择一个要使用的"插件"一样，通过把函数委托传递给函数，就可以控制函数的执行。例如，一个函数要对字符串数组按照字母进行排序。对列表排序有几种不同的方法，它们的性能取决于要排序的列表特性。使用委托可以把一个排序算法函数委托传递给排序函数，指定要使用的函数。

委托有许多用途，但如前所述，它们的大多数常见用途主要与事件处理有关，具体内容详见第13章。

6.7 习题

(1) 下面两个函数都存在错误，请指出这些错误。

```
static bool Write()
{
    Console.WriteLine("Text output from function.");
}
static void MyFunction(string label, params int[] args, bool showLabel)
{
    if (showLabel)
        Console.WriteLine(label);
    foreach (int i in args)
        Console.WriteLine($"{i}");
}
```

(2) 编写一个应用程序，该程序使用两个命令行参数，分别把值放在一个字符串和一个整型变量中，然后显示这些值。

(3) 创建一个委托，在请求用户输入时，使用它模拟 ReadLine() 函数。

(4) 修改下面的结构，使其包含一个返回订单总价的函数。

```
struct Order
{
    public string itemName;
    public int unitCount;
    public double unitCost;
}
```

(5) 在 order 结构中添加另一个函数，使其返回如下所示的一个格式化字符串(一行文本，以合适的值替换用尖括号括起来的斜体条目)。

```
Order Information: <unit count> <item name> items at $<unit cost> each,
total cost $<total cost>
```

附录 A 给出了习题答案。

6.8 本章要点

主题	要点
定义函数	用函数名、0 个或多个参数及返回类型来定义函数。函数的名称和参数统称为函数的签名。可以定义名称相同但签名不同的多个函数——这称为函数重载。也可以在结构类型中定义函数
返回值和参数	函数的返回类型可以是任意类型，如果函数没有返回值，其返回类型就是 void。参数也可以是任意类型，由一个用逗号分隔的类型和名称对组成。个数不定的特定类型的参数可以通过参数数组来指定。参数可以指定为 ref 或 out，以便给调用者返回值。调用函数时，所指定的参数的类型和顺序必须匹配函数的定义，并且如果参数定义中使用了 ref 或 out 关键字，那么在调用函数时也必须包括对应的 ref 或 out 关键字
变量作用域	变量根据定义它们的代码块来界定其使用范围。代码块包括方法和其他结构，如循环体。可在不同的作用域中定义多个不同的同名变量
命令行参数	在执行应用程序时，控制台应用程序中的 Main()函数可接收传送给应用程序的命令行参数。这些参数用空格隔开，较长的参数可以放在引号中传送
委托	除了直接调用函数外，还可以通过委托调用它们。委托是用返回类型和参数列表定义的变量。给定的委托类型可以匹配返回类型和参数与委托定义相同的方法

第 **7** 章

调试和错误处理

本章内容:

- IDE 中的调试方法
- C#中的错误处理技术

本章源代码下载:

本章源代码可以通过本书合作站点 www.wiley.com 上的 Download Code 选项卡下载，也可以通过网址 github.com/benperk/BeginningCSharpAndDotNET 下载。下载代码位于 Chapter07 文件夹中并已根据本章示例的名称单独命名。

本书到目前为止介绍了在 C#中进行简单编程的所有基础知识。本书下一部分将讨论面向对象编程，在此之前先看看 C#代码中的调试和错误处理。

代码中有时难免存在错误。无论程序员多么优秀，程序总是会出现一些问题，优秀的程序员必须意识到这一点，并准备好解决这些问题。当然，一些问题比较小，不会影响应用程序的执行，例如，按钮上的拼写错误等，但一些错误可能比较严重，会导致应用程序完全失败(通常称为致命错误)，致命错误包括妨碍代码编译的简单错误(语法错误)，或者只在运行期间发生的更严重错误。一些错误较难注意到。例如，也许因为缺少请求的字段，应用程序不能给数据库添加一条记录，或者在其他有限制的环境中把错误数据添加到记录中。应用程序的逻辑在某些方面有瑕疵时，就会产生这样的错误，此类错误称为语义错误(或逻辑错误)。

通常，当应用程序的用户抱怨程序不能正常工作时，开发人员才会知道存在这样的错误。此时需要跟踪代码，确定发生了什么问题，并修改代码，使其按照希望的那样工作。此类情况下，Visual Studio 的调试功能就可以大显身手了。本章的第一节就介绍一些调试技巧，并用它们来解决一些常见问题。

此后讨论 C#中的错误处理技术。利用它们，可以对可能发生错误的地方采取预防措施，并编写弹性代码来处理可能致命的错误。这些技术是 C#语言的一部分，而不是调试功能，但 IDE 也提供了一些工具来帮助我们处理错误。

7.1　Visual Studio 中的调试

前面提到，可以采用两种方式执行应用程序：调试模式或非调试模式。在 Visual Studio 中执行应

用程序时，默认在调试模式下执行。例如，按下 F5 键或单击工具栏中的绿色 Start 按钮时，就是在调试模式下执行应用程序。要在非调试模式下执行应用程序，应选择 Debug | Start Without Debugging，或按下 Ctrl+F5 组合键。

Visual Studio 允许在两种配置下生成应用程序：调试(默认)和发布。使用标准工具栏中的 Solution Configurations 下拉框可在这两种配置之间切换。还可以通过选择 Build 菜单项，然后选择 Connection Manager 来更改配置。

在调试配置下生成应用程序，并在调试模式下运行程序时，并不仅是运行编写好的代码。调试程序包含应用程序的符号信息，所以 IDE 知道执行每行代码时发生了什么。符号信息意味着跟踪(例如)未编译代码中使用的变量名，这样它们就可以匹配已编译的机器码应用程序中现有的值，而机器码程序不包含便于人们阅读的信息。此类信息包含在.pdb 文件中，这些文件位于计算机的 Debug 目录下。

发布配置会优化应用程序代码，所以我们不能执行以上这些操作。但发布版本运行速度较快。完成了应用程序的开发后，一般应给用户提供发布版本，因为发布版本不需要调试版本所包含的符号信息。

本节介绍调试技巧，以及如何使用它们找出并修改未按预期方式执行的那些代码，这个过程称为调试。按照这些技术的使用方法把它们分为两部分。一般情况下，可以先中断程序的执行，再进行调试，或者注上标记，以便以后加以分析。在 Visual Studio 术语中，应用程序可以处于运行状态，也可以处于中断模式，即暂停正常的执行。下面首先介绍非中断模式(运行期间或正常执行)技术。

7.1.1　非中断(正常)模式下的调试

本书经常使用的一个命令是 Console.WriteLine()函数，它可以把文本输出到控制台。在开发应用程序时，这个函数可以方便地获得操作的额外反馈，例如：

```
Console.WriteLine("MyFunc() Function is about to be called.");
MyFunc("Do something.");
Console.WriteLine("MyFunc() Function execution completed.");
```

这段代码说明了如何获取 MyFunc()函数的额外信息。这么做完全正确，但控制台的输出结果会比较混乱。在开发其他类型的应用程序时，如桌面应用程序，没有用于输出信息的控制台。作为一种替代方法，可将文本输出到另一个位置——IDE 中的 Output 窗口。

第 2 章简要介绍了 Error List 窗口，其中提到其他窗口也可以显示在这个位置。其中一个窗口就是 Output 窗口，在调试时这个窗口非常有用。要显示这个窗口，可以选择 View | Output。在这个窗口中，可以查看与代码的编译和执行相关的信息，包括在编译过程中遇到的错误等，还可将自定义的诊断信息直接写到这个窗口中，该窗口如图 7-1 所示。

> **注意：**
> 使用 Output 窗口的下拉菜单可以选择几种模式：Build、Build Order 和 Debug。这些模式分别显示编译和运行期间的信息。本节提到"写入 Output 窗口"时，实际上是指"写入 Output 窗口的 Debug 模式视图"。

还可以创建一个日志文件，在运行应用程序时，会把信息添加到该日志文件中。把信息写入日志文件所用的技巧与把文本写到 Output 窗口中所用的技巧相同，但需要理解如何从 C#应用程序中访问文件系统。我们把这个功能放在后续章节中加以讨论，因为目前不必了解文件访问技巧也可以完成很多工作。

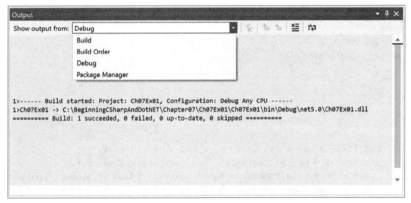

图 7-1

1. 输出调试信息

在运行期间把文本写入 Output 窗口是非常简单的。只要用所需的调用替代 Console.WriteLine()调用，就可以把文本写到所希望的位置。此时可以使用如下两个命令：

- Debug.WriteLine()
- Trace.WriteLine()

这两个命令函数的用法几乎完全相同，但有一个重要区别：第一个命令仅在调试模式下运行，而第二个命令还可用于发布程序。实际上，Debug.WriteLine()命令甚至不能编译到可发布的程序中，在发布版本中，该命令会消失，这肯定有其优点(编译好的代码文件比较小)。

> **注意：**
> Debug.WriteLine()和 Trace.WriteLine()方法包含在 System.Diagnostics 名称空间内。所以应该在代码顶部包含 using System.Diagnostics 语句。

这两个函数的用法与 Console.WriteLine()是不同的。其唯一的字符串参数用于输出消息，而不需要使用{X}语法插入变量值。这意味着必须使用+串联运算符等方式在字符串中插入变量值。它们还可以有第二个字符串参数(可选)，用于显示输出文本的类别。这样，如果应用程序的不同地方输出了类似的消息，我们马上就可以确定 Output 窗口中显示的是哪些输出信息。

这些函数的一般输出如下所示：

```
<category>: <message>
```

例如，下面的语句把 MyFunc 作为可选的类别参数：

```
Debug.WriteLine("Added 1 to i", "MyFunc");
```

其结果为：

```
MyFunc: Added 1 to i
```

下面的示例按这种方式输出调试信息。

试一试 把文本写入 Output 窗口：Ch07Ex01\Program.cs

(1) 在 C:\BeginningCSharpAndDotNET\Chapter07 目录中创建一个新的控制台应用程序 Ch07Ex01。

(2) 修改代码，如下所示：

```csharp
using System;
using System.Diagnostics;
namespace Ch07Ex01
{
    class Program
    {
        static void Main(string[] args)
        {
            int[] testArray = {4, 7, 4, 2, 7, 3, 7, 8, 3, 9, 1, 9};
            int maxVal = Maxima(testArray, out int[] maxValIndices);
            Console.WriteLine($"Maximum value {maxVal} found at element indices:");
            foreach (int index in maxValIndices)
            {
                Console.WriteLine(index);
            }
        Console.ReadKey();
        }
        static int Maxima(int[] integers, out int[] indices)
        {
        Debug.WriteLine("Maximum value search started.");
        indices = new int[1];
        int maxVal = integers[0];
        indices[0] = 0;
        int count = 1;
        Debug.WriteLine(string.Format(
            $"Maximum value initialized to {maxVal}, at element index 0."));
        for (int i = 1; i < integers.Length; i++)
        {
            Debug.WriteLine(string.Format(
                $"Now looking at element at index {i}."));
            if (integers[i] > maxVal)
            {
                maxVal = integers[i];
                count = 1;
                indices = new int[1];
                indices[0] = i;
                Debug.WriteLine(string.Format(
                    $"New maximum found. New value is {maxVal}, at " +
                    $"element index {i}."));
            }
            else
            {
                if (integers[i] == maxVal)
                {
                    count++;
                    int[] oldIndices = indices;
                    indices = new int[count];
                    oldIndices.CopyTo(indices, 0);
                    indices[count - 1] = i;
                    Debug.WriteLine(string.Format(
                        $"Duplicate maximum found at element index {i}."));
                }
            }
        }
```

```
Trace.WriteLine(string.Format(
$"Maximum value {maxVal} found, with {count} occurrences."));
Debug.WriteLine("Maximum value search completed.");
return maxVal;
    }
  }
}
```

(3) 在 Debug 模式下执行代码，结果如图 7-2 所示。

图　7-2

(4) 中断应用程序的执行，查看 Output 窗口中的内容(在 Debug 模式下)，如下所示(有删节)：

```
...
Maximum value search started.
Maximum value initialized to 4, at element index 0.
Now looking at element at index 1.
New maximum found. New value is 7, at element index 1.
Now looking at element at index 2.
Now looking at element at index 3.
Now looking at element at index 4.
Duplicate maximum found at element index 4.
Now looking at element at index 5.
Now looking at element at index 6.
Duplicate maximum found at element index 6.
Now looking at element at index 7.
New maximum found. New value is 8, at element index 7.
Now looking at element at index 8.
Now looking at element at index 9.
New maximum found. New value is 9, at element index 9.
Now looking at element at index 10.
Now looking at element at index 11.
Duplicate maximum found at element index 11.
Maximum value 9 found, with 2 occurrences.
Maximum value search completed.
The thread #### has exited with code 0 (0x0).
```

(5) 使用标准工具栏上的下拉菜单，切换到 Release 模式，如图 7-3 所示。

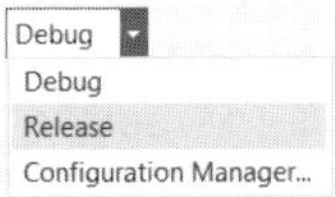

图　7-3

(6) 再次运行程序，这次在 Release 模式下运行，并在执行终止时再查看一下 Output 窗口，结果
如下所示(有删节)：

```
...
Maximum value 9 found, with 2 occurrences.
The thread #### has exited with code 0 (0x0).
```

示例说明

这个应用程序是第 6 章中一个示例的扩展版本，它使用一个函数计算整数数组中的最大值。这个版本也返回一个索引数组，表示最大值在数组中的位置，以便调用代码处理这些元素。

首先在代码开头使用了一个额外的 using 指令：

```
using System.Diagnostics;
```

这简化了前面讨论的对函数的访问，因为它们包含在 System.Diagnostics 名称空间中，没有这个 using 语句，下面的代码：

```
Debug.WriteLine("Beginning C# and .NET");
```

就需要进一步限定，重新编写这行语句，如下所示：

```
System.Diagnostics.Debug.WriteLine("Beginning C# and .NET");
```

Main() 中的代码仅初始化一个测试用的整数数组 testArray，并声明了另一个整数数组 maxValIndices，以存储 Maxima()(用于执行计算的函数)的索引输出结果，接着调用这个函数。函数返回后，代码就会输出结果。

Maxima() 稍复杂一些，但用到的代码大部分在前面已经看到过。在数组中进行搜索的方式与第 6 章的 MaxVal() 函数类似，但要用一条记录来存储最大值的索引。

特别需要注意用来跟踪索引的函数(而不是输出调试信息的那些代码行)。Maxima() 并没有返回一个足以存储源数组中每个索引的数组(需要与源数组有相同的维数)，而是返回一个正好能容纳搜索到的索引的数组。这可通过在搜索过程中连续重建不同长度的数组来实现。必须这么做，因为一旦创建好数组，就不能再重新设置长度。

开始搜索时，假定源数组(integers)中的第一个元素就是最大值，而且数组中只有一个最大值。因此可以为 maxVal(函数的返回值，即搜索到的最大值)和 indices(out 参数数组，存储搜索到的最大值的索引)设置值。maxVal 被赋予 integers 中第一个元素的值，indices 被赋予一个 0 值，即数组中第一个元素的索引。在变量 count 中存储搜索到的最大值的个数，以便跟踪 indices 数组。

函数的主体是一个循环，它迭代 integers 数组中的各个值，但忽略第一个值，因为它已经处理过这个值。每个值都与 maxVal 的当前值进行比较，如果 maxVal 更大，就忽略该值。如果当前处理的值比 maxVal 大，就修改 maxVal 和 indices，以反映这种情况。如果当前处理的值与 maxVal 相等，就递增 count，用一个新数组替代 indices。这个新数组比旧 indices 数组多一个元素，它包含搜索到的新索引。

最后一个功能的代码如下所示：

```
if (integers[i] == maxVal)
{
    count++;
    int[] oldIndices = indices;
    indices = new int[count];
    oldIndices.CopyTo(indices, 0);
    indices[count - 1] = i;
    Debug.WriteLine(string.Format(
        $"Duplicate maximum found at element index {i}."));
}
```

这段代码把旧 indices 数组备份到 if 代码块的 oldIndices 局部整型数组中。注意使用<*array*>.CopyTo() 函数将 oldIndices 中的值复制到新的 indices 数组中。这个函数的参数是一个目标数组和一个用于复制第一个元素的索引，并将所有的值都粘贴到目标数组中。

　　在代码中，各个文本部分都使用 Debug.WriteLine()和 Trace.WriteLine()函数进行输出，这些函数使用 string.Format()函数把变量值嵌套在字符串中，其方式与 Console.WriteLine()相同。这比使用+串联运算符更高效。

　　在 Debug 模式下运行应用程序时，其最终结果是一条完整记录，它记述了在循环中计算出结果所采取的步骤。在 Release 模式下，仅能看到计算的最终结果，因为没有调用 Debug.WriteLine()函数。

2. 跟踪点

　　另一种把信息输出到 Output 窗口的方法是使用跟踪点(tracepoint)。这是 Visual Studio 的一个功能，而不是 C#的功能，但其作用与使用 Debug.WriteLine()相同。它实际上是输出调试信息且不修改代码的一种方式。

　　为了演示跟踪点，可用它们替代上一个示例中的调试命令(请参阅本章的下载代码中的Ch07Ex01TracePoints 文件)。添加跟踪点的过程如下：

　　(1) 把光标放在要插入跟踪点的代码行(例如，Line 31)上。跟踪点会在执行这行代码之前被处理。

　　(2) 单击行号左边的侧边栏，会出现一个红色的圆。将鼠标指针悬停在这个红色的圆上，选择Settings 菜单项。

　　(3) 选中 Actions 复选框，在 Log a message 部分的 Message 文本框中键入要输出的字符串。如果要输出变量值，应把变量名放在花括号中。

　　(4) 单击 OK 按钮。在包含跟踪点的代码行左边的红色圆会变成一个红色菱形，该行突出显示的代码也会由红色变为白色。

　　看一下添加跟踪点的对话框标题和需要的菜单选项，显然，跟踪点是断点的一种形式(可以暂停应用程序的执行，就像断点一样)。断点一般用于更高级的调试目的，本章稍后将介绍断点。

　　图 7-4 显示了 Ch07Ex01TracePoints 中第 31 行所需的跟踪点。在删除已有的 Debug.WriteLine()语句后，对代码行编号。

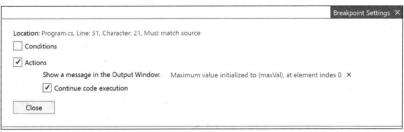

图　7-4

　　还有一个窗口可用于快速查看应用程序中的跟踪点。要显示这个窗口，可从 Visual Studio 菜单中选择 Debug | Windows | Breakpoints。这是显示断点的通用窗口(如前所述，跟踪点是断点的一种形式)。可以定制显示的内容，从这个窗口的 Columns 下拉框中添加 When Hit 列，显示与跟踪点关系更密切的信息。图 7-5 显示的窗口配置了该列，还显示了添加到 Ch07Ex01TracePoints 中的所有跟踪点。

　　在调试模式下执行这个应用程序，会得到与前面完全相同的结果。在代码窗口中右击跟踪点，或者利用 Breakpoints 窗口，可以删除或临时禁用跟踪点。在 Breakpoints 窗口中，跟踪点左边的复选框指示是否启用跟踪点；禁用的跟踪点未被选中，在代码窗口中显示为菱形框，而不是实心菱形。

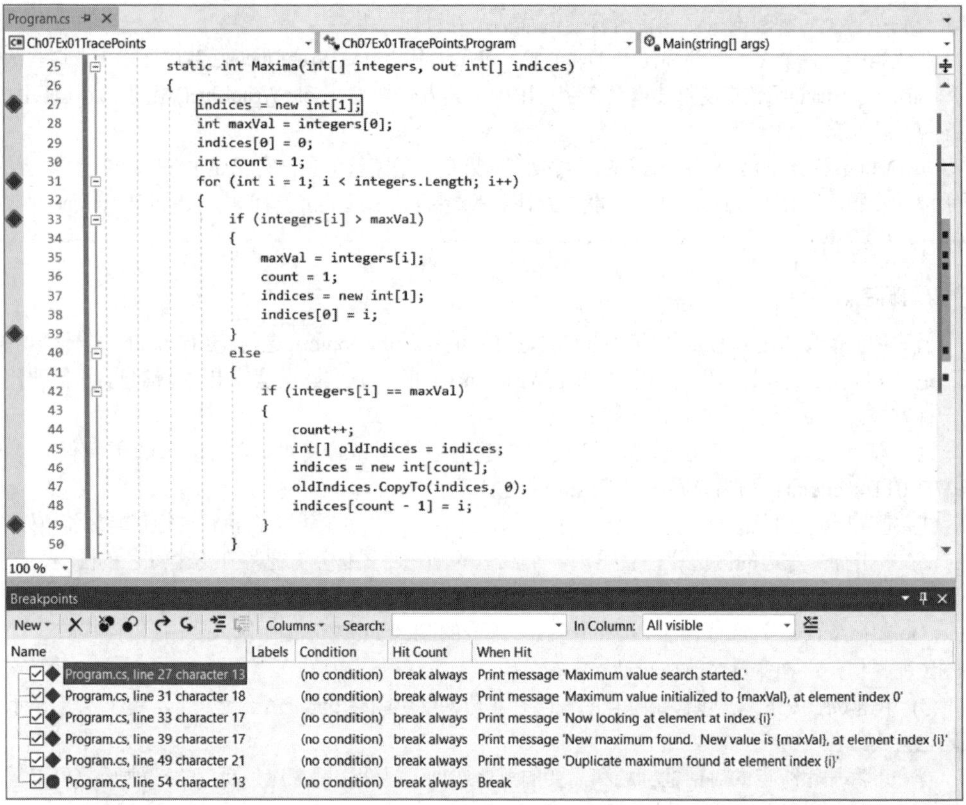

```
Program.cs
Ch07Ex01TracePoints                              Ch07Ex01TracePoints.Program                    Main(string[] args)
25              static int Maxima(int[] integers, out int[] indices)
26              {
27                  indices = new int[1];
28                  int maxVal = integers[0];
29                  indices[0] = 0;
30                  int count = 1;
31                  for (int i = 1; i < integers.Length; i++)
32                  {
33                      if (integers[i] > maxVal)
34                      {
35                          maxVal = integers[i];
36                          count = 1;
37                          indices = new int[1];
38                          indices[0] = i;
39                      }
40                      else
41                      {
42                          if (integers[i] == maxVal)
43                          {
44                              count++;
45                              int[] oldIndices = indices;
46                              indices = new int[count];
47                              oldIndices.CopyTo(indices, 0);
48                              indices[count - 1] = i;
49                          }
50                      }
100 %
```

Name	Labels	Condition	Hit Count	When Hit
Program.cs, line 27 character 13		(no condition)	break always	Print message 'Maximum value search started.'
Program.cs, line 31 character 18		(no condition)	break always	Print message 'Maximum value initialized to {maxVal}, at element index 0'
Program.cs, line 33 character 17		(no condition)	break always	Print message 'Now looking at element at index {i}'
Program.cs, line 39 character 17		(no condition)	break always	Print message 'New maximum found. New value is {maxVal}, at element index {i}'
Program.cs, line 49 character 21		(no condition)	break always	Print message 'Duplicate maximum found at element index {i}'
Program.cs, line 54 character 13		(no condition)	break always	Break

图   7-5

3. 诊断输出与跟踪点

前面介绍了两种输出相同信息的方法，下面分析它们的优缺点。首先，跟踪点与 Trace 命令并不等价，也就是说，不能使用跟踪点在发布版本中输出信息。这是因为跟踪点并没有包含在应用程序中。跟踪点由 Visual Studio 处理，在应用程序的已编译版本中，跟踪点是不存在的。只有应用程序在 Visual Studio 调试器中运行时，跟踪点才起作用。

跟踪点的主要缺点也是其主要优点，即它们存储在 Visual Studio 中，因此可以在需要时便捷地添加到应用程序中，而且也非常容易删除。如果输出非常复杂的字符串信息，觉得跟踪点非常令人讨厌，只需要单击表示其位置的红色菱形，就可以删除跟踪点。

跟踪点的一个优点是允许方便地添加额外信息，如$FUNCTION 会把当前的函数名添加到输出信息中。虽然这个信息可以用 Debug 和 Trace 命令来编写，但比较难。总之，输出调试信息的两种方法是：

- **诊断输出**：总是要从应用程序中输出调试结果时使用这种方法，尤其是在要输出的字符串比较复杂，涉及几个变量或许多信息的情况下，使用该方法比较合适。另外，如果要在执行发布版本的应用程序的过程中进行输出，Trace 命令经常是唯一选择。
- **跟踪点**：调试应用程序时，如果希望快速输出重要信息，以便消除语义错误，应使用跟踪点。

7.1.2　中断模式下的调试

本章描述的剩余调试技术在中断模式下工作。可以通过几种方式进入这种模式，这些方式都会以某种方式暂停程序的执行。

1. 进入中断模式

进入中断模式的最简单方式是在运行应用程序时，单击 IDE 中的 Pause 按钮。这个 Pause 按钮在 Debug 工具栏上，应把该工具栏添加到 Visual Studio 默认显示的工具栏中。为此，右击工具栏区域，然后选择 Debug，这个工具栏如图 7-6 所示。

在这个工具栏上，前 3 个按钮可以手动控制中断。在图 7-6 上，它们显示为灰色，因为在程序没有运行时，它们是不能工作的。在后面的章节需要其他按钮时，再介绍它们。

运行一个应用程序时，工具栏如图 7-7 所示。

图　7-6 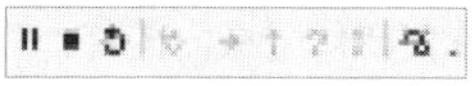　　　　　　　　　　　　　　　　　　　图　7-7

现在，就可以使用之前显示为灰色的 3 个按钮了。使用它们可以：

- 暂停应用程序的执行，进入中断模式
- 完全停止应用程序的执行(不进入中断模式，而是退出应用程序)
- 重新启动应用程序

暂停应用程序是进入中断模式的最简单方式，但这并不能更好地控制停止程序运行的位置。我们可能会停在应用程序正常暂停的地方，例如，要求用户输入信息。还可以在长时间的操作或循环过程中进入中断模式，但停止位置可能相当随机。一般情况下，最好使用断点。

断点

断点是源代码中自动进入中断模式的标记。它们可以配置为：

- 遇到断点时，立即进入中断模式
- 遇到断点时，如果布尔表达式的值为 true，就进入中断模式
- 遇到某断点一定的次数后，进入中断模式
- 在遇到断点时，如果自从上次遇到断点以来变量的值发生了变化，就进入中断模式

注意，上述功能仅能用于调试程序。如果编译发布程序，将忽略所有断点。

添加断点有几种方法。要添加简单断点，当遇到该断点所在的代码行时，就中断执行，可以单击该代码行左边的灰色区域。另外可以选择 Debug|Toggle Breakpoint 菜单项，或者按下 F9 键，将断点放在有焦点的代码行上。

断点在代码行的旁边显示为一个红色圆圈，而该行代码也突出显示，如图 7-8 所示。

这个窗口中显示的 Condition 和 Hit Count 列是最有用的两个列。右击断点，并选择 Conditions…Expanding 下拉框，通过显示的如下选项，就可以编辑它们：

- Conditional Expression
- Hit Count
- Filter

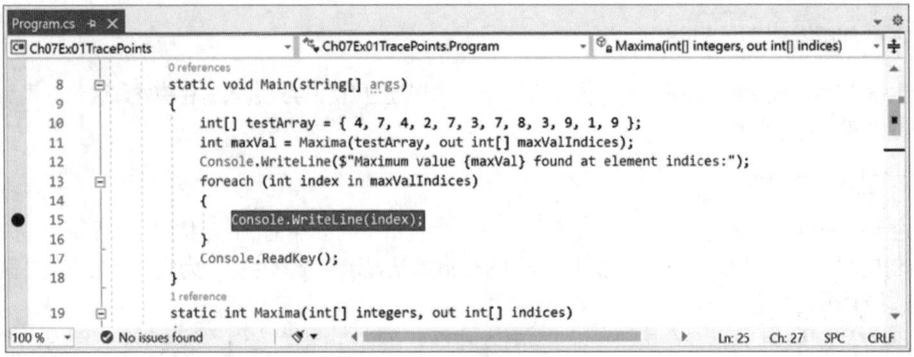

图 7-8

选择 Conditions...将弹出一个对话框。在该对话框中可以键入任意布尔表达式，该表达式可以包含在断点位置仍在作用域内的任何变量。例如，可配置一个断点，输入表达式 maxVal>4，选择 Is true 选项，在遇到这个断点且 maxVal 的值大于 4 时，就会触发该断点。还可以检查这个表达式是否有变化，仅当发生变化时，才会触发断点(例如，如果在遇到断点时，maxVal 的值从 2 改为 6，就会触发该断点)。

选择 Hit Count 将弹出另一个对话框。在这个对话框中可以指定在遇到断点多少次后才触发该断点。该对话框中的下拉列表提供了如下选项:

- 总是中断(默认值)
- 在 Hit Count 等于多少次时中断
- 在 Hit Count 是某个数的倍数时中断
- 在 Hit Count 大于或等于多少次时中断

所选的选项与在选项旁边的文本框中输入的值共同确定断点的行为。这个计数在比较长的循环中很有用，例如，在执行了前 5000 次循环后需要中断。如果不这么做，中断并重启 5000 次是很痛苦的。

进入中断模式的其他方式

进入中断模式还有两种方式。一种是在抛出一个未处理的异常时选择进入该模式。这种方式在本章后面讨论到错误处理时论述。另一种方式是在生成一条判定语句(assertion)时中断。

判定语句是可以用用户定义的消息中断应用程序的指令。它们常用于应用程序的开发过程，作为测试程序能否平滑运行的一种方式。例如，在应用程序的某一处要求给定的变量值小于 10，此时就可以使用一条判定语句，确定它是否为 true，如果不是，就中断程序的执行。当遇到判定语句时，可以选择 Abort，终止应用程序的执行;也可以选择 Retry，进入中断模式;还可以选择 Ignore，让应用程序像往常一样继续执行。

与前面的调试输出函数一样，判定函数也有两个版本:

- Debug.Assert()
- Trace.Assert()

其 Debug 版本也是仅用于编译调试程序，而 Trace 版本仅用于编译发布程序。

这两个函数带 3 个参数。第一个参数是一个布尔值，其值为 false 会触发判定语句。第二、第三个参数是两个字符串，分别把信息写到弹出的对话框和 Output 窗口中。上面的示例需要一个函数调用，如下所示:

```
Debug.Assert(myVar < 10, "myVar is 10 or greater.",
"Assertion occurred in Main().");
```

判定语句通常在应用程序的早期使用比较有效。可以分发应用程序的一个发布程序，其中包含 Trace.Assert()函数，以了解应用程序的运行情况。如果触发了判定语句，用户就会收到通知，把这些消息传递给开发人员。这样，即使开发人员不知道错误是如何发生的，也可以改正这个错误。

例如，在第一个字符串中提供有关错误的简短描述，在第二个字符串中提供下一步该如何操作的指示：

```
Trace.Assert(myVar < 10, "Variable out of bounds.",
"Please contact vendor with the error code KCW001.");
```

如果触发了这条判定语句，用户将看到如图 7-9 所示的对话框。

图 7-9

诚然，这并不是最友好的对话框，因为它包含了许多令人感到迷惑的信息。但如果用户给开发人员发送了有关这个错误的屏幕图，开发人员就可以很快找出问题所在。

下一个要论述的主题是应用程序中断，以及进入中断模式后，我们可以做什么。一般情况下，进入中断模式的目的是找出代码中的错误(或确信程序工作正常)。一旦进入中断模式，就可以使用各种技巧分析代码，并分析应用程序在暂停时的状态。

2. 监视变量的内容

监视变量的内容是 Visual Studio 帮助我们使工作变得简单的一个例子。查看变量值的最简单方式是在中断模式下，使鼠标指向源代码中的变量名，此时会出现一个工具提示，显示该变量的信息，其中包括该变量的当前值。

还可高亮显示整个表达式，以相同方式得到该表达式的结果。对于比较复杂的值(例如数组)，甚至可以扩展工具提示中的值，查看各个数组元素项。

甚至可将这些工具提示窗口固定到代码视图中，这对于查看特别感兴趣的变量很有帮助。固定的工具提示会一直显示，所以即使在停止并重启调试后，仍然可以看到它们。甚至可以在固定的工具提示中添加注释，移动工具提示窗口，查看变量的最后一个值，即使应用程序并没有运行也同样如此。

注意，在运行应用程序时，IDE 中各个窗口的布局发生了变化。默认情况下，在运行期间会发生如下变化(变化的情况因具体的安装而异)：

- Properties 窗口和其他一些窗口会消失，其中可能包括 Solution Explorer 窗口。
- 会打开 Tools 诊断窗口，显示 Summary、Events、Memory Usage 和 CPU Usage。
- Error List 窗口会被 IDE 窗口底部的两个新窗口替代。
- 新窗口中会出现几个新的选项卡。

新的屏幕布局如图 7-10 所示。这可能与读者的显示情况不完全相同，一些选项卡和窗口可能不完全匹配。但是，这些窗口的功能(后面将讨论)是相同的，这个显示完全可以通过 View 和 Debug | Windows 菜单来定制(在中断模式下)，也可以通过在屏幕上拖动窗口，重新设定它们的位置。

左下角的新窗口在调试时非常有用，它允许在中断模式下，密切监视应用程序的变量值。它包含 3 个选项卡，如下所示：

- Autos——当前和前面的语句使用的变量(Ctrl+D, A)

- Locals——作用域内的所有变量(Ctrl+D, L)
- Watch N——可定制的变量和表达式显示(其中 N 为 1~4 的值，在 Debug | Windows | Watch 上)

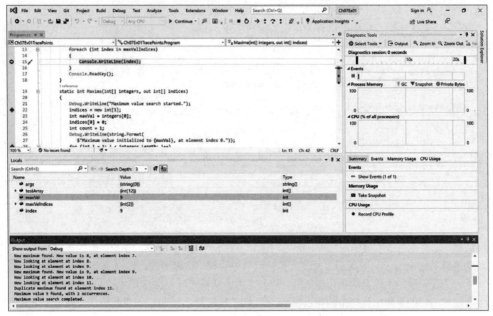

图 7-10

这些选项卡的工作方式或多或少有些类似，并根据它们的特定功能添加了各种附加特性。一般情况下，每个选项卡都包含一个变量列表，其中包括变量的名称、值和类型等信息。更复杂的变量(如数组)可以使用变量名左边的＋和-(展开/折叠)符号进一步查看，它们的内容可以树状视图的方式显示。例如，在前面的示例中，在代码中放置了一个断点，得到的 Locals 选项卡如图 7-11 所示，其中显示了数组变量 maxValIndices 的展开视图。

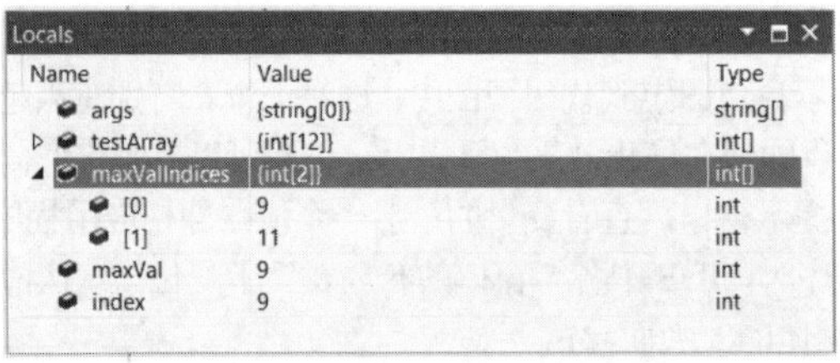

Name	Value	Type
args	{string[0]}	string[]
testArray	{int[12]}	int[]
maxValIndices	{int[2]}	int[]
[0]	9	int
[1]	11	int
maxVal	9	int
index	9	int

图 7-11

在这个视图中，还可以编辑变量的内容。它有效地绕过了前面代码中的其他变量赋值。为此，只需要在 Value 列中为要编辑的变量输入一个新值即可。也可以将这种技巧用于其他情况，例如，需要修改代码才能编辑变量值的情况。

可通过 Watch 窗口监视特定变量或涉及特定变量的表达式。要使用这个窗口，只需要在 Name 列中键入变量名或表达式，就可以查看它们的结果。注意，并不是应用程序中的所有变量在任何时候都在作用域内，并在 Watch 窗口中对变量做出标记。例如，图 7-12 显示了一个 Watch 窗口，其中包含几个示例变量和表达式，在遇到 Maxima()函数末尾前面的一个断点时，会显示这个 Watch 窗口。

图　7-12

testArray 数组对于 Main() 来说是局部数组，所以在该图中没有值，它是灰显的。

3. 单步执行代码

前面介绍了如何在中断模式下查看应用程序的运行情况，下面讨论如何在中断模式下使用 IDE 单步执行代码，查看代码的准确执行结果。人们的思维速度不会比计算机运行得更快，所以这是一个极有价值的技巧。

Visual Studio 进入中断模式后，在代码视图的左边，马上要执行的代码旁边会出现一个黄色箭头光标(如果使用断点进入中断模式，该光标最初应显示在断点的红色圆圈中)，如图 7-13 所示。

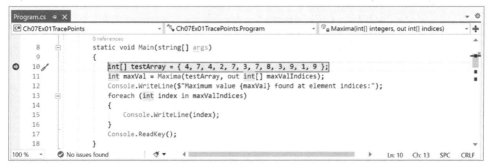

图　7-13

这显示了在进入中断模式时程序所执行到的位置。在这个位置，可以选择逐行执行。为此，使用前面看到的其他一些 Debug 工具栏按钮，如图 7-14 所示。

图　7-14

第 6～8 个图标控制了中断模式下的程序流。它们依次是：

- Step Into——执行并移动到下一条要执行的语句上
- Step Over——同上，但不进入嵌套的代码块，包括函数
- Step Out——执行到代码块的末尾处，在执行完该语句块后，重新进入中断模式

如果要查看应用程序执行的每个操作，可以使用 Step Into 按顺序执行指令，这包括在函数中的执行，如上面示例中的 Maxima()。当光标到达第 16 行，调用 Maxima() 时，单击这个图标，会使光标移到 Maxima() 函数内部的第一行代码上。而如果光标移到第 16 行时单击 Step Over，就会使光标移动到第 17 行，不进入 Maxima() 中的代码(但仍执行这段代码)。如果单步执行到不感兴趣的函数，可以单击 Step Out，返回到调用该函数的代码。在单步执行代码时，变量的值可能会发生变化。注意观察上一节讨论的 Watch 窗口，可以看到变量值的变化情况。

通过右击代码行并选择 Set Next Statement，或将黄色箭头拖到不同的代码行，也可以更改接下来要执行的代码行。这有时是不可行的，例如当跳过变量初始化时。但是，当跳过存在问题的代码行来

查看发生的情况时，或向后移动箭头来重复执行代码时，这种方法是非常有用的。

在存在语义错误的代码中，这些技巧也许是最有效的。可以单步执行代码，当执行到有错误的代码时，错误会像正常运行程序那样发生。或者可以修改执行代码，让语句多次执行。在这个过程中，可以监视数据，看看什么地方出了错。本章后面将使用这个技巧查看示例应用程序的执行情况。

4. Immediate 和 Command 窗口

通过 Command 和 Immediate 窗口(在 Debug Windows 菜单下)，可以在运行应用程序的过程中执行命令。通过 Command 窗口可以手动执行 Visual Studio 操作(例如，菜单和工具栏操作)，Immediate 窗口可以执行与当前正在执行的源代码不同的额外代码，以及计算表达式。

Visual Studio 中的这些窗口在内部是链接在一起的。甚至可以在它们之间切换：输入命令 immed，可以从 Command 窗口切换到 Immediate 窗口；输入 cmd，可以从 Immediate 窗口切换到 Command 窗口。

下面详细讨论 Immediate 窗口，因为 Command 窗口仅适用于复杂的操作。Immediate 窗口最简单的用法是计算表达式，有点像 Watch 窗口中的一次性使用。为此，只需要键入一个表达式，并按回车键即可。接着就会显示请求的信息，如图 7-15 所示。

可在这里修改变量的内容，如图 7-16 所示。

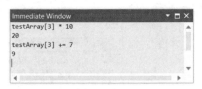

图 7-15   图 7-16

大多数情况下，使用前面介绍的变量监视窗口更容易得到相同的效果，但这个技巧对于调整变量值和测试表达式很方便。

5. Call Stack 窗口

这是最后一个要讨论的窗口，它描述了程序是如何执行到当前位置的。简言之，该窗口显示了当前函数、调用它的函数以及调用该函数的函数(即一个嵌套的函数调用列表)。调用的确切位置也被记录下来。

在前面的示例中，当执行到 Maxima()时进入中断模式，或者使用代码单步执行功能移动到这个函数的内部，得到如图 7-17 所示的信息。

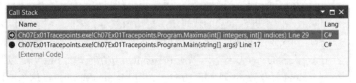

图 7-17

如果双击某一项，就会移动到相应的位置，这样就可以跟踪代码执行到当前位置的过程。第一次检测错误时，这个窗口非常有用，因为它们可查看临近错误发生时的情况。对于常用函数中出现的错误，这有助于找到错误源头。

7.2　错误处理

本章的第一部分讨论如何在应用程序的开发过程中查找和改正错误，使这些错误不会在发布的代码中出现。但有时，我们知道可能会有错误发生，但不能 100%地肯定它们不会发生。此时，最好能预料到错误的发生，编写足够健壮的代码以处理这些错误，而不必中断程序的执行。

错误处理就是用于这个目的。本节将介绍异常和处理它们的方式。异常是在运行期间代码中产生的错误，或者由代码调用的函数产生的错误。这里的"错误"定义要比以前更含糊，因为异常可能是在函数等结构中手工产生的。例如，如果函数的一个字符串参数不是以 a 开头，就生成一个异常。严格来讲，从该函数的外部看这并不是一个错误，但调用该函数的代码会把它看成错误。

在本书前面已经遇到几次异常了。最简单的示例是试图定位一个超出范围的数组元素，例如：

```
int[] myArray = { 1, 2, 3, 4 };
int myElem = myArray[4];
```

这会生成如下异常信息，并中断应用程序的执行：

```
Index was outside the bounds of the array.
```

异常在名称空间中定义，大多数异常的名称都清晰地说明了它们的用途。在这个示例中，生成的异常称为 System.IndexOutOfRangeException，说明我们提供的 myArray 数组索引不在允许使用的索引范围内。只有在异常未处理时，这个信息才会显示出来，应用程序也才会中断执行。下一节将讨论如何处理异常。

7.2.1　try...catch...finally

C#语言包含结构化异常处理(Structured Exception Handling，SEH)的语法。用 3 个关键字可以标记出能处理异常的代码和指令，如果发生异常，就使用这些指令处理异常。用于这个目的的 3 个关键字是 try、catch 和 finally。它们都有一个关联的代码块，必须在连续的代码行中使用。其基本结构如下：

```
try
{
    ...
}
catch (<exceptionType> e) when (<filterIsTrue>)
{
    await <methodName(e);>
    ...
}
finally
{
    await <methodName;>
    ...
}
```

await 关键字用于支持先进的异步编程技术，避免瓶颈，且可以提高应用程序的总体性能和响应能力。利用 async 和 await 关键字进行异步编程的相关内容在本书中不讨论；然而，这些关键字简化了这项编程技术的实现，所以强烈建议学习它们。

也可以只有 try 块和 finally 块，而没有 catch 块，或者有一个 try 块和多个 catch 块。如果有一个或多个 catch 块，finally 块就是可选的，否则就是必需的。这些代码块的用法如下：

- try——包含抛出异常的代码(在谈到异常时,C#语言用"抛出"这个术语表示"生成"或"导致")。
- catch——包含抛出异常时要执行的代码。catch 块可使用<*exceptionType*>,设置为只响应特定的异常类型(如 System.IndexOutOfRangeException),以便提供多个 catch 块。还可以完全省略这个参数,让通用的 catch 块响应所有异常。C# 6 引入了一个概念"异常过滤",通过在异常类型表达式后添加 when 关键字来实现。如果发生了该异常类型,且过滤表达式是 true,就执行 catch 块中的代码。
- finally——包含始终会执行的代码,如果没有产生异常,则在 try 块之后执行,如果处理了异常,就在 catch 块后执行,或者在未处理的异常"上移到调用堆栈"之前执行。"上移到调用堆栈"表示,SEH 允许嵌套 try…catch…finally 块,可以直接嵌套,也可以在 try 块包含的函数调用中嵌套。例如,如果在被调用的函数中没有 catch 块能处理某个异常,就由调用代码中的 catch 块处理。如果始终没有匹配的 catch 块,就终止应用程序。finally 块在此之前处理正是其存在的意义,否则也可在 try…catch…finally 结构的外部放置代码。

在 try 块的代码中出现异常后,依次发生的事件如下,如图 7-18 所示。

- try 块在发生异常的地方中断程序的执行。
- 如果有 catch 块,就检查该块是否匹配已抛出的异常类型。如果没有 catch 块,就执行 finally 块(如果没有 catch 块,就一定要有 finally 块)。
- 如果有 catch 块,但它与已发生的异常类型不匹配,就检查是否有其他 catch 块。

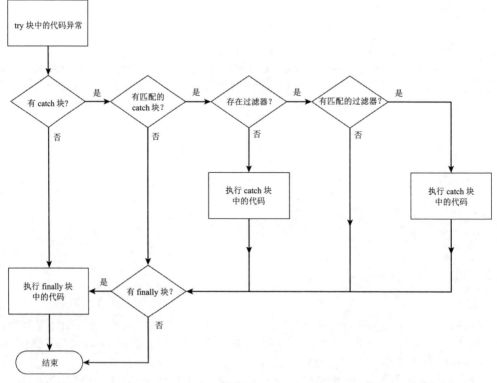

图 7-18

- 如果有 catch 块匹配已发生的异常类型，且有一个异常过滤器是 true，就执行它包含的代码，再执行 finally 块(如果有的话)。
- 如果有 catch 块匹配已发生的异常类型，但没有异常过滤器，就执行它包含的代码，再执行 finally 块(如果有的话)。
- 如果 catch 块都不匹配已发生的异常类型，就执行 finally 块(如果有的话)。

注意:
如果存在两个处理相同异常类型的 catch 块，就只执行异常过滤器为 true 的 catch 块中的代码。如果还存在一个处理相同异常类型的 catch 块，但没有异常过滤器或异常过滤器是 false，就忽略它。只执行一个 catch 块的代码。

下面用一个示例来说明异常处理。这个示例以几种方式抛出和处理异常，以便读者了解其机制。

试一试　异常处理: Ch07Ex02\Program.cs

(1) 在 C:\BeginningCSharpAndDotNET\Chapter07 目录中创建一个新的控制台应用程序 Ch07Ex02。

(2) 修改代码，如下所示(这里显示的行号注释有助于将代码与后面讨论的内容联系起来，在本章的可下载代码中也包含这些行号，以方便参考):

```
class Program
{
    static string[] eTypes = { "none", "simple", "index",
                               "nested index", "filter" };
    static void Main(string[] args)
    {
        foreach (string eType in eTypes)
        {
            try
            {
                Console.WriteLine("Main() try block reached.");        // Line 15
                Console.WriteLine($"ThrowException(\"{eType}\") called.");
                ThrowException(eType);
                Console.WriteLine("Main() try block continues.");      // Line 18
            }
            catch (System.IndexOutOfRangeException e) when (eType == "filter")
            {
                Console.BackgroundColor = ConsoleColor.Red;
                Console.WriteLine("Main() FILTERED System.IndexOutOfRangeException" +
                            $"catch block reached. Message:\n\"{e.Message}\"");
                Console.ResetColor();
            }
            catch (System.IndexOutOfRangeException e)                  // Line 27
            {
                Console.WriteLine("Main() System.IndexOutOfRangeException catch " +
                $"block reached. Message:\n\"{e.Message}\"");
            }
            catch                                                     // Line 32
            {
                Console.WriteLine("Main() general catch block reached.");
            }
            finally
            {
                Console.WriteLine("Main() finally block reached.");
```

```
            }
            Console.WriteLine();
        }
        Console.ReadKey();
    }
    static void ThrowException(string exceptionType)
    {
        Console.WriteLine($"ThrowException(\"{exceptionType}\") reached.");
        switch (exceptionType)
        {
            case "none":
                Console.WriteLine("Not throwing an exception.");
                break;                                          // Line 51
            case "simple":
                Console.WriteLine("Throwing System.Exception.");
                throw new System.Exception();                   // Line 54
            case "index":
                Console.WriteLine("Throwing System.IndexOutOfRangeException.");
                eTypes[5] = "error";                            // Line 57
                break;
            case "nested index":
                try                                             // Line 60
                {
                    Console.WriteLine("ThrowException(\"nested index\") " +
                                    "try block reached.");
                    Console.WriteLine("ThrowException(\"index\") called.");
                    ThrowException("index");                    // Line 65
                }
                catch                                           // Line 67
                {
                    Console.WriteLine("ThrowException(\"nested index\") general"
                                    + " catch block reached.");
                    throw;
                }
                finally
                {
                    Console.WriteLine("ThrowException(\"nested index\") finally"
                                    + " block reached.");
                }
                break;
            case "filter":
                try                                             // Line 86
                {
                    Console.WriteLine("ThrowException(\"filter\") " +
                                    "try block reached.");
                    Console.WriteLine("ThrowException(\"index\") called.");
                    ThrowException("index");                    // Line 91
                }
                catch                                           // Line 93
                {
                    Console.WriteLine("ThrowException(\"filter\") general"
                                    + " catch block reached.");
                    throw;
                }
                break;
        }
```

```
        }
    }
```

(3) 运行应用程序,结果如图 7-19 所示。

图　7-19

示例说明

这个应用程序在 Main()中有一个 try 块,它调用函数 ThrowException()。这个函数会根据调用时使用的参数抛出异常:

● ThrowException("none")——不抛出异常。
● ThrowException("simple")——生成一般异常。
● ThrowException("index")——生成 System.IndexOutOfRangeException 异常。
● ThrowException("nested index")——包含它自己的 try 块,其中的代码调用 ThrowException("index"),生成 System.IndexOutOfRangeException 异常。
● ThrowException("filter")——包含自己的 try 块,try 块包含的代码调用 ThrowException("index"),生成 System.IndexOutOfRangeException 异常,其中异常过滤器是 true。

其中的每个 string 参数都存储在全局数组 eTypes 中,在 Main()函数中迭代,用每个可能的参数调用 ThrowException()。在迭代过程中,会把各种信息写到控制台,说明发生了什么情况。这段代码可以使用本章前面介绍的代码单步执行技巧。在执行代码的过程中,一次执行一行代码可以确切地了解代码的执行进度。

在代码的第 15 行添加一个新断点(用默认的属性)，该行代码如下：

```
Console.WriteLine("Main() try block reached.");
```

注意：

这里使用了本章可下载代码中的行号来表示代码。如果关闭了行号，可以选择 Tools|Options，在 Text Editor | C# | General 选项区域打开它们。上面的代码在注释中包含行号，这样读者在阅读这里的说明时就不需要打开文件。

在调试模式下运行应用程序。程序立即进入中断模式，此时光标停在第 15 行上。如果选择变量监视窗口中的 Locals 选项卡，就会看到 eType 当前是 none。使用 Step Into 按钮处理第 15 和第 16 行，看看第一行文本是否已经写到控制台。接着使用 Step Into 按钮单步执行第 17 行的 ThrowException() 函数。

执行到 ThrowException() 函数后，Locals 窗口会发生变化。eType 和 args 超出了作用域(因为它们是 Main() 的局部变量)，我们看到的是 exceptionType 局部参数，它当然是 none。继续单击 Step Into，到达 switch 语句，检查 exceptionType 的值，执行代码，把字符串 Not throwing an exception 写到屏幕上。在执行第 51 行上的 break 语句时，将退出函数，继续处理 Main() 中的第 18 行代码。因为没有抛出异常，所以继续执行 try 块。

接着处理 finally 块。再单击 Step Into 几次，执行完 finally 块和 foreach 的第一次循环。下次执行到第 17 行时，使用另一个参数 simple 调用 ThrowException()。

继续使用 Step Into 单步执行 ThrowException()，最终会执行到第 60 行：

```
throw new System.Exception();
```

这里使用 C# 的 throw 关键字生成一个异常，需要为这个关键字提供新初始化的异常作为其参数，抛出一个异常，这里使用 System 名称空间中的另一个异常 System.Exception。

注意：

在 case 块中使用 throw 时，不需要 break 语句，使用 throw 就可以结束该块的执行。

在使用 Step Into 执行这条语句时，将从第 32 行开始执行一般的 catch 块。因为与第 27 行开始的 catch 块都不匹配，所以执行这个一般的 catch 块。单步执行这段代码，然后执行 finally 块，最后返回到另一个循环周期，该循环在第 17 行用一个新参数调用 ThrowException()，这次的参数是 index。

这次 ThrowException() 在第 57 行生成一个异常：

```
eTypes[5] = "error";
```

eTypes 是一个全局数组，所以可以在这里访问它。但是这里试图访问数组中的第 6 个元素(其索引从 0 开始计数)，这会生成一个 System.IndexOutOfRangeException 异常。

这次 Main() 中有多个匹配的 catch 块，其中第 20 行的一个 catch 块有一个异常过滤器表达式(eType =="filter")，第 27 行的另一个 catch 块没有异常过滤器表达式。存储在 eType 中的值当前是 index，因此异常过滤器表达式是 false，跳过这个 catch 块。

单步执行到下一个 catch 块，从第 27 行开始。这个块中调用的 WriteLine() 使用 e.Message，输出存储在异常中的消息(可以通过 catch 块的参数访问异常)。之后再次单步执行 finally 块(而不是第二个 catch 块，因为异常已经处理完毕)。返回循环，再次调用第 17 行的 ThrowException()。

在执行到 ThrowException() 中的 switch 结构时，进入一个新的 try 块，从第 61 行开始。在执行到第 65 行时，将遇到 ThrowException() 的一个嵌套调用，这次使用 index 参数。可以使用 Step Over 按钮跳过其中的代码行，因为前面已经单步执行过了。与前面一样，这个调用生成一个 System.IndexOutOfRangeException 异常。但这个异常在 ThrowException() 中的嵌套 try...catch...finally 结构中处理。这个结构没有明确匹配这种异常的 catch 块，所以执行一般的 catch 块(从第 67 开始)。

继续单步执行代码，这次到达 ThrowException() 中的 switch 结构时，进入一个新的 try 块，从第 91 行开始。到达第 91 行时，和以前一样，执行一个嵌套调用 ThrowException()。但是，这次处理 Main() 中 System.IndexOutOfRangeException 异常的 catch 块会检查过滤表达式(eType == "filter")，其结果是 true，所以执行该 catch 块，而不是处理 System.IndexOutOfRangeException 的、没有异常过滤器的 catch 块。

与前面的异常处理一样，现在单步执行这个 catch 块，以及关联的 finally 块，最后返回到函数调用的末尾处。但是它们有一个重要区别：抛出的异常是由 ThrowException() 中的代码处理的。这就是说，异常并没有留给 Main() 处理，所以直接进入 finally 块，之后应用程序中断执行。

7.2.2　throw 表达式

在前面的示例中，throw 仅用在对已经发生的操作进行编码的代码语句中。在表达式中也可以使用 throw，如下所示：

```
friend ?? throw new ArgumentNullException(paraName: nameof(friend), message: "null")
```

上面的代码段中使用了双问号(??)，称为空值合并操作符(null-coalescing operator)，检查所赋的值是否为 null。若为 null，则抛出 ArgumentNullException 函数；否则将该值赋给变量。

7.2.3　列出和配置异常

.NET Framework 包含许多异常类型，可以在代码中自由抛出和处理这些类型的异常。IDE 提供了一个对话框，可以检查和编辑可用的异常。使用 Debug | Windows | Exceptions Settings 菜单项(或按下 Ctrl+D，E)可打开该对话框，如图 7-20 所示。

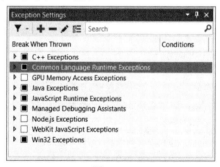

图　7-20

该对话框按照类别和.NET 库名称空间列出异常。展开 Common Language Runtime Exceptions 的加号，就可以看到 System 名称空间中的异常，这个列表包括上面使用的 System.IndexOutOfRangeException 异常。

每个异常都可以使用异常类型旁边的复选框来配置。使用(break when)Thrown 时，即使是对于已处理的异常，也会进入调试器。

7.3 习题

(1) "使用 Trace.WriteLine()要优于使用 Debug.WriteLine()，因为调试版本仅能用于调试程序。"这个观点正确吗？为什么？

(2) 为一个简单的应用程序编写代码，其中包含一个循环，该循环在运行 5000 次后生成一个错误。使用断点在第 5000 次循环出现错误前进入中断模式(注意生成错误的一种简单方式是试图访问一个不存在的数组元素，例如在一个有 100 个元素的数组中，访问 myArray[1000])。

(3) "只有在不执行 catch 块的情况下，才执行 finally 代码块"，对吗？

(4) 下面定义了一个枚举数据类型 orientation。编写一个应用程序，使用结构化异常处理(SEH)将 byte 类型的变量安全地强制转换为 orientation 类型。注意，可使用 checked 关键字强制抛出异常，下面是一个示例。在你编写的应用程序中应该使用这段代码：

```
enum Orientation : byte
{
    North = 1,
    South = 2,
    East = 3,
    West = 4
}
myDirection = checked((Orientation)myByte);
```

附录 A 给出了习题答案。

7.4 本章要点

主题	要点
错误类型	编译期间的语法错误和运行期间的致命错误都会使应用程序完全失败，语义错误(或逻辑错误)比较微妙，可能使应用程序的执行不正确，或以未预料到的方式执行
输出调试信息	我们可以编写代码，把有帮助的信息输出到 Output 窗口中，以帮助在 IDE 中进行调试。为此需要使用 Debug 和 Trace 系列函数，其中 Debug 函数在发布版本中会被忽略。对于投入生产的应用程序，应将调试输出写入日志文件。另外，还可使用跟踪点输出调试信息
中断模式	可以通过断点、判定语句，或者在发生未处理的异常时，手动进入中断模式(实际上就是暂停应用程序的状态)。可以在代码的任意位置添加断点，还可以把断点配置为仅在特定条件下中断执行。在中断模式下，可以检查变量的内容(使用各种调试信息窗口)，每次执行一行代码，以帮助确定哪里出现了错误
异常	异常是运行期间发生的错误，可以通过编程方式来捕获和处理这种错误，以防应用程序终止。调用函数或处理变量时，可能会发生许多不同类型的异常。还可以使用 throw 关键字生成异常
异常处理	代码中未处理的异常会使应用程序终止。使用 try、catch 和 finally 代码块处理异常。try 块标记了一个启用异常处理的代码段，catch 块包含的代码仅在异常发生时执行，它可以匹配特定类型的异常，还可以包含多个 catch 块。finally 块指定异常处理完毕后执行的代码，如果没有发生异常，finally 块就指定在 try 块执行完毕后执行的代码。只能包含一个 finally 块，如果包含了 catch 块，finally 块就是可选的

第8章

面向对象编程简介

本章内容：

- 理解面向对象编程
- 使用 OOP 技术
- 桌面应用程序对 OOP 的依赖关系

本章源代码下载：

本章源代码可以通过本书合作站点 www.wiley.com 上的 Download Code 选项卡下载，也可以通过网址 github.com/benperk/BeginningCSharpAndDotNET 下载。下载代码位于 Chapter08 文件夹中并已根据本章示例的名称单独命名。

本书前面介绍了 C#语法和编程的所有基础知识，以及调试应用程序的方法。现在我们已经可以编写出可供使用的控制台应用程序了。但是，要了解 C#语言和.NET 的强大功能，还需要使用面向对象编程(Object-Oriented Programming，OOP)技术。实际上，前面已经使用过这些技术，但为了使学习任务简单一些，在给出代码示例时没有重点讲述该技术。

本章先不考虑代码，而主要探讨 OOP 的基本原理。OOP 会很快把我们领回 C#语言，因为 C#语言与 OOP 是一种共生关系。本章介绍的所有概念在后续章节中都会再次讨论，并用演示性的代码来说明。所以，如果你在第一次阅读本章时没有掌握所有内容，不必惊慌。

本章首先介绍 OOP 的基础知识，包括回答最基本的问题"什么是对象？"。很快你就会发现许多 OOP 术语在一开始很难理解，但本章提供了大量的解释。使用 OOP 需要以另一种方式来看待编程。

除了讨论 OOP 的一般原理外，本章还将进入一个需要深刻理解 OOP 的领域：桌面应用程序。此类应用程序依赖 Windows 环境，使用菜单、按钮等特性，有许多值得描述的地方，在 Windows 环境中可以有效地说明 OOP 要点。

8.1　面向对象编程的含义

面向对象编程解决了传统编程技巧的许多问题。前面介绍的编程方法称为过程化编程(Procedural Programming)，常会导致所谓的单一应用程序，即所有功能都包含在几个代码模块(常常是一个代码模块)中。而使用 OOP 技术，通常要使用许多代码模块，每个模块都提供特定功能。而且，每个模块都是孤立的，甚至与其他模块完全独立。这种模块化编程方法提供了非常丰富的多样性，大大增加了重用代码的机会。

为进一步说明这个问题，把计算机上的一个高性能应用程序想象成一辆一流赛车。如果使用传统的编程技巧，这辆赛车就是一个单元。如果要改进这辆车，就必须替换整车，把它送回厂商那里，让汽车专家升级它，或者购买一辆新车。如果使用 OOP 技术，就只需要从厂商处购买新引擎，自己按照其说明替换它，而不必用钢锯切割车体。

在传统应用程序中，执行流常是简单的、线性的。把应用程序加载到内存中，从 A 点开始执行，在 B 点结束，然后从内存中卸载，在这个过程中可能用到其他各种实体，例如在存储介质上的文件或显卡的功能，但处理的主体总是位于一个地方。用到的代码一般与使用各种数学和逻辑方式处理数据相关。处理方法通常比较简单，使用基本的数据类型(例如整型和布尔值)建立比较复杂的数据表达方式。

而使用 OOP，事情就不是这么直接了。尽管可以获得相同的效果，但其实现方式是完全不同的。OOP 技术以结构、数据的含义以及数据和数据之间的交互操作为基础。这通常意味着要把更多精力放在项目的设计阶段，其好处是项目的可扩展性比较高。一旦对某种类型的数据的表达方式达成一致，这种表达方式就会应用到应用程序以后的版本中，甚至是全新的应用程序中。这种一致的表达方式可以极大地缩短开发时间。这就是上述赛车示例的工作原理。这里的一致是指"引擎"的代码是结构化的，这样就可以很容易地替换成新代码(即新引擎)，而不需要找厂商帮忙。这也表示，引擎创建出来后可用于其他目的，可以把它安装到另一辆车上，或者用它驱动潜艇。

除了数据表达方式的一致性外，OOP 编程还常可以简化任务，因为较抽象实体的结构和用法也是一致的。例如，不仅把输出结果发送给设备(如打印机)所使用的数据格式是一致的，而且与该设备交换数据的方法也是一致的，这包括它理解的指令等。回到赛车示例上，要达成的一致做法包括引擎如何连接到油箱，如何把驱动力传送给车轮等。

顾名思义，OOP 技术要使用对象。

8.1.1   对象的含义

对象就是 OOP 应用程序的一个构件(building block)。这个构件封装了部分应用程序，这部分程序可以是一个过程、一些数据或一些更抽象的实体。

简单地说，对象非常类似于本书前面讨论的结构类型，包含变量成员和函数类型。它所包含的变量组成了存储在对象中的数据，其中包含的函数可以访问对象的功能。稍微复杂的对象可能不包含任何数据，而只包含函数，表示一个过程。例如，可以使用表示打印机的对象，其中的函数可以控制打印机(允许打印文档、测试页等)。

C#中的对象是从类型中创建的，就像前面的变量一样。对象的类型在 OOP 中有一个特殊名称：类。可以使用类的定义来实例化对象，这表示创建该类的一个命名实例。"类的实例"和对象的含义相同，但"类"和"对象"是完全不同的概念。

> **注意：**
> 术语"类"和"对象"常常混淆，从一开始就正确区分它们是非常重要的，使用前面的赛车示例有助于区分这两个术语。在这个示例中，类是指汽车的模板，或者用于构建汽车的规划。汽车本身是这些规划的实例，所以可以看成对象。

本章将使用统一建模语言(Unified Modeling Language，UML)语法研究类和对象。UML 是为应用程序建模而设计的，从组成应用程序的对象，到它们执行的操作，再到我们希望有的用例，应有尽有。

这里只使用这门语言的基本部分，在使用它们的过程中进行解释，但不考虑比较复杂的部分，因为 UML 是一个很专业的主题，有很多图书专门介绍它。

图 8-1 是打印机类 Printer 的 UML 表示方法。类名显示在这个框的顶部(后面将论述下面两个区域)。

图 8-2 是这个 Printer 类的一个实例 myPrinter 的 UML 表示方法。

图　8-1

图　8-2

在顶部，首先显示实例名，其后是类名。这两个名称用一个冒号分隔。

1. 属性和字段

可以通过属性和字段访问对象中包含的数据。这些对象数据可以用于区分不同的对象，因为同一个类的不同对象在属性和字段中存储了不同的值。

包含在对象中的不同数据构成了对象的状态。假定一个对象类表示一杯咖啡，称为 CupOfCoffee。在实例化这个类(即创建这个类的对象)时，必须提供对类有意义的状态。此时可以使用属性和字段，让代码能通过该对象设置要使用的咖啡品牌，咖啡中是否加牛奶或方糖，咖啡是否即溶等。于是，给定的这杯咖啡对象就有了指定的状态，例如，加牛奶和两块方糖的哥伦比亚过滤咖啡。

字段和属性都可以键入，所以可将信息存储在字段和属性中，作为 string 值、int 值等。但属性与字段是不同的，因为属性不提供对数据的直接访问。对象能让用户不考虑数据的细节，不需要在属性中用一对一的方式表示。如果在 CupOfCoffee 实例中使用一个字段来表示方糖的数量，用户就可以在该字段中放置自己喜欢的值，其取值范围仅由存储该信息的类型来限制。例如，如果使用 int 来存储这个数据，用户就可以使用-2 147 483 648 至 2 147 483 647 之间的任意值，如第 3 章所述。显然，并不是所有的值都有意义，尤其是负值，一些较大的正值将需要非常大的咖啡杯。但如果使用一个属性来表示，就可以限制这个值，例如介于 0 和 2 之间的一个数字。

一般情况下，在访问状态时最好提供属性而不是字段，因为这样可以更好地控制各种行为，这个选择不会影响使用对象实例的代码，因为使用属性和字段的语法是相同的。

对属性的读写访问也可以由对象来明确定义。某些属性是只读的，只能查看它们的值，而不能改变它们。这常常是同时读取几个状态的一个有效技巧。CupOfCoffee 类有一个只读属性 Description，在请求它时，就返回一个字符串，表示该类的一个实例的状态(例如前面给出的字符串)。也可以通过查看几个属性，把相同的数据组合起来，但这样的属性可以节省时间和精力。还可以有只写的属性，其操作方式是类似的。

除了对属性的读/写访问外，还可以为字段和属性指定另一种访问权限，称为可访问性。可访问性确定了什么代码可以访问这些成员，它们可用于所有代码(公共)还是只能用于类中的代码(私有)，或者使用更复杂的模式(详见本章后面的内容)。常见的情况是将字段设置为私有，通过公共属性访问它们。这样，类中的代码就可以直接访问存储在字段中的数据，而公共属性禁止外部用户访问这些数据，以防外部用户在其中放置无效的内容。公共成员是类公开的成员。

要更清晰地阐明这个问题，可以把可访问性与变量的作用域等同起来。例如，私有字段和属性可以看成拥有它们的对象的局部成员，而公共字段和属性的作用域也包括对象以外的代码。

在类的 UML 表示方法中，用第二部分显示属性和字段，如图 8-3 所示。

CupOfCoffee
+BeanType : string
+Instant : bool
+Milk : bool
+Sugar : byte
+Description : string

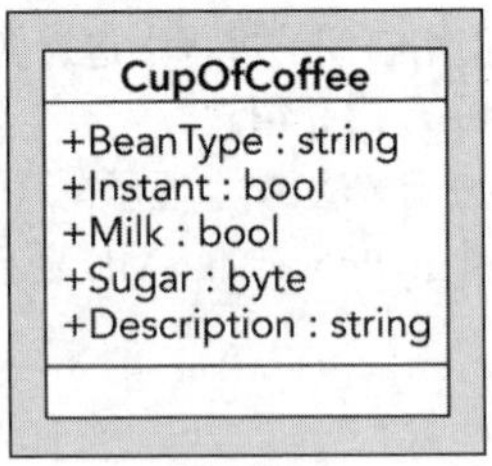

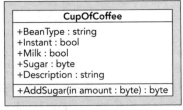

图 8-3

这是 CupOfCoffee 类的表示方式，前面为它定义了 5 个成员(属性或字段，在 UML 中，它们没有区别)。每个成员都包含下述信息：

- 可访问性：＋号表示公共成员，-号表示私有成员。但一般情况下，本章的图中不显示私有成员，因为这些信息是类内部的信息。至于读/写访问，则不提供任何信息。
- 成员名。
- 成员的类型。

冒号用于分隔成员名和类型。

2. 方法

“方法”这个术语用于表示对象中的函数。这些函数调用的方式与其他函数相同，使用返回值和参数的方式也相同(详见第 6 章有关函数的详述)。

方法用于访问对象的功能。与字段和属性一样，方法也可以是公共的或私有的，按照需要限制外部代码的访问。它们通常使用对象的状态来影响它们的操作，在需要时访问私有成员，如私有字段。例如，CupOfCoffee 类定义了一个方法 AddSugar()，该方法对递增方糖数提供了比设置相应的 Sugar 属性更易读的语法。

在 UML 的类框中，方法显示在第三部分，如图 8-4 所示。

CupOfCoffee
+BeanType : string
+Instant : bool
+Milk : bool
+Sugar : byte
+Description : string
+AddSugar(in amount : byte) : byte

图 8-4

其语法类似于字段和属性，但最后显示的类型是返回类型，这一部分还显示了方法的参数。在 UML 中，每个参数都带有下述标识符之一：return、in、out 或 inout。它们用于表示数据流的方向，其中 out 和 inout 大致对应于第 6 章讨论的 C#关键字 out 和 ref。in 大致对应于 C#中不使用这两个关键字的情形(默认情形)。return 表示传回调用方法的值。

8.1.2 一切皆对象

本书一直在使用对象、属性和方法。实际上，C#和.NET 中的所有东西都是对象。控制台应用程序中的 Main()函数就是类的一个方法。前面介绍的每个变量类型都是一个类。前面使用的每个命令都是属性或方法，例如<*String*>.Length 和<*String*>.ToUpper()等。句点字符把对象实例名与属性或方法名隔开，方法名后面的()把方法与属性区分开来。

对象无处不在，使用它们的语法通常比较简单，至少到现在为止都足够简单，这使我们可以集中精力讨论 C#中一些比较基础的方面。从现在开始详细介绍对象。记住这里讨论的概念都具有深远影响，它们甚至适用于简单的 int 变量。

8.1.3 对象的生命周期

每个对象都有一个明确定义的生命周期，除了"正在使用"的正常状态之外，还有两个重要阶段。

- **构造阶段**：第一次实例化一个对象时，需要初始化该对象。这个初始化过程称为构造阶段，由构造函数完成。
- **析构阶段**：在删除一个对象时，常常需要执行一些清理工作，例如释放内存，这由析构函数完成。

1. 构造函数

对象的初始化过程是自动完成的。例如，我们不需要自己寻找适于存储新对象的内存空间。但是，在初始化对象的过程中，有时需要执行一些额外的工作。例如，需要初始化对象存储的数据。构造函数就是用于初始化数据的函数。

所有的类定义都至少包含一个构造函数。在这些构造函数中，可能有一个默认构造函数，该函数没有参数，与类同名。类定义还可能包含几个带有参数的构造函数，称为非默认的构造函数。代码可以使用它们以许多方式实例化对象，例如，给存储在对象中的数据提供初始值。

在 C#中，用 new 关键字来调用构造函数。例如，可用下面的方式通过其默认的构造函数实例化一个 CupOfCoffee 对象：

```
CupOfCoffee myCup = new CupOfCoffee();
```

还可以用非默认的构造函数来实例化对象。例如，CupOfCoffee 类有一个非默认的构造函数，它使用一个参数在初始化时设置咖啡豆的品牌：

```
CupOfCoffee myCup = new CupOfCoffee("Blue Mountain");
```

构造函数与字段、属性和方法一样，可以是公共或私有的。在类外部的代码不能使用私有构造函数实例化对象，而必须使用公共构造函数。这样，通过把默认构造函数设置为私有的，就可以强制类的用户使用非默认的构造函数。

一些类没有公共的构造函数，这表明外部的代码不可能实例化它们，这些类称为不可创建的类，但如稍后所述，这些类并不是完全没有用的。

2. 析构函数

.NET 使用析构函数来清理对象。一般情况下，不需要提供析构函数的代码，而由默认的析构函数自动执行操作。但是，如果在删除对象实例前需要完成一些重要操作，就应提供具体的析构函数。

例如，如果变量超出了作用域，代码就不能访问它，但该变量仍存在于计算机内存的某个地方。只有在.NET 运行程序执行其垃圾回收，进行清理时，该实例才被彻底删除。

8.1.4 静态成员和实例类成员

属性、方法和字段等成员是对象实例所特有的，此外，还有静态成员(也称为共享成员，尤其是 Visual Basic 用户常使用这个术语)，例如静态方法、静态属性或静态字段。静态成员可以在类的实例之间共享,所以可将它们看成类的全局对象。静态属性和静态字段可以访问独立于任何对象实例的数据,静态方法可以执行与对象类型相关但与对象实例无关的命令。在使用静态成员时,甚至不需要实例化对象。

例如,前面使用的 Console.WriteLine()和 Convert.ToString()方法就是静态的,根本不需要实例化 Console 或 Convert 类(如果试着进行这样的实例化,操作会失败,因为这些类的构造函数不是可公共可访问的,如前所述)。如果在程序的开始处包含了 using static System.Console;语句。这不是必需的,可以直接调用 WriteLine()。

许多情况下,静态属性和静态方法有很好的效果。例如,可以使用静态属性跟踪给类创建了多少个实例。在 UML 语法中,类的静态成员带有下画线,如图 8-5 所示。

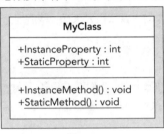

图　8-5

1. 静态构造函数

使用类中的静态成员时,需要预先初始化这些成员。在声明时,可以给静态成员提供一个初始值,但有时需要执行更复杂的初始化操作,或者在赋值、执行静态方法之前执行某些操作。

使用静态构造函数可以执行此类初始化任务。一个类只能有一个静态构造函数,该构造函数不能有访问修饰符,也不能带任何参数。静态构造函数不能直接调用,只能在下述情况下执行:

- 创建包含静态构造函数的类实例时
- 访问包含静态构造函数的类的静态成员时

这两种情况下,会首先调用静态构造函数,之后实例化类或访问静态成员。无论创建了多少个类实例,其静态构造函数都只调用一次。为了区分静态构造函数和本章前面介绍的构造函数,也将所有非静态构造函数称为实例构造函数。

2. 静态类

我们常常希望类只包含静态成员,且不能用于实例化对象(如 Console)。为此,一种简单的方法是使用静态类,而不是把类的构造函数设置为私有。静态类只能包含静态成员,不能包含实例构造函数,因为按照定义,它根本不能被实例化。但静态类可以有一个静态构造函数,如上一节所述。

> **注意:**
> 如果以前完全没有接触过 OOP,在阅读本章的其他内容之前,应该停下来将 OOP 研究一番。在学习更复杂的 OOP 内容之前,全面掌握基础知识是很重要的。

8.2　OOP 技术

前面介绍了一些基础知识,知道对象是什么,以及对象的工作原理,下面讨论对象的其他一些特性,包括:

- 接口
- 继承
- 多态性
- 对象之间的关系
- 运算符重载
- 事件
- 引用类型和值类型

8.2.1 接口

接口是把公共实例(非静态)方法和属性组合起来,以封装特定功能的一个集合。一旦定义了接口,就可以在类中实现它。这样,类就可以支持接口指定的所有属性和成员。

注意,接口不能单独存在。不能像实例化一个类那样实例化接口。另外,接口不能包含实现其成员的任何代码,而只能定义成员本身。实现过程必须在实现接口的类中完成。

在前面的咖啡示例中,可以把通用的属性和方法,例如 AddSugar()、Milk、Sugar 和 Instant 组合到一个接口中,这个接口可以命名为 IHotDrink(接口名一般以大写字母 I 开头)。然后就可以在其他对象上使用该接口,例如 CupOfTea 类的对象。所以可以采用类似方式处理这些对象,而对象仍保留自己的属性(例如 CupOfCoffee 仍有属性 BeanType,CupOfTea 仍有属性 LeafType)。

在 UML 中,在对象上实现的接口用“棒棒糖”语法来表示。在图 8-6 中,采用与类相似的语法把 IHotDrink 的成员放在一个单独的框中。

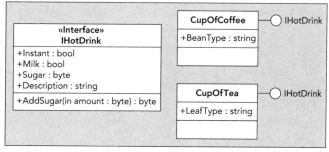

图 8-6

一个类可支持多个接口,多个类也可支持相同的接口。所以接口的概念让用户和其他开发人员更容易理解其他人的代码。例如,有一些代码使用一个带某接口的对象。假定不使用这个对象的其他属性和方法,就可以用另一个对象替代这个对象(例如,使用上述 IHotDrink 接口的代码可以处理 CupOfCoffee 和 CupOfTea 实例)。另外,该对象的开发人员可以提供该对象的更新版本,只要它支持已经在用的接口,就可以在代码中使用这个新版本。

发布接口后,即接口可以用于其他开发人员或终端用户后,最好不要修改它。理解这一点的一种方式是把接口看成类的创建者和使用者之间的协定,即“每个支持接口 X 的类都支持这些方法和属性”。如果以后修改了接口,也许是升级了底层的代码,该接口的使用者就不能正确运行接口,甚至失败。所以,我们应做的是创建一个新接口,使其扩展旧接口,可能还包含一个版本号,如 X2。这是创建接口的标准方式,以后我们会常遇到已编号的接口。

可删除的对象

IDisposable 接口特别有趣。支持 IDisposable 接口的对象必须实现 Dispose()方法,即它们必须提供这个方法的代码。当不再需要某个对象(例如，在对象超出作用域之前)时，就调用这个方法，释放重要资源，否则，等到对垃圾回收调用析构方法时才会释放该资源。这样可以更好地控制对象所用的资源。

C#允许使用一种可以优化使用这个方法的结构。using 关键字可在代码块中初始化使用重要资源的对象，在这个代码块的末尾会自动调用 Dispose()方法，用法如下:

```
<ClassName> <VariableName> = new <ClassName>();
...
using (<VariableName>)
{
    ...
}
```

或者可以初始化对象<VariableName>，作为 using 语句的一部分:

```
using (<ClassName> <VariableName> = new <ClassName>())
{
    ...
}
```

这两种情况下，可在 using 代码块中使用变量<VariableName>，并在代码块的末尾自动删除(在代码块执行完毕后，调用 Dispose())。

8.2.2 继承

继承是 OOP 最重要的特性之一。任何类都可以从另一个类继承，这就是说，这个类拥有它继承的类的所有成员。在 OOP 中，被继承(也称为派生)的类称为父类(也称为基类)。注意，C#中的对象仅能直接派生于一个基类，当然基类也可以有自己的基类。

继承性可从一个较一般的基类扩展或创建更多的特定类。例如，考虑一个代表农场家畜的类(由80 多岁的资深开发人员 MacDonald 在他的家畜应用程序中使用)。这个类名为 Animal，拥有 EatFood()或 Breed()等方法，我们可以创建一个派生类 Cow；Cow 支持所有这些方法，也有自己的方法，如Moo()和 SupplyMilk()。还可以创建另一个派生类 Chicken，该类有 Cluck()和 LayEgg()方法。

在 UML 中，用箭头表示继承，如图 8-7 所示。

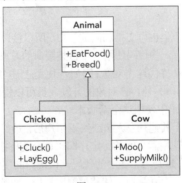

图　8-7

注意:
为简洁起见，图8-7 中省略了成员的返回类型。

在继承一个基类时，成员的可访问性就成了一个重要问题。派生类不能访问基类的私有成员，但可以访问其公共成员。不过，派生类和外部的代码都可以访问公共成员。这就是说，只使用这两个级别的可访问性，不能让一个成员可由基类和派生类访问，而不能由外部的代码访问。

为解决这个问题，C#提供了第三种可访问性：protected，只有基类和派生类才能访问 protected 成员。对于外部代码来说，这个可访问性与私有成员一样：外部代码不能访问 private 成员和 protected 成员。

除了定义成员的保护级别外，我们还可以为成员定义其继承行为。基类的成员可以是虚拟的，也就是说，成员可以由继承它的类重写。派生类可以提供成员的另一种实现代码。这种实现代码不会删除原来的代码，仍可以在类中访问原来的代码，但外部代码不能访问它们。如果没有提供其他实现方式，通过派生类使用成员的外部代码就自动访问基类中成员的实现代码。

> **注意：**
> 在 UML 中，公共成员用 + 表示，其他成员用 –(私有成员)、#(受保护的成员)和斜体(虚拟成员)表示。

> **注意：**
> 虚拟成员不能是私有成员，因为这样会自相矛盾——不能既要求派生类重写成员，又不让派生类访问该成员。

在前面的家畜示例中，可将 EatFood()变成虚拟成员，在派生类中为它提供新的实现代码，例如为 Cow 类提供新的实现代码，如图 8-8 所示。这里显示了 Animal 和 Cow 类的 EatFood()方法，说明它们有自己的实现代码。

基类还可以定义为抽象类。抽象类不能直接实例化。要使用抽象类，必须继承这个类，抽象类可以有抽象成员，这些成员在基类中没有实现代码，所以派生类必须实现它们。如果 Animal 是一个抽象类，UML 就会如图 8-9 所示。

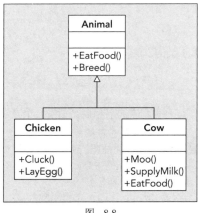

图 8-8

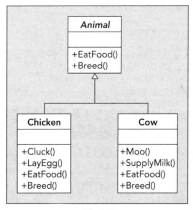

图 8-9

> **注意：**
> 抽象类的名称以斜体显示(有时它们的方框以虚线显示)。

在图 8-9 中，EatFood()和 Breed()都显示在派生类 Chicken 和 Cow 中，这说明这些方法是抽象的(必须在派生类中重写)或者虚拟的(这里已经在 Chicken 和 Cow 中重写)。当然，抽象基类可以提供成员的实现代码，这是十分常见的。不能实例化抽象类，并不意味着不能在抽象类中封装功能。

最后，类可以是密封(seal)的。密封的类不能用作基类，所以没有派生类。

在 C#中，所有对象都有一个共同的基类 object(在.NET Framework 中，它是 System.Object 类的别名)。如果一个类不是派生自任何其他类，则它隐式派生自 object。第 9 章将详细介绍这个类。

> **注意：**
> 如本章前面所述，接口也可以继承自其他接口。与类不同的是，接口可以继承多个基接口(与类可以支持多个接口的方式类似)。

8.2.3 多态性

继承的一个结果是派生于基类的类在方法和属性上有一定的重叠，因此，可以使用相同的语法处理从同一个基类实例化的对象。例如，如果基类 Animal 有一个 EatFood()方法，则在其派生类 Cow 和 Chicken 中调用这个方法的语法是类似的：

```
Cow myCow = new Cow();
Chicken myChicken = new Chicken();
myCow.EatFood();
myChicken.EatFood();
```

多态性则推进了一步。可以把某个派生类型的变量赋给基本类型的变量，例如：

```
Animal myAnimal = myCow;
```

不需要进行强制类型转换，就可以通过这个变量调用基类的方法：

```
myAnimal.EatFood();
```

结果是调用派生类中的 EatFood()的实现代码。注意，不能以相同的方式调用派生类上定义的方法。下面的代码无法运行：

```
myAnimal.Moo();
```

但可以把基本类型的变量转换为派生类变量，调用派生类的方法，如下所示：

```
Cow myNewCow = (Cow)myAnimal;
myNewCow.Moo();
```

如果原始变量的类型不是 Cow 或派生于 Cow 的类型，这种强制类型转换就会引发一个异常。有许多方式说明对象的类型是什么，详见下一章。

在派生于同一个类的不同对象上执行任务时，多态性是一种极有效的技巧，使用的代码最少。注意并不是只有共享同一个父类的类才能利用多态性。只要子类和孙子类在继承层次结构中有一个相同的类，它们就可以用同样的方式利用多态性。

还要注意，在 C#中，所有类都派生于同一个类 object，object 是继承层次结构中的根。所以可以将所有对象看成 object 类的实例。这就是在建立字符串时，WriteLine()可以处理无数多种参数组合的原因。第一个参数后面的每个参数都可以看成一个 object 实例，所以可以把任何对象的输出结果写到屏幕上。为此，需要调用方法 ToString()(object 的一个成员)。我们可以重写这个方法，为自己的类提供合适的实现代码，或者使用默认实现代码，返回类名(根据它所在的名称空间，返回类的限定名称)。

接口的多态性

尽管不能像对象那样实例化接口，但可以建立接口类型的变量，然后就可以在支持该接口的对象上，使用这个变量来访问该接口提供的方法和属性。

例如，假定不使用基类 Animal 提供的 EatFood()方法，而是把该方法放在 IConsume 接口上。Cow 和 Chicken 类也支持这个接口，唯一的区别是它们必须提供 EatFood()方法的实现代码(因为接口不包含实现代码)。接着就可以使用下述代码访问该方法了：

```
Cow myCow = new Cow();
Chicken myChicken = new Chicken();
IConsume consumeInterface;
consumeInterface = myCow;
consumeInterface.EatFood();
consumeInterface = myChicken;
consumeInterface.EatFood();
```

这就提供了以相同方式访问多个对象的简单方式，且不依赖于一个公共的基类。例如，这个接口可以由派生于 Vegetable(而不是 Animal)的 VenusFlyTrap 类实现：

```
VenusFlyTrap myVenusFlyTrap = new VenusFlyTrap();
IConsume consumeInterface;
consumeInterface = myVenusFlyTrap;
consumeInterface.EatFood();
```

在这段代码中，调用 consumeInterface.EatFood()的结果是调用 Cow、Chicken 或 VenusFlyTrap 类的 EatFood()方法，这取决于把哪个实例赋予接口类型的变量。

注意，派生类会继承其基类支持的接口。在上面的第一个示例中，要么是 Animal 支持 IConsume，要么是 Cow 和 Chicken 支持 IConsume。有共同基类的类不一定有共同接口，反之亦然。

8.2.4 对象之间的关系

继承是对象之间的一种简单关系，可以让派生类完整地获得基类的特性，而且派生类也可以访问基类内部的一些工作代码(通过受保护的成员)。对象之间还具有其他一些重要关系。

本节简要讨论下述关系：

- **包含关系**：一个类包含另一个类。这类似于继承关系，但包含类可以控制对被包含类的成员的访问，甚至在使用被包含类的成员前进行其他处理。
- **集合关系**：一个类用作另一个类的多个实例的容器。这类似于对象数组，但集合具有其他功能，包括索引、排序和重新设置大小等。

1. 包含关系

用一个成员字段包含对象实例，就可以实现包含(containment)关系。这个成员字段可以是公共字段，此时与继承关系一样，容器对象的用户可以访问它的方法和属性，但不能像继承关系那样，通过派生类访问类的内部代码。

另外，可让被包含的成员对象变成私有成员。如果这么做，用户就不能直接访问任何成员，即使这些成员是公共的。但可以使用包含类的成员访问这些私有成员。也就是说，可以完全控制被包含的类对外提供什么成员(或者不提供任何成员)，还可在访问被包含类的成员前，在包含类的成员上执行其他处理。

例如，Cow 类包含一个 Udder 类，Udder 类有一个公共方法 Milk()。Cow 对象可以按照要求调用这个方法，作为其 SupplyMilk() 方法的一部分，但 Cow 对象的用户看不到这些细节，或者这些细节对 Cow 对象的用户并不重要。

在 UML 中，被包含类可用关联线条来表示。对于简单包含关系，可以用带有 1 的线条说明一对一的关系(一个 Cow 实例包含一个 Udder 实例)。为清晰起见，也可以把被包含的 Udder 类实例表示为 Cow 类的私有字段，如图 8-10 所示。

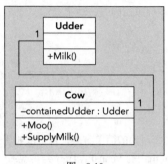

图　8-10

2. 集合关系

第 5 章讨论了如何使用数组存储多个同类型的变量，这也适用于对象(前面使用的变量类型实际上是对象)。例如：

```
Animal[] animals = new Animal[5];
```

集合基本上就是一个增加了功能的数组。集合以与其他对象相同的方式实现为类。它们通常以所存储的对象名称的复数形式来命名，例如用类 Animals 包含 Animal 对象的一个集合。

数组与集合的主要区别是，集合通常实现额外的功能，例如 Add() 和 Remove() 方法可添加和删除集合中的项。而且集合通常有一个 Item 属性，它根据对象的索引返回该对象。通常，这个属性还允许实现更复杂的访问方式。例如，可以设计一个 Animals，让 Animal 对象根据其名称来访问。

其 UML 表示如图 8-11 所示。图 8-11 中没有包含成员，因为这里描述的是关系。连接线末尾的数字表示一个 Animals 对象可以包含 0 个或多个 Animal 对象。第 11 章将详细论述集合。

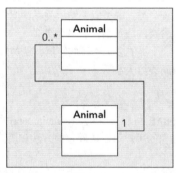

图　8-11

8.2.5　运算符重载

本书前面介绍了如何使用运算符处理简单的变量类型。有时也可以把运算符用于从类实例化而来的对象，因为类可以包含如何处理运算符的指令。

例如，给 Animal 类添加一个新属性 Weight。接着使用下述代码比较家畜的体重：

```
if (cowA.Weight > cowB.Weight)
{
    ...
}
```

使用运算符重载，可在代码中提供隐式使用 Weight 属性的逻辑，如下面的代码所示：

```
if (cowA > cowB)
{
    ...
}
```

大于运算符>被重载了。我们为重载运算符编写代码，执行上述操作，这段代码用作类定义的一部分，而该运算符作用于这个类。在上例中，使用了两个 Cow 对象，所以运算符重载定义包含在 Cow 类中。也可以采用相同的方式重载运算符，使其处理不同的类，其中一个(或两个)类定义包含达到这一目的的代码。

注意，只能采用这种方式重载现有的 C#运算符，不能创建新的运算符。但可以为一元(一个操作数)和二元(两个操作数)运算符(如+或>)提供实现代码。相关内容详见第 13 章。

8.2.6　事件

对象可以激活和使用事件，作为它们处理的一部分。事件是非常重要的，可在代码的其他部分起作用，类似于异常(但功能更强大)。例如，可以在把 Animal 对象添加到 Animals 集合中时，执行特定的代码，而这部分代码不是 Animals 类的一部分，也不是调用 Add()方法的代码的一部分。为此，需要给代码添加事件处理程序，这是一种特殊类型的函数，在事件发生时调用。还需要配置这个处理程序，以监听自己感兴趣的事件。

使用事件可创建事件驱动的应用程序，此类应用程序比读者此时所能想到的多得多。例如，许多 Windows 应用程序完全依赖于事件。每个按钮单击或滚动条拖动操作都是通过事件处理实现的，其中事件是通过鼠标或键盘触发的。

本章后面将介绍 Windows 应用程序中事件的工作原理，第 13 章将深入讨论事件。

8.2.7　引用类型和值类型

在 C#中，数据根据变量的类型以两种方式中的一种存储在一个变量中。变量的类型分为两种：引用类型和值类型，其区别如下：

- 值类型在内存的同一处(称为堆栈)存储它们自己和它们的内容。
- 引用类型存储指向内存中其他某个位置的引用，实际内容存储在这个位置。

实际上，在使用 C#时，不必过多地考虑这个问题。到目前为止，所使用的 string 变量(这是引用类型)与使用其他简单变量(大多数是值类型，例如 int)的方式完全相同。

值类型和引用类型的一个主要区别是：值类型总是包含一个值，而引用类型可以是 null，表示它们不包含值。但是，可使用可空类型创建值类型，使值类型在这个方面的行为方式类似于引用类型(即可以为 null)。第 12 章在介绍泛型(包可空类型)这一高级主题时将讨论这方面的内容。

只有 string 和 object 类型是简单的引用类型。数组也是隐式的引用类型。我们创建的每个类都是引用类型，这就是在这里强调这一点的原因。

8.3　桌面应用程序中的 OOP

第 2 章在 C#中使用 Windows Presentation Foundation(WPF)创建了一个简单的桌面应用程序。WPF 桌面应用程序非常依赖 OOP 技术，本节将论述 OOP 技术，说明本章的一些论点。下面通过一个简单示例加以说明。

试一试　使用对象：Ch08Ex01

(1) 在 C:\BeginningCSharpAndDotNET\Chapter08 目录中创建一个新的 WPF 应用程序 Ch08Ex01。

(2) 使用 Toolbox 添加一个新的按钮控件，使其位于 MainWindow 的中央，如图 8-12 所示。

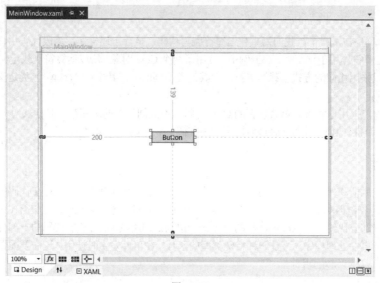

图　8-12

(3) 双击按钮，为鼠标单击事件添加代码。修改代码，如下所示：

```
private void Button_Click(object sender, RoutedEventArgs e)
{
    ((Button)sender).Content = "Clicked!";
    Button newButton = new Button();
    newButton.Width = 100;
    newButton.Height = 50;
    newButton.VerticalAlignment = VerticalAlignment.Top;
    newButton.Content = "New Button! ";
    newButton.Margin = new Thickness(10, 10, 200, 200);
    newButton.Click += newButton_Click;
    ((Grid)((Button)sender).Parent).Children.Add(newButton);
}
private void newButton_Click(object sender, RoutedEventArgs e)
{
    ((Button)sender).Content = "Clicked!!";
}
```

(4) 运行该应用程序，窗口如图 8-13 所示。

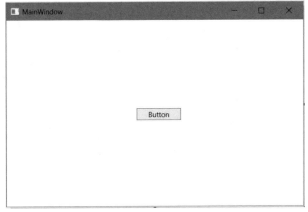

图　8-13

(5) 单击标记为 Button 的按钮，显示内容将随之变化，如图 8-14 所示。

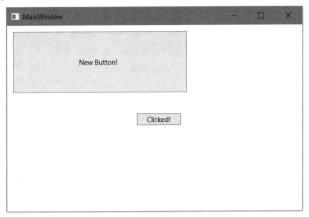

图　8-14

(6) 单击标记为 New Button!的按钮，显示内容将随之变化，如图 8-15 所示。

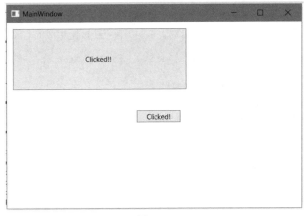

图　8-15

示例说明

仅添加几行代码，就创建了一个可以完成某项任务的桌面应用程序。下面说明 C#中的一些 OOP 技术。即使在谈到桌面应用程序时，"一切皆对象"这句话也是正确的。从运行的窗体，到窗体上的控件，都需要使用 OOP 技术。这个示例重点说明了本章前面介绍的一些概念，解释如何把它们组合在一起。

在应用程序中，首先在 MainWindow 窗口中添加一个新按钮，这个按钮是一个对象，它是 Button 类的一个实例；窗口是 MainWindow 类的实例，该类从 Window 类派生而来。接着双击按钮，添加一个事件处理程序，监听 Button 类提供的 Click 事件。这个事件处理程序被添加到封装应用程序的 MainWindow 对象代码中，是一个私有方法：

```
private void Button_Click(object sender, RoutedEventArgs e)
{
}
```

这段代码使用 C#关键字 private 作为修饰符。现在不要考虑这个关键字，第 9 章将详细解释本章提及的 OOP 技术。

我们添加的第一行代码改变了所单击按钮上的文本。它利用了本章前面讨论的多态性。表示按钮的 Button 对象作为一个 object 参数发送给事件处理程序，该事件处理程序把参数强制转换为 Button 类型(这是可能的，因为 Button 对象继承于 System.Object，System.Object 是一个.NET 类，object 是其别名)。然后修改对象的 Content 属性，改变显示的文本：

```
((Button)sender).Content = "Clicked!";
```

接着用 new 关键字创建一个新的 Button 对象(注意在这个项目中设置了名称空间，因此可以使用这个简单的语法，否则就需要使用这个对象的完整限定名 System.Windows.Controls.Button)：

```
Button newButton = new Button();
```

可以使用按钮的 Width、Height 和 VerticalAlignment 属性来设置按钮的位置。还可以将新建的 Button 对象的 Content 和 Margin 属性设置为合适的值，使按钮显示在合适的地方。注意，Margin 属性的类型是 Thickness，因此使用非默认构造函数创建一个 Thickness 对象，然后将其赋值给 Margin 属性：

```
newButton.Content = "New Button!";
newButton.Margin = new Thickness(10, 10, 200, 200);
```

在代码的其他地方添加一个新的事件处理程序，以响应新按钮生成的 Click 事件：

```
private void newButton_Click(object sender, RoutedEventArgs e)
{
    ((Button)sender).Content = "Clicked!!";
}
```

接着使用重载运算符语法，把这个事件处理程序注册为 Click 事件的监听程序：

```
newButton.Click += newButton_Click;
```

最后，把新按钮添加到窗口中。为此，使用已有按钮的 Parent 属性找出其父对象，将其转换为正确的类型，即 Grid。然后，通过将新按钮作为参数传递给 Grid.Children 属性的 Add()方法，将该按钮添加到窗口中：

```
((Grid)((Button)sender).Parent).Children.Add(newButton);
```

这些代码实际上没有看起来那样复杂。一旦理解了 WPF 是通过一个控件(包括按钮和容器)的层次结构来显示窗口的内容，使用这类代码就显得再自然不过了。

这个简短示例几乎使用了本章介绍的所有技术。可以看出，OOP 编程并不复杂——只需要从另一个角度来看待编程即可。

8.4　习题

(1) 下述哪些项在 OOP 中有真实级别的可访问性？

a. 友元(friend)

b. 公共(public)

c. 安全(secure)

d. 私有(private)

e. 受保护的(protected)

f. 松散的(loose)

g. 通配符(wildcard)

(2) "必须手动调用对象的析构函数，否则就会浪费内存"的说法正确吗？

(3) 在调用类的静态方法时，需要创建该类的对象吗？

(4) 为下述类和接口绘制一个类似于本章介绍的 UML 图：

● 抽象类 HotDrink，它具有方法 Drink、AddMilk 和 AddSugar，以及属性 Milk 和 Sugar。

● 接口 ICup，它具有方法 Refill 和 Wash，以及属性 Color 和 Volume。

● 派生于 HotDrink 的类 CupOfCoffee 支持 ICup 接口，还有一个属性 BeanType。

● 派生于 HotDrink 的类 CupOfTea 支持 ICup 接口，还有一个属性 LeafType。

(5) 为一个函数编写一些代码，接受上述示例的两个杯子对象中的任意一个作为参数。该函数应该为传递给它的任何杯子对象调用 AddMilk、Drink 和 Wash 方法。

附录 A 给出了习题答案。

8.5　本章要点

主题	要点
对象和类	对象是 OOP 应用程序的组成部件。类是用于实例化对象的类型定义。对象可以包含数据，提供其他代码可以使用的操作。数据可以通过属性供外部代码使用，操作可以通过方法供外部代码使用。属性和方法都称为类的成员。属性可以进行读取访问、写入访问或读写访问。类成员可以是公共的(可用于所有代码)或私有的(只有类定义中的代码可以使用)。在.NET 中，一切都是对象
对象的生命周期	对象通过调用它的一个构造函数来实例化。不再需要对象时，就执行其析构函数，以删除它。要清理对象，常常需要手工删除它。当应用 using 块或实现 IDispose 时，就会删除对象
静态成员和实例成员	实例成员只能在类的对象实例上使用，静态成员只能直接通过类定义使用，它不与实例关联
接口	接口是可以在类上实现的公共属性和方法的集合。可将实现了一个接口的类的对象赋值给对应实例类型的变量。之后通过该变量，可以使用该接口定义的成员

(续表)

主题	要点
继承	继承是一个类定义派生于另一个类定义的机制。类从其父类中继承成员，每个类都只能有一个父类。子类不能访问父类的私有成员，但可以定义受保护的成员，受保护的成员只能在该类和派生于该类的子类中使用。子类可以重写父类中的虚拟成员。所有的类都有一个以 System.Object 结尾的继承链，在 C#中，System.Object 有一个别名 object
多态性	从一个派生类实例化的所有对象都可以看成其父类的实例
对象关系和特性	对象可以包含其他对象，也可以表示其他对象的集合。要在表达式中处理对象，常常需要通过运算符重载，定义运算符如何处理对象。对象可以提供事件，事件因某种内部处理而被触发，客户端代码通过提供事件处理程序来响应事件

第9章

定 义 类

本章内容:

- 如何在 C#中定义类和接口
- 用来控制可访问性和继承的关键字的用法
- System.Object 类及其在类定义中的作用
- 如何使用 Visual Studio 提供的一些帮助工具
- 如何定义类库
- 接口和抽象类的异同
- 结构类型的更多内容
- 复制对象的一些重要信息

本章源代码下载:

本章源代码可以通过本书合作站点 www.wiley.com 上的 Download Code 选项卡下载, 也可以通过网址 github.com/benperk/BeginningCSharpAndDotNET 下载。下载代码位于 Chapter09 文件夹中并已根据本章示例的名称单独命名。

第 8 章介绍了面向对象编程(OOP)的特性, 本章将理论付诸实践, 看看如何在 C#中定义类。本章并不讨论如何定义类的成员, 而重点讨论如何定义类本身。

首先分析基本的类定义语法、用于确定类可访问性的关键字以及指定继承的方式。我们还将介绍接口的定义, 因为它们在许多方面都类似于类的定义。

本章的其他部分介绍在 C#中定义类时涉及的各种相关主题。

9.1 C#中的类定义

C#使用 class 关键字来定义类:

```
class MyClass
{
    // Class members.
}
```

这段代码定义了一个类 MyClass。定义了一个类后，就可以在项目中能访问该定义的其他位置对该类进行实例化。默认情况下，类声明为内部的，即只有当前项目中的代码才能访问它。可使用 internal 访问修饰符关键字来显式地指定这一点，如下所示(但这没有必要)：

```
internal class MyClass
{
    // Class members.
}
```

另外，还可以指定类是公共的，可被其他项目中的代码访问。为此，要使用关键字 public：

```
public class MyClass
{
    // Class members.
}
```

除了这两个访问修饰符关键字外，还可以指定类是抽象的(不能实例化，只能继承，可以有抽象成员)或密封的(sealed，不能继承)。为此，可使用两个互斥的关键字 abstract 或 sealed。所以，必须使用下述方式声明抽象类：

```
public abstract class MyClass
{
// Class members, may be abstract.
}
```

其中 MyClass 是一个公共抽象类，也可以是内部抽象类。

密封类的声明如下所示：

```
public sealed class MyClass
{
    // Class members.
}
```

与抽象类一样，密封类也可以是公共的或内部的。

还可以在类定义中指定继承。为此，要在类名的后面加上一个冒号，其后是基类名，例如：

```
public class MyClass : MyBase
{
    // Class members.
}
```

注意，在 C#的类定义中，只能有一个基类。如果继承了一个抽象类，就必须实现所继承的所有抽象成员(除非派生类也是抽象的)。

编译器不允许派生类的可访问性高于基类。也就是说，内部类可以继承于一个公共基类，但公共类不能继承于一个内部基类。因此，下述代码是合法的：

```
public class MyBase
{
    // Class members.
}
internal class MyClass : MyBase
{
    // Class members.
}
```

但下述代码不能编译:

```
internal class MyBase
{
    // Class members.
}
public class MyClass : MyBase
{
    // Class members.
}
```

如果没有使用基类,被定义的类就只继承于基类 System.Object(它在 C#中的别名是 object)。毕竟,在继承层次结构中,所有类的根都是 System.Object,稍后将详细介绍这个基类。

除了以这种方式指定基类外,还可在冒号之后指定支持的接口。如果指定了基类,它必须紧跟在冒号的后面,之后才是指定的接口。如果未指定基类,接口就跟在冒号的后面。必须使用逗号来分隔基类名(如果有基类的话)和接口名。

例如,给 MyClass 添加一个接口,如下所示:

```
public class MyClass : IMyInterface
{
    // Class members.
}
```

支持该接口的类必须实现所有接口成员,但如果不想使用给定的接口成员,可以提供一种"空"的实现方式(没有函数代码)。还可以把接口成员实现为抽象类中的抽象成员。

下面的声明是无效的,因为基类 MyBase 不是继承列表中的第一项:

```
public class MyClass : IMyInterface, MyBase
{
    // Class members.
}
```

指定基类和接口的正确方式如下:

```
public class MyClass : MyBase, IMyInterface
{
    // Class members.
}
```

可以指定多个接口,所以下列代码也是有效的:

```
public class MyClass : MyBase, IMyInterface, IMySecondInterface
{
    // Class members.
}
```

表 9-1 列出了类定义中可以使用的访问修饰符的组合。

表9-1 类定义中可以使用的访问修饰符

修饰符	含义
无或 internal	只能在当前项目中访问类
public	可以在任何地方访问类
abstract 或 internal abstract	类只能在当前项目中访问,不能实例化,只能被继承
public abstract	类可以在任何地方访问,不能实例化,只能被继承

(续表)

修饰符	含义
sealed 或 internal sealed	类只能在当前项目中访问，不能被继承，只能实例化
public sealed	类可以在任何地方访问，不能被继承，只能实例化
private	类的内容只能从同一类中访问
protected	可以从同一个类或派生类中访问类的内容

接口的定义

声明接口的方式与声明类的方式相似，但使用的关键字是 interface 而不是 class，例如：

```
interface IMyInterface
{
    // Interface members.
}
```

访问修饰符关键字 public 和 internal 的使用方式是相同的，与类一样，接口也默认定义为内部接口。所以要使接口可以公开访问，必须使用 public 关键字：

```
public interface IMyInterface
{
    // Interface members.
}
```

不能在接口中使用关键字 abstract 和 sealed，因为这两个修饰符在接口定义中是没有意义的(它们不包含实现代码，所以不能直接实例化，且必须是可以继承的)。

也可以用与类继承类似的方式来指定接口的继承。主要区别是可以使用多个基接口，例如：

```
public interface IMyInterface : IMyBaseInterface, IMyBaseInterface2
{
// Interface members.
}
```

接口不是类，所以没有继承 System.Object。但为了方便起见，System.Object 的成员可以通过接口类型的变量来访问。如上所述，不能用实例化类的方式来实例化接口。下面的示例提供了一些类定义的代码和使用它们的代码。

试一试   定义类：Ch09Ex01\Program.cs

(1) 在 C:\BeginningCSharpAndDotNET\Chapter09 目录中创建一个新的控制台应用程序 Ch09Ex01。

(2) 修改 Program.cs 中的代码，如下所示：

```
namespace Ch09Ex01
{
    public abstract class MyBase {}
    internal class MyClass : MyBase {}
    public interface IMyBaseInterface {}
    internal interface IMyBaseInterface2 {}
    internal interface IMyInterface : IMyBaseInterface, IMyBaseInterface2 {}
    internal sealed class MyComplexClass : MyClass, IMyInterface {}
    class Program
    {
```

```
static void Main(string[] args)
{
    MyComplexClass myObj = new MyComplexClass();
    Console.WriteLine(myObj.ToString());
    Console.ReadKey();
}
}
}
```

(3) 执行项目，结果如图 9-1 所示。

图 9-1

示例说明

这个项目在下面的继承层次结构中定义了类和接口，如图 9-2 所示。

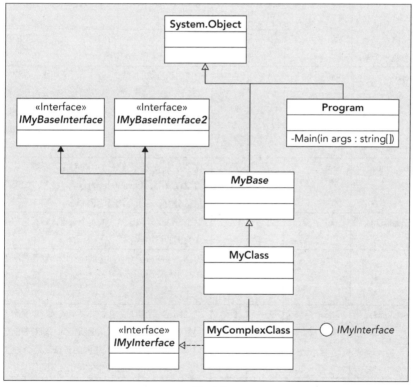

图 9-2

这里之所以包含 Program，是因为尽管这个类不是主要类层次结构中的一部分，但是它的定义方式与其他类的定义方式相同。这个类处理的 Main() 方法是应用程序的入口点。

MyBase 和 IMyBaseInterface 被定义为公共的，所以可以在其他项目中使用它们。其他类和接口都是内部的，只能在本项目中使用。

Main()中的代码调用 MyComplexClass 的一个实例 myObj 的 ToString()方法:

```
MyComplexClass myObj = new MyComplexClass();
Console.WriteLine(myObj.ToString());
```

这是继承自 System.Object 的一个方法(图中没有显示,为清晰起见,该图省略了这个类的成员),并把对象的类名作为一个字符串返回,该类名用相关的名称空间来限定。

这个示例没有完成什么具体工作,但本章后面还要利用这个示例来演示几个重要概念和技术。

9.2 System.Object

因为所有类都继承于 System.Object,所以这些类都可以访问该类中受保护的成员和公共成员。下面看看可供使用的成员有哪些。System.Object 包含的方法如表 9-2 所示。

表 9-2 System.Object 类的方法

方法	返回类型	虚拟	静态	说明
Object()	N/A	否	否	System.Object 类型的构造函数,由派生类型的构造函数自动调用
~Object()(也称为 Finalize(),参见下一节)	N/A	否	否	System.Object 类型的析构函数,由派生类型的析构函数自动调用,不能手动调用
Equals(object)	bool	是	否	把调用该方法的对象与另一个对象相比,如果它们相等,就返回 true。默认的实现代码会查看其对象参数是否引用了同一个对象(因为对象是引用类型)。如果想以不同方式来比较对象,则可以重写该方法,例如,比较两个对象的状态
Equals(object, object)	bool	否	是	这个方法比较传送给它的两个对象,看看它们是否相等。检查时使用了 Equals(object)方法。注意,如果两个对象都是空引用,这个方法就返回 true
ReferenceEquals(object, object)	bool	否	是	这个方法比较传送给它的两个对象,看看它们是不是同一个实例的引用
ToString()	string	是	否	返回一个对应于对象实例的字符串。默认情况下,这是一个类类型的限定名称,但可以重写它,给类类型提供合适的实现代码
MemberwiseClone()	object	否	否	通过创建一个新对象实例并复制成员,以复制该对象。成员复制不会得到这些成员的新实例。新对象的任何引用类型成员都将引用与源类相同的对象,这个方法是受保护的,所以只能在类或派生的类中使用
GetType()	System.Type	否	否	以 System.Type 对象的形式返回对象的类型
GetHashCode()	int	是	否	在需要此参数的地方,用作对象的散列函数,它返回一个以压缩形式标识对象状态的值

这些方法是.NET 中对象类型必须支持的基本方法,但我们可能从不使用其中的某些类型(或者只在特殊情况下使用,如 GetHashCode())。

在利用多态性时，GetType()是一个有用的方法，允许根据对象的类型来执行不同的操作，而不是像通常那样，对所有对象都执行相同的操作。例如，如果函数接收一个 object 类型的参数(表示可以给该函数传送任何信息)，就可以在遇到某些对象时执行额外的任务。组合使用 GetType()和 typeof(这是一个 C#运算符，可以把类名转换为 System.Type 对象)，就可以进行比较操作，如下所示：

```
if (myObj.GetType() == typeof(MyComplexClass))
{
    // myObj is an instance of the class MyComplexClass.
}
```

执行相同比较的另一种方法是使用 is 操作符，这将在第 11 章介绍。

返回的 System.Type 对象可以完成更多工作，这里不讨论它们。重写 ToString()方法也是非常有用的，在对象的内容可以用一个人们能理解的字符串表示时，尤其如此。后续章节将反复讨论这些 System.Object 方法，现在就讨论到这里为止，后面在需要时再详细讨论。

9.3 构造函数和析构函数

在 C#中定义类时，常常不需要定义相关的构造函数和析构函数，因为在编写代码时，如果没有提供它们，编译器会自动添加它们。但是，如有必要，可以提供自己的构造函数和析构函数，以便初始化对象和清理对象。

使用下述语法可以把一个简单的构造函数添加到类中：

```
class MyClass
{
    public MyClass()
    {
        // Constructor code.
    }
}
```

这个构造函数与包含它的类同名，且没有参数(使其成为类的默认构造函数)，这是一个公共函数，所以类的对象可以使用这个构造函数进行实例化(详见第 8 章)。

也可以使用私有的默认构造函数，一般仅包含静态成员的类会使用。即不能用这个构造函数来创建这个类的对象实例(它是不可创建的，详见第 8 章)：

```
class MyClass
{
    private MyClass()
    {
        // Constructor code.
    }
}
```

最后，通过提供参数，也可以采用相同的方式给类添加非默认的构造函数，例如：

```
class MyClass
{
    public MyClass()
    {
        // Default constructor code.
    }
    public MyClass(int myInt)
```

```
    {
        // Nondefault constructor code (uses myInt).
    }
}
```

可提供的构造函数的数量不受限制(当然不能耗尽内存，也不能有相同的参数集，所以"几乎不受限"更合适)。

使用略微不同的语法来声明析构函数。在.NET 中使用的析构函数(由 System.Object 类提供)称为 Finalize()，但这不是我们用于声明析构函数的名称。使用下面的代码，而不是重写 Finalize()：

```
class MyClass
{
    ~MyClass()
    {
        // Destructor body.
    }
}
```

类的析构函数由带有～前缀的类名来声明(构造函数也使用类名声明)。当进行垃圾回收时，就执行析构函数中的代码，释放资源。调用这个析构函数后，还将隐式地调用基类的析构函数，包括 System.Object 根类中的 Finalize()调用。该技术可以让.NET Framework 确保调用 Finalize()，因为重写 Finalize()则意味着需要显式地执行基类调用，这具有潜在危险(第 10 章将详细讨论如何调用基类的方法)。

构造函数的执行序列

如果在类的构造函数中执行多个任务，把这些代码放在一个地方是非常方便的，这与第 6 章论述的把代码放在函数中具有相同的优势。使用一个方法就可以把代码放在一个地方(详见第 10 章)，但 C#提供了一种更好的方式。任何构造函数都可以配置为在执行自己的代码前调用其他构造函数。

在讨论构造函数前，先看一下在默认情况下，创建类的实例时会发生什么。除了前面说过的便于把初始化代码集中起来外，还要了解这些代码。在开发过程中，由于调用构造函数时可能出现错误，对象常常并没有按照预期的那样执行。发生构造函数调用错误常常是因为类继承结构中的某个基类没有正确实例化，或者没有正确地给基类构造函数提供信息。如果理解在对象生命周期的这个阶段发生的事情，将更利于解决此类问题。

为实例化派生的类，必须实例化它的基类。而要实例化这个基类，又必须实例化这个基类的基类，这样一直到实例化 System.Object(所有类的根)为止。结果是无论使用什么构造函数实例化一个类，总是首先调用 System.Object.Object()。

无论在派生类上使用什么构造函数(默认的构造函数或非默认的构造函数)，除非明确指定，否则就使用基类的默认构造函数(稍后将介绍如何改变这个行为)。下面介绍一个简短示例，来演示执行顺序。考虑下面的对象层次结构：

```
public class MyBaseClass
{
    public MyBaseClass()
    {
    }
    public MyBaseClass(int i)
    {
    }
}
public class MyDerivedClass : MyBaseClass
```

```
{
    public MyDerivedClass()
    {
    }
    public MyDerivedClass(int i)
    {
    }
    public MyDerivedClass(int i, int j)
    {
    }
}
```

如果以下面的方式实例化 MyDerivedClass：

```
MyDerivedClass myObj = new MyDerivedClass();
```

则执行顺序如下：

- 执行 System.Object.Object()构造函数。
- 执行 MyBaseClass.MyBaseClass()构造函数。
- 执行 MyDerivedClass.MyDerivedClass()构造函数。

另外，如果使用下面的语句：

```
MyDerivedClass myObj = new MyDerivedClass(4);
```

则执行顺序如下：

- 执行 System.Object.Object()构造函数。
- 执行 MyBaseClass.MyBaseClass()构造函数。
- 执行 MyDerivedClass.MyDerivedClass(int i) 构造函数。

最后，如果使用下面的语句：

```
MyDerivedClass myObj = new MyDerivedClass(4, 8);
```

则执行顺序如下：

- 执行 System.Object.Object()构造函数。
- 执行 MyBaseClass.MyBaseClass()构造函数。
- 执行 MyDerivedClass.MyDerivedClass(int i, int j)构造函数。

大多数情况下，这个系统都能正常工作。但是，有时需要对发生的事件进行更多控制。例如，在上面的实例化示例中，可能想得到如下所示的执行顺序：

- 执行 System.Object.Object()构造函数。
- 执行 MyBaseClass.MyBaseClass(int i)构造函数。
- 执行 MyDerivedClass.MyDerivedClass(int i, int j)构造函数。

使用这个顺序，可以把使用 int i 参数的代码放在 MyBaseClass(int i)中，即 MyDerivedClass(int i, int j)构造函数要做的工作较少，只需要处理 int j 参数(假定 int i 参数在两种情况下的含义相同，虽然事情并非总是如此，但实际上我们常做这样的安排)。只要愿意，C#就可以指定这种操作。

为此，只需要使用构造函数初始化器(constructor initializer)，它把代码放在方法定义的冒号后面。例如，可以在派生类的构造函数定义中指定所使用的基类构造函数，如下所示：

```
public class MyDerivedClass : MyBaseClass
{
    ...
    public MyDerivedClass(int i, int j) : base(i)
```

```
    {
    }
}
```

其中，base 关键字指定.NET 实例化过程使用基类中具有指定参数的构造函数。这里使用了一个 int 参数(其值通过参数 i 传递给 MyDerivedClass 构造函数)，所以将使用 MyBaseClass(int i)。这么做将不会调用 MyBaseClass()，而是执行本例前面列出的事件序列——也就是我们希望执行的事件序列。

也可以使用这个关键字指定基类构造函数的字面值，例如，使用 MyDerivedClass 的默认构造函数来调用 MyBaseClass 的非默认构造函数：

```
public class MyDerivedClass : MyBaseClass
{
    public MyDerivedClass() : base(5)
    {
    }
    ...
}
```

这段代码将执行下述序列：

- 执行 System.Object.Object()构造函数。
- 执行 MyBaseClass.MyBaseClass(int i)构造函数。
- 执行 MyDerivedClass.MyDerivedClass()构造函数。

除了 base 关键字外，这里还可将另一个关键字 this 用作构造函数初始化器。这个关键字指定在调用指定的构造函数前，.NET 实例化过程对当前类使用非默认的构造函数。例如：

```
public class MyDerivedClass : MyBaseClass
{
    public MyDerivedClass() : this(5, 6)
    {
    }
    ...
    public MyDerivedClass(int i, int j) : base(i)
    {
    }
}
```

使用 MyDerivedClass.MyDerivedClass()构造函数，将得到如下执行顺序：

- 执行 System.Object.Object()构造函数。
- 执行 MyBaseClass.MyBaseClass(int i)构造函数。
- 执行 MyDerivedClass.MyDerivedClass(int i, int j)构造函数。
- 执行 MyDerivedClass.MyDerivedClass()构造函数。

唯一的限制是使用构造函数初始化器只能指定一个构造函数。但如上例所示，这并不是一个很严格的限制，因为我们仍可以构造相当复杂的执行顺序。

> **注意：**
> 如果没有给构造函数指定构造函数初始化器，编译器会自动添加 base()。这会导致执行本节前面介绍的默认顺序。

注意在定义构造函数时，不要创建无限循环。例如：

```
public class MyBaseClass
{
```

```
    public MyBaseClass() : this(5)
    {
    }
    public MyBaseClass(int i) : this()
    {
    }
}
```

使用上述任何一个构造函数,都需要首先执行另一个构造函数,而另一个构造函数要求首先执行原构造函数。这段代码可以编译,但如果尝试实例化 MyBaseClass,就会得到一个异常。

9.4 Visual Studio 中的 OOP 工具

OOP 在.NET 中是一个非常基础的主题,所以 Visual Studio 提供了几个工具来帮助开发 OOP 应用程序。本节就介绍其中的一些工具。

9.4.1 Class View 窗口

第 2 章介绍了 Solution Explorer 窗口与 Class View 窗口共用相同的空间。这个窗口显示了应用程序中的类层次结构,可供查看我们使用的类的特性。对于上一节的示例项目,其 Class View 视图如图 9-3 所示。

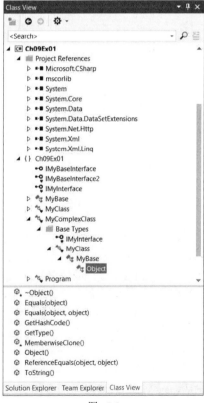

图 9-3

这个窗口分为两部分,底下的一半显示了类型的成员。注意,图 9-3 显示的是选中 Class View Settings 下拉列表(位于 Class View 窗口的顶部)中的全部项以后的 Class View 窗口。点击齿轮图片右边的小箭头,就可以访问 Class View Settings 下拉列表。

这里使用了许多符号,如表 9-3 所示。

表 9-3　Class View 窗口使用的图标

图标	含义	图标	含义	图标	含义
C#	项目	🔧	属性	⚡	事件
{}	名称空间	⬧	字段	📇	委托
🔷	类	▬▬	结构	■-■	程序集
⊷	接口	⬟	枚举		
◈	方法	⬟	枚举项		

注意,其中一些图标用于类型定义而不是类定义,例如枚举和结构类型。

其中一些项的下面还有其他符号,表示它们的访问级别(公共项没有这样的符号),表 9-4 中列出了这些符号。

表 9-4　Class View 窗口中使用的其他图标

图标	含义	图标	含义	图标	含义
🔒	私有的	✚	受保护的	♣	内部的

没有符号用于表示抽象、密封或虚拟项。

在这里除了可以查看信息外,还可以访问许多项的相关代码。双击某项,或者右击该项,然后选择 Go To Definition,就可以查看项目中用于定义该项的代码(假定代码是可以查看的)。如果无法查看代码,例如不能访问基类型 System.Object 中的代码,就应该选择 Browse Definition,打开 Object Browser 视图(详见下一节)。

图 9-3 显示的另一项是 Project References,通过它可以查看项目引用了哪些程序集,本例的项目包含 mscorlib 和 System 中的核心.NET 类型、System.Data 中的数据访问类型和 System.Xml 中的 XML 操纵类型。这里的引用也是可以扩展的,以显示这些程序集中包含的名称空间和类型。

Class View 还可查找代码中的类型和成员。其方法是,右击一项,选择 Find All References,就会在 Find Symbol Results 窗口中打开搜索结果列表,该窗口位于屏幕底部,是 Error List 显示区域的一个选项卡。还可以使用 Class View 窗口对项进行重命名。在重命名时,可以重命名代码中出现的项的引用。也就是说,没有理由在类名中出现拼写错误,因为我们可以随时修改它们。

另外,使用 Call Hierarchy 视图可以在代码中导航。在 Class View 窗口中通过选择 View | Call Hierarchy,右击菜单项就可以访问 Call Hierarchy 窗口(Ctrl+W,K)。这个功能非常适于查看类成员彼此之间的交互方式,参见下一章。

9.4.2　对象浏览器

对象浏览器(Object Browser)是 Class View 窗口的扩展版本,可以查看项目中能使用的其他类,甚至可以查看外部的类。可以自动(如上一节的情况)或手动(通过 View | Object Browser)进入这个窗口。

这个视图显示在主窗口中，可以采用与 Class View 窗口相同的方式浏览该视图。

这个窗口显示与 Class View 窗口相同的信息，还显示了.NET 类型的其他信息。选中某项，还可以在第三个窗口中获得该项的信息，如图 9-4 所示。

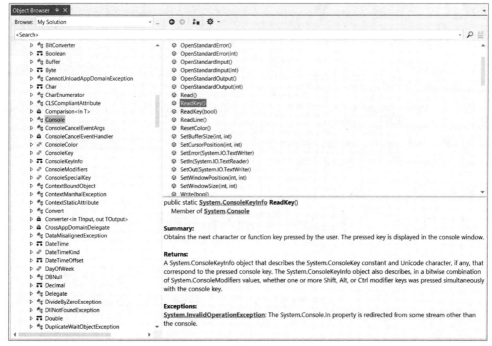

图 9-4

在图 9-4 中，选中了 Console 类的 ReadKey()方法(Console 在 mscorlib 程序集的 System 名称空间中)。右下角的信息窗口显示了方法签名、该方法所属的类和方法功能的小结。在研究.NET 类型时，或者在了解某个类的用途时，这些信息非常有用。

还可在自己创建的类型中使用这个信息窗口。对 Ch09Ex01 中的代码进行如下修改：

```
/// <summary>
/// This class contains my program!
/// </summary>
class Program
{
    static void Main(string[] args)
    {
        MyComplexClass myObj = new MyComplexClass();
        Console.WriteLine(myObj.ToString());
        Console.ReadKey();
    }
}
```

然后返回到对象浏览器并导航到 Ch09Ex01 项目中的 Program 类，就会看到这些变化反映在信息窗口中。这是 XML 文档说明的一个示例，本书不讨论 XML 文档说明，但读者有闲暇时间时，应学习这个主题。

9.4.3　添加类

Visual Studio 包含可以加速执行某些常见任务的工具，其中一些可以应用于 OOP。有一个 Add New Item Wizard 工具可以为项目快速添加新类，且需要键入的代码量最少。

通过单击 Project|Add New Item 菜单项，或在 Solution Explorer 窗口中右击项目，选择相应的项，可以打开该工具。采用其中任意一种方式，都会打开一个对话框，在该对话框中，可以选择要添加的项。要添加一个类，可以在模板窗口中选择 Class 项，如图 9-5 所示，为包含类的文件提供一个文件名，再单击 Add 按钮。所创建的类就以所提供的文件名命名。

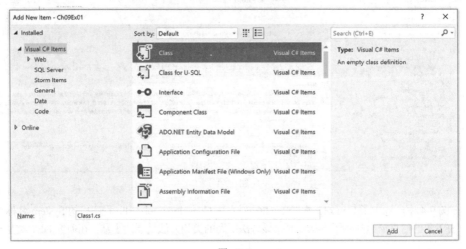

图　9-5

在本章前面的示例中，我们在 Program.cs 文件中手动添加类定义。把类放在独立的文件中，常可以更轻松地跟踪类。打开 Ch09Ex01 项目后，在 Add New Item 对话框中输入信息，就会在 MyNewClass.cs 中生成下列代码:

```
using System;
using System.Collections.Generic;
using System.Linq;
using System.Text;
using System.Threading.Tasks;
namespace Ch09Ex01
{
    class MyNewClass
    {
    }
}
```

MyNewClass 类在入口点类 Program 所在的名称空间中定义，所以可以在代码中使用它，就像是在相同的文件中定义一样。从代码中可以看出，生成的类不包含构造函数。如果类定义没有包含构造函数，编译器就会在编译代码时自动添加一个默认构造函数。

9.4.4 类图

还没有介绍的 Visual Studio 的一个强大功能是从代码中生成类图，并使用类图修改项目。Visual Studio 中的类图编辑器可以很方便地为代码生成类似于 UML 的图。为描述这个功能，下面的示例将为前面创建的 Ch09Ex01 项目生成类图。

> **注意:**
> Class Designer 是一个可选的组件，在默认情况下不会安装它。要完成下面的示例，必须安装该组件。如果没有看到 View Class Diagram 选项或者不能添加一个新的类图，就需要再次运行 Visual Studio 安装程序并安装 Class Designer。

试一试 生成类图

(1) 打开本章前面创建的 Ch09Ex01 项目。

(2) 在 Solution Explorer 窗口中，右击 Ch09Ex01 项目，在上下文菜单中选择 View | View Class Diagram 菜单项。

(3) 从 Class View 中，展开 Ch09Ex01，右键单击{}Ch09Ex01，选择 View Class Diagram 菜单项，单击{}Ch09Ex01，并将其拖动到主窗口。此时会显示类图 ClassDiagram1.cd。

(4) 右击 MyBase，从上下文菜单中选择 Show Base Type 选项。

(5) 拖动图中的对象，生成较美观的布局。完成这些步骤后，类图将如图 9-6 所示。

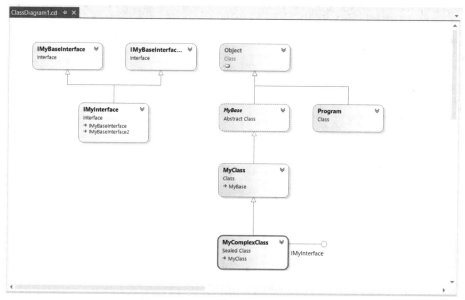

图 9-6

示例说明

在本例中毫不费力地创建了一个与 UML 图(见图 9-2)非常类似的类图，下面的特性得到了证明:

- 显示的类的名称和类型。

- 显示的接口包含接口的名称和类型。
- 继承用箭头表示，某些情况下，类框中包含文本。
- 实现接口的类有"棒棒糖"图标。
- 抽象类显示为虚点外框，名称显示为斜体。
- 密封类显示为粗黑外框。

单击一个对象会在屏幕底部的 Class Details 窗口中显示其他信息(如果 Class Details 窗口没有显示出来，可以右击一个对象，然后选择 Class Details)。可以在此查看(和修改)类成员，还可以在 Properties 窗口中修改类的信息。

在 Toolbox 中，可以给图添加新项，例如类、接口和枚举等，定义图中对象之间的关系。此时，新项的代码会自动生成。

9.5 类库项目

除了在项目中把类放在不同的文件中之外，还可以把它们放在完全不同的项目中。如果一个项目只包含类(以及其他相关的类型定义，但没有入口点)，该项目就称为类库(class library)。

类库项目编译为.dll 程序集，在其他项目中添加对类库项目的引用后，就可以访问它的内容，这可以是(也可以不是)同一个解决方案的一部分。这扩展了对象提供的封装性，因为修改和更新类库不会影响使用它们的其他项目。这意味着，可以方便地升级类提供的服务(这会影响多个使用这些类的应用程序)。

下面分析一个类库项目的示例和一个利用该类库项目包含的类的独立项目。

试一试　使用类库：Ch09ClassLib 和 Ch09Ex02\Program.cs

(1) 在 C:\BeginningCSharpAndDotNET\Chapter09 目录中创建一个 Class Library 类型的新项目 Ch09ClassLib，如图 9-7 所示。

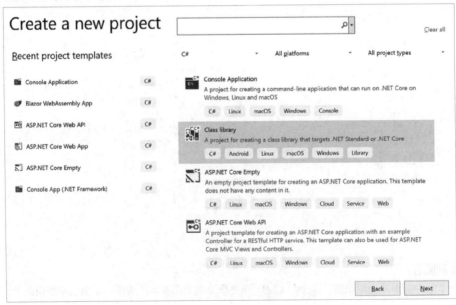

图　9-7

(2) 把文件 Class1.cs 重命名为 MyExternalClass.cs(在 Solution Explorer 窗口中右击该文件，然后选择 Rename 来重命名该文件名)。在弹出的对话框中单击 Yes 按钮。

(3) MyExternalClass.cs 中的代码随之自动改变，以反映类名的改变：

```
public class MyExternalClass
{
}
```

(4) 使用文件名 MyInternalClass.cs 给项目添加一个新类。

(5) 修改代码，显式地指定类 MyInternalClass 是内部类：

```
internal class MyInternalClass
{
}
```

(6) 编译项目(注意这个项目没有入口点，所以不能像通常那样运行它——可以选择 Build | Build Solution 菜单项来生成它)。

(7) 创建一个新的控制台应用程序项目 Ch09Ex02 并保存在 C:\BeginningCSharpAndDotNET\Chapter09 目录中。

(8) 选择 Project | Add Reference 菜单项，或者在 Solution Explorer 窗口中右击 References，选择相同的选项。

(9) 单击 Browse 选项，之后单击 Browse 按钮，导航到 C:\BeginningCSharpAndDotNET\Chapter09\Ch09ClassLib\bin\Debug\ net5.0\，双击 Ch09ClassLib.dll，然后单击 OK 按钮。

(10) 完成上述操作后，检查是否已将引用添加到 Solution Explorer 窗口中，如图 9-8 所示。

图 9-8

(11) 打开 Object Browser 窗口，检查新引用，看看其中包含的对象，结果如图 9-9 所示。

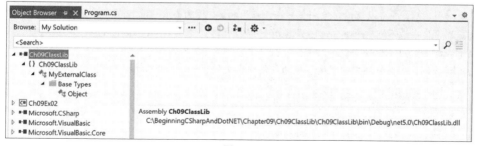

图 9-9

(12) 修改 Program.cs 中的代码，如下所示：

```
using System;
using Ch09ClassLib;
namespace Ch09Ex02
{
    class Program
    {
        static void Main(string[] args)
        {
            MyExternalClass myObj = new MyExternalClass();
            Console.WriteLine(myObj.ToString());
            Console.ReadKey();
        }
    }
}
```

(13) 运行应用程序，结果如图 9-10 所示。

图 9-10

示例说明

这个示例创建了两个项目，一个是类库项目，另一个是控制台应用程序项目。类库项目 Ch09ClassLib 包含两个类：MyExternalClass(可公开访问)和 MyInternalClass(只能在内部访问)。注意，默认情况下，会隐式将类确定为供内部访问，因为它没有访问修饰符。最好显式指定可访问性，因为这会使代码更便于理解，所以指令增加了 internal 关键字。控制台应用程序项目 Ch09Ex02 包含利用类库项目的简单代码。

注意：

当应用程序使用外部库中定义的类时，可以把该应用程序称为库的客户应用程序。使用所定义的类的代码一般简称为客户代码。

为使用 Ch09ClassLib 中的类，在控制台应用程序中添加了对 Ch09ClassLib.dll 的引用。对于这个示例，该引用指向类库的输出文件，不过也可以把这个文件复制到 Ch09Ex02 的本地位置，以便继续开发类库，而不影响控制台应用程序。为用新类库项目替换旧版本的程序集，只需要用新生成的 DLL 文件覆盖旧文件即可。

添加引用后，就可以使用对象浏览器查看可用的类。因为类 MyInternalClass 是内部的，所以在对象浏览器窗口中看不到这个类——它不能由外部项目访问。但是，MyExternalClass 是可供访问的，它是我们在控制台应用程序中使用的类。

可将控制台应用程序中的代码替换为使用内部类的代码，如下所示：

```
static void Main(string[] args)
{
    MyInternalClass myObj = new MyInternalClass();
    Console.WriteLine(myObj.ToString());
    Console.ReadKey();
}
```

如果试图编译这段代码，就会产生如下编译错误：

```
'Ch09ClassLib.MyInternalClass'
              is inaccessible due to its protection level
```

利用外部程序集中的类的技术是使用 C#和.NET 编程的关键。实际上，使用.NET 中的任何类，也就是在利用外部程序集中的类，因为它们的处理方式是相同的。

9.6 接口和抽象类

本章介绍了如何创建接口和抽象类(现在不考虑其成员，第 10 章会讲述类的成员)。这两种类型在许多方面都十分类似，所以应看一下它们的相似和不同之处，看看哪些情况应使用什么技术。

首先讨论它们的相似之处。抽象类和接口都包含可以由派生类继承的成员。接口和抽象类都不能直接实例化，但可以声明这些类型的变量。如果这样做，就可以使用多态性把继承这两种类型的对象指定给它们的变量。接着通过这些变量来使用这些类型的成员，但不能直接访问派生对象的其他成员。

下面分析它们之间的区别。派生类只能继承自一个基类，即只能直接继承自一个抽象类(但可以用一个继承链包含多个抽象类)。相反，类可以使用任意多个接口。但这不会产生太大区别——这两种情况取得的效果是类似的。只是采用接口的方式稍有不同。

抽象类可以拥有抽象成员(没有代码体，且必须在派生类中实现，否则派生类本身必须也是抽象的)和非抽象成员(它们拥有代码体，也可以是虚拟的，这样就可以在派生类中重写)。另一方面，接口成员都必须在使用接口的类上实现——它们没有代码体。另外，按照定义，接口成员是公共的(因为它们的目的是在外部使用)，但抽象类的成员可以是私有的(只要它们不是抽象的)、受保护的、内部的或受保护的内部成员(其中受保护的内部成员只能在应用程序的代码或派生类中访问)。此外，接口不能包含字段、构造函数、析构函数、静态成员或常量。

> **注意:**
> 抽象类主要用作对象系列的基类，这些对象共享某些主要特性，例如共同的目的和结构。接口则主要用于类，这些类存在根本性区别，但仍可以完成某些相同的任务。

例如，假定有一个对象系列表示火车，基类 Train 包含火车的核心定义，例如车轮的规格和引擎的类型(可以是蒸汽发动机、柴油发动机等)。但这个类是抽象的，因为并没有"一般的"火车。为创建一辆实际的火车，需要给该火车添加特性。为此，派生一些类，例如 PassengerTrain、FreightTrain 和 424DoubleBogey 等，如图 9-11 所示。

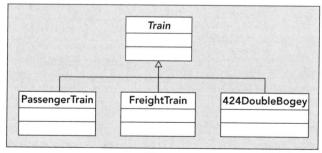

图 9-11

也可以采用相同的方式来定义汽车对象系列，使用 Car 抽象基类，其派生类有 Compact、SUV 和

PickUp。Car 和 Train 甚至可以派生于一个相同的基类 Vehicle，如图 9-12 所示。

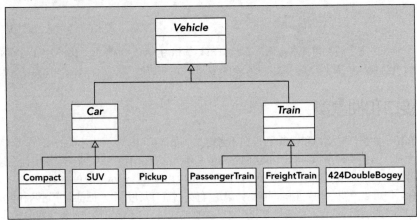

图　9-12

现在，层次结构中的一些类共享相同的特性，这是因为它们的目的是相同的，而不只是因为它们派生于同一个基类。例如，PassengerTrain、Compact、SUV 和 Pickup 都可以运送乘客，所以它们都拥有 IPassengerCarrier 接口。FreightTrain 和 Pickup 可用于重载运输，所以它们都拥有 IHeavyLoadCarrier接口，如图 9-13 所示。

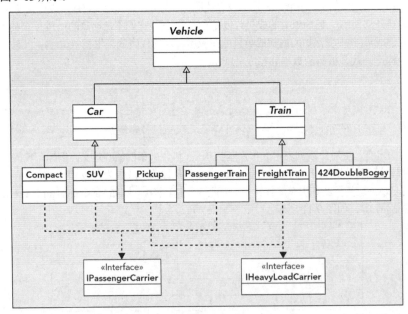

图　9-13

在进行更详细的分解之前，把对象系统以这种方式进行分解，可以清晰地看到哪种情形适合使用抽象类，哪种情形适合使用接口。只使用接口或只使用抽象继承，就得不到这个示例的结果。

9.7 结构类型

第 8 章提到过，结构和类非常相似，但结构是值类型，而类是引用类型。这意味着什么？最简明的方式是用一个示例来说明，如下面的示例所示。

试一试 类和结构：Ch09Ex03\Program.cs

(1) 在 C:\BeginningCSharpAndDotNET\Chapter09 目录中创建一个新的控制台应用程序项目 Ch09Ex03。

(2) 修改代码，如下所示：

```
namespace Ch09Ex03
{
    class MyClass
    {
        public int val;
    }
    struct myStruct
    {
        public int val;
    }
    class Program
    {
        static void Main(string[] args)
        {
            MyClass objectA = new MyClass();
            MyClass objectB = objectA;
            objectA.val = 10;
            objectB.val = 20;
            myStruct structA = new myStruct();
            myStruct structB = structA;
            structA.val = 30;
            structB.val = 40;
            Console.WriteLine($"objectA.val = {objectA.val}");
            Console.WriteLine($"objectB.val = {objectB.val}");
            Console.WriteLine($"structA.val = {structA.val}");
            Console.WriteLine($"structB.val = {structB.val}");
            Console.ReadKey();
        }
    }
}
```

(3) 运行应用程序，结果如图 9-14 所示。

图 9-14

示例说明

这个应用程序包含两个类型定义：一个是结构 myStruct 的定义，它有一个公共 int 字段 val；另一个是类 MyClass 的定义，它包含一个相同的字段(第 10 章介绍类的成员，如字段，现在只要知道它们的语法是相同的即可)。接着对这两种类型的实例执行相同的操作：

(1) 声明类型的一个变量。

(2) 在这个变量中创建该类型的新实例。

(3) 声明类型的第二个变量。

(4) 将第一个变量赋给第二个变量。

(5) 在第一个变量的实例中，给 val 字段赋予一个值。

(6) 在第二个变量的实例中，给 val 字段赋予一个新值。

(7) 显示这两个变量的 val 字段值。

尽管对这两种类型的变量执行了相同的操作，但结果是不同的。在显示 val 字段的值时，两个 object 类型具有相同的值，而结构类型有不同的值。为什么会这样？

对象是引用类型。把对象赋给变量时，实际上是把带有一个指针的变量赋给该指针所指向的对象。在实际代码中，指针是内存中的一个地址。这种情况下，地址是内存中该对象所在的位置。用下面的代码行把第一个对象引用赋给类型为 MyClass 的第二个变量时，实际上是复制了这个地址。

```
MyClass objectB = objectA;
```

这样两个变量就包含同一个对象的指针。

结构是值类型。其变量并不是包含结构的指针，而是包含结构本身。在用下面的代码把第一个结构赋给类型为 myStruct 的第二个变量时，实际上是把第一个结构的所有信息复制到第二个结构中。

```
myStruct structB = structA;
```

这个过程与本书前面介绍的简单变量类型(如 int)是一样的。最终结果是两个结构类型变量包含不同的结构。使用指针的全部技术隐藏在托管 C#代码中，这使得代码更简单。可以使用 C#中的不安全代码执行低级操作，如指针操作，但这是一个比较高级的主题，这里不予讨论。

9.8　浅度和深度复制

从一个变量到另一个变量按值复制对象，而不是按引用复制对象(即以与结构相同的方式复制)可能非常复杂。因为一个对象可能包含其他许多对象的引用，例如字段成员等，这将涉及许多繁杂的处理。把每个成员从一个对象复制到另一个对象中可能不会成功，因为其中一些成员可能是引用类型。

.NET Framework 考虑了这个问题。简单地按照成员复制对象可以通过派生于 System.Object 的 MemberwiseClone()方法来完成，这是一个受保护的方法，但很容易在对象上定义一个调用该方法的公共方法。这个方法提供的复制功能称为浅度复制(shallow copy)，因为它并未考虑引用类型成员。因此，新对象中的引用成员就会指向源对象中相同成员引用的对象，在许多情况下这并不理想。如果要创建成员的新实例(复制值，而不复制引用)，此时需要使用深度复制(deep copy)。

可以实现一个 ICloneable 接口，以标准方式进行深度复制。如果使用这个接口，就必须实现它包含的 Clone()方法。这个方法返回一个类型为 System.Object 的值。我们可采用各种处理方式，实现所选的任何一个方法体来得到这个对象。如果愿意，就可以进行深度复制(但不是必须执行深度复制，所以如果执行浅度复制更合适，就可以执行浅度复制)。对于该方法应该返回什么，并不存在规则或限制，所以很多人建议不要使用它。这些人建议实现自己的深度复制方法。第 11 章将详细介绍这个接口。

9.9 习题

(1) 下面的代码存在什么错误?

```
public sealed class MyClass
{
    // Class members.
}
public class myDerivedClass : MyClass
{
    // Class members.
}
```

(2) 如何定义不能创建的类(non-creatable class)?

(3) 为什么不能创建的类仍旧有用?如何利用它们的功能?

(4) 在类库项目 Vehicles 中编写代码,实现本章前面讨论的 Vehicle 对象系列,其中有 9 个对象和两个接口需要实现。

(5) 创建一个控制台应用程序项目 Traffic,它引用 Vehicles.dll(在习题(4)中创建),其中包括函数 AddPassenger(),它接收任何带有 IPassengerCarrier 接口的对象。要证明代码可以运行,使用支持这个接口的每个对象实例调用该函数,在每个对象上调用派生于 System.Object 的 ToString()方法,并将结果输出到屏幕上。

附录 A 给出了习题答案。

9.10 本章要点

主题	要点
类和接口定义	类用 class 关键字定义,接口用 interface 关键字定义。可以使用 public 和 internal 关键字来定义类和接口的可访问性,类可定义为 abstract 或 sealed,以便控制继承。父类和父接口在一个用逗号分隔的列表中指定,放在类或接口名和一个冒号的后面。在类定义中,只能指定一个父类,且必须是列表中的第一项
构造函数和析构函数	类自动带有默认的构造函数和析构函数的实现代码,我们很少需要提供自己的析构函数。可以使用可访问性、类名和可能需要的任何参数来定义构造函数。基类的构造函数在派生类的构造函数之前执行,使用 this 和 base 构造函数初始化器关键字,可以控制类中这些构造函数的执行顺序
类库	可以创建只包含类定义的类库项目。这些项目不能直接执行,而必须通过客户代码在可执行程序中访问。Visual Studio 为创建、修改和测试类提供了各种工具
类系列	类可以组合为系列,以提供公共的操作或共享公共特性。为此,可从共享的基类(可以是抽象的)中继承,或者实现接口
结构定义	结构的定义方式与类非常类似,但结构是值类型,而类是引用类型
复制对象	复制对象时,必须注意应复制该对象包含的其他对象,而不是仅复制这些对象的引用。复制引用称为浅度复制,而完全复制称为深度复制。可将 ICloneable 接口用作一个框架,提供类定义中的深度复制功能

第 **10** 章

定义类成员

本章内容：
- 如何定义类成员
- 如何控制类成员的继承
- 如何定义嵌套的类
- 如何实现接口
- 如何使用部分类定义
- 如何使用 Call Hierarchy 窗口

本章源代码下载：

本章源代码可以通过本书合作站点 www.wiley.com 上的 Download Code 选项卡下载，也可通过网址 github.com/benperk/BeginningCSharpAndDotNET 下载。下载代码位于 Chapter10 文件夹中并已根据本章示例的名称单独命名。

本章继续讨论在 C#中如何定义类，主要介绍如何定义字段、属性和方法等类成员。首先介绍每种类型需要的代码，以及如何生成相应代码的结构。还将论述如何通过编辑成员的属性，来快速修改这些成员。

介绍完成员定义的基础知识后，将讨论一些比较高级的成员技术：隐藏基类成员，调用重写的基类成员、嵌套的类型定义和部分类定义。

最后将理论付诸实践，创建一个类库，以便在后续章节中使用它。

10.1 成员定义

在类定义中，也提供了该类中所有成员的定义，包括字段、方法和属性。所有成员都有自己的访问级别，用下面的关键字之一来定义：
- public——成员可以由任何代码访问。
- private——成员只能由类中的代码访问(如果没有使用任何关键字，就默认使用这个关键字)。
- internal——成员只能由定义它的程序集(项目)内部的代码访问。
- protected——成员只能由类或派生类中的代码访问。

后两个关键字可以结合使用，所以也有 protected internal 成员。它们只能由项目(更确切地讲，是程序集)中派生类的代码来访问。

也可以使用关键字 static 来声明字段、方法和属性，这表示它们是类的静态成员，而不是对象实例的成员，详见第 8 章。

10.1.1　定义字段

用标准的变量声明格式(可以进行初始化)和前面介绍的修饰符来定义字段，例如：

```
class MyClass
{
    public int MyInt;
}
```

> **注意:**
> .NET Framework 中的公共字段以 PascalCasing 形式来命名，而不是 camelCasing。这里使用的就是这种大小写形式，所以上面的字段名为 MyInt 而不是 myInt。这仅是推荐使用的一种名称大小写形式，但意义非常重大。私有字段没有推荐的名称大小写模式，它们通常使用 camelCasing 来命名。

字段也可以使用关键字 readonly，表示这个字段只能在执行构造函数的过程中赋值，或由初始化赋值语句赋值。例如：

```
class MyClass
{
    public readonly int MyInt = 17;
}
```

如本章开头所述，可使用 static 关键字将字段声明为静态字段，例如：

```
class MyClass
{
    public static int MyInt;
}
```

静态字段必须通过定义它们的类来访问(在上面的示例中，是 MyClass.MyInt)，而不是通过这个类的对象实例来访问。另外，可使用关键字 const 来创建一个常量值。按照定义，const 成员也是静态的，所以不需要使用 static 修饰符(实际上，使用 static 修饰符会产生一个错误)。

10.1.2　定义方法

方法使用标准函数格式、可访问性和可选的 static 修饰符来声明。例如：

```
class MyClass
{
    public string GetString() => "Here is a string.";
}
```

> **注意:**
> 与公共字段一样，.NET Framework 中的公共方法也采用 PascalCasing 形式来命名。

注意，如果使用了 static 关键字，这个方法就只能通过类来访问，不能通过对象实例来访问。也

可在方法定义中使用下述关键字:

- virtual——方法可以重写。
- abstract——方法必须在非抽象的派生类中重写(只用于抽象类中)。
- override——方法重写了一个基类方法(如果方法被重写,就必须使用该关键字)。
- extern——方法定义放在其他地方。

以下是方法重写的一个示例:

```
public class MyBaseClass
{
    public virtual void DoSomething()
    {
        // Base implementation.
    }
}
public class MyDerivedClass : MyBaseClass
{
    public override void DoSomething()
    {
        // Derived class implementation, overrides base implementation.
    }
}
```

如果使用了 override,也可以使用 sealed 来指定在派生类中不能对这个方法做进一步的修改,即这个方法不能由派生类重写。例如:

```
public class MyDerivedClass : MyBaseClass
{
    public override sealed void DoSomething()
    {
        // Derived class implementation, overrides base implementation.
    }
}
```

使用 extern 可在项目外部提供方法的实现代码。这是一个高级论题,这里不做详细讨论。

10.1.3　定义属性

属性的定义方式与字段类似,但包含的内容较多。如前所述,属性比字段复杂,因为它们在修改状态前还可执行一些额外操作,实际上,它们可能并不修改状态。属性拥有两个类似于函数的块,一个块用于获取属性的值,另一个块用于设置属性的值。

这两个块也称为访问器,分别用 get 和 set 关键字来定义,可以用于控制属性的访问级别。可以忽略其中的一个块来创建只读或只写属性(忽略 get 块创建只写属性,忽略 set 块创建只读属性)。当然,这仅适用于外部代码,因为类中的其他代码可以访问这些代码块能访问的数据。还可以在访问器上包含可访问修饰符,例如使 get 块变成公共的,使 set 块变成受保护的。至少要包含其中一个块,属性才是有效的(既不能读取也不能修改的属性没有任何用处)。

属性的基本结构包括标准的可访问修饰符(public、private 等),后跟类型名、属性名和 get 块(或 set 块,或者 get 块和 set 块,其中包含属性处理代码),例如:

```
public int MyIntProp
{
    get
    {
```

```
        // Property get code.
    }
    set
    {
        // Property set code.
    }
}
```

> **注意:**
> .NET 中的公共属性也以 PascalCasing 方式来命名,而不是 camelCasing 方式命名,与字段和方法
> 一样,这里使用 PascalCasing 方式。

定义中的第一行代码非常类似于定义字段的代码。区别在于行末没有分号,而是一个包含嵌套 get 和 set 块的代码块。

get 块必须有一个属性类型的返回值,简单属性一般与私有字段相关联,以控制对这个字段的访问,此时 get 块可以直接返回该字段的值,例如:

```
// Field used by property.
private int myInt;
// Property.
public int MyIntProp
{
    get { return myInt; }
    set { // Property set code. }
}
```

类外部的代码不能直接访问这个 myInt 字段,因为其访问级别是私有的。外部代码必须使用属性来访问该字段。set 函数采用类似方式将一个值赋给字段。这里可使用关键字 value 来表示用户提供的属性值:

```
// Field used by property.
private int myInt;
// Property.
public int MyIntProp
{
    get { return myInt; }
    set { myInt = value; }
}
```

value 等于类型与属性相同的一个值,所以如果属性和字段使用相同的类型,就不必考虑数据类型转换了。要为可空整数类型提供一个默认值,可以使用这个由表达式构成的成员函数模式。

```
private int? myInt;
public int? MyIntProp
{
    get => myInt;
    set => myInt = value ?? 0;
}
```

这个简单属性只是用来阻止对 myInt 字段的直接访问。对操作进行更多控制时,属性的真正作用才能发挥出来。例如,使用下面的代码实现 set 块:

```
set
{
    if (value >= 0 && value <= 10)
```

```
    myInt = value;
}
```

只有赋给属性的值在 0~10 之间，才会修改 myInt。此时，要做一个重要的设计选择：如果使用了无效值，该怎么办？有 4 种选择：

- 什么也不做(如上述代码所示)。
- 给字段赋默认值。
- 继续执行，就像没发生错误一样，但记录下该事件，以备将来分析。
- 抛出异常。

一般情况下，后两个选择效果较好，选择哪个选项取决于如何使用类，以及给类的用户授予多少控制权。抛出异常给用户提供的控制权相当大，可以让他们了解发生了什么情况，并做出适当的响应。为此，可使用 System 名称空间中的标准异常，例如：

```
set
{
    if (value >= 0 && value <= 10)
        myInt = value;
    else
        throw (new ArgumentOutOfRangeException("MyIntProp", value,
                "MyIntProp must be assigned a value between 0 and 10."));
}
```

该异常可在使用属性的代码中通过 try...catch...finally 逻辑加以处理，详见第 7 章。

记录数据(例如记录到文本文件或 Event Log 中)比较有效，例如可用在不应出错的产品代码中。它们允许开发人员检查性能，如有必要，还可以调试现有的代码。

属性可以使用 virtual、override 和 abstract 关键字，就像方法一样，但这几个关键字不能用于字段。最后，如上所述，访问器可以有自己的可访问性，例如：

```
// Field used by property.
private int myInt;
// Property.
public int MyIntProp
{
    get { return myInt; }
    protected set { myInt = value; }
}
```

只有类或派生类中的代码才能使用 set 访问器。

访问器可以使用的访问修饰符取决于属性的可访问性，访问器的可访问性不能高于它所属的属性，也就是说，私有属性对它的访问器不能包含任何可访问修饰符，而公共属性可以对其访问器使用所有的可访问修饰符。

"基于表达式的属性"的功能类似于第 6 章讨论的基于表达式的方法，这个功能可以把属性的定义减少为一行代码。例如，下面的属性对一个值进行数学计算，可以使用 Lambda 箭头后跟等式来定义：

```
// Field used by property.
private int myDoubledInt = 5;
// Property.
public int MyDoubledIntProp => (myDoubledInt * 2);
```

下面的示例将定义和使用字段、方法和属性。

(1) 在 C:\\BeginningCSharpAndDotNET\Chapter10 目录中创建一个新控制台应用程序 Ch10Ex01。

(2) 使用 Add Class 快捷方式添加一个新类 MyClass，这将在新文件 MyClass.cs 中定义这个新类。

(3) 修改 MyClass.cs 中的代码，如下所示：

```
public class MyClass
{
    public readonly string Name;
    private int intVal;
    public int Val
    {
        get { return intVal; }
        set {
            if (value >= 0 && value <= 10)
                intVal = value;
            else
                throw (new ArgumentOutOfRangeException("Val", value,
                    "Val must be assigned a value between 0 and 10."));
        }
    }
    public override string ToString() => "Name: " + Name + "\nVal: " + Val;
    private MyClass() : this("Default Name") { }
    public MyClass(string newName)
    {
        Name = newName;
        intVal = 0;
    }
    private int myDoubledInt = 5;
    public int myDoubledIntProp => (myDoubledInt * 2);
}
```

(4) 修改 Program.cs 中的代码，如下所示：

```
static void Main(string[] args)
{
    Console.WriteLine("Creating object myObj...");
    MyClass myObj = new MyClass("My Object");
    Console.WriteLine("myObj created.");
    for (int i = -1; i <= 0; i++)
    {
        try
        {
            Console.WriteLine($"\nAttempting to assign {i} to myObj.Val...");
            myObj.Val = i;
            Console.WriteLine($"Value {myObj.Val} assigned to myObj.Val.");
        }
        catch (Exception e)
        {
            Console.WriteLine($"Exception {e.GetType().FullName} thrown.");
            Console.WriteLine($"Message:\n\"{e.Message}\"");
        }
    }
    Console.WriteLine("\nOutputting myObj.ToString()...");
    Console.WriteLine(myObj.ToString());
    Console.WriteLine("myObj.ToString() Output.");
    Console.WriteLine("\nmyDoubledIntProp = 5...");
```

```
Console.WriteLine($"Getting myDoubledIntProp of 5 is {myObj.myDoubledIntProp}");
Console.ReadKey();
}
```

(5) 运行应用程序，其结果如图 10-1 所示。

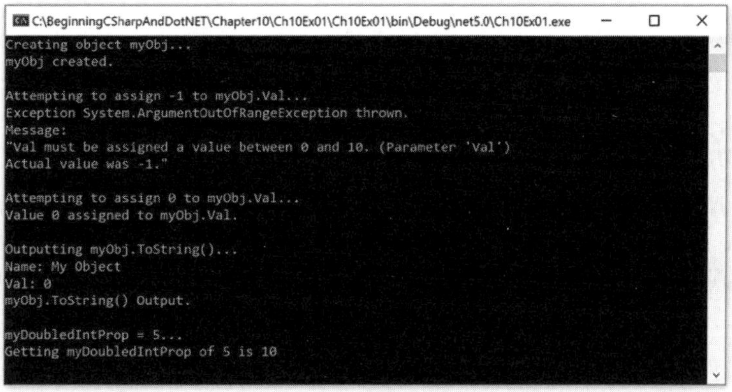

图　10-1

示例说明

Main()中的代码创建并使用在 MyClass.cs 中定义的 MyClass 类的实例。实例化这个类必须使用非默认的构造函数来进行，因为 MyClass 类的默认构造函数是私有的：

```
private MyClass() : this("Default Name") {}
```

注意，这里用 this("Default Name")来保证，如果调用了该构造函数，Name 就获取一个值。如果这个类用于派生一个新类，这就是可能的。必须这么做，因为不给 Name 字段赋值，就会在后面产生错误。

所使用的非默认构造函数把值赋给只读字段 Name(只能在字段声明或在构造函数中给它赋值)和私有字段 intVal。

接着，Main()试着给 myObj(MyClass 的实例)的 Val 属性两次赋值。使用 for 循环在两次迭代中赋值 -1 和 0，使用 try...catch 结构检查抛出的任何异常。把 -1 赋给属性时，会抛出 System.ArgumentOutOfRangeException 类型的异常，catch 块中的代码会把该异常的信息输出到控制台窗口中。在下一个循环中，值 0 成功地赋给 Val 属性，通过这个属性再把值赋给私有字段 intVal。

最后，使用重写的 ToString()方法输出一个格式化的字符串，来表示对象的内容：

```
public override string ToString() => "Name: " + Name + "\nVal: " + Val;
```

必须使用 override 关键字来声明这个方法，因为它重写了基类 System.Object 的虚拟方法 ToString()。此处的代码直接使用属性 Val，而不是私有字段 intVal。没理由不以这种方式使用类中的属性，但这可能会对性能产生轻微影响(对性能的影响非常小，我们不会察觉到)。当然，使用属性也可在属性中进行固有的有效性验证，这对类中的代码也是有好处的。

最后在 MyClass.cs 中创建只读属性 myDoubledInt 并设置为 5。使用基于表达式的属性功能，返回乘以 2 后的值：

```
public int MyDoubledIntProp => (myDoubledInt * 2);
```

当使用 myObj.MyDoubledIntProp 访问属性时，输出结果是 2 乘以 5 的积，即 10，与预期相符。

10.1.4 元组析构

第 6 章中介绍了元组，它对于从一个函数中返回多个结果非常有用。对于没有必要使用更复杂的对象，如类、结构或数组这类情况，使用元组就非常有效。下面是一个有关元组的简单示例：

```
var numbers = (1, 2, 3, 4, 5);
```

该示例定义了一个返回多个结果的函数：

```
private static (int max, int min, double average)
    GetMaxMin(IEnumerable<int> numbers) {...}
```

通过代码调用 GetMaxMin()函数时，返回的结果必须由代码解析后才能显示(若需要重温一下具体的实现方法，请参阅第 6 章)。如果可以实现元组析构(tuple deconstruction)，就没必要编写解析结果的代码。要实现元组析构，只需要给支持该特性的任何类添加 Deconstruct()函数即可，如下面的类所示：

```
public class Location
{
    public Location(double latitude, double longitude)
        => (Latitude, Longitude) = (latitude, longitude);

    public double Latitude { get; }
    public double Longitude { get; }

    public void Deconstruct(out double latitude, out double longitude)
        => (latitude, longitude) = (Latitude, Longitude);
}
```

Location 类实现了一个表达式体(expression-bodied)构造器，它接收类型为 double 的两个变量(latitude 和 longitude)，用于设置属性 Latitude 和 Longitude 的值。Deconstruct()函数有两个 out 参数：out double latitude 和 out double longitude。表达式将这两个 out 参数的值分别设置为初始化 Location 类时 Latitude 和 Longitude 属性的填充值。可通过将元组赋给 Location 的方法来访问这两个字段：

```
var location = new Location(48.137154, 11.576124);
(double latitude, double longitude) = location;
```

之后，就可以直接引用结果而不必对结果进行解析。

10.1.5 重构成员

在添加属性时有一项很方便的技术，可以从字段中生成属性。下面是一个重构(refactoring)的示例，"重构"表示使用工具修改代码，而不是手动修改。为此，只需要右击类图中的某个成员，或在代码视图中右击某个成员即可。

例如，如果 MyClass 类包含如下字段：

```
public string myString;
```

右击该字段，选择 Quick Actions and Refactorings…(Ctrl＋)，就会打开如图 10-2 所示的对话框。

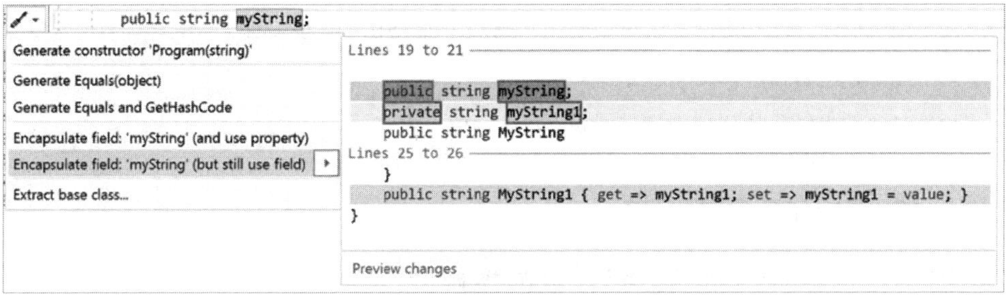

图　10-2

接受默认选项，就会修改 MyClass 的代码，如下所示：

```
public string myString;
public string MyString { get => myString; set => myString = value; }
private string myString;
```

myString 字段的可访问性已变成 private，同时创建了一个公共属性 MyString，它自动链接到 myString 上。显然，这会减少为字段创建属性所需的时间。

10.1.6　自动属性

属性是访问对象状态的首选方式，因为它们禁止外部代码访问对象内部的数据存储机制的实现。属性还对内部数据的访问方式施加了更多控制，本章代码在多处体现了这一点。但是，一般以非常标准的方式定义属性，即通过一个公共属性来直接访问一个私有成员。其代码非常类似于上一节的代码，这是 Visual Studio 重构工具自动生成的。

重构功能肯定加快了键入速度，不过除此以外，C#另外提供了一种方式：自动属性。对于自动属性，可以用简化的语法声明属性，C#编译器会自动添加未键入的内容。确切地讲，编译器会声明一个用于存储属性的私有字段，并在属性的 get 和 set 块中使用该字段，我们不必考虑细节。

使用下面的代码结构就可以定义一个自动属性：

```
public int MyIntProp
{
    get;
    set;
}
```

甚至可在一行代码上定义自动属性，以便节省空间，而不会过度降低属性的可读性：

```
public int MyIntProp { get; set; }
```

我们按照通常的方式定义属性的可访问性、类型和名称，但没有给 get 或 set 块提供实现代码。这些块的实现代码(和底层的字段)都由编译器提供。

> **注意：**
> 使用 Visual Studio 中的支持代码片段，可以创建一个自动实现的属性模板。输入 prop 后按 Tab 键两次，就会自动创建 public int MyProperty {get; set;}。

使用自动属性时，只能通过属性访问数据，不能通过底层的私有字段来访问，因为我们不知道底层私有字段的名称(该名称是在编译期间定义的)。但这并不是一个真正意义上的限制，因为可以直接使用属性名。自动属性的唯一限制是它们必须包含 get 和 set 访问器，无法使用这种方式定义只读或只写属性。但可以改变这些访问器的可访问性。例如，可采用如下方式创建一个外部只读属性：

```
public int MyIntProp { get; private set; }
```

此时，只能在类定义的代码中访问 **MyIntProp** 的值。

10.2　类成员的其他主题

下面该讨论一些较高级的成员主题了。本节主要研究：
- 隐藏基类方法
- 调用重写或隐藏的基类方法
- 使用嵌套的类型定义

10.2.1　隐藏基类方法

当从基类继承一个(非抽象的)成员时，也就继承了其实现代码。如果继承的成员是虚拟的，就可以用 override 关键字重写这段实现代码。无论继承的成员是否为虚拟，都可以隐藏这些实现代码。这是很有用的，例如，当继承的公共成员不像预期的那样工作时，就可以隐藏它。

使用下面的代码就可以隐藏：

```
public class MyBaseClass
{
    public void DoSomething()
    {
        // Base implementation.
    }
}
public class MyDerivedClass : MyBaseClass
{
    public void DoSomething()
    {
        // Derived class implementation, hides base implementation.
    }
}
```

尽管这段代码可以正常运行，但它会生成一个警告，说明隐藏了一个基类成员。如果是无意间隐藏了一个需要使用的成员，此时就可以改正错误。如果确实要隐藏该成员，就可以使用 new 关键字显式地表明意图：

```
public class MyDerivedClass : MyBaseClass
{
    new public void DoSomething()
    {
        // Derived class implementation, hides base implementation.
    }
}
```

其工作方式是完全相同的，但不会显示警告。此时应注意隐藏基类成员和重写它们的区别。考虑下面的代码：

```
public class MyBaseClass
{
    public virtual void DoSomething() => Console.WriteLine("Base imp");
```

```
}
public class MyDerivedClass : MyBaseClass
{
    public override void DoSomething() => Console.WriteLine("Derived imp");
}
```

其中重写方法将替换基类中的实现代码，这样，下面的代码就将使用新版本，即使这是通过基类类型进行的，情况也同样如此(使用多态性)：

```
MyDerivedClass myObj = new MyDerivedClass();
MyBaseClass myBaseObj;
myBaseObj = myObj;
myBaseObj.DoSomething();
```

结果如下：

```
Derived imp
```

另外，还可以使用下面的代码隐藏基类方法：

```
public class MyBaseClass
{
    public virtual void DoSomething() => Console.WriteLine("Base imp");
}
public class MyDerivedClass : MyBaseClass
{
    new public void DoSomething() => Console.WriteLine("Derived imp");
}
```

基类方法不必是虚拟的，但结果是一样的，只需要修改上面代码中的一行即可。对于基类的虚拟方法和非虚拟方法而言，其结果如下：

```
Base imp
```

尽管隐藏了基类的实现代码，但仍可通过基类访问它。

10.2.2 调用重写或隐藏的基类方法

无论是重写成员还是隐藏成员，都可以在派生类的内部访问基类成员。这在许多情况下都是很有用的，例如：

- 要对派生类的用户隐藏继承的公共成员，但仍能在类中访问其功能。
- 要给继承的虚拟成员添加实现代码，而不是简单地用重写的新实现代码替换它。

为此，可使用 base 关键字，它表示包含在派生类中的基类的实现代码(在控制构造函数时，其用法是类似的，如第 9 章所述)，例如：

```
public class MyBaseClass
{
    public virtual void DoSomething()
    {
        // Base implementation.
    }
}
public class MyDerivedClass : MyBaseClass
{
    public override void DoSomething()
    {
```

```
        // Derived class implementation, extends base class implementation.
        base.DoSomething();
        // More derived class implementation.
    }
}
```

这段代码在 MyDerivedClass 包含的 DoSomething()方法中, 执行包含在 MyBaseClass 中的 DoSomething()版本, MyBaseClass 是 MyDerivedClass 的基类。因为 base 使用的是对象实例, 所以在静态成员中使用它会产生错误。

this 关键字

除了使用第 9 章的 base 关键字外, 还可以使用 this 关键字。与 base 一样, this 也可以用在类成员的内部, 且该关键字也引用对象实例。只是 this 引用的是当前的对象实例(即不能在静态成员中使用 this 关键字, 因为静态成员不是对象实例的一部分)。

this 关键字最常用的功能是把当前对象实例的引用传递给一个方法, 如下例所示:

```
public void doSomething()
{
    MyTargetClass myObj = new MyTargetClass();
    myObj.DoSomethingWith(this);
}
```

其中, 被实例化的 MyTargetClass 实例(myObj)有一个 DoSomethingWith()方法, 该方法带有一个参数, 其类型与包含上述方法的类兼容。这个参数类型可以是类的类型、由这个类继承的类类型, 或者由这个类或 System.Object 实现的一个接口。

this 关键字的另一个常见用法是限定局部类型的成员, 例如:

```
public class MyClass
{
    private int someData;
    public int SomeData => this.someData;
}
```

许多开发人员都喜欢这个语法, 它可以用于任意成员类型, 因为可以一眼看出引用的是成员, 而不是局部变量。

10.2.3 使用嵌套的类型定义

除了在名称空间中定义类型(如类)之外, 还可以在其他类中定义它们。如果这么做, 就可以在定义中使用各种访问修饰符, 而不仅是 public 和 internal, 也可以使用 new 关键字来隐藏继承于基类的类型定义。例如, 以下代码定义了 MyClass, 也定义了一个嵌套的类 MyNestedClass:

```
public class MyClass
{
    public class MyNestedClass
    {
        public int NestedClassField;
    }
}
```

如果要在 MyClass 的外部实例化 MyNestedClass, 就必须限定名称, 例如:

```
MyClass.MyNestedClass myObj = new MyClass.MyNestedClass();
```

但是，如果嵌套的类声明为私有，就不能这么做。这个功能主要用来定义对于其包含类来说是私有的类，这样，名称空间中的其他代码就不能访问它。使用该功能的另一个原因是嵌套类可以访问其包含类的私有和受保护成员。接下来的示例演示了嵌套类。

试一试　使用嵌套类：Ch10Ex02

(1) 在 C:\BeginningCSharpAndDotNET\Chapter10 目录中创建一个新的控制台应用程序 Ch10Ex02。

(2) 修改 Program.cs 中的代码，如下所示：

```
namespace Ch10Ex02
{
    public class ClassA
    {
        private int state = -1;
        public int State => state;
        public class ClassB
        {
            public void SetPrivateState(ClassA target, int newState)
            {
                target.state = newState;
            }
        }
    }
    class Program
    {
        static void Main(string[] args)
        {
            ClassA myObject = new ClassA();
            Console.WriteLine($"myObject.State = {myObject.State}");
            ClassA.ClassB myOtherObject = new ClassA.ClassB();
            myOtherObject.SetPrivateState(myObject, 999);
            Console.WriteLine($"myObject.State = {myObject.State}");
            Console.ReadKey();
        }
    }
}
```

(3) 运行该应用程序，结果如图 10-3 所示。

```
C:\BeginningCSharpAndDotNET\Chapter10\Ch10Ex02\Ch10Ex02\bin\Debug\net5.0\Ch10Ex02.exe        —    □    ×
myObject.State = -1
myObject.State = 999
```

图　10-3

示例说明

Main()中的代码创建并使用了 ClassA 的一个实例，该类包含一个只读属性 State。然后创建了嵌套类 ClassA.ClassB 的一个实例。该嵌套类能够访问 ClassA.State 的底层字段 ClassA.state，即使这个字段是一个私有字段。因此，嵌套类的方法 SetPrivateState()可以修改 ClassA 的只读属性 State 的值。

有必要再次重申一下，之所以可以这么做，是因为 ClassB 被定义为 ClassA 的嵌套类。如果把 ClassB 的定义移出 ClassA，那么上面的代码就会产生如下编译错误：

```
'Ch10Ex02.ClassA.state' is inaccessible due to its protection level.
```

将类的内部状态提供给其嵌套类这一功能在某些情况下十分有用。但是，大多数时候通过类提供的方法操作其内部状态就足够了。

10.3 接口的实现

在继续前，先讨论一下如何定义和实现接口。第 9 章介绍过接口的定义方式与类相似，使用的代码如下：

```
interface IMyInterface
{
    // Interface members.
}
```

但要隐藏从基接口中继承的成员，可以用关键字 new 来定义它们，例如：

```
interface IMyBaseInterface
{
    void DoSomething();
}
interface IMyDerivedInterface : IMyBaseInterface
{
    new void DoSomething();
}
```

其方式与隐藏继承的类成员的方式一样。

在接口中定义的属性可以定义访问块 get 和 set 中的哪一个能用于该属性(或将它们同时用于该属性)，例如：

```
interface IMyInterface
{
    int MyInt { get; set; }
}
```

其中 int 属性 MyInt 有 get 和 set 访问器。对于访问级别有更严格限制的属性来说，可以省略它们中的任一个。

> **注意：**
> 这个语法类似于自动属性，但自动属性是为类(而不是接口)定义的，且自动属性必须包含 get 和 set 访问器。

接口没有指定应如何存储属性数据。接口不能指定字段，例如用于存储属性数据的字段。最后，接口与类一样，可以定义为类的成员(但不能定义为其他接口的成员，因为接口不能包含类型定义)。

在类中实现接口

实现接口的类必须包含该接口所有成员的实现代码，且必须匹配指定的签名(包括匹配指定的 get 和 set 块)，并且必须是公共的。例如：

```
public interface IMyInterface
{
```

```
    void DoSomething();
    void DoSomethingElse();
}
public class MyClass : IMyInterface
{
    public void DoSomething() {}
    public void DoSomethingElse() {}
}
```

可使用关键字 virtual 或 abstract 来实现接口成员，但不能使用 static 或 const。还可在基类上实现接口成员，例如：

```
public interface IMyInterface
{
    void DoSomething();
    void DoSomethingElse();
}
public class MyBaseClass
{
    public void DoSomething() {}
}
public class MyDerivedClass : MyBaseClass, IMyInterface
{
    public void DoSomethingElse() {}
}
```

继承一个实现给定接口的基类，就意味着派生类隐式地支持这个接口，例如：

```
public interface IMyInterface
{
    void DoSomething();
    void DoSomethingElse();
}
public class MyBaseClass : IMyInterface
{
    public virtual void DoSomething() {}
    public virtual void DoSomethingElse() {}
}
public class MyDerivedClass : MyBaseClass
{
    public override void DoSomething() {}
}
```

显然，在基类中把实现代码定义为虚拟非常有用，这样派生类就可以替换该实现代码，而不是隐藏它们。如果要使用 new 关键字隐藏一个基类成员，而不是重写它，则方法 IMyInterface.DoSomething() 就总是引用基类版本，即使通过这个接口来访问派生类，也是这样。

1. 显式实现接口成员

也可以由类显式地实现接口成员。如果这么做，就只能通过接口来访问该成员，不能通过类来访问。上一节的代码中使用的隐式成员可以通过类和接口来访问。

例如，如果类 MyClass 隐式地实现接口 IMyInterface 的方法 DoSomething()，如上所述，则下面的代码就是有效的：

```
MyClass myObj = new MyClass();
myObj.DoSomething();
```

下面的代码也是有效的：

```
MyClass myObj = new MyClass();
IMyInterface myInt = myObj;
myInt.DoSomething();
```

另外，如果 MyDerivedClass 显式地实现 DoSomething()，就只能使用后一种技术。其代码如下：

```
public class MyClass : IMyInterface
{
    void IMyInterface.DoSomething() {}
    public void DoSomethingElse() {}
}
```

其中 DoSomething()是显式实现的，而 DoSomethingElse()是隐式实现的。只有后者可以直接通过 MyClass 的对象实例来访问。

2. 其他属性访问器

前面说过，如果实现带属性的接口，就必须实现匹配的 get/set 访问器。这并不是绝对正确的——如果在定义属性的接口中只包含 set 块，就可给类中的属性添加 get 块，反之亦然。但只有隐式实现接口时才能这么做。另外，大多数时候，都想让所添加的访问器的可访问修饰符比接口中定义的访问器的可访问修饰符更严格。因为按照定义，接口定义的访问器是公共的，也就是说，只能添加非公共的访问器。例如：

```
public interface IMyInterface
{
    int MyIntProperty { get; }
}
public class MyBaseClass : IMyInterface
{
    public int MyIntProperty { get; protected set; }
}
```

如果将新添加的访问器定义为公共的，那么能访问实现该接口的类的代码也可以访问该访问器。但是，只能访问接口的代码就不能访问该访问器。

10.4 部分类定义

如果所创建的类包含一种类型或其他类型的许多成员时，就很容易引起混淆，代码文件也比较长。这是一种有帮助的方法，是给代码分组。在代码中定义区域，就可以折叠和展开各个代码区，使代码更便于阅读。例如，有一个类的定义如下：

```
public class MyClass
{
    #region Fields
    private int myInt;
    #endregion
    #region Constructor
    public MyClass() { myInt = 99; }
    #endregion
    #region Properties
    public int MyInt
    {
```

```
        get { return myInt; }
        set { myInt = value; }
    }
    #endregion
    #region Methods
    public void DoSomething()
    {
        // Do something..
    }
    #endregion
}
```

上述代码可以展开和折叠类的区域、字段、属性、构造函数和方法，以便集中精力考虑自己感兴趣的内容。甚至可按这种方式嵌套各个区域，这样一些区域就只有在包含它们的区域被展开后才能看到。

另一种方法是使用部分类定义(partial class definition)。简言之，就是使用部分类定义，把类的定义放在多个文件中。例如，可将字段、属性和构造函数放在一个文件中，而把方法放在另一个文件中。为此，在包含部分类定义的每个文件中对类使用 partial 关键字即可，如下所示：

```
public partial class MyClass { ...}
```

如果使用部分类定义，partial 关键字就必须出现在包含部分类定义的每个文件的与此相同的位置。

例如，类 MainWindow 中的 WPF 窗口将代码存储在两个文件 MainWindow.xaml.cs 和 MainWindow.g.i.cs 中(在 Solution Explorer 中选择 Show All Files 并打开 obj\Debug*文件夹就可以看到它们，其中*表示面向的框架名称)。这样就可以重点考虑窗体的功能，不必担心代码会被自己不感兴趣的信息搅乱。

对于部分类，最后要注意的一点是：应用于部分类的接口也会应用于整个类，也就是说，下面的两个定义：

```
public partial class MyClass : IMyInterface1 { ... }
public partial class MyClass : IMyInterface2 { ... }
```

和

```
public class MyClass : IMyInterface1, IMyInterface2 { ... }
```

是等价的。

部分类定义可在一个部分类定义文件或者多个部分类定义文件中包含基类。但如果基类在多个定义文件中指定，它就必须是同一个基类，因为在 C#中，类只能继承一个基类。

10.5　部分方法定义

部分类也可以定义部分方法(partial method)。部分方法在一个部分类中定义(没有方法体)，在另一个部分类中实现。在这两个部分类中，都要使用 partial 关键字。

```
public partial class MyClass
{
    partial void MyPartialMethod();
}
public partial class MyClass
{
    partial void MyPartialMethod()
```

```
    {
        // Method implementation
    }
}
```

部分方法也可以是静态的，但它们总是私有的，且不能有返回值。它们使用的任何参数都不能是 out 参数，但可以是 ref 参数。部分方法也不能使用 virtual、abstract、override、new、sealed 或 extern 修饰符。

有了这些限制，就不太容易看出部分方法的作用了。实际上，部分方法的重要性体现在编译代码时，而不是使用代码时。考虑下面的代码：

```
public partial class MyClass
{
    partial void DoSomethingElse();
    public void DoSomething()
    {
        Console.WriteLine("DoSomething() execution started.");
        DoSomethingElse();
        Console.WriteLine("DoSomething() execution finished.");
    }
}
public partial class MyClass
{
    partial void DoSomethingElse() =>
    Console.WriteLine("DoSomethingElse() called.");
}
```

在第一个部分类定义中定义和调用部分方法 DoSomethingElse()，在第二个部分类中实现它。在控制台应用程序中调用 DoSomething() 方法时，输出如下内容：

```
DoSomething() execution started.
DoSomethingElse() called.
DoSomething() execution finished.
```

如果删除第二个部分类定义，或者删除部分方法的全部实现代码(或者注释掉这部分代码)，输出就如下所示：

```
DoSomething() execution started.
DoSomething() execution finished.
```

读者可能认为，调用 DoSomethingElse() 时，运行库发现该方法没有实现代码，因此会继续执行下一行代码。但实际上，编译代码时，如果代码包含一个没有实现代码的部分方法，编译器会完全删除该方法，还会删除对该方法的所有调用。执行代码时，不会检查实现代码，因为没有要检查的方法调用。这会略微提高性能。

与部分类一样，在定制自动生成的代码或设计器创建的代码时，部分方法是很有用的。设计器会声明部分方法，用户根据具体情形选择是否实现它。如果不实现它，就不会影响性能，因为在编译过的代码中并不存在该方法。

现在考虑为什么部分方法不能有返回类型。如果可以回答这个问题，就可确保完全理解了这个主题，我们将此留作练习。

10.6　示例应用程序

为解释前面使用的一些技术，下面开发一个类模块，以便在后续章节中使用。这个类模块包含两个类：

- Card——表示一张标准的扑克牌，包含梅花、方块、红心和黑桃，其顺序是从 A 到 K。
- Deck——表示一副完整的 52 张扑克牌，在扑克牌中可以按照位置访问各张牌，并可以洗牌。

再开发一个简单的客户程序，确保这个模块能正常使用，但现在还不开发完整的扑克牌游戏应用程序。

10.6.1　规划应用程序

这个应用程序的类库 Ch10CardLib 包含一些类。但在开始编写代码前，应规划一下需要的结构和类的功能。

1. Card 类

Card 类基本上是两个只读字段 suit 和 rank 的容器。把字段指定为只读的原因是"空白"的牌是没有意义的，牌在创建好后也不能修改。为此，要把默认的构造函数指定为私有，并提供另一个构造函数，使用给定的 suit 和 rank 建立一张扑克牌。

此外，Card 类要重写 System.Object 的 ToString()方法，这样才能获得人们可以理解的字符串，以表示扑克牌。为使编码简单一些，为两个字段 suit 和 rank 提供枚举。

Card 类如图 10-4 所示。

2. Deck 类

Deck 类包含 52 个 Card 对象。我们为这些对象使用一个简单的数组类型。这个数组不能直接访问，因为对 Card 对象的访问要通过 GetCard()方法来实现，该方法返回指定索引的 Card 对象。这个类也应有一个 Shuffle()方法，用于重新排列数组中的牌。Deck 类如图 10-5 所示。

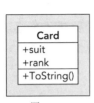

图　10-4

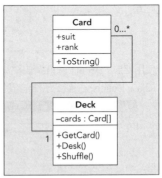

图　10-5

10.6.2　编写类库

对于本例，假定读者对 IDE 比较熟悉，所以不再使用标准的"试一试"方式明确列出各个步骤(这些步骤已经在前面多次用过)，重要的是详细讨论代码。不过，这里要包含一些提示以确保不出问题。

类和枚举都包含在一个类库项目 Ch10CardLib 中。这个项目将包含 4 个.cs 文件:Card.cs 包含 Card 类的定义,Deck.cs 包含 Deck 类的定义,Suit.cs 和 Rank.cs 文件包含枚举。

可使用 Visual Studio 的类图工具把许多代码组合在一起。

> **注意:**
> 如果不愿意使用类图工具,也不必担心。下面各节都包含了类图生成的代码,所以读者完全可以理解这些内容。

首先需要完成以下操作:

(1) 在 C:\BeginningCSharpAndDotNET\Chapter10 目录中创建一个新类库项目 Ch10CardLib。

(2) 从项目中删除 Class1.cs。

(3) 在 Solution Explorer 窗口中打开项目的类图(右击项目,然后单击 Add|New Item|Class Diagram|Add)。类图开始时应为空白,因为项目不包含类。这样就在项目中创建了一个 ClassDiagram1.cd 文件,以备后用。

1.添加 Suit 和 Rank 枚举

在打开的 ClassDiagram1.cd 文件中,将一个 Enum 从工具箱拖动到类图中,再在显示的 New Enum 对话框中填写信息,就可以在类图中添加一个枚举。例如,对于 Suit 枚举,应在对话框中添加如图 10-6 所示的信息。

图 10-6

接着使用 Class Details 窗口添加枚举的成员(在 ClassDiagram1.cd 文件中,右击刚添加的 Suit,选择 Enum|Class Details)。需要添加的值如图 10-7 所示。

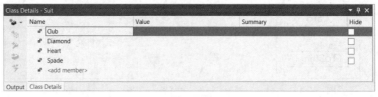

图 10-7

以相同的方式利用工具箱添加 Rank 枚举。需要的值如图 10-8 所示。

> **注意:**
> 第一个成员 Ace 的值设置为 1,它会使枚举的底层存储匹配扑克牌的大小,例如 Six 就存储为 6。

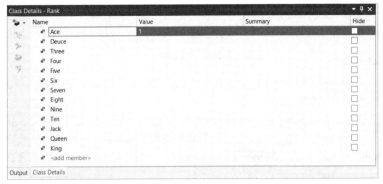

图　10-8

为这两个枚举生成的代码位于 Suit.cs 和 Rank.cs 文件中。在 Ch10CardLib 文件夹的 Suit.cs 文件中可以找到 Suit 枚举的完整代码，如下所示：

```
using System;
using System.Collections.Generic;
using System.Text;
namespace Ch10CardLib
{
    public enum Suit
    {
        Club,
        Diamond,
        Heart,
        Spade,
    }
}
```

在 Ch10CardLib 文件夹的 Rank.cs 文件中可以找到 Rank 枚举的完整代码，如下所示：

```
using System;
using System.Collections.Generic;
using System.Text;
namespace Ch10CardLib
{
    public enum Rank
    {
        Ace = 1,
        Deuce,
        Three,
        Four,
        Five,
        Six,
        Seven,
        Eight,
        Nine,
        Ten,
        Jack,
        Queen,
        King,
    }
}
```

另外，也可添加 Suit.cs 和 Rank.cs 代码文件，再手动输入这些代码。注意，代码生成器在最后一个枚举成员后添加的逗号不会妨碍编译，不会创建一个额外的空成员，但它们可能会带来一些混乱。

2. 添加 Card 类

本节将结合使用类设计器和代码编辑器来添加 Card 类。使用类设计器添加类与添加枚举十分类似，也是把相应的项从工具箱拖动到类图中。这里要把 Class 拖动到类图中，并把新类命名为 Card。

使用 Class Details 窗口添加字段 rank 和 suit，再使用 Properties 窗口把字段的 Constant Kind 设置为 readonly。还需要添加两个构造函数，一个是默认构造函数(私有)，另一个构造函数(公共)带有两个参数：newSuit 和 newRank，其类型分别是 Suit 和 Rank。最后重写 ToString()，这需要在 Properties 窗口中修改 Inheritance Modifier，将它设置为 override。

图 10-9 显示了 Class Details 窗口和已输入所有信息的 Card 类(可在 Ch10CardLib\Card.cs 中找到其代码)。

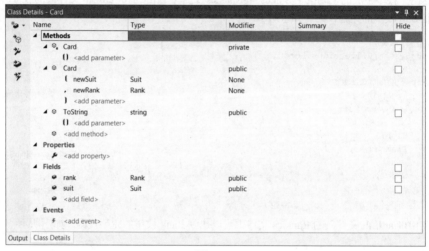

图　10-9

然后需要修改 Card.cs 中类的代码(或将这些代码添加到名称空间 Ch10CardLib 的新类 Card 中)，如下所示：

```
public class Card
{
    public readonly Suit suit;
    public readonly Rank rank;
    public Card(Suit newSuit, Rank newRank)
    {
        suit = newSuit;
        rank = newRank;
    }
    private Card() {}
    public override string ToString() => "The " + rank + " of " + suit + "s";
}
```

重写的 ToString()方法将已存储的枚举值的字符串表示写入返回的字符串中，非默认的构造函数初始化 suit 和 rank 字段的值。

3. 添加 Deck 类

Deck 类需要使用类图定义以下成员：

- Card[]类型的私有字段 cards。
- 公共的默认构造函数。
- 公共方法 GetCard()，它带有一个 int 参数 cardNum，并返回一个 Card 类型的对象。
- 公共方法 Shuffle()，它不带参数，返回 void。

添加这些成员后，Deck 类的 Class Details 窗口就如图 10-10 所示。

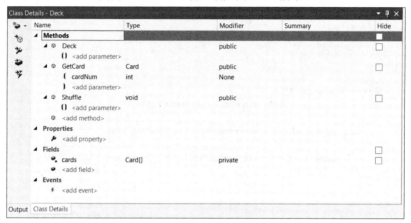

图 10-10

为使类图更加清晰，可以显示所添加的成员和类型之间的关系。在类图中依次右击下面的项，从菜单中选择 Show as Association 选项：

- Deck 中的 cards
- Card 中的 suit
- Card 中的 rank

完成后的类图如图 10-11 所示。

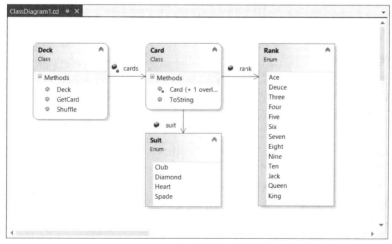

图 10-11

接着修改 Deck.cs 中的代码(如果不使用类设计器, 就必须首先使用下面的代码添加这个类)。这些代码包含在 Ch10CardLib\Deck.cs 中。首先实现构造函数, 它在 cards 字段中创建 52 张牌, 并给它们赋值。对两个枚举的所有组合进行迭代, 每次迭代都创建一张牌。这将使 cards 最初包含一个有序的扑克牌列表:

```
using System;
using System.Collections.Generic;
using System.Text;
namespace Ch10CardLib
{
    public class Deck
    {
        private Card[] cards;
        public Deck()
        {
            cards = new Card[52];
            for (int suitVal = 0; suitVal < 4; suitVal++)
            {
                for (int rankVal = 1; rankVal < 14; rankVal++)
                {
                    cards[suitVal * 13 + rankVal -1] = new Card((Suit)suitVal,
                                                               (Rank)rankVal);
                }
            }
        }
    }
}
```

然后实现 GetCard()方法, 为指定的索引返回 Card 对象, 或者抛出一个异常:

```
public Card GetCard(int cardNum)
{
    if (cardNum >= 0 && cardNum <= 51)
        return cards[cardNum];
    else
        throw
            (new System.ArgumentOutOfRangeException("cardNum", cardNum,
            "Value must be between 0 and 51."));
}
```

最后实现 Shuffle()方法。该方法创建一个临时的扑克牌数组, 并把扑克牌从现有的 cards 数组随机复制到这个数组中。这个函数的主体是一个从 0~51 的循环, 在每次循环时, 都会使用.NET 中 System.Random 类的实例生成一个 0~51 之间的随机数。进行实例化后,这个类的对象使用方法 Next(X) 生成一个 0~X 的随机数。有了一个随机数后, 就可以将它用作临时数组中 Card 对象的索引, 以便复制 cards 数组中的扑克牌。

为记录已赋值的扑克牌, 我们还有一个 bool 变量的数组, 在复制每张牌时, 把该数组中的值指定为 true。在生成随机数时, 检查这个数组, 看看是否已经把一张牌复制到临时数组中由随机数指定的位置上了, 如果已经复制, 将生成另一个随机数。

这不是完成该任务的最高效方式, 因为生成的许多随机数都可能找不到空位置以复制扑克牌。但它仍能完成任务, 而且很简单, 因为 C#代码的执行速度很快, 我们几乎觉察不到延迟。代码如下:

```
public void Shuffle()
{
```

```
Card[] newDeck = new Card[52];
bool[] assigned = new bool[52];
Random sourceGen = new Random();
for (int i = 0; i < 52; i++)
{
    int destCard = 0;
    bool foundCard = false;
    while (foundCard == false)
    {
        destCard = sourceGen.Next(52);
        if (assigned[destCard] == false)
            foundCard = true;
    }
    assigned[destCard] = true;
    newDeck[destCard] = cards[i];
}
newDeck.CopyTo(cards, 0);
}
```

这个方法的最后一行使用 System.Array 类的 CopyTo()方法(在创建数组时使用)，把 newDeck 中的每张扑克牌复制回 cards 中。也就是说，我们使用同一个 cards 对象中的同一组 Card 对象，而不是创建新实例。如果改用 cards=newDeck，就会用另一个对象替代 cards 引用的对象实例。如果其他地方的代码仍保留对原 cards 实例的引用，就会出问题——不会洗牌。

至此，就完成了类库代码。

10.6.3　类库的客户应用程序

为简单起见，可以在包含类库的解决方案中添加一个客户控制台应用程序。为此，只需要在 Solution Explorer 窗口中右击解决方案，选择 Add | New Project，将新项目命名为 Ch10CardClient。

为在这个新的控制台应用程序项目中使用前面创建的类库，只需要添加一个对类库项目 Ch10CardLib 的引用。为此，可以使用 Reference Manager 对话框的 Projects 选项卡(右击 Ch10CardClient 项目，然后选择 Add | Reference | Projects)，如图 10-12 所示。

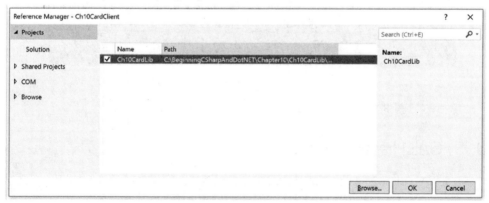

图　10-12

选择项目，单击 OK 按钮，就添加了引用。

因为这个新项目是创建的第二个项目，所以还需要指定该项目是解决方案的启动项目，即在单击 Run 后，将执行这个项目。为此，在 Solution Explorer 窗口中右击该项目名，选择 Set as StartUp Project

菜单项。

然后需要添加使用新类的代码，这些代码不需要做什么特别的任务，所以添加下面的代码就可以(这些代码包含在代码文件 Ch10CardClient\Program.cs 中)：

```
using System;
using Ch10CardLib;
namespace Ch10CardClient
{
    class Program
    {
        static void Main(string[] args)
        {
            Deck myDeck = new Deck();
            myDeck.Shuffle();
            for (int i = 0; i < 52; i++)
            {
                Card tempCard = myDeck.GetCard(i);
                Console.Write(tempCard.ToString());
                if (i != 51)
                    Console.Write(", ");
                else
                    Console.WriteLine();
            }
            Console.ReadKey();
        }
    }
}
```

运行该应用程序，结果如图 10-13 所示。

图 10-13

52 张扑克牌是随机放置的。后续章节将继续开发和使用这个类库。

10.7 Call Hierarchy 窗口

现在分析 Visual Studio 的另一项功能：Call Hierarchy 窗口，在该窗口中可以审查代码，确定方法在哪里调用，以及它们与其他方法的关系。说明这个功能的最好方式是列举一个例子。

打开上一节的示例应用程序，再打开 Deck.cs 代码文件，找到 Shuffle()方法，右击它，选择 View Call Hierarchy 菜单项，将显示如图 10-14 所示的窗口(其中展开了一些区域)。

从 Shuffle()方法开始，可在窗口的树形视图中找出调用该方法的所有代码，以及这个方法进行的所有调用。双击该位置，会立即跳到进行这个调用的代码行上。

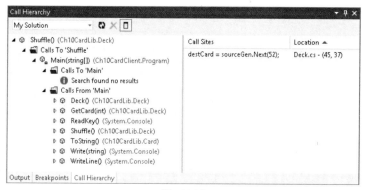

图　10-14

调试和重构代码时，这个窗口是非常有用的，因为它允许查看不同部分的代码是如何相关的。

10.8　习题

(1) 编写代码，定义一个基类 MyClass，其中包含虚拟方法 GetString()。这个方法应返回存储在受保护字段 myString 中的字符串，该字段可以通过只写公共属性 ContainedString 来访问。

(2) 从类 MyClass 中派生一个类 MyDerivedClass。重写 GetString()方法，使用该方法的基类实现代码从基类中返回一个字符串，但在返回的字符串中添加文本 "(output from derived class)"。

(3) 部分方法定义必须使用 void 返回类型。说明其原因。

(4) 编写类 MyCopyableClass，该类可以使用方法 GetCopy()返回它本身的一个副本。这个方法应使用派生于 System.Object 的 MemberwiseClone()方法。为该类添加一个简单属性，并且编写客户代码，客户代码使用该类检查任务是否成功执行。

(5) 为 Ch10CardLib 库编写一个控制台客户程序，从洗牌后的 Deck 对象中一次取出 5 张牌。如果这 5 张牌都是相同的花色，客户程序就应在屏幕上显示这 5 张牌，以及文本 "Flush!"，否则在取出 50 张牌以后就输出文本 "No flush"，并退出。

附录 A 给出了习题答案。

10.9　本章要点

主题	要点
成员定义	可在类中定义字段、方法和属性成员。字段用可访问性、名称和类型定义，方法用可访问性、返回类型、名称和参数定义，属性用可访问性、名称、get 和/或 set 访问器定义。各个属性访问器可以有自己的可访问性，但它必须低于整个属性的可访问性
成员隐藏和重写	属性和方法可在基类中定义为抽象或虚拟，以定义继承。派生类必须实现抽象的成员，使用 override 关键字可以重写虚拟的成员。派生类还可以用 new 关键字提供新的实现代码，用 sealed 关键字禁止进一步重写虚拟成员。可用 base 关键字调用基类的实现代码
接口的实现	实现了接口的类必须实现该接口定义为 "公共" 的所有成员。可以隐式或显式实现接口，其中显式实现代码只能通过接口引用来使用
部分定义	使用 partial 关键字可以把类定义放在多个代码文件中。还可以使用 partial 关键字创建部分方法

第11章

集合、比较和转换

本章内容：

- 如何定义和使用集合
- 可以使用的不同类型的集合
- 如何比较类型，如何使用 is 运算符
- 如何比较值，如何重载运算符
- 如何定义和使用转换
- 如何使用 as 运算符

本章源代码下载：

本章源代码可以通过本书合作站点 www.wiley.com 上的 Download Code 选项卡下载，也可以通过网址 github.com/benperk/BeginningCSharpAndDotNET 下载。下载代码位于 Chapter11 文件夹中并已根据本章示例的名称单独命名。

前面讨论了 C#中所有的基本 OOP 技术，但读者还应熟悉一些比较高级的技术。在编写代码时，经常需要使用这些技术解决某些问题。学习这些技术可以让开发过程更加顺畅，让你把注意力集中到应用程序其他更重要的方面。本章主要内容如下。

- **集合**：可以使用集合来维护对象组。与前面章节使用的数组不同，集合可以包含更高级的功能，例如，控制对它们包含的对象的访问、搜索和排序等。本章将介绍如何使用和创建集合类，学习充分利用它们的一些强大技术。
- **比较**：在处理对象时，常要比较它们。这对于集合尤其重要，因为这是排序的实现方式。本章将介绍如何以各种方式比较对象(包括运算符重载)，如何使用 IComparable 和 IComparer 接口对集合进行排序。
- **转换**：前面的章节介绍了如何把对象从一种类型转换为另一种类型。本章讨论如何定制类型转换，以满足自己的需要。

11.1 集合

第 5 章介绍了如何使用数组创建包含许多对象或值的变量类型。但数组有一定的限制。最大的限

制是一旦创建好数组，它们的大小就是固定的，不能在现有数组的末尾添加新项，除非创建一个新数组。这常常意味着用于处理数组的语法比较复杂。OOP 技术可以创建在内部执行大多数此类处理的类，因此简化了使用项列表或数组的代码。

C#中的数组实现为 System.Array 类的实例，它们只是集合类(Collection Class)中的一种类型。集合类一般用于处理对象列表，其功能比简单数组要多，功能大多是通过实现 System.Collections 名称空间中的接口而获得的，因此集合的语法已经标准化了。这个名称空间还包含其他一些有趣的东西，例如，以不同于 System.Array 的方式实现这些接口的类。

集合的功能(包括基本功能，例如，用[index]语法访问集合中的项)可以通过接口来实现，所以不仅可以使用基本集合类，如 System.Array，还可创建自己的定制集合类。这些集合可以专用于要枚举的对象(即要从中建立集合的对象)。这么做的一个优点是定制的集合类可以是强类型化的。也就是说，从集合中提取项时，不需要把它们转换为正确类型。因为这些项必须已经被强制转换为存储它们的对象的类型。例如，不能将 Cow 存储到 Cards 集合中。如果尝试这样做，则会抛出异常，代码将无法编译。另一个优点是提供专用的方法，例如，可以提供获得项子集的快捷方法。在扑克牌示例中，可以添加一个方法，来获得特定花色中的所有 Card 项。

System.Collections 名称空间中的以下几个接口提供了基本的集合功能：

- IEnumerable——可以迭代集合中的项。
- ICollection——继承于 IEnumerable。可以获取集合中项的个数，并能把项复制到一个简单的数组类型中。
- IList——继承于 IEnumerable 和 ICollection。提供了集合的项列表，允许访问这些项，并提供其他一些与项列表相关的基本功能。
- IDictionary——继承于 IEnumerable 和 ICollection。类似于 IList，但提供了可通过键值(而不是索引)访问的项列表。

System.Array 类实现了 IList、ICollection 和 IEnumerable，但不支持 IList 的一些更高级功能，它表示大小固定的项列表。

11.1.1 使用集合

Systems.Collections 名称空间中的类 System.Collections.ArrayList 也实现了 IList、ICollection 和 IEnumerable 接口，但实现方式比 System.Array 更复杂。数组的大小是固定不变的(不能添加或删除元素)，而这个类可以用于表示大小可变的项列表。为了更准确地理解这个高级集合的功能，下面列举一个使用这个类和一个简单数组的示例。

试一试 数组和高级集合：Ch11Ex01

(1) 在 C:\BeginningCSharpAndDotNET\Chapter11 目录中创建一个新的控制台应用程序 Ch11Ex01。

(2) 在 Solution Explorer 窗口中右击项目，选择 Add | Class 选项，给项目添加 3 个新类：Animal、Cow 和 Chicken。

(3) 修改 Animal.cs 中的代码，如下所示：

```
namespace Ch11Ex01
{
    public abstract class Animal
    {
        protected string name;
        public string Name
        {
```

```
        get { return name; }
        set { name = value; }
    }

    public Animal(string newName)=> name = newName;

    public void Feed() => Console.WriteLine($"{name} has been fed.");
    }
}
```

(4) 修改 Cow.cs 中的代码，如下所示：

```
namespace Ch11Ex01
{
    public class Cow : Animal
    {
        public void Milk() => Console.WriteLine($"{name} has been milked.");
        public Cow(string newName) : base(newName) {}
    }
}
```

(5) 修改 Chicken.cs 中的代码，如下所示：

```
namespace Ch11Ex01
{
public class Chicken : Animal
{
public void LayEgg() => Console.WriteLine($"{name} has laid an egg.");
public Chicken(string newName) : base(newName) {}
}
}
```

(6) 修改 Program.cs 中的代码，如下所示：

```
using System;
using System.Collections;
namespace Ch11Ex01
{
    class Program
    {
        static void Main(string[] args)
        {
            Console.WriteLine( "Create an Array type collection of Animal " +
                            "objects and use it:");
            Animal[] animalArray = new Animal[2];
            Cow myCow1 = new Cow("Lea");
            animalArray[0] = myCow1;
            animalArray[1] = new Chicken("Noa");
            foreach (Animal myAnimal in animalArray)
            {
                Console.WriteLine($"New {myAnimal} object added to Array" +
                                $" collection, Name = {myAnimal.Name}");
            }
            Console.WriteLine($"Array collection contains {animalArray.Length} objects.");
            animalArray[0].Feed();
            ((Chicken)animalArray[1]).LayEgg();
            Console.WriteLine();
            Console.WriteLine("Create an ArrayList type collection of Animal " +
```

```
                              "objects and use it:");
            ArrayList animalArrayList = new ArrayList();
            Cow myCow2 = new Cow("Donna");
            animalArrayList.Add(myCow2);
            animalArrayList.Add(new Chicken("Andrea"));
            foreach (Animal myAnimal in animalArrayList)
            {
                Console.WriteLine($"New {myAnimal} object added to ArrayList " +
                                $" collection, Name = {myAnimal.Name}");
            }
            Console.WriteLine($"ArrayList collection contains {animalArrayList.Count} "
                                + "objects.");
            ((Animal)animalArrayList[0]).Feed();
            ((Chicken)animalArrayList[1]).LayEgg();
            Console.WriteLine();
            Console.WriteLine("Additional manipulation of ArrayList:");
            animalArrayList.RemoveAt(0);
            ((Animal)animalArrayList[0]).Feed();
            animalArrayList.AddRange(animalArray);
            ((Chicken)animalArrayList[2]).LayEgg();
            Console.WriteLine($"The animal called {myCow1.Name} is at " +
                                $"index {animalArrayList.IndexOf(myCow1)}.");
            myCow1.Name = "Mary";
            Console.WriteLine("The animal is now " +
                                $" called {((Animal)animalArrayList[1]).Name }.");
            Console.ReadKey();
        }
    }
}
```

(7) 运行该应用程序，其结果如图 11-1 所示。

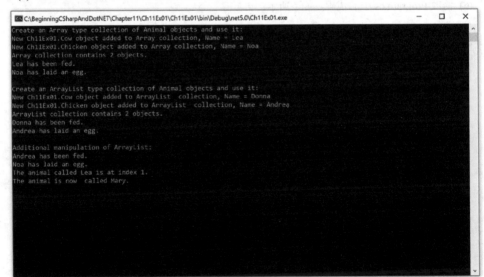

图 11-1

示例说明

这个示例创建了两个对象集合，第一个集合使用 System.Array 类(这是一个简单数组)，第二个集合使用 System.Collections.ArrayList 类。这两个集合都是 Animal 对象，都在 Animal.cs 中定义。Animal 类是抽象类，所以不能进行实例化。但通过多态性(详见第 8 章)，可使集合中的项成为派生于 Animal 类的 Cow 和 Chicken 类实例。

在 Program.cs 的 Main()方法中创建好这些数组后，就可以显示其特性和功能。有几个处理操作可应用到 Array 和 ArrayList 集合上，但它们的语法略有区别。也有一些操作只能使用更高级的 ArrayList 类型。

下面首先通过比较这两种集合类型的代码和结果，讨论一下类似操作。首先是集合的创建。对于简单数组而言，只有用固定的大小来初始化数组，才能使用它。下面使用第 5 章介绍的标准语法来创建数组 animalArray：

```
Animal[] animalArray = new Animal[2];
```

而 ArrayList 集合不需要初始化其大小，所以可使用以下代码创建 animalArrayList 列表：

```
ArrayList animalArrayList = new ArrayList();
```

这个类还有两个构造函数。第一个构造函数把现有的集合作为一个参数，将其内容复制到新实例中；而另一个构造函数通过一个参数设置集合的容量(capacity)。这个容量用一个 int 值指定，用于设置集合中可包含的初始项数。但这并不是绝对容量，因为如果集合中的项数超过了这个值，容量就会自动增加一倍。

因为数组是引用类型(如 Animal 和 Animal 派生的对象)，所以用一个长度初始化数组并没有初始化它所包含的项。要使用一个指定的项，该项还需要初始化，即需要给这个项赋予初始化了的对象：

```
Cow myCow1 = new Cow("Lea");
animalArray[0] = myCow1;
animalArray[1] = new Chicken("Noa");
```

这段代码以两种方式完成该初始化任务：用现有的 Cow 对象来赋值，或者通过创建一个新的 Chicken 对象来赋值。主要区别在于前者引用了数组中的对象——我们在代码的后面就使用了这种方式。

对于 ArrayList 集合，它没有现成的项，也没有 null 引用的项。这样就不能以相同的方式给索引赋予新实例。我们使用 ArrayList 对象的 Add()方法添加新项：

```
Cow myCow2 = new Cow("Donna");
animalArrayList.Add(myCow2);
animalArrayList.Add(new Chicken("Andrea"));
```

除语法稍有不同外，还可以采用相同的方式把新对象或现有对象添加到集合中。以这种方式添加完项后，就可以使用与数组相同的语法来重写它们，例如：

```
animalArrayList[0] = new Cow("Alma");
```

但不能在这个示例中这么做。

第 5 章介绍了如何使用 foreach 结构迭代一个数组。这是可以的，因为 System.Array 类实现了 IEnumerable 接口，这个接口的唯一方法 GetEnumerator()可以迭代集合中的各项。本章后面将更深入地讨论这一点。在代码中，我们写出了数组中每个 Animal 对象的信息：

```
foreach (Animal myAnimal in animalArray)
```

```
{
    Console.WriteLine($"New {myAnimal} object added to Array " +
                      $"collection, Name = {myAnimal.Name}");
}
```

这里使用的 ArrayList 对象也支持 IEnumerable 接口，并可以与 foreach 一起使用，此时语法是相同的：

```
foreach (Animal myAnimal in animalArrayList)
{
    Console.WriteLine($"New {myAnimal} object added to ArrayList " +
                      $"collection, Name = {myAnimal.Name}");
}
```

接着使用数组的 Length 属性，在屏幕上输出数组中元素的个数：

```
Console.WriteLine($"Array collection contains {animalArray.Length} objects.");
```

也可以使用 ArrayList 集合得到相同的结果，但要使用 Count 属性，该属性是 ICollection 接口的一部分：

```
Console.WriteLine($"ArrayList collection contains {animalArrayList.Count} objects.");
```

如果不能访问集合(无论是简单数组，还是较复杂的集合)中的项，它们就没什么用处。简单数组是强类型化的，可以直接访问它们所包含的项类型。所以可以直接调用项的方法：

```
animalArray[0].Feed();
```

数组的类型是抽象类型 Animal，因此不能直接调用由派生类提供的方法，而必须使用数据类型转换：

```
((Chicken)animalArray[1]).LayEgg()
```

ArrayList 集合是 System.Object 对象的集合(通过多态性赋给 Animal 对象)，所以必须对所有的项进行数据类型转换：

```
((Animal)animalArrayList[0]).Feed();
((Chicken)animalArrayList[1]).LayEgg();
```

代码的剩余部分利用的一些 ArrayList 集合功能超出了 Array 集合的功能范围。首先，可以使用 Remove()和 RemoveAt()方法删除项，这两个方法是在 ArrayList 类中实现的 IList 接口的一部分。它们分别根据项的引用或索引从数组中删除项。本例使用后一种方法删除列表中的第一项，即 Name 属性为 Hayley 的 Cow 对象：

```
animalArrayList.RemoveAt(0);
```

另外可以使用：

```
animalArrayList.Remove(myCow2);
```

因为这个对象已经有一个本地引用了，所以可以通过 Add()添加对数组的一个现有引用，而不是创建一个新对象。无论采用哪种方式，集合中唯一剩余的项是 Chicken 对象，可以通过以下方式访问它：

```
((Animal)animalArrayList[0]).Feed();
```

当对 ArrayList 对象中的项进行修改，使数组中剩下 N 个项时，其索引范围将变为 0~N-1。例如，删除索引为 0 的项，会使其他项在数组中移动一个位置，所以应使用索引 0(而非 1)来访问 Chicken 对象。不再有索引为 1 的项了(因为集合中最初只有两个项)，所以如果试图执行下面的代码，就会抛出异常：

```
((Animal)animalArrayList[1]).Feed();
```

ArrayList 集合可以用 AddRange()方法一次添加好几项。这个方法接收带有 ICollection 接口的任意对象，包括前面的代码所创建的 animalArray 数组：

```
animalArrayList.AddRange(animalArray);
```

为确定这是否有效，可以试着访问集合中的第三项，它将是 animalArray 中的第二项：

```
((Chicken)animalArrayList[2]).LayEgg();
```

AddRange()方法不是 ArrayList 提供的任何接口的一部分。这个方法专用于 ArrayList 类，证实了可以在集合类中执行定制操作，而不仅是前面介绍的接口要求的操作。这个类还提供了其他有趣的方法，如 InsertRange()，它可以把数组对象插入列表中的任何位置，还有用于排序和重新排序数组的方法。

最后，再回头来看看对同一个对象进行多个引用。使用 IList 接口中的 IndexOf()方法可以看出，myCow1(最初添加到 animalArray 中的一个对象)现在是 animalArrayList 集合的一部分，它的索引如下：

```
Console.WriteLine($"The animal called {myCow1.Name} is at index " +
                  $"{animalArrayList.IndexOf(myCow1)}.");
```

例如，接下来的两行代码通过对象引用重新命名了对象，并通过集合引用显示了新名称：

```
myCow1.Name = "Mary";
Console.WriteLine($"The animal is now called {((Animal)animalArrayList[1]).Name}.");
```

11.1.2 定义集合

前面介绍了使用高级集合类能完成什么任务，下面讨论如何创建自己的强类型化的集合。一种方式是手动实现需要的方法，但这较费时间而且过程也非常复杂。我们还可从一个类中派生自己的集合，例如 System.Collections.CollectionBase 类，这个抽象类提供了集合类的大量实现代码。这是推荐使用的方式。

CollectionBase 类有接口 IEnumerable、ICollection 和 IList，但只提供了一些必要的实现代码，主要是 IList 的 Clear()和 RemoveAt()方法，以及 ICollection 的 Count 属性。如果要使用提供的功能，就需要自己实现其他代码。

为便于完成任务，CollectionBase 提供了两个受保护的属性，它们可以访问所存储的对象本身。我们可以使用 List 和 InnerList，List 可以通过 IList 接口访问项，InnerList 则是用于存储项的 ArrayList 对象。

例如，存储 Animal 对象的集合类可以定义如下(稍后介绍较完整的实现代码)：

```
public class AnimalCollection : CollectionBase
{
    public void Add(Animal newAnimal) => List.Add(newAnimal);

    public void Remove(Animal oldAnimal) => List.Remove(oldAnimal);
}
```

其中, Add()和 Remove()方法已实现为强类型的方法, 使用 IList 接口的标准 Add()方法来访问项。这些方法现在只用于处理 Animal 类或派生于 Animal 的类, 而前面介绍的 ArrayList 实现代码可处理任何对象。

CollectionBase 类可以对派生的集合使用 foreach 语法。例如, 可使用下面的代码:

```
Console.WriteLine("Using custom collection class AnimalCollection:");
AnimalCollection animalCollection = new AnimalCollection();
animalCollection.Add(new Cow("Lea"));
foreach (Animal myAnimal in animalCollection)
{
    Console.WriteLine($"New { myAnimal} object added to custom " +
                    $"collection, Name = {myAnimal.Name}");
}
```

但不能使用下面的代码:

```
animalCollection[0].Feed();
```

要以这种方式通过索引来访问项, 就需要使用索引符。

11.1.3 索引符

索引符(indexer)是一种特殊属性, 可以把它添加到一个类中, 以提供类似于数组的访问。实际上, 可通过索引符提供更复杂的访问, 因为我们可以用方括号语法来定义和使用复杂的参数类型。它最常见的一个用法是对项实现简单的数字索引。

可以在 Animal 对象的 Animals 集合中添加一个索引符, 如下所示:

```
public class AnimalCollection : CollectionBase
{
    ...
    public Animal this[int animalIndex]
    {
        get { return (Animal)List[animalIndex]; }
        set { List[animalIndex] = value; }
    }
}
```

this 关键字需要与方括号中的参数一起使用, 除此以外, 索引符与其他属性十分类似。这个语法是合理的, 因为在访问索引符时, 将使用对象名, 后跟放在方括号中的索引参数(例如 MyAnimals[0])。

这段代码对 List 属性使用了一个索引符(即在 IList 接口上, 可以访问 CollectionBase 中的 ArrayList, ArrayList 存储了项):

```
return (Animal)List[animalIndex];
```

这里需要进行显式数据类型转换, 因为 IList.List 属性返回一个 System.Object 对象。注意, 我们为这个索引符定义了一个类型。使用该索引符访问某项时, 就可以得到这个类型。这种强类型化功能意味着, 可以编写下述代码:

```
animalCollection[0].Feed();
```

而不是:

```
((Animal)animalCollection[0]).Feed();
```

这是强类型化的定制集合的另一个方便特性。下面扩展上一个示例，实践一下该特性。

试一试　实现 Animals 集合：Ch11Ex02

(1) 在 C:\BeginningCSharpAndDotNET\Chapter11 目录中创建一个新控制台应用程序 Ch11Ex02。

(2) 在 Solution Explorer 窗口中右击项目名，选择 Add | Existing Item 选项。

(3) 从 C:\BeginningCSharpAndDotNET\Chapter11\Ch11Ex01 目录中选择 Animal.cs、Cow.cs 和 Chicken.cs 文件，单击 Add 按钮。

(4) 修改这 3 个文件中的名称空间声明，如下所示：

```
namespace Ch11Ex02
```

(5) 添加一个新类 AnimalCollection。

(6) 修改 AnimalCollection.cs 中的代码，如下所示：

```
using System;
using System.Collections;
namespace Ch11Ex02
{
    public class AnimalCollection : CollectionBase
    {
        public void Add(Animal newAnimal) =>
            List.Add(newAnimal);
        public void Remove(Animal newAnimal) =>
            List.Remove(newAnimal);

        public Animal this[int animalIndex]
        {
            get { return (Animal)List[animalIndex]; }
            set { List[animalIndex] = value; }
        }
    }
}
```

(7) 修改 Program.cs，如下所示：

```
static void Main(string[] args)
{
    AnimalCollection animalCollection = new AnimalCollection();
    animalCollection.Add(new Cow("Donna"));
    animalCollection.Add(new Chicken("Mary"));
    foreach (Animal myAnimal in animalCollection)
    {
        myAnimal.Feed();
    }
    Console.ReadKey();
}
```

(8) 执行该应用程序，其结果如图 11-2 所示。

图　11-2

示例说明

这个示例使用上一节详细介绍的代码，实现 AnimalCollection 类中强类型化的 Animal 对象集合。Main()中的代码仅实例化了一个 Animals 对象 animalCollection，添加了两个项(它们分别是 Cow 和 Chicken 的实例)，并使用 foreach 循环来调用这两个对象继承于基类 Animal 的 Feed()方法。

11.1.4   给 CardLib 添加 Cards 集合

第 10 章创建了一个类库项目 Ch10CardLib，它包含一个表示扑克牌的 Card 类和一个表示一副扑克牌的 Deck 类，这个 Deck 类是 Card 类的集合，且实现为一个简单数组。

本章给这个库添加一个新类，并将该库重命名为 Ch11CardLib。这个新类 CardCollection 是 Card 对象的一个定制集合，并拥有本章前面介绍的各种功能。在 C:\BeginningCSharpAndDotNET\Chapter11 目录中创建一个新的类库(.NET Core) Ch11CardLib。然后删除自动生成的 Class1.cs 文件，再通过 Project | Add Existing Item 命令选择 C:\BeginningCSharpAndDotNET\Chapter10\Ch10CardLib 目录中的 Card.cs、Deck.cs、Suit.cs 和 Rank.cs 文件，把它们添加到项目中。与第 10 章介绍的这个项目的上一个版本相同，这里不再使用标准的"试一试"格式介绍这些变化。读者可在本章的下载代码或 GitHub 中打开这个项目，直接查看代码。

> **注意:**
> 将源文件从 Ch10CardLib 复制到 Ch11CardLib 中时，必须修改名称空间声明，以引用 Ch11CardLib。对用于测试的 Ch10CardClient 控制台应用程序，也要进行这个修改。

本章下载代码中的 Ch11CardLib 文件夹包含对 Ch11CardLib 项目进行的各种扩展。因此，读者可能会注意到一些本例没有用到的代码，不过它们并不影响这里介绍的内容。很多这样的代码都被注释掉了，不过当学习相关示例时，可以取消对相应代码部分的注释。

如果要自己创建这个项目，就应添加一个新类 CardCollection，并修改 CardCollection.cs 中的代码，如下所示:

```
using System;
using System.Collections;
namespace Ch11CardLib
{
    public class CardCollection : CollectionBase
    {
        public void Add(Card newCard) => List.Add(newCard);

        public void Remove(Card oldCard) => List.Remove(oldCard);

        public Card this[int cardIndex]
        {
            get { return (Card)List[cardIndex]; }
            set { List[cardIndex] = value; }
        }
        /// <summary>
        /// Utility method for copying card instances into another CardCollection
        /// instance—used in Deck.Shuffle(). This implementation assumes that
        /// source and target collections are the same size.
        /// </summary>
        public void CopyTo(CardCollections targetCards)
```

```
        {
            for (int index = 0; index < this.Count; index++)
            {
                targetCards[index] = this[index];
            }
        }
        /// <summary>
        /// Check to see if the CardCollection collection contains a particular card.
        /// This calls the Contains() method of the ArrayList for the collection,
        /// which you access through the InnerList property.
        /// </summary>
        public bool Contains(Card card) => InnerList.Contains(card);
    }
}
```

然后需要修改 Deck.cs，以利用这个新集合(而不是数组)：

```
using System;
namespace Ch11CardLib
{
    public class Deck
    {
        private CardCollection cards = new CardCollection();
        public Deck()
        {
            // Line of code removed here
            for (int suitVal = 0; suitVal < 4; suitVal++)
            {
                for (int rankVal = 1; rankVal < 14; rankVal++)
                {
                    cards.Add(new Card((Suit)suitVal, (Rank)rankVal));
                }
            }
        }
        public Card GetCard(int cardNum)
        {
            if (cardNum >= 0 && cardNum <= 51)
                return cards[cardNum];
            else
                throw (new System.ArgumentOutOfRangeException("cardNum", cardNum,
                    "Value must be between 0 and 51."));
        }
        public void Shuffle()
        {
            CardCollection newDeck = new CardCollection();
            bool[] assigned = new bool[52];
            Random sourceGen = new Random();
            for (int i = 0; i < 52; i++)
            {
                int sourceCard = 0;
                bool foundCard = false;
                while (foundCard == false)
                {
                    sourceCard = sourceGen.Next(52);
                    if (assigned[sourceCard] == false)
                        foundCard = true;
                }
```

```
        assigned[sourceCard] = true;
        newDeck.Add(cards[sourceCard]);
      }
      newDeck.CopyTo(cards);
    }
  }
}
```

　　在此不需要做很多修改。其中大多数修改都涉及改变洗牌逻辑，才能把 cards 中随机的一张牌添加到新 CardCollection 集合 newDeck 的开头，而不是把 cards 集合中顺序位置的一张牌添加 newDeck 集合的随机位置上。

　　Ch10CardLib 解决方案的客户控制台应用程序 Ch10CardClient 可使用这个新库得到与以前相同的结果，因为 Deck 的方法签名没有改变。这个类库的客户程序现在可以使用 CardCollection 集合类，而不是依赖于 Card 对象数组，例如，在扑克牌游戏应用程序中定义一手牌。

11.1.5　键控集合和 IDictionary

　　除实现 IList 接口外，集合还可以实现类似的 IDictionary 接口，允许项通过键值(如字符串名)进行索引，而不是通过一个索引。这也可以使用索引符来完成，但这次使用的索引符参数是一个与存储的项相关联的键，而不是 int 索引，这样集合就更便于用户使用了。

　　与索引的集合一样，可使用一个基类简化 IDictionary 接口的实现，这个基类就是 DictionaryBase，它也实现 IEnumerable 和 ICollection，提供了对任何集合都相同的基本集合处理功能。

　　与 CollectionBase 一样，DictionaryBase 也实现通过其支持的接口获得的一些成员(但不是全部成员)。DictionaryBase 也实现 Clear 和 Count 成员，但不实现 RemoveAt()。这是因为 RemoveAt()是 IList 接口中的一个方法，而不是 IDictionary 接口中的一个方法。但是，IDictionary 有一个 Remove()方法，这是一个应在基于 DictionaryBase 的定制集合类上实现的方法。

　　下面的代码是 Animals 类的另一个版本，这次该类派生于 DictionaryBase。这段代码包括 Add()、Remove()和一个通过键访问的索引符的实现代码：

```csharp
public class Animals : DictionaryBase
{
   public void Add(string newID, Animal newAnimal) =>
      Dictionary.Add(newID, newAnimal);

   public void Remove(string animalID) =>
      Dictionary.Remove(animalID);
   public Animals() {}
   public Animal this[string animalID]
   {
      get { return (Animal)Dictionary[animalID]; }
      set { Dictionary[animalID] = value; }
   }
}
```

　　这些成员的区别如下。

- Add()——带有两个参数：一个键和一个值，存储在一起。字典集合有一个继承于 DictionaryBase 的成员 Dictionary，这个成员是一个 IDictionary 接口，有自己的 Add()方法，该方法带有两个 object 参数。我们的实现代码使用一个 string 值作为键，使用一个 Animal 对象作为与该键存储在一起的数据。

- Remove()——以一个键(而不是对象引用)作为参数。删除与指定键值相对应的项。
- Indexer——使用一个字符串键值,而不是一个索引,用于通过 Dictionary 的继承成员来访问所存储的项,这里仍需要进行数据类型转换。

基于 DictionaryBase 的集合和基于 CollectionBase 的集合之间的另一个区别是 foreach 的工作方式稍有区别。上一节中的集合可以直接从集合中提取 Animal 对象。使用 foreach 和 DictionaryBase 派生类可以提供 DictionaryEntry 结构,这是另一个在 System.Collections 名称空间中定义的类型。要得到 Animal 对象本身,就必须使用这个结构的 Value 成员,也可以使用结构的 Key 成员得到相关的键。为使代码等价于前面的代码:

```
foreach (Animal myAnimal in animalCollection)
{
    Console.WriteLine($"New {myAnimal} object added to custom " +
                    $"collection, Name = {myAnimal.Name}");
}
```

需要使用以下代码:

```
foreach (DictionaryEntry myEntry in animalCollection)
{
    Console.WriteLine($"New {myEntry.Value} object added to " +
                    $"custom collection, Name = {((Animal)myEntry.Value).Name}");
}
```

可以采用许多方式来重写这段代码,以便直接通过 foreach 访问 Animal 对象,其中最简单的方式是实现一个迭代器。

11.1.6　迭代器

本章前面介绍过,IEnumerable 接口允许使用 foreach 循环。在 foreach 循环中并不是只能使用集合类(如本章前面所示的几个集合类),相反,在 foreach 循环中使用定制类通常有很多优点。

但是,重写使用 foreach 循环的方式或者提供定制的实现方式并不一定很简单。为了说明这一点,下面有必要深入研究一下 foreach 循环。在 foreach 循环中,迭代一个 collectionObject 集合的过程如下:

(1) 调用collectionObject.GetEnumerator(),返回一个IEnumerator引用。这个方法可通过IEnumerable接口的实现代码来获得,但这是可选的。

(2) 调用所返回的 IEnumerator 接口的 MoveNext()方法。

(3) 如果 MoveNext()方法返回 true,就使用 IEnumerator 接口的 Current 属性来获取对象的一个引用,用于 foreach 循环。

(4) 重复前面两步,直到 MoveNext()方法返回 false 为止,此时循环停止。

所以,为在类中进行这些操作,必须重写几个方法,跟踪索引,维护 Current 属性,以及执行其他一些操作。这要做许多工作。

一个较简单的替代方法是使用迭代器。使用迭代器将有效地自动生成许多代码,正确地完成所有任务。而且,使用迭代器的语法掌握起来非常容易。

迭代器的定义是,它是一个代码块,按顺序提供了要在 foreach 块中使用的所有值。一般情况下,这个代码块是一个方法,但也可以使用属性访问器和其他代码块作为迭代器。这里为简单起见,仅介绍方法。

无论代码块是什么,其返回类型都是有限制的。与期望正好相反,这个返回类型与所枚举的对象类型不同。例如,在表示 Animal 对象集合的类中,迭代器块的返回类型不可能是 Animal。两种可能的返回类型是前面提到的接口类型：IEnumerable 和 IEnumerator。使用这两种类型的场合是：

- 如果要迭代一个类，则使用方法 GetEnumerator()，其返回类型是 IEnumerator。
- 如果要迭代一个类成员，例如一个方法，则使用 IEnumerable。

在迭代器块中，使用 yield 关键字选择要在 foreach 循环中使用的值。其语法如下：

```
yield return <value>;
```

利用这个信息就足以建立一个非常简单的示例，如下所示(该示例包含在代码文件 SimpleIterators\Program.cs 中)：

```
using System.Collections;
public static IEnumerable SimpleList()
{
    yield return "string 1";
    yield return "string 2";
    yield return "string 3";
}
static void Main(string[] args)
{
    foreach (string item in SimpleList())
        Console.WriteLine(item);
    Console.ReadKey();
}
```

在此，静态方法 SimpleList()就是迭代器块。它是一个方法，所以使用 IEnumerable 返回类型。SimpleList()使用 yield 关键字为使用它的 foreach 块提供了 3 个值，每个值都输出到屏幕上，结果如图 11-3 所示。

图 11-3

显然，这个迭代器并不是特别有用，但它确实能够演示迭代器的机制，说明实现迭代器有多么简单。看看代码，读者可能会疑惑代码是如何知道返回 string 类型的项。实际上，并没有返回 string 类型的项，而是返回 object 类型的值。因为 object 是所有类型的基类，所以可以从 yield 语句中返回任意类型。

但编译器的智能程度很高，所以我们可以把返回值解释为 foreach 循环需要的任何类型。这里代码需要 string 类型的值，而这正是我们要使用的值。如果修改一行 yield 代码，让它返回一个整数，就会在 foreach 循环中出现一个类型转换异常。

对于迭代器，还有一点要注意。可以使用下面的语句中断将信息返回给 foreach 循环的过程：

```
yield break;
```

在遇到迭代器中的这个语句时，迭代器的处理会立即中断，使用该迭代器的 foreach 循环也一样。下面是一个较复杂但很有用的示例。在这个示例中，要实现一个迭代器，获取素数。

试一试　实现一个迭代器：Ch11Ex03

(1) 在 C:\BeginningCSharpAndDotNET\Chapter11 目录中创建一个新控制台应用程序 Ch11Ex03。

(2) 添加一个新类 Primes，修改 Primes.cs 中的代码，如下所示：

```csharp
using System;
using System.Collections;
namespace Ch11Ex03
{
    public class Primes
    {
        private long min;
        private long max;
        public Primes() : this(2, 100) {}
        public Primes(long minimum, long maximum)
        {
            if (minimum < 2)
                min = 2;
            else
                min = minimum;
            max = maximum;
        }
        public IEnumerator GetEnumerator()
        {
            for (long possiblePrime = min; possiblePrime <= max; possiblePrime++)
            {
                bool isPrime = true;
                for (long possibleFactor = 2; possibleFactor <=
                    (long)Math.Floor(Math.Sqrt(possiblePrime)); possibleFactor++)
                {
                    long remainderAfterDivision = possiblePrime % possibleFactor;
                    if (remainderAfterDivision == 0)
                    {
                        isPrime = false;
                        break;
                    }
                }
                if (isPrime)
                {
                    yield return possiblePrime;
                }
            }
        }
    }
}
```

(3) 修改 Program.cs 中的代码，如下所示：

```csharp
static void Main(string[] args)
{
    Primes primesFrom2To1000 = new Primes(2, 1000);
    foreach (long i in primesFrom2To1000)
        Console.Write($"{i} ");
    Console.ReadKey();
}
```

(4) 执行该应用程序，结果如图 11-4 所示。

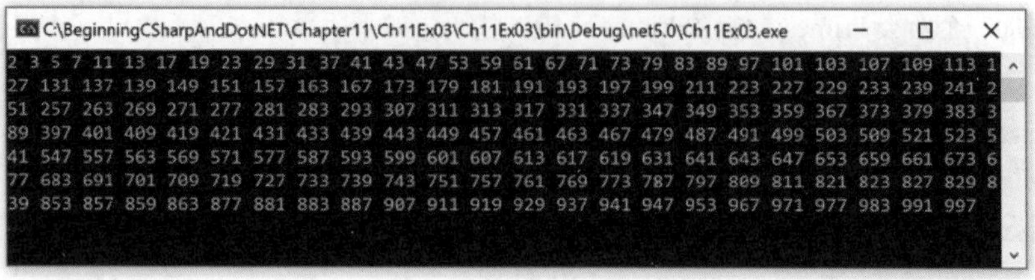

图 11-4

示例说明

这个示例中的类可以枚举上下限之间的素数集合。封装素数的类利用迭代器提供了这个功能。

Primes 的代码开始时比较简单,用两个字段来存储表示搜索范围的最大值和最小值,并使用构造函数设置这些值。注意,最小值是有限制的,它不能小于 2,这很合理,因为 2 是最小的素数。相关的代码则全部放在方法 GetEnumerator()中。该方法的签名满足迭代器块的规则,因为它返回IEnumerator 类型:

```
public IEnumerator GetEnumerator()
{
```

为提取上下限之间的素数,需要依次测试每个值,所以用一个 for 循环开始:

```
for (long possiblePrime = min; possiblePrime <= max; possiblePrime++)
{
```

由于我们不知道某个数是不是素数,因此先假定这个数是素数,再看看它是否不是素数。为此,需要看看该数能否被 2 到该数平方根之间的所有数整除。如果能,则该数不是素数,于是测试下一个数。如果该数的确是素数,就使用 yield 把它传送给 foreach 循环。

```
        bool isPrime = true;
        for (long possibleFactor = 2; possibleFactor <=
            (long)Math.Floor(Math.Sqrt(possiblePrime)); possibleFactor++)
        {
            long remainderAfterDivision = possiblePrime % possibleFactor;
            if (remainderAfterDivision == 0)
            {
                isPrime = false;
                break;
            }
        }
        if (isPrime)
        {
            yield return possiblePrime;
        }
    }
}
```

这段代码有一个有趣之处:如果把上下限设置为非常大的数,在执行应用程序时,就会发现,会一次显示一个结果,中间有暂停,而不是一次显示所有结果。这说明,无论代码在 yield 调用之间是否终止,迭代器代码都会一次返回一个结果。在后台,调用 yield 都会中断代码的执行,当请求另一个值时,也就是当使用迭代器的 foreach 循环开始一个新循环时,代码会恢复执行。

11.1.7　迭代器和集合

前面曾提到，将介绍迭代器如何用于迭代存储在字典类型的集合中的对象，而不必处理 DictionaryItem 对象。在本章下载代码的 DictionaryAnimals 文件夹中，可以找到接下来这个项目的代码。下面是集合类 Animals：

```
public class Animals : DictionaryBase
{
    public void Add(string newID, Animal newAnimal) =>
        Dictionary.Add(newID, newAnimal);

    public void Remove(string animalID) =>
        Dictionary.Remove(animalID);

    public Animal this[string animalID]
    {
        get { return (Animal)Dictionary[animalID]; }
        set { Dictionary[animalID] = value; }
    }
}
```

可在这段代码中添加如下的简单迭代器，以便执行预期的操作：方法签名中的 new 关键字用于实现称为方法隐藏的概念。这是一个高级主题，但请注意，这个概念是用来使代码更自然、易读和可理解，避免看似重复的代码：

```
public new IEnumerator GetEnumerator()
{
    foreach (object animal in Dictionary.Values)
        yield return (Animal)animal;
}
```

现在可使用下面的代码来迭代集合中的 Animal 对象：

```
foreach (Animal myAnimal in animalCollection)
{
Console.WriteLine($"New {myAnimal.ToString()} object added to " +
$" custom collection, Name = {myAnimal.Name}");
}
```

11.1.8　深度复制

第 9 章通过下面的 GetCopy() 方法，介绍了如何使用受保护的方法 System.Object.MemberwiseClone() 进行浅度复制。

```
public class Cloner
{
    public int Val;
    public Cloner(int newVal) => Val = newVal;
    public object GetCopy() => MemberwiseClone();
}
```

假定有一些引用类型的字段，而不是值类型的字段(例如，对象)：

```
public class Content
{
```

```
    public int Val;
}
public class Cloner
{
    public Content MyContent = new Content();
    public Cloner(int newVal) => MyContent.Val = newVal;
    public object GetCopy() => MemberwiseClone();
}
```

此时，通过 GetCopy()得到的浅度复制包括一个字段，它引用的对象与源对象相同。以下代码使用这个 Cloner 类来说明浅度复制引用类型的结果：

```
Cloner mySource = new Cloner(5);
Cloner myTarget = (Cloner)mySource.GetCopy();
Console.WriteLine($"myTarget.MyContent.Val = {myTarget.MyContent.Val}");
mySource.MyContent.Val = 2;
Console.WriteLine($"myTarget.MyContent.Val = {myTarget.MyContent.Val}");
```

第 4 行把一个值赋给 mySource.MyContent.Val，它是源对象中公共字段 MyContent 的公共字段 Val。这也改变了 myTarget.MyContent.Val 的值。这是因为 mySource.MyContent 引用了与 myTarget.MyContent 相同的对象实例。上述代码的输出结果如下：

```
myTarget.MyContent.Val = 5
myTarget.MyContent.Val = 2
```

为解决这个问题，需要执行深度复制。修改上面的 GetCopy()方法就可以进行深度复制，但最好使用.NET Framework 的标准方式：实现 ICloneable 接口，该接口有一个 Clone()方法；这个方法不带参数，返回一个 object 类型的结果，其签名和上面使用的 GetCopy()方法相同。

为修改上面的类，可使用下面的深度复制代码：

```
public class Content
{
    public int Val;
}
public class Cloner : ICloneable
{
    public Content MyContent = new Content();
    public Cloner(int newVal) => MyContent.Val = newVal;
    public object Clone()
    {
        Cloner clonedCloner = new Cloner(MyContent.Val);
        return clonedCloner;
    }
}
```

其中使用包含在源 Cloner 对象中的 Content 对象(MyContent)的 Val 字段，创建了一个新对象 Cloner。这个字段是一个值类型，所以不需要深度复制。

使用与上面类似的代码来测试浅度复制，但用 Clone()替代 GetCopy()，得到如下结果：

```
myTarget.MyContent.Val = 5
myTarget.MyContent.Val = 5
```

这次包含的对象是独立的。注意有时在比较复杂的对象系统中，调用 Clone()是一个递归过程。例如，如果 Cloner 类的 MyContent 字段也需要深度复制，就要使用下面的代码：

```
public class Cloner : ICloneable
{
    public Content MyContent = new Content();
    ...
    public object Clone()
    {
        Cloner clonedCloner = new Cloner();
        clonedCloner.MyContent = MyContent.Clone();
        return clonedCloner;
    }
}
```

这里调用了默认的构造函数，以便简化创建新对象 Cloner 的语法。为使这段代码能正常工作，还需要在 Content 类上实现 ICloneable 接口。

11.1.9　给 CardLib 添加深度复制

下面把上述内容付诸于实践：使用 ICloneable 接口，复制 Card、CardCollection 和 Deck 对象，这在某些扑克牌游戏中是有用的，因为在这些游戏中不需要让两副扑克牌引用同一组 Card 对象，但肯定会使一副扑克牌中的牌序与另一副牌的牌序相同。

在 Ch11CardLib 中，对 Card 类执行复制操作是很简单的，因为只需要进行浅度复制(Card 只包含值类型的数据，其形式为字段)。我们只需要对类定义进行如下修改：

```
public class Card : ICloneable
{
    public object Clone() => MemberwiseClone();
```

ICloneable 接口的这段实现代码只是一个浅度复制，无法确定在 Clone()方法中执行了什么操作，但这已经足以满足我们的需要。

接着，需要对 Cards 集合类实现 ICloneable 接口。这个过程稍复杂些，因为涉及复制源集合中的每个 Card 对象，所以需要进行深度复制：

```
public class CardCollection : CollectionBase, ICloneable
{
    public object Clone()
    {
        CardCollection newCards = new CardCollection();
        foreach (Card sourceCard in List)
        {
            newCards.Add((Card)sourceCard.Clone());
        }
    return newCards;
}
```

最后，需要在 Deck 类上实现 ICloneable 接口。这里存在一个小问题：因为 Ch11CardLib 中的 Deck 类无法修改它包含的扑克牌，所以没有洗牌。例如，无法修改有给定牌序的 Deck 实例。为解决这个问题，为 Deck 类定义一个新的私有构造函数，在实例化 Deck 对象时，可以给该函数传递一个特定的 Cards 集合。所以，在这个类中执行复制的代码如下所示：

```
public class Deck : ICloneable
{
    public object Clone()
    {
```

```
        Deck newDeck = new Deck(cards.Clone() as CardCollection);
        return newDeck;
    }
    private Deck(CardCollection newCards) => cards = newCards;
```

再次用一些简单的客户代码进行测试。与以前一样，这些代码应放在客户项目的 Main()方法中，以便进行测试(包含在本章下载代码的 Ch11CardClient\Program.cs 文件中)：

```
Deck deck1 = new Deck();
Deck deck2 = (Deck)deck1.Clone();
Console.WriteLine($"The first card in the original deck is: {deck1.GetCard(0)}");
Console.WriteLine($"The first card in the cloned deck is: {deck2.GetCard(0)}");
deck1.Shuffle();
Console.WriteLine("Original deck shuffled.");
Console.WriteLine($"The first card in the original deck is: {deck1.GetCard(0)}");
Console.WriteLine($"The first card in the cloned deck is: {deck2.GetCard(0)}");
Console.ReadKey();
```

其输出结果如图 11-5 所示。

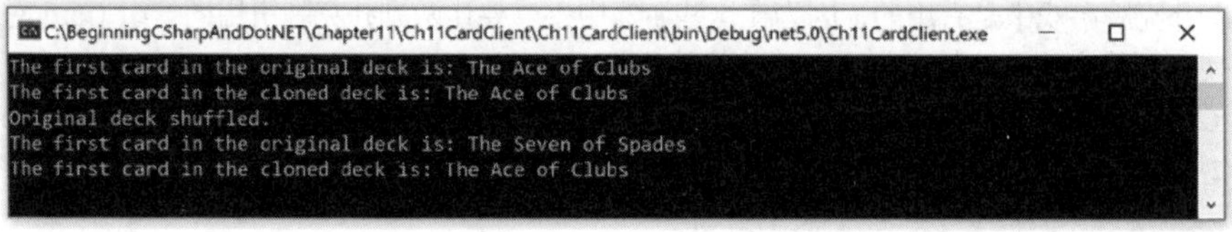

图　11-5

11.2　比较

本节介绍对象之间的两类比较：
- 类型比较
- 值比较

类型比较确定对象是什么，或者对象继承了什么，在 C#编程中，这是非常重要的。把对象传递给方法时，下一步要执行什么操作常取决于对象的类型。本章和前面的章节都讨论过传递对象的内容，这里将介绍一些更有用的技巧。

我们也见过许多"值比较"，至少见过简单类型的值比较。在比较对象的值时，情况会变得较为复杂：必须从一开始就定义比较的含义，确定像>这样的运算符在比较类时会执行什么操作。这在集合中尤其重要，有时我们希望根据某个条件排列对象的顺序，例如，按照字母顺序或者根据某个比较复杂的算法来排序。

11.2.1　类型比较

在比较对象时，常需要了解它们的类型，才能确定是否可以进行值的比较。第 9 章介绍了 GetType()方法，所有的类都从 System.Object 中继承了这个方法，这个方法和 typeof()运算符一起使用，就可以确定对象的类型(并据此执行操作)：

```
if (myObj.GetType() == typeof(MyComplexClass))
{
    // myObj is an instance of the class MyComplexClass.
}
```

前面还提到 ToString() 的默认实现方式，ToString() 也是从 System.Object 继承而来的，该方法可以提供对象类型的字符串表示。也可以比较这些字符串，但这是一种比较杂乱的比较方式。

本节将介绍比较值的一种简便方式：is 运算符。它可以提供可读性较高的代码，还可以检查基类。在介绍 is 运算符之前，需要了解处理值类型(与引用类型相反)时后台的一些常见操作：封箱(boxing)和拆箱(unboxing)。

1. 封箱和拆箱

第 8 章讨论了引用类型和值类型之间的区别，第 9 章通过比较结构(值类型)和类(引用类型)展示了这些区别。封箱(boxing)将值类型转换为 System.Object 类型，或者转换为由值类型实现的接口类型。拆箱(unboxing)是相反的转换过程。

例如，下面的结构类型：

```
struct MyStruct
{
    public int Val;
}
```

可以把这种类型的结构放在 object 类型的变量中，对其封箱：

```
MyStruct valType1 = new MyStruct();
valType1.Val = 5;
object refType = valType1;
```

其中创建了一个类型为 MyStruct 的新变量 valType1，并把一个值赋予这个结构的 Val 成员，然后把它封箱在 object 类型的变量 refType 中。

以这种方式封箱变量而创建的对象，会包含值类型变量的一个副本的引用，而不包含源值类型变量的引用。要进行验证，可以修改源结构的内容，然后把对象中包含的结构拆箱到新变量中，并检查其内容：

```
valType1.Val = 6;
MyStruct valType2 = (MyStruct)refType;
Console.WriteLine($"valType2.Val = {valType2.Val}");
```

执行这段代码将得到如下输出结果：

```
valType2.Val = 5
```

但在把一个引用类型赋予对象时，将执行不同的操作。把 MyStruct 改为一个类(不考虑这个类名不合适的情况)，即可看到这种情形：

```
class MyStruct
{
    public int Val;
}
```

如果不修改上面的客户代码(再次忽略名称有误的变量)，就会得到如下输出结果：

```
valType2.Val = 6
```

也可以把值类型封箱到接口类型中，只要它们实现这个接口即可。例如，假定 MyStruct 类型实现 IMyInterface 接口，如下所示：

```
interface IMyInterface {}
```

```
struct MyStruct : IMyInterface
{
    public int Val;
}
```

接着把结构封箱到一个 IMyInterface 类型中，如下所示：

```
MyStruct valType1 = new MyStruct();
IMyInterface refType = valType1;
```

然后使用一般的数据类型转换语法对其拆箱：

```
MyStruct ValType2 = (MyStruct)refType;
```

从这些示例中可以看出，封箱是在没有用户干涉的情况下进行的(即不需要编写任何代码)，但拆箱一个值需要进行显式转换，即需要进行数据类型转换(封箱是隐式的，所以不需要进行数据类型转换)。

读者可能想知道为什么要这么做。封箱非常有用，有两个非常重要的原因。首先，它允许在项的类型是 object 的集合(如 ArrayList)中使用值类型。其次，有一个内部机制允许在值类型(例如 int 和结构)上调用 object 方法。

值得注意的是，访问接口定义的成员不需要拆箱。接口不能定义字段，因此你是需要解箱来访问字段，但接口可以定义属性。

2. is 运算符

is 运算符并不是用来说明对象是某种类型，而是用来检查对象是不是给定类型，或者是否可以转换为给定类型，如果是，这个运算符就返回 true。在 OOP 术语中，is 测试 "is-a" 关系。

在前面的示例中，有 Cow 和 Chicken 类，它们都继承于 Animal。使用 is 运算符比较 Animal 类型的对象，如果对象是这 3 种类型中的一种(不仅是 Animal)，is 运算符就返回 true。使用前面介绍的 GetType()方法和 typeof()运算符很难做到这一点。

is 运算符的语法如下：

```
<operand> is <type>
```

这个表达式的结果如下：

- 如果<type>是一个类类型，而<operand>也是该类型，或者它继承了该类型，或者它可以封箱到该类型中，则结果为 true。
- 如果<type>是一个接口类型，而<operand>也是该类型，或者它是实现该接口的类型，则结果为 true。
- 如果<type>是一个值类型，而<operand>也是该类型，或者它可以拆箱到该类型中，则结果为 true。

下面用一个示例说明如何使用该运算符。

试一试　使用 is 运算符：Ch11Ex04\Program.cs

(1) 在 C:\BeginningCSharpAndDotNET\Chapter11 目录中创建一个新控制台应用程序 Ch11Ex04。

(2) 修改 Program.cs 中的代码，如下所示：

```
namespace Ch11Ex04
{
    class Checker
    {
```

```csharp
    public void Check(object param1)
    {
        if (param1 is ClassA)
            Console.WriteLine("Variable can be converted to ClassA.");
        else
            Console.WriteLine("Variable can't be converted to ClassA.");
        if (param1 is IMyInterface)
            Console.WriteLine("Variable can be converted to IMyInterface.");
        else
            Console.WriteLine("Variable can't be converted to IMyInterface.");
        if (param1 is MyStruct)
            Console.WriteLine("Variable can be converted to MyStruct.");
        else
            Console.WriteLine("Variable can't be converted to MyStruct.");
    }
}
interface IMyInterface {}
class ClassA : IMyInterface {}
class ClassB : IMyInterface {}
class ClassC {}
class ClassD : ClassA {}
struct MyStruct : IMyInterface {}
class Program
{
    static void Main(string[] args)
    {
        Checker check = new Checker();
        ClassA try1 = new ClassA();
        ClassB try2 = new ClassB();
        ClassC try3 = new ClassC();
        ClassD try4 = new ClassD();
        MyStruct try5 = new MyStruct();
        object try6 = try5;
        Console.WriteLine("Analyzing ClassA type variable:");
        check.Check(try1);
        Console.WriteLine("\nAnalyzing ClassB type variable:");
        check.Check(try2);
        Console.WriteLine("\nAnalyzing ClassC type variable:");
        check.Check(try3);
        Console.WriteLine("\nAnalyzing ClassD type variable:");
        check.Check(try4);
        Console.WriteLine("\nAnalyzing MyStruct type variable:");
        check.Check(try5);
        Console.WriteLine("\nAnalyzing boxed MyStruct type variable:");
        check.Check(try6);
        Console.ReadKey();
    }
}
```

(3) 运行代码，其结果如图 11-6 所示。

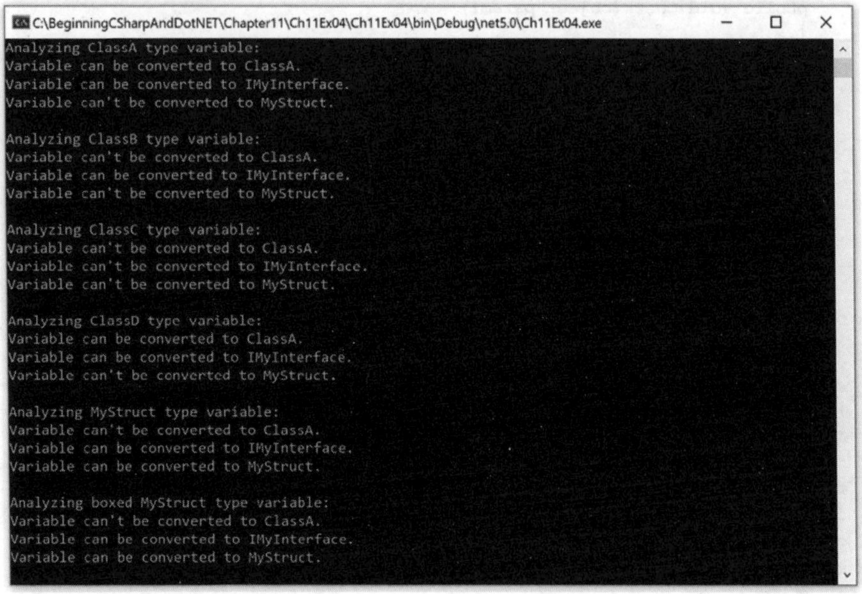

图 11-6

示例说明

这个示例说明了使用 is 运算符的各种可能结果。其中定义了 4 个类、一个接口和一个结构，并把它们用作一个类的方法的参数，这个类使用 is 运算符确定它们是否可以转换为 ClassA 类型、接口类型和结构类型。

只有 ClassA 和 ClassD(继承了 ClassA)类型与 ClassA 兼容。如果一个类型没有继承一个类，该类型就不会与该类兼容。

ClassA、ClassB 和 MyStruct 类型都实现了 IMyInterface，所以它们都与 IMyInterface 类型兼容。ClassD 继承了 ClassA，所以它们两个也兼容。因此，只有 ClassC 是不兼容的。

最后，只有 MyStruct 类型本身的变量和该类型的封箱变量与 MyStruct 兼容，因为不能把引用类型转换为值类型(当然，我们能够拆箱以前封箱的变量)。

11.2.2   使用 is 运算符模式表达式进行模式匹配

第 4 章介绍了 switch 语句，第 5 章对该语句进行了扩展，使其可以基于变量类型(string、int 等)进行匹配操作。只要知道了变量的类型，就可以访问其属性和方法，以进一步减少匹配操作。

由于 is 运算符通常会实现许多 if...else if...语句，因此 switch case 方法是一种更优雅的模式匹配方法。随着要进行模式匹配的场景增加，使用 if...else if...语句会使代码更长、层次更深、更不易阅读。如果出现这种情况，记住你还可以选择使用 switch case 模式匹配。不过，对于较小的代码段，is 运算符是进行模式匹配和过滤数据集的一种非常有效且强大的技术。例如，下面的代码：

```
object[] data =
       { 1.6180, null, new Cow("Lea"), new Chicken("Rual"), "none" };

foreach (var item in data)
{
```

```
if (item is 1.6180) Console.WriteLine("The Golden Ratio");
else if (item is null) Console.WriteLine("The value is null");
else if (item is Cow co) Console.WriteLine($"The cow is named {co.Name}.");
else if (item is Chicken ch) Console.WriteLine("The chicken is named" +
        $" {ch.Name} and {ch.RunInCircles()}");
else if (item is var catcher) Console.WriteLine("Catch all for" +
        $" {catcher.GetType().Name}");
}
```

　　data 变量中的对象包含几种不同的类型。使用 foreach 语句迭代 object[] 数组时,可以使用 is 运算符查看该变量的类型,当发现匹配时,就执行相应的操作。第一个模式匹配发生在数据为常量值 1.6180 时,这是一个常量模式示例,第二个模式匹配中的 null 也是如此。当匹配常量时,使用＝＝运算符可以得到同样的结果,但使用 is 运算符更容易理解,更加友好。

　　data 变量中的最后两个对象的类型分别为 Cow 和 Chicken。类型模式在发现匹配的模式时,会分配一个指定类型的新变量。例如,当匹配 Chicken 时,就会创建一个包含 Chicken 对象的新变量 ch,这样程序员就可以访问 Chicken 类的属性和方法,例如,name 属性和 RunInCircles() 方法。

　　最后,对于不匹配代码路径中任何 if...else if...语句的所有情况,可以使用 var 模式。然后使用 catcher 变量的 GetType().Name 属性来获取变量的类型。

11.2.3　值比较

　　考虑两个表示人的 Person 对象,它们都有一个 Age 整型属性。下面要比较它们,看看哪个人年龄较大。为此可以使用以下代码:

```
if (person1.Age > person2.Age)
{
    ...
}
```

　　这是可以的,但还有其他方法,例如,使用下面的语法:

```
if (person1 > person2)
{
    ...
}
```

　　可以使用运算符重载,如本节后面所述。这是一项强大的技术,但应谨慎使用。在上面的代码中,年龄的比较不是非常明显,该段代码还可以比较身高、体重、IQ 等。

　　另一个方法是使用 IComparable 和 IComparer 接口,它们可采用标准方式定义比较对象的过程。.NET Framework 中的各种集合类支持这种方式,这使得它们成为对集合中的对象进行排序的一种极佳方式。

1. 运算符重载

　　通过运算符重载(operator overloading),可以对我们设计的类使用标准的运算符,例如+、>等。这称为重载,因为在使用特定的参数类型时,我们为这些运算符提供了自己的实现代码,其方式与重载方法相同,也是为同名方法提供不同的参数。

　　运算符重载非常有用,因为我们可在运算符重载的实现中执行需要的任何操作,这并不一定像用“+”表示“把这两个操作数相加”这么简单。稍后介绍一个进一步升级 CardLib 库的示例。我们将提供比较运算符的实现代码,比较两张牌,看看在一圈(扑克牌游戏中的一局)中哪张牌会赢。

因为在许多扑克牌游戏中，一圈取决于牌的花色，这并不像比较牌上的数字那样直接。如果第二张牌与第一张牌的花色不同，则无论其点数是什么，第一张牌都会赢。考虑两个操作数的顺序，就可以实现这种比较。也可以考虑"王牌"的花色，而王牌可以胜过其他花色，即使该王牌的花色与第一张牌不同，也是如此。也就是说，card1 > card2 是 true(这表示如果 card1 是第一个出牌，则 card1 胜过了 card2)，并不意味着 card2 > card1 是 false。如果 card1 和 card2 都不是王牌，且属于不同的花色，则这两个比较都是 true。

但我们先看一下运算符重载的基本语法。要重载运算符，可给类添加运算符类型成员(它们必须是 static)。一些运算符有多种用途(如−运算符就有一元和二元两种功能)，因此我们还指定了要处理多少个操作数，以及这些操作数的类型。一般情况下，操作数的类型与定义运算符的类相同，但也可以定义处理混合类型的运算符，详见稍后的内容。

例如，考虑一个简单类型 AddClass1，如下所示：

```
public class AddClass1
{
    public int val;
}
```

这仅是 int 值的一个包装器(wrapper)，但可以用于说明原理。对于这个类，下面的代码不能通过编译：

```
AddClass1 op1 = new AddClass1();
op1.val = 5;
AddClass1 op2 = new AddClass1();
op2.val = 5;
AddClass1 op3 = op1 + op2;
```

其错误是+运算符不能应用于 AddClass1 类型的操作数，因为我们尚未定义要执行的操作。下面的代码则可执行，但无法得到预期的结果：

```
AddClass1 op1 = new AddClass1();
op1.val = 5;
AddClass1 op2 = new AddClass1();
op2.val = 5;
bool op3 = op1 == op2;
```

其中，使用==二元运算符来比较 op1 和 op2，看它们是否引用同一个对象，而不是验证它们的值是否相等。在上述代码中，即使 op1.val 和 op2.val 相等，op3 也是 false。

要重载+运算符，可使用下述代码。注意，如果操作数为空，则会出现异常：

```
public class AddClass1
{
    public int val;
    public static AddClass1 operator +(AddClass1 op1, AddClass1 op2)
    {
        AddClass1 returnVal = new AddClass1();
        returnVal.val = op1.val + op2.val;
        return returnVal;
    }
}
```

可以看出，运算符重载看起来与标准静态方法声明类似，但它们使用关键字 operator 和运算符本身，而不是一个方法名。现在可以成功地使用+运算符和这个类，如上面的示例所示：

```
AddClass1 op3 = op1 + op2;
```

重载所有的二元运算符都是一样的，一元运算符看起来也是类似的，但只有一个参数：

```
public class AddClass1
{
    public int val;
    public static AddClass1 operator +(AddClass1 op1, AddClass1 op2)
    {
        AddClass1 returnVal = new AddClass1();
        returnVal.val = op1.val + op2.val;
        return returnVal;
    }
    public static AddClass1 operator -(AddClass1 op1)
    {
        AddClass1 returnVal = new AddClass1();
        returnVal.val = -op1.val;
        return returnVal;
    }
}
```

这两个运算符处理的操作数的类型与类相同，返回值也是该类型，但考虑下面的类定义：

```
public class AddClass1
{
    public int val;
    public static AddClass3 operator +(AddClass1 op1, AddClass2 op2)
    {
        AddClass3 returnVal = new AddClass3();
        returnVal.val = op1.val + op2.val;
        return returnVal;
    }
}
public class AddClass2
{
    public int val;
}
    public class AddClass3
{
    public int val;
}
```

下面的代码就可以执行：

```
AddClass1 op1 = new AddClass1();
op1.val = 5;
AddClass2 op2 = new AddClass2();
op2.val = 5;
AddClass3 op3 = op1 + op2;
```

可以酌情采用这种方式混合类型。但要注意，如果把相同的运算符添加到 AddClass2 中，上面的代码就会失败，因为它弄不清要使用哪个运算符。因此，应注意不要把签名相同的运算符添加到多个类中。

还要注意，如果混合了类型，操作数的顺序必须与运算符重载的参数顺序相同。如果使用了重载的运算符和顺序错误的操作数，操作就会失败。所以不能像下面这样使用运算符：

```
AddClass3 op3 = op2 + op1;
```

当然，除非提供了另一个重载运算符和倒序的参数：

```
public static AddClass3 operator +(AddClass2 op1, AddClass1 op2)
{
    AddClass3 returnVal = new AddClass3();
    returnVal.val = op1.val + op2.val;
    return returnVal;
}
```

可以重载下述运算符：

- 一元运算符： +,-,!,~,++,--, true, false
- 二元运算符： +,-,*,/,%,&,|,^,<<,>>
- 比较运算符： ==,!=,<,>,<=,>=

> **注意：**
> 如果重载 true 和 false 运算符，就可以在布尔表达式中使用类，例如，if(op1) {}。

不能重载赋值运算符，例如+=，但这些运算符使用与它们对应的简单运算符，例如+，所以不必担心它们。重载+意味着+=如期执行。=运算符不能重载，因为它有一个基本用途。但这个运算符与用户定义的转换运算符相关，详见下一节。

也不能重载&& 和 ||，但它们使用对应的运算符&和 |执行计算，所以重载&和 | 就足够了。&&和||运算符通常被称为短路求值器，这意味着 C#一旦确定了最终的真或假结果，就会停止求值。这可以防止不必要的代码执行。

一些运算符(如< 和>)必须成对重载。这就是说，如果重载>，就必须也重载 <。许多情况下，可在这些运算符中调用其他运算符，以减少需要的代码数量(和可能发生的错误)，例如：

```
public class AddClass1
{
    public int val;
    public static bool operator >=(AddClass1 op1, AddClass1 op2)
        => (op1.val >= op2.val);
    public static bool operator <(AddClass1 op1, AddClass1 op2)
        => !(op1 >= op2);
    // Also need implementations for <= and > operators.
}
```

在较复杂的运算符定义中，这可以减少代码行数。这也意味着，如果后来决定修改这些运算符的实现代码，需要改动的代码将较少。

这同样适用于==和!=，但对于这些运算符，通常需要重写 Object.Equals()和 Object.GetHashCode()，因为这两个函数也可以用于比较对象。重写这些方法，可以确保无论类的用户使用什么技术，都能得到相同的结果。这不太重要，但应增加进来，以保证其完整性。它需要下述非静态重写方法：

```
public class AddClass1
{
    public int val;
    public static bool operator ==(AddClass1 op1, AddClass1 op2)
        => (op1.val == op2.val);
    public static bool operator !=(AddClass1 op1, AddClass1 op2)
        => !(op1 == op2);
    public override bool Equals(object op1) => val == ((AddClass1)op1).val;
    public override int GetHashCode() => val;
}
```

GetHashCode()可根据其状态，获取对象实例的一个唯一int值。这里使用val就可以了，因为它也是一个int值。

注意，Equals()使用 object 类型参数。我们需要使用这个签名，否则就将重载这个方法，而不是重写它。类的用户仍可以访问默认的实现代码。这样就必须使用数据类型转换得到所需的结果。这常需要使用本章前面讨论的 is 运算符检查对象类型，代码如下所示：

```
public override bool Equals(object op1)
{
    if (op1 is AddClass1)
    {
        return val == ((AddClass1)op1).val;
    }
    else
    {
        throw new ArgumentException(
        "Cannot compare AddClass1 objects with objects of type "
        + op1.GetType().ToString());
    }
}
```

在这段代码中，如果传递给 Equals 的操作数的类型有误，或者不能转换为正确类型，就会抛出一个异常。当然，这可能并不是我们希望的操作。我们要比较一个类型的对象和另一个类型的对象，此时需要更多的分支结构。另外，可能只允许对类型完全相同的两个对象进行比较，这需要对第一个 if 语句做如下修改：

```
if (op1.GetType() == typeof(AddClass1))
```

2. 给 CardLib 添加运算符重载

现在再次升级 Ch11CardLib 项目，给 Card 类添加运算符重载。在本章下载代码的 Ch11CardLib 文件夹中可以找到以下的类的代码。首先给 Card 类添加额外字段，允许使用"王牌"花色，使 A 有更高的级别。把这些字段指定为静态，因为设置它们后，它们就可以应用到所有 Card 对象上：

```
public class Card
{
    /// <summary>
    /// Flag for trump usage. If true, trumps are valued higher
    /// than cards of other suits.
    /// </summary>
    public static bool useTrumps = false;
    /// <summary>
    /// Trump suit to use if useTrumps is true.
    /// </summary>
    public static Suit trump = Suit.Club;
    /// <summary>
    /// Flag that determines whether aces are higher than kings or lower
    /// than deuces.
    /// </summary>
    public static bool isAceHigh = true;
```

这些规则应用于应用程序中每个 Deck 的所有 Card 对象上。因此，两个 Deck 中的 Card 不可能遵守不同规则。这适用于这个类库，但是确实可以做出这样的假设：如果一个应用程序要使用不同的规则，可以自行维护这些规则；例如，在切换牌时，设置 Card 的静态成员。

完成后，就要给 Deck 类再添加几个构造函数，以便用不同的特性来初始化扑克牌：

```
/// <summary>
/// Nondefault constructor. Allows aces to be set high.
/// </summary>
public Deck(bool isAceHigh) : this()
{
    Card.isAceHigh = isAceHigh;
}
/// <summary>
/// Nondefault constructor. Allows a trump suit to be used.
/// </summary>
public Deck(bool useTrumps, Suit trump) : this()
{
    Card.useTrumps = useTrumps;
    Card.trump = trump;
}
/// <summary>
/// Nondefault constructor. Allows aces to be set high and a trump suit
/// to be used.
/// </summary>
public Deck(bool isAceHigh, bool useTrumps, Suit trump) : this()
{
    Card.isAceHigh = isAceHigh;
    Card.useTrumps = useTrumps;
    Card.trump = trump;
}
```

每个构造函数都使用第 9 章介绍的: this()语法来定义，这样，无论如何，默认构造函数总会在非默认的构造函数之前被调用，以初始化扑克牌。

> **注意：**
> 第 12 章将详细讨论= =和>运算符重载方法中实现的空条件运算符(?.)。在这个代码段中，public static bool operator = =方法的 card1?.suit 在试图检索 suit 存储的值之前，检查 card1 对象是否为空。在后续章节中实现方法时，这是很重要的。

接着，给 Card 类添加运算符重载(和推荐的重写代码)：

```
public static bool operator ==(Card card1, Card card2)
    => (card1?.suit == card2?.suit) && (card1?.rank == card2?.rank);
public static bool operator !=(Card card1, Card card2)
        => !(card1 == card2);
public override bool Equals(object card) => this == (Card)card;
public override int GetHashCode()
                => 13 * (int)suit + (int)rank;
public static bool operator >(Card card1, Card card2)
{
    if (card1.suit == card2.suit)
    {
        if (isAceHigh)
        {
            if (card1.rank == Rank.Ace)
            {
                if (card2.rank == Rank.Ace)
                    return false;
                else
```

```
                return true;
            }
            else
            {
                if (card2.rank == Rank.Ace)
                    return false;
                else
                    return (card1.rank > card2?.rank);
            }
        }
        else
        {
            return (card1.rank > card2.rank);
        }
    }
    else
    {
        if (useTrumps && (card2.suit == Card.trump))
            return false;
        else
            return true;
    }
}
public static bool operator <(Card card1, Card card2)
        => !(card1 >= card2);
public static bool operator >=(Card card1, Card card2)
{
    if (card1.suit == card2.suit)
    {
        if (isAceHigh)
        {
            if (card1.rank == Rank.Ace)
            {
                return true;
            }
            else
            {
                if (card2.rank == Rank.Ace)
                    return false;
                else
                    return (card1.rank >= card2.rank);
            }
        }
        else
        {
            return (card1.rank >= card2.rank);
        }
    }
    else
    {
        if (useTrumps && (card2.suit == Card.trump))
            return false;
        else
            return true;
    }
}
```

```
public static bool operator <=(Card card1, Card card2)
    => !(card1 > card2);
```

这段代码没什么需要特别关注之处, 只是>和>=重载运算符的代码比较长。如果单步执行>运算符的代码, 就可以看到它的执行情况, 并且明白为什么需要这些步骤。

比较两张牌 card1 和 card2, 其中 card1 假定为先出的牌。如前所述, 在使用王牌时, 这是很重要的, 因为王牌胜过其他牌, 即使非王牌比较大, 也是这样。当然, 如果两张牌的花色相同, 则王牌是否也是该花色就不重要了, 所以这是我们要进行的第一个比较:

```
public static bool operator >(Card card1, Card card2)
{
    if (card1.suit == card2.suit)
    {
```

如果静态的 isAceHigh 标记为 true, 就不能直接通过 Rank 枚举中的值比较牌的点数了。因为 A 的点数在这个枚举中是 1, 比其他牌都小。此时就需要如下步骤:

- 如果第一张牌是 A, 就检查第二张牌是否也是 A。如果是, 则第一张牌就胜不过第二张牌。如果第二张牌不是 A, 则第一张牌胜出:

```
if (isAceHigh)
{
    if (card1.rank == Rank.Ace)
    {
        if (card2.rank == Rank.Ace)
            return false;
        else
            return true;
    }
```

- 如果第一张牌不是 A, 也需要检查第二张牌是不是 A。如果是, 则第二张牌胜出; 否则, 就可以比较牌的点数, 因为此时已不比较 A 了:

```
    else
    {
        if (card2.rank == Rank.Ace)
            return false;
        else
            return (card1.rank > card2?.rank);
    }
}
```

- 另外, 如果 A 不是最大的, 就只需要比较牌的点数:

```
else
{
    return (card1.rank > card2.rank);
}
```

代码的其余部分主要考虑 card1 和 card2 花色不同的情况。其中静态 useTrumps 标记是非常重要的。如果这个标记是 true, 且 card2 是王牌, 则可以肯定, card1 不是王牌(因为这两张牌有不同的花色), 王牌总是胜出, 所以 card2 比较大:

```
else
{
    if (useTrumps && (card2.suit == Card.trump))
        return false;
```

如果 card2 不是王牌(或者 useTrumps 是 false)，则 card1 胜出，因为它是最先出的牌：

```
    else
        return true;
    }
}
```

另有一个运算符(>=)使用与此类似的代码，除此之外的其他运算符都非常简单，所以不需要详细分析它们。

下面的简单客户代码测试这些运算符。把它放在客户项目的 Main()方法中进行测试，就像前面 CardLib 示例的客户代码那样(这段代码包含在 Ch11CardClient\Program.cs 文件中)：

```
Card.isAceHigh = true;
Console.WriteLine("Aces are high.");
Card.useTrumps = true;
Card.trump = Suit.Club;
Console.WriteLine("Clubs are trumps.");
Card card1, card2, card3, card4, card5;
card1 = new Card(Suit.Club, Rank.Five);
card2 = new Card(Suit.Club, Rank.Five);
card3 = new Card(Suit.Club, Rank.Ace);
card4 = new Card(Suit.Heart, Rank.Ten);
card5 = new Card(Suit.Diamond, Rank.Ace);
Console.WriteLine($"{card1} == {card2} ? {card1 == card2}");
Console.WriteLine($"{card1} != {card3} ? {card1 != card3}");
Console.WriteLine($"{card1}.Equals({card4}) ? " +
            $" { card1.Equals(card4)}");
Console.WriteLine($"Card.Equals({card3}, {card4}) ? " +
        $" { Card.Equals(card3, card4)}");
Console.WriteLine($"{card1} > {card2} ? {card1 > card2}");
Console.WriteLine($"{card1} <= {card3} ? {card1 <= card3}");
Console.WriteLine($"{card1} > {card4} ? {card1 > card4}");
Console.WriteLine($"{card4} > {card1} ? {card4 > card1}");
Console.WriteLine($"{card5} > {card4} ? {card5 > card4}");
Console.WriteLine($"{card4} > {card5} ? {card4 > card5}");
Console.ReadKey();
```

其结果如图 11-7 所示。

图　11-7

这两种情况下，在应用运算符时都考虑了指定的规则。这在输出结果的最后 4 行中尤其明显，说明王牌总是胜过其他牌。

3. IComparable 和 IComparer 接口

IComparable 和 IComparer 接口是.NET Framework 中比较对象的标准方式。这两个接口之间的区别如下：

- IComparable 在要比较的对象的类中实现，可以比较该对象和另一个对象。
- IComparer 在一个单独的类中实现，可以比较任意两个对象。

一般使用 IComparable 给出类的默认比较代码，使用其他类给出非默认的比较代码。

IComparable 提供了一个方法 CompareTo()，这个方法接收一个对象，它接收一个返回结果小于零、等于零或大于零的对象，以指示第一项是否小于、等于或大于第二个对象。例如，在实现该方法时，使其可以接收一个 Person 对象，以便确定这个人比当前的人更年老还是更年轻。实际上，这个方法返回一个 int，所以也可以确定第二个人与当前的人的年龄差：

```
if (person1.CompareTo(person2) == 0)
{
    Console.WriteLine("Same age");
}
else if (person1.CompareTo(person2) > 0)
{
    Console.WriteLine("person 1 is Older");
}
else
{
    Console.WriteLine("person1 is Younger");
}
```

IComparer 也提供一个方法 Compare()。这个方法接收两个对象，返回一个整型结果，这与 CompareTo() 相同。对于支持 IComparer 的对象，可使用下面的代码：

```
if (personComparer.Compare(person1, person2) == 0)
{
    Console.WriteLine("Same age");
}
else if (personComparer.Compare(person1, person2) > 0)
{
    Console.WriteLine("person 1 is Older");
}
else
{
    Console.WriteLine("person1 is Younger");
}
```

这两种情况下，提供给方法的参数是 System.Object 类型。这意味着可以比较一个对象与其他任意类型的另一个对象。所以，在返回结果之前，通常需要进行某种类型比较，如果使用了错误类型，还会抛出异常。

.NET Framework 在类 Comparer 上提供了 IComparer 接口的默认实现代码，类 Comparer 位于 System.Collections 名称空间中，可以对简单类型以及支持 IComparable 接口的任意类型进行特定文化的比较。例如，可通过下面的代码使用它：

```
string firstString = "First String";
string secondString = "Second String";
Console.WriteLine($"Comparing '{firstString}' and '{secondString}', " +
                $"result: {Comparer.Default.Compare(firstString, secondString)}");
int firstNumber = 35;
```

```
int secondNumber = 23;
Console.WriteLine($"Comparing '{firstNumber}' and '{ secondNumber }', " +
                  $"result: {Comparer.Default.Compare(firstNumber, secondNumber)}");
```

这里使用 Comparer.Default 静态成员获取 Comparer 类的一个实例，接着使用 Compare()方法比较前两个字符串，之后比较两个整数，结果如下：

```
Comparing 'First String' and 'Second String', result: -1
Comparing '35' and '23', result: 1
```

在字母表中，F 在 S 的前面，所以 F "小于" S，第一个比较的结果就是-1。同样，35 大于 23，所以结果是 1。注意这里的结果并未给出相差的幅度。

在使用 Comparer 时，必须使用可以比较的类型。例如，试图比较 firstString 和 firstNumber 就会生成一个异常。

下面列出了有关这个类的一些注意事项：

- 检查传递给 Comparer.Compare()的对象，看看它们是否支持 IComparable。如果支持，就使用该实现代码。
- 允许使用 null 值，它被解释为 "小于" 其他任意对象。
- 字符串根据当前文化来处理。要根据不同的文化(或语言)处理字符串，Comparer 类必须使用其构造函数进行实例化，以便传送用于指定所使用的文化的 System.Globalization.CultureInfo 对象。
- 字符串在处理时要区分大小写。如果要以不区分大小写的方式来处理它们，就需要使用 CaseInsensitiveComparer 类，该类以相同的方式工作。

4. 对集合排序

许多集合类可以用对象的默认比较方式进行排序，或者用定制方法来排序。ArrayList 就是一个示例，它包含方法 Sort()，这个方法使用时可以不带参数，此时使用默认的比较方式，也可以给它传递 IComparer 接口，以比较对象对。

给 ArrayList 填充了简单类型时，例如整数或字符串，就会进行默认的比较。对于自己的类，必须在类定义中实现 IComparable，或创建一个支持 IComparer 的类，来进行比较。

注意，System.Collections 名称空间中的一些类(包括 CollectionBase)都没有提供排序方法。如果要对派生于这个类的集合排序，就必须多做一些工作，自己给内部的 List 集合排序。

下面的示例说明如何使用默认的和非默认的比较方式给列表排序。

试一试 给列表排序：Ch11Ex05

(1) 在 C:\BeginningCSharpAndDotNET\Chapter11 目录中创建一个新控制台应用程序 Ch11Ex05。

(2) 添加一个新类 Person，修改 Person.cs 中的代码，如下所示：

```
namespace Ch11Ex05
{
    public class Person : IComparable
    {
        public string Name;
        public int Age;
        public Person(string name, int age)
        {
            Name = name;
            Age = age;
```

```
        }
        public int CompareTo(object obj)
        {
            if (obj is Person)
            {
                Person otherPerson = obj as Person;
                return this.Age - otherPerson.Age;
            }
            else
            {
                throw new ArgumentException(
                    "Object to compare to is not a Person object.");
            }
        }
    }
}
```

(3) 添加一个新类 PersonComparerName，修改代码，如下所示：

```
using System;
using System.Collections;
namespace Ch11Ex05
{
    public class PersonNameComparer : IComparer
    {
        public static IComparer Default = new PersonNameComparer();
        public int Compare(object x, object y)
        {
            if (x is Person && y is Person)
            {
                return Comparer.Default.Compare(
                    ((Person)x).Name, ((Person)y).Name);
            }
            else
            {
                throw new ArgumentException(
                    "One or both objects to compare are not Person objects.");
            }
        }
    }
}
```

(4) 修改 Program.cs 中的代码，如下所示：

```
using System;
using System.Collections;
namespace Ch11Ex05
{
    class Program
    {
        static void Main(string[] args)
        {
            ArrayList list = new ArrayList();
            list.Add(new Person("Rual", 30));
            list.Add(new Person("Donna", 25));
            list.Add(new Person("Mary", 27));
            list.Add(new Person("Ben", 44));
```

```
Console.WriteLine("Unsorted people:");
for (int i = 0; i < list.Count; i++)
{
    Console.WriteLine($"{(list[i] as Person).Name } ({(list[i] as Person).Age })");
}
Console.WriteLine();
Console.WriteLine(
    "People sorted with default comparer (by age):");
list.Sort();
for (int i = 0; i < list.Count; i++)
{
    Console.WriteLine($"{(list[i] as Person).Name } ({(list[i] as Person).Age })");
}
Console.WriteLine();
Console.WriteLine(
    "People sorted with nondefault comparer (by name):");
list.Sort(PersonNameComparer.Default);
for (int i = 0; i < list.Count; i++)
{
    Console.WriteLine($"{(list[i] as Person).Name } ({(list[i] as Person).Age })");
}
Console.ReadKey();
        }
    }
}
```

(5) 执行代码，结果如图 11-8 所示。

图 11-8

示例说明

在这个示例中，包含 Person 对象的 ArrayList 用两种不同的方式排序。调用不带参数的 ArrayList.Sort()方法，将使用默认的比较方式，也就是使用 Person 类中的 CompareTo()方法(因为这个类实现了 IComparable):

```
public int CompareTo(object obj)
{
    if (obj is Person)
    {
        Person otherPerson = obj as Person;
        return this.Age - otherPerson.Age;
```

```
    }
    else
    {
        throw new ArgumentException(
            "Object to compare to is not a Person object.");
    }
}
```

这个方法首先检查其参数能否与 Person 对象进行比较，即该对象能否转换为 Person 对象。如果遇到问题，就抛出一个异常。否则，就比较两个 Person 对象的 Age 属性。

接着，使用实现了 IComparer 的 PersonComparerName 类，执行非默认的比较排序。这个类有一个公共的静态字段，以方便使用：

```
public static IComparer Default = new PersonNameComparer();
```

它可以用 PersonComparerName.Default 获取一个实例，就像前面的 Comparer 类一样。这个类的 CompareTo()方法如下：

```
public int Compare(object x, object y)
{
    if (x is Person && y is Person)
    {
        return Comparer.Default.Compare(
            ((Person)x).Name, ((Person)y).Name);
    }
    else
    {
        throw new ArgumentException(
            "One or both objects to compare are not Person objects.");
    }
}
```

这里也是首先检查参数，看看它们是不是 Person 对象，如果不是，就抛出一个异常；如果是，就用默认的 Comparer 对象比较 Person 对象的两个字符串字段 Name。

11.3 转换

到目前为止，在需要把一种类型转换为另一种类型时，使用的都是类型转换。但这并非是唯一方式。在计算过程中，int 可隐式转换为 long 或 double，采用相同的方式还可定义所创建的类(隐式或显式)转换为其他类的方式。为此，可重载转换运算符，其方式与本章前面重载其他运算符的方式相同。本节第一部分就介绍重载方式。本节还将介绍另一个有用的运算符：as 运算符，它一般适用于引用类型的转换。

11.3.1 重载转换运算符

除了重载上述数学运算符外，还可定义类型之间的隐式和显式转换。如果要在不相关的类型之间转换，例如类型之间没有继承关系，也没有共享接口，就必须这么做。

下面定义 ConvClass1 和 ConvClass2 之间的隐式转换，即编写下列代码：

```
ConvClass1 op1 = new ConvClass1();
```

```
ConvClass2 op2 = op1;
```

另外，可以定义一个显式转换：

```
ConvClass1 op1 = new ConvClass1();
ConvClass2 op2 = (ConvClass2)op1;
```

例如，考虑下面的代码：

```
public class ConvClass1
{
    public int val;
    public static implicit operator ConvClass2(ConvClass1 op1)
    {
        ConvClass2 returnVal = new ConvClass2();
        returnVal.val = op1.val;
        return returnVal;
    }
}
public class ConvClass2
{
    public double val;
    public static explicit operator ConvClass1(ConvClass2 op1)
    {
        ConvClass1 returnVal = new ConvClass1();
        checked {returnVal.val = (int)op1.val;};
        return returnVal;
    }
}
```

其中，ConvClass1 包含一个int值，ConvClass2 包含一个double值。int值可以隐式转换为double值，所以可在ConvClass1 和ConvClass2 之间定义一个隐式转换。但反过来就不可行，应把ConvClass2 和ConvClass1 之间的转换定义为显式转换。

在代码中，用关键字 implicit 和 explicit 来指定这些转换，如上所示。对于这些类，下面的代码就很好：

```
ConvClass1 op1 = new ConvClass1();
op1.val = 3;
ConvClass2 op2 = op1;
```

但反向转换需要进行下述显式数据类型转换：

```
ConvClass2 op2 = new ConvClass2();
op2.val = 3;
ConvClass1 op1 = (ConvClass1)op2;
```

如果在显式转换中使用了 checked 关键字，则上述代码将产生一个异常，因为 op1 的 val 属性值太大，不能放在 op2 的 val 属性中。

11.3.2 as 运算符

as 运算符使用下面的语法，把一种类型转换为指定的引用类型：

<operand> as *<type>*

这只适用于下列情况：

- *<operand>*的类型是<type>
- *<operand>*可以隐式转换为*<type>*类型
- *<operand>*可以封箱到*<type>*类型中

如果不能从*<operand>*转换为*<type>*，则表达式的结果就是 null。

基类到派生类的转换可以使用显式转换来进行，但这并不总是有效的。考虑前面示例中的两个类 ClassA 和 ClassD，其中 ClassD 继承了 ClassA：

```
class ClassA : IMyInterface {}
class ClassD : ClassA {}
```

下面的代码使用 as 运算符把 obj1 中存储的 ClassA 实例转换为 ClassD 类型：

```
ClassA obj1 = new ClassA();
ClassD obj2 = obj1 as ClassD;
```

则 obj2 的结果为 null。

还可以使用多态性把 ClassD 实例存储在 ClassA 类型的变量中。以下代码演示了这一点，ClassA 类型的变量包含 ClassD 类型的实例，使用 as 运算符把 ClassA 类型的变量转换为 ClassD 类型。

```
ClassD obj1 = new ClassD();
ClassA obj2 = obj1;
ClassD obj3 = obj2 as ClassD;
```

这次 obj3 最后包含与 obj1 相同的对象引用，而不是 null。

因此，as 运算符非常有用，下面使用简单类型转换的代码会抛出一个异常：

```
ClassA obj1 = new ClassA();
ClassD obj2 = (ClassD)obj1;
```

与此代码等价的 as 代码会把 null 值赋予 obj2，不会抛出异常。这表示，下面的代码(使用本章前面开发的两个类：Animal 和派生于 Animal 的一个类 Cow)在 C#应用程序中是很常见的：

```
public void MilkCow(Animal myAnimal)
{
    Cow myCow = myAnimal as Cow;
    if (myCow != null)
    {
        myCow.Milk();
    }
    else
    {
        Console.WriteLine($"{myAnimal.Name} isn't a cow, and so can't be milked.");
    }
}
```

11.4　习题

(1) 创建一个集合类 People ，它是下述 Person 类的一个集合，该集合中的项可通过一个字符串索引符来访问，该字符串索引符是人名，与 Person.Name 属性相同：

```
public class Person
{
    private string name;
```

```
    private int age;
    public string Name
    {
        get { return name; }
        set { name = value; }
    }
    public int Age
    {
        get { return age; }
        set { age = value; }
    }
}
```

(2) 扩展上一题中的 Person 类，重载>、<、>=和<=运算符，比较 Person 实例的 Age 属性。

(3) 给 People 类添加 GetOldest()方法，使用习题(2)中定义的重载运算符，返回其 Age 属性值为最大值的 Person 对象数组(1 个或多个对象，因为对于这个属性而言，多个项可以有相同的值)。

(4) 在 People 类上实现 ICloneable 接口，提供深度复制功能。

(5) 给 People 类添加一个迭代器，通过下面的 foreach 循环获取所有成员的年龄：

```
foreach (int age in myPeople.Ages)
{
    // Display ages.
}
```

附录 A 给出了习题答案。

11.5　本章要点

主题	要点
定义集合	集合是可以包含其他类的实例的类。要定义集合，可从 CollectionBase 中派生，或者自己实现集合接口，例如 IEnumerable、ICollection 和 IList。一般需要为集合定义一个索引符，以使用 collection[index]语法来访问集合成员
字典	也可以定义键控集合，即字典，字典中的每一项都有一个关联的键。在字典中，键可以用于标识一项，而不必使用该项的索引。可以通过实现 IDictionary，或者从 DictionaryBase 派生类的方式来定义字典
迭代器	可以实现一个迭代器，来控制循环代码如何在其循环过程中获取值。要迭代一个类，需要实现 GetEnumerator()方法，其返回类型是 IEnumerator。要迭代类的成员，例如方法，可使用 IEnumerable 返回类型。在迭代器的代码块中，使用 yield 关键字返回值
类型比较	可使用 GetType()方法获得对象的类型，使用 typeof()运算符可以获得类的类型。可以比较这些类型值。还可以使用 is 运算符确定对象是否与某个类类型兼容
值比较	如果希望类的实例可以用标准的 C#运算符进行比较，就必须在类定义中重载这些运算符。对于其他类型的值比较，可使用实现了 IComparable 或 IComparer 接口的类。这些接口特别适用于集合的排序
as 运算符	可使用 as 运算符把一个值转换为引用类型。如果不能进行转换，as 运算符就返回 null 值

第**12**章

泛　型

本章内容：

- 泛型的含义
- 如何使用.NET 提供的一些泛型类
- 如何定义自己的泛型
- 变体如何与泛型一起工作

本章源代码下载：

本章源代码可以通过本书合作站点 www.wiley.com 上的 Download Code 选项卡下载，也可以通过网址 github.com/benperk/BeginningCSharpAnd-DotNET 下载。下载代码位于 Chapter12 文件夹中并已根据本章示例的名称单独命名。

本章首先介绍泛型(generic)的概念，先学习抽象的泛型术语，因为学习泛型的概念对高效使用它是至关重要的。

接着讨论.NET Framework 中的一些泛型类型，这有助于更好地理解其功能和强大之处，以及在代码中需要使用的新语法。然后定义自己的泛型类型，包括泛型类、接口、方法和委托。还要介绍进一步定制泛型类型的其他技术：default 关键字和类型约束。

最后讨论协变(covariance)和抗变(contravariance)，这是 C# 4 引入的两种形式的变体，它们在使用泛型类时提供了更大的灵活性。

12.1　泛型的含义

为介绍泛型的概念，说明它们为什么这么有用，先回顾一下第 11 章中的集合类。基本集合可以包含在诸如 ArrayList 的类中，但这些集合是没有类型化的，所以需要把 object 项转换为集合中实际存储的对象类型。继承自 System.Object 的任何对象都可以存储在 ArrayList 中，所以要特别仔细。假定包含在集合中的某些类型可能导致抛出异常，而且代码逻辑崩溃。前面介绍的技术可以处理这个问题，包括检查对象类型所需的代码。

但是，更好的解决办法是一开始就使用强类型化的集合类。这种集合类派生于 CollectionBase，并可以拥有自己的方法，来添加、删除和访问集合的成员，但它可能把集合成员限制为派生于某种基本类型，或者必须支持某个接口。这会带来一个问题。每次创建需要包含在集合中的新类时，就必须执行下列任务之一：

- 使用某个集合类，该类已经定义为可以包含新类型的项。
- 创建一个新的集合类，它可以包含新类型的项，实现所有需要的方法。

一般情况下，新的类型需要额外功能，所以常需要用到新的集合类，因此创建集合类会花费大量时间。

另一方面，泛型类大大简化了这个问题。泛型类是以实例化过程中提供的类型或类为基础建立的，可以毫不费力地对对象进行强类型化。对于集合，创建"T 类型对象的集合"十分简单，只需要编写一行代码即可。不使用下面的代码：

```
CollectionClass items = new CollectionClass();
items.Add(new ItemClass());
```

而是使用：

```
CollectionClass<ItemClass> items = new CollectionClass<ItemClass>();
items.Add(new ItemClass());
```

尖括号语法是把类型参数传递给泛型类型的方式。在上面的代码中，应把 CollectionClass <ItemClass>看成 ItemClass 的 CollectionClass。当然，本章后面会详细探讨这个语法。

泛型不只涉及集合，但集合特别适合使用泛型。本章后面介绍 System.Collections.Generic 名称空间时会看到这一点。创建一个泛型类，就可以生成一些方法，它们的签名可以强类型化为我们需要的任何类型，该类型甚至可以是值类型或引用类型，处理各自的操作。还可以把用于实例化泛型类的类型限制为支持某个给定的接口，或派生自某种类型，从而只允许使用类型的一个子集。泛型并不限于类，还可以创建泛型接口、泛型方法(可以在非泛型类上定义)甚至泛型委托。这将极大地提高代码的灵活性，正确使用泛型可以显著缩短开发时间。

> **注意：**
> 对于熟悉 C++的读者来说，这是 C++模板和 C#泛型类的一个区别。在 C++中，编译器可以检测出在哪里使用了模板的某个特定类型，例如，模板 B 的 A 类型，然后编译需要的代码，来创建这个类型。而在 C#中，所有操作都在运行期间进行。

那么该如何实现泛型呢？通常，在创建类时，它会编译为一个类型，然后在代码中使用。读者可能认为，在创建泛型类时，它只有被编译为许多类型，才能进行实例化。幸好并不是这样：在.NET中，类有无限多个。在后台，.NET 运行库允许在需要时动态生成泛型类。在实例化之前，B 的某个泛型类 A 甚至不存在。

12.2   使用泛型

在探讨如何创建自己的泛型类型之前，首先介绍.NET Framework 提供的泛型，包括 System.Collections.Generic 名称空间中的类型，这个名称空间已在前面的代码中出现过多次，因为默认情况下它包含在控制台应用程序中。我们还没有使用过这个名称空间中的类型，但下面就要使用了。本节将讨论这个名称空间中的类型，以及如何使用它们创建强类型化的集合，改进已有集合的功能。

首先论述另一个较简单的泛型类型，即可空类型(nullable type)，它解决了值类型的一个小问题。

12.2.1　可空类型

前面的章节介绍了值类型(大多数基本类型，例如，int、double 和所有结构)区别于引用类型(string 和任意类)的一种方式：值类型必须包含一个值，它们可以在声明之后、赋值之前，在未赋值的状态下存在，但不能使用未赋值的变量。而引用类型可以是 null。

有时让值类型为空是很有用的(尤其是处理数据库时)，泛型使用 System.Nullable<T>类型提供了使值类型为空的一种方式。例如：

```
System.Nullable<int> nullableInt;
```

这行代码声明了一个变量 nullableInt，它可以拥有 int 变量能包含的任意值，还可以拥有值 null。所以可以编写如下的代码：

```
nullableInt = null;
```

如果 nullableInt 是一个 int 类型的变量，上面的代码是不能编译的。

前面的赋值等价于：

```
nullableInt = new System.Nullable<int>();
```

与其他任意变量一样，无论是初始化为 null(使用上面的语法)，还是通过给它赋值来初始化，都不能在初始化之前使用它。

可以像测试引用类型一样测试可空类型，看看它们是否为null：

```
if (nullableInt == null)
{
    ...
}
```

另外，可使用 HasValue 属性：

```
if (nullableInt.HasValue)
{
    ...
}
```

这不适用于引用类型，即使引用类型有一个 HasValue 属性，也不能使用这种方法，因为引用类型的变量值为 null 就表示不存在对象，当然就不能通过对象来访问这个属性，否则会抛出一个异常。

可使用Value属性来查看可空类型的值。如果HasValue是true，就说明Value属性有一个非空值。但如果HasValue是false，就说明变量被赋予null，访问Value属性会抛出System. InvalidOperationException 类型的异常。

可空类型非常有用，以至于它们修改了 C#语法。声明可空类型的变量不使用上述语法，而是使用下面的语法：

```
int? nullableInt;
```

其中 int ?是 System.Nullable<int>的缩写，但更便于读取。下面就会使用这个语法。

1. 运算符和可空类型

对于简单类型(如 int)，可以使用+、-等运算符来处理值。而对于对应的可空类型，这是没有区别的：包含在可空类型中的值会隐式转换为需要的类型，使用适当的运算符。这也适用于结构和自己提

供的运算符。例如:

```
int? op1 = 5;
int? result = op1 * 2;
```

注意,其中 result 变量的类型也是 int?。下面的代码不会被编译:

```
int? op1 = 5;
int result = op1 * 2;
```

为使上面的代码正常工作,必须进行显式转换:

```
int? op1 = 5;
int result = (int)op1 * 2;
```

或通过 Value 属性访问值:

```
int? op1 = 5;
int result = op1.Value * 2;
```

只要 op1 有一个值,上面的代码就可以正常运行。如果 op1 是 null,就会生成 System.InvalidOperationException 类型的异常。

这就引出了一个很明显的问题:当运算表达式中的一个或两个值是 null 时,例如,下面代码中的 op1,会发生什么情况?

```
int? op1 = null;
int? op2 = 5;
int? result = op1 * op2;
```

答案是:对于除了 bool?外的所有简单可空类型,该操作的结果是 null,可以把它解释为"不能计算"。

```
bool? maybe = null;
bool? yes = true;
bool? result = yes | maybe; // result is true.
```

对于结构,可以定义自己的运算符来处理这种情况(详见本章后面的内容)。对于 bool?,为&和 | 定义的运算符会得到非空返回值,这些运算符的结果十分符合逻辑,如果不需要知道其中一个操作数的值即可计算出结果,则该操作数是否为 null 就不重要。

2. ??运算符

为进一步减少处理可空类型所需的代码量,使可空变量的处理变得更简单,可以使用??运算符。这个运算符称为空接合运算符(null coalescing operator),是一个二元运算符,允许给可能等于 null 的表达式提供另一个值。如果第一个操作数不是 null,该运算符就等于第一个操作数,否则,该运算符就等于第二个操作数。下面的两个表达式的作用是相同的:

```
op1 ?? op2
op1 == null ? op2 : op1
```

在这两行代码中,op1 可以是任意可空表达式,包括引用类型和更重要的可空类型。因此,如果可空类型是 null,就可以使用??运算符提供要使用的默认值,如下所示:

```
int? op1 = null;
int result = op1 * 2 ?? 5;
```

在这个示例中，op1 是 null，所以 op1*2 也是 null。但是，??运算符检测到这个情况，并把值 5 赋予 result。这里要特别注意，在结果中放入 int 类型的变量 result 不需要显式转换。??运算符会自动处理这个转换。还可以把??表达式的结果传入 int?中：

```
int? result = op1 * 2 ?? 5;
```

在处理可空变量时，??运算符有许多用途，它也是一种提供默认值的便捷方式，不需要使用 if 结构中的代码块或容易引起混淆的三元运算符。

3.?. 运算符

这个操作符通常称为 Elvis 运算符或空条件运算符，有助于避免繁杂的空值检查造成的代码歧义。例如，如果想得到给定客户的订单数，就需要在设置计数值之前检查空值：

```
int count = 0;
if (customer.orders ! = null)
{
    count = customer.orders.Count();
}
```

如果只编写了这段代码，但客户没有订单(即为 null)，就会抛出 System.ArgumentNullException：

```
int count = customer.orders.Count();
```

使用?.运算符，会把 int? count 设置为 null，而不会抛出一个异常。

```
int? count = customer.orders?.Count();
```

结合上一节讨论的空合并操作符??与空条件运算符?.可以在结果是 null 时设置一个默认值。

```
int? count = customer.orders?.Count() ?? 0;
```

空条件运算符的另一个用途是触发事件。第 13 章详细讨论了事件。触发事件的最常见方法是使用如下代码模式：

```
var onChanged = OnChanged;
if (onChanged != null)
{
    onChanged(this, args);
}
```

这种模式不是线程安全的，因为有人会在 null 检查已经完成后，退订最后一个事件处理程序。此时会抛出异常，程序崩溃。使用空条件运算符可以避免这种情形：要避免这种情况，要么在检查之前复制委托引用(如前面的代码片段 var onChanged = onChanged;)，要么使用 null 条件操作符，如下所示：

```
OnChanged?.Invoke(this, args);
```

> **注意：**
> 如果使用运算符重载方法(例如==)，但没有检查 null，就会抛出 System.NullReferenceException。

如第 11 章所述，在 C:\BeginningCSharpAndDotNET\Chapter12\Ch12CardLib\Card.cs 类的==运算符重载中，使用?.运算符检查 null，可以避免在使用该方法时抛出异常。例如：

```
public static bool operator ==(Card card1, Card card2)
    => (card1?.suit == card2?.suit) && (card1?.rank == card2?.rank);
```

在语句中包括空条件运算符，就清楚地表示：如果左边的对象(在本例中是 card1 或 card2) 不为空，就检索右边的对象。如果左边的对象为空(即 card1 或 card2)，就终止访问链，返回 null。

4. 使用可空类型

在下面的示例中，将介绍可空类型 Vector。

试一试　可空类型：Ch12Ex01

(1) 在 C:\BeginningCSharpAndDotNET\Chapter12 目录中创建一个新的控制台应用程序项目 Ch12Ex01。

(2) 在文件 Vector.cs 中添加一个新类 Vector。

(3) 修改 Vector.cs 中的代码，如下所示：

```csharp
using System;
using static System.Math;
public class Vector
{
    public double? R = null;
    public double? Theta = null;
    public double? ThetaRadians => (Theta * Math.PI / 180.0);
    public Vector(double? r, double? theta)
    {
        // Normalize.
        if (r < 0)
        {
            r = -r;
            theta += 180;
        }
        theta = theta % 360;
        // Assign fields.
        R = r;
        Theta = theta;
    }
    public static Vector operator +(Vector op1, Vector op2)
    {
        try
        {
            // Get (x, y) coordinates for new vector.
            double newX = op1.R.Value * Sin(op1.ThetaRadians.Value)
                + op2.R.Value * Sin(op2.ThetaRadians.Value);
            double newY = op1.R.Value * Cos(op1.ThetaRadians.Value)
                + op2.R.Value * Cos(op2.ThetaRadians.Value);
            // Convert to (r, theta).
            double newR = Sqrt(newX * newX + newY * newY);
            double newTheta = Atan2(newX, newY) * 180.0 / PI;
            // Return result.
            return new Vector(newR, newTheta);
        }
        catch
        {
            // Return "null" vector.
            return new Vector(null, null);
        }
    }
}
```

```
    public static Vector operator -(Vector op1) => new Vector(-op1.R, op1.Theta);
    public static Vector operator -(Vector op1, Vector op2) => op1 + (-op2);
    public override string ToString()
    {
        // Get string representation of coordinates.
        string rString = R.HasValue ? R.ToString(): "null";
        string thetaString = Theta.HasValue ? Theta.ToString(): "null";
        // Return (r, theta) string.
        return string.Format($"({rString}, {thetaString})");
    }
}
```

(4) 修改 Program.cs 中的代码，如下所示：

```
class Program
{
    static void Main(string[] args)
    {
        Vector v1 = GetVector("vector1");
        Vector v2 = GetVector("vector2");
        Console.WriteLine($"{v1} + {v2} = {v1 + v2}");
        Console.WriteLine($"{v1} - {v2} = {v1 - v2}");
        Console.ReadKey();
    }
    static Vector GetVector(string name)
    {
        Console.WriteLine($"Input {name} magnitude:");
        double? r = GetNullableDouble();
        Console.WriteLine($"Input {name} angle (in degrees):");
        double? theta = GetNullableDouble();
        return new Vector(r, theta);
    }
    static double? GetNullableDouble()
    {
        double? result;
        string userInput = Console.ReadLine();
        try
        {
            result = double.Parse(userInput);
        }
        catch
        {
            result = null;
        }
        return result;
    }
}
```

(5) 执行该应用程序，给两个矢量(vector)输入值，示例输出结果如图 12-1 所示。

(6) 再次执行应用程序，这次跳过四个值中的至少一个，示例输出结果如图 12-2 所示。

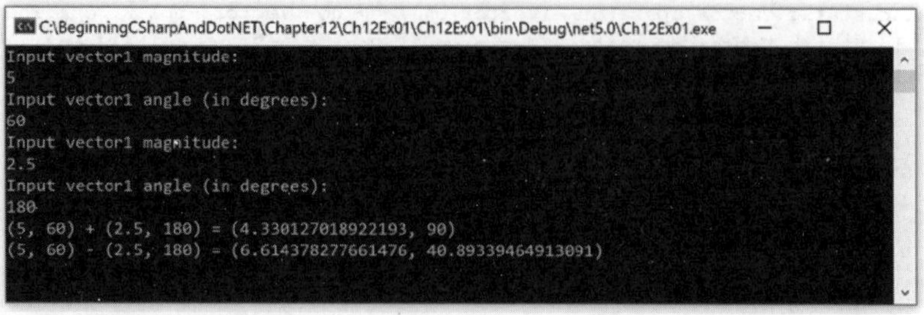

图 12-1

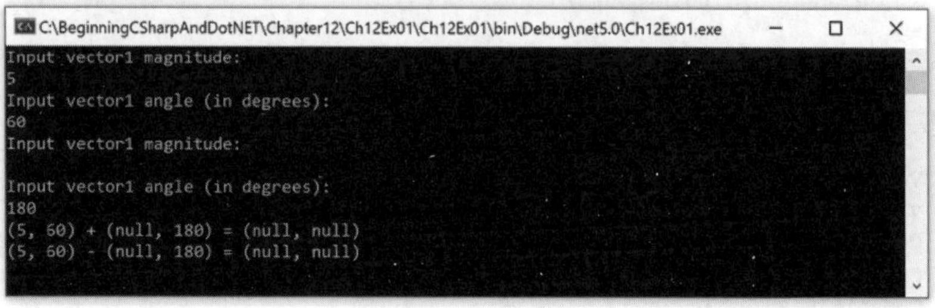

图 12-2

示例说明

在这个示例中，创建了一个类 Vector，它表示带极坐标(有一个幅值和一个角度)的矢量，如图 12-3 所示。

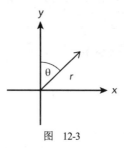

图 12-3

坐标 r 和 θ 在代码中用公共字段 R 和 Theta 表示，其中 Theta 的单位是度(°)。ThetaRadians 用于获取 Theta 的弧度值，这是必需的，因为 Math 类在其静态方法中使用的是弧度。R 和 Theta 的类型都是 double?，所以它们可以为空：

```
public class Vector
{
    public double? R = null;
    public double? Theta = null;
    public double? ThetaRadians => (Theta * PI / 180.0);
```

Vector 的构造函数标准化 R 和 Theta 的初始值，然后赋给公共字段。

```
public Vector(double? r, double? theta)
{
    // Normalize.
    if (r < 0)
```

```
   {
      r = -r;
      theta += 180;
   }
   theta = theta % 360;
   // Assign fields.
   R = r;
   Theta = theta;
}
```

Vector 类的主要功能是使用运算符重载对矢量进行相加和相减运算，这需要一些非常基本的三角函数知识，这里不解释它们，相关内容可以访问站点 http://www.onlinemathlearning.com/basic-trigonometry.html，或者在互联网上搜索其他资源。在代码中，重要的是，如果在获取 R 或 ThetaRadians 的 Value 属性时抛出了异常，即其中一个是 null，就返回“空”矢量。

```
public static Vector operator +(Vector op1, Vector op2)
{
   try
   {
      // Get (x, y) coordinates for new vector.
      ...
   }
   catch
   {
      // Return "null" vector.
      return new Vector(null, null);
   }
}
```

如果组成矢量的一个坐标是 null，该矢量就是无效的，这里用 R 和 Theta 都可为 null 的 Vector 类来表示。Vector 类的其他代码重写了其他运算符，以便扩展相加的功能，使其包含相减操作，再重写 ToString()，获取 Vector 对象的字符串表示。

Program.cs 中的代码测试 Vector 类，让用户初始化两个矢量，再对它们进行相加和相减。如果用户省略了某个值，该值就被解释为 null，应用前面提及的规则。

12.2.2　System.Collections.Generic 名称空间

在本书到目前为止使用的几乎每个应用程序中，都包含了 System 名称空间。这里还有许多其他非常常见的名称空间，并在下面的列表中解释：

```
using System;
using System.Collections.Generic;
using System.Linq;
using System.Text;
using System.Threading.Tasks;
using static System.Console;
```

● System 名称空间包含.NET 应用程序使用的大多数基本类型。
● System.Collections.Generic 名称空间包含用于处理集合的泛型类型，常与 using 语句一起使用。
● System.Linq 名称空间将在本书后面介绍。
● System.Text 名称空间包含与字符串处理和编码相关的类型。

- System.Threading.Tasks 名称空间包含帮助编写异步代码的类型，本书不予讨论。
- 在编写控制台应用程序时 using static System.Console 声明很有帮助。手动添加该声明后，在 WriteLine() 和 ReadLine()函数前不必多次编写 Console。

下面介绍这些泛型类型，它们可以使工作更容易完成，可以毫不费力地创建强类型化的集合类。表 12-1 描述了本节要介绍的 System.Collections.Generic 名称空间中的两个类型，本章后面还会详细阐述这个名称空间中的更多类型。

表 12-1 泛型集合类型

类型	说明
List<T>	T 类型对象的集合
Dictionary<K, V>	与 K 类型的键值相关的 V 类型的项的集合

本节还会介绍和这些类一起使用的各种接口和委托。

1. List<T>

List<T>泛型集合类型更快捷、更便于使用；这样，就不必像上一章那样，从 CollectionBase 中派生一个类，然后实现需要的方法。它的另一个好处是正常情况下需要实现的许多方法(例如，Add())已经自动实现了。

创建 T 类型对象的集合需要如下代码：

```
List<T> myCollection = new List<T>();
```

这就足够了。未必要定义类、实现方法或执行其他操作。还可以把 List<T>对象传递给构造函数，在集合中设置项的起始列表。List<T>还有一个 Item 属性，允许进行类似于数组的访问，如下所示：

```
T itemAtIndex2 = myCollectionOfT[2];
```

这个类还支持其他几个方法，但只要掌握了上述知识，就完全可以开始使用该类了。下面的示例将介绍如何实际使用 List<T>。

试一试 使用 List<T>: Ch12Ex02

(1) 在 C:\BeginningCSharpAndDotNET\Chapter12 目录中创建一个新的控制台应用程序 Ch12Ex02。

(2) 在 Solution Explorer 窗口中右击项目名称，选择 Add | Existing Item 选项。

(3) 在 C:\BeginningCSharpAndDotNET\Chapter11\Ch11Ex01\目录中选择 Animal.cs、Cow.cs 和 Chicken.cs 文件，单击 Add 按钮。

(4) 修改这 3 个文件中的名称空间声明，如下所示：

```
namespace Ch12Ex02
```

(5) 在文件顶部添加 using System.Collections.Generic;后，修改 Program.cs 中的代码，如下所示：

```
static void Main(string[] args)
{
    List<Animal> animalCollection = new List<Animal>();
    animalCollection.Add(new Cow("Donna"));
    animalCollection.Add(new Chicken("Mary"));
    foreach (Animal myAnimal in animalCollection)
    {
```

```
        myAnimal.Feed();
    }
    Console.ReadKey();
}
```

(6) 执行该应用程序，结果与第 11 章的 Ch11Ex02 的结果相同。

示例说明

这个示例与 Ch11Ex02 只有 3 个区别。第一个区别是下面的代码行：

```
AnimalCollection animalCollection = new AnimalCollection();
```

被替换为：

```
List<Animal> animalCollection = new List<Animal>();
```

第二个区别比较重要：项目中不再有 AnimalCollection 集合类。通过使用泛型集合类，前面为创建这个类所做的工作现在用一行代码即可完成。

获得相同效果的另一个方法是不修改 Program.cs 中的代码，而是使用 Animals 的如下定义：

```
public class Animals : List<Animal> {}
```

这么做的优点是，能较容易地看懂 Program.cs 中的代码，还可以在合适时给 Animals 类添加成员。

2. 对泛型列表进行排序和搜索

对泛型列表进行排序与对其他列表进行排序是一样的。第 11 章介绍了如何使用 IComparer 和 IComparable 接口比较两个对象，然后对该类型的对象列表排序。这里唯一的区别在于，可使用泛型接口 IComparer<T>和 IComparable<T>，它们提供了略有区别的、针对特定类型的方法。表 12-2 列出了它们之间的区别。

表 12-2　对泛型列表进行排序

泛型方法	非泛型方法	区别
int IComparable<T>.CompareTo(T otherObj)	int IComparable.CompareTo(object otherObj)	在泛型版本中是强类型化的
bool IComparable<T>.Equals(T otherObj)	N/A	在非泛型接口中不存在，可以改用继承的 object.Equals( )
int IComparer<T>.Compare(T objectA, T objectB)	int IComparer.Compare(object objectA, object objectB)	在泛型版本中是强类型化的
bool IComparer<T>.Equals(T objectA, T objectB)	N/A	在非泛型接口中不存在，可以改用继承的 object.Equals( )
int IComparer<T>.GetHashCode(T objectA)	N/A	在非泛型接口中不存在，可以改用继承的 object.GetHashCode ( )

要对 List<T>排序，可在要排序的类型上提供 IComparable<T>接口，或者提供 IComparer<T>接口。另外，可提供泛型委托，作为排序方法。从了解代码工作原理的角度看，这非常有趣，因为实现上述接口并不比实现其非泛型版本更麻烦。

　　一般情况下，给列表排序需要有一个方法来比较两个 T 类型的对象。要在列表中搜索，只需要一个方法来检查 T 类型的对象，看它是否满足某个条件。定义这样的方法很简单，这里给出两个可以使用的泛型委托类型。

- **Comparison<T>**　这个委托类型用于排序方法，其返回类型和参数如下：

```
int method(T objectA, T objectB)
```

- **Predicate<T>**　这个委托类型用于搜索方法，其返回类型和参数如下：

```
bool method(T targetObject)
```

可以定义任意多个这样的方法，使用它们实现 List<T> 的搜索和排序方法。下面的示例进行了演示。

试一试　List<T> 的搜索和排序：Ch12Ex03

(1) 在 C:\BeginningCSharpAndDotNET\Chapter12 目录中创建一个新的控制台应用程序 Ch12Ex03。

(2) 在 Solution Explorer 窗口中右击项目名称，然后选择 Add Existing Item 选项。

(3) 在 C:\BeginningCSharpAndDotNET\Chapter12\Ch12Ex01 目录中添加 Vector.cs 文件。

(4) 修改这个文件中的名称空间声明，如下所示：

```
namespace Ch12Ex03
```

(5) 添加一个新类 VectorsList。

(6) 修改 VectorList.cs 中的代码，如下所示：

```
public class VectorList : List<Vector>
{
    public VectorList()
    {
    }
    public VectorList(IEnumerable<Vector> initialItems)
    {
        foreach (Vector vector in initialItems)
        {
            Add(vector);
        }
    }
    public string Sum()
    {
        StringBuilder sb = new StringBuilder();
        Vector currentPoint = new Vector(0.0, 0.0);
        sb.Append("origin");
        foreach (Vector vector in this)
        {
            sb.AppendFormat($" + {vector}");
            currentPoint += vector;
        }
        sb.AppendFormat($" = {currentPoint}");
        return sb.ToString();
    }
}
```

(7) 添加一个新类 VectorDelegates。

(8) 修改 VectorDelegates.cs 中的代码，如下所示：

```
public static class VectorDelegates
```

```
{
    public static int Compare(Vector x, Vector y)
    {
        if (x.R > y.R)
        {
            return 1;
        }
        else if (x.R < y.R)
        {
            return -1;
        }
        return 0;
    }
    public static bool TopRightQuadrant(Vector target)
    {
        if (target.Theta >= 0.0 && target.Theta <= 90.0)
        {
            return true;
        }
        else
        {
            return false;
        }
    }
}
```

(9) 修改 Program.cs 中的代码，如下所示：

```
static void Main(string[] args)
{
    VectorList route = new VectorList();
    route.Add(new Vector(2.0, 90.0));
    route.Add(new Vector(1.0, 180.0));
    route.Add(new Vector(0.5, 45.0));
    route.Add(new Vector(2.5, 315.0));
    Console.WriteLine(route.Sum());
    Comparison<Vector> sorter = new Comparison<Vector>(
    VectorDelegates.Compare);
route.Sort(sorter);
Console.WriteLine(route.Sum());
Predicate<Vector> searcher =
    new Predicate<Vector>(VectorDelegates.TopRightQuadrant);
VectorList topRightQuadrantRoute = new VectorList(route.FindAll(searcher));
Console.WriteLine(topRightQuadrantRoute.Sum());
Console.ReadKey();
}
```

(10) 执行应用程序，结果如图 12-4 所示。

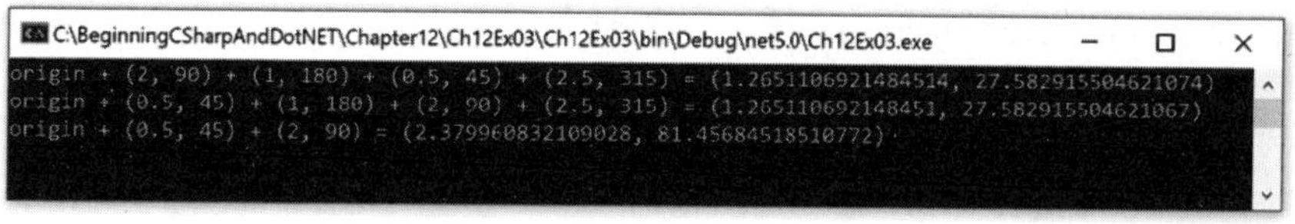

图　12-4

示例说明

在这个示例中，为 Ch12Ex01 中的 Vector 类创建了一个集合类 VectorList。可以只使用 List<Vector> 类型的变量，但因为需要其他功能，所以使用了一个新类 VectorList，它派生自 List<Vector>，允许添加需要的其他成员。

该类有一个返回字符串的成员 Sum()，该字符串依次列出每个矢量，以及把它们加在一起(使用源类 Vector 的重载+运算符)的结果。每个矢量都可以看成"方向+距离"，所以这个矢量列表构成了一条有端点的路径。

```csharp
public string Sum()
{
    StringBuilder sb = new StringBuilder();
    Vector currentPoint = new Vector(0.0, 0.0);
    sb.Append("origin");
    foreach (Vector vector in this)
    {
        sb.AppendFormat($" + {vector}");
        currentPoint += vector;
    }
    sb.AppendFormat($" = {currentPoint}");
    return sb.ToString();
}
```

该方法使用 System.Text 名称空间中简便的 StringBuilder 类来构建响应字符串。这个类包含这里使用的 Append()和 AppendFormat()等成员，所以很容易组合字符串，其性能也比串联各个字符串要高。使用这个类的 ToString()方法即可获得最终字符串。

本例还创建了两个用作委托的方法，作为 VectorDelegates.Compare()的静态成员。Compare()用于比较(排序)，TopRightQuadrant()用于搜索。稍后在分析 Program.cs 中的代码时介绍它们。

Main()中的代码首先初始化 VectorList 集合,给它添加几个 Vector 对象(这段代码包含在 Ch12Ex03\Program.cs 文件中):

```csharp
VectorList route = new VectorList();
route.Add(new Vector(2.0, 90.0));
route.Add(new Vector(1.0, 180.0));
route.Add(new Vector(0.5, 45.0));
route.Add(new Vector(2.5, 315.0));
```

如前所述，Vectors.Sum()方法用于输出集合中的项，这次是按照其初始顺序输出：

```csharp
Console.WriteLine(route.Sum());
```

接着创建第一个委托 sorter，这个委托属于 Comparison<Vector>类型，因此可赋予带如下返回类型和参数的方法：

```csharp
int method(Vector objectA, Vector objectB)
```

它匹配 VectorDelegates.Compare()，该方法就是赋予委托的方法。

```csharp
Comparison<Vector> sorter = new Comparison<Vector>(
    VectorDelegates.Compare);
```

Compare()比较两个矢量的大小，如下所示：

```csharp
public static int Compare(Vector x, Vector y)
{
    if (x.R > y.R)
```

```
    {
        return 1;
    }
    else if (x.R < y.R)
    {
        return -1;
    }
    return 0;
}
```

这样就可按大小对矢量排序了：

```
route.Sort(sorter);
Console.WriteLine(route.Sum());
```

应用程序的输出结果符合我们的预期——汇总的结果是一样的，因为无论用什么顺序执行各个步骤，"矢量路径"的端点都是相同的。

然后进行搜索，获取集合中的一个矢量子集。这需要使用 VectorDelegates.TopRightQuadrant()来实现：

```
public static bool TopRightQuadrant(Vector target)
{
    if (target.Theta >= 0.0 && target.Theta <= 90.0)
    {
        return true;
    }
    else
    {
        return false;
    }
}
```

如果该方法的 Vector 参数的 Theta 的值介于 0°～90°之间，就返回 true，也就是说，它在前面的排序图中指向上或右。

在 Main()方法中，通过 Predicate<Vector>类型的委托使用这个方法，如下所示：

```
Predicate<Vector> searcher =
new Predicate<Vector>(VectorDelegates.TopRightQuadrant);
VectorList topRightQuadrantRoute = new VectorList(route.FindAll(searcher));
Console.WriteLine(topRightQuadrantRoute.Sum());
```

这需要在 VectorList 中定义构造函数：

```
public VectorList(IEnumerable<Vector> initialItems)
{
    foreach (Vector vector in initialItems)
    {
        Add(vector);
    }
}
```

其中，使用 IEnumerable<Vector>的接口初始化了一个新的 Vectors 集合，这是必需的，因为 List<Vector>.FindAll()返回一个 List<Vector>实例，而不是 VectorList 实例。

搜索的结果是，只返回 Vector 对象的一个子集，所以汇总结果不同(这正是我们希望的)。使用这些泛型委托类型来排序和搜索泛型集合需要一段时间才能习惯，但代码更加流畅高效了，代码的结构更富逻辑性。最好花点时间研究本节介绍的技术。

另外，在这个示例中，注意下面的代码：

```
Comparison<Vector> sorter = new Comparison<Vector>(
    VectorDelegates.Compare);
route.Sort(sorter);
```

可简化为：

```
route.Sort(VectorDelegates.Compare);
```

这样就不需要隐式引用 Comparison<Vector>类型了。实际上，仍会创建这个类型的一个实例，但它是隐式创建的。显然，Sort()方法需要这个类型的实例才能工作，但编译器会认识到这一点，在我们提供的方法中自动创建该类型的实例。此时，对 VectorDelegates.Compare()的引用(没有括号)称为方法组(method group)。许多情况下，都可以使用方法组以这种方式隐式地创建委托，使代码变得更易于阅读。

3. Dictionary<K, V>

Dictionary<K, V>类型可定义键/值对的集合。与本章前面介绍的其他泛型集合类型不同，这个类需要实例化两个类型，分别用于键和值，以表示集合中的各个项。

实例化 Dictionary<K, V>对象后，就可以像在继承自 DictionaryBase 的类上那样，对它执行相同的操作，但要使用已有的类型安全的方法和属性。例如，使用强类型化的 Add()方法添加键/值对。

```
Dictionary<string, int> things = new Dictionary<string, int>();
things.Add("Green Things", 29);
things.Add("Blue Things", 94);
things.Add("Yellow Things", 34);
things.Add("Red Things", 52);
things.Add("Brown Things", 27);
```

不使用 Add()方法也可以添加键/值对，但代码看起来不是太优雅：

```
Dictionary<string, int> things = new Dictionary<string, int>(){
    {"Green Things", 29},
    {"Blue Things", 94},
    {"Yellow Things", 34},
    {"Red Things", 52},
    {"Brown Things", 27}
};
```

可使用 Keys 和 Values 属性迭代集合中的键和值：

```
foreach (string key in things.Keys)
{
    Console.WriteLine(key);
}
foreach (int value in things.Values)
{
    Console.WriteLine(value);
}
```

还可以迭代集合中的各个项，把每个项作为一个 KeyValuePair<K, V>实例来获取，这与第 11 章介绍的 DictionaryEntry 对象十分相似：

```
foreach (KeyValuePair<string, int> thing in things)
```

```
    {
        Console.WriteLine($"{thing.Key} = {thing.Value}");
    }
```

对于 Dictionary<K, V>要注意的一点是，每个项的键都必须是唯一的。如果要添加的项的键与已有项的键相同，就会抛出 ArgumentException 异常。所以，Dictionary<K, V>允许把 IComparer<K>接口传递给其构造函数。如果要把自己的类用作键，且它们不支持 IComparable 或 IComparable<K>接口，或者要使用非默认的过程比较对象，就必须把 IComparer<K>接口传递给其构造函数。例如，在上例中，可以使用不区分大小写的方法来比较字符串键：

```
Dictionary<string, int> things =
    new Dictionary<string, int>(StringComparer.CurrentCultureIgnoreCase);
```

如果使用下面的键，就会得到一个异常：

```
things.Add("Green Things", 29);
things.Add("Green things", 94);
```

也可以给构造函数传递初始容量(使用 int)或项的集合(使用 IDictionary<K,V>接口)。

若不使用 Add()方法或更优雅的方法来填充 Dictionary<K, V>类型，则可考虑使用索引初始化器，它支持在对象初始化器内部初始化索引：

```
var things = new Dictionary<string, int>()
{
    ["Green Things"] = 29,
    ["Blue Things"] = 94,
    ["Yellow Things"] = 34,
    ["Red Things"] = 52,
    ["Brown Things"] = 27
};
```

索引初始化器的使用很方便，因为在许多情况下都不需要通过 var things 显示临时变量。使用表达式体方法，上例会级联简化的作用并使 Dictionary<K, V>类型的初始化最终变得优雅：

```
public Dictionary<string, int>
    SomeThings() => new Dictionary<string, int>
    { ["Green Things"] = 29, ["Blue Things"] = 94 };
```

4. 修改 CardLib 以便使用泛型集合类

对前几章创建的 CardLib 项目可以进行简单修改，即修改 Cards 集合类，以使用一个泛型集合类，这将减少许多行代码。对 CardCollection 的类定义需要做如下修改(这段代码包含在 Ch12CardLib\CardCollection.cs 文件中)：

```
public class CardCollection : List<Card>, ICloneable { ... }
```

还可删除 CardCollection 的所有方法，但 Clone()和 CopyTo()除外，因为 Clone()是 ICloneable 需要的方法，而 List<Card>提供的 CopyTo()版本处理的是 Card 对象数组，而不是 CardCollection 集合。需要对 Clone()做一些轻微修改，因为 List<T>类没有定义 List 属性：

```
public object Clone()
{
    CardCollection newCards = new CardCollection();
    foreach (Card sourceCard in this)
    {
```

```
        newCards.Add((Card)sourceCard.Clone());
    }
    return newCards;
}
```

这里没有列出代码，因为这是十分简单的修改，CardLib 的更新版本为 Ch12CardLib，它与第 11 章的客户代码包含在本章的下载代码中。

12.3 定义泛型类型

利用前面介绍的泛型知识，足以创建自己的泛型了。前面的许多代码都涉及泛型类型，并且还介绍了多个使用泛型语法的实例。本节将定义如下内容：

- 泛型类
- 泛型接口
- 泛型方法
- 泛型委托

在定义泛型类型的过程中，还将讨论下面一些更高级的技术：

- default 关键字
- 约束类型
- 从泛型类中继承
- 泛型运算符

12.3.1 定义泛型类

要创建泛型类，只需要在类定义中包含尖括号语法：

```
class MyGenericClass<T> { ... }
```

其中 T 可以是任意标识符，只要遵循通常的 C#命名规则即可，例如，不以数字开头等。但一般只使用 T。泛型类可在其定义中包含任意多个类型参数，参数之间用逗号分隔，例如：

```
class MyGenericClass<T1, T2, T3> { ... }
```

定义了这些类型后，就可以在类定义中像使用其他类型那样使用它们。可以把它们用作成员变量的类型、属性或方法等成员的返回类型以及方法的参数类型等。例如：

```
class MyGenericClass<T1, T2, T3>
{
    private T1 innerT1Object;
    public MyGenericClass(T1 item)
    {
        innerT1Object = item;
    }
    public T1 InnerT1Object
    {
        get { return innerT1Object; }
    }
}
```

其中，类型 T1 的对象可以传递给构造函数，只能通过 InnerT1Object 属性对这个对象进行只读访问。注意，不能假定为类提供了什么类型。例如，下面的代码就不会编译：

```
class MyGenericClass<T1, T2, T3>
{
    private T1 innerT1Object;
    public MyGenericClass()
    {
        innerT1Object = new T1();
    }
    public T1 InnerT1Object
    {
        get { return innerT1Object; }
    }
}
```

我们不知道 T1 是什么，也就不能使用它的构造函数，它甚至可能没有构造函数，或者没有可公共访问的默认构造函数。如果不使用涉及本节后面介绍的高级技术的复杂代码，则只能对 T1 进行如下假设：可以把它看成继承自 System.Object 的类型或可以封箱到 System.Object 中的类型。

不使用反射技术(这是用于在运行期间检查类型的高级技术，第 13 章将介绍它)，就只能使用下面的代码：

```
public string GetAllTypesAsString()
{
    return "T1 = " + typeof(T1).ToString()
        + ", T2 = " + typeof(T2).ToString()
        + ", T3 = " + typeof(T3).ToString();
}
```

可以做一些其他工作，尤其是对集合进行操作，因为处理对象组是非常简单的，不需要对对象类型进行任何假设，这是为什么存在本章前面介绍的泛型集合类的一个原因。

另一个需要注意的限制是，在比较为泛型类型提供的类型值和 null 时，只能使用运算符==或!=。例如，下面的代码会正常工作：

```
public bool Compare(T1 op1, T1 op2)
{
    if (op1 != null && op2 != null)
    {
        return true;
    }
    else
    {
        return false;
    }
}
```

其中，如果 T1 是一个值类型，则总是假定它是非空的，于是在上面的代码中，Compare 总是返回 true。但是，下面试图比较两个实参 op1 和 op2 的代码将不能编译：

```
public bool Compare(T1 op1, T1 op2)
{
    if (op1 == op2)
    {
        return true;
    }
```

```
    else
    {
        return false;
    }
}
```

其原因是这段代码假定 T1 支持==运算符。这说明，要对泛型执行实际操作，需要更多地了解类中使用的类型。

1. default 关键字

要确定用于创建泛型类实例的类型，需要了解一个最基本的情况：它们是引用类型还是值类型。若不知道这个情况，就不能用下面的代码赋予 null 值：

```
public MyGenericClass()
{
    innerT1Object = null;
}
```

如果 T1 是不能取 null 的值类型，则 innerT1Object 不能取 null 值，所以这段代码不会编译。幸好，开发人员考虑到了这个问题，使用 default 关键字(本书前面在 switch 结构中用过它)的新用法解决了它。这个新用法如下：

```
public MyGenericClass()
{
    innerT1Object = default(T1);
}
```

其结果是，如果 innerT1Object 是引用类型，就给它赋予 null 值；如果它是不能取 null 的值类型，就给它赋予默认值。对于数字类型，这个默认值是 0；而结构根据其各个成员的类型，以相同的方式初始化为 0 或 null。default 关键字允许对必须使用的类型执行更多操作，但为了更进一步，还需要限制所提供的类型。

2. 约束类型

前面用于泛型类的类型称为无绑定(unbounded)类型，因为没有对它们进行任何约束。而通过约束(constraining)类型，可以限制用于实例化泛型类的类型，这有许多方式。例如，可以把类型限制为继承自某个类型。回顾前面使用的 Animal、Cow 和 Chicken 类，可以把一个类型限制为 Animal 或继承自 Animal，则下面的代码是正确的：

```
MyGenericClass<Cow> = new MyGenericClass<Cow>();
```

但下面的代码不能编译：

```
MyGenericClass<string> = new MyGenericClass<string>();
```

在类定义中，这可以使用 where 关键字来实现：

```
class MyGenericClass<T> where T : constraint { ... }
```

其中 constraint 定义了约束。可以用这种方式提供许多约束，各个约束之间用逗号分开：

```
class MyGenericClass<T> where T : constraint1, constraint2 { ... }
```

还可以使用多个 where 语句，定义泛型类需要的任意类型或所有类型上的约束：

```
class MyGenericClass<T1, T2> where T1 : constraint1 where T2 : constraint2
{ ... }
```

约束必须出现在继承说明符的后面：

```
class MyGenericClass<T1, T2> : MyBaseClass, IMyInterface
    where T1 : constraint1 where T2 : constraint2 { ... }
```

表 12-3 中列出了一些可用的约束。

表 12-3　泛型类型约束

约束	定义	用法示例
struct	类型必须是不能取 null 的值类型	在类中，需要值类型才能起作用，例如，T 类型的成员变量是 0，表示某种含义
class	类型必须是能取 null 的和不能取 null 的引用类型	在类中，需要引用类型才能起作用，例如，T 类型的成员变量是 null，表示某种含义
base-class	类型必须是基类或继承自基类。可以根据这个约束提供任意类名	在类中，需要继承自基类的某种基本功能，才能起作用
interface	类型必须是接口或实现了接口	在类中，需要接口公开的某种基本功能，才能起作用
new()	类型必须有一个公共的无参构造函数	在类中，需要能实例化 T 类型的变量，例如在构造函数中实例化

注意：

如果 new()用作约束，它就必须是为类型指定的最后一个约束。

可通过 *base-class 约束*，把一个类型参数用作另一个类型参数的约束，如下所示：

```
class MyGenericClass<T1, T2> where T2 : T1 { ... }
```

其中，T2 必须与 T1 的类型相同，或者继承自 T1。这称为裸类型约束(naked type constraint)，表示一个泛型类型参数用作另一个类型参数的约束。

类型约束不能循环，例如：

```
class MyGenericClass<T1, T2> where T2 : T1 where T1 : T2 { ... }
```

这段代码不能编译。下面的示例将定义和使用一个泛型类，该类使用前面几章介绍的 Animal 类系列。

试一试　定义泛型类：Ch12Ex04

(1) 在 C:\BeginningCSharpAndDotNET\Chapter12 目录中创建一个新的控制台应用程序 Ch12Ex04。

(2) 在 Solution Explorer 窗口中右击项目名称，选择 Add Existing Item 选项。

(3) 从 C:\BeginningCSharpAndDotNET\Chapter12\Ch12Ex02 目录中选择 Animal.cs、Cow.cs 和 Chicken.cs 文件，单击 Add 按钮。

(4) 在已经添加的文件中修改名称空间声明，如下所示：

```
namespace Ch12Ex04
```

(5) 修改 Animal.cs，如下所示：

```
public abstract class Animal
```

```
{
    ...
    public abstract void MakeANoise();
}
```

(6) 修改 Chicken.cs，如下所示：

```
public class Chicken : Animal
{
    ...
    public override void MakeANoise()
    {
        Console.WriteLine($"{name} says 'cluck!';");
    }
}
```

(7) 修改 Cow.cs，如下所示：

```
public class Cow : Animal
{
    ...
    public override void MakeANoise()
    {
        Console.WriteLine($"{name} says 'moo!'");
    }
}
```

(8) 添加一个新类 SuperCow，并修改 SuperCow.cs 中的代码，如下所示：

```
public class SuperCow : Cow
{
    public void Fly()
    {
        Console.WriteLine($"{name} is flying!");
    }
    public SuperCow(string newName): base(newName)
    {
    }
    public override void MakeANoise()
    {
        Console.WriteLine(
            $"{name} says 'here I come to save the day!'");
    }
}
```

(9) 添加一个新类 Farm，并修改 Farm.cs 中的代码，如下所示：

```
using System;
using System.Collections;
using System.Collections.Generic;
using System.Text;
namespace Ch12Ex04
{
    public class Farm<T> : IEnumerable<T>
        where T : Animal
    {
        private List<T> animals = new List<T>();
        public List<T> Animals
```

```
    {
        get { return animals; }
    }
    public IEnumerator<T> GetEnumerator() => animals.GetEnumerator();
    IEnumerator IEnumerable.GetEnumerator() => animals.GetEnumerator();
    public void MakeNoises()
    {
        foreach (T animal in animals)
        {
            animal.MakeANoise();
        }
    }
    public void FeedTheAnimals()
    {
        foreach (T animal in animals)
        {
            animal.Feed();
        }
    }
    public Farm<Cow> GetCows()
    {
        Farm<Cow> cowFarm = new Farm<Cow>();
        foreach (T animal in animals)
        {
            if (animal is Cow)
            {
                cowFarm.Animals.Add(animal as Cow);
            }
        }
        return cowFarm;
    }
}
```

(10) 修改 Program.cs，如下所示：

```
static void Main(string[] args)
{
    Farm<Animal> farm = new Farm<Animal>();
    farm.Animals.Add(new Cow("Lea"));
    farm.Animals.Add(new Chicken("Donna"));
    farm.Animals.Add(new Chicken("Mary"));
    farm.Animals.Add(new SuperCow("Ben"));
    farm.MakeNoises();
    Farm<Cow> dairyFarm = farm.GetCows();
    dairyFarm.FeedTheAnimals();
    foreach (Cow cow in dairyFarm)
    {
        if (cow is SuperCow)
        {
            (cow as SuperCow)?.Fly();
        }
    }
    Console.ReadKey();
}
```

(11) 执行该应用程序，结果如图 12-5 所示。

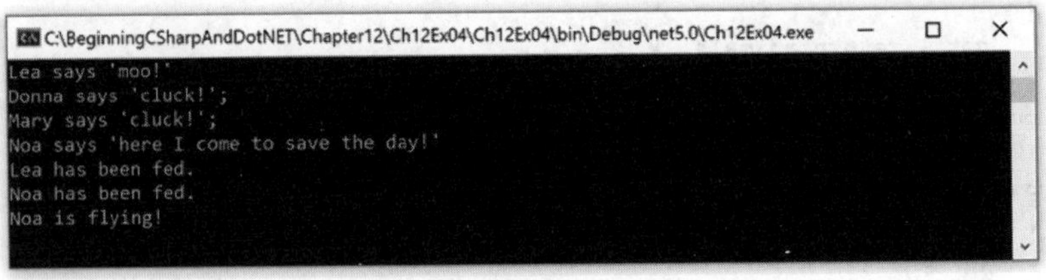

图　12-5

示例说明

在这个示例中，创建了一个泛型类 Farm<T>，它没有继承泛型 List 类，而将泛型 List 类作为公共属性公开，该 List 的类型由传递给 Farm<T>的类型参数 T 确定，且被约束为 Animal，或者继承自 Animal。

```
public class Farm<T> : IEnumerable<T>
    where T : Animal
{
    private List<T> animals = new List<T>();
    public List<T> Animals
    {
        get { return animals; }
    }
```

Farm<T>还实现了 IEnumerable<T>，其中，T 传递给这个泛型接口，因此也以相同的方式进行了约束。实现这个接口，就可以迭代包含在 Farm<T>中的项，而不必显式迭代 Farm<T>.Animals。很容易就能做到这一点，只需要返回 Animals 公开的枚举器即可，该枚举器是一个 List<T>类，该类也实现了 IEnumerable<T>。

```
public IEnumerator<T> GetEnumerator() => animals.GetEnumerator();
```

因为 IEnumerable<T>继承自 IEnumerable，所以还需要实现 IEnumerable.GetEnumerator()：

```
IEnumerator IEnumerable.GetEnumerator() => animals.GetEnumerator();
```

之后，Farm<T>包含的两个方法利用了抽象类 Animal 的方法：

```
public void MakeNoises()
{
    foreach (T animal in animals)
    {
        animal.MakeANoise();
    }
}
public void FeedTheAnimals()
{
    foreach (T animal in animals)
    {
        animal.Feed();
    }
}
```

T 被约束为 Animal，所以这段代码会正确编译——无论 T 实际上是什么，都可以访问 MakeANoise()和 Feed()方法。

下一个方法 GetCows()更有趣。这个方法提取了集合中类型为 Cow(或继承自 Cow，例如，新的

SuperCow 类)的所有项:

```
public Farm<Cow> GetCows()
{
    Farm<Cow> cowFarm = new Farm<Cow>();
    foreach (T animal in animals)
    {
        if (animal is Cow)
        {
            cowFarm.Animals.Add(animal as Cow);
        }
    }
    return cowFarm;
}
```

有趣的是,这个方法似乎有点浪费。如果以后希望有同一系列的其他方法,如 GetChickens(),也需要显式实现它们。在使用许多类型的系统中,需要更多方法。一个较好的解决方案是使用泛型方法,详见本章后面的内容。

Program.cs 中的客户代码测试了 Farm 的各个方法,它包含的代码大多已在前面列出,所以不需要再深入探讨这些代码。

3. 从泛型类中继承

上例中的 Farm<T>类以及本章前面介绍的其他几个类都继承自一个泛型类型。在 Farm<T>中,这个类型是一个接口 IEnumerable<T>。这里 Farm<T>在 T 上提供的约束也会在 IEnumerable<T>中使用的 T 上添加一个额外的约束。这可以用于限制未约束的类型,但需要遵循一些规则。

首先,如果某个类型所继承的基类型中受到约束,该类型就不能"解除约束"。也就是说,类型 T 在所继承的基类型中使用时,该类型必须受到至少与基类型相同的约束。例如,下面的代码是正确的:

```
class SuperFarm<T> : Farm<T>
    where T : SuperCow {}
```

因为 T 在 Farm<T>中被约束为 Animal,把它约束为 SuperCow,就是把 T 约束为这些值的一个子集,所以这是可行的。但是,以下代码不会编译:

```
class SuperFarm<T> : Farm<T>
    where T : struct{}
```

可以肯定地讲,提供给 SuperFarm<T>的类型 T 不能转换为可由 Farm<T>使用的 T,所以代码无法编译。

甚至对于约束为超集的情况,也会出现相同的问题:

```
class SuperFarm<T> : Farm<T>
    where T : class{}
```

即使 SuperFarm<T>允许存在像 Animal 这样的类型,Farm<T>中也不允许有满足类约束的其他类型。否则编译就会失败。这个规则适用于本章前面介绍的所有约束类型。

另外,如果继承自一个泛型类型,就必须提供所有必需的类型信息,这可以使用其他泛型类型参数的形式来提供,如上所述,也可以显式提供。这也适用于继承了泛型类型的非泛型类。例如:

```
public class CardCollection : List<Card>, ICloneable{}
```

这是可行的，但下面的代码会失败：

```
public class CardCollection : List<T>, ICloneable{}
```

因为没有提供 T 的信息，所以无法编译。

4. 泛型运算符

在 C#中，可以像其他方法一样进行运算符的重写，也可在泛型类中实现此类重写。例如，可在
Farm<T>中定义如下隐式的转换运算符：

```
public static implicit operator List<Animal>(Farm<T> farm)
{
    List<Animal> result = new List<Animal>();
    foreach (T animal in farm)
    {
        result.Add(animal);
    }
    return result;
}
```

这样，如有必要，就可以在 Farm<T>中把 Animal 对象直接作为 List<Animal>来访问。例如，使
用下面的运算符添加两个 Farm<T>实例，这是很方便的：

```
public static Farm<T> operator +(Farm<T> farm, List<T> list)
{
    Farm<T> result = new Farm<T>();
    foreach (T animal in farm)
    {
        result.Animals.Add(animal);
    }
    foreach (T animal in list)
    {
        if (!result.Animals.Contains(animal))
        {
            result.Animals.Add(animal);
        }
    }
    return result;
}
public static Farm<T> operator +(Farm<T> farm, List<T> list)
        => farm + list;
```

接着可以添加 Farm<Animal>和 Farm<Cow>的实例，如下所示：

```
Farm<Animal> newFarm = farm + dairyFarm;
```

在这行代码中，dairyFarm(Farm<Cow>的实例)隐式转换为 List<Animal>，List<Animal>可在
Farm<T>中由重载运算符+使用。

读者可能认为，使用下面的代码也可以做到这一点：

```
public static Farm<T> operator +(Farm<T> farm1, Farm<T> farm2){ ... }
```

但是，Farm<Cow>不能转换为 Farm<Animal>，所以汇总会失败。为了更进一步，可以使用下面的转换运算符来解决这个问题：

```
public static implicit operator Farm<Animal>(Farm<T> farm)
{
    Farm <Animal> result = new Farm <Animal>();
    foreach (T animal in farm)
    {
        result.Animals.Add(animal);
    }
    return result;
}
```

使用这个运算符，Farm<T>的实例(如 Farm<Cow>)就可转换为 Farm<Animal>的实例，这解决了上面的问题。所以，可以使用上面列出的两种方法中的一种，但是后者更适合，因为它比较简单。

5. 泛型结构

前几章说过，结构实际上与类相同，只有一些微小区别，而且结构是值类型，不是引用类型。所以，可以用与泛型类相同的方式来创建泛型结构。例如：

```
public struct MyStruct<T1, T2>
{
    public T1 item1;
    public T2 item2;
}
```

12.3.2　定义泛型接口

前面介绍了几个泛型接口，它们都位于 Systems.Collections.Generic 名称空间中，例如，上一个示例中使用的 IEnumerable<T>。定义泛型接口与定义泛型类所用的技术相同，例如：

```
interface MyFarmingInterface<T>
    where T : Animal
{
    bool AttemptToBreed(T animal1, T animal2);
    T OldestInHerd { get; }
}
```

其中，泛型参数 T 用作 AttemptToBreed()的两个实参的类型和 OldestInHerd 属性的类型。

其继承规则与类相同。如果继承了一个基泛型接口，就必须遵循这些规则，例如保持基接口泛型类型参数的约束。

12.3.3　定义泛型方法

上个示例中使用了方法 GetCows()。在讨论这个示例时也提到，可以使用泛型方法得到这个方法的更一般形式。本节将说明如何实现这一目标。在泛型方法中，返回类型和/或参数类型由泛型类型参数来确定。例如：

```
public T GetDefault<T>() => default(T);
```

这个小示例使用本章前面介绍的 **default** 关键字，为类型 T 返回默认值。对这个方法的调用如下所示：

```
int myDefaultInt = GetDefault<int>();
```

在调用该方法时提供了类型参数 T。

这个 T 与用于给类提供泛型类型参数的类型差异极大。实际上，可以通过非泛型类来实现泛型方法：

```
public class Defaulter
{
    public T GetDefault<T>() => default(T);
}
```

但如果类是泛型的，就必须为泛型方法类型使用不同的标识符。下面的代码不会编译：

```
public class Defaulter<T>
{
    public T GetDefault<T>() => default(T);
}
```

必须重命名方法或类使用的类型 T。

泛型方法参数可以采用与类相同的方式使用约束，在此可以使用任意的类类型参数，例如：

```
public class Defaulter<T1>
{
    public T2 GetDefault<T2>()
        where T2 : T1
    {
        return default(T2);
    }
}
```

其中，为方法提供的类型 T2 必须与给类提供的 T1 相同，或者继承自 T1。这是约束泛型方法的常用方式。

在前面的 Farm<T>类中，可以包含下面的方法(在 Ch12Ex04 的下载代码中包含它们，但已注释掉)。

```
public Farm<U> GetSpecies<U>() where U : T
{
    Farm<U> speciesFarm = new Farm<U>();
    foreach (T animal in animals)
    {
        if (animal is U)
        {
            speciesFarm.Animals.Add(animal as U);
        }
    }
    return speciesFarm;
}
```

这可以替代 GetCows()和相同类型的其他方法。这里使用的泛型类型参数 U 由 T 约束，T 又由 Farm<T>类约束为 Animal。因此，如果愿意，可以把 T 的实例视为 Animal 的实例。

在 Ch12Ex04 的客户端代码 Program.cs 中，使用这个新方法需要进行一处修改：

```
Farm<Cow> dairyFarm = farm.GetSpecies<Cow>();
```

也可以编写如下代码：

```
Farm<Chicken> poultryFarm = farm.GetSpecies<Chicken>();
```

对于继承自 Animal 的其他类，都可以使用这种方法。

这里要注意，如果某个方法有泛型类型参数，会改变该方法的签名。也就是说，该方法有几个重载版本，它们仅在泛型类型参数上有区别。例如：

```
public void ProcessT<T>(T op1){ ... }
public void ProcessT<T, U>(T op1){ ... }
```

使用哪个方法取决于调用方法时指定的泛型类型参数的个数。

12.3.4　定义泛型委托

最后一个要介绍的泛型类型是泛型委托。本章前面在介绍如何排序和搜索泛型列表时曾介绍过它们，即分别为此使用了 Comparison<T> 和 Predicate<T> 委托。

第 6 章介绍了如何使用方法的参数和返回类型、delegate 关键字和委托名来定义委托，例如：

```
public delegate int MyDelegate(int op1, int op2);
```

要定义泛型委托，只需要声明和使用一个或多个泛型类型参数，例如：

```
public delegate T1 MyDelegate<T1, T2>(T2 op1, T2 op2) where T1: T2;
```

可以看出，也可以在这里使用约束。第 13 章将更详细地介绍委托，了解在常见的 C#编程技术(即"事件")中如何使用它们。

12.4　变体

变体(variance)是协变(covariance)和抗变(contravariance)的统称，要掌握这些术语的含义，最简单的方式是把它们与多态性进行比较。多态性允许将派生类型的对象放在基类型的变量中，例如：

```
Cow myCow = new Cow("Mary");
Animal myAnimal = myCow;
```

其中把 Cow 类型的对象放在 Animal 类型的变量中，这是可行的，因为 Cow 派生自 Animal。
但这不适用于接口，也就是说，下面的代码不能工作：

```
IMethaneProducer<Cow> cowMethaneProducer = myCow;
IMethaneProducer<Animal> animalMethaneProducer = cowMethaneProducer;
```

假定 Cow 支持 IMethaneProducer<Cow>接口，第一行代码就没有问题。但是，第二行代码预先假定两个接口类型有某种关系，但实际上这种关系不存在，所以无法把一种类型转换为另一种类型。是这样吗？使用本章前面介绍的技术肯定不行，因为泛型类型的所有类型参数都是不变的。但可以在泛型接口和泛型委托上定义变体类型参数，以适合上述代码演示的情形。

为使上述代码工作，IMethaneProducer<T>接口的类型参数 T 必须是协变的。有了协变的类型参数，就可以在 IMethaneProducer<Cow>和 IMethaneProducer<Animal>之间建立继承关系，这样一种类型的变量就可以包含另一种类型的值，这与多态性类似(但稍复杂些)。

为了完成对变体的介绍，需要看看变体的另一面：抗变。抗变和协变是类似的，但方向相反。抗变不能像协变那样，把泛型接口值放在使用基类型的变量中，但可以把该接口放在使用派生类型的变量中，例如：

```
IGrassMuncher<Cow> cowGrassMuncher = myCow;
IGrassMuncher<SuperCow> superCowGrassMuncher = cowGrassMuncher;
```

初看起来似乎有点古怪，因为不能通过多态性完成相同的功能。但是这在一些情况下是一项有效的技术，如"抗变"一节中所述。

接下来的两节将介绍如何在泛型类型中实现变体，以及.NET Framework 如何使用变体简化编程。

> **注意：**
> 本节所有代码都包含在演示项目 VarianceDemo 中，可供使用。

12.4.1　协变

要把泛型类型参数定义为协变，可在类型定义中使用 out 关键字，如下面的示例所示：

```
public interface IMethaneProducer<out T>{ ... }
```

对于接口定义，协变类型参数只能用作方法的返回值或属性 get 访问器。

说明协变用途的一个很好例子在.NET Framework 中，即前面使用的 IEnumerable<T>接口。在这个接口中，项类型 T 定义为协变，这表示可以把支持 IEnumerable<Cow> 的对象放在 IEnumerable<Animal>类型的变量中。

因此下面的代码是有效的：

```
static void Main(string[] args)
{
    List<Cow> cows = new List<Cow>();
    cows.Add(new Cow("Rual"));
    cows.Add(new SuperCow("Donna"));
    ListAnimals(cows);
    Console.ReadKey();
}
static void ListAnimals(IEnumerable<Animal> animals)
{
    foreach (Animal animal in animals)
    {
        Console.WriteLine(animal.ToString());
    }
}
```

其中 cows 变量的类型是 List<Cow>，它支持 IEnumerable<Cow>接口。通过协变，可以将这个变量传递给需要 IEnumerable<Animal>类型的参数的方法。回顾一下 foreach 循环的工作方式，就知道 GetEnumerator()方法用于获取 IEnumerator<T>的一个枚举器，该枚举器的 Current 属性用于访问项。IEnumerator<T>还将其类型参数定义为协变，这表示可以把它用作参数的 get 访问器，而且一切都运转良好。

12.4.2　抗变

要把泛型类型参数定义为抗变，可在类型定义中使用 in 关键字：

```
public interface IGrassMuncher<in T>{ ... }
```

对于接口定义，抗变类型参数只能用作方法参数，不能用作返回类型。

理解这一点的最佳方式是列举一个在.NET 中使用抗变的例子。带有抗变类型参数的一个接口是前面用过的 IComparer<T>。可以给 Animal 实现这个接口，如下所示：

```
public class AnimalNameLengthComparer : IComparer<Animal>
{
    public int Compare(Animal x, Animal y)
        => x.Name.Length.CompareTo(y.Name.Length);
}
```

这个比较器按名称的长度比较动物，所以可使用它对 List<Animal>的实例排序。通过抗变，还可以使用它对 List<Cow>的实例排序，尽管 List<Cow>.Sort()方法需要 IComparer<Cow>的实例。

```
List<Cow> cows = new List<Cow>();
cows.Add(new Cow("Lea"));
cows.Add(new SuperCow("Donna"));
cows.Add(new Cow("Mary"));
cows.Add(new Cow("Ben"));
cows.Sort(new AnimalNameLengthComparer());
```

大多数情况下，抗变都会发生——它被添加到.NET 中就是为了帮助执行这种操作。这两种变体的优点是，可以在需要时使用本节介绍的技术实现它们。

12.5　习题

(1) 下面哪些元素可以是泛型?
   a. 类
   b. 方法
   c. 属性
   d. 运算符重载
   e. 结构
   f.枚举

(2) 扩展 Ch12Ex01 中的 Vector 类，使*运算符返回两个矢量的点积(dot product)。注意，两个矢量的点积定义为两个矢量的大小与两个矢量之间夹角余弦的乘积。

(3) 下面的代码存在什么错误? 请加以修改。

```
public class Instantiator<T>
{
    public T instance;
    public Instantiator()
    {
        instance = new T();
    }
}
```

(4) 下面的代码存在什么错误? 请加以修改。

```
public class StringGetter<T>
{
public string GetString<T>(T item) => item.ToString();
}
```

(5) 创建一个泛型类 ShortList<T>，它实现了 IList<T>，包含一个项集合及集合的最大容量。这个最大容量应是一个整数，并可以提供给 ShortList<T>的构造函数，或者默认为 10。构造函数还应通过 IEnumerable<T>参数获取项的最初列表。该类与 List<T>的功能相同，但如果试图给集合添加太多的项，或者传递给构造函数的 IEnumerable<T>包含太多的项，就会抛出 IndexOutOfRangeException 类型的异常。

(6) 下面的代码可以进行编译吗？如果不能，试说明原因。

```
public interface IMethaneProducer<out T>
{
    void BelchAt(T target);
}
```

附录 A 给出了习题答案。

12.6 本章要点

主题	要点
使用泛型类型	泛型类型需要一个或多个类型参数才能工作。在声明变量时，传递需要的类型参数，就可以把泛型类型用作变量的类型。为此，应把逗号分隔的类型名列表放在尖括号中
可空类型	可空类型可使用指定值类型的任意值或 null 值。使用 Nullable<T>或 T?语法，可以声明可空类型的变量
??运算符	空接合运算符返回第一个操作数的值，如果第一个操作数是 null，就返回第二个操作数的值。成员访问?..和 y 元素访问?[] null 条件操作符在对对象执行操作之前，计算对象是否为空
泛型集合	泛型集合非常有用，因为它们内置了强类型化功能。可使用 List<T>、Collection<T>和 Dictionary<K, V>等集合类型，它们还提供了泛型接口。为了针对泛型集合进行排序和搜索，应使用 IComparer<T>和 IComparable<T>接口
定义泛型类	泛型类型的定义十分类似于其他类型，但在指定类型名时需要添加泛型类型参数。与使用泛型类型一样，也需要把这些参数指定为逗号分隔的列表，并放在尖括号中。在使用类型名的地方都可以使用泛型类型参数，例如可在方法的返回值和参数中使用它们
泛型类型的参数约束	为高效地在泛型类型代码中使用泛型类型参数，可以在使用类型时约束可提供的类型。可以根据基类、所支持的接口、是否必须是值类型或引用类型以及是否支持无参数的构造函数等，来约束类型参数。如果没有这些约束，就必须使用 default 关键字来实例化泛型类型的变量
其他泛型类型	除类之外，还可以定义泛型接口、委托和方法
变体	变体是类似于多态性的一个概念，但应用于类型参数。它允许使用一个泛型类型替代另一个泛型类型，这些泛型类型仅在所使用的泛型类型参数上有区别。协变允许在两种类型之间转换，其中目标类型有一个类型参数，它是源类型的类型参数的基类。抗变允许进行相反的转换。协变类型参数用 out 参数定义，只能用作返回类型和属性 get 访问器的类型。抗变类型参数用 in 参数定义，只能用作方法的参数

第**13**章

高级 C#技术

本章内容：

- ::运算符
- 全局名称空间限定符
- 创建定制异常
- 使用事件
- 使用匿名方法
- 使用 C#特性
- 使用初始化器
- 使用 var 类型和类型推理
- 如何使用匿名类型
- 如何使用 dynamic 类型
- 如何使用命名和可选的方法参数
- 使用 Lambda 表达式

本章源代码下载：

本章源代码可以通过本书合作站点 www.wiley.com 上的 Download Code 选项卡下载，也可以通过网址 github.com/benperk/BeginningCSharpAndDotNET 下载。下载代码位于 Chapter13 文件夹中并已根据本章示例的名称单独命名。

本章将介绍前面未涉及的内容，继续讨论 C#语言中不适合放在其他地方讨论的内容。C#的发明者 Anders Hejlsberg 和微软公司的其他人一直在更新和改进该语言。在撰写本书时，最新的改进都放在 C#语言的第 9 版中。阅读了本书前面的内容后，读者可能会考虑还需要什么其他功能。实际上，C#以前的版本从功能的角度来看并不缺乏什么，但这并不意味着无法进一步简化 C#编程的某些方面，或者 C#和其他技术之间的关系不能更加流畅。

本章还将对前面几章构建的 CardLib 代码进行了最终修改，并使用 CardLib 来创建扑克牌游戏。

13.1 ::运算符和全局名称空间限定符

::运算符提供了另一种访问名称空间中类型的方式。如果要使用一个名称空间的别名，但该别名与实际名称空间层次结构之间的界限不清晰，就必须使用::运算符。在那种情况下，名称空间层次结构优先于名称空间别名。为阐明其含义，考虑下列代码：

```
using MyNamespaceAlias = MyRootNamespace.MyNestedNamespace;
namespace MyRootNamespace
{
   namespace MyNamespaceAlias
   {
      public class MyClass {}
   }
   namespace MyNestedNamespace
   {
      public class MyClass {}
   }
}
```

MyRootNamespace 中的代码使用以下代码引用一个类：

```
MyNamespaceAlias.MyClass
```

这行代码引用的类是 MyRootNamespace.MyNamespaceAlias.MyClass，而不是 MyRootNamespace.MyNestedNamespace.MyClass。也就是说，MyRootNamespace.MyNamespaceAlias 名称空间隐藏了由 using 语句定义的别名，该别名引用 MyRootNamespace.MyNestedNamespace 名称空间。仍然可以访问这个名称空间以及其中包含的类，但需要使用不同的语法：

```
MyNestedNamespace.MyClass
```

另外，还可以使用::运算符：

```
MyNamespaceAlias::MyClass
```

使用这个运算符会迫使编译器使用由 using 语句定义的别名，因此代码引用 MyRootNamespace.MyNestedNamespace.MyClass。

::运算符还可以与global关键字一起使用，它实际上是顶级根名称空间的别名。这有助于更清晰地说明要引用哪个名称空间，如下所示：

```
global::System.Collections.Generic.List<int>
```

这是希望使用的类，即 List<T>泛型集合类。它肯定不是用下列代码定义的类：

```
namespace MyRootNamespace
{
   namespace System
   {
      namespace Collections
      {
         namespace Generic
         {
            class List<T> {}
         }
      }
   }
}
```

当然，应避免使名称空间的名称与已有的.NET 名称空间相同，但这个问题只在大型项目中才会出现，作为大型开发队伍中的一员进行开发时，此类问题尤其严重。使用::运算符和 global 关键字可能是访问所需类型的唯一方式。

13.2 定制异常

第 7 章讨论了异常，并解释了如何使用 try...catch...finally 块处理它们。我们还论述了几个标准的.NET 异常，包括异常的基类 System.Exception。在应用程序中，有时也可以从这个基类中派生自己的异常类，并使用它们，而不是使用标准的异常。这样就可以把更具体的信息发送给捕获该异常的代码，让处理异常的捕获代码更有针对性。例如，可以给异常类添加一个新属性，以便访问某些底层信息，这样异常的接收代码就可以做出必要的改变，或者仅给出异常起因的更多信息。

> **注意:**
> System 名称空间中有两个基本的异常类: ApplicationException 和 SystemException，它们派生于 Exception。SystemException 用作.NET Framework 预定义的异常的基类，ApplicationException 由开发人员用于派生自己的异常类。但最近的最佳做法是不从这个类中派生异常，而应使用 Exception。

给 CardLib 添加定制异常

为演示定制异常的用法，最好通过升级 CardLib 项目来说明。目前，如果试图访问索引小于 0 或大于 51 的扑克牌，Deck.GetCard()方法就会抛出一个标准的.NET 异常，但下面改为使用一个定制异常。

首先需要在 BeginningCSharpAndDotNET\Chapter13 目录中创建一个新的类库项目 Ch13CardLib，像以前一样把类从 Ch12CardLib 中复制过来，并把名称空间改为 Ch13CardLib。接着定义该异常。方法是使用在新类文件 CardOutOfRangeException.cs 中定义的一个新类，这个新类是使用 Project | Add Class 命令添加到 Ch13CardLib 项目中的(这段代码包含在 Ch13CardLib\CardOutOfRangeException.cs 文件中):

```
public class CardOutOfRangeException : Exception
{
    private Cards deckContents;
    public Cards DeckContents
    {
        get { return deckContents; }
    }
    public CardOutOfRangeException(Cards sourceDeckContents)
        : base("There are only 52 cards in the deck.")
    {
        deckContents = sourceDeckContents;
    }
}
```

这个类的构造函数需要使用Cards类的一个实例，它允许通过DeckContents属性来访问这个Cards对象，为 Exception 基类构造函数提供合适的错误信息，使该错误信息可以通过类的 Message 属性得到。

接着在 Deck.cs 中添加抛出该异常的代码，替换原来的标准异常(这段代码包含在 Ch13CardLib\Deck.cs 文件中):

```
public Card GetCard(int cardNum)
{
    if (cardNum >= 0 && cardNum <= 51)
        return cards[cardNum];
    else
        throw new CardOutOfRangeException(cards.Clone() as Cards);
}
```

CardOutOfRangeException 类的 DeckContents 属性是通过对 Deck 对象的当前内容(其形式是一个 Cards 对象)进行深度复制来初始化的。这表示，此时的内容是异常抛出时的内容，所以随后对 Deck 内容的修改不会丢失这些信息。

要进行测试，使用下面的客户端代码(这段代码包含在 Ch13CardClient\Program.cs 文件中)：

```
Deck deck1 = new Deck();
try
{
    Card myCard = deck1.GetCard(60);
}
catch (CardOutOfRangeException e)
{
    Console.WriteLine(e.Message);
    Console.WriteLine(e.DeckContents[0]);
}
Console.ReadKey();
```

添加对 Ch13CardLib.dll 和 using Ch13CardLib 的引用后，执行代码，结果如图 13-1 所示。

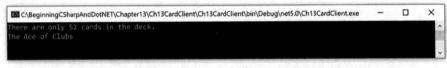

图 13-1

其中捕获代码把异常的 Message 属性写到屏幕上。我们还通过 DeckContents 显示了 Cards 对象中的第一张牌，以证明可以通过定制的异常对象来访问 Cards 集合。

13.3 事件

本节主要讨论.NET 中最常用的 OOP 技术：事件。像往常一样，首先介绍基础知识，分析事件到底是什么。之后讨论几个简单事件，看看使用它们可以做什么。然后论述如何创建和使用自己的事件。

本章最后介绍如何给 CardLib 类库添加一个事件，使该类库更完整。另外，因为这是在介绍一些更高级论题之前的最后一部分，所以我们还将创建一个使用该类库的有趣扑克牌游戏应用程序。

13.3.1 事件的含义

事件类似于异常，因为它们都由对象引发(抛出)，并且都可以通过我们提供的代码来处理。但它们也有几个重要区别。最重要的区别是并没有与 try...catch 类似的结构来处理事件，你必须订阅 (subscribe)它们。订阅一个事件的含义是提供代码，在事件发生时执行这些代码，它们称为事件处理程序。

单个事件可供多个处理程序订阅,在该事件发生时,这些处理程序都会被调用,其中包括引发该事件的对象所在的类中的事件处理程序,但事件处理程序也可能在其他类中。请注意,事件处理程序是任意调用的,这意味着不能依赖于以任何特定的顺序调用它们。

事件处理程序本身都是简单方法。对事件处理方法的唯一限制是它必须匹配事件所要求的返回类型和参数。这个限制是事件定义的一部分,由一个委托指定。

> **注意:**
> 在事件中使用委托是非常有用的。第 6 章介绍了委托,读者可以温习这一部分,复习一下委托是什么以及如何使用它们。

基本处理过程如下所示:首先,应用程序创建一个可以引发事件的对象。例如,假定由一个即时消息传送应用程序创建的对象表示一个远程用户的连接。当接收到远程用户通过该连接传送来的消息时,这个连接对象会引发一个事件,如图 13-2 所示。

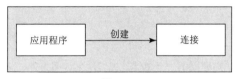

图 13-2

接着,应用程序订阅事件。为此,即时消息传送应用程序将定义一个方法,该方法可以与事件指定的委托类型一起使用,把这个方法的一个引用传送给事件,而事件的处理方法可以是另一个对象的方法,例如当接收到消息时进行显示的显示设备对象,如图 13-3 所示。

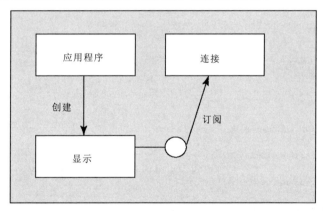

图 13-3

引发事件后,就通知订阅器。当接收到通过连接对象传来的即时消息时,就调用显示设备对象上的事件处理方法。因为我们使用的是一个标准方法,所以引发事件的对象可以通过参数传送任何相关的信息,这样就大大增加了事件的通用性。在本例中,一个参数是即时消息的文本,事件处理程序可在显示设备对象上显示它,如图 13-4 所示。

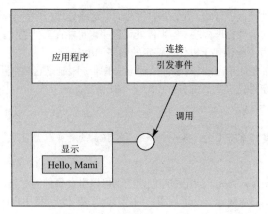

图　13-4

13.3.2　处理事件

如前所述，要处理事件，需要提供一个事件处理方法来订阅事件，该方法的返回类型和参数应该匹配事件指定的委托。下面的示例使用一个简单的计时器对象引发事件，调用一个处理方法。

试一试　处理事件：Ch13Ex01

(1)　在 C:\BeginningCSharpAndDotNET\Chapter13 目录中创建一个新的控制台应用程序 Ch13Ex01。

(2)　修改 Program.cs 中的代码，如下所示：

```
using System;
using System.Timers;
namespace Ch13Ex01
{
    class Program
    {
        static int counter = 0;

        static string displayString =
                        "This string will appear one letter at a time. ";
        static void Main(string[] args)
        {
            Timer myTimer = new Timer(100);
            myTimer.Elapsed += new ElapsedEventHandler(WriteChar);
            myTimer.Start();
            System.Threading.Thread.Sleep(200);
            Console.ReadKey();
        }
        static void WriteChar(object source, ElapsedEventArgs e)
        {
            Console.Write(displayString[counter++ % displayString.Length]);
        }
    }
}
```

(3) 运行应用程序(启动后，按任意键将终止执行程序)，在经过短暂运行后，将显示如图 13-5 所示的结果。

图 13-5

示例说明

用于引发事件的对象是 System.Timers.Timer 类的一个实例。使用一个时间段(以毫秒为单位)来初始化该对象。当使用 Start()方法启动 Timer 对象时，会引发一系列事件，且是根据指定的时间段来引发这些事件。Main()用 100 毫秒初始化 Timer 对象，所以在启动该对象后，1 秒钟内将引发 10 次事件：

```
static void Main(string[] args)
{
    Timer myTimer = new Timer(100);
```

Timer 对象有一个 Elapsed 事件，这个事件要求事件处理程序必须匹配 System.Timers. ElapsedEventHandler 委托类型的返回类型和参数，该委托是.NET Framework 中定义的标准委托之一，指定了如下所示的返回类型和参数：

```
void <MethodName>(object source, ElapsedEventArgs e);
```

Timer 对象的第一个参数是它本身的引用，第二个参数则是 ElapsedEventArgs 对象的一个实例。现在可以不考虑这些参数，后面将论述它们。

在代码中，有一个匹配该返回类型和参数的方法：

```
static void WriteChar(object source, ElapsedEventArgs e)
{
    Console.Write(displayString[counter++ % displayString.Length]);
}
```

这个方法使用 Program 的两个静态字段 counter 和 displayString 来显示一个字符。每次调用该方法时，显示的字符都不相同。

下一个任务是把这个处理程序与事件关联起来——即订阅它。为此，可以使用+=运算符，给事件添加一个处理程序，其形式是使用事件处理方法初始化的一个新委托实例：

```
static void Main(string[] args)
{
    Timer myTimer = new Timer(100);
    myTimer.Elapsed += new ElapsedEventHandler(WriteChar);
```

这个命令(使用有点古怪的语法，专用于委托)在列表中添加一个处理程序，当引发 Elapsed 事件时，就会调用该处理程序。可给这个列表添加任意多个处理程序，只要它们满足指定的条件即可。当引发事件时，会依次调用每个处理程序。

Main()剩余的任务是启动计时器：

```
myTimer.Start();
```

我们不想在处理完任何事件前终止应用程序，所以要让 Main()函数一直执行。最简单的方式是请求用户输入，因为这个命令要在用户按下任意键后，才会停止处理。

```
Console.ReadKey();
```

这里，Main()中的处理会停止，但 Timer 对象中的处理将继续。当该对象引发事件时，就调用WriteChar()方法，同时该方法运行 ReadLine()语句。使用 System.Threading.Thread.Sleep(200)语句是为了让计时器有机会把消息发送给控制台应用程序。

注意，可使用上一章介绍的方法组概念来稍简化添加事件处理程序的语法：

```
myTimer.Elapsed += WriteChar;
```

最终结果是完全相同的，但不必显式指定委托类型，编译器会根据使用事件的上下文来指定它。但是，许多程序员不喜欢这个语法，因为它降低了可读性——不再能一眼看出使用了什么委托类型。如果喜欢，可以使用这个语法，但为了清晰起见，本章使用的所有委托都是显式指定的。

13.3.3 定义事件

现在论述如何定义和使用自己的事件。我们将使用本节前面介绍的即时消息传送应用程序示例，并创建一个 Connection 对象，该对象引发由 Display 对象处理的事件。

试一试 定义事件：Ch13Ex02

(1) 在 C:\BeginningCSharpAndDotNET\Chapter13 目录中创建一个新的控制台应用程序 Ch13Ex02。
(2) 添加一个新类 Connection，并修改 Connection.cs，如下所示：

```
using System;
using System.Timers;
namespace Ch13Ex02
{
    public delegate void MessageHandler(string messageText);
    public class Connection
    {
        public event MessageHandler MessageArrived;
        private Timer pollTimer;
        public Connection()
        {
            pollTimer = new Timer(100);
            pollTimer.Elapsed += new ElapsedEventHandler(CheckForMessage);
        }
        public void Connect() => pollTimer.Start();
        public void Disconnect() => pollTimer.Stop();
        private static Random random = new Random();
        private void CheckForMessage(object source, ElapsedEventArgs e)
        {
            Console.WriteLine("Checking for new messages.");
            if ((random.Next(9) == 0) && (MessageArrived != null))
            {
                MessageArrived("Hello Donna!");
```

```
            }
        }
    }
}
```

(3) 添加一个新类 Display，并修改 Display.cs，如下所示：

```
namespace Ch13Ex02
{
    public class Display
    {
        public void DisplayMessage(string message)
            => Console.WriteLine($"Message arrived: {message}");
    }
}
```

(4) 修改 Program.cs 中的代码，如下所示：

```
static void Main(string[] args)
{
    Connection myConnection = new Connection();
    Display myDisplay = new Display();
    myConnection.MessageArrived +=
            new MessageHandler (myDisplay.DisplayMessage);
    myConnection.Connect();
    Console.ReadKey();
}
```

(5) 运行该应用程序，其结果如图 13-6 所示。

图 13-6

示例说明

这个应用程序中的大部分工作是由 Connection 类完成的。这个类的实例使用如本章第一个示例中所示的 Timer 对象，在类的构造函数中初始化它，并通过 Connect()和 Disconnect()访问它的状态(可访问和禁止访问)：

```
public class Connection
{
    private Timer pollTimer;
    public Connection()
    {
```

```
        pollTimer = new Timer(100);
        pollTimer.Elapsed += new ElapsedEventHandler(CheckForMessage);
    }
    public void Connect() => pollTimer.Start();
    public void Disconnect() => pollTimer.Stop();
    ...
}
```

在构造函数中，我们还以与第一个示例相同的方式注册了 Elapsed 事件的一个事件处理程序。每当调用这个处理程序方法 CheckForMessage()的次数达到 10 次后，就会引发一个事件。在分析它的代码前，首先来分析事件的定义。

在定义事件前，必须首先定义一个委托类型，以用于该事件，这个委托类型指定了事件处理方法必须拥有的返回类型和参数。为此，我们使用标准的委托语法，在 Ch13Ex02 名称空间中将该委托定义为公共类型，使该类型可供外部代码使用：

```
namespace Ch13Ex02
{
    public delegate void MessageHandler(string messageText);
```

这个委托类型称为 MessageHandler，是 void 方法的签名，它有一个 string 参数。使用这个参数可以把 Connection 对象收到的即时消息发送给 Display 对象。定义了委托 (或者找到合适的现有委托)后，就可以把事件本身定义为 Connection 类的一个成员：

```
public class Connection
{
    public event MessageHandler MessageArrived;
```

给事件命名(这里使用名称 MessageArrived)，在声明时，使用 event 关键字，并指定要使用的委托类型(前面定义的 MessageHandler 委托类型)。以这种方式声明事件后，就可以引发它，做法是按名称来调用它，就像它是一个返回类型和参数是由委托指定的方法一样。例如，使用下面的代码引发这个事件：

```
MessageArrived("This is a message.");
```

如果定义该委托时不包含任何参数，就可以使用下面的代码：

```
MessageArrived();
```

如果定义了较多参数，就需要用比较多的代码来引发事件。CheckForMessage()方法如下所示：

```
private static Random random = new Random();
private void CheckForMessage(object source, ElapsedEventArgs e)
{
    Console.WriteLine("Checking for new messages.");
    if ((random.Next(9) == 0) && (MessageArrived != null))
    {
        MessageArrived("Hello Donna!");
    }
}
```

使用前面章节中介绍的 Random 类的实例，生成一个介于 0~9 之间的随机数，如果该随机数为 0，就引发一个事件，它的发生概率为 10%。这类似于轮询连接，看看是否接收到消息。为将计时器与 Connection 的实例分隔开，使用了 Random 类的一个私有静态实例。

注意，这里还提供了其他逻辑。只有表达式 MessageArrived != null 为 true 时，才引发一个事件。这个表达式也使用了委托语法，但语法稍有不同，其含义是"事件是否有订阅者？"如果没有订阅者，MessageArrived 就是 null，也就不会引发事件来生成空引用异常。

订阅事件的类是 Display，它包含一个方法 DisplayMessage()，其定义如下所示：

```
public class Display
{
    public void DisplayMessage(string message)
        => Console.WriteLine($"Message arrived: {message}");
}
```

Main()中的代码初始化了 Connection 和 Display 类的实例，把它们关联起来，开始执行任务。这里需要的代码类似于第一个示例中的代码：

```
static void Main(string[] args)
{
    Connection myConnection = new Connection();
    Display myDisplay = new Display();
    myConnection.MessageArrived +=
            new MessageHandler(myDisplay.DisplayMessage);
    myConnection.Connect();
    System.Threading.Thread.Sleep(200);
    Console.ReadKey();
}
```

再次调用 Console.ReadKey()，当开始执行 Connection 对象的 Connect()方法并增加一段延迟时间后，暂停 Main()的处理。

1. 多用途的事件处理程序

前面 Timer.Elapsed 事件的委托包含了事件处理程序中常见的两类参数，如下所示：
- object source——引发事件的对象的引用
- ElapsedEventArgs e——由事件传送的参数

在这个事件(以及许多其他的事件)中使用 object 类型参数的原因是，我们常常要为由不同对象引发的几个相同事件使用同一个事件处理程序，但仍要指定是哪个对象生成了事件。

要说明这一点，下面将扩展上一个示例。

试一试　使用多用途的事件处理程序：Ch13Ex03

(1) 在 C:\BeginningCSharpAndDotNET\Chapter13 目录中创建一个新的控制台应用程序 Ch13Ex03。

(2) 复制 Ch13Ex02 中 Program.cs、Connection.cs 和 Display.cs 的代码，并将每个文件中的 Ch13Ex02 名称空间改成 Ch13Ex03。

(3) 添加一个新类 MessageArrivedEventArgs，修改 MessageArrivedEventArgs.cs，如下所示：

```
namespace Ch13Ex03
{
    public class MessageArrivedEventArgs : EventArgs
    {
        private string message;
        public string Message
        {
        get { return message; }
```

```
    }
    public MessageArrivedEventArgs() =>
        message = "No message sent.";

    public MessageArrivedEventArgs(string newMessage) =>
        message = newMessage;
    }
}
```

(4) 修改 Connection.cs，如下所示：

```
namespace Ch13Ex03
{
    // delegate definition removed
    public class Connection
    {
        public event EventHandler<MessageArrivedEventArgs> MessageArrived;
        public string Name { get; set; }
        ...
        private void CheckForMessage(object source, EventArgs e)
        {
            Console.WriteLine("Checking for new messages.");
            if ((random.Next(9) == 0) && (MessageArrived != null))
            {
                MessageArrived(this, new MessageArrivedEventArgs("Hello Mami!"));
            }
        }
        ...
    }
}
```

(5) 修改 Display.cs，如下所示：

```
public void DisplayMessage(object source, MessageArrivedEventArgs e)
{
    Console.WriteLine($"Message arrived from: {((Connection)source).Name}");
    Console.WriteLine($"Message Text: {e.Message}");
}
```

(6) 修改 Program.cs，如下所示：

```
static void Main(string[] args)
{
    Connection myConnection1 = new Connection();
    myConnection1.Name = "First connection.";
    Connection myConnection2 = new Connection();
    myConnection2.Name = "Second connection.";
    Display myDisplay = new Display();
    myConnection1.MessageArrived += myDisplay.DisplayMessage;
    myConnection2.MessageArrived += myDisplay.DisplayMessage;
    myConnection1.Connect();
    myConnection2.Connect();
    System.Threading.Thread.Sleep(200);
    Console.ReadKey();
}
```

(7) 运行该应用程序，其结果如图 13-7 所示。

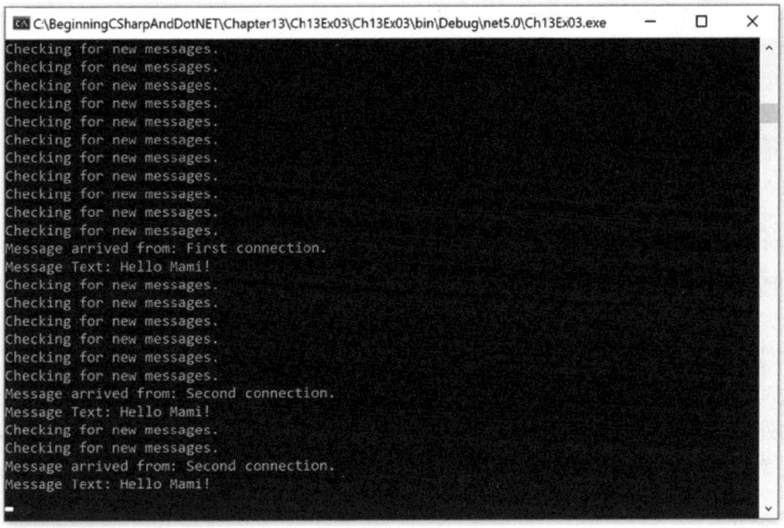

图　13-7

示例说明

发送一个引发事件的对象引用，将其作为事件处理程序的一个参数，就可为不同对象定制处理程序的响应。利用该引用可以访问源对象，包括它的属性。

通过发送包含在派生于 System.EventArgs(与 ElapsedEventArgs 相同)的类中的参数，就可以将其他必要信息提供为参数(例如，MessageArrivedEventArgs 类上的 Message 参数)。

另外，这些参数也将得益于多态性。可为 MessageArrived 事件定义一个处理程序，如下所示:

```
public void DisplayMessage(object source, EventArgs e)
{
    Console.WriteLine($"Message arrived from: {((Connection)source).Name}");
    Console.WriteLine($"Message Text: {((MessageArrivedEventArgs)e).Message}");
}
```

这个应用程序将像以前那样执行，但 DisplayMessage()方法变得更通用(至少从理论上讲是这样——需要使用更多实现代码，才能满足生产环境的要求)。这个处理程序还可处理其他事件，例如 Timer.Elapsed 事件，但必须修改处理程序的内部代码，这样，在引发这个事件时，发送过来的参数才会得到正确处理(以这种方式把它们转换为 Connection 和 MessageArrivedEventArgs 对象，会抛出一个异常，所以这里应使用 as 运算符，并检查 null 值)。

2. EventHandler 和泛型 EventHandler<T>类型

大多数情况下，都应遵循上一节提出的模式，使用返回类型为 void、带两个参数的事件处理程序。第一个参数的类型是 object，是事件源。第二个参数的类型派生于 System.EventArgs，包含任意事件相关信息。这非常常见，为此.NET 提供了两个委托类型 EventHandler 和 EventHandler<T>，以便定义事件。它们都是委托，使用标准的事件处理模式。泛型版本允许指定要使用的事件实参的类型。

在前面的示例中演示了这一点，使用了泛型委托类型 EventHandler<T>，如下所示:

```
public class Connection
{
```

```
public event EventHandler<MessageArrivedEventArgs> MessageArrived;
...
}
```

这显然是件好事，因为它简化了代码。一般来说，在定义事件时，最好使用这些委托类型。注意，如果事件不需要事件实参数据，仍然可以使用 EventHandler 委托类型，只不过要传递 EventArgs.Empty 作为实参值。

3. 返回值和事件处理程序

前面的所有事件处理程序都使用 void 类型的返回值。可以为事件提供返回类型，但这会出问题。这是因为引发给定的事件，可能会调用多个事件处理程序。如果这些处理程序都返回一个值，那么我们不知道该使用哪个返回值。

系统处理这个问题的方式是，只允许访问由事件处理程序最后返回的那个值，也就是最后一个订阅该事件的处理程序返回的值。这个功能在某些情况下是有用的，但最好使用 void 类型的事件处理程序，且避免使用 out 类型的参数(如果使用 out 参数，参数返回的值的源头就是模糊不清的)。

4. 匿名方法

除了定义事件处理方法外，还可以选择使用匿名方法(anonymous method)。匿名方法实际上并非传统意义上的方法，它不是某个类上的方法，而纯粹是为用作委托目的而创建的。

要创建匿名方法，需要使用下面的代码：

```
delegate(parameters)
{
    // Anonymous method code.
};
```

其中 parameters 是一个参数列表，这些参数匹配正在实例化的委托类型，由匿名方法的代码使用，例如：

```
delegate(Connection source, MessageArrivedEventArgs e)
{
    // Anonymous method code matching MessageHandler event in Ch13Ex03.
};
```

例如，使用这段代码可以完全绕过 Ch13Ex03 中的 Display.DisplayMessage()方法：

```
myConnection1.MessageArrived +=
    delegate(object source, MessageArrivedEventArgs e)
    {
        Console.WriteLine($"Message arrived from: {((Connection)source).Name}");
        Console.WriteLine($"Message Text: {e.Message}");
    };
```

使用匿名方法时要注意，对于包含它们的代码块来说，它们是局部的，可以访问这个作用域内的局部变量。如果使用这样一个变量，它就成为外部变量(outer variable)。外部变量在超出作用域时，是不会删除的，这与其他局部变量不同，在使用它们的匿名方法被销毁时，才会删除外部变量。这比我们希望的时间晚一些，所以要格外小心。如果外部变量占用了大量内存，或者使用的资源在其他方面比较昂贵(例如资源数量有限)，就可能导致内存或性能问题。

13.4 扩展和使用 CardLib

前面介绍了事件的定义和使用,现在就可以在 Ch13CardLib 中使用它们了。在库中需要添加一个
LastCardDrawn 事件,当使用 GetCard 获得 Deck 对象中的最后一个 Card 对象时,就将引发该事件。
这个事件允许订阅者(subscriber)自动重新洗牌,减少需要在客户端完成的处理。这个事件将使用
EventHandler 委托类型,并传递一个 Deck 对象的引用作为事件源,这样无论处理程序在什么地方,
都可以访问 Shuffle()方法。在 Deck.cs 中添加以下代码以定义并引发事件(这段代码包含在
Ch13CardLib\Deck.cs 文件中):

```
namespace Ch13CardLib
{
    public class Deck : ICloneable
    {
        public event EventHandler LastCardDrawn;
        ...
        public Card GetCard(int cardNum)
        {
            if (cardNum >= 0 && cardNum <= 51)
            {
                if ((cardNum == 51) && (LastCardDrawn != null))
                LastCardDrawn(this, EventArgs.Empty);
                return cards[cardNum];
            }
            else
                throw new CardOutOfRangeException((Cards)cards.Clone());
        }
        ...
    }
```

这是把事件添加到 Deck 类定义需要的所有代码。

开发 CardLib 库后,就可以使用它了。在结束讲述 C#和.NET Framework 中 OOP 技术的这个部分
前,我们将编写扑克牌应用程序的基本代码,其中将使用我们熟悉的扑克牌类。

与前面的章节一样,我们将在 Ch13CardLib 解决方案中添加一个客户控制台应用程序,添加一个
对 Ch13CardLib 项目的引用,使其成为启动项目。这个应用程序称为 Ch13CardClient。

首先在 Ch13CardClient 的一个新文件 Player.cs 中创建一个新类 Player,相应代码可在本章下载代
码的 Ch13CardClient\Player.cs 文件中找到。这个类包含两个自动属性:Name(字符串)和 PlayHand (Cards
类型)。这些属性有私有的 set 访问器。但是 PlayHand 属性仍可对其内容进行写入访问,这样就可修
改玩家手中的扑克牌。

我们还把默认的构造函数设置为私有,以隐藏它,并提供了一个公共的非默认构造函数,该函数
接受 Player 实例中 Name 属性的初始值。

最后提供一个 bool 类型的方法 HasWon()。如果玩家手中的扑克牌花色都相同(一个简单的取胜条
件,但并没有什么意义),该方法就返回 true。

Player.cs 的代码如下所示:

```
using System;
using System.Collections.Generic;
using System.Linq;
using System.Text;
using System.Threading.Tasks;
```

```
using Ch13CardLib;
namespace Ch13CardClient
{
    public class Player
    {
        public string Name { get; private set; }
        public Cards PlayHand { get; private set; }
        private Player() {}
        public Player(string name)
        {
            Name = name;
            PlayHand = new Cards();
        }
        public bool HasWon()
        {
            bool won = true;
            Suit match = PlayHand[0].suit;
            for (int i = 1; i < PlayHand.Count; i++)
            {
                won &= PlayHand[i].suit == match;
            }
            return won;
        }
    }
}
```

接着定义一个处理扑克牌游戏的类 Game，这个类位于 Ch13CardClient 项目的 Game.cs 文件中，它包含 4 个私有成员字段：

- playDeck——Deck 类型的变量，包含要使用的一副扑克牌
- currentCard——一个 int 值，用作下一张要翻开的扑克牌的指针
- players——一个 Player 对象数组，表示游戏玩家
- discardedCards——Cards 集合，表示玩家扔掉的扑克牌，但还没有放回整副牌中。

这个类的默认构造函数初始化了 playDeck 中的 Deck，并洗牌，把 currentCard 指针变量设置为 0(playDeck 中的第一张牌)，并关联了 playDeck.LastCardDrawn 事件的处理程序 Reshuffle()。这个处理程序将洗牌，初始化 discardedCards 集合，并将 currentCard 重置为 0，准备从新的一副牌中读取扑克牌。

Game 类还包含两个实用方法：SetPlayers()可以设置游戏的玩家(Player 对象数组)，DealHands()给玩家发牌(每个玩家有 7 张牌)。玩家的数量限制为 2~7 人，确保每个玩家有足够多的牌。

最后，PlayGame()方法包含游戏逻辑。我们将在分析了 Program.cs 中的代码后介绍这个方法，Game.cs 的剩余代码如下所示(这段代码包含在 Ch13CardClient\Game.cs 文件中)：

```
using System;
using System.Collections.Generic;
using System.Linq;
using System.Text;
using System.Threading.Tasks;
using Ch13CardLib;
namespace Ch13CardClient
{
    public class Game
    {
        private int currentCard;
```

```
    private Deck playDeck;
    private Player[] players;
    private Cards discardedCards;
    public Game()
    {
        currentCard = 0;
        playDeck = new Deck(true);
        playDeck.LastCardDrawn += LastCardDrawnEventHandler;
        playDeck.Shuffle();
        discardedCards = new Cards();
    }
    private void LastCardDrawnEventHandler(object source, EventArgs args)
    {
        Console.WriteLine("Discarded cards reshuffled into deck.");
        ((Deck)source).Shuffle();
        discardedCards.Clear();
        currentCard = 0;
    }
    public void SetPlayers(Player[] newPlayers)
    {
        if (newPlayers.Length > 7)
            throw new ArgumentException(
                "A maximum of 7 players may play this game.");
        if (newPlayers.Length < 2)
            throw new ArgumentException(
                "A minimum of 2 players may play this game.");
        players = newPlayers;
    }
    private void DealHands()
    {
        for (int p = 0; p < players.Length; p++)
        {
            for (int c = 0; c < 7; c++)
            {
                players[p].PlayHand.Add(playDeck.GetCard(currentCard++));
            }
        }
    }
    public int PlayGame()
    {
        // Code to follow.
    }
    }
}
```

Program.cs 中包含 Main()方法，它初始化并运行游戏。这个方法执行以下步骤：

(1) 显示引导画面。

(2) 提示用户输入玩家数(2～7)。

(3) 根据玩家数建立一个 Player 对象数组。

(4) 给每个玩家取名，用于初始化数组中的一个 Player 对象。

(5) 创建一个 Game 对象，使用 SetPlayers()方法指定玩家。

(6) 使用 PlayGame()方法启动游戏。

(7) PlayGame()的 int 返回值用于显示一条获胜消息(返回的值是 Player 对象数组中获胜的玩家的索引)。

这个方法的代码如下所示，为清晰起见，加了一些注释(这段代码包含在 Ch13CardClient\
Program.cs 文件中):

```csharp
static void Main(string[] args)
{
    // Display introduction.
    Console.WriteLine("BenjaminCards: a new and exciting card game.");
    Console.WriteLine("To win you must have 7 cards of the same suit in" +
                      " your hand.");
    Console.WriteLine();
    // Prompt for number of players.
    bool inputOK = false;
    int choice = -1;
    do
    {
        Console.WriteLine("How many players (2-7)?");
        string input = Console.ReadLine();
        try
        {
            // Attempt to convert input into a valid number of players.
            choice = Convert.ToInt32(input);
            if ((choice >= 2) && (choice <= 7))
                inputOK = true;
        }
        catch
        {
            // Ignore failed conversions, just continue prompting.
        }
    } while (inputOK == false);
    // Initialize array of Player objects.
    Player[] players = new Player[choice];
    // Get player names.
    for (int p = 0; p < players.Length; p++)
    {
        Console.WriteLine($"Player {p + 1}, enter your name:");
        string playerName = Console.ReadLine();
        players[p] = new Player(playerName);
    }
    // Start game.
    Game newGame = new Game();
    newGame.SetPlayers(players);
    int whoWon = newGame.PlayGame();
    // Display winning player.
    Console.WriteLine($"{players[whoWon].Name} has won the game!");
    Console.ReadKey();
}
```

接着分析一下应用程序的主体 PlayGame()。由于篇幅所限，这里不准备详细讲解这个方法，只是
加了一些注释，使其更容易理解。实际上，这些代码都不复杂，仅是较多而已。

每个玩家都可以查看手中的牌和桌面上的一张翻开的牌。他们可以拾取这张牌，或者翻开一张新
牌。在拾取一张牌后，玩家必须扔掉一张牌，如果他们拾取了桌面上的那张牌，就必须用另一张牌替
换桌面上的那张牌，或者把扔掉的那张牌放在桌面上那张牌的上面(把扔掉的那张牌添加到
discardedCards 集合中)。

在分析这段代码时，一个关键问题在于 Card 对象的处理方式。必须清楚，这些对象定义为引用

类型，而不是值类型(使用结构)。给定的 Card 对象似乎同时存在于多个地方，因为引用可以存在于 Deck 对象、Player 对象的 hand 字段、discardedCards 集合和 playCard 对象(桌面上的当前牌)中。这样便于跟踪扑克牌，特别是可以用于从一副牌中拾取一张新牌。只有牌不在任何玩家的手中，也不在 discardedCards 集合中，才能接受该牌。

代码如下所示:

```csharp
public int PlayGame()
{
    // Only play if players exist.
    if (players == null)
        return -1;
    // Deal initial hands.
    DealHands();
    // Initialize game vars, including an initial card to place on the
    // table: playCard.
    bool GameWon = false;
    int currentPlayer;
    Card playCard = playDeck.GetCard(currentCard++);
    discardedCards.Add(playCard);
    // Main game loop, continues until GameWon == true.
    do
    {
        // Loop through players in each game round.
        for (currentPlayer = 0; currentPlayer < players.Length;
            currentPlayer++)
        {
            //Write out current player, player hand, and the card on the
            // table.
            Console.WriteLine($"{players[currentPlayer].Name}'s turn.");
            Console.WriteLine("Current hand:");
            foreach (Card card in players[currentPlayer].PlayHand)
            {
                Console.WriteLine(card);
            }
            Console.WriteLine($"Card in play: {playCard}");
            // Prompt player to pick up card on table or draw a new one.
            bool inputOK = false;
            do
            {
                Console.WriteLine("Press T to take card in play or D to draw:");
                string input = Console.ReadLine();
                if (input.ToLower() == "t")
                {
                    // Add card from table to player hand.
                    Console.WriteLine($"Drawn: {playCard}");
                    // Remove from discarded cards if possible (if deck
                    // is reshuffled it won't be there any more)
                    if (discardedCards.Contains(playCard))
                    {
                        discardedCards.Remove(playCard);
                    }
                    players[currentPlayer].PlayHand.Add(playCard);
                    inputOK = true;
                }
                if (input.ToLower() == "d")
```

```
{
    // Add new card from deck to player hand.
    Card newCard;
    // Only add card if it isn't already in a player hand
    // or in the discard pile
    bool cardIsAvailable;
    do
    {
        newCard = playDeck.GetCard(currentCard++);
        // Check if card is in discard pile
        cardIsAvailable = !discardedCards.Contains(newCard);
        if (cardIsAvailable)
        {
            // Loop through all player hands to see if newCard
            // is already in a hand.
            foreach (Player testPlayer in players)
            {
                if (testPlayer.PlayHand.Contains(newCard))
                {
                    cardIsAvailable = false;
                    break;
                }
            }
        }
    } while (!cardIsAvailable);
    // Add the card found to player hand.
    Console.WriteLine($"Drawn: {newCard}");
    players[currentPlayer].PlayHand.Add(newCard);
    inputOK = true;
}
} while (inputOK == false);
// Display new hand with cards numbered.
Console.WriteLine("New hand:");
for (int i = 0; i < players[currentPlayer].PlayHand.Count; i++)
{
    Console.WriteLine($"{i + 1}: " +
                    $"{ players[currentPlayer].PlayHand[i]}");
}
// Prompt player for a card to discard.
inputOK = false;
int choice = -1;
do
{
    Console.WriteLine("Choose card to discard:");
    string input = Console.ReadLine();
    try
    {
        // Attempt to convert input into a valid card number.
        choice = Convert.ToInt32(input);
        if ((choice > 0) && (choice <= 8))
            inputOK = true;
    }
    catch
    {
        // Ignore failed conversions, just continue prompting.
    }
```

```
      } while (inputOK == false);
      // Place reference to removed card in playCard (place the card
      // on the table), then remove card from player hand and add
      // to discarded card pile.
      playCard = players[currentPlayer].PlayHand[choice - 1];
      players[currentPlayer].PlayHand.RemoveAt(choice - 1);
      discardedCards.Add(playCard);
      Console.WriteLine($"Discarding: {playCard}");
      // Space out text for players
      Console.WriteLine();
      // Check to see if player has won the game, and exit the player
      // loop if so.
      GameWon = players[currentPlayer].HasWon();
      if (GameWon == true)
      break;
    }
  } while (GameWon == false);
  // End game, noting the winning player.
  return currentPlayer;
}
```

图 13-8 显示了一个正在进行的游戏。

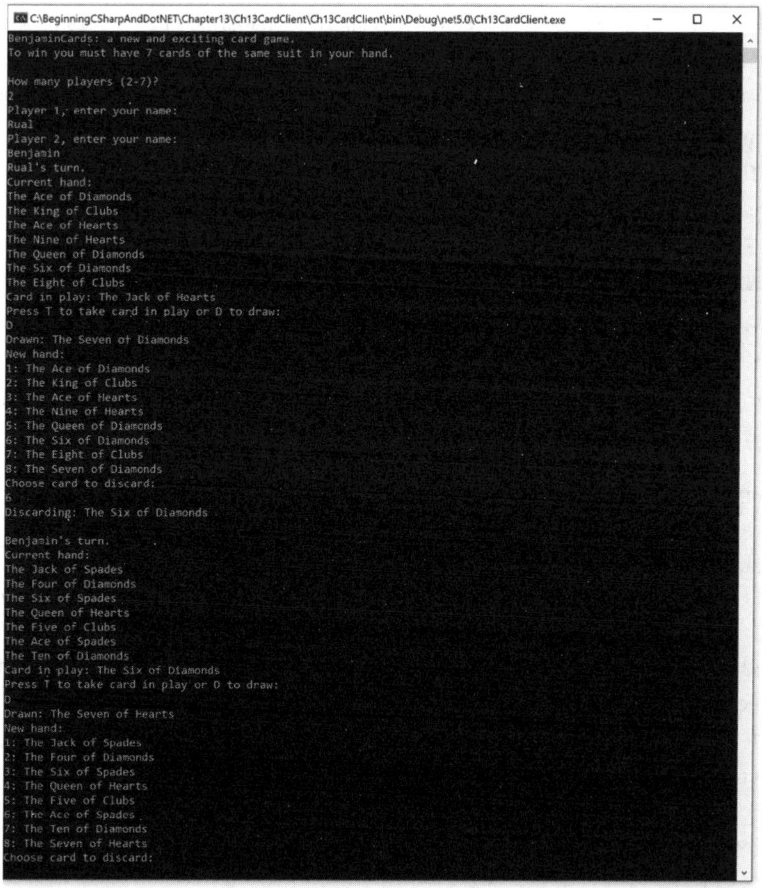

图　13-8

作为最终的练习，请仔细查看 Player.HasWon ()中的代码。有什么方法可以使这段代码更有效率，每次调用此方法时，可能不需要检查每个玩家手里的牌?

13.5　特性

本节将简要介绍一种为使用所创建类型的代码提供额外信息的方法：特性(attribute)。特性让我们可以为代码段标记一些信息，而这样的信息又可从外部读取，并通过各种方式来影响我们所定义的类型的使用方式。这种手段通常被称为对代码进行“装饰(decorating)”。本节所包含的代码可在本章在线下载页面的 CustomAttributes\Program.cs 文件中找到。

比如，我们要创建的某个类包含了一个极简单的方法。换句话说，这个方法简单到我们都没必要去理它。但遗憾的是，即使简单，我们在应用程序调试期间还是不得不对这一代码进行检查。这种情况下，我们就可以对该方法添加一个特性，告诉 Visual Studio 在调试时不要进入该方法进行逐句调试，而是应该跳过该方法，直接调试下一条语句。这样的特性声明如下：

```
[DebuggerStepThrough]
public void DullMethod() { ... }
```

上述代码中所包含的特性就是[DebuggerStepThrough]。所有特性的添加方式都是如此，也就是只需要将特性名称用方括号括起来，并写在要应用的目标代码前面即可。可以为一段目标代码添加多个特性，将这些特性用逗号(,)分隔开，或者用多个方括号括起来每一个均可。

上述代码中所使用的特性实际上是通过 DebuggerStepThroughAttribute 这个类来实现的，而这个类位于 System.Diagnostics 名称空间中，因此如果我们要使用上面那个特性，就必须使用 using 语句来引用这一名称空间。引用该特性既可以直接使用其完整的名称，也可以像在前面的代码中那样，去掉后缀 Attribute。

通过上述方式添加特性后，编译器就会创建该特性类的一个实例，然后将其与类方法关联起来。某些特性可通过构造函数的参数或属性进行自定义，并在添加特性的时候进行指定，例如：

```
[DoesInterestingThings(1000, WhatDoesItDo = "voodoo")]
public class DecoratedClass {}
```

上述特性就将值 1000 传递给 DoesInterestingThingsAttribute 的构造函数，并将 WhatDoesItDo 属性的值设置为字符串"voodoo"。

13.5.1　读取特性

要读取特性的值，我们必须使用一种称为“反射(reflection)”的技术。这种非常高级的技术可以在运行时动态检查类型信息，甚至是在创建对象的位置，或者在不必知道具体对象的情况下直接调用某个方法。本书无法详细介绍这一技术，但在使用特性之前，需要了解该技术的一些基本知识。有关该技术的更多信息，可以访问 https://docs.microsoft.com/en-us/dotnet/framework/reflection-and-codedom/reflection。

简单来说，反射可以取得保存在 Type 对象(本书中会多次提到该对象)中的使用信息，以及通过 System.Reflection 名称空间中的各种类型来获取不同的类型信息。在此之前，我们已经了解过通过 typeof 运算符从类中快速获取类型信息，以及使用 GetType()方法从对象实例中获取信息的方法。通过反射技术，我们可继续从 Type 对象取得成员信息。基于这个方法，我们就可以从类或类的不同成员中取得特性信息了。

为此，最简单的方法也就是本书要介绍的唯一方法，即通过 Type.GetCustomAttributes()方法来实现。这个方法最多使用两个参数，然后返回一个包含一系列 object 实例的数组，每个实例都是一个特性实例。第一个参数是可选的，即传递我们感兴趣的类型或若干特性的类型(其他所有特性均会被忽略)。如果不使用这一参数，将返回所有特性。第二个参数是必需的，即通过一个布尔值来指示，只想了解类本身的信息，还是除了该类之外还希望了解派生自该类的所有类。

例如，下面的代码可以列出 DecoratedClass 类的特性：

```
Type classType = typeof(DecoratedClass);
object[] customAttributes = classType.GetCustomAttributes(true);
foreach (object customAttribute in customAttributes)
{
    Console.WriteLine($"Attribute of type {customAttribute} found.");
}
```

通过这种方法了解到不同的特性后，我们就可以为不同的特性采取不同的操作了。这也正是当 Visual Studio 遇到前面介绍的 DebuggerStepThroughAttribute 特性时所执行的操作。

13.5.2　创建特性

通过 System.Attribute 类进行派生，我们也可以创建出自己的特性。一般来说，如果除了包含和不包含特定的特性外，我们的代码不需要获得更多信息就可以完成需要的工作，那么我们不必完成这些额外的工作。但有时，如果我们希望某些特性可以被自定义，则可以提供非默认的构造函数和/或可写属性。

另外，还需要为自己的特性做两个选择：要将其应用到什么类型的目标(类、属性或其他)，以及是否可以对同一个目标进行多次应用。要指定上述信息，我们需要通过对特性应用一个特性来实现(这句话实在是很拗口!)，这个特性就是 AttributeUsageAttribute。这个特性带有一个类型为 AttributeTargets 的构造函数参数值，通过 | 运算符即可通过相应的枚举值组合出我们需要的值。另外，该特性还有一个布尔值类型的属性 AllowMultiple，用于指定是否可以多次应用特性。

例如，下面的代码指定了一个可以应用到类或属性中的特性(应用一次)：

```
[AttributeUsage(AttributeTargets.Class | AttributeTargets.Method,
                AllowMultiple = false)]
class DoesInterestingThingsAttribute : Attribute
{
    public DoesInterestingThingsAttribute(int howManyTimes)
    {
        HowManyTimes = howManyTimes;
    }
    public string WhatDoesItDo { get; set; }
    public int HowManyTimes { get; private set; }
}
```

这样，就可以像前面的代码片段中看到的那样使用 DoesInterestingThings 特性了：

```
[DoesInterestingThings(1000, WhatDoesItDo = "karma")]
public class DecoratedClass {}
```

只要像下面这样修改前面的代码，就可以访问这一特性的属性：

```
Type classType = typeof(DecoratedClass);
object[] customAttributes = classType.GetCustomAttributes(true);
```

```
foreach (object customAttribute in customAttributes)
{
   Console.WriteLine($"Attribute of type {customAttribute} found.");
   DoesInterestingThingsAttribute interestingAttribute =
      customAttribute as DoesInterestingThingsAttribute;
   if (interestingAttribute != null)
   {
      Console.WriteLine($"This class does {interestingAttribute.WhatDoesItDo} x " +
                        $"{interestingAttribute.HowManyTimes}!");
   }
}
```

运用了本节讲到的各种方法后，最终代码将可得到如图 13-9 所示的结果。

图 13-9

"特性" 这一技术在所有.NET 应用程序中都非常有用，特别是 WPF 和 Universal Windows 应用程序。本书其余的部分会多次涉及这一技术。

13.6 初始化器

前面的章节讲述了如何用各种方式实例化和初始化对象。它们都需要在类定义中添加初始化代码，或者使用独立的语句来实例化和初始化对象。我们还了解了如何创建各种类型的集合类，包括泛型集合类。另外，把集合的创建和在集合中添加数据项的操作合并起来并没有什么简便方法。

对象初始化器提供了一种简化代码的方式，可以合并对象的实例化和初始化。集合初始化器提供了一种简洁的语法，使用一个步骤就可以创建和填充集合。本节就介绍如何使用这两个新特性。

13.6.1 对象初始化器

考虑下面的简单类定义：

```
public class Animal
{
   public string Name { get; set; }
   public int Age { get; set; }
   public double Weight { get; set; }
}
```

这个类有 3 个属性，用第 10 章介绍的自动属性语法来定义。如果希望实例化和初始化这个类的一个对象实例，就必须执行如下几个语句：

```
Animal animal = new Animal();
animal.Name = "Benjamin";
animal.Age = 42;
animal.Weight = 185.4;
```

如果类定义中未包含构造函数，这段代码就使用 C#编译器提供的默认无参数构造函数。为了简化这个初始化过程，可提供一个合适的非默认构造函数：

```
public class Animal
{
    public Animal(string name, int age, double weight)
    {
        Name = name;
        Age = age;
        Weight = weight;
    }
    ...
}
```

这样就可以编写代码，把实例化和初始化合并起来：

```
Animal animal = new Animal("Noa", 5, 45.2);
```

这段代码工作得很好，但它会强制使用 Animal 类的代码使用这个构造函数，这将阻止前面使用无参构造函数的代码运行。常需要提供无参构造函数，在必须序列化类时尤其如此：

```
public class Animal
{
    public Animal() {}
    ...
}
```

现在可以用任意方式来实例化和初始化 Animal 类，但已在最初的类定义中添加几行代码，为这种灵活性提供基本结构。

进入对象初始化器(object initializer)，这是不必在类中添加额外代码(如此处详细说明的构造函数)就可以实例化和初始化对象的方式。实例化对象时，要为每个需要初始化的、可公开访问的属性或字段使用名称/值对，来提供其值。其语法如下：

```
<ClassName> <variableName> = new <ClassName>
{
    <propertyOrField1> = <value1>,
    <propertyOrField2> = <value2>,
    ...
    <propertyOrFieldN> = <valueN>
};
```

例如，重写前面的代码，实例化和初始化一个 Animal 类型的对象，如下所示：

```
Animal animal = new Animal
{
    Name = "Lea",
    Age = 14,
    Weight = 35.2
};
```

我们常将这样的代码放在一行上，而不会严重影响可读性。

使用对象初始化器时，不必显式调用类的构造函数。如果像上述代码那样省略构造函数的括号，就会自动调用默认的无参构造函数。这是在初始化器设置参数值之前调用的，以便在需要时为默认构造函数中的参数提供默认值。另外，可以调用特定的构造函数。同样，先调用这个构造函数，所以在构造函数中对公共属性进行的初始化可能会被初始化器中提供的值覆盖。只有能够访问所使用的构造函数(如果没有显式指出，就是默认的构造函数)，对象初始化器才能正常工作。

如果要用对象初始化器进行初始化的属性比本例中使用的简单类型复杂，可以使用嵌套的对象初始化器，即使用与前面相同的语法：

```
Animal animal = new Animal
{
    Name = "Rual",
    Age = "80",
    Weight = 172.7,
    Origin = new Farm
    {
        Name = "Circle Perk Ranch",
        Location = "Ann Road",
        Rating = 15
    }
};
```

这里初始化了一个 Farm 类型(这里没有列出)的 Origin 属性。代码初始化了 Origin 属性的 3 个特性：Name、Location 和 Rating，其值的类型分别是 string、string 和 int。这个初始化操作使用了嵌套的对象初始化器。

注意，对象初始化器没有替代非默认的构造函数。在实例化对象时，可以使用对象初始化器来设置属性和字段值，但这并不意味着总是知道需要初始化什么状态。通过构造函数，可以准确地指定对象需要什么值才能起作用，再执行代码，以便立即响应这些值。

另外，在上例中，使用嵌套的对象初始化器和使用构造函数还有一个不太容易注意到的区别：对象的创建顺序。使用嵌套的初始化器时，首先创建顶级对象(Animal)，然后创建嵌套对象(Farm)，并把它赋值给属性 Origin。如果使用构造函数，对象的创建顺序就反了过来，而且要把 Farm 实例传递给 Animal 的构造函数。在这个简单例子中，使用这两种方法的实际效果没什么区别，但在某些情况下它们的区别可能十分明显。

13.6.2 集合初始化器

第 5 章描述了如何使用如下语法，用值来初始化数组：

```
int[] myIntArray = new int[5] { 5, 9, 10, 2, 99 };
```

这是一种合并实例化和初始化数组的简捷方式。集合初始化器只是把这个语法扩展到集合上：

```
List<int> myIntCollection = new List<int> { 5, 9, 10, 2, 99 };
```

通过合并对象和集合初始化器，就可以用简洁的代码来配置集合了。下面的代码：

```
List<Animal> animals = new List<Animal>();
animals.Add(new Animal("Donna", 72, 116));
animals.Add(new Animal("Mary", 53, 132));
animals.Add(new Animal("Andrea", 49, 109.1));
```

可以用如下代码替换：

```
List<Animal> moreAnimals = new List<Animal>
{
    new Animal
    {
        Name = "Donna",
        Age = 72,
        Weight = 116
```

```
    },
    new Animal
    {
        Name = "Mary",
        Age = 53,
        Weight = 132
    },
    new Animal
    {
        Name = "Andrea",
        Age = 49,
        Weight = 109.1
    }
};
```

这非常适合于主要用于数据表示的类型,因此,集合初始化器和本书后面介绍的 LINQ 技术一起使用时效果极佳。

下面的示例说明了如何使用对象和集合初始化器。

(1) 在 C:\BeginningCSharpAndDotNET\Chapter13 目录中创建一个新的控制台应用程序 Ch13Ex04。

(2) 在 Solution Explorer 窗口中右击项目名称,选择 Add Existing Item 选项。

(3) 在 C:\BeginningCSharpAndDotNET\Chapter13\Ch12Ex04 目录中选择 Animal.cs、Cow.cs、Chicken.cs、SuperCow.cs 和 Farm.cs 文件,单击 Add 按钮。

(4) 修改所添加文件中的名称空间声明,如下所示:

```
namespace Ch13Ex04
```

(5) 删除 Cow、Chicken 和 SuperCow 类的构造函数。

(6) 修改 Program.cs 中的代码,如下所示:

```
static void Main(string[] args)
{
    Farm<Animal> farm = new Farm<Animal>
    {
        new Cow { Name="Lea" },
        new Chicken { Name="Noa" },
        new Chicken(),
        new SuperCow { Name="Andrea" }
    };
    farm.MakeNoises();
    Console.ReadKey();
}
```

(7) 生成应用程序,会得到如图 13-10 所示的生成错误。因为在 Farm 类中没有 Add(T animal)方法的定义。下一步会添加它。

(8) 给 Farm.cs 添加如下代码:

```
public class Farm<T> : IEnumerable<T> where T : Animal
{
    public void Add(T animal) => animals.Add(animal);
    ...
```

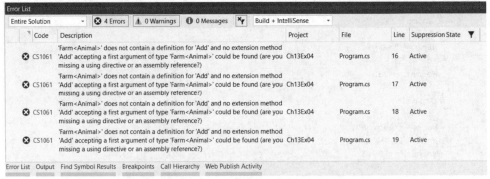

图 13-10

(9) 运行应用程序，结果如图 13-11 所示。

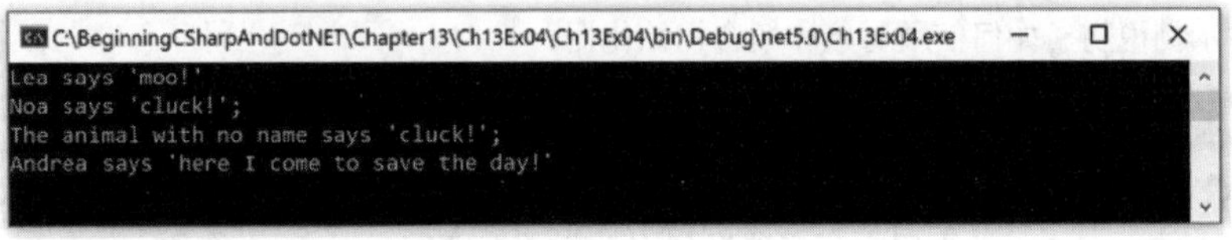

图 13-11

示例说明

这个示例合并了对象和集合初始化器，用一个步骤创建并填充了一个对象集合。它使用前面章节介绍的农场对象集合，但需要对用于这些类的初始化器做两处修改。

首先，给派生于 Animal 基类的类删除构造函数。可以删除这些构造函数，是因为它们设置了动物的 Name 属性，而这里使用对象初始化器来完成。另外，可以添加默认的构造函数。无论采用哪种方式，在使用默认的构造函数时，会根据基类中的默认构造函数来初始化 Name 属性，代码如下：

```
public Animal()
{
    name = "The animal with no name";
}
```

但是，对象初始化器与派生于 Animal 类的类一起使用时，初始化器设置的任何属性都在对象实例化后设置，因此在执行这个基类的构造函数之后设置。如果 Name 属性的值作为对象初始化器的一部分提供，这个值就会覆盖默认值。在示例代码中，为添加到集合中的所有项设置了 Name 属性，只有一项除外。

其次，必须给 Farm 类添加 Add() 方法，否则会得到如下形式的一系列编译错误：

```
'Ch13Ex04.Farm<Ch13Ex04.Animal>' does not contain a definition for 'Add'
```

这个错误显示出集合初始化器的部分底层功能。在后台，编译器为在集合初始化器中提供的每一项调用集合的 Add() 方法。Farm 类通过 Animals 属性提供了一个 Animal 对象集合。编译器猜不出这就是要通过 Animals.Add() 填充的属性，所以代码会失败。为更正这个问题，可以把 Add() 方法添加到类中，类通过对象初始化器进行初始化。

还可以修改示例中的代码，为 Animals 属性提供一个嵌套的初始化器，如下所示：

```
static void Main(string[] args)
{
```

```
Farm<Animal> farm = new Farm<Animal>
{
    Animals =
    {
        new Cow { Name="Lea" },
        new Chicken { Name="Noa" },
        new Chicken(),
        new SuperCow { Name="Andrea" }
    }
};
farm.MakeNoises();
Console.ReadKey();
}
```

有了此代码，就不需要为 Farm 类提供 Add()方法了。这个技巧适用于包含多个集合的类。这种情况下，用包含类的 Add()方法添加的集合没有其他替代方式。

13.7 类型推理

本书前面介绍过 C#是一种强类型化的语言，这表示每个变量都有固定的类型，只能用于接受该类型的代码中。在前面的所有代码示例中，都采用如下两种形式的代码来声明变量：

```
<type> <varName>;
<type> <varName> = <value>;
```

下面的代码显示了变量<varName>的类型：

```
int myInt = 5;
Console.WriteLine(myInt);
```

将鼠标指针停放在变量标识符上，IDE 就会显示该变量的类型，如图 13-12 所示。

图 13-12

C# 3 引入了新关键字 var，它可以替代前面代码中的 type：

```
var <varName> = <value>;
```

在这行代码中，变量<varName>隐式地类型化为<value>的类型。注意，类型的名称并不是 var。在下面的代码中：

```
var myVar = 5;
```

myVar 是 int 类型的变量，而不是 var 类型的变量，如图 13-13 所示，IDE 也显示了其类型。

图 13-13

这是非常重要的一点。使用 var 时，并不是声明了一个没有类型的变量，也不是声明了一个类型可变的变量。否则，C#就不再是强类型化的语言了。实际上，我们所做的只是依赖于编译器来确定变量的类型。

> **注意：**
> .NET 引入的动态类型扩展了 C#是强类型化语言的定义，参见后面的 13.9 节 "动态查找"。

如果编译器不能确定用 var 声明的变量类型，代码就无法编译。因此，在用 var 声明变量时，必须同时初始化该变量，因为如果没有初始值，编译器就无法确定变量的类型。因此，下面的代码就无法编译：

```
var myVar;
```

var 关键字还可以通过数组初始化器来推断数组的类型：

```
var myArray = new[] { 4, 5, 2 };
```

在这行代码中，myArray 类型被隐式地设置为 int[]。在采用这种方式隐式指定数组的类型时，初始化器中使用的数组元素必须是以下情形中的一种：

- 相同的类型
- 相同的引用类型或 null
- 所有元素的类型都可以隐式地转换为一个类型

如果应用最后一条规则，元素可以转换的类型就称为数组元素的最佳类型。如果这个最佳类型有任何含糊之处，即所有元素的类型都可以隐式转换为两种或更多的类型，代码就不会编译。我们会接收到错误，错误中指出没有最佳类型，如下所示：

```
var myArray = new[] { 4, "not an int", 2 };
```

还要注意数字值从来都不会解释为可空类型，所以下面的代码无法编译：

```
var myArray = new[] { 4, null, 2 };
```

但可以使用标准的数组初始化器，使如下代码可编译：

```
var myArray = new int?[] { 4, null, 2 };
```

最后一点要说明的是，标识符 var 并非不能用于类名。这意味着，如果代码在其作用域中(在同一个名称空间或引用的名称空间中)有一个 var 类，就不能使用 var 关键字的隐式类型化功能。

类型推理功能本身并不是很有效，因为在本节前面的代码中，它只会使事情更复杂。使用 var 会加大判断给定变量的类型的难度。但如本章后面所述，推断类型的概念非常重要，因为它是其他技术的基础。下一个主题是匿名类型，它就以推断类型为基础。

13.8　匿名类型

在编写程序一段时间后，会发现我们要花费很多时间为数据表示创建简单、乏味的类，在数据库应用程序中尤其如此。常常有一系列类只提供属性。本章前面的 Animal 类就是一个很好的例子：

```
public class Animal
{
    public string Name { get; set; }
    public int Age { get; set; }
```

```
    public double Weight { get; set; }
}
```

这个类什么也没做，只是存储结构化数据。在数据库或电子表格中，可以把这个类看成表中的一行。可以保存这个类的实例的集合类应表示表或电子表格中的多个行。

这是类完全可以接受的一种用法，但编写这些类的代码比较单调，对底层数据模式的任何修改都需要添加、删除或修改定义类的代码。

匿名类型(anonymous type)是简化这个编程模型的一种方式。其理念是使用 C#编译器根据要存储的数据自动创建类型，而不是定义简单的数据存储类型。

可按如下方式实例化前面的 Animal 类型:

```
Animal animal = new Animal
{
    Name = "Benjamin",
    Age = 49,
    Weight = 185.4
};
```

也可以使用匿名类型，如下所示:

```
var animal = new
{
    Name = "Lea",
    Age = 14,
    Weight = 35.2
};
```

这里有两个区别。第一，使用了 var 关键字。这是因为匿名类型没有可以使用的标识符。稍后可以看到，它们在内部有一个标识符，但不能在代码中使用。第二，在 new 关键字的后面没有指定类型名，这是编译器确定我们要使用匿名类型的方式。

IDE 检测到匿名类型定义后，会相应地更新 IntelliSense。通过前面的声明，可以看到如图 13-14 所示的匿名类型。

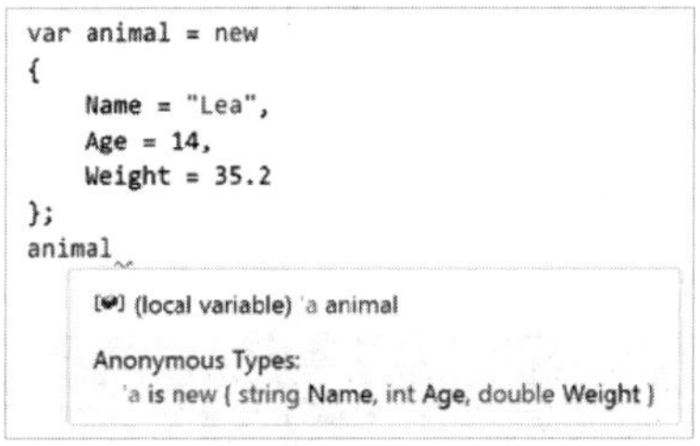

图　13-14

其中，变量 animal 的类型是'a。显然，不能在代码中使用这个类型——它甚至不是合法的标识符名称。'符号用于在 IntelliSense 中表示匿名类型。IntelliSense 也允许查看匿名类型的成员，如图 13-15 所示。

注意，这里显示的属性定义为只读属性。这表示，如果要在数据存储对象中修改属性的值，就不能使用匿名类型。

还实现了匿名类型的其他成员，如下面的示例所示。

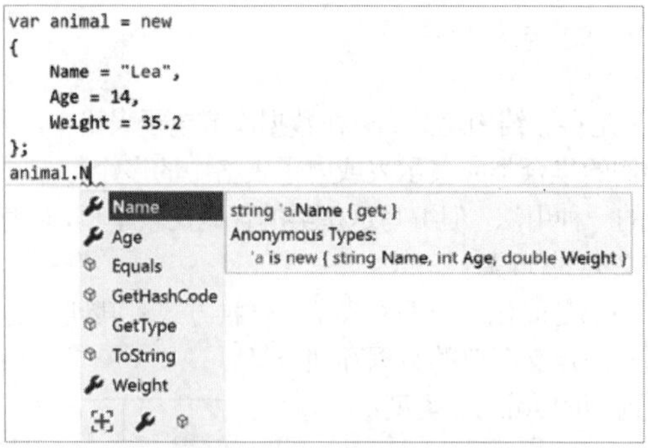

```
var animal = new
{
    Name = "Lea",
    Age = 14,
    Weight = 35.2
};
animal.N
```

图　13-15

试一试　使用匿名类型：Ch13Ex05\Program.cs

(1) 在 C:\BeginningCSharpAndDotNET\Chapter13 目录下创建一个新的控制台应用程序 Ch13Ex05。

(2) 修改 Program.cs 中的代码，如下所示：

```
static void Main(string[] args)
{
    var animals = new[]
    {
        new { Name = "Benjamin", Age = 49, Weight = 185 },
        new { Name = "Benjamin", Age = 49, Weight = 185 },
        new { Name = "Andrea", Age = 48, Weight = 109 }
    };
    Console.WriteLine(animals[0].ToString());
    Console.WriteLine(animals[0].GetHashCode());
    Console.WriteLine(animals[1].GetHashCode());
    Console.WriteLine(animals[2].GetHashCode());
    Console.WriteLine(animals[0].Equals(animals[1]));
    Console.WriteLine(animals[0].Equals(animals[2]));
    Console.WriteLine(animals[0] == animals[1]);
    Console.WriteLine(animals[0] == animals[2]);
    Console.ReadKey();
}
```

(3) 运行应用程序，结果如图 13-16 所示。

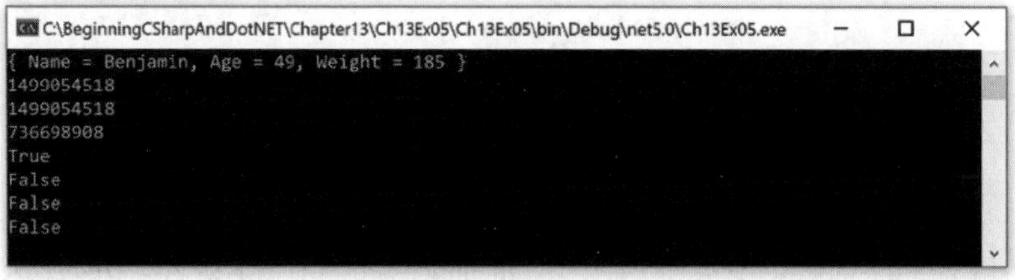

图　13-16

示例说明

这个示例创建了一个匿名类型对象的数组，然后使用它测试匿名类型提供的成员。创建匿名类型对象的数组的代码如下：

```
var animals = new[]
```

```
{
    new { Name = "Benjamin", Age = 49, Weight = 185 },
    ...
};
```

这段代码通过本节和前面"类型推理"一节中介绍的语法，使用了隐式类型化为匿名类型的数组。结果是 animals 变量包含 3 个匿名类型的实例。

创建这个数组后，代码首先输出在第一个匿名对象类型上调用 ToString()的结果：

```
Console.WriteLine(animals[0].ToString());
```

输出结果如下：

```
{ Name = Benjamin, Age = 49, Weight = 185 }
```

匿名类型上的 ToString()的实现输出了为该类型定义的每个属性的值。

接着，代码在数组的 3 个对象上分别调用 GetHashCode()：

```
Console.WriteLine(animals[0].GetHashCode());
Console.WriteLine(animals[1].GetHashCode());
Console.WriteLine(animals[2].GetHashCode());
```

GetHashCode()执行时，应根据对象的状态为对象返回一个唯一的整数。数组中的前两个对象有相同的属性值，所以其状态是相同的。这些调用的结果是前两个对象的整数相同，第三个对象的整数不同。结果如下。前两个数字可能不是你看到的，但它们应该是一样的：

```
1499054518
1499054518
736698908
```

接着调用 Equals()方法比较第一个对象和第二个对象，再比较第一个对象和第三个对象：

```
Console.Console.WriteLine(animals[0].Equals(animals[1]));
Console.WriteLine(animals[0].Equals(animals[2]));
```

结果如下：

```
True
False
```

匿名类型上的 Equals()的实现比较对象的状态，如果一个对象的每个属性值都与另一个对象的对应属性值都相同，结果就是 true。

但使用==运算符不会得到这样的结果。如前几章所述，==运算符比较对象引用。最后一部分代码执行与上一段代码相同的比较，但用==替代了 Equals()方法：

```
Console.WriteLine(animals[0] == animals[1]);
Console.WriteLine(animals[0] == animals[2]);
```

animals 数组中的每一项都引用匿名类型的不同实例，所以在两种情况下结果都是 false。输出结果与预期的相同：

```
False
False
```

有趣的是，在创建匿名类型的实例时，编译器会注意到，参数是相同的，所以创建同一个匿名类型的 3 个实例——而不是 3 个不同的匿名类型。但是，这并不意味着实例化匿名类型的对象时，编译器会查找匹配的类型。即使在其他地方定义了一个有匹配属性的类，如果使用了匿名类型语法，也只创建(或重用，如本例所示)一个匿名类型。

13.9 动态查找

如前所述，var 关键字本身并不是一个类型，所以并没有违反 C#的"强类型化"方法论。然而，从引入 var 开始，一些地方变得没那么死板。还有另一个相关的概念称为动态变量，顾名思义，动态变量是类型可变的变量。

引入动态变量的主要目的是在许多情况下，希望使用 C#处理另一种语言创建的对象。这包括与旧技术的交互操作，例如 Component Object Model(COM)，也包括处理动态语言，例如 JavaScript、Python 和 Ruby。这里不详细讨论其实现细节，只需要知道，过去使用 C#访问这些语言所创建的对象的方法和属性需要用到笨拙的语法。例如，假定代码从 JavaScript 中获得一个带 Add()方法的对象，该方法把两个数字加在一起。如果没有动态查找功能，调用这个方法的代码就如下所示：

```
ScriptObject jsObj = SomeMethodThatGetsTheObject();
int sum = Convert.ToInt32(jsObj.Invoke("Add", 2, 3));
```

ScriptObject 类型(这里不深入探讨)提供了一种访问 JavaScript 对象的方式，但仍不能执行如下操作：

```
int sum = jsObj.Add(2, 3);
```

动态查找功能改变了这一切，它允许编写上述代码，但如下面几节所述，这个功能是有代价的。

另一个可使用动态查找功能的情形是处理未知类型的 C#对象。这听起来似乎很古怪，但这种情形出现的次数比我们想象得多。如果需要编写一些泛型代码来处理接收的各种输入，这也是一项重要功能。处理这种情形的"旧"方法称为"反射(reflection)"，它涉及使用类型信息来访问类型和成员。前一章使用了简单的反射来访问与类型关联的特性。使用反射访问类型成员(如方法)的语法非常类似于上述代码中访问 JavaScript 对象的语法，也非常麻烦。

在后台，动态查找功能由 Dynamic Language Runtime(动态语言运行库，DLR)支持。与 CLR 一样，DLR 是.NET 运行库的一部分。DLR 的精确描述及其如何简化交互操作超出了本书的讨论范围，这里仅对如何在 C#中使用它感兴趣。有关 DLR 的更多内容，可以参阅 https://docs.microsoft.com/en-us/dotnet/framework/reflection-and- codedom/dynamic-language-runtime-overview。

动态类型

dynamic 关键字可以用于定义变量。例如：

```
dynamic myDynamicVar;
```

与前面介绍的 var 关键字不同，的确存在动态类型，所以在声明 myDynamicVar 时，不必初始化它的值。

> **注意：**
> 动态类型的不同寻常之处在于，它仅在编译期间存在，在运行期间它会被 System.Object 类型替代。这是较细微的实现细节，但必须记住这一点，因为这可能澄清了后面的一些讨论。

一旦有了动态变量，就可以继续访问其成员(这里没有列出实际获取变量值的代码)。

```
myDynamicVar.DoSomething("With this!");
```

无论 myDynamicVar 实际包含什么值，这行代码都会编译。但是，如果所请求的成员不存在，在执行这行代码时会生成一个 RuntimeBinderException 类型的异常。

实际上，像这样的代码提供了一个应在运行期间应用的"处方"。检查 myDynamicVar 的值，找到带一个字符串参数的 DoSomething()方法，并在需要时调用它。

下面将列举示例说明。

> **警告：**
> 下面的示例仅用于演示！一般情况下，应仅在动态类型是唯一选项时才使用它们，例如处理非.NET 对象。

试一试　使用动态类型：Ch13Ex06

(1) 在 C:\BeginningCSharpAndDotNET\Chapter13 目录中创建一个新的控制台应用程序 Ch13Ex06。

(2) 修改 Program.cs 中的代码，如下所示：

```csharp
using System;
using Microsoft.CSharp.RuntimeBinder;
namespace Ch13Ex06
{
    class MyClass1
    {
        public int Add(int var1, int var2) => var1 + var2;
    }
    class MyClass2 {}
    class Program
    {
        static int callCount = 0;
        static dynamic GetValue()
        {
            if (callCount++ == 0)
            {
                return new MyClass1();
            }
            return new MyClass2();
        }
        static void Main(string[] args)
        {
            try
            {
                dynamic firstResult = GetValue();
                dynamic secondResult = GetValue();
                Console.WriteLine($"firstResult is: {firstResult.ToString()}");
                Console.WriteLine($"secondResult is: {secondResult.ToString()}");
                Console.WriteLine($"firstResult call: {firstResult.Add(2, 3)}");
                Console.WriteLine($"secondResult call: {secondResult.Add(2, 3)}");
            }
            catch (RuntimeBinderException ex)
            {
                Console.WriteLine(ex.Message);
            }
```

```
      Console.ReadKey();
    }
  }
}
```

(3) 运行应用程序，结果如图 13-17 所示。

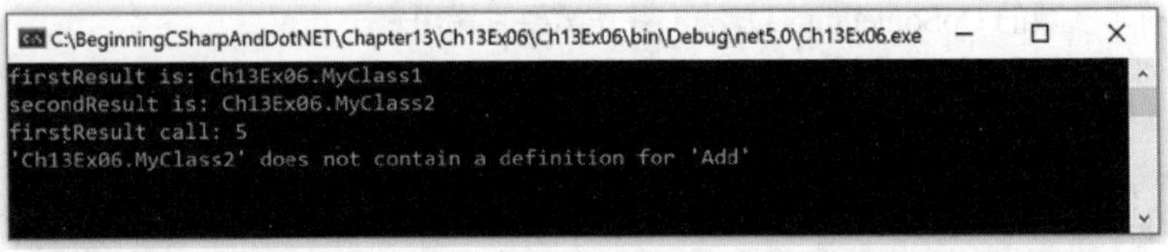

图 13-17

示例说明

这个示例使用一个方法返回两个类型的对象中的一个，以获取动态值，再尝试使用所获取的对象。代码在编译时没有遇到任何问题，但尝试访问不存在的方法时，抛出并处理了一个异常。

首先，为包含 RuntimeBinderException 异常的名称空间添加一条 using 语句：

```
using Microsoft.CSharp.RuntimeBinder;
```

接着定义两个类：MyClass1 和 MyClass2，其中 MyClass1 包含 Add()方法，而 MyClass2 不含成员：

```
class MyClass1
{
    public int Add(int var1, int var2) => var1 + var2;
}
class MyClass2 { }
```

还要给 Program 类添加一个字段(callCount)和一个方法(GetValue())，以获取其中一个类的实例：

```
static int callCount = 0;
static dynamic GetValue()
{
    if (callCount++ == 0)
    {
        return new MyClass1();
    }
    return new MyClass2();
}
```

使用一个简单的调用计数器，这样，第一次调用这个方法时，返回 MyClass1 的一个实例，之后返回 MyClass2 的一个实例。注意 dynamic 关键字可用作方法的返回类型。

接着，Main()中的代码调用 GetValue()方法两次，再尝试在返回的两个值上依次调用 GetString()和 Add()。这些代码放在 try ... catch 块中，以捕获可能发生的 RuntimeBinderException 类型的异常。

```
static void Main(string[] args)
{
    try
    {
        dynamic firstResult = GetValue();
        dynamic secondResult = GetValue();
        Console.WriteLine($"firstResult is: {firstResult.ToString()}");
        Console.WriteLine($"secondResult is: {secondResult.ToString()}");
```

```
        Console.WriteLine($"firstResult call: {firstResult.Add(2, 3)}");
        Console.WriteLine($"secondResult call: {secondResult.Add(2, 3)}");
    }
    catch (RuntimeBinderException ex)
    {
        Console.WriteLine(ex.Message);
    }
    Console.ReadKey();
}
```

可以肯定，调用 secondResult.Add()时会抛出一个异常，因为在 MyClass2 上不存在这个方法。异常消息说明了这一点。

dynamic 关键字也可用于其他需要类型名的地方，例如方法参数。Add()方法可以重写为：

```
public int Add(dynamic var1, dynamic var2) => var1 + var2;
```

这对结果没有任何影响。在这个例子中，传送给 var1 和 var2 的值在运行期间检查，以确定加号+是否存在一个兼容的运算符定义。如果传送了两个 int 值，就存在这样的运算符。如果使用了不兼容的值，就抛出 RuntimeBinderException 异常。例如，如果尝试：

```
Console.WriteLine("firstResult call: {0}", firstResult.Add("2", 3));
```

异常消息就如下所示：

```
Cannot implicitly convert type 'string' to 'int'
```

从这里获得的教训是动态类型是非常强大的，但有一个警告。如果用强类型代替动态类型，就完全可以避免抛出这些异常。对于大多数自己编写的 C#代码，应避免使用 dynamic 关键字。但是，如果需要使用它，就应使用它，并会喜欢上它——而不像过去那些可怜的程序员那样没有这个强大的工具可用。

13.10　高级方法参数

方法参数的定义和使用有许多方式。这主要是为了响应使用外部定义的接口时出现的一个特殊问题，例如 Microsoft Office 编程模型。其中，一些方法有大量参数，许多参数并不是每次调用都需要的。过去，这意味着需要一种方式指定缺失的参数，否则在代码中会出现许多空值：

```
RemoteCall(var1, var2, null, null, null, null, null);
```

在这行代码中，null 值表示什么并不明显，或者它们为什么省略并不清楚。

也许，理想情况下，这个 RemoteCall()方法有多个重载版本，其中一个重载版本仅需要两个参数：

```
RemoteCall(var1, var2);
```

但是，这需要更多带其他参数组合的方法，这本身就会带来更多问题(要维护更多代码，增加了代码复杂程度等)。

Visual Basic 等语言以另一种方式处理这种情况，即允许使用命名参数和可选参数。C#中也允许这样做，这是所有.NET 语言的演化趋于一致的一种方式。

下面几节介绍如何使用这些新的参数类型。

13.10.1 可选参数

调用方法时，常给某个参数传入相同的值。例如，这可能是一个布尔值，以控制方法操作中的不重要部分。具体而言，考虑下面的方法定义：

```
public List<string> GetWords(string sentence, bool capitalizeWords)
{
    ...
}
```

无论给 capitalizeWords 参数传入什么值，这个方法都会返回一系列 string 值，每个 string 值都是输入句子中的一个单词。根据这个方法的使用方式，可能需要把返回的单词列表转换为大写(也许要格式化一个标题)。但大多数情况下并不需要这么做，所以大多数调用如下所示：

```
List<string> words = GetWords(sentence, false);
```

为了将这种方式变成"默认"方式，可以声明第二个方法，如下所示：

```
public List<string> GetWords(string sentence) => GetWords(sentence, false);
```

这个方法调用第二个方法，并给 capitalizeWords 传入值 false。

这么做没有任何错误，但可以想象在使用更多参数时，这种方式会非常复杂。

另一种方式是把capitalizeWords参数变成可选参数。这需要在方法定义中为参数提供一个默认值，使其成为可选参数，如果调用此方法时没有为该参数提供值，就使用默认值，如下所示：

```
public List<string> GetWords(string sentence, bool capitalizeWords = false)
{
    ...
}
```

如果以这种方式定义方法，就可以提供一个或两个参数，只有希望 capitalizeWords 是 true 时，才需要第二个参数。重载方法必须与带有可选参数的方法不同。例如，如果一个方法接收两个可选的 int 形参，重载版本就不能没有参数、只有一个 int 或两个 int，因为编译器将无法分辨是使用它们还是使用带有可选形参的方法。

1. 可选参数的值

如上一节所述，为方法定义可选参数的语法如下所示：

```
<parameterType> <parameterName> = <defaultValue>
```

对于<defaultValue>的默认值，存在一些限制。默认值必须是字面值、常量值或者默认值类型值。因此不会编译下面的代码：

```
public bool CapitalizationDefault;
public List<string> GetWords(string sentence,
bool capitalizeWords = CapitalizationDefault)
{
    ...
}
```

为使上述代码可以工作，CapitalizationDefault 值必须定义为常量：

```
public const bool CapitalizationDefault = false;
```

这样做是否有意义取决于具体情形，大多数情况下，最好提供一个字面值，就像上一节那样。

2. Optional 特性

除了前面小节中描述的语法，还可以使用 Optional 特性定义可选参数，如下所示：

```
[Optional] <parameterType> <parameterName>
```

此特性包含在 System.Runtime.InteropServices 名称空间中。注意，如果使用这种语法，就无法为参数提供默认值。

3. 可选参数的顺序

使用可选值时，它们必须位于方法的参数列表末尾。没有默认值的参数不能放在有默认值的参数后面。

因此下面的代码是非法的：

```
public List<string> GetWords(bool capitalizeWords = false, string sentence)
{
    ...
}
```

其中，sentence 是必选参数，因此必须放在可选参数 capitalizedWords 的前面。

13.10.2　命名参数

使用可选参数时，可能发现某个方法有几个可选参数，但可能只想给第三个可选参数传递值。从上一节介绍的语法看，如果不提供前两个可选参数的值，就无法给第三个可选参数传递值。

命名参数(named parameters)允许指定要使用哪个参数。这不需要在方法定义中进行任何特殊处理，它是一种在调用方法时使用的技术。其语法如下：

```
MyMethod(
    <param1Name>: <param1Value>,
    ...
    <paramNName>: <paramNValue>);
```

参数的名称是在方法定义中使用的变量名。

只要命名参数存在，就可以采用这种方式指定需要的任意多个参数，而且参数的顺序是任意的。命名参数也可以是可选的。

可以仅给方法调用中的某些参数使用命名参数。当方法签名中有多个可选参数和一些必选参数时，这是非常有用的。可以首先指定必选参数，再指定命名的可选参数。例如：

```
MyMethod(
    requiredParameter1Value,
    optionalParameter5: optionalParameter5Value);
```

但注意，如果混合使用命名参数和位置参数，就必须先包含所有的位置参数，其后是命名参数。但是，只要全部使用命名参数，参数的顺序也可以不同。例如：

```
MyMethod(
    optionalParameter5: optionalParameter5Value,
    requiredParameter1: requiredParameter1Value);
```

此时，必须包含所有必选参数的值。使用命名参数的另一个原因是更容易理解哪些值应用于哪些参数。例如，如果你有 10 个参数，那么仅按顺序列出它们可能会使其难以阅读。

下面的示例介绍了如何使用命名参数和可选参数。

(1) 在目录 C:\BeginningCSharp7\Chapter13 中创建一个新的控制台应用程序 Ch13Ex07。

(2) 在项目中添加一个类 WordProcessor，修改其代码，如下所示：

```csharp
public static class WordProcessor
{
    public static List<string> GetWords(
        string sentence,
        bool capitalizeWords = false,
        bool reverseOrder = false,
        bool reverseWords = false)
    {
        List<string> words = new List<string>(sentence.Split(' '));
        if (capitalizeWords)
            words = CapitalizeWords(words);
        if (reverseOrder)
            words = ReverseOrder(words);
        if (reverseWords)
            words = ReverseWords(words);
        return words;
    }
    private static List<string> CapitalizeWords(List<string> words)
    {
        List<string> capitalizedWords = new List<string>();
        foreach (string word in words)
        {
            if (word.Length == 0)
                continue;
            if (word.Length == 1)
                capitalizedWords.Add(
                    word[0].ToString().ToUpper());
            else
                capitalizedWords.Add(
                    word[0].ToString().ToUpper()
                    + word.Substring(1));
        }
        return capitalizedWords;
    }
    private static List<string> ReverseOrder(List<string> words)
    {
        List<string> reversedWords = new List<string>();
        for (int wordIndex = words.Count - 1;
                wordIndex >= 0; wordIndex--)
            reversedWords.Add(words[wordIndex]);
        return reversedWords;
    }
    private static List<string> ReverseWords(List<string> words)
    {
        List<string> reversedWords = new List<string>();
        foreach (string word in words)
            reversedWords.Add(ReverseWord(word));
        return reversedWords;
```

```
    }
    private static string ReverseWord(string word)
    {
        StringBuilder sb = new StringBuilder();
        for (int characterIndex = word.Length - 1;
            characterIndex >= 0; characterIndex--)
          sb.Append(word[characterIndex]);
        return sb.ToString();
    }
}
```

(3) 修改 Program.cs 中的代码，如下所示：

```
using System.Collections.Generic;
...
static void Main(string[] args)
{
    string sentence = "his gaze against the sweeping bars has "
        + "grown so weary";
    List<string> words;
    words = WordProcessor.GetWords(sentence);
    Console.WriteLine("Original sentence:");
    foreach (string word in words)
    {
        Console.Write(word);
        Console.Write(' ');
    }
    Console.WriteLine('\n');
    words = WordProcessor.GetWords(
        sentence,
        reverseWords: true,
        capitalizeWords: true);
    Console.WriteLine("Capitalized sentence with reversed words:");
    foreach (string word in words)
    {
        Console.Write(word);
        Console.Write(' ');
    }
    Console.ReadKey();
}
```

(4) 运行应用程序，结果如图 13-18 所示。

图 13-18

示例说明

这个示例创建了一个执行一些简单的字符串处理的实用类，再使用这个类修改一个字符串。类中的单个公共方法包含 1 个必选参数和 3 个可选参数：

```
public static List<string> GetWords(
```

```
    string sentence,
    bool capitalizeWords = false,
    bool reverseOrder = false,
    bool reverseWords = false)
{
    ...
}
```

这个方法返回 string 值的一个集合，每个 string 值都是初始输入的一个单词。根据指定的可选参数，可能会进行额外的转换：对字符串集合进行整体转换，或者仅转换某个单词。

注意:

这里并未深入探讨 WordProcessor 类的功能，读者可以自己研究它的代码，考虑一下如何改进这些代码，例如 his 应改为 His 吗？如何进行这个修改？

调用这个方法时，只使用了两个可选参数，参数 reverseOrder 使用其默认值 false:

```
words = WordProcessor.GetWords(
    sentence,
    reverseWords: true,
    capitalizeWords: true);
```

还要注意，所指定的两个参数的顺序与定义它们的顺序不同。

最后要注意，处理带有可选参数的方法时，使用 IntelliSense 会非常方便。输入这个示例的代码时，注意 GetWords()方法的工具提示，如图 13-19 所示(把鼠标指针停放在方法调用上，也会看到这个工具提示)。

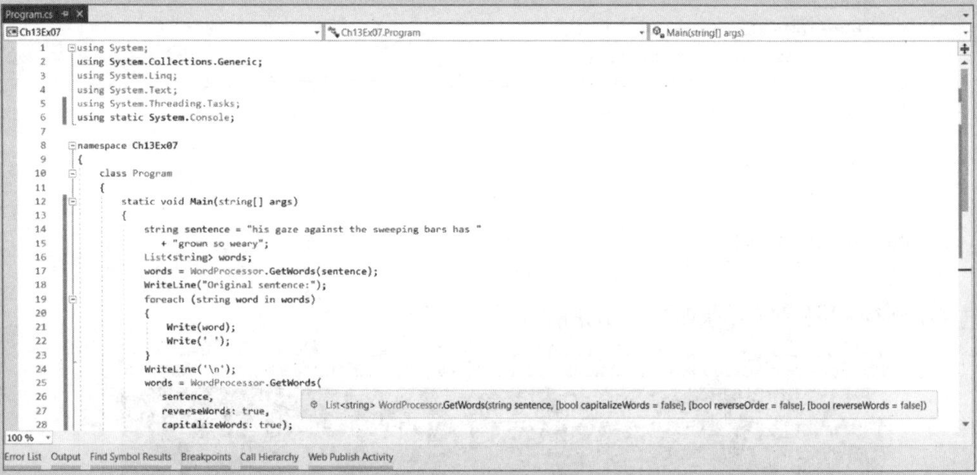

图　13-19

这是一个非常有用的工具提示，它不仅显示了可用参数的名称，还显示了可选参数的默认值，非常便于确定是否需要重写某个默认值。

13.11　Lambda 表达式

　　Lambda 表达式是一种结构，可用于简化 C#编程的某些方面，在与 LINQ 结合使用时尤为方便。Lambda 表达式一开始很难掌握，主要是因为其用法非常灵活。Lambda 表达式与其他 C#语言特性(如匿名方法)结合使用时极其有用。由于本书后面才介绍 LINQ，因此匿名方法是介绍 Lambda 表达式的最佳切入点。下面首先快速回顾一下匿名方法。

13.11.1　复习匿名方法

　　本章前面学习了匿名方法，这是提供的内联(inline)方法，否则就需要使用委托类型的变量。给事件添加处理程序时，过程如下：

　　(1) 定义一个事件处理方法，其返回类型和参数匹配要订阅的事件需要的委托的返回类型和参数。

　　(2) 声明一个委托类型的变量，用于事件。

　　(3) 把委托变量初始化为委托类型的实例，该实例指向事件处理方法。

　　(4) 把委托变量添加到事件的订阅者列表中。

　　实际上，这个过程会比上述简单一些，因为一般不使用变量来存储委托，只在订阅事件时使用委托的一个实例。

　　前面使用的代码就属于这种情况，如下所示：

```
Timer myTimer = new Timer(100);
myTimer.Elapsed += new ElapsedEventHandler(WriteChar);
```

　　这段代码订阅了 Timer 对象的 Elapsed 事件。这个事件使用委托类型 ElapsedEventHandler，使用方法标识符 WriteChar 实例化该委托类型。结果是 Timer 对象引发 Elapsed 事件时，就调用方法WriteChar()。传递给 WriteChar()的参数取决于由 ElapsedEventHandler 委托定义的参数类型和 Timer中引发事件的代码传递的值。

　　实际上， C#编译器可以通过方法组语法，用更少的代码获得相同的结果：

```
myTimer.Elapsed += WriteChar;
```

　　 C#编译器知道 Elapsed 事件需要的委托类型，所以可以填充该类型。但大多数情况下，最好不要这么做，因为这会使代码更难理解，也不清楚会发生什么。使用匿名方法时，该过程会减少为如下"一步"。

　　使用内联的匿名方法，该匿名方法的返回类型和参数匹配所订阅事件需要的委托的返回类型和参数。

　　用 delegate 关键字定义内联的匿名方法：

```
myTimer.Elapsed +=
    delegate(object source, ElapsedEventArgs e)
    {
        Console.WriteLine("Event handler called after {0} milliseconds.",
            (source as Timer).Interval);
    };
```

　　这段代码像单独使用事件处理程序一样正常工作。主要区别是这里使用的匿名方法对于其余代码而言实际上是隐藏的。例如，不能在应用程序的其他地方重用这个事件处理程序。另外，为更好地加以描述，这里使用的语法有点沉闷。delegate 关键字会带来混淆，因为它具有双重含义——匿名方法和定义委托类型都要使用它。

13.11.2　把 Lambda 表达式用于匿名方法

下面看一下 Lambda 表达式。Lambda 表达式是简化匿名方法的语法的一种方式。实际上，Lambda 表达式还有其他用处，但为了简单起见，本节只介绍 Lambda 表达式的这个方面。使用 Lambda 表达式可以重写上一节最后的一段代码，如下所示：

```
myTimer.Elapsed += (source, e) => Console.WriteLine("Event handler called after " +
$"{(source as Timer).Interval} milliseconds.");
```

这段代码初看上去有点让人摸不着头脑(除非很熟悉所谓的函数式编程语言，如 Lisp 或 Haskell)。但如果仔细观察，就会看出或至少推断出代码是如何工作的，它与所替代的匿名方法有什么关系。Lambda 表达式由以下 3 个部分组成：

- 放在括号中的参数列表(未类型化)
- =>运算符
- C#语句

使用本章前面"匿名类型"一节中介绍的逻辑，从上下文中推断出参数的类型。=>运算符只是把参数列表与表达式体分开。在调用 Lambda 表达式时，执行表达式体。

编译器会提取这个 Lambda 表达式，创建一个匿名方法，其工作方式与上一节中的匿名方法相同。其实，它会被编译为相同或相似的 CIL 代码。

为说明 Lambda 表达式中的内容，下面列举一个例子。

试一试　使用简单的 Lambda 表达式：Ch13Ex08

(1) 在 C:\BeginningCSharpAndDotNET\Chapter13 目录中创建一个新的控制台应用程序 Ch13Ex08。

(2) 修改 Program.cs 中的代码，如下所示：

```
namespace Ch13Ex08
{
    delegate int TwoIntegerOperationDelegate(int paramA, int paramB);
    class Program
    {
        static void PerformOperations(TwoIntegerOperationDelegate del)
        {
            for (int paramAVal = 1; paramAVal <= 5; paramAVal++)
            {
                for (int paramBVal = 1; paramBVal <= 5; paramBVal++)
                {
                    int delegateCallResult = del(paramAVal, paramBVal);
                    Console.Write($"f({paramAVal}, " +
                        $"{paramBVal})={delegateCallResult}");
                    if (paramBVal != 5)
                    {
                        Console.Write(", ");
                    }
                }
                Console.WriteLine();
            }
        }
        static void Main(string[] args)
        {
```

```
        Console.WriteLine("f(a, b) = a + b:");
        PerformOperations((paramA, paramB) => paramA + paramB);
        Console.WriteLine();
        Console.WriteLine("f(a, b) = a * b:");
        PerformOperations((paramA, paramB) => paramA * paramB);
        Console.WriteLine();
        Console.WriteLine("f(a, b) = (a - b) % b:");
        PerformOperations((paramA, paramB) => (paramA - paramB)
            % paramB);
        Console.ReadKey();
        }
    }
}
```

(3) 运行应用程序，结果如图 13-20 所示。

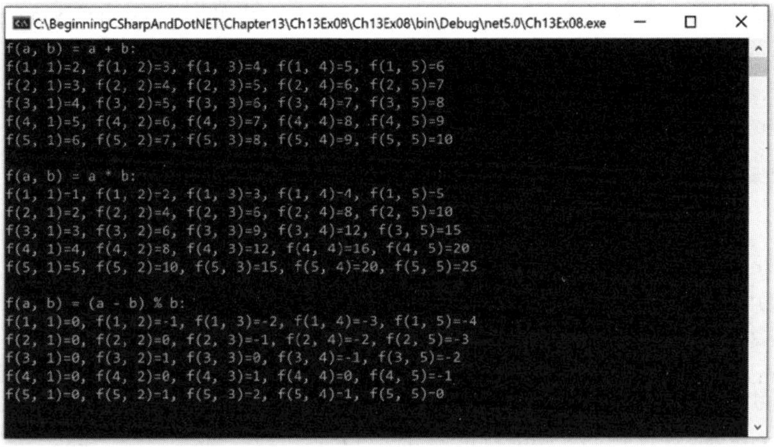

图　13-20

示例说明

这个示例使用 Lambda 表达式生成函数，用来在两个输入参数上执行指定的处理，并返回结果。接着这些函数操作 25 对值，把结果输出到控制台上。

首先定义一个委托类型 TwoIntegerOperationDelegate，表示一个方法，该方法有两个 int 参数，返回一个 int 结果：

```
delegate int TwoIntegerOperationDelegate(int paramA, int paramB);
```

在以后定义 Lambda 表达式时可使用这个委托类型。这些 Lambda 表达式编译为方法，其返回类型和参数匹配这个委托类型，如稍后所述。

接着添加方法 PerformOperations()，它带有一个 TwoIntegerOperationDelegate 类型的参数：

```
static void PerformOperations(TwoIntegerOperationDelegate del)
{
```

这个方法的含义是，可给它传递一个委托实例(或者匿名方法，或者 Lambda 表达式，因为这些结构都会编译为委托实例)，该方法会用一组值调用委托实例所表示的方法：

```
for (int paramAVal = 1; paramAVal <= 5; paramAVal++)
{
    for (int paramBVal = 1; paramBVal <= 5; paramBVal++)
```

```
    {
        int delegateCallResult = del(paramAVal, paramBVal);
```

接着把参数和结果输出到控制台上：

```
        Console.Write($"f({paramAVal}, " +
            $"{paramBVal})={delegateCallResult}");
        if (paramBVal != 5)
        {
            Console.Write(", ");
        }
    }
    Console.WriteLine();
    }
}
```

在 Main()方法中，创建了 3 个 Lambda 表达式，使用它们依次调用 PerformOperations()。第一个调用如下所示：

```
Console.WriteLine("f(a, b) = a + b:");
PerformOperations((paramA, paramB) => paramA + paramB);
```

这里使用的 Lambda 表达式如下：

```
(paramA, paramB) => paramA + paramB
```

这个 Lambda 表达式分为以下 3 部分：

(1) 参数定义部分。这里有两个参数 paramA 和 paramB。这些参数都是未类型化的，因此编译器可根据上下文推断出它们的类型。在这个例子中，编译器可以确定，PerformOperations()方法调用需要一个 TwoIntegerOperationDelegate 类型的委托。这个委托类型有两个 int 参数，所以根据推断，paramA 和 paramB 都是 int 类型的变量。

(2) =>运算符。它把 Lambda 表达式的参数与表达式体分开。

(3) 表达式体。它指定了一个简单操作：把 paramA 和 paramB 加起来。注意，不需要指定这是返回值。编译器知道，要创建可以使用 TwoIntegerOperationDelegate 的方法，这个方法就必须有 int 返回类型。根据指定的操作，paramA + paramB 等于一个 int 类型的值，且没有提供额外的信息，所以编译器推断，这个表达式的结果就是方法的返回类型。

接着，就可以把使用这个 Lambda 表达式的代码扩展到下面使用匿名方法的代码中：

```
Console.WriteLine("f(a, b) = a + b:");
PerformOperations(delegate(int paramA, int paramB)
    {
        return paramA + paramB;
    });
```

其余代码以相同方式使用两个不同的 Lambda 表达式来执行操作：

```
Console.WriteLine();
Console.WriteLine("f(a, b) = a * b:");
PerformOperations((paramA, paramB) => paramA * paramB);
Console.WriteLine();
Console.WriteLine("f(a, b) = (a - b) % b:");
PerformOperations((paramA, paramB) => (paramA - paramB)
    % paramB);
Console.ReadKey();
```

　　最后一个 Lambda 表达式涉及较多计算，但并不比其他 Lambda 表达式更复杂。Lambda 表达式的语法允许执行更复杂的操作，如稍后所述。

13.11.3　Lambda 表达式的参数

　　在前面的代码中，Lambda 表达式使用类型推理功能来确定所传递的参数类型。实际上这不是必需的，也可以定义类型。例如，可使用下面的 Lambda 表达式：

```
(int paramA, int paramB) => paramA + paramB
```

　　其优点是代码更便于理解，缺点是不够简明灵活。在前面委托类型的示例中，可以通过隐式类型化的 Lambda 表达式来使用其他数字类型，例如，long 变量。

　　注意，不能在同一个 Lambda 表达式中同时使用隐式和显式的参数类型。下面的 Lambda 表达式就不会编译，因为 paramA 是显式类型化的，而 paramB 是隐式类型化的：

```
(int paramA, paramB) => paramA + paramB
```

　　Lambda 表达式的参数列表始终包含一个用逗号分隔的列表, 其中的参数要么都是显式类型化的，要么都是隐式类型化的。如果只有一个隐式类型化的参数，就可以省略括号；否则就需要在参数列表上加上括号，如前面所示。例如，下面的 Lambda 表达式只有一个参数，且是隐式类型化的：

```
param1 => param1 * param1
```

　　还可以定义没有参数的 Lambda 表达式，这使用空括号来表示：

```
() => Math.PI
```

　　当委托不需要参数，但需要返回一个 double 值时，就可以使用这个 Lambda 表达式。

13.11.4　Lambda 表达式的语句体

　　在前面的所有代码中，Lambda 表达式的语句体都只使用了一个表达式。我们还说明了这个表达式如何解释为 Lambda 表达式的返回值，例如，如何给返回类型为 int 的委托使用表达式 paramA+paramB 作为 Lambda 表达式的语句体(假定 paramA 和 paramB 隐式或显式类型化为 int 值，如示例代码所示)。

　　前一个示例说明了对于语句体中使用的代码而言，返回类型为 void 的委托的要求并不高：

```
myTimer.Elapsed += (source, e) => Console.WriteLine("Event handler called after " +
$"{(source as Timer).Interval} milliseconds.");
```

　　上面的语句不返回任何值，所以它只是执行，其返回值不在任何地方使用。

　　可将 Lambda 表达式看成匿名方法语法的扩展，所以还可以在 Lambda 表达式的语句体中包含多个语句。为此，只需要把代码块放在花括号中，类似于 C#中提供多行代码的其他情况：

```
(param1, param2) =>
{
// Multiple statements ahoy!
}
```

　　如果使用 Lambda 表达式和返回类型不是 void 的委托类型，就必须用 return 关键字返回一个值，这与其他方法一样：

```
(param1, param2) =>
{
    // Multiple statements ahoy!
    return returnValue;
}
```

例如，可将前面示例中的如下代码：

```
PerformOperations((paramA, paramB) => paramA + paramB);
```

改写为：

```
PerformOperations(delegate(int paramA, int paramB)
    {
        return paramA + paramB;
    });
```

另外，也可以把代码改写为：

```
PerformOperations((paramA, paramB) =>
    {
        return paramA + paramB;
    });
```

这更像是原来的代码，因为它保持了 paramA 和 paramB 参数的隐式类型化。

大多数情况下，在使用单一表达式时，Lambda 表达式最有用，也最简洁。坦率地讲，如果需要多个语句，则定义一个单独的非匿名方法来替代 Lambda 表达式比较好，这也会使代码更便于重用。

13.11.5　Lambda 表达式用作委托和表达式树

前面提到了 Lambda 表达式和匿名方法的一些区别：Lambda 表达式比较灵活，例如，隐式类型化的参数。现在，应注意另一个重要区别，但在学习本书后面的 LINQ 之前，这个区别的意义并不是很明显。

可采用两种方式来解释 Lambda 表达式。

第一，如本章所述，Lambda 表达式是一个委托。即可以把 Lambda 表达式赋予一个委托类型的变量，如前面的示例所示。

一般可以把拥有至多 8 个参数的 Lambda 表达式表示为如下泛型类型，它们都在 System 名称名空间中定义：

- Action，表示的 Lambda 表达式不带参数，返回类型是 void
- Action<>，表示的 Lambda 表达式有至多 8 个参数，返回类型是 void
- Func<>，表示的 Lambda 表达式有至多 8 个参数，返回类型不是 void

Action<>最多有 8 个泛型类型的参数，分别用于 Lambda 表达式的 8 个参数，Func<>最多有 9 个泛型类型的参数，分别用于 Lambda 表达式的 8 个参数和返回类型。在 Func<>中，返回类型始终在列表的最后。

例如，下面的 Lambda 表达式：

```
(int paramA, int paramB) => paramA + paramB
```

可以表示为 Func<int, int, int>类型的委托，因为它有两个 int 参数，返回类型是 int。注意，在很多情况下，可以使用这些泛型委托类型，而不必定义自己的泛型委托类型。例如，可以使用它们代替前面的示例中定义的 TwoIntegerOperationDelegate 委托。

第二，可以把 Lambda 表达式解释为表达式树。表达式树是 Lambda 表达式的抽象表示，因此不能直接执行。可使用表达式树以编程方式来分析 Lambda 表达式，执行操作，以响应 Lambda 表达式。

显然这是一个复杂主题，但表达式树对本书后面介绍的 LINQ 功能至关重要。下面列举一个具体例子。LINQ 框架包含一个泛型类 Expression< >，可用于封装 Lambda 表达式。使用这个类的一种方式是提取用 C#编写的 Lambda 表达式，把它转换为相应的 SQL 脚本，以便在数据库中直接执行。目前并不需要了解太多内容，在本书后面遇到这个功能时，能更好地理解其过程，因为现在我们已经理解了 C#语言提供的一些重要概念。

13.11.6　Lambda 表达式和集合

学习了 Func<>泛型委托后，就可以理解 System.Linq 名称空间为数组类型提供的一些扩展方法了(在编码的不同地方，可在弹出 IntelliSense 时看到它们)。例如，有一个扩展方法 Aggregate()定义了 3 个重载版本，如下所示：

```
public static TSource Aggregate<TSource>(
    this IEnumerable<TSource> source,
    Func<TSource, TSource, TSource> func);
public static TAccumulate Aggregate<TSource, TAccumulate>(
    this IEnumerable<TSource> source,
    TAccumulate seed,
    Func<TAccumulate, TSource, TAccumulate> func);
public static TResult Aggregate<TSource, TAccumulate,
                               Aggregate<TSource, TAccumulate, TResult>( TResult>(
    this IEnumerable<TSource> source,
    TAccumulate seed,
    Func<TAccumulate, TSource, TAccumulate> func,
    Func<TAccumulate, TResult> resultSelector);
```

与前面的扩展方法一样，这段代码初看上去非常深奥，但如果分解它们，就很容易理解其工作过程。这个函数的 IntelliSense 告诉用户它会执行如下工作：

```
Applies an accumulator function over a sequence.
```

这表示要把一个累加器函数(可以采用 Lambda 表达式的形式提供)应用于集合中从开始到结束的每个元素上。这个累加器函数必须有两个参数和一个返回值。其中一个参数是当前元素，另一个参数是一个种子值，集合中的第一个值，或者前一次计算的结果。

在 3 个重载版本中，最简单的版本只有一个泛型类型，这可从实例参数的类型推理出来。例如，在下面的代码中，泛型类型是 int(累加器函数现在是空的)：

```
int[] myIntArray = { 2, 6, 3 };

int result = myIntArray.Aggregate(...);
```

这等价于：

```
int[] myIntArray = { 2, 6, 3 };
int result = myIntArray.Aggregate<int>(...);
```

这里需要的 Lambda 表达式可以从扩展方法中推断出来。在这段代码中，类型 TSource 是 int，所以必须为委托 Func<int, int, int>提供一个 Lambda 表达式。例如，可以使用前面的 Lambda 表达式：

```
int[] myIntArray = { 2, 6, 3 };
int result = myIntArray.Aggregate((paramA, paramB) => paramA + paramB);
```

这个调用会使 Lambda 表达式调用两次，一次使用的参数是 paramA=2，paramB=6，另一次使用的参数是 paramA=8(第一次计算的结果)，paramB=3。最后赋予变量 result 的结果是 int 值 11，即数组中所有元素的总和。

扩展方法 Aggregate() 的其他两个重载版本是类似的，但可以执行略微复杂的计算，如下面的简短示例所示。

试一试 使用 Lambda 表达式和集合：Ch13Ex09

(1) C:\BeginningCSharpAndDotNET\Chapter13 目录中创建一个新的控制台应用程序 Ch13Ex09。

(2) 修改 Program.cs 中的代码，如下所示：

```
using System.Linq;
...
static void Main(string[] args)
{
    string[] people = { "Donna", "Mary", "Lea" };
    Console.WriteLine(people.Aggregate(
        (a, b) => a + " " + b));
    Console.WriteLine(people.Aggregate<string, int>(
        0,
        (a, b) => a + b.Length));
    Console.WriteLine(people.Aggregate<string, string, string>(
        "Some people:",
        (a, b) => a + " " + b,
        a => a));
    Console.WriteLine(people.Aggregate<string, string, int>(
        "Some people:",
        (a, b) => a + " " + b,
        a => a.Length));
    Console.ReadKey();
}
```

(3) 运行应用程序，结果如图 13-21 所示。

图 13-21

示例说明

这个示例把包含 3 个元素的字符串数组作为源数据，试验了扩展方法 Aggregate() 的每个重载版本。

首先执行一个简单的串联操作：

```
WriteLine(people.Aggregate((a, b) => a + " " + b));
```

第一对元素用简单的语法串联成一个字符串。第一个串联操作后，结果和数组中的第 3 个元素被传回 Lambda 表达式，其方式与前面要计算总和的 int 值相同。结果是串联整个数组，并用空格分隔各个项。使用 string.Join() 方法能够更方便地实现同样的效果，但本示例中演示的其他重载版本提供了 string.Join() 不具备的额外功能。

接着使用 Aggregate()函数的第二个重载版本,它有两个泛型类型的参数 TSource 和 TAccumulate。在这个示例中,Lambda 表达式的形式必须是 Func<TAccumulate, TSource, TAccumulate>。另外,必须指定 TAccumulate 类型的种子值,这个种子值和第一个数组元素在 Lambda 表达式的第一次调用中使用。后续调用从前面的调用中把累加器的结果提取到表达式中。代码如下:

```
Console.WriteLine(people.Aggregate<string, int>(
    0,
    (a, b) => a + b.Length));
```

累加器(以及返回值)的类型是 int。累加器的值最初设置为种子值 0,在对 Lambda 表达式的每次调用中,都把该值累加到数组元素的长度上。最后的结果是数组中所有元素的总长度。

之后使用 Aggregate()函数的最后一个重载版本,它带有 3 个泛型类型的参数,与前一个重载版本的唯一区别是,其返回类型可不同于数组元素和累加值的类型。首先,这个重载版本把字符串元素与种子字符串联在一起:

```
WriteLine(people.Aggregate<string, string, string>(
    "Some people:",
    (a, b) => a + " " + b,
    a => a));
```

即使累加值只是复制到结果中(如本例所示),也必须指定这个方法的最后一个参数 resultSelector。这个参数是一个 Func<TAccumulate, TResult >类型的 Lambda 表达式。

在最后一段代码中,再次使用了 Aggregate()的这个版本,但这次使用 int 类型的返回值。其中,给 resultSelector 提供一个 Lambda 表达式,返回累加字符串的长度:

```
Console.WriteLine(people.Aggregate<string, string, int>(
    "Some people:",
    (a, b) => a + " " + b,
    a => a.Length));
```

这个示例没有什么花哨的地方,但演示了如何使用更复杂的扩展方法,其中涉及泛型类型的参数、集合和看似复杂的语法。本书后面还将予以讨论。

13.12　习题

(1) 编写事件处理程序的代码,这些代码使用了通用语法(object sender, EventArgs e),该语法将接收本章前面的 Timer.Elapsed 或 Connection.MessageArrived 事件。处理程序应输出一个表示接收了什么类型事件的字符串,并根据引发的事件,输出 MessageArrivedEventArgs 参数的 Message 属性或 ElapsedEventArgs 参数的 SignalTime 属性。

(2) 修改扑克牌游戏示例,设置流行拉米扑克牌的更有趣的取胜条件。即一个玩家要取胜,手中的牌必须包含两套牌,一套由 3 张牌组成,另一套由 4 张牌组成。一套牌应是连续的同花色的牌(例如,3H、4H、5H、6H)或者几张同点的牌(例如,2H、2D、2S)。

(3) 为什么不能把对象初始化用于下面的类? 修改这个类,使其能使用对象初始化器。之后列举一个代码示例,仅通过一个步骤实例化和初始化这个类:

```
public class Giraffe
{
    public Giraffe(double neckLength, string name)
```

```
    {
        NeckLength = neckLength;
        Name = name;
    }
    public double NeckLength {get; set;}
    public string Name {get; set;}
}
```

(4) 判断正误：如果声明一个 var 类型的变量，就可以使用它存储任意对象类型。

(5) 使用匿名类型时，如何比较两个实例，确定它们是否包含相同的数据？

(6) 更正下面扩展方法的代码，其中包含一个错误：

```
public string ToAcronym(this string inputString)
{
    inputString = inputString.Trim();
    if (inputString == "")
    {
        return "";
    }
    string[] inputStringAsArray = inputString.Split(' ');
    StringBuilder sb = new StringBuilder();
    for (int i = 0; i < inputStringAsArray.Length; i++)
    {
        if (inputStringAsArray[i].Length > 0)
        {
            sb.AppendFormat("{0}",
                inputStringAsArray[i].Substring(
                    0, 1).ToUpper());
        }
    }
    return sb.ToString();
}
```

(7) 如何确保习题(6)中的扩展方法可用于客户代码？

(8) 把 ToAcronym 方法改为一条语句。该代码应确保单词之间包含多个空格的字符串不会出错。

提示：需要使用?:三元运算符、string.Aggregate<string, string>()扩展方法和一个 Lambda 表达式。

附录 A 给出了习题答案。

13.13　本章要点

主题	要点
名称空间限定	为避免名称空间限定的模糊性，可以使用::运算符强制编译器使用已创建好的别名。还可以使用 global 名称空间作为顶级名称空间的别名
定制异常	从根类 Exception 中派生，就可以创建自己的异常类。这是有益的，因为可以更多地控制特定异常的捕获，并允许定制包含在异常中的数据，以高效地处理它
事件处理	许多类都提供了事件，在代码中发生某个触发器时，就会引发这些事件。可为这些事件编写处理程序，在引发事件时执行代码。这种双向通信方式是响应代码的一种良好机制，不必编写可能要轮询对象以获知变化的复杂、令人感到费解的代码

（续表）

主题	要点
事件定义	可以定义自己的事件类型，这涉及给事件的处理程序创建指定的事件和委托类型。可以使用标准的、无返回类型的委托类型和派生于 System.EventArgs 的定制事件参数，使事件处理程序有多种用途。还可以使用 EventHandler 和 EventHandler<T>委托类型，以便通过更简单的代码来定义事件
匿名方法	为使代码更便于阅读，常可以使用匿名方法来替代完整的事件处理方法。这表示在添加事件处理程序的地方直接定义要在引发事件时执行的代码，为此需要使用 delegate 关键字
特性	有时，或者是由于所用框架的要求，或者是由于自己的需要，在代码中会用到特性。通过使用 [AttributeName]语法，可以向类、方法和其他成员添加特性；通过从 System.Attribute 派生，可以创建自己的特性。通过反射可读取特性值
初始化器	可使用初始化器在创建对象或集合的同时初始化它们。这两种初始化器都包括一个放在花括号中的代码块。对象初始化器可以提供一个逗号分隔的属性名/值对列表，来设置属性值。集合初始化器仅需要逗号分隔的值列表。使用对象初始化器时，还可以使用非默认的构造函数
类型推理	声明变量时，使用 var 关键字允许忽略变量的类型。但只有类型可以在编译期间确定时才可以这么做。使用 var 没有违反 C#的强类型化规则，因为用 var 声明的变量只能有一种类型
匿名类型	对于用于数据存储的许多简单类型，并非必须定义类型。相反，可以使用匿名类型，其成员根据用途来推断。使用对象初始化器语法来定义匿名类型，每个设置的属性都定义为只读属性
动态查找	使用 dynamic 关键字定义 dynamic 类型的变量，可以存储任意值。接着就可以使用一般的属性或方法语法来访问该变量中包含的值的成员，这些成员仅在运行期间检查。如果在运行期间，尝试访问一个不存在的成员，就会抛出一个异常。这种动态的类型化显著简化了访问非.NET 类型或类型信息不能在编译期间获得的.NET 类型的语法。但是，在使用动态类型时要谨慎，因为无法在编译期间检查代码。实现 IDynamicMetaObjectProvider 接口，可以控制动态查找的行为，更多信息参见 docs.microsoft.com/en-us/dotnet/api/system.dynamic.idynamicmetaobjectprovider
可选的方法参数	我们常常可以定义带许多参数的方法，但其中的许多参数都很少使用。可以提供多个方法重载，而不是强制客户代码为很少使用的参数提供值。另外，也可以把这些参数定义为可选参数(并为未指定值的参数提供默认值)。调用方法的客户代码就可以仅指定需要的参数
命名的方法参数	客户代码可以根据位置或名称(或者根据位置和名称，其中位置参数放在前面)来指定方法的参数。命名的参数可按任意顺序指定。这尤其适用于和可选参数一起使用的场合
Lambda 表达式	Lambda 表达式实际上是定义匿名方法的一种快捷方式，而且具有额外的功能，例如隐式的类型化。定义 Lambda 表达式时，需要使用逗号分隔的参数列表(如果没有参数，就使用空括号)、=>运算符和一个表达式。该表达式可以是放在花括号中的代码块。Lambda 表达式至多可以有 8 个参数和一个可选的返回类型，Lambda 表达式可以用 Action、Action<>和 Func<>委托类型来表示。许多可用于集合的 LINQ 扩展方法都使用 Lambda 表达式参数

第 II 部分
数 据 访 问

第14章

文　件

本章内容:

- File 和 Directory 类
- .NET 如何使用流来访问文件
- 如何读写文件
- 如何读写压缩数据
- 如何序列化和反序列化对象
- 如何监控文件和目录的变化

本章源代码下载:

本章源代码可通过本书合作站点 www.wiley.com 上的 Download Code 选项卡下载, 也可以通过网址 github.com/benperk/BeginningCSharpAndDotNET 下载。下载代码位于 Chapter14 文件夹中并已根据本章示例的名称单独命名。

文件是在应用程序的实例之间存储数据的一种便利方式, 也可用于在应用程序之间传输数据。文件可以存储用户和应用程序配置, 以便在下次运行应用程序时检索它们。

本章展示如何在应用程序中有效地使用文件, 涉及用于创建和读写文件的主要类, 以及支持在 C#代码中处理文件系统的类。本章不详细介绍全部的类, 但将深入介绍一些类, 以便读者理解概念和基本理论。

14.1 用于输入和输出的类

读写文件是把数据送入 C#程序(输入)和送出程序(输出)的基本方式。因为文件用于输入输出, 所以文件类包含在 System.IO 名称空间中(IO 是 Input/Output 的常见缩写形式)。

System.IO 包含用于在文件中读写数据的类, 只有在 C#应用程序中引用此名称空间才能访问这些类, 而不必完全限定类型名。

本章将介绍如表 14-1 所示的一些类。

表 14-1　用于访问文件系统的类

类	说明
File	静态实用类，提供许多静态方法，用于检查文件是否存在，读写其内容，并移动、复制和删除文件
Directory	静态实用类，提供许多静态方法，用于检查目录是否存在，并移动、复制和删除目录
Path	实用类，用于处理路径名称
FileInfo	表示磁盘上的物理文件，该类包含处理此文件的方法。要完成对文件的读写工作，就必须创建 Stream 对象
DirectoryInfo	表示磁盘上的物理目录，该类包含处理此目录的方法
FileSystemInfo	用作 FileInfo 和 DirectoryInfo 的基类，可以使用多态性同时处理文件和目录
FileSystemWatcher	FileSystemWatcher 是本章要介绍的最复杂类。它用于监控文件和目录，提供了这些文件和目录发生变化时应用程序可以捕获的事件

本章还将介绍 System.IO.Compression 名称空间，它允许读写压缩文件。我们主要介绍以下两个流类:

- DeflateStream——表示在写入时自动压缩数据或在读取时自动解压缩的流，使用 Deflate 算法来实现压缩。
- GZipStream——表示在写入时自动压缩数据或在读取时自动解压缩的流，使用 GZIP(GNU Zip)算法来实现压缩。

14.1.1　File 类和 Directory 类

File 和 Directory 实用类提供了许多静态方法，用于处理文件和目录。这些方法可以移动文件、查询和更新特性，还可以创建 FileStream 对象。如第 8 章所述，可以在类上调用静态方法，而不必创建它们的实例。

File 类的一些最常用静态方法如表 14-2 所示。

表 14-2　File 类的静态方法

方法	说明
Copy()	将文件从源位置复制到目标位置
Create()	在指定的路径上创建文件
Delete()	删除文件
Exists()	检查文件是否存在
Open()	返回指定路径上的 FileStream 对象
Move()	将指定的文件移到新位置。可在新位置为文件指定不同名称
ReadAllText()	将文本文件的内容读入字符串
WriteAllText()	将字符串的内容写入文本文件

Directory 类的一些常用静态方法如表 14-3 所示。

表 14-3　Directory 类的静态方法

方法	说明
CreateDirectory()	创建具有指定路径的目录
Delete()	删除指定的目录及其中的所有文件
GetDirectories()	返回表示指定目录下的目录名的 string 对象数组
EnumerateDirectories()	与 GetDirectories()类似，但返回目录名的 IEnumerable<string>集合
GetFiles()	返回指定目录中的文件名的 string 对象数组
EnumerateFiles()	与 GetFiles()类似，但返回文件名的 IEnumerable<string>集合
GetFileSystemEntries()	返回指定目录中的文件和目录名的 string 对象数组
EnumerateFileSystemEntries()	与 GetFilesSystemEntries()类似，但返回文件和目录名的 IEnumerable<string>集合
Move()	将指定目录移到新位置。可在新位置为文件夹指定一个新名称

存在大量文件或目录时，其中的 3 个 Enumerate*Xxx*()方法的性能比对应的 Get*Xxx*()方法好。

14.1.2　FileInfo 类

与 File 类不同，FileInfo 类不是静态的，没有静态方法，只有在实例化后才可使用。FileInfo 对象表示磁盘或网络位置上的文件。提供文件路径，就可以创建一个 FileInfo 对象：

```
FileInfo aFile = new FileInfo(@"C:\Log.txt");
```

> **注意：**
>
> 本章处理的是表示文件路径的字符串，该字符串中有许多 "\" 字符，所以以上述字符串的前缀@表示这个字符串应按字面意义解释，"\" 解释为 "\"，而不解释为转义字符。如果没有@前缀，就需要用 "\\" 替代 "\"，以免把这个字符解释为转义字符。本章总是在字符串前面加上前缀@。
>
> 在路径名中，也可以使用 "/" 字符。但那样的话，当执行的 Windows 命令为命令行选项使用 "/" 时，将会发生冲突。

也可将目录名传递给 FileInfo 构造函数，但实际上这并不是很有用。这么做会用所有的目录信息初始化 FileInfo 的基类 FilesSystemInfo，但 FileInfo 中与文件相关的专用方法或属性都不会工作。

FileInfo 类提供的许多方法类似于 File 类的方法，但由于 File 是静态类，它需要一个字符串参数为每个方法调用指定文件位置。FileInfo 不一定要引用实际存在的文件。因此，下面的调用可以完成相同的工作：

```
FileInfo aFile = new FileInfo("Data.txt");
if (aFile. Exists)
    Console.WriteLine("File Exists");
if (File.Exists("Data.txt"))
    Console.WriteLine("File Exists");
```

这段代码检查文件 Data.txt 是否存在。注意，这里没有指定任何目录信息，这说明只检查当前的工作目录。这个目录包含调用此代码的应用程序。14.1.4 节 "路径名和相对路径" 将详细介绍这一内容。

FileInfo 类的许多方法与 File 类中的对应方法类似。大多数情况下使用什么技术并不重要，但下面的规则有助于确定哪种技术更合适：

- 如果仅进行单一方法调用,则可使用静态 File 类上的方法。在此,单一调用要快一些,因为.NET Framework 不必实例化新对象,再调用方法。
- 如果应用程序在文件上执行几种操作,则实例化 FileInfo 对象并使用其方法就更好一些。这节省时间,因为对象已在文件系统上引用正确的文件,而静态类必须每次都寻找文件。

FileInfo 类也提供了与底层文件相关的属性,其中一些属性可用来更新文件,其中很多属性都继承于 FileSystemInfo,所以可应用于 FileInfo 和 DirectoryInfo 类。FileSystemInfo 类的属性如表 14-4 所示。

表 14-4 FileSystem 的属性

属性	说明
Attributes	使用 FileAttributes 枚举,获取或者设置当前文件或目录的特性
CreationTime, CreationTimeUtc	获取当前文件的创建日期和时间,可使用 UTC 和非 UTC 版本
Extension	提取文件的扩展名。这个属性是只读的
Exists	确定文件是否存在,这是一个只读的抽象属性,在 FileInfo 和 DirectoryInfo 中进行了重写
FullName	检索文件的完整路径,这个属性是只读的
LastAccessTime, LastAccessTimeUtc	获取或设置上次访问当前文件的日期和时间,可使用 UTC 和非 UTC 版本
LastWriteTime, LastWriteTimeUtc	获取或设置上次写入当前文件的日期和时间,可使用 UTC 和非 UTC 版本
Name	检索文件的完整路径,这是一个只读抽象属性,在 FileInfo 和 DirectoryInfo 中进行了重写

FileInfo 的专用属性如表 14-5 所示。

表 14-5 FileInfo 的属性

属性	说明
Directory	检索一个 DirectoryInfo 对象,表示包含当前文件的目录。这个属性是只读的
DirectoryName	返回文件目录的路径。这个属性是只读的
IsReadOnly	文件只读特性的快捷方式。也可以通过 Attributes 来访问这个属性
Length	获取文件的大小(以字节为单位),返回 long 值。这个属性是只读的

14.1.3 DirectoryInfo 类

DirectoryInfo 类的作用类似于 FileInfo 类。只是它指向的是目录,而不是文件。它是一个实例化的对象,表示计算机上的单一目录。与 FileInfo 类一样,在 Directory 和 DirectoryInfo 之间存在许多类似的方法调用。选择使用 File 或 FileInfo 方法的规则也适用于 DirectoryInfo 方法:

- 如果执行单一调用,就使用静态 Directory 类。
- 如果执行一系列调用,则使用实例化的 DirectoryInfo 对象。

DirectoryInfo 类的大多数属性继承自 FileSystemInfo,与 FileInfo 类一样,但这些属性作用于目录上,而不是文件上。还有两个 DirectoryInfo 专用属性,如表 14-6 所示。

表 14-6　DirectoryInfo 类的专用属性

属性	说明
Parent	检索一个 DirectoryInfo 对象，表示包含当前目录的目录。这个属性是只读的
Root	检索一个 DirectoryInfo 对象，表示包含当前目录的根目录，例如 C:\目录。这个属性是只读的

14.1.4　路径名和相对路径

在.NET 代码中指定路径名时，可使用绝对路径名，也可以使用相对路径名。绝对路径名显式地指定文件或目录来自于哪一个已知的位置，比如 C:驱动器。它的一个示例是 C:\Work\LogFile.txt。注意这个路径准确地定义了其位置。

相对路径名相对于一个起始位置。使用相对路径名时，不必指定驱动器或已知的位置；前面的当前工作目录就是起点，这是相对路径名的默认设置。例如，如果应用程序运行在 C:\Development\FileDemo 目录上，并使用相对路径 LogFile.txt，该文件就是 C:\Development\FileDemo\LogFile.txt。为上移目录，要使用..字符串。这样，在同一个应用程序中，路径..\Log.txt 表示 C:\Development\ Log.txt 文件。

如前所述，工作目录起初设置为运行应用程序的目录。当使用 Visual Studio 开发程序时，这就表示应用程序是所创建的项目文件夹下的几个目录。它通常位于 *ProjectName*\bin\Debug\net5.0 中。要访问项目根文件夹中的文件，必须用..\..\上移两个目录，这在本章中十分常见。

如有必要，可使用 Directory.GetCurrentDirectory()找出工作目录的当前设置，也可以使用 Directory.SetCurrentDirectory()设置新路径。

14.2　流

在.NET Framework 中进行的所有输入和输出工作都要用到流(stream)。流是序列化设备(serial device)的抽象表示。序列化设备可以线性方式存储数据，并可按同样的方式访问：一次访问一个字节。此设备可以是磁盘文件、网络通道、内存位置或其他支持以线性方式读写的对象。把设备变成抽象的，就可以隐藏流的底层目标和源。这种抽象级别支持代码重用，允许编写更通用的例程，因为不必担心数据传输方式的特性。因此，当应用程序从文件输入流、网络输入流或其他流中读取数据时，就可以传输和重用类似的代码。而且，使用文件流还可以忽略每种设备的物理机制，不必担心硬盘磁头或内存分配问题。

流可以表示几乎所有源，例如键盘、物理磁盘文件、网络位置、打印机。甚至另一个程序，但本章仅关注磁盘文件的读写。适用于读写磁盘文件的概念，也适用于大多数设备，所以读者可以基本理解流的概念，学习可用于许多情形的、已证明有效的方法。

14.2.1　使用流的类

使用流的类，与File和Directory类一样，也包含在System.IO名称空间中。这些类如表 14-7 所示。

表 14-7　流类

类	说明
FileStream	表示可写或可读，或二者均可的文件。可以同步或异步地读写此文件
StreamReader	从流中读取字符数据，可使用 FileStream 作为基类创建
StreamWriter	向流写入字符数据，可使用 FileStream 作为基类创建

下面看看如何使用这些类。

14.2.2 FileStream 对象

FileStream 对象表示指向磁盘或网络路径上的文件的流。这个类提供了在文件中读写字节的方法，但经常使用 StreamReader 或 StreamWriter 执行这些功能。这是因为 FileStream 类操作的是字节和字节数组，而 Stream 类操作的是字符数据。字符数据易于使用，但是有些操作，如随机文件访问(访问文件中间某点的数据)，就必须由 FileStream 对象执行，本章稍后对此进行介绍。

还有几种方法可以创建 FileStream 对象。其构造函数具有许多不同的重载版本，最简单的构造函数仅有两个参数，即文件名和 FileMode 枚举值。

```
FileStream aFile = new FileStream(filename, FileMode.<Member>);
```

FileMode 枚举包含几个成员，指定了如何打开或创建文件。稍后介绍这些枚举成员。另一个常用的构造函数如下：

```
FileStream aFile =
new FileStream(filename, FileMode.<Member>, FileAccess.<Member>);
```

第三个参数是 FileAccess 枚举的一个成员，它指定了流的作用。FileAccess 枚举的成员如表 14-8 所示。

表 14-8 FileAccess 枚举成员

成　员	说明
Read	打开文件，用于只读
Write	打开文件，用于只写
ReadWrite	打开文件，用于读写

对文件进行非 FileAccess 枚举成员指定的操作会导致抛出异常。此属性的作用是，基于用户的权限级别改变用户对文件的访问权限。

在 FileStream 构造函数不使用 FileAccess 枚举参数的版本中，使用默认值 FileAccess. ReadWrite。

FileMode 枚举成员如表 14-9 所示。使用每个值会发生什么，取决于指定的文件名是否表示已有的文件。注意，这个表中的项表示创建流时该流指向文件中的位置，下一节将详细讨论这个主题。除非特别说明，否则流就指向文件的开头处。

表 14-9 FileMode 枚举成员

成员	文件存在	文件不存在
Append	打开文件，流指向文件的末尾处，只能与枚举 FileAccess.Write 结合使用	创建一个新文件。只能与枚举 FileAccess.Write 结合使用
Create	删除该文件，然后创建新文件	创建新文件
CreateNew	抛出异常	创建新文件
Open	打开文件，流指向文件开头处	抛出异常
OpenOrCreate	打开文件，流指向文件开头处	创建新文件
Truncate	打开文件，清除其内容。流指向文件开头处，保留文件的初始创建日期	抛出异常

File 和 FileInfo 类都提供了 OpenRead()和 OpenWrite()方法，更易于创建 FileStream 对象。前者打

开了只读访问的文件，后者只允许写入文件。这些都提供了快捷方式，因此不必以 FileStream 构造函数的参数形式提供所有必要的信息。例如，下面的代码行打开了用于只读访问的 Data.txt 文件：

```
FileStream aFile = File.OpenRead("Data.txt");
```

下面的代码执行同样的功能：

```
FileInfo aFileInfo = new FileInfo("Data.txt");
FileStream aFile = aFileInfo.OpenRead();
```

1. 文件位置

FileStream 类维护内部文件指针，该指针指向文件中进行下一次读写操作的位置。大多数情况下，当打开文件时，它就指向文件的开始位置，但是可以修改此指针。这允许应用程序在文件的任何位置读写，随机访问文件，或直接跳到文件的特定位置上。当处理大型文件时，这非常省时，因为马上就可以找到正确位置。

实现此功能的方法是 Seek()方法，它有两个参数：第一个参数指定文件指针移动距离(以字节为单位)。第二个参数指定开始计算的起始位置，用SeekOrigin 枚举的一个值表示。SeekOrigin 枚举包含 3 个值：Begin、Current 和 End。

例如，下面的代码行将文件指针移到文件的第 8 个字节处，其起始位置就是文件的第 1 个字节：

```
aFile.Seek(8, SeekOrigin.Begin);
```

文件指针现在将被定位到文件的第 9 个字节(因为第一个字节是 0 字节)。下面一行将把文件指针向前移动两个字节，从当前位置开始。如果在上面的代码行之后执行下面的代码，那么文件指针现在将指向文件中的第 11 个字节：

```
aFile.Seek(2, SeekOrigin.Current);
```

注意读写文件时，文件指针会随之改变。在读取了10 个字节之后，文件指针就指向被读取的第 10 个字节之后的字节。

也可以指定负查找位置，这可与 SeekOrigin.End 枚举值一起使用，查找靠近文件末端的位置。下面的代码会查找文件中的倒数第 5 个字节：

```
aFile.Seek(-5, SeekOrigin.End);
```

采用这种方式访问的文件有时称为随机访问文件，因为应用程序可以访问文件中的任何位置。稍后介绍的 StreamReader 和 StreamWriter 类可连续访问文件，但不允许以这种方式操作文件指针。

2. 读取数据

使用 FileStream 类读取数据不像使用本章后面介绍的 StreamReader 类读取数据那样容易。这是因为FileStream 类只能处理原始字节(raw byte)。处理原始字节的功能使 FileStream 类可以用于任何数据文件，而不仅是文本文件。通过读取字节数据，FileStream 对象可用于读取诸如图像和声音的文件。这种灵活性的代价是，不能使用 FileStream 类将数据直接读入字符串，而使用 StreamReader 类却可以这样处理。但是有几种转换类可以很轻易地将字节数组转换为字符数组，或将字符数组转换为字节数组。

FileStream.Read()方法是从 FileStream 对象所指向的文件中访问数据的主要手段。这个方法从文件中读取数据，再把数据写入一个字节数组。它有三个参数：第一个参数是传入的字节数组，用来接收FileStream 对象中的数据。第二个参数是字节数组中开始写入数据的位置；它通常是 0，表示从数组开端向文件中写入数据。最后一个参数指定从文件中读出多少字节。

下例演示了从随机访问文件中读取数据。要读取的文件实际是为此示例创建的类文件。

试一试　从随机访问文件中读取数据：ReadFile\Program.cs

(1) 在 C:\BeginningCSharpAndDotNET\Chapter14 目录中创建一个新的控制台应用程序 ReadFile。把 Target Framework 设置为 Current 版本(.NET 5.0)。

(2) 在 Program.cs 文件的顶部添加下面的 using 指令：

```
using System;
using System.Text;
using System.IO;
```

(3) 在 Main()方法中添加以下代码：

```
static void Main(string[] args)
{
    byte[] byteData = new byte[200];
    char[] charData = new char[200];
    try
    {
        using (FileStream aFile = new FileStream(@"..\..\..\Program.cs", FileMode.Open))
        {
            aFile.Seek(88, SeekOrigin.Begin);
            aFile.Read(byteData, 0, 200);
        }
    }
    catch(IOException e)
    {
        Console.WriteLine("An IO exception has been thrown!");
        Console.WriteLine(e.ToString());
        Console.ReadKey();
        return;
    }
    Decoder d = Encoding.UTF8.GetDecoder();
    d.GetChars(byteData, 0, byteData.Length, charData, 0);
    Console.WriteLine(charData);
    Console.ReadKey();
}
```

(4) 运行该应用程序。结果如图 14-1 所示。

图 14-1

示例说明

此应用程序打开自己的.cs 文件，用于从中读取数据。它在下面的代码行中使用.. 字符串向上逐级导航两个目录，找到该文件：

```
FileStream aFile = new FileStream("../../Program.cs", FileMode.Open);
```

注意，用 using(){}块包装了 FileStream 的赋值。在第 8 章关于 IDisposable 接口的讨论中，提到了这一点。使用文件流后，必须关闭文件流并将其处理掉，以防止操作系统文件句柄到处乱放并可能导致内存泄漏。using(){}块是确保这一点的方便语法。

下面两行代码执行实际的查找工作，并从文件的具体位置读取字节：

```
aFile.Seek(88, SeekOrigin.Begin);
aFile.Read(byteData, 0, 200);
```

第一行代码将文件指针移到文件的第 88 个字节。第二行将接下来的 200 个字节读入 byteData 字节数组中。

注意，这两行代码封装在 try…catch 块中，以便处理可能抛出的异常。

```
try
{
    using (FileStream aFile = new FileStream(@"..\..\..\Program.cs", FileMode.Open))
    {
        aFile.Seek(88, SeekOrigin.Begin);
        aFile.Read(byteData, 0, 200);
    }
}
catch(IOException e)
{
    Console.WriteLine("An IO exception has been thrown!");
    Console.WriteLine(e.ToString());
    Console.ReadKey();
    return;
}
```

涉及文件 I/O 的所有操作几乎都可抛出 IOException 类型的异常。所有产品代码都必须包含某种错误处理，在处理文件系统时尤其如此。本章的所有示例都包含基本的错误处理代码。

从文件中获取了字节数组后，就需要将其转换为字符数组，以便在控制台显示它。为此，使用 System.Text 名称空间的 Decoder 类。此类用于将原始字节转换为更有用的项，比如字符：

```
Decoder d = Encoding.UTF8.GetDecoder();
d.GetChars(byteData, 0, byteData.Length, charData, 0);
```

这些代码基于 UTF-8 编码模式创建了 Decoder 对象，这就是 Unicode 编码模式。然后调用 GetChars()方法，此方法接收一个字节数组作为参数，将其转换为字符数组。完成后，就可将字符数组输出到控制台。

3. 写入数据

向随机访问文件中写入数据的过程与从中读取数据非常类似。首先需要创建一个字节数组；最简单的办法是首先构建要写入文件的字符数组。然后使用 Encoder 对象将其转换为字节数组，其用法非常类似于 Decoder 对象。最后调用 Write()方法，将字节数组传送到文件中。

下面构建一个简单的示例演示其过程。

(1) 在 C:\BeginningCSharpAndDotNET\Chapter14 目录中创建一个新的控制台应用程序 WriteFile。
把 Target Framework 设置为 Current 版本(.NET 5.0).

(2) 在 Program.cs 文件顶部添加下面的 using 指令：

```
using System;
using System.Text;
using System.IO;
```

(3) 在 Main()方法中添加下面的代码：

```
static void Main(string[] args)
{
    byte[] byteData;
    char[] charData;
    try
    {
        using (FileStream aFile = new FileStream("Temp.txt", FileMode.Create))
        {
            charData = "My pink half of the drainpipe.".ToCharArray();
            Encoder e = Encoding.UTF8.GetEncoder();
            byteData = new byte[e.GetByteCount(charData, true)];
            e.GetBytes(charData, 0, charData.Length, byteData, 0, true);
            // Move file pointer to beginning of file.
            aFile.Seek(0, SeekOrigin.Begin);
            aFile.Write(byteData, 0, byteData.Length);
        }
    }
    catch (IOException ex)
    {
        Console.WriteLine("An IO exception has been thrown!");
        Console.WriteLine(ex.ToString());
        Console.ReadKey();
        return;
    }
}
```

(4) 运行该应用程序。它在短暂运行后将会关闭。

(5) 导航到应用程序目录——在目录中已经保存了文件，因为我们使用了相对路径。目录位于
WriteFile\bin\Debug\net5.0 文件夹中。打开 Temp.txt 文件。可在文件中看到如图 14-2 所示的文本。

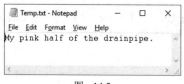

图 14-2

示例说明

此应用程序打开自己目录中的文件，并在文件中写入了一个简单字符串。这个示例的结构非常类
似于前面的示例，只是用 Write()替代了 Read()，用 Encoder 替代了 Decoder。

下面的代码行使用 String 类的 ToCharArray()方法，创建了字符数组。因为 C#中的所有事物都是

对象，文本"My pink half of the drainpipe."实际上是一个 String 对象(尽管有点儿怪)，所以甚至可在字符串上调用这些静态方法。

```
CharData = "My pink half of the drainpipe.".ToCharArray();
```

下面的代码行显示了如何将字符数组转换为 FileStream 对象需要的正确字节数组。

```
Encoder e = Encoding.UTF8.GetEncoder();
byteData = new byte[e.GetByteCount(charData, true)];
e.GetBytes(charData, 0, charData.Length, byteData, 0, true);
```

这次，要基于 UTF-8 编码方法来创建 Encoder 对象。也可将 Unicode 用于解码，此时在写入流之前，需要将字符数据编码为正确的字节格式。在填充 byteData 数组时，可以使用 GetByteCount 方法从其中获得字节计数。在 GetBytes()方法中可以完成这些工作，它可将字符数组转换为字节数组。GetByte()方法将字符数组作为第一个参数(本例中的 charData)，将该数组中起始位置的下标作为第二个参数(0 表示数组的开头)。第三个参数是要转换的字符数量(charData.Length，charData 数组中元素的个数)。第四个参数是在其中放入数据的字节数组(byteData)，第五个参数是在字节数组中开始写入位置的索引(0 表示 byteData 数组的开头)。

最后一个参数决定在结束后 Encoder 对象是否应该更新其状态，这反映了一个事实：Encoder 对象在内存中保持记录它原来在字节数组中的位置。这有助于以后调用 Encoder 对象，但是当只调用一次时，这就没什么意义。最后对 Encoder 的调用必须将此参数设置为 true，以清空其内存，释放对象，用于垃圾回收。

此后使用 Write()方法向 FileStream 写入字节数组就变得非常简单：

```
aFile.Seek(0, SeekOrigin.Begin);
aFile.Write(byteData, 0, byteData.Length);
```

与 Read()方法一样，Write()方法也有三个参数：包含要写入文件流的数据的字节数组，开始写入的数组索引和要写入的字节数。

14.2.3　StreamWriter 对象

操作字节数组比较麻烦，因为使用 FileStream 对象非常困难，那么，还有简单一些的方法吗？答案是有的，因为有了 FileStream 对象，通常会创建一个 StreamWriter 或 StreamReader，并使用它们的方法来处理文件。如果不需要将文件指针改变到任意位置，使用这些类就很容易操作文件。

StreamWriter 类允许将字符和字符串写入文件中，它处理底层的转换，向 FileStream 对象写入数据。

还可以通过许多方法创建 StreamWriter 对象。如果已经有了 FileStream 对象，则可以使用此对象来创建 StreamWriter 对象：

```
FileStream aFile = new FileStream("Log.txt", FileMode.CreateNew);
StreamWriter sw = new StreamWriter(aFile);
```

也可以直接从文件中创建 StreamWriter 对象：

```
StreamWriter sw = new StreamWriter("Log.txt", true);
```

这个构造函数的参数是文件名和一个 Boolean 值，这个 Boolean 的设置如下：

- 如果此值设置为 false，则创建一个新文件，或者截取现有文件并打开它。

● 如果此值设置为 true，则打开文件，保留原来的数据。如果找不到文件，则创建一个新文件。

与创建 FileStream 对象不同，创建 StreamWriter 对象不会提供一组类似的选项：除了使用 Boolean 值追加文件或创建新文件外，根本没有像 FileStream 类那样指定 FileMode 属性的选项。而且，没有设置 FileAccess 属性的选项，因此总是拥有对文件的读/写权限。为使用高级参数，必须首先在 FileStream 构造函数中指定这些参数，然后在 FileStream 对象中创建 StreamWriter，如下面的示例所示。

试一试 将数据写入输出流：StreamWrite\Program.cs

(1) 在 C:\BeginningCSharpAndDotNET\Chapter14 目录中创建一个新的控制台应用程序 StreamWrite。把 Target Framework 设置为 Current 版本(.NET 5.0).

(2) 再次使用 System.IO 名称空间，因此在 Program.cs 文件靠近顶部的位置添加下面的 using 指令：

```
using System;
using System.IO;
```

(3) 在 Main 方法中添加以下代码：

```
static void Main(string[] args)
{
    try
    {
        using (FileStream aFile = new FileStream("Log.txt", FileMode.OpenOrCreate))
        {
            using (StreamWriter sw = new StreamWriter(aFile))
            {
                bool truth = true;
                // Write data to file.
                sw.WriteLine("Hello to you.");
                sw.Write($"It is now {DateTime.Now.ToLongDateString()}");
                sw.Write("and things are looking good.");
                sw.Write("More than that,");
                sw.Write($" it's {truth} that C# is fun.");
            }
        }
    }
    catch(IOException e)
    {
        Console.WriteLine("An IO exception has been thrown!");
        Console.WriteLine(e.ToString());
        Console.ReadLine();
        return;
    }
}
```

(4) 生成并运行该项目。如果没有错误，则项目会很快运行并关闭。因为我们在控制台上没有显示任何内容，所以在控制台中看不到程序的执行情况。

(5) 进入应用程序目录，找到 Log.txt 文件，它位于 StreamWrite\bin\Debug \net5.0 文件夹中，这是因为我们使用了相对路径。

(6) 打开文件，可以看到图 14-3 所示的文本。

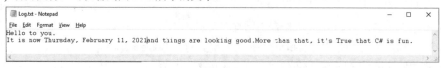

Log.txt - Notepad
File Edit Format View Help
Hello to you.
It is now Thursday, February 11, 2021and things are looking good.More than that, it's True that C# is fun.

图 14-3

示例说明

这个简单的应用程序演示了 StreamWriter 类的两个最重要方法：Write()和 WriteLine()。这两个方法具有许多重载的版本，可以完成更高级的文件输出，但本示例只使用基本的字符串输出。

WriteLine()方法会写入传递给它的字符串，其后跟有换行符。在此示例中可以看到，下一个写入操作在新行上开始。

```
sw.WriteLine("Hello to you.");
```

Write()方法只是把传给它的字符串写入文件，但不追加换行符，因此可使用多个 Write()语句写入完整的句子或段落。如同可以向控制台写入格式化数据一样，也可以向文件写入格式化数据。例如，可使用标准格式化参数把变量的值写入文件：

```
sw.Write($"It is now {DateTime.Now.ToLongDateString()}");
```

DateTime.Now 存储当前日期，ToLongDateString()方法用于将这个日期转换为便于读取的格式。

```
sw.Write("More than that,");
sw.Write(" it's {truth} that C# is fun.");
```

这里也使用了格式化参数，这次使用 Write()显示布尔值 truth。前面把这个变量设置为 true，其值会自动格式化，转换为字符串 True。

可使用 Write()和格式化参数写入用逗号分隔的文件：

```
[StreamWriter object].Write($"{100},{"A nice product"},{10.50}");
```

在更复杂的示例中，这些数据还可以来自数据库或其他数据源。

FileStream 和 StreamWriter 对象都是在 using 块中打开的，这确保了释放与它们关联的资源。这还确保数据写入文件，否则就需要在程序结束时显式地调用 sw.Flush()或 sw.Close()。

14.2.4　StreamReader 对象

输入流用于从外部源中读取数据。很多情况下，数据源是磁盘上的文件或网络的某些位置。任何可以发送数据的位置都可以是数据源，比如网络应用程序，甚至是控制台。

用来从文件中读取数据的类是 StreamReader。与 StreamWriter 一样，这是一个通用类，可以用于任何流。下面的示例会再次围绕 FileStream 对象构造 StreamReader 类，使其指向正确的文件。

StreamReader 对象的创建方式与 StreamWriter 对象非常类似。创建它的最常见方式是使用前面创建的 FileStream 对象：

```
FileStream aFile = new FileStream("Log.txt", FileMode.Open);
StreamReader sr = new StreamReader(aFile);
```

与 StreamWriter 一样，可以直接用包含具体文件路径的字符串创建 StreamReader 类：

```
StreamReader sr = new StreamReader("Log.txt");
```

试一试　从输入流中读取数据：StreamRead\Program.cs

(1) 在 C:\BeginningCSharpAndDotNET\Chapter14 目录中创建一个新的控制台应用程序 StreamRead。把 Target Framework 设置为 Current 版本(.NET 5.0).

(2) 导入 System.IO 和 System.Console 名称空间，因此将下面的代码放在 Program.cs 文件的

靠近顶部的位置:

```
using System;
using System.IO;
using static System.Console;
```

(3) 在Main()方法中添加下面的代码:

```
static void Main(string[] args)
{
    string line;
    try
    {
        using (FileStream aFile = new FileStream("Log.txt", FileMode.Open))
        {
            using (StreamReader sr = new StreamReader(aFile))
            {
                line = sr.ReadLine();
                // Read data in line by line.
                while (line != null)
                {
                    WriteLine(line);
                    line = sr.ReadLine();
                }
            }
        }
    }
    catch (IOException e)
    {
        WriteLine("An IO exception has been thrown!");
        WriteLine(e.ToString());
        return;
    }
}
```

(4) 把前面示例中创建的Log.txt 文件复制到StreamRead\bin\Debug\net5.0 目录中。如果没有 Log.txt 文件,FileStream 构造函数找不到该文件,就会抛出异常。

(5) 运行该应用程序,可以看到写入控制台的文件文本,如图14-4所示。

图 14-4

示例说明

这个应用程序与前面的应用程序非常类似。其明显区别就是,它是在读取数据,而不是写入数据。与前面一样,只有导入 System.IO 名称空间,才能访问需要的类。 还可对 FileStream 和 StreamReader 使用 using 子句确保与这些类关联的资源已被释放。

使用 ReadLine()方法从文件中读取文本。这个方法读取换行符之前的文本,并以字符串的形式返回结果文本(没有尾部的换行符)。当到达文件尾时,该方法就返回空值,通过这种方法可测试文件是否已到达尾部。注意使用了 while 循环,以便确保在执行循环体的代码之前读取的行不为空,这样就只显示文件的有效内容:

```
line = sr.ReadLine();
```

```
while(line != null)
{
WriteLine(line);
line = sr.ReadLine();
}
```

读取数据

ReadLine()方法并不是访问文件数据的唯一方法。StreamReader 类还包含许多读取数据的方法。

读取数据最简单的方法是 Read()。此方法将流的下一个字符作为正整数值返回，如果到达了流的结尾处，则返回 - 1。使用 Convert 实用类可以把这个值转换为字符。在上面的示例中，可以按如下方式重新编写程序的主体：

```
StreamReader sr = new StreamReader(aFile);
int charCode;
charCode = sr.Read();
while(charCode != -1)
{
    Write(Convert.ToChar(charCode));
    charCode = sr.Read();
}
sr.Close();
```

对于小型文件，可使用一个非常简便的方法 ReadToEnd()。此方法读取整个文件，并将其作为字符串返回。在此，前面的应用程序可以简化为：

```
StreamReader sr = new StreamReader(aFile);
line = sr.ReadToEnd();
Console.WriteLine(line);
sr.Close();
```

这似乎非常简便，但必须小心。将所有数据读取到字符串对象中，会迫使文件中的数据放到内存中。应根据数据文件的大小禁止这样处理。如果数据文件非常大，最好将数据留在文件中，并使用 StreamReader 的方法访问文件。

处理大型文件的另一种方式是.NET 4 中引入的静态方法 File.ReadLines()。实际上，File 的几个静态方法可用于简化文件数据的读写，但这个方法特别有趣，因为它返回 IEnumerable<string>集合。可以迭代这个集合中的字符串，一次读取文件中的一行。使用这个方法，将前面的示例重写为：

```
foreach (string alternativeLine in File.ReadLines("Log.txt"))
    WriteLine(alternativeLine);
```

可以看出，在.NET 中，可通过多种不同的方式获得相同的结果——读取文件中的数据。可以选择其中最适合自己的技术。

14.2.5　异步文件访问

有时，例如要一次性执行大量文件访问操作，或者要处理非常大的文件，读写文件系统数据是很缓慢的。此时，你可能想在等待这些操作完成的同时执行其他操作。这对于桌面应用程序尤为重要，因为在桌面应用程序中，需要让应用程序在后台进行处理的同时，对用户保持良好的响应性。

为帮助实现这种操作，.NET 4.5 引入了一些异步方式来操作流。这种异步方式适用于 FileStream 类，也适用于 StreamReader 类和 StreamWriter 类。如果查看这些类的定义，可找到带有 Async 后缀的方法,例如 StreamReader 类的 ReadLineAsync()方法,它是 ReadLine()方法的异步版本。这些方法在新的基于任务的异步编程模型中使用。

异步编程是一种高级技术,本书中不详细讨论。但是,如果你对异步文件系统访问感兴趣,可以把这里介绍的内容作为起点。更多相关信息可阅读由 Christian Nagel 撰写的《C#高级编程(第 11 版)》。

14.2.6　读写压缩文件

在处理文件时,常会占用大量硬盘空间。图形和声音文件尤其如此。读者可能使用过能压缩文件和解压文件的工具,当希望带着文件到其他地方或者通过电子邮件把文件发送给他人时,使用这些工具是很方便的。System.IO.Compression 名称空间就包含能在代码中压缩文件的类,这些类使用 GZIP 或 Deflate 算法,这两种算法都是公开的、免费的,任何人都可以使用。

但压缩文件并不只是把它们压缩一下就完事了。商业应用程序允许把多个文件放在一个压缩文件(通常称为存档文件)中。System.IO.Compression 名称空间中的一些类提供了类似功能。但为了简洁起见,本节介绍的内容要简单得多:只是把文本数据保存在压缩文件中。不能在外部实用程序中访问这个文件,但这个文件比未压缩版本要小得多。

System.IO.Compression 名称空间中有两个压缩流类:DeflateStream 和 GZipStream,它们的工作方式非常类似。对于这两个类,都要用已有的流初始化它们,对于文件,流就是 FileStream 对象。此后就可以把它们用于 StreamReader 和 StreamWriter 了,就像使用其他流一样。此外,只需要指定流是用于压缩(保存文件)还是解压缩(加载文件),类就知道要对传送给它的数据执行什么操作。这最好用一个示例来加以说明。

试一试　读写压缩数据:Compressor\Program.cs

(1) 在 C:\BeginningCSharpAndDotNET\Chapter14 目录中创建一个新的控制台应用程序 Compressor。把 Target Framework 设置为 Current 版本(.NET 5.0)。

(2) 将下面的代码放在 Program.cs 靠近顶部的位置。只有导入 System.Console、System.IO 和 System.IO. Compression 名称空间才能使用文件和压缩类:

```
using System;
using System.Text;
using System.IO;
using System.IO.Compression;
using static System.Console;
```

(3) 把下面的方法添加到 Program.cs 中 Main()方法的前面:

```
static void SaveCompressedFile(string filename, string data)
    {
        using (FileStream fileStream =
            new FileStream(filename, FileMode.Create, FileAccess.Write))
        {
        using (GZipStream compressionStream =
                        new GZipStream(fileStream, CompressionMode.Compress))
            {
            using (StreamWriter writer = new StreamWriter(compressionStream))
                {
                    writer.Write(data);
                }
            }
        }
    }
```

```
    }
    static string LoadCompressedFile(string filename)
    {
        using (FileStream fileStream =
            new FileStream(filename, FileMode.Open, FileAccess.Read))
        {
            using (GZipStream compressionStream =
                new GZipStream(fileStream, CompressionMode.Decompress))
            {
                using (StreamReader reader = new StreamReader(compressionStream))
                {
                    string data = reader.ReadToEnd();
                    return data;
                }
            }
        }
    }
```

(4) 为 Main()方法添加如下代码:

```
static void Main(string[] args)
{
    try
    {
        string filename = "compressedFile.gz";
        WriteLine(
            "Enter a string to compress (will be repeated 100 times):");
        string sourceString = ReadLine();
        StringBuilder sourceStringMultiplier =
            new StringBuilder(sourceString.Length * 100);
        for (int i = 0; i < 100; i++)
        {
            sourceStringMultiplier.Append(sourceString);
        }
        sourceString = sourceStringMultiplier.ToString();
        WriteLine($"Source data is {sourceString.Length} bytes long.");
        SaveCompressedFile(filename, sourceString);
        WriteLine($"\nData saved to {filename}.");
        FileInfo compressedFileData = new FileInfo(filename);
        Write($"Compressed file is {compressedFileData.Length}");
        WriteLine(" bytes long.");
        string recoveredString = LoadCompressedFile(filename);
        recoveredString = recoveredString.Substring(
            0, recoveredString.Length / 100);
        WriteLine($"\nRecovered data: {recoveredString}", recoveredString);
        ReadKey();
    }
    catch (IOException ex)
    {
        WriteLine("An IO exception has been thrown!");
        WriteLine(ex.ToString());
        ReadKey();
    }
}
```

(5) 运行该应用程序, 输入一个长度合理的长字符串, 结果如图 14-5 所示。

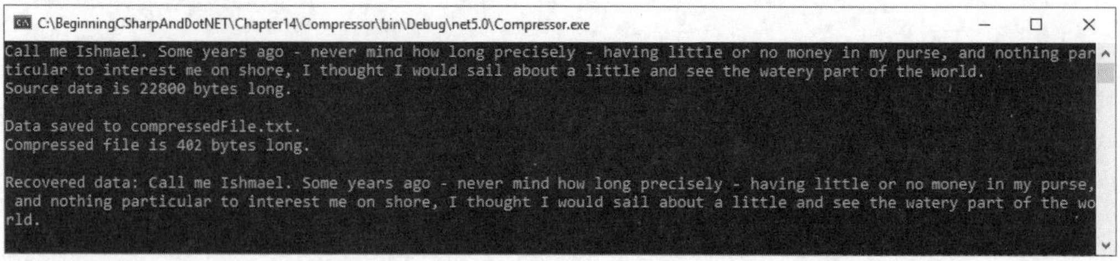

图 14-5

(6) 在记事本中打开 compressedFile.txt，文本如图 14-6 所示。

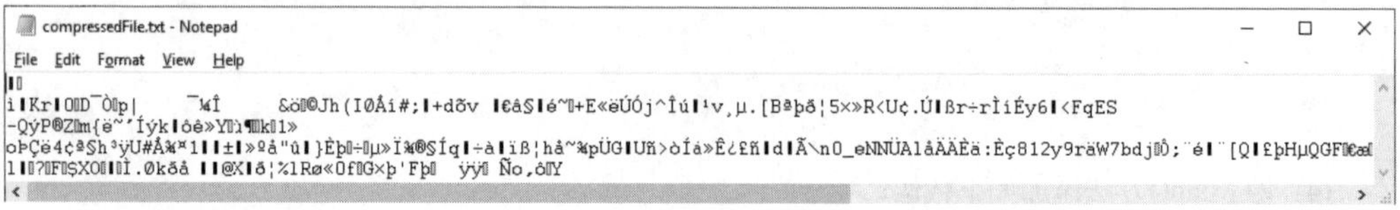

图 14-6

示例说明

这个示例定义了两个方法，用于保存和加载已压缩的文本文件。第一个方法是 Save-CompressedFile()，如下所示：

```
static void SaveCompressedFile(string filename, string data)
{
    using (FileStream fileStream =
        new FileStream(filename, FileMode.Create, FileAccess.Write))
    {
        using (GZipStream compressionStream =
            new GZipStream(fileStream, CompressionMode.Compress))
        {
            using (StreamWriter writer = new StreamWriter(compressionStream))
            {
                writer.Write(data);
            }
        }
    }
}
```

代码首先在 using 块中创建一个 FileStream 对象，然后使用它创建一个 GZipStream 对象。使用 using 块依次为每个 Stream 和 Reader 对象赋值，以确保它已被释放和关闭。注意，可以用 DeflateStream 替换这段代码中的所有 GZipStream——这两个类的工作方式相同。使用 CompressionMode.Compress 枚举值指定数据要进行压缩，然后使用 StreamWriter 将数据写入文件。

LoadCompressedFile()方法与 SaveCompressedFile()方法正好相对，它不是保存到文件名中，而是把压缩的文件加载到字符串中：

```
static string LoadCompressedFile(string filename)
{
    using (FileStream fileStream =
        new FileStream(filename, FileMode.Open, FileAccess.Read))
    {
        using (GZipStream compressionStream =
            new GZipStream(fileStream, CompressionMode.Decompress))
```

```
        {
            using (StreamReader reader = new StreamReader(compressionStream))
            {
                string data = reader.ReadToEnd();
                return data;
            }
        }
    }
}
```

其区别很明显：使用了不同的 FileMode、FileAccess 和 CompressionMode 枚举值来加载和解压缩数据，使用 StreamReader 从文件中提取出未压缩的文本。

Main()中的代码是这些方法的一个简单测试。它请求一个字符串，将字符串复制 100 次，再把它压缩到一个文件中，之后检索它。在本示例中，把 *Moby Dick* 的第一句重复 100 次就有 22 800 个字符，但压缩后只占用 402 个字节，压缩率是 5 0:1。应该承认，这有以偏概全之嫌，GZIP 算法很适合重复数据，但这里仅演示压缩过程而已。

我们还查看了存储在压缩文件中的文本。显然，它的意义很难明白。在应用程序之间共享数据时要考虑到这一点。但是，因为是用已知的算法压缩文件，所以至少能够知道应用程序是可以解压缩它的。

14.3 监控文件系统

有时，应用程序所需要完成的工作不仅限于从文件系统中读写文件。例如，知道修改文件或目录的时间非常重要。.NET Framework 允许方便地创建完成这些任务的定制应用程序。

帮助完成这些任务的类是 FileSystemWatcher。这个类提供了几个应用程序可以捕获的事件。应用程序可以对文件系统事件作出响应。

使用 FileSystemWatcher 的基本过程非常简单。首先必须设置一些属性，指定监控的位置、内容以及引发应用程序要处理的事件的时间。然后给 FileSystemWatcher 提供定制事件处理程序的地址，当发生重要事件时，FileSystemWatcher 就可以调用这些事件处理程序。最后打开 FileSystemWatcher，等待事件。

在启用 FileSystemWatcher 对象之前必须设置的属性如表 14-10 所示。

表 14-10　FileSystemWatcher 的属性

属性	说明
Path	设置要监控的文件位置或目录
NotifyFilter	这是 NotifyFilter 枚举值的组合，NotifyFilter 枚举值指定了在被监控的文件内要监控哪些内容。这些表示要监控的文件或文件夹的属性。如果指定的属性发生了变化，就引发事件。可能的枚举值是 Attributes、CreationTime、DirectoryName、FileName、LastAccess、LastWrite、Security 和 Size。注意，可通过二元 OR 运算符来合并这些枚举值
Filter	该过滤器指定要监控哪些文件，例如，*.txt

设置之后，就必须为 Changed、Created、Deleted 和 Renamed 这 4 个事件编写事件处理程序。如第 13 章所述，这需要创建自己的方法，并将方法赋给对象的事件。将自己的事件处理程序赋给这些方法，就可以在引发事件时调用方法。当修改与 Path、NotifyFilter 和 Filter 属性匹配的文件或目录时，就引发每个事件。

设置了属性和事件后，将 EnableRaisingEvents 属性设置为 true，就可以开始监控工作。下例将在一个简单的客户端应用程序中使用 FileSystemWatcher，来监控所选的目录。

试一试　监控文件系统：FileWatch

这是一个较复杂的示例，使用了本章介绍的许多内容。

(1) 在 C:\BeginningCSharpAndDotNET\Chapter14 目录中创建一个新的 WPF 应用程序 FileWatch。把 Target Framework 设置为 Current 版本(.NET 5.0)。第 21 章介绍了 WPF 应用程序。这个实例很简单，可以仅按如下步骤进行。

(2) 修改 MainWindow.xaml，如下所示(图 14-7 显示了结果窗口)：

```xml
<Window x:Class="FileWatch.MainWindow"
  xmlns="http://schemas.microsoft.com/winfx/2006/xaml/presentation"
  xmlns:x="http://schemas.microsoft.com/winfx/2006/xaml"
  Title="File Monitor" Height="160" Width="300">
  <Grid>
    <Grid.RowDefinitions>
      <RowDefinition Height="Auto" />
      <RowDefinition Height="Auto" />
      <RowDefinition />
    </Grid.RowDefinitions>
    <Grid Margin="4">
      <Grid.ColumnDefinitions>
        <ColumnDefinition />
        <ColumnDefinition Width="Auto" />
      </Grid.ColumnDefinitions>
      <TextBox Name="LocationBox" TextChanged="LocationBox_TextChanged" />
      <Button Name="BrowseButton" Grid.Column="1" Margin="4,0,0,0"
        Content="Browse…" Click="BrowseButton_Click" />
    </Grid>
    <Button Name="WatchButton" Content="Watch!" Margin="4" Grid.Row="1"
      Click="WatchButton_Click" IsEnabled="False" />
    <ListBox Name="WatchOutput" Margin="4" Grid.Row="2" />
  </Grid>
</Window>
```

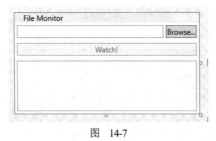

图　14-7

(3) 在 MainWindow.xaml.cs 中添加下面的 using 指令：

```csharp
using System.IO;
using Microsoft.Win32;
```

(4) 在 MainWindow 类中添加 FileSystemWatcher 类型的一个字段：

```csharp
namespace FileWatch
{
```

```
/// <summary>
/// Interaction logic for MainWindow.xaml
/// </summary>
public partial class MainWindow : Window
{
    // File System Watcher object.
    private FileSystemWatcher watcher;
```

(5) 在 MainWindow 类中添加下面的实用方法，以允许后台线程向输出添加消息：

```
private void AddMessage(string message)
{
    Dispatcher.BeginInvoke(new Action(
        () => WatchOutput.Items.Insert(
            0, message)));
}
```

(6) 在 MainWindow 类的构造函数的 InitializeComponent()方法调用之后，添加下面的代码。这段代码用于初始化 FileSystemWatcher 对象，以及将事件关联到 AddMessage()方法调用：

```
public MainWindow()
{
    InitializeComponent();
    watcher = new FileSystemWatcher();
    watcher.Deleted += (s, e) =>
        AddMessage($"File: {e.FullPath} Deleted");
    watcher.Renamed += (s, e) =>
        AddMessage($"File renamed from {e.OldName} to {e.FullPath}");
    watcher.Changed += (s, e) =>
        AddMessage($"File: {e.FullPath} {e.ChangeType.ToString()}");
    watcher.Created += (s, e) =>
        AddMessage($"File: {e.FullPath} Created");
}
```

(7) 添加 Browse 按钮的 Click 事件处理程序。这个事件处理程序中的代码会打开 Open File 对话框，供用户选择要监控的文件：

```
private void BrowseButton_Click(object sender, RoutedEventArgs e)
{
    OpenFileDialog dialog = new OpenFileDialog();
    if (dialog.ShowDialog(this) == true)
    {
        LocationBox.Text = dialog.FileName;
    }
}
```

ShowDialog()方法返回一个 bool?值，反映用户退出 File Open 对话框的方式(用户可能单击 OK 按钮，或者单击 Cancel 按钮)。需要确认用户未单击 Cancel 按钮，所以在把用户选择的文件保存到 TextBox 之前，将 ShowDialog()方法调用的结果与 true 进行比较。

(8) 添加 TextBox 的事件处理程序 TextChanged，以确保当 TextBox 包含文本时，Watch!按钮处于启用状态。

```
private void LocationBox_TextChanged(object sender, TextChangedEventArgs e)
{
    WatchButton.IsEnabled = !string.IsNullOrEmpty(LocationBox.Text);
}
```

(9) 将以下代码添加到 Watch!按钮的 Click 事件处理程序，这会启动 FileSystemWatcher：

```
private void WatchButton_Click(object sender, RoutedEventArgs e)
{
    watcher.Path = System.IO.Path.GetDirectoryName(LocationBox.Text);
    watcher.Filter = System.IO.Path.GetFileName(LocationBox.Text);
    watcher.NotifyFilter = NotifyFilters.LastWrite |
        NotifyFilters.FileName | NotifyFilters.Size;
    AddMessage("Watching " + LocationBox.Text);
    // Begin watching.
    watcher.EnableRaisingEvents = true;
}
```

(10) 创建目录 C:\TempWatch，在该目录中创建文件 temp.txt。

(11) 运行该应用程序。如果成功地构建了所有内容，则单击 Browse 按钮，并选择 C:\TempWatch\temp.txt。

(12) 单击 Watch!按钮，开始监控文件。在应用程序中可见到的唯一变化是有一条消息，指出正在监控文件。

(13) 使用 Windows 资源管理器导航到 C:\TempWatch。在记事本中打开 temp.txt，并在文件中添加一些文本。保存此文件。

(14) 重命名该文件。

(15) 可以看到对所监控文件的变动说明，如图 14-8 所示。注意，重命名后对文件的更改将被忽略，因为程序仍在查看旧文件，所以需要重新命名它或开始查看新名称。当文件保存时，可能会看到多个事件，如文件大小和最后一次写入时间的改变。

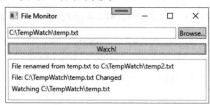

图　14-8

示例说明

此应用程序非常简单，但它演示了 FileSystemWatcher 的工作原理。尝试在监控文本框中输入不同字符串。如果在目录中指定*.*，程序就会监控目录中的所有变化。

应用程序中的大多数代码都用于设置 FileSystemWatcher 对象，以监控正确的位置：

```
watcher.Path = System.IO.Path.GetDirectoryName(LocationBox.Text);
watcher.Filter = System.IO.Path.GetFileName(LocationBox.Text);
watcher.NotifyFilter = NotifyFilters.LastWrite |
    NotifyFilters.FileName | NotifyFilters.Size;
AddMessage("Watching " + LocationBox.Text);
// Begin watching.
watcher.EnableRaisingEvents = true;
```

代码首先设置要监控的目录的路径。这使用了到现在尚未介绍的一个新对象 System.IO.Path。这是一个静态类，非常类似于静态对象 File。它给出了许多静态方法，以处理和提取文件位置字符串中的信息。这里首先使用它通过 GetDirectoryName()方法提取用户在文本框中输入的目录名。

下一行代码设置对象的过滤器，过滤器可以是一个实际文件，表示仅监控该文件。过滤器也可以是*.txt，表示要监控指定目录中的所有.txt 文件。我们也可以使用 Path 静态对象从所提供的文件位置提取信息。

　　NotifyFilter 是 NotifyFilters 枚举值的组合，指定组成变化的内容。在此，如果最后写入的时间信息、文件名称或文件大小发生了变化，它就将此变化通知应用程序。更新 UI 后，将 EnableRaisingEvents 属性设置为 true，开始监控。

　　但在此之前，还要创建对象，设置事件处理程序。

```
watcher = new FileSystemWatcher();
watcher.Deleted += (s, e) =>
    AddMessage($"File: {e.FullPath} Deleted");
watcher.Renamed += (s, e) =>
    AddMessage($"File renamed from {e.OldName} to {e.FullPath}");
watcher.Changed += (s, e) =>
    AddMessage($"File: {e.FullPath} {e.ChangeType.ToString()}");
watcher.Created += (s, e) =>
    AddMessage($"File: {e.FullPath} Created");
```

　　这段代码使用 Lambda 表达式来创建匿名事件处理程序，当删除、重命名、修改或创建文件时，监控器对象就触发事件，调用这些事件处理程序。这些处理程序简单地调用 AddMessage()方法来添加一条消息。显然，根据应用程序的不同，还可以有更复杂的响应。在目录中添加文件时，可将其移到别处，或读取其内容，引发新的进程。其可能的用法是无穷无尽的！

14.4　习题

　　(1) 只有导入哪个名称空间才允许应用程序使用文件？

　　(2) 何时使用 FileStream 对象，而不是使用 StreamWriter 对象写入文件？

　　(3) StreamReader 类的哪些方法允许从文件中读取数据，每个方法的具体作用是什么？

　　(4) 哪个类可使用 Deflate 算法来压缩流？

　　(5) FileSystemWatcher 类提供了哪些事件，其作用是什么？

　　(6) 修改本章构建的 FileWatch 应用程序，使得不必退出应用程序就可以打开和关闭文件系统监控功能。

　　附录 A 给出了习题答案。

14.5　本章要点

主题	要点
流	流是序列化设备的一种抽象表示，可以一次从序列化设备中读取或写入一个字节。文件就是这种设备的一个例子。流有两种类型：输入和输出，分别用于读取和写入设备
文件访问类	.NET Framework 中具有大量抽象了文件系统访问的类，包括通过静态方法处理文件和目录的 File 和 Directory，可实例化为表示特定文件和目录的 FileInfo 和 DirectoryInfo。后两个类在对文件和目录执行多个操作时使用，因为这两个类不要求为每个方法调用指定路径。可在文件和目录上执行的典型操作包括查看和修改属性，以及创建、删除和复制操作

(续表)

主题	要点
文件路径	文件和目录路径可以是绝对的或相对的。绝对路径给出了某位置的完整描述，从包含它的驱动器的根目录开始。所有父目录都与子目录用反斜杠隔开。相对路径与之类似，但从文件系统的指定点开始，例如执行应用程序的目录(工作目录)。浏览文件系统时，常使用父目录的别名..
FileStream 对象	FileStream 对象允许访问文件的内容，以进行读写。它以字节为单位访问文件数据，所以并不总是访问文件数据的最佳选项。FileStream 实例维护着文件内部的一个位置字节索引，这样就可以浏览文件的内容了。以这种方式访问文件的任意位置称为随机访问
读写流	一种读写文件数据的更简便方法是使用 StreamReader 和 StreamWriter 类，以及 FileStream。它们允许读写字符和字符串数据，而不是处理字节。这些类型提供了我们熟悉的处理字符串的方法，包括 ReadLine()和 WriteLine()。因为它们处理的是字符串数据，所以使用这些类，可以更方便地处理逗号分隔的文件(这是表示结构化数据的常见方式)
压缩文件	可使用 DeflateStream 和 GZipStream 压缩流类来读写文件中的压缩数据。这些类与 FileStream 一样，也处理字节数据，但可以通过 StreamReader 和 StreamWriter 类访问数据，以简化代码
监控文件系统	可使用 FileSystemWatcher 类监控文件系统数据的变化。可以监控文件和目录，如有必要，还可以提供一个过滤器，根据需要仅修改有特定扩展名的文件。FileSystemWatcher 实例通过触发事件，来通知我们发生了变化，这些事件可以在代码中处理

第**15**章

XML 和 JSON

本章内容：

- XML 基础
- JSON 基础
- XML 模式
- XML 文档对象模型
- 使用 XPath 搜索 XML 文档
- 序列化和反序列化 JSON

本章源代码下载：

本章源代码可以通过本书合作站点 www.wiley.com 上的 Download Code 选项卡下载，也可以通过网址 github.com/benperk/BeginningCSharpAndDotNET 下载。下载代码位于 Chapter15 文件夹中并已根据本章示例的名称单独命名。

C#编程语言以机器和人类均可读的格式描述了计算机逻辑，而 XML 和 JSON 都是数据语言，以简单的文本格式存储数据，这意味着这些数据可以被人类和几乎任何计算机读取。

大多数 C# .NET 应用程序都使用 XML 以某种形式来存储数据，如.config 文件用于存储配置细节，XAML 文件在 WPF 和 Windows Store 应用程序中使用。因为这个重要的事实，本章将花最多的时间介绍 XML，只简要介绍 JSON。

本章将学习 XML 和 JSON 的基础知识，然后学习如何创建 XML 文档和模式。你将学习 XmlDocument 类的基础知识、如何读取和写入 XML、如何插入和删除节点、如何使用 XPath 在 XML 文档中搜索数据，最后学习如何读取和写入 JSON。

15.1 XML 基础

可扩展标记语言(Extensible Markup Language，XML)是一种数据语言，它将数据以一种简单的文本格式存储，可以被人类和几乎任何计算机理解。它是一种 W3C 标准格式，类似于 HTML(www.w3.org/XML)。Microsoft 在.NET Framework 和其他微软产品中已经完全采用它。即使是 Microsoft Office 的新版本引入的文档格式也是基于 XML 的，但 Office 应用程序本身不是.NET 应用程序。

XML 的细节非常复杂，因此在此不介绍其所有细节。幸好，大多数任务都不需要了解 XML 的详细知识，因为 Visual Studio 通常会处理其中大多数工作——我们基本上不必手动编写 XML 文档。如果想更深入地了解 XML，可以阅读 Joe Fawcett、Danny Ayers 和 Liam Quin 编写的 *Beginning XML*，或许多在线教程，如 www.xmlnews.org/docs/xml-basics.html 或 http://www.w3schools.com/xml/。

XML 的基本格式很简单，下例显示了共享图书数据的 XML 格式。

```
<book>
    <title>Beginning C# and .NET</title>
    <author>Benjamin Perkins and Jon Reid</author>
    <code>978-1119795780</code>
</book>
<book>
    <title>Beginning XML</title>
    <author> Joe Fawcett et al </author>
    <code>978-1118162132</code>
</book>
<book>
    <title> Professional C# 7 and .NET Core =</title>
    <author>Christian Nagel</author>
    <code>978-1119449270</code>
</book>
```

在这个例子中，每本书都有书名、作者和标识这本书的独特代码。每本书的数据包含在一个 book 元素中，该元素用<book>开始标记开头，用</book>结束标记结束。标题、作者和代码值存储在 book 元素的嵌套元素中。

元素的标签内也可能有特性。如果书的代码是 book 元素的一个特性，而不是一个元素，book 元素的开头可能就是<book code=458685>。为简单起见，本章的例子仅使用元素。特性和元素通常都称为节点，类似于树中的节点。

15.2 JSON 基础

开发 C#应用程序时，另一门可能遇到的数据语言是 JSON。JSON 表示 JavaScript Object Notation。就像 XML 一样，它也是一个标准(www.json.org)，尽管从名字上来看，它来源于 JavaScript 语言而非 C#。虽然 JSON 不像 XML 一样在整个.NET 中使用，但它是传输 Web 服务和 Web 浏览器中数据的一种常见格式。

JSON 也有一个非常简单的格式。此前用 XML 显示的图书数据在 JSON 中显示为：

```
[
    {
        "title": "Beginning C# and .NET",
        "author": "Benjamin Perkins and Jon Reid",
        "code": "978-1119795780"
    },
    {
        "title": "Beginning XML",
        "author": "Joe Fawcett et al",
        "code": "978-1118162132"
    },
    {
        "title": "Professional C# 7 and .NET Core",
        "author": "Christian Nagel",
```

```
    "code": "978-1119449270"
    }
]
```

与之前的 XML 的示例一样,这里也显示了书名、作者和唯一代码。JSON 使用花括号({ })分隔数据块,使用方括号([])界定数组,其方式与 C#、JavaScript 和其他 C 语言相似,它们也给代码块使用花括号,给数组使用方括号。

JSON 是一种比 XML 更紧凑的格式,但是人们很难阅读它,特别是复杂数据中会使用很多花括号和括号进行深度嵌套。

15.3　XML 模式

XML 文档可以用模式来描述,模式是另一个 XML 文件,描述了允许在一个特定的文档中使用的元素和特性。可以根据模式验证 XML 文档,确保程序不会遇到不打算处理的数据。用于 C#的标准模式 XML 格式是 XSD(XML Schema Definition)。

图 15-1 包含了 Visual Studio 能够识别的模式的一个长列表(从 Visual Studio 菜单中选择 XML | Schemas…,可以看到该列表),但它不会自动记忆已使用过的模式。如果经常使用某个模式,但不想在每次需要时浏览找到该模式,就可以把该模式复制到以下位置: C:\Program Files (x86)\Microsoft Visual Studio\2019\Community\ Xml\Schemas。复制到该位置的任何模式都会显示在 XML Schemas 对话框中。

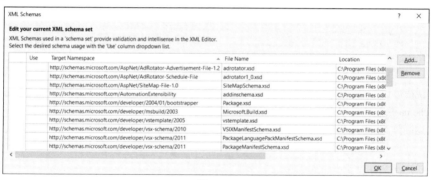

图　15-1

可以从 XML 文件中创建 XML 模式,使用该模式来验证其他变化,如下面的示例所示。

试一试　在 Visual Studio 中创建 XML 文档:Chapter15\XML and Schema\GhostStories.xml

按照下面的步骤来创建 XML 文档。

(1) 打开 Visual Studio,从菜单中选择 File | New | File。如果没有看到这个选项,请创建一个新项目。在 Solution Explorer 中右击项目,选择添加一个新项。然后从对话框中选择 XML File。

(2) 在 New File 对话框中,选择 XML File,单击 Open。Visual Studio 会自动创建一个新的 XML 文档。如图 15-1 所示,Visual Studio 添加了 XML 声明,以 encoding 特性结束(其特性和元素也是彩色的,但在黑白纸张中看不到这种效果)。

(3) 按下 Ctrl+S 组合键,或者在菜单中选择 File | Save XMLFile1.xml,保存文件。Visual Studio 会询问文件的保存位置,以及文件的名称。将其保存在 BeginningCSharpAndDotNET\Chapter15\XML and Schemas 文件夹中,命名为 GhostStories.xml。

(4) 将光标移到 XML 声明下面的代码行，输入文本<stories>。注意，输入大于号关闭开始标记时，Visual Studio 会自动置入结束标记。

(5) 输入下面的 XML 文件，单击 Save 按钮：

```
<stories>
  <story>
    <title>A House in Aungier Street</title>
      <author>
          <name>Sheridan Le Fanu</name>
          <nationality>Irish</nationality>
      </author>
      <rating>eerie</rating>
      </story>
      <story>
      <title>The Signalman</title>
      <author>
          <name>Charles Dickens</name>
          <nationality>English</nationality>
      </author>
      <rating>atmospheric</rating>
    </story>
    <story>
      <title>The Turn of the Screw</title>
      <author>
          <name>Henry James</name>
          <nationality>American</nationality>
      </author>
      <rating>a bit dull</rating>
    </story>
</stories>
```

(6) 现在可让 Visual Studio 为刚才编写的 XML 文件创建相应的模式。为此，从 XML 菜单中选择 Create Schema 菜单项，单击 Save as GhostStories.xsd，保存得到的 XSD 文件。

(7) 返回到 XML 文件，在结束标记< /stories >之前输入如下 XML：

```
<story>
    <title>Number 13</title>
    <author>
        <name>M.R. James</name>
        <nationality>English</nationality>
    </author>
    <rating>mysterious</rating>
</story>
```

注意，开始输入开始标记时，会显示 IntelliSense 提示。这是因为 Visual Studio 知道把新建的 XSD 模式连接到正在输入的 XML 文件上。

(8) 可在 Visual Studio 中创建 XML 和一个或多个模式之间的链接。选择 XML | Schemas，会打开如图 15-2 所示的 XML Schemas 对话框。在 Visual Studio 可识别的长模式列表的顶部，会看到 GhostStories.xsd。它的左边是一个复选标记，表示这个模式用于当前的 XML 文档。

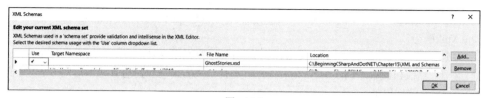

图　15-2

15.4　XML 文档对象模型

XML 文档对象模型(Document Object Model，DOM)是一组以非常直观的方式访问和处理 XML 的类。DOM 不是读取 XML 数据的最快捷方式，但只要理解了类和 XML 文档中元素之间的关系，DOM 就很容易使用。

构成 DOM 的类在名称空间 System.Xml 中。在这个名称空间中有几个类和子名称空间。但本章只介绍几个便于操作 XML 的类。这些类如表 15-1 所示。

表 15-1　常用的 DOM 类

类名	说明
XmlNode	这个类表示文档树中的一个节点，它是本章许多类的基类。如果这个节点表示 XML 文档的根，就可从它导航到文档的任意位置
XmlDocument	扩展了 XmlNode 类，但通常是使用 XML 的第一个对象，因为这个类用于加载磁盘或其他地方的数据并在这些位置保存数据
XmlElement	表示 XML 文档中的一个元素。XmlElement 派生于 XmlLinkedNode，XmlLinkedNode 派生于 XmlNode
XmlAttribute	表示一个特性，与 XmlDocument 类一样，它也派生于 XmlNode 类
XmlText	表示开始标记和结束标记之间的文本
XmlComment	表示一种特殊类型的节点，这种节点不是文档的一部分，但为阅读器提供文档各部分的信息
XmlNodeList	表示一个节点集合

15.4.1　XmlDocument 类

通常，要处理 XML 的应用程序，首先应从磁盘中读取它。如表 15-1 所示，这是 XmlDocument 类的工作。可将 XmlDocument 看成磁盘上文件的内存表示。使用 XmlDocument 类把文件加载到内存后，就可以从中获得文档的根节点，开始读取和处理 XML 了：

```
using System.Xml;
.
.
.
XmlDocument document = new XmlDocument();
document.Load(@"C:\BeginningCSharpAndDotNET\Chapter15\XML and Schema\books.xml");
```

这两行代码创建了 XmlDocument 类的一个新实例，并在其中加载 books.xml 文件。

注意：

文件夹名是一个绝对路径，文件夹结构可以不同，此时，应调整 document.Load 中的路径，以反映计算机中实际的文件夹路径。

XmlDocument 类位于 System.Xml 名称空间中，所以应在代码开头的 using 部分插入 using System.Xml;语句。

除了加载和保存 XML 外，XmlDocument 类还负责维护 XML 结构。所以，这个类有许多方法可以用于创建、修改和删除树中的节点。稍后将介绍其中一些方法，但为了正确理解这些方法，还需要了解另一个类：XmlElement。

15.4.2　XmlElement 类

文档加载到内存后，就要对它执行一些操作。上面代码创建的 XmlDocument 实例的 DocumentElement 属性会返回一个 XmlElement 实例(表示 XmlDocument 的根节点)。这个元素非常重要，因为有了它，就可以访问文档中的所有信息。

```
XmlDocument document = new XmlDocument();
document.Load(
        @"C:\BeginningCSharpAndDotNET\Chapter15\XML and Schema\books.xml");
XmlElement element = document.DocumentElement;
```

获得文档的根节点后，就可以使用信息了。XmlElement 类包含的方法和属性可以处理树的节点和特性。下面首先看看用于导航 XML 元素的属性，如表 15-2 所示。

表 15-2　XmlElement 的属性

属性	说明

FirstChild	该属性返回当前节点之后的第一个子节点。在本章前面的 books.xml 文件中，文档的根节点是 books，根节点之后的节点是 book，在该文档中，根节点 books 的第一个子节点是 book。
	
	    `<books>`　　　　Root node
	    `<book>`　　　　　FirstChild
	
	FirstChild 返回一个 XmlNode 对象，应测试返回节点的类型，因为它不总是一个 XmlElement 实例。在 books 示例中，Title 元素的子元素是表示文本 Beginning Visual C# 的 XmlText 节点

LastChild	该属性的操作与 FirstChild 属性十分类似，但返回当前节点的最后一个子节点。在 books 示例中，books 节点的最后一个子节点仍是 book，但它表示"Beginning XML" book。
	
	    `<books>` Root node
	     `<book>` FirstChild
	      `<title>Beginning Visual C# 2017</title>`
	      `<author>Benjamin Perkins et al</author>`
	      `<code>458685</code>`
	     `</book>`
	     `<book>` LastChild
	      `<title>Beginning XML</title>`
	      `<author>Joe Fawcett et al</author>`
	      `<code>161532</code>`
	     `</book>`
	    `</books>`

ParentNode	该属性返回当前节点的父节点。在 books 示例中，books 节点是 book 节点的父节点
NextSibling	FirstChild 和 LastChild 属性返回当前节点的叶子节点，而 NextSibling 节点返回有相同父节点的下一个节点。在 books 示例中，title 元素的 NextSibling 属性返回 author 元素，在 author 元素上调用 NextSibling，会返回 code 元素
HasChildNodes	检查当前元素是否有子元素，而不必获取 FirstChild 的值并检查它是否为 null

使用表 15-2 中的 5 个属性，可以遍历整个 XmlDocument，如下面的示例所示。

在这个示例中，要创建一个小型 WPF 应用程序，迭代 XML 文档中的所有节点，打印出元素的名称，如果是 XmlText 元素，就打印出包含在元素中的文本。这段代码使用了 Books.xml，如 15.3 节"XML 模式"所述。如果没有创建这个文件，可在本书的下载代码中找到它(Chapter15\XML and Schemas\)。

(1) 首先创建一个新的 WPF 项目，方法是选择 File | New | Project 菜单项，在打开的对话框中选择 C# | WPF Application。将项目命名为 LoopThroughXmlDocument，按下 Next。把 Target Framework 设置为 Current 版本.NET 5.0)。第 21 章介绍 WPF 应用程序，本示例很简单，读者只需按如下步骤进行。

(2) 将一个 TextBlock 和一个 Button 控件拖放到窗体上，按照图 15-3 所示设计窗体。

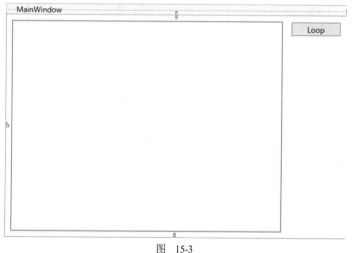

图　15-3

(3) 将 TextBlock 控件命名为 textBlockResults，按钮命名为 buttonLoop。允许 TextBlock 填满按钮没有使用的全部空间。

(4) 为按钮的单击事件添加事件处理程序，输入下面的代码。注意，要在文件顶部的 using 部分添加 using System.Xml;语句：

```csharp
private void buttonLoop_Click(object sender, RoutedEventArgs e)
{
    XmlDocument document = new XmlDocument();
    document.Load(booksFile);
    textBlockResults.Text =
    FormatText(document.DocumentElement as XmlNode, "", "");
}
private string FormatText(XmlNode node, string text, string indent)
{
    if (node is XmlText)
    {
        text += node.Value;
        return text;
    }
    if (string.IsNullOrEmpty(indent))
```

```
        indent = "";
    else
{
    text += "\r\n" + indent;
}
if (node is XmlComment)
{
    text += node.OuterXml;
    return text;
}
text += "<" + node.Name;
if (node.Attributes.Count > 0)
{
    AddAttributes(node, ref text);
}
if (node.HasChildNodes)
{
    text += ">";
    foreach (XmlNode child in node.ChildNodes)
    {
        text = FormatText(child, text, indent + " ");
    }
    if (node.ChildNodes.Count == 1 &&
        (node.FirstChild is XmlText || node.FirstChild is XmlComment))
        text += "</" + node.Name + ">";
    else
        text += "\r\n" + indent + "</" + node.Name + ">";
}
else
    text += "/>";
return text;
}
private void AddAttributes(XmlNode node, ref string text)
{
    foreach (XmlAttribute xa in node.Attributes)
    {
        text += " " + xa.Name + "='" + xa.Value + "'";
    }
}
```

(5) 添加一个私有常量，用于保存所加载文件的位置。需要把这个常量的值改为本地系统中存储文件的位置：

```
private const string booksFile =
    @"C:\BeginningCSharpAndDotNET\Chapter15\XML and Schema\Books.xml";
```

(6) 运行该应用程序，单击 Loop 按钮。结果如图 15-4 所示。

示例说明

单击按钮时，会调用XmlDocument方法Load。这个方法把文件中的XML加载到XmlDocument实例中，XmlDocument实例用于访问XML的元素。接着调用一个方法来递归迭代XML，并把XML文档的根节点传送给方法。根元素是使用XmlDocument类的属性DocumentElement获得的。除了在传送给FormatText方法的根参数上检查null外，还要注意if语句：

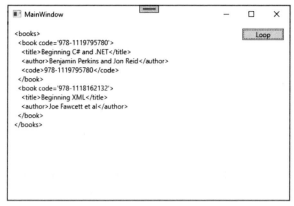

图　15-4

```
if (node is XmlText)
    {
        ...
    }
```

is运算符可以检查对象的类型，如果实例是指定的类型，就返回true。即使根节点声明为XmlNode，这也只是要操作的对象的基本类型。使用is运算符可在运行期间确定对象类型，并根据该类型选择要执行的操作。

在 FormatText 方法中给文本框生成文本。注意必须知道根节点的当前实例的类型，因为要显示的信息的获取方式对于不同的元素来说是不同的。我们要显示 XmlElements 的名称和 XmlText 元素的值。

15.4.3　修改节点的值

在了解如何改变节点值之前，先要明白，节点值一般比较复杂。实际上，即使派生于 XmlNode 的所有类都包含 Value 属性，它也很少返回有用的信息。初看起来它可能令人失望，但实际上是十分合理的。分析一下前面的 books 示例：

```
<books>
    <book>
        <title>Beginning C# and .NET</title>
        <author>Benjamin Perkins and Jon Reid</author>
        <code> 978-1119795780</code>
    </book>
    <book>
. . .
</books>
```

文档中的每对标记都解析为 DOM 中的一个节点。在迭代文档中的所有节点时，会遇到许多 XmlElement 节点和三个 XmlText 节点。上述 XML 中的 XmlElement 节点是<books>、<book>、<title>、<author>和<code>。XmlText 节点是 title、author 和 code 开始标记和结束标记之间的文本。也可以说 title、author 和 code 的值是标记之间的文本，但文本本身就是一个节点，是这个节点实际包含了值。其他标记都没有相关的值。

在上述 FormatText 方法的代码靠近顶部的位置，if 块中的下述代码在当前节点是 XmlText 时执行：

```
text += node.Value;
```

XmlText 节点实例的 Value 属性用于获取节点的值。

如果使用 XmlElement 类型的节点的 Value 属性，就返回 null，但如果使用另两个方法 InnerText 和 InnerXml 中的一个，就可以获取 XmlElement 开始标记和结束标记之间的信息。也就是说，可以使用两个方法和一个属性来操作节点的值，如表 15-3 所示。

表 15-3　获取节点值的三种方法

属性	说明
InnerText	这个属性获取当前节点中所有子节点的文本，把它作为一个串联字符串返回。也就是说，在上面的 XML 中，如果获取 book 节点的 InnerText 值，就返回字符串 Beginning Visual C# and .NETBenjamin Perkins and Jon Reid 978-1119795780。如果获取 title 节点的 InnerText，就只返回"Beginning Visual C# and .NET"。可以使用这个方法设置文本，但要小心，因为如果设置了错误节点的文本，就很可能会改写不想改变的信息

InnerXml	InnerXml 属性返回类似于 InnerText 的文本，但它也返回所有标记。因此，如果获取 book 节点上的 InnerXml 值，结果是如下字符串：
	
	`<title>Beginning C# and .NET</title>`
	`<author>Benjamin Perkins and Jon Reid</author>`
	`<code>978-1119795780</code>`
	
	可以看出，如果字符串包含要直接插入 XML 文档的内容，这是很有用的。但是要对该字符串负全责，如果插入格式错误的 XML，应用程序就会产生异常

Value	Value 属性是操作文档中信息的最精练方式，但如前所述，在获取值时，只有几个类会返回有用的信息。返回所需文本的类如下所示：
	
	`XmlText`
	`XmlComment`
	`XmlAttribute`

1. 插入新节点

了解了如何遍历 XML 文档，如何获取元素的值后，下面学习如何给前面使用的 books 文档添加节点，改变文档的结构。

要在列表中插入新元素，需要使用 XmlDocument 和 XmlNode 类中的新方法，如表 15-4 所示。可使用 XmlDocument 类的方法创建新的 XmlNode 和 XmlElement 实例，这非常不错，因为这两个类都只有一个受保护的构造函数，不能直接使用 new 创建它们的实例。

表 15-4　用于创建节点的方法

方法	说明
CreateNode	创建任意类型的节点。该方法有三个重载版本，其中两个允许创建 XmlNodeType 枚举中所列出的类型的节点，另一个允许把要使用的节点类型指定为字符串。除非对指定的不是枚举中的节点类型有十足的把握，否则强烈推荐使用枚举的两个重载版本。该方法返回一个 XmlNode 实例，该实例可以显式地转换为合适的类型
CreateElement	这只是 CreateNode 的一个版本，只能创建 XmlElements 类型的节点
CreateAttribute	这也只是 CreateNode 的一个版本，只能创建 XmlAttribute 类型的节点

(续表)

方法	说明
CreateTextNode	创建 XmlTextNode 类型的节点
CreateComment	在这个列表中包含这个方法，是为了说明可以创建的节点类型的多样性。该方法并不创建由 XML 文档表示的数据节点，而是创建注释，以便人们读取数据。在应用程序中读取文档时，就可以读取注释

表 15-4 中的方法都用于创建节点，在调用其中一个方法后，就必须执行一些操作。在创建节点后，节点并未包含其他信息，节点也没有插入文档中。为此，应使用派生于 XmlNode 的类(包括 XmlDocument 和 XmlElement)中的方法。表 15-5 描述了这些方法。

表 15-5 用于插入节点的方法

方法	说明
AppendChild	把一个子节点追加到 XmlNode 类型或其派生类型的节点上。在调用该方法后，追加的节点显示在相应节点的子节点列表的最后。如果不关心子节点的顺序，这就不重要，但如果子节点的顺序很重要，就应按正确顺序追加节点
InsertAfter	使用 InsertAfter 方法，可以控制插入新节点的位置。该方法带有两个参数，第一个是新节点，第二个是在其后插入新节点的节点
InsertBefore	这个方法与 InsertAfter 类似，但新节点插到参考节点之前

下面的示例以前面的示例为基础，在 books.xml 文档中插入一个 book 节点。该示例中(目前)没有清理文档的代码，所以如果该示例运行几次，文档中可能就会包含许多相同的节点。

试一试 创建节点：Chapter15\LoopThroughXmlDocument

本例以前面创建的 LoopThroughXmlDocument 项目为基础。按照下面的步骤给 books.xml 文档添加一个节点。

(1) 将 TextBlock 放在一个 ScrollViewer 中，将其 VerticalScrollBarVisibility 属性设为 Auto。

(2) 在窗体的已有按钮下面添加一个按钮，命名为 buttonCreateNode。将其 Content 属性改为 Create。

(3) 为新按钮添加单击事件的处理程序，输入下面的代码：

```
private void buttonCreateNode_Click(object sender, RoutedEventArgs e)
{
    // Load the XML document.
    XmlDocument document = new XmlDocument();
    document.Load(booksFile);
    // Get the root element.
    XmlElement root = document.DocumentElement;
    // Create the new nodes.
    XmlElement newBook = document.CreateElement("book");
    XmlElement newTitle = document.CreateElement("title");
    XmlElement newAuthor = document.CreateElement("author");
    XmlElement newCode = document.CreateElement("code");
    XmlText title = document.CreateTextNode("Professional C# 7 and .NET Core");
    XmlText author = document.CreateTextNode("Christian Nagel");
    XmlText code = document.CreateTextNode("978-1119449270");
    XmlComment comment = document.CreateComment("the Professional edition");
    // Insert the elements.
```

```
    newBook.AppendChild(comment);
    newBook.AppendChild(newTitle);
    newBook.AppendChild(newAuthor);
    newBook.AppendChild(newCode);
    newTitle.AppendChild(title);
    newAuthor.AppendChild(author);
    newCode.AppendChild(code);
    root.InsertAfter(newBook, root.LastChild);
    document.Save(booksFile);
}
```

(4) 运行该应用程序，单击 Create 按钮。再单击 Loop 按钮，对话框如图 15-5 所示。

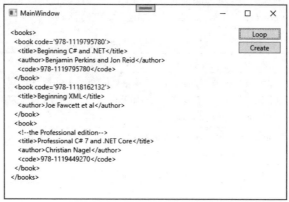

图　15-5

在上面的示例中没有创建一个重要类型的节点：XmlAttribute，这里把它留作本章的练习。

示例说明

buttonCreateNode_Click 方法中的代码创建了所有节点。它创建了 8 个新节点，其中 4 个节点的类型是 XmlElement，3 个节点的类型是 XmlText，1 个节点的类型是 XmlComment。

所有节点都是用封装 XmlDocument 实例的方法创建的。XmlElement 节点是用 CreateElement 方法创建的，XmlText 节点是用 CreateTextNode 方法创建的，XmlComment 节点是用 CreateComment 方法创建的。

创建完节点后，还需要把它们插入 XML 树中。这是使用元素上的 AppendChild 方法实现的，新节点将成为该元素的一个子节点。唯一的例外是 book 节点，它是所有新节点的根节点。这个节点使用根对象的 InsertAfter 方法插入树中。使用 AppendChild 方法插入的所有节点总是成为子节点列表的最后一项，而 InsertAfter 允许指定节点的位置。

2. 删除节点

学习了如何创建新节点后，剩下的就是如何删除节点了。派生于 XmlNode 的所有类都包含允许从文档中删除节点的两个方法，如表 15-6 所示。

表 15-6 用于删除节点的方法

方法	说明
RemoveAll	这个方法删除节点上的所有子节点。不太明显的是，它还删除节点上的所有特性，因为它们也被看成子节点
RemoveChild	这个方法删除节点上的一个子节点，返回从文档中删除的节点。如果改变主意，还可以把它重新插回文档

下面的示例将扩展前面两个示例创建的应用程序，使其包含删除节点的功能。只需要找出 book 节点的最后一个实例，并删除它。

试一试 删除节点：Chapter15\LoopThroughXmlDocument

本例以前面创建的 LoopThroughXmlDocument 项目为基础。下列步骤将找出 book 节点的最后一个实例，并删除它。

(1) 在前面两个已有的按钮下面添加一个新按钮，命名为 buttonDeleteNode，将其 Content 属性设置为 Delete。

(2) 双击这个新按钮，输入下面的代码：

```
private void buttonDeleteNode_Click(object sender, RoutedEventArgs e)
{
    // Load the XML document.
    XmlDocument document = new XmlDocument();
    document.Load(booksFile);
    // Get the root element.
    XmlElement root = document.DocumentElement;
    // Find the node. root is the <books> tag, find its last child
    // which will be the last <book> node.
    if (root.HasChildNodes)
    {
        XmlNode book = root.LastChild;
        // Delete the child.
        root.RemoveChild(book);
        // Save the document back to disk.
        document.Save(booksFile);
    }
}
```

(3) 运行该应用程序。单击 Delete Node 按钮，再单击 Loop 按钮，树中的最后一个节点就会消失。

示例说明

把 XML 加载到 XmlDocument 对象上后，就检查根元素，确定在加载的 XML 中是否有子元素。如果有，就使用 XmlElement 类的 LastChild 属性获取最后一个子元素。之后，调用 RemoveChild，给它传送要删除的元素实例(在本例中是根元素的最后一个子元素)，就删除了该元素。

3. 选择节点

前面介绍了如何浏览 XML 文档、如何操作文档的值、如何创建新节点以及如何删除它们。剩下的就是在不遍历整个树的情况下选择节点。

XmlNode 类包含的两个方法常用于从文档中选择节点，且不遍历其中的每个节点，如表 15-7 所示。这两个方法是 SelectSingleNode 和 SelectNodes，它们都使用一种特殊的查询语言 XPath 来选择节点。稍后将介绍该语言。

表 15-7　用于选择节点的方法

方法	说明
SelectSingleNode	选择一个节点。如果创建一个查找多个节点的查询，就只返回第一个节点
SelectNodes	以 XmlNodeList 类的形式返回一个节点集合

15.5　用 XPath 搜索 XML

XPath 是 XML 文档的查询语言，就像 SQL 是关系数据库的查询语言一样。它由表 15-7 中的两个方法使用，以免遍历 XML 文档的整个树。但是需要花一定的时间才能熟悉它，因为其语法与 SQL 或 C#完全不同。

> **注意:**
> XPath 相当复杂，这里只介绍其中的一小部分，就足以选择节点了。如果想了解 XPath 的更多内容，可参阅 www.w3.org/TR/xpath 和 Visual Studio 帮助页面。

为正确使用 XPath，下面要使用 XML 文件 Elements.xml。该文档包含元素周期表中的部分化学元素。这个 XML 文件的部分内容列在稍后的"选择节点"示例中，其完整内容可以在本书网站的本章下载代码 Elements.xml 中找到。

表 15-8 列出了 XPath 执行的最常见操作。如果未特别说明，XPath 查询示例就根据它操作的节点来选择。在必须有一个节点名称的地方，可以假定当前节点是 XML 文档中的<element>节点。

表 15-8　XPath 的常见操作

目的	XPath 查询示例
选择当前节点	.
选择当前节点的父节点	..
选择当前节点的所有子节点	*
选择具有特定名称的所有子节点，这里是 title	Title
选择当前节点的一个特性	@Type
选择当前节点的所有特性	@*
按照索引选择一个子节点，这里是第二个元素节点	element[2]
选择当前节点的所有文本节点	text()
选择当前节点的一个或多个孙子节点	element/text()
在文档中选择具有特定名称的所有节点，在这里是所有的 mass 节点	//mass
在文档中选择具有特定名称和特定父节点名称的所有节点，在这里父节点名称是 element，节点名称是 name	//element/name
选择值满足条件的节点，这里选择元素名为 Hydrogen 的元素	//element[name='Hydrogen']
选择特性值满足条件的节点，在此，Type 特性的值是 Noble Gas	//element[@Type='Noble Gas']

下面的示例要创建一个小型应用程序，以执行许多预定义的查询，查看结果，并可以输入自己的查询。

试一试　选择节点：Chapter15\XpathQuery\Elements.xml

如前所示，这个示例使用新的 XML 文件 Elements.xml。可以从本书的网站下载这个文件，或者输入下面的代码：

```xml
<?xml version="1.0"?>
<elements>
  <!--First  Non-Metal-->
  <element Type="Non-Metal">
    <name>Hydrogen</name>
    <symbol>H</symbol>
    <number>1</number>
    <specification>
      <mass>1.007825</mass>
      <density>0.0899 g/cm3</density>
    </specification>
  </element>
  <!--First  Noble Gas-->
  <element Type="Noble Gas">
    <name>Helium</name>
    <symbol>He</symbol>
    <number>2</number>
    <specification>
      <mass>4.002602</mass>
      <density>0.1785 g/cm3</density>
    </specification>
  </element>
  <!--First  Halogen-->
  <element Type="Halogen">
    <name>Fluorine</name>
    <symbol>F</symbol>
    <number>9</number>
    <specification>
      <mass>18.998404</mass>
      <density>1.696 g/cm3</density>
    </specification>
  </element>
  <element Type="Noble Gas">
    <name>Neon</name>
    <symbol>Ne</symbol>
    <number>10</number>
    <specification>
      <mass>20.1797</mass>
      <density>0.901 g/cm3</density>
    </specification>
  </element>
</elements>
```

把这个 XML 文件保存为 Elements.xml。一定要修改下述代码中文件的路径。这个示例是一个小型查询工具，可用于测试通过代码提供的 XML 上的不同查询。

按照下面的步骤创建一个具有查询功能的 WPF 应用程序。

(1) 创建一个新项目。在 Create a New Project 窗口中，选择 C# | WPF Application。将项目命名为

XPathQuery 并单击 Next。将 Target Framework 设置为 Current 版本(.NET 5.0)。

(2) 创建如图 15-6 所示的对话框。按照图中所示给控件命名，但按钮除外，它应命名为 buttonExecute，将 textBlock 放到一个 ScrollViewer 控件中，并将其 VerticalScrollBarVisibility 属性设为 Auto。

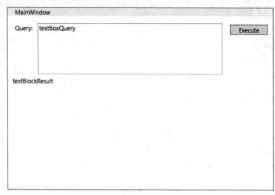

图　15-6

(3) 进入代码视图，添加 using System.Xml 指令。

(4) 接着，添加一个私有字段来保存文档，在构造函数中初始化它：

```csharp
private XmlDocument document;
public MainWindow()
{
    InitializeComponent();
    document = new XmlDocument();
    document.Load(@"C:\BeginningCSharpAndDotNET\Chapter15\XML and Schema\Elements.xml");
}
```

(5) 在此需要使用几个帮助方法，以便在 textBlockResult 文本框中显示查询结果：

```csharp
private void Update(XmlNodeList nodes)
{
    if (nodes == null || nodes.Count == 0)
    {
        textBlockResult.Text = "The query yielded no results";
        return;
    }
    string text = "";
    foreach (XmlNode node in nodes)
    {
        text = FormatText(node, text, "") + "\r\n";
    }
    textBlockResult.Text = text;
}
```

(6) 在最后一行添加 Update()方法调用，更新构造函数，以便在应用程序启动时显示 XML 文件的全部内容：

```csharp
public MainWindow()
public MainWindow()
{
    InitializeComponent();
```

```
document = new XmlDocument();
document.Load(@"C:\BeginningCSharpAndDotNET\Chapter15\XML and Schemas\Elements.xml");
Update(document.DocumentElement.SelectNodes("."));
}
```

(7) 将上一个"试一试"示例中的 FormatText 和 AddAttributes 方法复制并粘贴到新项目中。

(8) 最后插入代码，执行用户在文本框中输入的内容：

```
private void buttonExecute_Click(object sender, RoutedEventArgs e)
{
    try
    {
        XmlNodeList nodes = document.DocumentElement.SelectNodes(textBoxQuery.Text);
        Update(nodes);
    }
    catch (Exception err)
    {
        textBlockResult.Text = err.Message;
    }
}
```

(9) 运行该应用程序，在 textBoxQuery 文本框中输入下面的查询，以选择一个元素节点，其中包含文本为 Hydrogen 的节点。

```
element[name='Hydrogen']
```

示例说明

buttonExecute_Click 是执行查询的方法。因为我们不可能事先知道输入 textBoxQuery 中的查询会生成一个还是多个节点，所以必须使用 SelectNodes 方法。该方法返回一个 XmlNodeList 对象，但如果所使用的查询是非法的，该方法就抛出一个与 XPath 相关的异常。

Update 方法负责遍历 SelectNodes 选择出来的 XmlNodeList 的内容。它对每个节点调用前面示例中的 FormatText，FormatText 负责递归遍历节点树，创建可在 textBlockResult 控件中读取的文本。

在本章最后的习题中，读者需要执行其他许多 XPath 查询。在把它们输入 XPathQuery 应用程序中查看结果之前，尝试自己确定查询结果。

Json 序列化和反序列化

本章的介绍中提到了 JSON 数据语言。System.Text.json 包在标准的.NET 库中提供了对 JSON 的支持。这个包的主要目的是为 JSON 格式的 C#对象提供快速的序列化和反序列化。序列化是将对象转换为可以通过网络传输或保存到文件中的字符串格式。反序列化与序列化相反，即读取字符串并创建对象以供代码使用。还可以序列化或反序列化为 XML 或二进制数据，但 JSON 是这方面的理想选择，因为它紧凑且易于人类阅读，从而更容易调试。

下面简短的示例演示了如何将一个对象集合序列化为 JSON，保存到文件中，然后读取刚刚创建的文件并反序列化到另一个对象集合。

试一试　Chapter15\SerializeJSON

(1) 在 Visual Studio 菜单中，转到 File | New | Project。创建一个名为 SerializeJSON 的控制台应用程序，并将其保存在目录 C:\BeginningCSharpAndDotNET\Chapter15。将 Target Framework 设置为 Current 版本(.NET 5.0)。

(2) 在 Program.cs 文件的顶部导入初始的 using System; 后，添加以下 using 语句来导入 System.Generic.Collections、System.IO 和 System.Text.Json 名称空间，把对象集合序列化到文件中：

```
using System.Collections.Generic;
using System.IO;
using System.Text.Json;
```

(3) 在 Program 类定义之前，在 namespace SerializeJSON 声明之后，为 Book 添加以下类定义：

```
public class Book
{
    public string title { get; set; }
    public string author { get; set; }
    public string code { get; set; }
}
```

(4) 将 Main 方法中的代码替换为以下代码：

```
static void Main(string[] args)
{
    List<Book> books = new List<Book>();
    Book book1 = new Book {
        title = "Beginning C# and .NET",
        author = "Benjamin Perkins and Jon Reid",
        code = "978-1119795780"
    };
    Book book2 = new Book {
        title = "Beginning XML",
        author = "Joe Fawcett et al",
        code = "978-1118162132"
    };
    Book book3 = new Book {
        title = "Professional C# 7 and .NET Core",
        author = "Christian Nagel",
        code = "978-1119449270"
    };

    books.Add(book1);
    books.Add(book2);
    books.Add(book3);

    string jsonString1 = JsonSerializer.Serialize(books, typeof(List<Book>));
    File.WriteAllText("Books.json", jsonString1);
    string jsonString2 = File.ReadAllText("Books.json");
    List<Book> books2 = JsonSerializer.Deserialize<List<Book>>(jsonString2);
    foreach (Book b in books2)
    {
        Console.WriteLine("code: {0} title: {1} author: {2}", b.code, b.title, b.author);
    }

    Console.ReadKey();
}
```

(5) 运行应用程序。从 JSON 文件中读取图书数据的输出，如图 15-7 所示。

图　15-7

示例说明

首先，用 title、author 和 code 属性定义 Book 类：

```
public class Book
{
    public string title { get; set; }
    public string author { get; set; }
    public string code { get; set; }
}
```

然后在主程序中创建一个图书集合(List<book>)来表示内存中的图书列表：

```
List<Book> books = new List<Book>();
```

然后创建 Book 类的三个实例：

```
Book book1 = new Book {
    title = "Beginning C# and .NET",
    author = "Benjamin Perkins and Jon Reid",
    code = "978-1119795780"
};
Book book2 = new Book {
    title = "Beginning XML",
    author = "Joe Fawcett et al",
    code = "978-1118162132"
};
Book book3 = new Book {
    title = "Professional C# 7 and .NET Core",
    author = "Christian Nagel",
    code = "978-1119449270"
};
```

接下来，将这三个实例添加到图书集合中：

```
books.Add(book1);
books.Add(book2);
books.Add(book3);
```

现在，准备将图书集合序列化为 JSON 格式的字符串。只需要声明字符串 jsonString1 并调用 JsonSerializer.Serialize()方法，以使用表示图书集合的 JSON 数据加载字符串。需要告诉序列化器，要序列化的是什么对象(books)以及对象的类型(List<Book>)：

```
string jsonString1 = JsonSerializer.Serialize(books, typeof(List<Book>));
```

现在，可以将 JSON 字符串写入名为 Books.json 的文件：

```
File.WriteAllText("Books.json", jsonString1);
```

如果想要查看要写入文件的 JSON 内容，请在 File.WriteAllText 代码行中设置一个调试断点。将光标悬停在 jsonString1 上。就会看到 JSON 数据采用一个非常紧凑的形式，没有格式化：

```
[{"title":"Beginning C# and .NET","author":"Benjamin Perkins and Jon
Reid","code":"978-1119795780"},{"title":"Beginning XML","author":"Joe
Fawcett et al","code":"978-1118162132"},{"title":"Professional C# 7 and .NET
Core","author":"Christian Nagel","code":"978-1119449270"}]
```

接下来，将 JSON 数据从刚创建的文件中读入一个新的字符串变量：

```
string jsonString2 = File.ReadAllText("Books.json");
```

现在调用 JsonSerializer 的 Deserialize()方法，将 JSON 数据转换回名为 books2 的 Book 对象的新集合：

```
List<Book> books2 = JsonSerializer.Deserialize<List<Book>>(jsonString2);
```

现在，可以循环遍历 books2 集合中的 Book 对象，看看它们包含的数据与第一个集合中设置的数据是否相同：

```
foreach (Book b in books2)
{
    Console.WriteLine("code: {0} title: {1} author: {2}", b.code, b.title,b.author);
}
```

如前所述，如果提前定义要序列化的 C#类，让序列化器完成来回转换 JSON 格式的工作，就只需要使用熟悉的 C#对象，而不必手动读取和转换 JSON 文件的内容，这样则很容易序列化 JSON 格式。

15.6 习题

(1) 修改"创建节点"示例中的插入方式，把值为 1000+的特性 Pages 插入 book 节点。

(2) 确定下述 XPath 查询的结果，再把查询输入"选择节点"示例中的 XPathQuery 应用程序，来验证自己的结果。注意所有查询都在元素节点 DocumentElement 上执行。

```
//elements
element
element[@Type='Noble Gas']
//mass
//mass/..
element/specification[mass='20.1797']
element/name[text()='Neon']
```

(3) 在许多 Windows 系统中，XML 的默认查看器都是 Web 浏览器。如果使用 Internet Explorer，

在其中加载 Elements.xml 文件，就会看到美观的 XML 的格式化视图。在浏览器控件(而不是文本框)中显示查询的 XML 的效果为什么不理想？

　　附录 A 给出了习题答案。

15.7　本章要点

主题	要点
XML 基本语法	用 XML 声明、XML 名称空间、XML 元素和特性来创建 XML 文档。XML 声明定义了 XML 版本
JSON 基本语法	JSON 是在 JavaScript 和 Web 服务之间传输数据时使用的一种数据语言。JSON 比 XML 更紧凑，但难以读懂
XML 模式	XML 模式用于定义 XML 文档的结构。需要与第三方交换信息时，模式特别有用。对所交换的数据的模式达成一致后，我们和第三方就可以检查该文档是否有效
XML DOM	XML 文档对象模型(DOM)是 .NET Framework 的基础，提供了创建和操纵 XML 的功能
JSON 序列化和反序列化	可以使用 System.Text.Json 名称空间中的 JsonSerializer 类来将 C#对象序列化为字符串表示形式，可以将该字符串表示形式保存到一个文件中，并在以后读取以重新创建 C#对象。
XPath	XPath 是在 XML 文档中查询数据的方式之一。要使用 XPath，就必须熟悉 XML 文档的结构，这样才能从中选择各个元素。尽管 XPath 可以用于任何格式良好的 XML 文档，但创建查询时必须了解文档的结构，这意味着确保文档有效，也就确保了只要文档对于同一个模式而言是有效的，查询就可以用于多个文档

第16章

LINQ

本章内容：

- LINQ to XML
- LINQ 提供程序
- LINQ 查询语法
- LINQ 方法语法
- Lambda 表达式
- 对查询结果排序
- 聚合(Count、Sum、Min、Max、Average)
- 不同的查询
- 分组查询
- join 查询

本章源代码下载：

本章源代码可以通过本书合作站点 www.wiley.com 上的 Download Code 选项卡下载，也可以通过网址 github.com/benperk/BeginningCSharpAndDotNET 下载。下载代码位于 Chapter16 文件夹中并已根据本章示例的名称单独命名。

本章介绍 Language INtegrated Query(LINQ)，这是 C#语言的一个扩展，可以将数据查询直接集成到编程语言本身中。

过去，完成这类任务需要编写大量的循环代码，而额外的处理甚至需要更多的代码，例如，排序或组合所找到的对象，因为数据源的不同会导致差异。而 LINQ 提供了一种可移植的、一致的方式，来查询、排序和分组许多不同种类的数据(XML、JSON、SQL 数据库、对象集合、Web 服务、企业目录等)。

首先以上一章的内容为基础，学习 System.Xml.Linq 名称空间添加的、用于创建 XML 的附加功能，然后进入 LINQ 的核心，学习如何使用查询语法、方法语法、Lambda 表达式、排序、分组、连接相关的结果。

LINQ 非常大，完整地介绍它的所有特性和方法已超出了本书的讨论范围。但本章将列举 LINQ 用户需要的所有运算符和语句类型的示例，并酌情给出深入探讨这些主题的资料。

16.1 LINQ to XML

LINQ to XML 是用于 XML 的一组附加类，以使用 LINQ to XML 数据，如果以前没有使用 LINQ，LINQ to XML 还可以更方便地对 XML 执行某些操作。这里介绍 LINQ to XML 优于上一章讨论的 XML DOM 的几种特殊情形。

16.1.1 LINQ to XML 函数构造方式

可在代码中用 XML DOM 创建 XML 文档，而 LINQ to XML 提供了一种更便捷的方式，称为函数构造方式(functional construction)。在这种方式中，构造函数的调用可以用反映 XML 文档结构的方式嵌套。下面的示例就使用函数构造方式建立了一个包含顾客和订单的简单 XML 文档。

试一试 LINQ to XML：BeginningCSharpAndDotNET_16_1_LinqToXmlConstructors

按照下面的步骤在 Visual Studio 中创建示例：

(1) 在 C:\BeginningCSharpAndDotNET\Chapter16 目录中创建一个新的控制台应用程序 BeginningCSharpAndDotNET_16_1_ LinqToXmlConstructors。把 Target Framework 设置为 Current 版本(.NET 5.0)。

(2) 打开主源文件 Program.cs。

(3) 在 Program.cs 的开头处添加对 System.Xml.Linq 和 static System.Console 名称空间的引用，如下所示：

```
static void Main(string[] args)
{
    XDocument xdoc = new XDocument(
        new XElement("customers",
            new XElement("customer",
                new XAttribute("ID", "A"),
                new XAttribute("City", "New York"),
                new XAttribute("Region", "North America"),
                new XElement("order",
                    new XAttribute("Item", "Widget"),
                    new XAttribute("Price", 100)
                ),
                new XElement("order",
                    new XAttribute("Item", "Tire"),
                    new XAttribute("Price", 200)
                )
            ),
            new XElement("customer",
                new XAttribute("ID", "B"),
                new XAttribute("City", "Mumbai"),
                new XAttribute("Region", "Asia"),
                new XElement("order",
                    new XAttribute("Item", "Oven"),
                    new XAttribute("Price", 501)
                )
            )
        )
    );
    WriteLine(xdoc);
    Write("Program finished, press Enter/Return to continue:");
}
```

(5) 编译并执行程序(按下 F5 键即可开始调试)，输出结果如下所示：

```
<customers>
    <customer ID="A" City="New York" Region="North America">
        <order Item="Widget" Price="100"/>
        <order Item="Tire" Price="200"/>
    </customer>
    <customer ID="B" City="Mumbai" Region="Asia">
        <order Item="Oven" Price="501"/>
    </customer>
</customers>
Program finished, press Enter/Return to continue:
```

在输出屏幕上显示的 XML 文档包含前面示例中顾客/订单数据的一个简化版本。注意，XML 文档的根元素是<customers>，它包含两个嵌套的<customer>元素，这两个元素又包含许多嵌套的<order>元素。<customer>元素具有两个特性：City 和 Region，<order>元素也有两个特性：Item 和 Price。

按下 Enter/Return 键，退出程序，关闭控制台屏幕。如果使用 Ctrl+F5 组合键(启动时不使用调试功能)，就需要按 Enter/Return 键两次。

示例说明

第一步是引用 System.Xml.Linq 名称空间。本章的所有 XML 示例都要求把这行代码添加到程序中：

```
using System.Xml.Linq;
```

接下来，添加一个对静态 System.Console 的引用，使代码使用控制台输出方法更短：

```
using static System.Console;
```

接着调用 LINQ to XML 构造函数 XDocument()、XElement()和 XAttribute()，它们彼此嵌套，如下所示：

```
XDocument xdoc = new XDocument(
    new XElement("customers",
        new XElement("customer",
            new XAttribute("ID", "A"),
            ...
```

注意，这些代码看起来类似于 XML 本身，即文档包含元素，每个元素又包含特性和其他元素。下面依次分析这些构造函数。

- XDocument()：在 LINQ to XML 构造函数层次结构中，最高层的对象是 XDocument()，它表示完整的 XML 文档，在代码中如下所示：

```
static void Main(string[] args)
{
    XDocument xdoc = new XDocument(
            ...
    );
```

在前面的代码段中，省略了 XDocument()的参数列表，因此可以看到 XDocument()调用在何处开始和结束。与所有 LINQ to XML 构造函数一样，XDocument()也把对象数组(object[])作为它的参数之一，以便给它传递其他构造函数创建的其他多个对象。在这个程序中调用的所有其他构造函数都是 XDocument()构造函数的参数。这个程序传递的第一个也是唯一一个参数是 XElement()构造函数。

- XElement()：XML 文档必须有一个根元素，所以大多数情况下，XDocument()的参数列表都以一个 XElement 对象开头。XElement()构造函数把元素名作为字符串，其后是包含在该元素中的一个XML 对象列表。本例中的根元素是 customers，它又包含一个 customer 元素列表。

```
new XElement("customers",
   new XElement("customer",
      ...
   ),
   ...
)
```

customer 元素不包含其他 XML 元素，只包含 3 个 XML 特性，它们用 XAttribute()构造函数构建。

- XAttribute()：这里给 customer 元素添加了 3 个 XML 特性，即 ID、City 和 Region。

```
new XAttribute("ID", "A"),
new XAttribute("City", "New York"),
new XAttribute("Region", "North America"),
```

根据定义，XML 特性是一个 XML 叶节点，它不包含其他 XML 节点，所以 XAttribute()构造函数的参数只有特性的名称和值。本例中生成的 3 个特性是 ID="A"、City="New York"和 Region="North America"。

- 其他 LINQ to XML 构造函数：这个程序中没有调用它们，但所有 XML 节点类型都有其他 LINQ to XML 构造函数，例如，XDeclaration()用于 XML 文档开头的 XML 声明，XComment() 用于 XML 注释等。这些构造函数不太常用，但如果需要它们来精确控制 XML 文档的格式化，就可以使用它们。

下面继续解释第一个示例：在 customer 元素的 ID、City 和 Region 特性后面再添加两个子 order 元素：

```
new XElement("order=",
   new XAttribute("Item", "Widget"),
   new XAttribute("Price", 100)
),
new XElement("order",
   new XAttribute("Item", "Tire"),
   new XAttribute("Price", 200)
)
```

这些 order 元素都有两个特性：Item 和 Price，但没有子元素。

接着将 XDocument 的内容显示在控制台屏幕上：

```
WriteLine(xdoc);
```

这行代码使用 XDocument()的默认方法 ToString()输出 XML 文档的文本。

最后暂停屏幕，以便查看控制台输出，再等待用户按下回车键：

```
Write("Program finished, press Enter/Return to continue:");
```

程序退出 Main()方法后，就结束程序。Program finished 语句出现在下面的所有示例中，但不再讨论，因为它对每个示例都是相同的。

16.1.2 处理 XML 片段

与一些 XML DOM 不同，LINQ to XML 处理 XML 片段(部分或不完整的 XML 文档)的方式与处理完整的 XML 文档几乎完全相同。在处理片段时，只需要将 XElement(而不是 XDocument)当作顶级 XML 对象。

> **注意：**
> 唯一的限制是不能添加某些比较深奥的、只能应用于 XML 文档或 XML 片段的 XML 节点类型，例如，XComment 应用于 XML 注释，XDeclaration 应用于 XML 文档声明，XProcessingInstruction 用于 XML 处理指令。

下面的示例会加载、保存和处理 XML 元素及其子节点，这与处理 XML 文档一样。

试一试　处理 XML 片段：BeginningCSharpAndDotNET_16_2_XMLFragments

按照下面的步骤在 Visual Studio 中创建示例：

(1) 在 C:\BeginningCSharpAndDotNET\Chapter16 目录中修改上一个示例或者创建一个新的控制台应用程序 BeginningCSharpAndDotNET_16_2_XMLFragments。把 Target Framework 设为 Current 版本(.NET 5.0)

(2) 打开主源文件 Program.cs。

(3) 在 Program.cs 开头处添加对 System.Xml.Linq 和 static System.Console 名称空间的引用，如下所示：

```
using System.Xml.Linq;
using static System.Console;
```

如果正在修改上一个示例，则已经引用了这个名称空间。

(4) 把上一个示例中的 XML 元素(不包含 XML 文档构造函数)添加到 Program.cs 的 Main()方法中：

```
static void Main(string[] args)
{
    XElement xcust =
        new XElement("customers",
            new XElement("customer",
                new XAttribute("ID", "A"),
                new XAttribute("City", "New York"),
                new XAttribute("Region", "North America"),
                new XElement("order",
                    new XAttribute("Item", "Widget"),
                    new XAttribute("Price", 100)
                ),
                new XElement("order",
                    new XAttribute("Item", "Tire"),
                    new XAttribute("Price", 200)
                )
            ),
            new XElement("customer",
                new XAttribute("ID", "B"),
                new XAttribute("City", "Mumbai"),
                new XAttribute("Region", "Asia"),
                new XElement("order",
                    new XAttribute("Item", "Oven"),
```

```
                new XAttribute("Price", 501)
            )
        )
    )
;
```

(5) 在上一步添加了XML 元素构造函数代码后，添加下面的代码，以便保存、加载和显示 XML
元素：

```
        string xmlFileName =
    @"c:\BeginningCSharpAndDotNET\Chapter16\BeginningCSharpAndDotNET_16_2_
XMLFragments\fragment.xml";
        xcust.Save(xmlFileName);
        XElement xcust2 = XElement.Load(xmlFileName);
        WriteLine("Contents of xcust:");
        WriteLine(xcust2);
        Write("Program finished, press Enter/Return to continue:");
    }
```

> **注意:**
> xmlFileName 是一个绝对路径；读者的文件夹结构可能不同，此时，应该调整路径，以反映自
> 己计算机上实际的文件夹路径。

(6) 编译并执行程序(按下 F5 键即可启动调试)，控制台窗口中的输出结果如下所示：

```
Contents of XElement xcust2:
<customers>
    <customer ID="A" City="New York" Region="North America">
        <order Item="Widget" Price="100"/>
        <order Item="Tire" Price="200"/>
    </customer>
    <customer ID="B" City="Mumbai" Region="Asia">
        <order Item="Oven" Price="501"/>
    </customer>
</customers>
Program finished, press Enter/Return to continue:
```

按下 Enter/Return 键，以便结束程序，关闭控制台屏幕。如果使用 Ctrl+F5 组合键(启动时不使用
调试功能)，就需要按下 Enter/Return 键两次。

示例说明

XElement 和 XDocument 都继承自 LINQ to XML 类 XContainer，它实现了一个可以包含其他
XML 节点的 XML 节点。这两个类都实现了 Load()和 Save()方法，因此，可在 LINQ to XML 的
XDocument 上执行的大多数操作都可以在 XElement 实例及其子元素上执行。

这里只创建了一个 XElement 实例，它的结构与前面示例中的 XDocument 相同，但不包含
XDocument。这个程序的所有操作处理的都是 XElement 片段。

XElement 还支持 Load()和 Parse()方法，可以分别从文件和字符串中加载 XML。

16.2   LINQ 提供程序

LINQ to XML 只是 LINQ 提供程序的一个例子。Visual Studio 和.NET 有许多内置的 LINQ 提供程序，为不同类型的数据提供了查询解决方案。

- **LINQ to Objects**：对任何类型的 C#内存中对象提供查询，比如数组、列表和其他集合类型。
- **LINQ to XML**：如前所述，它使用与其他 LINQ 变体相同的语法和通用查询机制，来创建和操纵 XML 文档。
- **LINQ to Entities**：Entity Framework 是.NET 中最新的数据接口类，Microsoft 建议使用它进行新的开发工作。
- **LINQ to Data Set**：DataSet 对象在.NET Framework 的第 1 版引入。这个 LINQ 变体支持使用 LINQ 方便地查询旧的.NET 数据。
- **LINQ to SQL**：这是另一个 LINQ 接口，取代了 LINQ to Entities。
- **PLINQ**：PLINQ 是并行 LINQ，用并行编程库扩展了 LINQ to Objects，可以拆分查询，让它们在多核处理器上同时执行。
- **LINQ to JSON**：这个库支持使用与其他 LINQ 变体相同的语法和通用查询机制，来创建和操纵 JSON 文档。

有这么多种类的 LINQ，一本入门书籍不可能覆盖所有内容，但其语法和方法适用于所有的种类。接下来使用 LINQ to Objects 提供程序介绍 LINQ 查询语法。

16.3   LINQ 查询语法

下例使用 LINQ 创建了一个查询，以便在一个简单的内存对象数组中查找一些数据，并输出到控制台上。

试一试 第一个 LINQ 程序：BeginningCSharpAndDotNET_16_3_QuerySyntax\Program.cs

按照下面的步骤在 Visual Studio 中创建示例。

(1) 在 C:\BeginningCSharpAndDotNET\Chapter16 目录中创建一个新的控制台应用程序 BeginningCSharpAndDotNET_16_3_ QuerySyntax，把 Target Framework 设置为 Current 版本(.NET 5.0)，然后打开主源文件 Program.cs。

(2) 在 Program.cs 中添加 System.Linq 和 static System.Console 名称空间：

```
using System.Linq;
using static System.Console;
```

(3) 将以下代码添加到 Program.cs 的 Main()方法中：

```
static void Main(string[] args)
{
    string[] names = { "Alonso", "Zheng", "Smith", "Jones", "Smythe",
        "Small", "Ruiz", "Hsieh", "Jorgenson", "Ilyich", "Singh", "Samba", "Fatimah" };
    var queryResults =
        from n in names
        where n.StartsWith("S")
        select n;
    WriteLine("Names beginning with S:");
    foreach (var item in queryResults) {
        WriteLine(item);
```

```
        }
        Write("Program finished, press Enter/Return to continue:");
    }
```

(4) 编译并执行程序(按下 F5 键即可启动调试)，列表中的名称以 S 开头，按照它们在数组中的声明顺序排列，如下所示：

```
Names beginning with S:
Smith
Smythe
Small
Singh
Samba
Program finished, press Enter/Return to continue:
```

按下 Enter/Return 键，结束程序，关闭控制台屏幕。如果使用 Ctrl+F5 组合键(启动时不使用调试功能)，就需要按下 Enter/Return 键两次，这会结束程序的运行。

示例说明

第一步是引用 System.Linq 名称空间，

```
using System.Linq;
```

所有的基本底层系统都支持 System.Linq 名称空间中用于 LINQ 的类。

接下来，添加 static System.Console 名称空间，使使用控制台输出方法的代码更短：

```
using static System.Console;
```

下一步创建一些数据，在本例中就是声明并初始化 names 数组：

```
string[] names = { "Alonso", "Zheng", "Smith", "Jones", "Smythe", "Small",
        "Ruiz", "Hsieh", "Jorgenson", "Ilyich", "Singh", "Samba", "Fatimah" };
```

这些数据很少，很适合用于查询结果比较明显的示例。程序的下一部分是真正的 LINQ 查询语句：

```
var queryResults =
        from n in names
        where n.StartsWith("S")
        select n;
```

这是一个看起来比较古怪的语句。它不像是 C#语言，实际上 from...where...select 语法类似于 SQL 数据库查询语言。但这个语句不是 SQL，而是 C#，在 Visual Studio 中输入这些代码时，from、where 和 select 会突出显示为关键字，这个古怪的语法对编译器而言是完全正确的。

该语句包括 4 个部分：以 var 开头的结果变量声明，使用查询表达式给该结果变量赋值，查询表达式包含 from 子句、where 子句和 select 子句。下面逐一介绍它们。

16.3.1 用 var 关键字声明结果变量

LINQ 查询首先声明一个变量，以包含查询的结果，这通常是用 var 关键字声明一个变量来完成的：

```
var queryResult =
```

var 是 C#中的一个新关键字，用于声明一般的变量类型，特别适于包含 LINQ 查询的结果。var 关键字告诉 C#编译器，根据查询推断结果的类型。这样，就不必提前声明从 LINQ 查询返回的对象类型了——编译器会推断出该类型。如果查询返回多个条目，该变量就是查询数据源中的一个对象集合(从技术角度看，它并不是一个集合，只是看起来像是集合而已)。

另外，queryResult 名称是随意指定的，可以把结果命名为任何名称，例如，namesBeginningWithS 或者在程序中有意义的其他名称。

16.3.2　指定数据源：from 子句

LINQ 查询的下一部分是 from 子句，它指定了要查询的数据：

```
from n in names
```

本例中的数据源是前面声明的字符串数组 names。变量 n 只是数据源中某一元素的代表，类似于 foreach 语句后面的变量名。指定 from 子句，就可以只查找集合的一个子集，而不必迭代所有的元素。

说到迭代，LINQ 数据源必须是可枚举的——即必须是数组或集合，以便从中选择出一个或多个元素。

数据源不能是单个值或对象，例如，单个 int 变量。如果只有一项，就没必要查询了。

16.3.3　指定条件：where 子句

在 LINQ 查询的下一部分，可以用 where 子句指定查询的条件，如下所示：

```
where n.StartsWith("S")
```

可以在 where 子句中指定能应用于数据源中各元素的任意布尔(true 或 false)表达式。实际上，where 子句是可选的，甚至可以忽略，但大多数情况下，都要指定 where 条件，把结果限制为我们需要的数据。where 子句称为 LINQ 中的限制运算符，因为它限制了查询的结果。

这个示例指定 name 字符串以字母S开头，还可以给字符串指定其他条件，例如，长度超过 10(where n.Length > 10)或者包含 Q(where n.Contains("Q"))。

16.3.4　选择元素：select 子句

最后，select 子句指定结果集中包含哪些元素。select 子句如下所示：

```
select n
```

select 子句是必需的，因为必须指定结果集中有哪些元素。这个结果集并不是很有趣，因为在结果集的每个元素中都只有一项 name。如果结果集中有比较复杂的对象，使用 select 子句的有效性就比较明显，不过我们还是首先完成这个示例。

16.3.5 完成：使用 foreach 循环

现在输出查询的结果。与把数组用作数据源一样，像这样的 LINQ 查询结果是可以枚举的，即可以用 foreach 语句迭代结果：

```
WriteLine("Names beginning with S:");
foreach (var item in queryResults) {
        WriteLine(item);
}
```

在本例中，匹配了 5 个名称：Smith、Smythe、Small、Singh 和 Samba，所以它们会显示在 foreach 循环中。

16.3.6 延迟执行的查询

foreach 循环实际上并不是 LINQ 的一部分，它只是迭代结果。虽然 foreach 结构并不是 LINQ 的一部分，但它是实际执行 LINQ 查询的代码。查询结果变量仅保存了执行查询的一个计划，在访问查询结果之前，并没有提取LINQ数据，这称为查询的延迟执行或迟缓执行。生成结果序列(即列表)的查询都要延迟执行。

16.4 LINQ 方法语法

使用 LINQ 完成同一任务有多种方式，这与编程时一样。如前所述，前面的示例是用 LINQ 查询语法编写的，下一个示例是用 LINQ 的方法语法(也称为显式语法，但这里使用"方法语法"这个术语)编写的相同程序。

16.4.1 LINQ 扩展方法

LINQ 实现为一系列扩展方法，用于集合、数组、查询结果和其他实现了 IEnumerable<T>接口的对象。在 Visual Studio IntelliSense 特性中可以看到这些方法。例如，在 Visual Studio 中打开刚才完成的 BeginningCSharpAndDotNET_16_3_QuerySyntax 程序中的 Program.cs 文件，在 name 数组的下面输入对该数组的一个新引用：

```
string[] names = { "Alonso", "Zheng", "Smith", "Jones", "Smythe", "Small",
                   "Ruiz", "Hsieh", "Jorgenson", "Ilyich", "Singh", "Samba", "Fatimah" };
names.
```

输入 names 后面的句点后，就会看到 Visual Studio IntelliSense 特性列出的可用于 names 的方法。Where<T>方法与大多数其他方法都是扩展方法(在 Where<T>方法的右边显示了一个文档说明，它以 extension 开头)。因为如果在顶部注释掉了 using System.Linq 指令，Where<T>、Union<T>、Take<T>和大多数其他方法就会从列表中消失。上一个示例使用的 from...where...select 查询表达式由 C#编译器转换为这些方法的一系列调用。使用 LINQ 方法语法时，就直接调用这些方法。

16.4.2 查询语法和方法语法

查询语法是在 LINQ 中编写查询的首选方式，因为它一般更容易理解，最常见的查询使用它们也更简单。但是，一定要基本了解方法语法，因为一些 LINQ 功能不能通过查询语法来使用，或者使用方法语法比较简单。

> **注意：**
> Visual Studio 联机帮助建议尽量使用查询语法，仅在需要时使用方法语法。

本章主要使用查询语法，但会指出需要方法语法的场合，并说明如何使用方法语法来解决问题。

大多数使用方法语法的 LINQ 方法都要求传送一个方法或函数，来计算查询表达式。方法/函数参数以委托形式传送，它一般引用一个匿名方法。

LINQ 很容易完成这个传送任务。使用 Lambda 表达式就可以创建方法/函数，它以优雅的方式封装委托。

16.4.3　Lambda 表达式

Lambda 表达式很容易随时创建在 LINQ 查询中使用的方法。它使用=>操作符，它在一行代码中声明方法的参数后跟方法的逻辑。

> **注意：**
> "Lambda 表达式"这个词来自微积分，这是编程语言理论中的一个重要的数学领域。如果读者擅长数学，可以查一下。幸好，在 C#中使用 Lambda 不需要数学知识！

例如，下面的 Lambda 表达式：

```
n => n < 0
```

这个语句声明了一个带单一参数 n 的方法。如果 n 小于 0，该方法就返回 true，否则返回 false。这是非常简单的。不需要方法名、返回语句，也不需要用花括号将任何代码括起来。

像这样返回 true / false 值是 LINQ 的 Lambda 表达式中的方法常用的方式，但这不是必需的。例如，下面的 Lambda 表达式创建了一个方法，它返回两个变量之和。这个 Lambda 表达式使用了多个参数：

```
(a, b) => a + b
```

这个语句声明一个带两个参数 a 和 b 的方法。方法逻辑返回 a 和 b 的和。不必声明 a 和 b 的类型是什么。它们可以是 int、double 或 string。C#编译器会推断出类型。

最后考虑下面的 Lambda 表达式：

```
n => n.StartsWith("S")
```

如果 n 以字母 S 开头，这个方法就返回 true，否则返回 false。下一个示例将更清楚地说明这一点。

试一试　使用 LINQ 方法语法和 Lambda 表达式：BeginningCSharpAndDotNET_16_4_ MethodSyntax\Program.cs

按照下面的步骤在 Visual Studio 中创建示例。

(1) 可以修改前面的示例，或在 C:\BeginningCSharpAndDotNET\Chapter16 目录中创建一个新的控制台应用程序 BeginningCSharpAndDotNET_16_4_MethodSyntax。把 Target Framework 设置为 Current 版本(.NET 5.0)，打开主源文件 Program.cs。

(2) 在 Program.cs 中添加 System.Linq 和 static System.Console 名称空间：

```
using System.Linq;
using static System.Console;
```

(3) 在 Program.cs 的 Main()方法中添加如下代码：

```
static void Main(string[] args)
{
    string[] names = { "Alonso", "Zheng", "Smith", "Jones", "Smythe", "Small",
            "Ruiz", "Hsieh", "Jorgenson", "Ilyich", "Singh", "Samba", "Fatimah" };
    var queryResults = names.Where(n => n.StartsWith("S"));
    WriteLine("Names beginning with S:");
    foreach (var item in queryResults) {
        WriteLine(item);
    }
    Write("Program finished, press Enter/Return to continue:");
}
```

(4) 编译并执行程序(可按下 F5 键)。结果也是以 S 开头的 names 列表，且按照它们在数组中声明的顺序排列，如下所示：

```
Names beginning with S:
Smith
Smythe
Small
Singh
Samba
Program finished, press Enter/Return to continue:
```

示例说明
与前面一样，Visual Studio 会自动引用 System.Linq 和 static System.Console 名称空间：

```
using System.Linq;
using static System.Console;
```

再次声明和初始化 names 数组，创建相同的源数据：

```
string[] names = { "Alonso", "Zheng", "Smith", "Jones", "Smythe", "Small",
    "Ruiz", "Hsieh", "Jorgenson", "Ilyich", "Singh", "Samba", "Fatimah" };
```

LINQ 查询是不同的，它现在是 Where()方法的调用，而不是查询表达式：

```
var queryResults = names.Where(n => n.StartsWith("S"));
```

C#编译器把 Lambda 表达式 n => n.StartsWith("S"))编译为一个匿名方法，Where()在 names 数组的每个元素上执行这个方法。如果 Lambda 表达式给某个元素返回 true，该元素就包含在 Where()返回的结果集中。C#编译器从输入数据源(这里是 names 数组)的定义中推断，该 Where()方法应把 string 作为每个元素的输入类型。

许多工作都是在一行代码中完成的。对于像这样最简单的查询,方法语法要比查询语法更加简短,因为不需要 from 或 select 子句，但大多数查询都比这更复杂。

示例的剩余部分与前面的代码相同——在 foreach 循环中显示查询的结果，并暂停输出，以便在程序执行完毕前看到结果：

```
foreach (var item in queryResults) {
    WriteLine(item);
}
Write("Program finished, press Enter/Return to continue:");
```

这里不重复说明这些代码行，因为本章第一个示例后面的"示例说明"已经解释过了。下面继续研究如何使用 LINQ 的更多功能。

16.5　排序查询结果

用 where 子句(或者 Where()方法调用)找到了感兴趣的数据后，LINQ 还可以方便地对得到的数据执行进一步处理，例如，重新排列结果的顺序。下面的示例将按字母顺序给第一个查询的结果排序。

试一试　给查询结果排序：
BeginningCSharpAndDotNET_16_5_OrderQueryResults\Program.cs

按照下面的步骤在 Visual Studio 中创建示例。

(1) 可以修改 QuerySyntax 示例，或者在 C: BeginningCSharpAndDotNET\Chapter16 目录中创建一个新的控制台应用程序项目 BeginningCSharpAndDotNET_16_5_OrderQueryResults。把 Target Framework 设置为 Current version (.NET 5.0)。

(2) 打开主源文件 Program.cs。与以前一样，在 Program.cs 中添加 System. Linq 和 static System.Console 名称空间。

```
using System.Linq;
using static System.Console;
```

(3) 在 Program.cs 的 Main()方法中添加如下代码：

```
static void Main(string[] args)
{
    string[] names = { "Alonso", "Zheng", "Smith", "Jones", "Smythe", "Small",
        "Ruiz", "Hsieh", "Jorgenson", "Ilyich", "Singh", "Samba", "Fatimah" };
    var queryResults =
        from n in names
        where n.StartsWith("S")
        orderby n
        select n;
    WriteLine("Names beginning with S ordered alphabetically:");
    foreach (var item in queryResults) {
        WriteLine(item);
    }
    Write("Program finished, press Enter/Return to continue:");
}
```

(4) 编译并执行程序。结果是以 S 开头的 names 列表，且按字母顺序排序，如下所示：

```
Names beginning with S:
Samba
Singh
Small
Smith
Smythe
Program finished, press Enter/Return to continue:
```

示例说明

这个程序与前一个程序几乎相同，只是在查询语句中增加了一行代码：

```
var queryResults =
```

```
from n in names
where n.StartsWith("S")
orderby n
select n;
```

16.6 orderby 子句

orderby 子句如下所示:

```
orderby n
```

与 where 子句一样,orderby 子句也是可选的。只要添加一行,就可以对任意查询的结果排序,而不使用LINQ 时,根据选择实现的排序算法,需要额外编写至少几行代码,还可能需要添加几个方法或集合来存储重新排序的结果。如果有多个需要排序的类型,就需要为每个类型实现一系列排序方法。而使用 LINQ 不需要做这些工作,只需要在查询语句中添加一条子句即可。

orderby 子句默认为升序(A 到 Z),但可以添加 descending 关键字,以便指定为降序(Z 到 A):

```
orderby n descending
```

这会使示例的结果变成:

```
Smythe
Smith
Small
Singh
Samba
```

另外,可以按照任意表达式进行排序,而不必重新编写查询。例如,要按照姓名中的最后一个字母排序,而不是按一般的字母顺序排序,就只需要添加如下 orderby 子句:

```
orderby n.Substring(n.Length - 1)
```

结果如下:

```
Samba
Smythe
Smith
Singh
Small
```

> **注意:**
> 最后一个字母按字母顺序排序(a,e,h,h,l)。但这个执行过程依赖于实现方式,即无法保证除了 orderby 子句中指定的内容之外的其他字母的顺序。由于仅考虑最后一个字母,因此在本例中,Smith 在 Singh 的前面。

16.7 查询大型数据集

LINQ 语法非常好,但其作用是什么?我们只要查看源数组,就可以看出需要的结果,为什么要查询这种一眼就能看出结果的数据源呢?如前所述,有时查询的结果不那么明显。在下例中,就创建了一个非常大的数字数组,并用 LINQ 查询它。

按照下面的步骤在 Visual Studio 中创建示例。

(1) 在 C:\BeginningCSharpAndDotNET\Chapter16 目录中创建一个新的控制台应用程序 BeginningCSharpAndDotNET _16_6_ LargeNumberQuery。把 Target Framework 设置为 Current version (.NET 5.0)。与以前一样，在 Program.cs 中添加 System.Linq 和 static System.Console 名称空间。

```
using System.Linq;
using static System.Console;
```

(2) 在 Main()方法中添加如下代码：

```
static void Main(string[] args)
{
    int[] numbers = GenerateLotsOfNumbers(12045678);
        var queryResults =
            from n in numbers
            where n < 1000
            select n
          ;
        WriteLine("Numbers less than 1000:");
        foreach (var item in queryResults)
    {
        WriteLine(item);
    }
    Write("Program finished, press Enter/Return to continue:");
}
```

(3) 添加如下方法，生成一个随机数列表：

```
private static int[] GenerateLotsOfNumbers(int count)
{
    Random generator = new Random(0);
    int[] result = new int[count];
    for (int i = 0; i < count; i++)
    {
        result[i] = generator.Next();
    }
    return result;
}
```

(4) 编译并执行程序。结果是一个小于 1000 的数字列表，如下所示：

```
Numbers less than 1000:
714
24
677
350
257
719
584
Program finished, press Enter/Return to continue:
```

示例说明

与前面一样,第一步是添加 System.Linq 和 static System.Console 名称空间,确保使用 System 代码行,因为需要使用 System.Random()方法生成随机数::

```
using System.Linq;
using static System.Console;
```

接着创建一些数据,为此,本例中创建并调用了 GenerateLotsOfNumbers()方法:

```
private static int[] GenerateLotsOfNumbers(int count)
{
    Random generator = new Random(0);
    int[] result = new int[count];
    for (int i = 0; i < count; i++)
    {
        result[i] = generator.Next();
    }
    return result;
}
...
int[] numbers = GenerateLotsOfNumbers(12345678);
```

这不是一个小数据集,数组中有 1200 万个数字!在本章最后的一个习题中,需要修改传递给 GenerateLotsOfNumbers()方法的 size 参数,生成数量不同的随机数,看看这会对查询结果有什么影响。在做习题时会看到,这里的 size 参数 12 345 678 非常大,足以生成一些小于 1000 的随机数,从而获得为第一个查询显示的结果。

数值应随机分布在有符号的整数范围内(从 0 到超过 20 亿)。用种子值 0 创建随机数生成器,可以确保每次创建相同的随机数集合,这是可以重复的,所以会获得与此处相同的查询结果,但在尝试一些查询之前,并不知道查询结果是什么。而 LINQ 使这些查询很容易编写。

查询语句本身类似于前面用于 names 数组的查询,也是选择某些满足条件的数字(这里是数字小于 1 000):

```
var queryResults =
    from n in numbers
    where n < 1000
    select n
```

这次不需要 orderby 子句,但处理时间稍长(对于这个查询,处理时间的变化不太明显,但下一个示例会改变选择条件,处理时间的变化就比较明显了)。

用 foreach 语句输出查询的结果,与前面的示例相同:

```
WriteLine("Numbers less than 1000:");
foreach (var item in queryResults)
{
    WriteLine(item);
}
```

使用 LINQ,可以很容易地修改查询条件,以便演示数据集的不同特性。但是,根据查询返回的结果数,每次都输出所有的结果是没有意义的。下一节将说明 LINQ 提供的聚合运算符是如何处理这种情况的。

16.8 使用聚合运算符

查询给出的结果常超出了我们的期望。如果要修改大数查询程序的条件，只需要列出大于 1000 的数字，而不是小于 1000 的数字，这会得到非常多的查询结果，数字会不停地显示出来。

LINQ 提供了一组聚合运算符，可用于分析查询结果，而不必迭代所有结果。表 16-1 列出的聚合运算符是数字结果集最常用的运算符，例如，大数查询的结果就常用这些聚合运算符，如果读者用过数据库查询语言(如 SQL)，就会十分熟悉这些运算符。

表 16-1　数字结果的聚合运算符

运算符	说明
Count()	结果的个数
Min()	结果中的最小值
Max()	结果中的最大值
Average()	数字结果的平均值
Sum()	所有数字结果的总和

还有更多的聚合运算符，如 Aggregate()，它们可以执行代码，并允许自行编写聚合函数。但这些都用于高级用户，超出了本书的讨论范围。

下面的示例修改大数查询，并使用聚合运算符和 LINQ 分析大数查询的"大于版本"中的结果集。

试一试　数学聚合运算符: BeginningCSharpAndDotNET_16_7_NumericAggregates\Program.cs

按照下面的步骤在 Visual Studio 中创建示例。

(1) 对于这个示例，可以修改前面的示例，或在 C:\BeginningCSharpAndDotNET\Chapter16 目录中创建一个新的控制台项目 BeginningCSharpAndDotNET 16_7_NumericAggregates。

(2) 与前面一样，在程序顶部，在 using Systemd 代码行后面添加 System.Linq 和 Static System.Console 名称空间。只需要修改 Main()方法，如下面的代码和本示例其余部分所示。与上一个例子一样，这个查询也不使用 orderby 子句。但是 where 子句中的条件与前一个例子相反；数字应大于 1000(n>1000)，而不是小于 1000。

```
static void Main(string[] args)
{
    int[] numbers = GenerateLotsOfNumbers(12345678);
    WriteLine("Numeric Aggregates");
    var queryResults =
        from n in numbers
        where n > 1000
        select n
      ;
    WriteLine("Count of Numbers > 1000");
    WriteLine(queryResults.Count());
    WriteLine("Max of Numbers > 1000");
    WriteLine(queryResults.Max());
    WriteLine("Min of Numbers > 1000");
    WriteLine(queryResults.Min());
    WriteLine("Average of Numbers > 1000");
    WriteLine(queryResults.Average());
    WriteLine("Sum of Numbers > 1000");
```

```
    WriteLine(queryResults.Sum(n => (long) n));
    Write("Program finished, press Enter/Return to continue:");
}
```

(3) 添加上例中使用的 GenerateLotsOfNumbers()方法(如果不存在):

```
private static int[] GenerateLotsOfNumbers(int count)
{
    Random generator = new Random(0);
    int[] result = new int[count];
    for (int i = 0; i < count; i++)
    {
        result[i] = generator.Next();
    }
    return result;
}
```

(4) 编译并执行程序,显示个数、最小值、最大值和平均值,如下所示:

```
Numeric Aggregates
Count of Numbers > 1000
12345671
Maximum of Numbers > 1000
2147483591
Minimum of Numbers > 1000
1034
Average of Numbers > 1000
1073643807.5029846
Sum of Numbers > 1000
13254853218619179
Program finished, press Enter/Return to continue:
```

这个查询生成的结果数量超过上一个例子(超过 1200 万)。在这个结果集上使用 orderby,对性能会有显著影响。结果集中的最大值超过 20 亿,最小值刚刚大于 1 000。平均值大约是 10 亿,接近数字范围的中间值。看来,Random()函数可以生成均匀分布的数字。

示例说明

程序的第一部分与上一个例子完全相同,也是引用 System.Linq 名称空间,然后用 GenerateLotsOfNumbers()方法生成源数据:

```
int[] numbers = GenerateLotsOfNumbers(12345678);
```

查询也与上一个例子相同,只是把 where 条件从小于改为大于:

```
var queryResults =
    from n in numbers
    where n > 1000
    select n;
```

如前所述,使用大于条件的这个查询生成的结果远远多于小于查询(对这个数据集而言)。使用聚合运算符可以分析查询结果,而不必输出每个结果,或者在 foreach 循环中比较它们。每个聚合运算符都类似于一个可在结果集上调用的方法,也类似于在集合类型上调用的方法。

下面看一下每个聚合运算符的用法:

● Count():

```
    WriteLine("Count of Numbers > 1000");
```

```
WriteLine(queryResults.Count());
```

Count()返回查询结果中的行数，在这个例子中是 12 345 671 行。

- Max():

```
WriteLine("Max of Numbers > 1000");
WriteLine(queryResults.Max());
```

Max()返回查询结果中的最大值，在这个例子中是大于 20 亿的一个数 2 147 483 591，它非常接近 int 的最大值(int.MaxValue 或 2 147 483 647)。

- Min():

```
WriteLine("Min of Numbers > 1000");
WriteLine(queryResults.Min());
```

Min()返回查询结果中的最小值，在这个例子中是 1034。

- Average():

```
WriteLine("Average of Numbers > 1000");
WriteLine(queryResults.Average());
```

Average()返回查询结果中的平均值，在这个例子中是 1 073 643 807.502 98，它非常接近 1 000 到 20 亿的值范围的中间值。对于随机的大数而言，这个中间值没有什么意义，但说明了可以对查询结果进行分析。本章最后一部分将使用这些运算符对面向业务的数据进行更贴近实际的分析。

- Sum():

```
WriteLine("Sum of Numbers > 1000");
WriteLine(queryResults.Sum(n => (long) n));
```

在此给 Sum()方法调用传送了 Lambda 表达式 n=>(long) n，以获得所有数字的总和。与 Count()、Min()、Max()等相同，Sum()有一个无参数的重载版本，但使用 Sum()方法的这个版本会导致溢出错误，因为数据集中的数字太多，它们的总和太大，不能放在 Sum()方法的无参数重载版本返回的标准 32 位 int 中。Lambda 表达式允许将 Sum()方法的结果转换为 64 位长整数，它可以保存超过 1.3×10^{16} 的数字 13 254 853 218 619 179，而不出现溢出。Lambda 表达式允许方便地执行这个转换。

注意:
Count()返回 32 位 int。LINQ 还提供了一个 LongCount()方法，它在 64 位整数中返回查询结果的个数。但有一个特殊情况: 如果需要数字的 64 位版本，所有其他运算符都需要一个 Lambda 表达式或调用一个转换方法。

16.9 单值选择查询

在 SQL 数据查询语言中，我们熟悉的另一类查询是 SELECT DISTINCT 查询，该查询可搜索数据中的唯一值，也就是说，值是不重复的。这是使用查询时的一个常见需求。

假定需要在前面示例使用的顾客数据中查找不同的区域，由于在这些数据中没有单独的区域列表，所以需要从顾客列表中找出唯一的、不重复的区域列表。LINQ 提供了 Distinct()方法，以便找出这些数据，如下面的示例所示。

按照下面的步骤在 Visual Studio 中创建示例。

(1) 在 C:\BeginningCSharpAndDotNET\Chapter16 目录中创建一个新的控制台应用程序 BeginningCSharpAndDotNET_16_8_ SelectDistinctQuery。把 Target Framework 设置为 Current version (.NET 5.0)。

(2) 输入如下代码，创建 Customer 类：

```
class Customer
    {
        public string ID { get; set; }
        public string City { get; set; }
        public string Country { get; set; }
        public string Region { get; set; }
        public decimal Sales { get; set; }

        public override string ToString()
        {
            return "ID: " + ID + " City: " + City +
                " Country: " + Country +
                " Region: " + Region +
                " Sales: " + Sales;
        }
    }
```

(3) 在 Main()函数中输入以下代码来创建客户列表(list <Customer> Customers)，并用以下值初始化该列表：

```
List<Customer> customers = new List<Customer> {
    new Customer { ID="A", City="New York", Country="USA",
        Region="North America", Sales=9999},
    new Customer { ID="B", City="Mumbai", Country="India",
        Region="Asia", Sales=8888},
    new Customer { ID="C", City="Karachi", Country="Pakistan",
        Region="Asia", Sales=7777},
    new Customer { ID="D", City="Delhi", Country="India",
        Region="Asia", Sales=6666},
    new Customer { ID="E", City="Sao Paulo", Country="Brazil",
        Region="South America", Sales=5555 },
    new Customer { ID="F", City="Moscow", Country="Russia",
        Region="Europe", Sales=4444 },
    new Customer { ID="G", City="Seoul", Country="Korea",
        Region="Asia", Sales=3333 },
    new Customer { ID="H", City="Istanbul", Country="Turkey",
        Region="Asia", Sales=2222 },
    new Customer { ID="I", City="Shanghai", Country="China",
        Region="Asia", Sales=1111 },
    new Customer { ID="J", City="Lagos", Country="Nigeria",
        Region="Africa", Sales=1000 },
    new Customer { ID="K", City="Mexico City", Country="Mexico",
        Region="North America", Sales=2000 },
    new Customer { ID="L", City="Jakarta", Country="Indonesia",
        Region="Asia", Sales=3000 },
    new Customer { ID="M", City="Tokyo", Country="Japan",
```

```
                Region="Asia", Sales=4000 },
        new Customer { ID="N", City="Los Angeles", Country="USA",
                Region="North America", Sales=5000 },
        new Customer { ID="O", City="Cairo", Country="Egypt",
                Region="Africa", Sales=6000 },
        new Customer { ID="P", City="Tehran", Country="Iran",
                Region="Asia", Sales=7000 },
        new Customer { ID="Q", City="London", Country="UK",
                Region="Europe", Sales=8000 },
        new Customer { ID="R", City="Beijing", Country="China",
                Region="Asia", Sales=9000 },
        new Customer { ID="S", City="Bogotá", Country="Colombia",
                Region="South America", Sales=1001 },
        new Customer { ID="T", City="Lima", Country="Peru",
                Region="South America", Sales=2002 }
};
```

(4) 在 Main()方法中，初始化客户列表后，输入如下查询：

```
var queryResults = customers.Select(c => c.Region).Distinct();
```

(5) 完成 Main()方法的其余代码，如下所示：

```
foreach (var item in queryResults)
{
    WriteLine(item);
}
Write("Program finished, press Enter/Return to continue:");
```

(6) 编译并执行程序，结果显示的是顾客所在的唯一区域，如下所示：

```
North America
Asia
South America
Europe
Africa
Program finished, press Enter/Return to continue:
```

示例说明

先创建 Customer 类，再用值初始化 customers 列表。在查询语句中，调用了 Select()方法，用一个简单的 Lambda 表达式从 Customer 对象中选择区域，再调用 Distinct()，从 Select()中返回唯一的结果：

```
var queryResults = customers.Select(c => c.Region).Distinct();
```

只能在方法语法中使用 Distinct()，所以使用方法语法调用 Select()。还可以调用 Distinct()来修改在查询语法中创建的查询：

```
var queryResults = (from c in customers select c.Region).Distinct();
```

查询语法由 C#编译器转换为方法语法中的同系列 LINQ 方法调用，所以如果可以改进可读性和代码风格，可以混合和匹配它们。

16.10　多级排序

处理了带多个属性的对象后，就要考虑另一种情形了：按一个字段给查询结果排序是不够的，需要查询顾客，并按照区域使结果以字母顺序排列，再按区域中的国家或城市名称以字母顺序排序。使用 LINQ，可方便地完成这个任务，如下面的示例所示。

按照下面的步骤在 Visual Studio 中创建示例。

(1) 修改前面的示例 BeginningCSharpAndDotNET_16_8_SelectDistinctQuery，或在 C:\BeginningCSharpAndDotNET\Chapter16 目录中创建一个新的控制台应用程序 BeginningCSharpAndDotNET_16_9_MultiLevelOrdering。把 Target Framework 设置为 Current version (.NET 5.0)。

(2) 如 BeginningCSharpAndDotNET_16_8_SelectDistinctQuery 示例所示，创建 Customer 类并初始化 customers 列表(List<Customer> customers)，这些代码与前面示例中的代码完全相同。

(3) 在 Main()方法的 customers 列表初始化之后，输入如下所示的查询：

```
var queryResults =
    from c in customers
    orderby c.Region, c.Country, c.City
```

(4) 结果处理循环和 Main()方法的其余代码与前面例子中的相同。

(5) 编译并执行程序，从所有顾客中选择出来的属性将先按区域排序，再按国家排序，最后按城市排序，如下所示：

```
{ ID = O, Region = Africa, Country = Egypt, City = Cairo }
{ ID = J, Region = Africa, Country = Nigeria, City = Lagos }
{ ID = R, Region = Asia, Country = China, City = Beijing }
{ ID = I, Region = Asia, Country = China, City = Shanghai }
{ ID = D, Region = Asia, Country = India, City = Delhi }
{ ID = B, Region = Asia, Country = India, City = Mumbai }
{ ID = L, Region = Asia, Country = Indonesia, City = Jakarta }
{ ID = P, Region = Asia, Country = Iran, City = Tehran }
{ ID = M, Region = Asia, Country = Japan, City = Tokyo }
{ ID = G, Region = Asia, Country = Korea, City = Seoul }
{ ID = C, Region = Asia, Country = Pakistan, City = Karachi }
{ ID = H, Region = Asia, Country = Turkey, City = Istanbul }
{ ID = F, Region = Europe, Country = Russia, City = Moscow }
{ ID = Q, Region = Europe, Country = UK, City = London }
{ ID = K, Region = North America, Country = Mexico, City = Mexico City }
{ ID = N, Region = North America, Country = USA, City = Los Angeles }
{ ID = A, Region = North America, Country = USA, City = New York }
{ ID = E, Region = South America, Country = Brazil, City = Sao Paulo }
{ ID = S, Region = South America, Country = Colombia, City = Bogotá }
{ ID = T, Region = South America, Country = Peru, City = Lima }
Program finished, press Enter/Return to continue:
```

示例说明

Customer 类和 customers 列表的初始化与前面例子中的相同。因为要查看所有的顾客，这个查询中没有 where 子句，但按顺序列出了要排序的字段，它们放在 orderby 子句的一个用逗号分开的列表中：

```
orderby c.Region, c.Country, c.City
```

这很容易，但不太直观，这个简单的字段列表允许放在 orderby 子句中，但不能放在 select 子句中，不过这就是 LINQ 的工作方式。如果知道 select 子句会创建一个新对象，而根据定义，orderby 子句会逐字段执行，这样就不会觉得这个字段列表难以理解了。

可给列出的任意字段添加 descending 关键字，反转该字段的排序顺序。例如，要对查询结果按区域升序排序，再按国家降序排序，只需要在列表中的Country 后面加上 descending 关键字即可，如下所示：

```
orderby c.Region, c.Country descending, c.City
```

添加了 descending 关键字后，结果如下：

```
{ ID = J, Region = Africa, Country = Nigeria, City = Lagos }
{ ID = O, Region = Africa, Country = Egypt, City = Cairo }
{ ID = H, Region = Asia, Country = Turkey, City = Istanbul }
{ ID = C, Region = Asia, Country = Pakistan, City = Karachi }
{ ID = G, Region = Asia, Country = Korea, City = Seoul }
{ ID = M, Region = Asia, Country = Japan, City = Tokyo }
{ ID = P, Region = Asia, Country = Iran, City = Tehran }
{ ID = L, Region = Asia, Country = Indonesia, City = Jakarta }
{ ID = D, Region = Asia, Country = India, City = Delhi }
{ ID = B, Region = Asia, Country = India, City = Mumbai }
{ ID = R, Region = Asia, Country = China, City = Beijing }
{ ID = I, Region = Asia, Country = China, City = Shanghai }
{ ID = Q, Region = Europe, Country = UK, City = London }
{ ID = F, Region = Europe, Country = Russia, City = Moscow }
{ ID = N, Region = North America, Country = USA, City = Los Angeles }
{ ID = A, Region = North America, Country = USA, City = New York }
{ ID = K, Region = North America, Country = Mexico, City = Mexico City }
{ ID = T, Region = South America, Country = Peru, City = Lima }
{ ID = S, Region = South America, Country = Colombia, City = Bogotá }
{ ID = E, Region = South America, Country = Brazil, City = S鋤 Paulo }
Program finished, press Enter/Return to continue:
```

注意，即使国家的顺序被反转了，印度和中国的城市仍按升序排序。

16.11 分组查询

分组查询(group query)把数据分解为组，允许按组来排序、计算聚合值以及进行比较。这常常是商务环境中最有趣的查询(它驱动了决策系统)。例如，要按照国家或区域比较销售量，确定在哪里开新店或雇用更多员工，如下例所示。

试一试 分组查询：BeginningCSharpAndDotNET_16_10_GroupQuery\Program.cs

按照下面的步骤在 Visual Studio 中创建示例。

(1) 在 C:\BeginningCSharpAndDotNET\Chapter16 目录中创建一个新的控制台应用程序 BeginningCSharpAndDotNET_16_10_ GroupQuery。把 Target Framework 设置为 Current version (.NET 5.0)。

(2) 如 BeginningCSharpAndDotNET_16_8_SelectDistinctQuery 示例所示，创建 Customer 类并初

始化 customers 列表(List<Customer> customers)，这些代码与前面示例中的代码完全相同。

(3) 在 Main()方法的 customers 列表初始化后，输入如下所示的两个查询：

```
var queryResults =
    from c in customers
    group c by c.Region into cg
    select new { TotalSales = cg.Sum(c => c.Sales), Region = cg.Key }
;
var orderedResults =
    from cg in queryResults
    orderby cg.TotalSales descending
    select cg
;
```

(4) 在 Main()方法中，添加下面的输出语句和 foreach 处理循环：

```
WriteLine("Total\t: By\nSales\t: Region\n-----\t ------");
foreach (var item in orderedResults)
{
    WriteLine($"{item.TotalSales}\t: {item.Region}");
}
```

(5) 结果处理循环和 Main()方法中的其余代码与前面例子中的相同。编译并执行程序，下面是分组结果：

```
Total  : By
Sales  : Region
-----------
52997  : Asia
16999  : North America
12444  : Europe
8558   : South America
7000   : Africa
```

示例说明

Customer 类和 customers 列表的初始化与前面例子中的相同。

分组查询中的数据通过一个键(key)字段来分组，每个组中的所有成员都共享这个字段值。在这个例子中，键字段是 Region：

```
group c by c.Region
```

要计算每个组的总和，应生成一个新的结果集 cg：

```
group c by c.Region into cg
```

在 select 子句中，投影了一个新的匿名类型，其属性是总销售量(通过引用 cg 结果集来计算)和组的键值，后者是用特殊的组 Key 来引用的：

```
select new { TotalSales = cg.Sum(c => c.Sales), Region = cg.Key }
```

组的结果集实现了 LINQ 接口 IGrouping，它支持 Key 属性。我们总以某种方式引用 Key 属性，来处理分组结果，因为该属性表示创建数据中的每个组时使用的条件。

要按 TotalSales 字段对结果降序排序，以便查看哪个区域的销售量最高、哪个区域的销售量次高等，需要创建第二个查询，对分组查询的结果排序：

```
var orderedResults =
```

```
    from cg in queryResults
    orderby cg.TotalSales descending
    select cg
;
```

第二个查询是一个标准的 select 查询，带一个 orderby 子句，与前面示例中的相同。但它没有使用任何 LINQ 分组功能，只是数据源来自于前面的分组查询。

接着输出结果，用一些格式化代码显示带有列标题的数据，在总销售量与组名之间显示了分隔符：

```
WriteLine("Total\t: By\nSales\t: Region\n---\t ---");
foreach (var item in orderedResults)
{
    WriteLine($"{item.TotalSales}\t: {item.Region}");
};
```

可以用更复杂的方式进行格式化，指定字段宽度，总销售量右对齐，但这只是一个例子，不需要这么多格式，能看清数据，理解代码做了些什么就足够了。

16.12 join 查询

刚才用一个共享的键字段(ID)创建的 customers 列表等数据集可以执行 join 查询，即可以用一个查询搜索两个列表中相关的数据，用键字段把结果连接起来。这类似于 SQL 数据查询语言中的 JOIN 操作。LINQ 在查询语法中提供了 join 命令，如下面的示例所示。

试一试　Join 查询：BeginningCSharpAndDotNET_16_11_JoinQuery\Program.cs

按照下面的步骤在 Visual Studio 中创建示例。

(1) 在 C:\BeginningCSharpAndDotNET\Chapter16 目录中创建一个新的控制台应用程序 BeginningCSharpAndDotNET_16_11_ JoinQuery。把 Target Framework 设置为 Current version (.NET 5.0)。

(2) 从前面的示例中复制用来创建Customer类的代码，以及初始化 customers 列表(List<Customer> customers)的代码。

(3) 为 orders 类和 orders 列表添加如下所示的代码：

```
class Order
{
    public string ID { get; set; }
    public decimal Amount { get; set; }
}
```

(4) 在 Main()方法中，添加以下代码来初始化 orders 列表：

```
List<Order> orders = new List<Order> {
    new Order { ID="P", Amount=100 },
    new Order { ID="Q", Amount=200 },
    new Order { ID="R", Amount=300 },
    new Order { ID="S", Amount=400 },
    new Order { ID="T", Amount=500 },
    new Order { ID="U", Amount=600 },
    new Order { ID="V", Amount=700 },
    new Order { ID="W", Amount=800 },
    new Order { ID="X", Amount=900 },
    new Order { ID="Y", Amount=1000 },
```

```
        new Order { ID="Z", Amount=1100 }
};
```

(5) 在 Main()方法中，在初始化 customers 和 orders 列表之后，输入以下查询：

```
var queryResults =
    from c in customers
    join o in orders on c.ID equals o.ID
    select new { c.ID, c.City, SalesBefore = c.Sales, NewOrder = o.Amount,
                            SalesAfter = c.Sales+o.Amount };
```

(6) 使用前面示例中使用的标准 foreach 查询处理循环和程序完成语句，来结束程序：

```
foreach (var item in queryResults)
{
    WriteLine(item);
}
Write("Program finished, press Enter/Return to continue:");
```

(7) 编译并执行程序，结果如下：

```
{ ID = P, City = Tehran, SalesBefore = 7000, NewOrder = 100, SalesAfter = 7100 }
{ ID = Q, City = London, SalesBefore = 8000, NewOrder = 200, SalesAfter = 8200 }
{ ID = R, City = Beijing, SalesBefore = 9000, NewOrder = 300, SalesAfter = 9300 }
{ ID = S, City = Bogotá, SalesBefore = 1001, NewOrder = 400, SalesAfter = 1401 }
{ ID = T, City = Lima, SalesBefore = 2002, NewOrder = 500, SalesAfter = 2502 }
Program finished, press Enter/Return to continue:
```

示例说明

声明、初始化 Customer 类和 Order 类以及 customers 和 orders 列表。

查询使用 join 关键字通过 Customer 类和 Order 类的 ID 字段，把每个顾客与其对应的订单连接起来：

```
var queryResults =
    from c in customers
    join o in orders on c.ID equals o.ID
```

on 关键字之后是键字段(ID)的名称，equals 关键字指定另一个集合中的对应字段。查询结果仅包含两个集合中 ID 字段值相同的对象数据。

select 语句投影了一个带指定属性的新数据类型，因此可以清楚地看到最初的总销售量、新订单和最终的新总销售量：

```
select new { c.ID, c.City, SalesBefore = c.Sales, NewOrder = o.Amount,
    SalesAfter = c.Sales+o.Amount };
```

这个程序没有在 customer 对象中递增总销售量，但可以轻松地在自己的业务逻辑中完成这一任务。

foreach 循环的逻辑和查询中值的显示与本章前面示例中的相同。

16.13 习题

(1) 修改第 3 个示例程序 BeginningCSharpAndDotNET_16_3_QuerySyntax，将结果降序排列。

(2) 在大数程序示例 BeginningCSharpAndDotNET_16_6_LargeNumberQuery 中修改传递给

GenerateLotsOf Numbers()方法的数字，创建不同规模的结果集，看看查询结果所受的影响。

(3) 给大数程序示例 BeginningCSharpAndDotNET_16_6_LargeNumberQuery 中的查询添加一个 orderby 子句，看看这会如何影响性能。

(4) 修改大数程序示例 BeginningCSharpAndDotNET_16_6_LargeNumberQuery 中的查询条件，选择数字列表中的较大和较小子集，看看这会如何影响性能？

(5) 修改方法语法示例 BeginningCSharpAndDotNET_16_4_MethodSyntax，完全删除 where 子句，输出量会有多少？

(6) 给第三个示例程序 BeginningCSharpAndDotNET_16_3_QuerySyntax 添加聚合运算符，哪些简单的聚合运算符适用于这种非数字的结果集？

附录 A 给出了习题答案。

16.14 本章要点

主题	要点
LINQ 的概念和使用场合	LINQ 是内置于 C#中的一种查询语言。使用 LINQ 可以在大型的对象集合、XML 或数据库中查询数据
LINQ 查询的组成部分	LINQ 查询包含 from、where、select 和 orderby 子句
获取 LINQ 查询结果的方式	使用 foreach 语句迭代 LINQ 查询的结果
延迟执行	LINQ 查询会延迟到执行 foreach 语句时执行，做法是使用循环、转换方法(如 ToArray)、聚合方法调用等
方法语法和查询语法	简单的 LINQ 查询使用查询语法，较高级的查询使用方法查询。对于任意给定的查询，查询语法和方法语法的结果相同
Lambda 表达式	Lambda 表达式可以使用方法语法，随时声明一个用于 LINQ 查询的方法
聚合运算符	使用 LINQ 聚合运算符获得大型数据集的信息，而不必迭代每个结果
分组查询	使用分组查询给数据分组，再按照分组进行排序、计算聚合值以及进行比较
排序	使用 orderby 运算符对查询的结果排序
join 运算符	使用 join 运算符在一个查询中查找多个集合中的相关数据

第**17**章

数　据　库

本章内容：

- 使用数据库
- 理解 Entity Framework
- 代码优先(Code-First)和数据库优先(Database-First)
- 迁移和搭框架
- 用 Code First 创建数据
- 在数据库中使用 LINQ
- 导航数据库关系
- 在数据库中创建和查询 XML

本章源代码下载：

本章源代码可以通过本书合作站点 www.wiley.com 上的 Download Code 选项卡下载，也可以通过网址 github.com/benperk/BeginningCSharpAndDotNet 下载。下载代码位于 Chapter17 文件夹中并已根据本章示例的名称单独命名。

上一章介绍了 LINQ (Language INtegrated Query)，展示了 LINQ 如何使用对象和 XML。本章将学习如何将对象存储在数据库中，并使用 LINQ 查询数据。

17.1　使用数据库

数据库是永久性的、结构化数据仓库。有许多不同种类的数据库，但存储和查询业务数据的最常见类型是关系数据库，如 Microsoft SQL Server 和 Oracle。关系数据库使用 SQL 数据库语言(SQL 代表结构化查询语言，Structured Query Language)来查询并操纵它们的数据。关系数据库将数据存储在按行和列组织的表中。

表、行和列之间的关系传统上显示在实体-关系模型中，其中实体是数据对象(如客户)的抽象概念，它与关系数据库中的其他实体(如订单和产品)相关，例如客户订下了某产品。

直接使用这样的数据库需要了解这个模型以及 SQL 语言。以便在编程语言中嵌入 SQL 语句，或在面向 SQL 的数据库类库中把包含 SQL 语句的字符串传递给 API 调用或方法。

听起来很复杂，不是吗？好消息是，展示如何使用 Entity Framework 来生成所需的代码，将 C#类转换为数据库对象，将对象存储在数据库中，并使用 LINQ 查询对象，而不必使用另一种语言，比如 SQL。

17.2 Entity Framework

.NET 中用于处理数据库的主要类库是实体框架(Entity Framework)。这个名称来自本章介绍中提到的实体-关系模型。

Entity Framework 将 C#程序中的对象映射到关系数据库的实体上。这就是所谓的对象-关系映射。对象-关系映射是将 C#中的类、对象和属性映射到构成关系数据库的表、行和列的代码。手工创建这个映射代码非常繁杂、耗时，但 Entity Framework 使它很容易完成。

Entity Framework 有几个不同的版本，可以用于不同版本的.NET。我们将使用与.NET 的最新版本一起工作的 Entity Framework，称为 EntityFrameworkCore。

17.3 代码优先与数据库优先

Entity Framework 支持两种将 C#对象映射到数据库的方法。第一种方法是代码优先(Code-First)，首先创建 C#类，然后 Entity Framework 直接从类生成数据库对象。第二种方法称为数据库优先(Database-First)，从一个现有的数据库开始，Entity Framework 生成映射到数据库中已有的表、行和列的 C#对象。下面首先介绍代码优先(毕竟这是一本 C#的书)，然后在本章的最后简要介绍数据库优先。

17.4 迁移和搭框架

Entity Framework 使用了一些你一开始可能不熟悉的术语，但是在代码优先和数据库优先方法的上下文中，它们非常简单，很容易理解。

要理解的第一个术语是迁移。在代码优先方法中使用迁移。迁移是一组从 C#对象创建数据库对象的类。首先创建一个初始迁移，使用第一组 C#类初始化数据库。在初始迁移之后，每次对数据库映射的 C#类进行更改时，都需要创建一个新的迁移，以使用更改更新数据库。幸运的是，实体框架通过包含命令行工具来根据需要生成代码，从而简化了这一过程。作为示例的一部分，本例将展示如何在 Visual Studio 中运行这些命令。

第二个术语是搭框架(scaffolding)，它用于数据库优先方法。搭框架也使用命令行工具来生成 C#代码，但在迁移过程中，它的方向相反，从数据库开始，生成 C#代码中需要的类。本章的最后一个例子展示了如何生成框架。

17.5 安装 SQL Server Express LocalDB

为了使用特定的数据库，Entity Framework 需要该数据库的提供者。Entity Framework 提供商可用于许多不同的数据库，如 SQL Server、MySQL、Oracle、SQLite 等。这些提供商拥有一致的体系结构，所以本章介绍的技术适用于所有提供商。然而，为了展示工作代码，需要为本章选择一个数据库，我们已经选择的是 Microsoft SQL Server。

要运行本章中的示例，必须安装 Microsoft SQL Server Express，这是 Microsoft SQL Server 的免费

轻量级版本。我们将使用 LocalDB 选项与 SQL Server Express，以允许 Visual Studio 在开发计算机上直接创建和打开数据库文件，而不必连接到单独的服务器上。

SQL Server Express LocalDB 包含在 Visual Studio 中。如果安装 Visual Studio 时指定了 ASP.NET 和 Web 开发工作负载，或数据存储和处理工作负载，就表示已经安装了 SQL Express Server LocalDB。如果没有安装这些工作负载，就可以返回并在云、数据库和服务器部分的独立组件选项卡下安装它，或者，也可以从如下链接下载并安装 SQL Server Express LocalDB: go.microsoft.com/fwlink/?linkid=866658。

注意:
第一次在 Visual Studio 中使用 SQL Server 时，它会自动创建一个本地 SQL Server 实例，名为 (localdb)\MSSQLLocalDB。如果使用以前版本的 Visual Studio 安装了 localdb 数据库，就可能必须在服务器名称字段中使用名称(localdb)\v11.0，因为 Microsoft 已经更改了默认的服务器名称。或者，如果已经安装了 SQL Server Express Edition，你可能不得不使用 .\sqlexpress，因为实体框架使用它找到的第一个本地 SQL Server 数据库。

17.6 代码优先数据库

下面的例子使用代码优先和 Entity Framework 在数据库中创建一些对象，然后使用 LINQ to Entities 查询所创建的对象。

试一试 代码优先数据库: BeginningCSharpAndDotNet_17_1_CodeFirstDatabase

按照以下步骤在 Visual Studio 中创建例子。

(1) 在目录 C:\BeginningCSharpAndDotNet\Chapter17 下创建一个新的控制台应用程序项目 BeginningCSharpAndDotNet_17_1_ CodeFirstDatabase。

(2) 单击 OK 按钮以创建项目。给出关于的 Target Framework 提示时，选择.NET 5.0 (Current)。

(3) 为添加 Entity Framework，选择 Tools | NuGet Package Manager | Manage NuGet Packages for Solution，如图 17-1 所示。

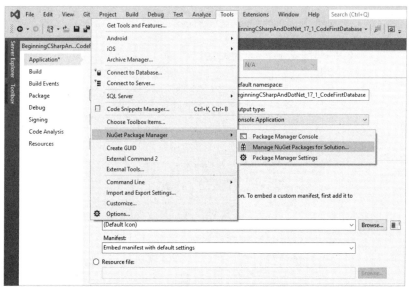

图 17-1

(4) 在 Manage Packages for Solution 窗口中单击 Browse。不要勾选 Include prelease 框。寻找 EntityFrameworkCore。你将看到几个 EntityFrameworkCore 包，如图 17-2 所示。我们将使用其中几个包。首先，选择最上面的一个包，它简单地命名为 Microsoft.EntityFrameworkCore。选中 Project 旁边的复选框以启用 Install 按钮，然后单击 Install。

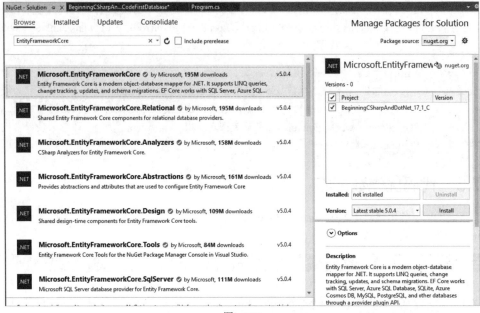

图 17-2

(5) Microsoft.EntityFrameworkCore 和其他几个必需的包已经安装，如图 17-3 中的 Preview Changes 对话框所示。单击 OK。

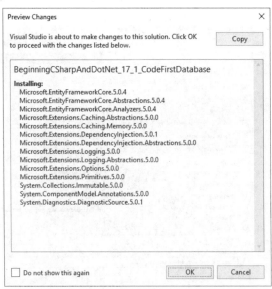

图 17-3

(6) 如图 17-4 所示是 Microsoft.EntityFrameworkCore 和一些相关包的 License Acceptance 对话框，单击 I Accept 按钮。

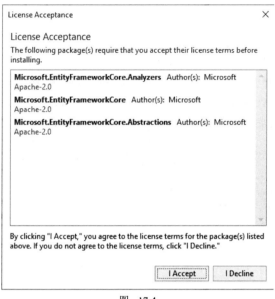

图 17-4

(7) 重复步骤(4)、(5)和(6)，还在解决方案中安装 Microsoft.EntityFrameworkCore.Design、Microsoft.EntityFrameworkCore.Tools 和 Microsoft.EntityFrameworkCore.SqlServer 包。单击 Install，预览更改，并接受每个更改的许可协议。

现在 Entity Framework 及其引用已添加到项目中。要查看这些，请转到项目中的 Solution Explorer。展开 Dependencies 节点，然后展开 Packages 节点。用户应该看到所有四个包：Microsoft.EntityFrameworkCore、Microsoft.EntityFrameworkCore.Design、Microsoft.EntityFrameworkCore.Tools 和 Microsoft.EntityFrameworkCore.SqlServer，如图 17-5 所示。

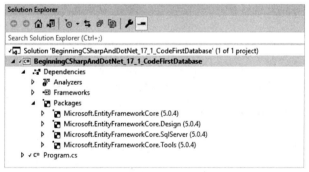

图 17-5

(8) 打开 Program.cs 主源文件，并添加以下代码。首先在文件顶部添加 Microsoft.EntityFrameworkCore 和 Microsoft.EntityFrameworkCore.SqlServer 名称空间：

```
using Microsoft.EntityFrameworkCore;
using Microsoft.EntityFrameworkCore.SqlServer;
```

(9) 接下来，在 using System 指令后面添加 LINQ 和 Data Annotations 的 using 子句，如下面的代码片段所示。数据注解能够向 Entity Framework 提供关于如何设置数据库的提示。最后，与之前的例子相同，添加 System.Console 名称空间：

```
using System.Linq;
using System.ComponentModel.DataAnnotations;
using static System.Console;
```

(10) 接下来添加一个 Book 类，其中的 Author、Title 和 Code 类似于第 15 章使用的例子。Code 字段前的[Key]特性是一个数据注解，告诉 C#使用这个字段作为数据库中每个对象的唯一标识符。

```
namespace BeginningCSharpAndDotNet_17_1_CodeFirstDatabase
{
    public class Book
    {
        public string Title { get; set; }
        public string Author { get; set; }
        [Key] public int Code { get; set; }
    }
```

(11) 现在添加一个继承自 DbContext 的 BookContext 类，以便将程序连接到数据库。在 BookContext 类中，添加一个 DbSet<books>类成员，表示图书集合：

```
    public class BookContext : DbContext
    {
        public DbSet<Book> Books { get; set; }
```

(12) 在 BookContext 类中，使用 ContextOptionsBuilder 添加 OnConfiguring 方法重载，如下所示：

```
        protected override void OnConfiguring(DbContextOptionsBuilder
optionsBuilder)
        {
            optionsBuilder.UseSqlServer(
                @"Data Source=(LocalDB)\MSSQLLocalDB;Database=Books;Integrated
Security=True");
        }
    }
```

> **注意：**
> UseSqlServer 方法接收一个连接字符串参数，以指定程序如何连接到数据库。连接字符串是一个带引号的字符串，其中的子句由分号分隔。要使用的连接字符串如下：
>
> ```
> @"Server=(LocalDB)\MSSQLLocalDB;Database=Books;Integrated
> Security=True"
> ```
>
> Server 子句指定数据库服务器，即 LocalDB SQL Server 实例。Database 子句指定数据库名称。Integrated Security 子句要求使用 Windows 登录的内置安全连接到数据库。如果连接的数据库与示例中的数据库不同，则连接字符串可能指定网络上不同的 SQL 服务器名称、数据库用户和密码或其他选项。

(13) 接下来，在 Main()函数中添加代码来创建两个 Book 对象，并将 Book 对象保存到数据库中：

```
class Program
{
```

```
static void Main(string[] args)
{
    using (var db = new BookContext())
    {
        Book book1 = new Book { Title = "Beginning C# and .NET",
                                Author = "Perkins and Reid" };
        db.Books.Add(book1);
        Book book2 = new Book { Title = "Beginning XML",
                                Author = "Fawcett, Quin, and Ayers"};
        db.Books.Add(book2);
        db.SaveChanges();
```

(14) 最后，为一个简单的 LINQ 查询添加代码，列出创建后数据库中的书籍：

```
        var query = from b in db.Books
                    orderby b.Title
                    select b;
        WriteLine("All books in the database:");
        foreach (var b in query)
        {
            WriteLine($"{b.Title} by {b.Author}, code={b.Code}");
        }
        WriteLine("Press a key to exit...");
        ReadKey();
    }
```

程序的完整代码现在如下：

```
using Microsoft.EntityFrameworkCore;
using Microsoft.EntityFrameworkCore.SqlServer;
using System;
using System.Linq;
using System.ComponentModel.DataAnnotations;
using static System.Console;

namespace BeginningCSharpAndDotNet_17_1_CodeFirstDatabase
{
    public class Book
    {
        public string Title { get; set; }
        public string Author { get; set; }
        [Key] public int Code { get; set; }
    }
    public class BookContext : DbContext
    {
        protected override void OnConfiguring(DbContextOptionsBuilder
optionsBuilder)
        {
            optionsBuilder.UseSqlServer(
                @"Data Source=(LocalDB)\MSSQLLocalDB;Database=Books;Integra
ted Security=True");
        }
        public DbSet<Book> Books { get; set; }
    }
    class Program
    {
        static void Main(string[] args)
        {
```

```
using (var db = new BookContext())
{
    Book book1 = new Book
    {
        Title = "Beginning C# and .NET",
        Author = "Perkins, Reid"
    };
    db.Books.Add(book1);
    Book book2 = new Book
    {
        Title = "Beginning XML",
        Author = "Fawcett, Quin, and Ayers"
    };
    db.Books.Add(book2);
    db.SaveChanges();
    var query = from b in db.Books
                orderby b.Title
                select b;
    WriteLine("All books in the database:");
    foreach (var b in query)
    {
        WriteLine($"{b.Title} by {b.Author}, code={b.Code}");
    }
    WriteLine("Press a key to exit...");
    ReadKey();
}
}
}
}
```

(15) 生成程序,但先不要运行它。在尝试运行程序之前,必须初始化数据库。可以使用一些NuGet控制台命令来实现这一点,这些命令可以从你前引用的 **Microsoft.EntityFrameworkCore.Tools** 包中获得。进入 Tools｜NuGet Package Manager｜Package Manager Console,如图 17-6 所示。

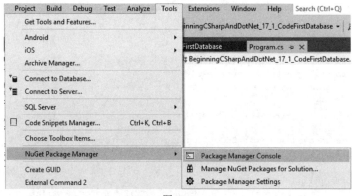

图 17-6

(16) Package Manager Console 窗口如图 17-7 所示。

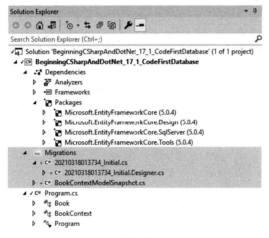

图 17-7

(17) 在 PM>命令提示符中，输入 Add-Migration Initialize，然后按 Enter 键。命令将执行，如下所示：

```
PM> Add-Migration
Initial
Build started...
Build succeeded.
To undo this action, use Remove-Migration.
PM>
```

Add-Migration Initialize 命令将一些迁移类添加到项目中，如图 17-8 所示。

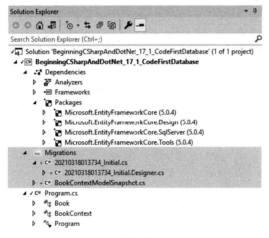

图 17-8

注意：
迁移类包含 Entity Framework 生成的代码，用于将更改从 C#类迁移到数据库。这些类管理从 C# 对象到关系数据库对象(表、行和列)的映射。不能也不应该修改 Migration 类中的代码。只要将它们作为 Entity Framework 自动处理的对象-关系映射魔法的一部分接受即可。

(18) 接下来，在 PM>命令提示符处，输入 Update-Database，然后按 Enter 键。命令将执行如下所示：

```
PM> Update-Database
Build started...
Build succeeded.
Applying migration '20210318013734_Initial'.
Done.
PM>
```

Update-Database 命令实际创建程序中指定的数据库对象。本章的后面将展示如何查看数据库对象。

(19) 现在已经创建了映射逻辑和数据库，终于可以编译并执行程序了(只需要按下 F5 键就可以开始调试了)。得到的 Books 数据库的信息如图 17-9 所示。

图 17-9

按任意键结束程序，关闭控制台屏幕。可能需要按 Enter/Return 键两次。这会结束程序的运行。现在看看它是如何工作的。

示例说明

首先在文件的顶部添加 Microsoft.EntityFrameworkCore 和 Microsoft.EntityFrameworkCore.SqlServer 的 using 子句，以便在程序中使用 Entity Framework：

```
using Microsoft.EntityFrameworkCore;
using Microsoft.EntityFrameworkCore.SqlServer;
```

接下来，为 System.Linq 名称空间添加 using 子句，以便在程序中使用 Linq 查询：

```
using System.Linq;
```

接下来在文件顶部其他 using 子句的后面添加 Entity Framework 名称空间：

```
using System.Data.Entity;
```

然后为数据注解添加 using 子句，以便添加提示，告诉 Entity Framework 如何建立数据库，并识别关键字段：

```
using System.ComponentModel.DataAnnotations;
```

接下来，添加静态的 System.Console 名称空间，使在控制台写入输出更方便：

```
using static System.Console;
```

接下来添加了一个 Book 类，其 Author、Title 和 Code 类似于第 15 章中使用的例子。使用[Key]特性把 Code 属性识别为数据库中每一行的唯一标识符。该属性因为使用 System.ComponentModel。

DataAnnotations 而启用：

```
namespace BeginningCSharpAndDotNet_17_1_CodeFirstDatabase
{
    public class Book
    {
        public string Title { get; set; }
        public string Author { get; set; }
        [Key] public int Code { get; set; }
    }
}
```

之后创建 BookContext 类，它继承了 Entity Framework 中的 DbContext(数据库上下文)类，用于在需要时创建、更新和删除数据库中的 book 对象：

```
public class BookContext : DbContext
{
    public DbSet<Book> Books { get; set; }
```

类成员 DbSet<Book>是一个包含数据库中所有 Book 实体的集合。

接下来，添加了一个 OnConfiguration 重载方法，由 Entity Framework 调用该方法来连接到数据库。将 DbContextOptionsBuilder 参数传递给 OnConfiguration 重载方法，并调用 UseSqlServer 选项方法来指定连接到 Microsoft SQL Server 数据库。传递一个连接字符串，其中包含连接数据库的详细信息，包括 LocalDB 数据库服务器名称、Books 数据库以及对集成 Windows 安全的使用：

```
    protected override void OnConfiguring(DbContextOptionsBuilder
optionsBuilder)
    {
        optionsBuilder.UseSqlServer(
            @"Data Source=(LocalDB)\MSSQLLocalDB;Database=Books;Integrated
Security=True");
    }
```

调用 UseSqlServer 方法，该方法接收一个连接字符串参数来指定本地 SQL Server 数据库的位置。这是一个带引号的字符串，其中的子句由分号分隔。使用的连接字符串如下：

```
@"Server=(LocalDB)\MSSQLLocalDB;Database=Books;Integrated Security=True"
```

Server 子句指定数据库服务器，即 LocalDB SQL Server 实例。Database 子句指定数据库名称。Integrated Security 子句要求使用 Windows 登录的内置安全。

接下来添加代码，使用 BookContext 创建两个 Book 对象并将它们保存到数据库：

```
using (var db = new BookContext())
{
    Book book1 = new Book { Title = "Beginning C# and .NET",
                        Author = "Perkins, Reid" };
    db.Books.Add(book1);
    Book book2 = new Book { Title = "Beginning XML",
                        Author = "Fawcett, Quin, and Ayers"};
    db.Books.Add(book2);
    db.SaveChanges();
```

using(var db = new BookContext())子句允许创建一个新的 BookContext 实例，用于花括号中的所有后续代码。除了方便速记之外，using()子句还确保结束程序时，即使有异常或其他意外事件，数据库连接和其他与连接相关的底层对象会正确关闭。

Book 创建和赋值语句，例如：

```
Book book = new Book { Title = "Beginning C# and .NET",
                       Author = "Perkins, Reid" };
```

是相当简单的 Book 对象创建语句，没有出现什么数据库魔法。因为这些都是内存中的简单对象。注意，没有给 Code 属性赋予任何值；目前，未赋值的 Code 属性只包含一个默认值。

接下来将对 BookContext db 的更改保存到数据库中：

```
db.SaveChanges();
```

现在出现了一些奇怪的事情，因为使用[Key]特性把 Code 识别为一个键，把每个对象保存到数据库中时，将一个唯一的值分配给 Code 字段。不需要使用这个值，甚至不需要在乎它是什么，因为 Entity Framework 会自动处理它。

> **注意：**
> 如果没有把[Key]特性添加到对象中，程序运行时，就会显示如图 17-10 所示的异常。

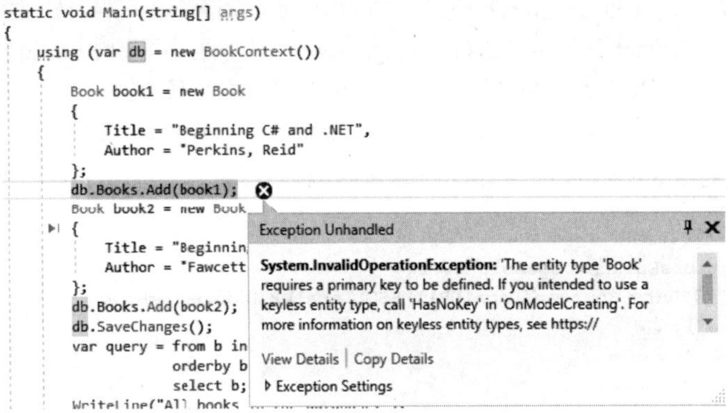

图 17-10

最后，给一个简单的 LINQ 查询执行代码，列出创建后数据库中的书籍：

```
var query = from b in db.Books
            orderby b.Title
            select b;
WriteLine("All books in the database:");
foreach (var b in query)
{
    WriteLine($"{b.Title} by {b.Author}, code={b.Code}");
}
WriteLine("Press a key to exit...");
ReadKey();
```

这个 LINQ 查询非常类似于前一章使用的查询,但它不使用 LINQ to Objects 提供程序查询内存中的对象，而是用 LINQ to Entities 提供程序查询数据库。LINQ 根据查询中引用的类型推断正确的提供程序；不需要对逻辑进行任何修改。

最后在退出前，只使用标准的 ReadKey()，来暂停程序，以便可以看到输出。

这很容易，对吧？创建一些对象，保存到数据库中，使用 LINQ 查询数据库。

17.7　数据库的位置

创建的数据库位于哪个位置？我们永远不会指定文件名或文件夹位置——好奇怪！在 Visual Studio 中通过 Server Explorer 可以看到它。进入 Tools | Connect to Database。选择 Data Source，再选择 Microsoft SQL Server，然后单击 Continue，获得如图 17-11 所示的对话框。

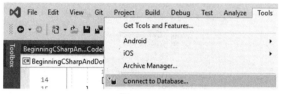

图　17-11

在 Add Connection 向导中，在 Server name 字段中输入(localdb)\MSSQLLocalDB，在 Select or enter a database name 字段中输入 Books，如图 17-12 所示。

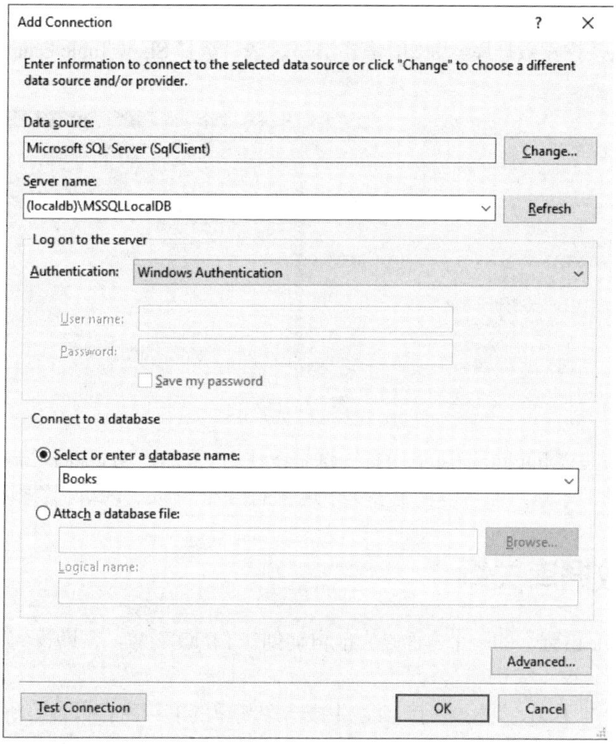

图　17-12

单击 OK。带有 Data Connections 子树的 Server Explorer，如图 17 - 13 所示。

图　17-13

Server Explorer 显示本地数据库的物理名称,类似于 YourComputerName\localdb###Books.dbo。单击物理数据库名称旁边的扩展器,然后展开 Tables 子树。你将看到 Books 表,其中包含标题、作者和代码字段,如图 17-14 所示。

图 17-14

从这里,可以直接探索数据库。例如,右击 Books 表,选择 Show Table Data,可以查看输入的数据,如图 17-15 所示。

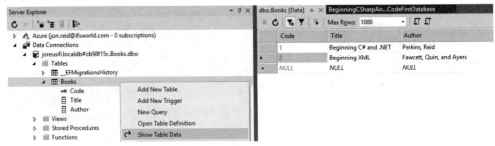

图 17-15

显示另一个名为_EFMigrationHistory 的表。这是在使用 Package Manager Console 创建初始迁移和更新数据库时创建的。本章后面将解释更多关于迁移的内容。但首先探讨数据库关系。

17.8 导航数据库关系

Entity Framework 最强大的一个方面是它能自动创建 LINQ 对象,帮助找到数据库中相关的表之间的关系。

下例将添加两个与 Book 类相关的新类,生成一个简单的书店库存报告。新类称为 Store(代表每个书店)和 Stock(代表在商店货架上的书和从出版商那里订购的书)。这些新类和关系的图如图 17-16 所示。

每个商店都有名称、地址和库存集合(由一个或多个 Stock 对象组成),每个 Stock 对象对应书店中每本不同的书(书名),Store 和 Stock 之间是一对多关系。每个 Stock 记录正好与一本书有关,Stock 和 Book 之间是一对一关系。需要库存记录,因为一个商店可能有三本相同的书,但另一个商店可能有六本相同的书。

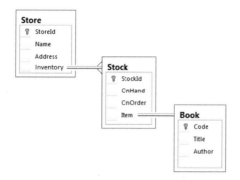

图 17-16

采用代码优先方式，就只需要创建 C#对象和集合，而 Entity Framework 会自动创建数据库结构，以便轻松地导航数据库对象之间的关系，然后在数据库中查询相关对象。

试一试   导航数据库关系：BeginningCSharpAndDotNet_17_1_CodeFirstDatabase

按照以下步骤在 Visual Studio 中创建例子。

(1) 在目录 C:\BeginningCSharpAndDotNet\Chapter17 下创建一个新的控制台应用程序项目 BeginningCSharpAndDotNet_17_1_CodeFirstDatabase。

(2) 打开主源文件 Program.cs。在声明 Book 类之后，添加新类 Store 和 Stock 的声明，如下面的代码所示。确保将 Inventory 和 Item 声明为虚拟的。后面说将说明原因：

```
public class Book
{
    public string Title { get; set; }
    public string Author { get; set; }
    [Key]
    public int Code { get; set; }
}
public class Store
{
    [Key]
    public int StoreId { get; set; }
    public string Name { get; set; }
    public string Address { get; set; }
    public virtual List<Stock> Inventory { get; set; }
}
public class Stock
{
    [Key]
    public int StockId { get; set; }
    public int OnHand { get; set; }
    public int OnOrder { get; set; }
    public virtual Book Item{ get; set; }
}
```

(3) 接下来将 Stores 和 Stocks 添加到 DbContext 类中：

```
public class BookContext : DbContext
{
    public DbSet<Book> Books { get; set; }
```

```
    public DbSet<Store> Stores { get; set; }
    public DbSet<Stock> Stocks { get; set; }
```

(4) 现在向 Main()方法添加代码，以使用 BookContext 并创建 Book 类的两个实例：

```
class Program
{
    static void Main(string[] args)
    {
        using (var db = new BookContext())
        {
            Book book1 = new Book
            {
                Title = "Beginning C# and .NET",
                Author = "Perkins, Reid"
            };
            db.Books.Add(book1);
            Book book2 = new Book
            {
                Title = "Beginning XML",
                Author = "Fawcett, Quin, and Ayers"
            };
            db.Books.Add(book2);
        }
```

(5) 现在为第一个 Store 和它的 Inventory 添加一个实例，仍然在 using(var db = new BookContext())
子句中：

```
var store1 = new Store
{
    Name = "Main St Books",
    Address = "117 Main St",
    Inventory = new List<Stock>()
};
db.Stores.Add(store1);
Stock store1book1 = new Stock
    { Item = book1, OnHand = 4, OnOrder = 6 };
store1.Inventory.Add(store1book1);
Stock store1book2 = new Stock
    { Item = book2, OnHand = 1, OnOrder = 9 };
store1.Inventory.Add(store1book2);
```

(6) 现在为第二个 Store 和它的 Inventory 添加一个实例：

```
var store2 = new Store
{
    Name = "Campus Books",
    Address = "317 College Ave",
    Inventory = new List<Stock>()
};
db.Stores.Add(store2);
Stock store2book1 = new Stock
    { Item = book1, OnHand = 7, OnOrder = 17 };
store2.Inventory.Add(store2book1);
Stock store2book2 = new Stock
    { Item = book2, OnHand = 2, OnOrder = 8 };
store2.Inventory.Add(store2book2);
```

(7) 接着保存数据库的修改，与前面的例子相同：

```
db.SaveChanges();
```

(8) 现在在所有的书店上创建一个 LINQ 查询：

```
var query = from store in db.Stores
            orderby store.Name
            select store;
```

(9) 最后添加代码，输出查询的结果，并暂停：

```
WriteLine("Bookstore Inventory Report:");
foreach (var store in query)
{
    WriteLine($"{store.Name} located at {store.Address}");
    foreach (Stock stock in store.Inventory)
    {
        WriteLine($"-Title:{stock.Item.Title}");
        WriteLine($"-- Copies in Store: {stock.OnHand}");
        WriteLine($"-- Copies on Order: {stock.OnOrder}");
    }
}
WriteLine("Press a key to exit...");
ReadKey();
```

(10) 生成程序，但先不要运行它。在尝试运行程序之前，添加一个迁移以更新数据库。进入 Tools | NuGet Package Manager | Package Manager Console，然后运行 Add-Migration StoresAndStocks，之后运行 Update-Database，如下所示：

```
PM>
PM> Add-Migration StoresAndStocks
Build started...
Build succeeded.
To undo this action, use Remove-Migration.
PM> Update-Database
Build started...
Build succeeded.
Applying migration '20210321220025_StoresAndStocks'.
Done.
PM>
```

(11) 编译并执行程序(只需按下 F5 进行 Start Debugging)。得到的书店库存信息如图 17-17 所示。按任意键结束程序，关闭控制台屏幕。如果使用 Ctrl+F5(启动但不调试)，就可能需要按 Enter/Return 键两次。结束程序的运行。现在分析它是如何工作的。

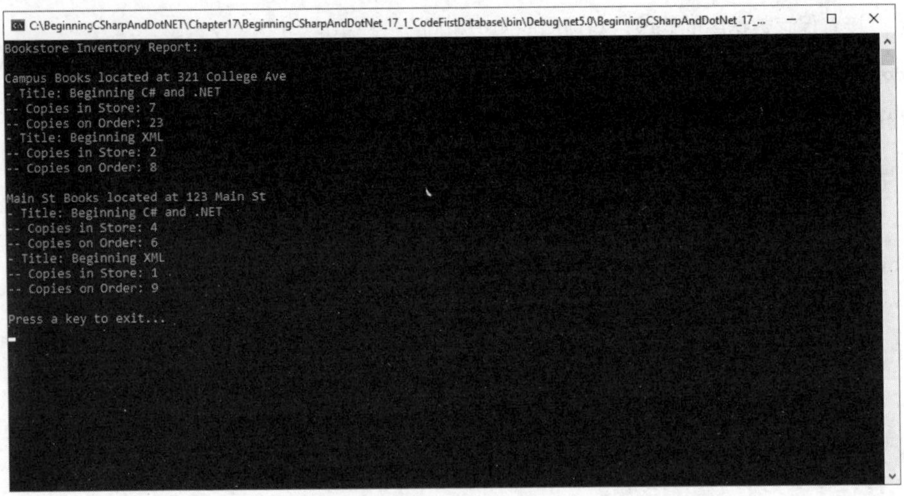

图 17-17

示例说明

Entity Framework 的基础 DbContext 和数据注解在前面的例子中讲过了。所以这里只关注不同之处。

Store 和 Stock 类和原来的 Book 类是相似的，但给 Inventory 和 Item 添加了一些新的 virtual 属性，如下所示：

```
public class Store
{
    [Key]
    public int StoreId { get; set; }
    public string Name { get; set; }
    public string Address { get; set; }
    public virtual List<Stock> Inventory { get; set; }
}
public class Stock
{
    [Key]
    public int StockId { get; set; }
    public int OnHand { get; set; }
    public int OnOrder { get; set; }
    public virtual Book Item{ get; set; }
}
```

Inventory 属性的外观和行为像一个普通的内存中 List<Stock>集合。然而，因为它声明为 virtual，所以在数据库中存储和检索它时，Entity Framework 可以重写其行为。

使用 Entity Framework 中的迁移工具来生成迁移 StoresAndStocks，以使用这些新类更新数据库。迁移处理数据库细节，例如向数据库中的 Stocks 表添加外键列，以实现 Store 及其 Stock 记录之间的 Inventory 关系。同样，迁移将另一个外键列添加到数据库中的 Stock 表中，以实现 Stock 和 Book 之间的 Item 关系。

过去，必须决定如何将程序中的集合映射到数据库中的外键列上，并在设计发生变化时，使这些代码保持最新。然而，有了 Entity Framework 迁移工具，就不需要知道这些细节。使用代码优先方式，只需要处理 C#类和集合，Entity Framework 会自动完成其他工作。

接下来在 BookContext 中添加 Store 和 Stock 的 DbSet 类。

```
public class BookContext : DbContext
{
    public DbSet<Book> Books { get; set; }
    public DbSet<Store> Stores { get; set; }
    public DbSet<Stock> Stocks { get; set; }
}
```

然后用这些 DbSet 类来创建两本书、两家商店和两个库存记录(每个商店中的每本书)的实例:

```
class Program
{
    static void Main(string[] args)
    {
        using (var db = new BookContext())
        {
            Book book1 = new Book
            {
                Title = "Beginning C# and .NET",
                Author = "Perkins, Reid "
            };
            db.Books.Add(book1);
            Book book2 = new Book
            {
                Title = "Beginning XML",
                Author = "Fawcett, Quin, and Ayers"
            };
            db.Books.Add(book2);
            var store1 = new Store
            {
                Name = "Main St Books",
                Address = "117 Main St",
                Inventory = new List<Stock>()
            };
            db.Stores.Add(store1);
            Stock store1book1 = new Stock
                { Item = book1, OnHand = 4, OnOrder = 6 };
            store1.Inventory.Add(store1book1);
            Stock store1book2 = new Stock
                { Item = book2, OnHand = 1, OnOrder = 9 };
            store1.Inventory.Add(store1book2);
            var store2 = new Store
            {
                Name = "Campus Books",
                Address = "317 College Ave",
                Inventory = new List<Stock>()
            };
            db.Stores.Add(store2);
            Stock store2book1 = new Stock
                { Item = book1, OnHand = 7, OnOrder = 17 };
            store2.Inventory.Add(store2book1);
            Stock store2book2 = new Stock
                { Item = book2, OnHand = 2, OnOrder = 8 };
            store2.Inventory.Add(store2book2);
```

创建对象后，将更改保存到数据库中：

```
db.SaveChanges();
```

然后建立一个简单的 LINQ 查询，列出所有商店的信息：

```
var query = from store in db.Stores
            orderby store.Name
            select store;
```

打印查询结果的代码非常简单，因为它只处理对象和集合，没有数据库的特定代码：

```
WriteLine("Bookstore Inventory Report:");
foreach (var store in query)
{
    WriteLine($"{store.Name} located at {store.Address}");
    foreach (Stock stock in store.Inventory)
    {
        WriteLine($"-Title: {stock.Item.Title}");
        WriteLine($"-- Copies in Store: {stock.OnHand}");
        WriteLine($"-- Copies on Order: {stock.OnOrder}");
    }
}
```

为打印每个商店的库存，只需要使用一个 foreach 循环，与处理任何集合一样。这就是本示例的全部内容。下面继续从现有数据库中查询数据！

> **注意：**
> 本示例只运行一次，以创建显示的数据。如果多次运行该示例，将在数据库中创建重复的数据，并可能出现意想不到的结果。

17.9 在已有的数据库中创建和查询 XML

最后一个例子将结合前面所学的 LINQ、数据库和 XML。

下面的示例将创建一个查询，在前面的示例数据库中查找一些数据，使用 LINQ to Entities 查询数据，然后使用 LINQ to XML 类把数据转换为 XML。这是一个数据库优先示例，而不是代码优先编程例子，它利用现有的数据库，并从中生成 C#对象。

试一试 从数据库中生成 XML：BeginningCSharpAndDotNet_17_2_ XMLfromDatabase

按照以下步骤在 Visual Studio 中创建例子。

(1) 在目录 C:\BeginningCSharpAndDotNet\Chapter17 下创建一个新的控制台应用程序 BeginningCSharpAndDotNet_17_2_ XMLfromDatabase。出现提示时，把 TargetFramework 设置为.NET 5.0 (Current)

(2) 如第一个示例所述，请访问 Tools | NuGet Package Manager | Manage NuGet Packages for Solution。取消选中 Preview packages 选项，然后在 Manage Packages for Solution 窗口中单击 Browse。寻找 EntityFrameworkCore 在解决方案中安装 Microsoft.EntityFrameworkCore、Microsoft. EntityFrameworkCore.Design、Microsoft.EntityFrameworkCore.Tools 和 Microsoft.EntityFrameworkCore. SqlServer 包。单击 Install，预览更改，并接受每个更改的许可协议。

(3) 现在，从前面示例中创建的数据库搭建框架。进入 Tools | NuGet Package Manager | Package Manager Console。在 PM>命令提示符下，输入 Scaffold-DbContext，后跟之前用引号括起来的连接字符串，然后是提供商名称 Microsoft.EntityFrameworkCore.SqlServer，所有这些都在一行中，如下所示：

```
PM> Scaffold-DbContext "Server=(LocalDB)\MSSQLLocalDB;Database=Books;Integrated
Security=True" Microsoft.EntityFrameworkCore.SqlServer
Build started...
Build succeeded.
PM>
```

可能会看到关于将连接字符串直接存储在生成的类中的警告。对于在网络上使用共享数据库的业务应用程序，不建议将连接字符串存储在类中，但是由于你有一个本地数据库，并且没有在连接字符串中直接指定用户或密码，所以这不是一个问题。

(4) 在 scaffolding 命令运行之后，在 Solution Explorer 中会看到 Book、BooksContext、Store 和 Stock 的新类文件，如图 17-18 所示。

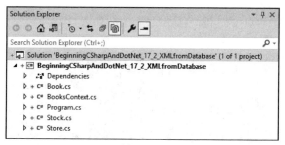

图 17-18

(5) 打开 Program.cs 主源文件。

(6) 在 Program.cs 的开头添加对 System.Linq、System.Xml.Linq、static System.Console 名称空间的引用，如下所示：

```
using System;
using System.Linq;
using System.Xml.Linq;
using static System.Console;
```

(7) 在 Program.cs 中给 Main()方法添加如下代码：

```
static void Main(string[] args)
{
    using (var db = new BooksContext())
    {
        var query = from store in db.Stores
                    orderby store.Name
                    select store;
                    foreach (var s in query)
        {
            XElement storeElement = new XElement("store",
                new XAttribute("name", s.Name),
                new XAttribute("address", s.Address),
                from stock in s.Stocks
                select new XElement("stock",
                    new XAttribute("StockID", stock.StockId),
                    new XAttribute("onHand",
```

```
                     stock.OnHand),
                  new XAttribute("onOrder",
                     stock.OnOrder),
               new XElement("book",
               new XAttribute("title",
                  stock.ItemCodeNavigation.Title),
               new XAttribute("author",
                  stock.ItemCodeNavigation.Author)
               )// end book
            ) // end stock
         ); // end store
         WriteLine(storeElement);
      }
      Write("Program finished, press Enter/Return to continue:");
      ReadLine();
   }
}
```

(8) 编译并执行程序(可以按 F5 键，启动调试)。输出如图 17-19 所示。

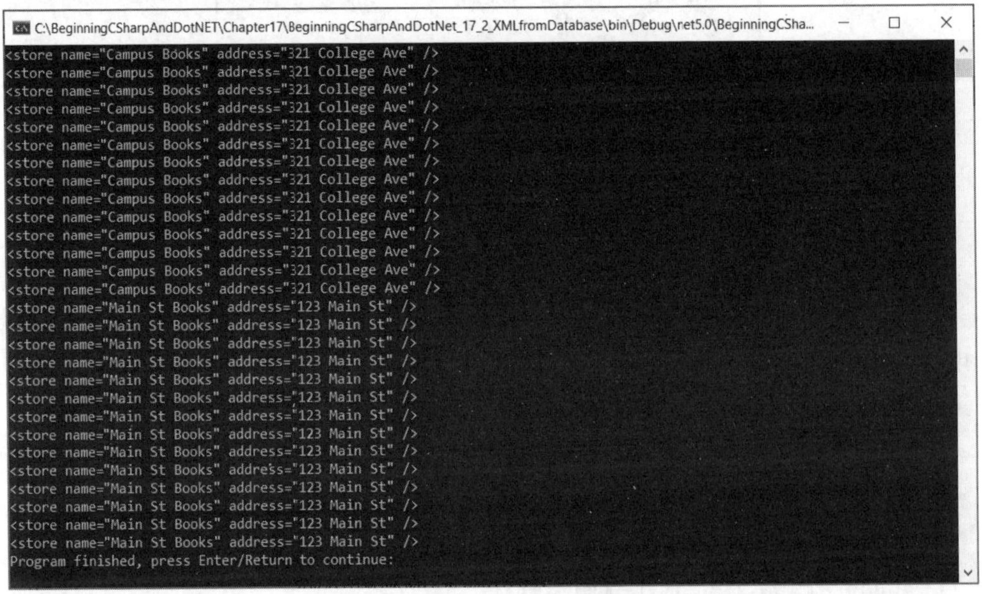

```
C:\BeginningCSharpAndDotNET\Chapter17\BeginningCSharpAndDotNet_17_2_XMLfromDatabase\bin\Debug\net5.0\BeginningCSha...
<store name="Campus Books" address="321 College Ave" />
<store name="Campus Books" address="321 College Ave" />
<store name="Campus Books" address="321 College Ave" />
<store name="Campus Books" address="321 College Ave" />
<store name="Campus Books" address="321 College Ave" />
<store name="Campus Books" address="321 College Ave" />
<store name="Campus Books" address="321 College Ave" />
<store name="Campus Books" address="321 College Ave" />
<store name="Campus Books" address="321 College Ave" />
<store name="Campus Books" address="321 College Ave" />
<store name="Campus Books" address="321 College Ave" />
<store name="Campus Books" address="321 College Ave" />
<store name="Campus Books" address="321 College Ave" />
<store name="Campus Books" address="321 College Ave" />
<store name="Main St Books" address="123 Main St" />
<store name="Main St Books" address="123 Main St" />
<store name="Main St Books" address="123 Main St" />
<store name="Main St Books" address="123 Main St" />
<store name="Main St Books" address="123 Main St" />
<store name="Main St Books" address="123 Main St" />
<store name="Main St Books" address="123 Main St" />
<store name="Main St Books" address="123 Main St" />
<store name="Main St Books" address="123 Main St" />
<store name="Main St Books" address="123 Main St" />
<store name="Main St Books" address="123 Main St" />
<store name="Main St Books" address="123 Main St" />
<store name="Main St Books" address="123 Main St" />
<store name="Main St Books" address="123 Main St" />
Program finished, press Enter/Return to continue:
```

图 17-19

按 Enter/Return 键退出程序，关闭控制台屏幕。如果使用 Ctrl+F5 键(启动但不调试)，就可能需要按 Enter/Return 键两次。

示例说明

在用 Program.cs 编写代码之前，运行 scaffolding 命令从数据库生成 C#类。此命令为 Books、BooksContext、Stores 和 Stock 生成新的类文件。注意，生成的 BooksContext 类包含在 Package Manager Console 中运行 Scaffold-DbContext 命令时指定的连接字符串。

在 Program.cs 中添加了对 System.Linq、System.Xml.Linq、static System.Console 名称空间的引用，以生成 LINQ 查询，然后用 LINQ 到 XML 构造函数类在 XML 中显示结果。

在主程序中，创建了 BooksContext 数据库上下文类的实例和与前面例子中相同的 LINQ to Entities

查询：

```
using (var db = new BooksContext())
{
    var query = from store in db.Stores
                orderby store.Name
                select store;
```

在 foreach 循环里处理查询的结果时，使用 LINQ to XML 类、LINQ to XML 的一组嵌套元素和特性，把查询结果转换成 XML。

```
foreach (var s in query)
{
    XElement storeElement = new XElement("store",
        new XAttribute("name", s.Name),
        new XAttribute("address", s.Address),
        from stock in s.Stocks
        select new XElement("stock",
            new XAttribute("StockID", stock.StockId),
            new XAttribute("onHand",
                stock.OnHand),
            new XAttribute("onOrder",
                stock.OnOrder),
        new XElement("book",
        new XAttribute("title",
            stock. ItemCodeNavigation.Title),
        new XAttribute("author",
            stock.ItemCodeNavigation.Author)
        )// end book
    ) // end stock
); // end store
    WriteLine(storeElement);
}
```

这就使用 LINQ 和 Entity Framework 的全部功能，把第 16 章和 17 章的数据访问知识结合到一个程序中。

17.10 习题

(1) 修改第一个示例 BeginningCSharpAndDotNet_17_1_CodeFirstDatabase，提示用户输入书名和作者，把用户输入的数据存储到数据库中。

(2) 如果反复运行，第一个例子 BeginningCSharpAndDotNet_17_1_CodeFirstDatabase 会创建重复的记录。修改例子，使其不创建重复的记录。

(3) 最后一个例子 BeginningCSharpAndDotNet_17_2_ XMLfromDatabase 生成的 BookContext 类所使用的关系名称不同于前面的示例 BeginningCSharpAndDotNet_17_2_XMLfromDatabase。修改 BookContext 类，以使用相同的关系名。

(4) 使用代码优先创建一个数据库，存储第 15 章的 GhostStories.xml 文件中的数据。

附录 A 给出了习题答案。

17.11 本章要点

主题	要点
使用数据库	数据库是永久的、结构化的数据仓库。有许多不同类型的数据库，业务数据最常用的类型是关系数据库
Entity Framework	Entity Framework 是一组.NET 类，表示 C#对象和关系数据库之间的对象-关系映射
代码优先和数据库优先	代码优先方法从 C#类中创建数据库。数据库优先方法从预先存在的数据库中创建 C#类
迁移和搭建框架	迁移是 Entity Framework 为代码优先生成的类，随着 C#类的发展更新数据库。搭建框架是数据库优先使用的方法，从现有数据库中生成 C#类。
如何在数据库中使用 LINQ	LINQ 支持使用相同的 Entity Framework 类对数据库进行强大的查询来创建数据
如何导航数据库关系	Entity Framework 允许在数据库中通过使用 C#代码中的虚拟属性和集合，创建和导航相关实体
如何在数据库中创建和查询 XML	可在单个查询中组合使用 LINQ to Entities、LINQ to Objects 和 LINQ to XML，在数据库中构建 XML

第 III 部分
云和跨平台编程

第18章

.NET 与 ASP.NET

本章内容:

- 跨平台的基础知识
- .NET Standard 的含义
- 引用与目标.NET
- .NET Core 的含义
- 从.NET Framework 移植到.NET
- Web 应用程序概述
- 使用哪个 ASP.NET 和原因

本章源代码下载:

本章源代码可以通过本书合作站点 www.wiley.com 上的 Download Code 选项卡下载，也可以通过网址 github.com/benperk/BeginningCSharpAndDotNET 下载。下载代码位于 Chapter18 文件夹中并已根据本章示例的名称单独命名。

在许多年间，甚至可能是在几十年的时间内，Microsoft Windows 操作系统这个平台的使用率和市场占有率非常高，所以对跨平台支持的需求非常有限。公司和开发人员使用.NET Framework 创建软件，并不考虑支持 Android、Apple 或 Linux，所创建的软件只运行在 Microsoft Windows 平台上。随着移动设备、IoT 设备和基于触摸操作的设备的兴起，这些平台也开始受到广泛欢迎，使得许多公司开始重新思考自己对跨平台的支持以及面临的机遇。

.NET Framework 在一开始设计时，目标就是能跨平台运行，能在不同类型的处理器(如 x86、ARM 或 x64)上运行，并能与其他编程语言互操作。设想的.NET Framework 跨平台运行的方式是，首先编译为一种中间语言，常被称为通用中间语言(Common Intermediate Language，CIL)，之前被称为 Microsoft Intermediate Language (MSIL)。CIL 被认为是人类可读的最低级代码。CIL 然后被编译为本机代码，即处理器直接执行的机器码(0 和 1)。编译成本机代码后(稍后讨论这个过程)，指令就能在目标平台和处理器上运行。最后，根据处理器的类型和版本，可对 CIL 编译成本机代码的过程进行优化。例如，Intel Core i5 处理器的一些功能和指令集在 Pentium 4 处理器上是找不到的。

> **注意:**
> 本章不讨论如何根据处理器类型来配置编译器选项，进而优化执行。你可在互联网上搜索".NET Compiler Optimizations"，了解关于这个高级主题的更多信息。

可采取两种方法将 CIL 代码编译为本机代码：实时(Just in Time，JIT)或预先(Ahead of Time，AOT)编译。从"实时"这个名称可以猜到，这种编译是在执行程序集的内容时发生的。这意味着将 C#代码部署到一个平台上时，代码会保持 CIL 形式，直到请求调用方法时才编译。程序集(或.dll)在用到的时候会一次编译一点儿。这与 AOT 不同。在 AOT 编译中，所有程序集在被部署之前，先在目标平台和处理器类型上编译为本机代码。AOT 编译中使用的工具是 NGEN。

.NET Framework 跨平台支持的前提是有一个公共语言运行库(Common Language Runtime，CLR)，它可将 CIL 转换为在目标平台上运行的本机代码。CLR 常被称为"虚拟机"(但不要与使用 Hyper-V 或 VMWare 创建的 VM 混淆)。如果没有用于 Android、Apple OS 或 Linux 的 CLR 虚拟机，CIL 就无法编译并运行在这些平台上。但.NET Framework 并没有完整地创建或支持这些虚拟机，这是 Mono 和 Xamarin 兴起的主要原因，最终也导致.NET Standard 和.NET Core 框架的出现。

最后，从互操作的角度看，.NET Framework 库可被多种语言使用，如 F#、PowerShell、Eiffel、COBOL 和 Visual Basic .NET。"互操作"这个概念指的是，如果一个模块(如 DLL 文件)是用 F#编写的，那么用任何支持的 CLI 语言(如 C#)编写的程序都可使用该模块内的对象和方法。要使用这些对象和方法，需要把该 F#模块作为引用添加到 C#项目中，然后在.cs 文件的顶部用 using 指令声明该模块。

现在，你知道了.NET Framework 最初被设计为跨平台运行，以及最初设想的实现这种跨平台运行的方式(使用 CIL 和 CLR 虚拟机)。本章的剩余部分将讨论从.NET Framework 转向.NET Core 的原因，并列举一些示例来说明如何创建.NET Standard 库和.NET Core 项目。下一节先介绍一些必须知道的跨平台和开源方面的术语。

18.1 跨平台基础知识以及必知的关键术语

跨平台程序就是可运行在多个操作系统上的程序，这里的操作系统可以是 Microsoft Windows、Android、macOS 和 Linux 等。创建跨平台程序的目标是，只编写程序一次，然后在支持的操作系统上编译，部署该程序后，代码在每个目标操作系统上以相同的方式执行，并表现出一致的行为。在过去，即使使用了开源库(如 Mono 或 Java)也很难实现这个目标，而且如前所述，如果使用完整的.NET Framework，并不能真正地创建跨平台的程序。面临的许多复杂问题源于跨平台代码在使用操作系统服务(如磁盘 I/O、安全协议和网络访问)时，对不同操作系统的服务之间存在的细微差别进行处理的方式。

随着程序员开始将更多注意力放在编写能够轻松跨平台运行的 C#代码上，考虑这些为数众多的"必知"概念和术语，有助于打下坚实基础。表 18-1 列举并描述了这些关键术语。

表 18-1 关键的跨平台术语

关键术语	描述
.NET Native	创建的本机代码将被预先编译
API	应用程序编程接口(Application Programming Interface，API)公开了类、委托、枚举、接口和结构，供其他程序使用
程序集	一个.dll 或.exe 文件，公开了 API，供其他程序集或可执行文件使用

(续表)

关键术语	描述
BCL	基类库(Base Class Library，BCL)是常用类、接口和值类型的一个集合。例如，System.*指令中的类、接口、方法和值类型
CoreCLR	与 CLR 相同，但可跨平台运行。这是.NET Core 的公共语言运行库引擎
CoreFX	.NET Core System.*名称空间，严重依赖于运行库
CoreRT	类似于 CoreCLR 运行库，但没有 JIT 编译器。程序将预先编译(参见.NET Native)，在这个过程中，将移除所有多余的代码和元数据
跨平台	编写代码一次，当针对目标平台编译代码后，就能在任何支持的硬件和软件平台上运行代码
依赖	编译程序或完成某个任务必须用到的一组特定程序集
生态系统	社区资源、开发工具和运行库软件的总称
分支(forking)	也称为 branch，但暗含着开发社区的一种分支。分支就是用现有的源代码存储库的副本，进行新的独立开发。例如，.NET Core 就是.NET Framework 的一个分支
框架/库	API 的丰富集合，用于创建专注于特定垂直模型的程序，以程序集的形式出现
GitHub	一个在线的开源代码存储库，用于分享和更新公共可用的和社区支持的代码，以及创建这种代码的分支
硬件平台	x86、64 位、Itanium、ARM 等
元数据	提供了关于其他数据的信息的数据，如创建日期、创建者和文件大小
元包	一组相互依赖的包，但没有自己的库或程序集
NuGet	一个用于.NET 的包管理器，可帮助开发人员创建和使用包
开源	由软件开发人员的开放社区编写和支持的框架和代码库。可根据特定开源库的许可使用对应的库
包	一组程序集和元数据
PCL	可移植类库(Portable Class Library，PCL)是一个类库，不必重新编译就可以运行在多个.NET 垂直模型中
运行库	公共语言运行库(Common Language Runtime，CLR)。CLR 管理内存分配(垃圾回收)、编译和执行
语义版本	此概念采用以下格式来描述修改的规模和类型：[MAJOR].[MINOR].[PATCH]。如果 MAJOR 数字发生变化，则该版本的影响比 MINOR 发生变化时更大
软件平台	操作系统：Windows、Linux、Android、macOS、iOS 等
堆栈(stack)	在一起使用的硬件、软件和生态系统，用来构建和运行程序，如 Windows 堆栈、Linux 堆栈等
标准	API 的正式规范或协定
目标框架	程序依赖的 API 集合，如 dotnet-sdk-5.0.102-win-x64
TFM	目标框架名对象(Target Framework Moniker，TFM)是目标框架的精简版本，如 netstandard2.1、netcoreapp3.1 或.net5.0。TFM 常用于让程序面向特定的框架版本
版本	框架的每个版本包含新的或改进的 API，还可能包含对 bug 的修复
垂直模型(Verticals)	Windows Forms、ASP.NET、WPF、WCF 等；常称为应用程序模型

理解了这些关键的术语后，我们接下来讨论 Microsoft 新引入的跨平台库和框架：.NET Standard 和.NET Core。

18.2   .NET Standard 的含义

在开始之前，需要注意的是，自从.NET 5 在 2020 年发布以来，.NET Framework、.NET Core 和.NET Standard 已经正式消失；与这些术语相关的书面讨论仍留在书中，因为学习 C#和.NET 的人肯定会遇到它们，可能会有一些问题。然而.NET Framework、.NET Core 和.NET Standard 这些术语并没有完全消失。微软不再使用这三个名字，而是将它们各自的功能合并到一个库中，并决定将其简单地称为.NET。今后，只有在引用.NET Framework、.NET Core 和.NET Standard、时才使用.NET 这个术语。这反映了微软最近选择的道路。在引用旧方法的情况下，将使用旧名称。

将所有功能合并到一个.NET 库中的驱动原因如图 18-1 所示。注意开发人员和公司可针对多个垂直模型或应用程序模型创建程序。例如，Windows Forms、ASP.NET 和 WPF 基于完整的.NET Framework，Windows Phone 使用.NET Compact Framework，Universal Windows Apps 则基于.NET Native 库。

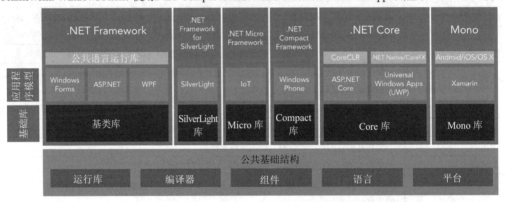

图   18-1

图 18-1 中显示的.NET Compact Framework、.NET Core、.NET Microframework 和其他框架都包含某种类型的基类库(BCL)功能，这些功能是从完整的.NET Framework 分支出来的。

> **注意:**
> 分支说明基础代码具有稳固基础，现在被用于一个独立的、特别定制的代码版本。

以.NET Microframework 分支为例。这个分支有精简后的 BCL，专门用在小型物联网(Internet of Things，IoT)设备上，对于这种设备来说，完整的.NET Framework 占用的空间太大，不能作为在这种硬件平台上可行的库。对于小型设备，完整的.NET Framework 使用的存储空间和内存空间太大了。.NET Microframework 的大小和内存需求都降低了，所以能在该平台上有效工作。为减小.NET Microframework，移除了完整的.NET Framework 中常见的一些功能。精简和/或修改的功能要求开发人员了解该特定框架的垂直模型 BCL 库的细节。每个应用程序模型的需求集都稍有区别，所以才会从.NET Framework 生成许多分支。

当开发人员想要让程序运行在 Windows PC 以及 Windows Phone 上，并作为 Universal Windows App 运行时，以前必须为这些垂直模型创建多个项目和源代码。从前面的内容可以知道，大部分时候，每个垂直模型 BCL 库的功能实现都明显不同，在安全性、联网功能、远程处理、反射和文件访问等方面尤其如此。这就要求开发人员学习、开发和支持每个垂直模型的 BCL 库限制，带来的后果就是公司的成本增加。成本增加的原因在于需要开发、测试、部署和支持同一个程序的多个版本。

从图 18-1 中还可以看到,每个应用程序模型使用的每个.NET Framework 运行库(Compact、Micro、Silverlight、Core 等)对于在目标垂直模型和平台上成功运行程序仍然是不可或缺的。当开发人员决定将某个垂直模型作为目标时,就会在 Visual Studio 中创建解决方案和项目的时候选择目标框架。因此,每个垂直模型将在自己的运行库或虚拟机内执行,并且必须针对目标应用程序模型进行编译,在部署时带有依赖的组件,并且是使用.NET Framework 支持的语言编写的。当面向.NET Standard 类库时同样如此。

18.2.1 共享项目、PCL 和.NET Standard

在.NET Standard 和可移植类库(PCL)出现之前,有一个共享项目的概念,在共享项目中,常使用 #if、#else 和#endif 指令来标识代码运行在什么软件或硬件平台上,然后为对应平台加载正确的程序集。例如,下面的代码段检查平台是不是.NET Framework 4.0。如果是,就引用 System.Net; 如果不是,就引用 System.Net.Http(代码假定没有比 4.0 更早的.NET Framework 版本)。后面,在代码或类文件中,开发人员必须再次检查平台依赖,并调用那些类中的方法来实现程序的目标,如使用 WebClient() 或 HttpClient()方法。这些方法处理传出或传入的 HTTP 请求和响应。加载的.NET Framework 的版本不同时,这两个方法的实现会有区别。

```
#if NET40
    using System.Net;
#else
    using System.Net.Http;
    using System.Threading.Tasks;
#endif
```

除了软件运行时验证,开发人员还可以使用那些指令(#if、#else、#endlif)来检查不同的硬件平台,并基于检查结果加载特定的二进制文件。

```
#if PLATFORM_X64
    [DllImport("BLIB64.dll", CallingConvention=CallingConvention.Cdecl)]
#else
    [DllImport("BLIB32.dll", CallingConvention=CallingConvention.Cdecl)]
#endif
```

使用#if、#else 和#endif 指令来提供跨平台支持,从来不是一种可靠的、可扩展的、可维护的或易于支持的方法。程序有许多代码路径,当软件或硬件组件发生变化时,需要进行大量更新,并执行复杂的测试过程。随着对面向多个垂直模型和平台的需求增加,非常需要一种新的解决方案来实现跨平台支持。这种需求催生了可移植类库(PCL)的概念。PCL 在很大程度上帮助解决了扩展、维护、测试和可支持性问题。创建 PCL 时,开发人员可从一个列表中选择要面向的垂直模型(如图 18-2 所示),使用的工具(如 Visual Studio)将在不同应用程序模型的 BCL 中生成 API。注意,还可安装额外的目标,如 Xamarin、Unity 以及完整.NET Framework 的其他支持版本。

图 18-2

　　如果仍在 Windows 堆栈和生态系统中进行开发，PCL 的效果很好。问题在于，Windows 操作系统的一些功能是这个操作系统独有的。例如，注册表就是这样的一个功能，其他操作系统要么没有这种功能，要么虽然有类似的功能，但区别很大，以至于不能使用为读写 Windows 注册表设计的 PCL。另外，Windows 实现反射的方式与其他操作系统不同，并且应用程序域(如 AppDomain)的概念也与其他操作系统不同。在 Windows 中，AppDomain 是进程内的一个隔离层。因此，使用 PCL 确实帮助解决了针对多个 Windows 垂直模型进行开发的问题，但并没有实现完全的软件和硬件跨平台支持。

　　Microsoft 给出的解决办法是创建.NET Standard 库和.NET Core。.NET Standard 是一组.NET API，设计目标是可用于所有.NET 垂直模型。如图 18-3 所示，它取代了每个分支或框架垂直模型中特定于 BCL 的实现细节。.NET Standard 类库将所有.NET Framework 垂直模型的 BCL 统一起来。

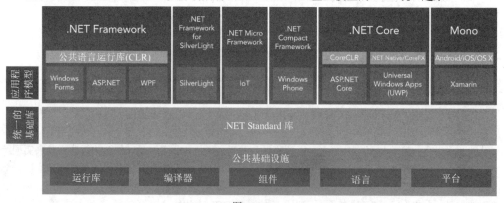

图 18-3

　　要详细了解.NET Standard 2.1(这是最新支持的版本)，请浏览这个页面：docs.microsoft.com/en-us/dotnet/standard/net-standard。现在应该对.NET Standard 类库的目的和行业向开源概念演变的历史有了一些了解。在许多方面，.NET Standard 是帮助开发人员向开源、跨平台解决方案迈进的一座桥梁。例如，如果开发人员在使用.NET Core 1.0 时发现了一个缺失的功能，那么解决方案就是在.NET Standard 类中创建一个针对.NET Framework 的类。随着每个版本的发布，.NET. Core 包含了.NET Framework 中越来越多的功能，.NET. Core 5 是第一个可以与.NET Framework 媲美的版本。

18.2.2　构建和打包.NET Standard 库

.NET Standard 类库是一个 BCL，可用于跨许多不同的应用程序垂直模型运行。下例将创建一个.NET Standard.类库，其中包含发一手牌所需的类。

试一试　创建.NET Standard 类库

使用 Visual Studio 创建.NET Standard 类库，其中包含本书中使用的 Card 游戏示例所需的类，并将其打包到 NuGet 包中。

(1)通过创建一个新项目来创建新的.NET Standard 类库：选择 Class library (见图 18-4)，单击 Next 按钮，将类库命名为 Ch18CardLibStandard，将 Location 设置为 C:\BeginningCSharpAndDotNET\ Chapter18，然后单击 Create 按钮。

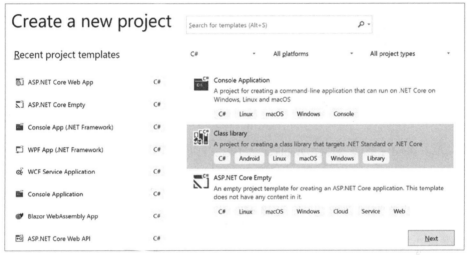

图　18-4

(2) 因为不需要默认类，右击 Class1.cs 文件(它是默认创建的)，选择 Delete 菜单项，这将从项目中删除类。

(3) 从在线存储库下载 CardGame.cs 示例代码，并将其添加到 Ch18CardLibStandard 项目的根目录中。要添加它，右击 Ch18CardLibStandard 项目，然后选择 Add|Existing Item，并从下载的示例中选择 CardGame.cs 类。

> **注意：**
> CardGame.cs 类包含前面 Ch13CardLib 练习中的类。只进行了一些修改，如删除了 WriteLine()和 ReadLine()方法，将它们和一些其他不需要的方法合并到一个文件中。

(4) 如图 18-5 所示，将项目设置为 Release 模式，在 Ch18CardLibStandard 项目的 Properties 选项卡中右击项目，选择 Properties，确认 Target framework 设置为.NET Standard 2.1。

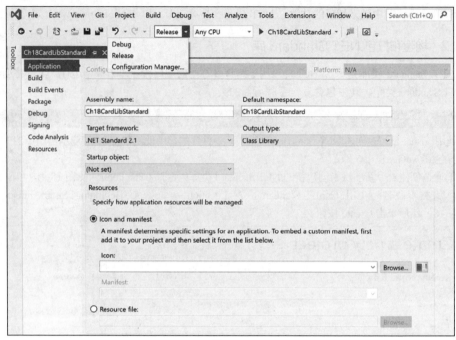

图　18-5

(5) 单击 Build 子菜单，直接在 Application 子选项卡勾选 XML documentation file 复选框，然后保存。

(6) 单击 Package 子菜单。勾选 GenerateNuGetpackage on build 复选框。

(7) 右击 Ch18CardLibStandard，然后单击 Edit Project File，更新 C#项目文件.csproj，如下所示。可随意更改任何属性值，如 Authors、PackageVersion 和 PackageTags。注意，由于显示原因，下面粗体代码片段中的行断开了，它应该是一行。

```
<Project Sdk="Microsoft.NET.Sdk">
  <PropertyGroup>
    <TargetFramework>netstandard2.1</TargetFramework>
    <GeneratePackageOnBuild>true</GeneratePackageOnBuild>
    <Version>2.0.0</Version>
    <PackageId>Ch18CardLibStandard</PackageId>
    <Authors>Benjamin Perkins</Authors>
    <Description>Beginning C# and .NET Standard CardLib</Description>
    <PackageRequireLicenseAcceptance>false</PackageRequireLicenseAcceptance>
    <PackageReleaseNotes>
      Beginning C# and .NET Standard CardLib for completing the Chapter 18 exercises
    </PackageReleaseNotes>
    <Copyright>Copyright 2021 (c). All rights reserved.</Copyright>
    <PackageTags>Beginning C# and .NET, CardLib</PackageTags>
  </PropertyGroup>

  <PropertyGroup Condition="'$(Configuration)|$(Platform)'=='Release|AnyCPU'">
    <DocumentationFile>
      C:\BeginningCSharpAndDotNET\Chapter18\Ch18CardLibStandard\
        Ch18CardLibStandard\Ch18CardLibStandard.xml
    </DocumentationFile>
```

```
</PropertyGroup></Project>
```

(8) 按 Shift＋F6 键或从工具栏中选择 Build|Build Ch18CardLibStandard 来构建或重建项目。

(9) 右击 Ch18CardLibStandard 项目，在文件资源管理器中选择 Open Folder，查看 bin\Release\netstandard2.1 目录中的输出，确认从构建中成功生成 XML 和 DLL 文件。还可在 bin\Release 目录中找到 Ch18CardLibStandard.2.0.0.nupkg 文件。

(10) 将刚创建的 NuGet 包.NET Standard Ch18CardLibStandard.2.0.0.nupkg 复制到 C:\Program Files (x86)\Microsoft SDKs\NuGetPackages。该目录是脱机存储 NuGet 包的位置；可能需要计算机的管理员特权才能将文件放在此目录中。

(11) 若需离线查看 NuGet 包，右击 Ch18CardLibStandard 项目，然后单击 Manage NuGetPackages，在 Packagesource 下拉菜单中选择 Microsoft Visual Studio Offline Packages。如图 18-6 所示。

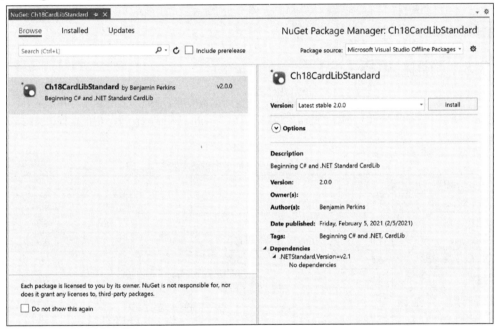

图   18-6

这就完成了.NETStandard 类库和 NuGet 包的创建。

示例说明

尽管这个示例针对.NETStandard 版本 2.1，但 CardLib 库中的 API 都不需要 2.1 支持的框架。这意味着，实际上，.NETStandard 版本可运行在.NETStandard 的任何版本上，因此可在所有操作系统上运行。

步骤(5)提示通过选中一个复选框来启用 XML 文档文件的创建。生成的 XML 文件中的信息是从类文件的摘要内容中收集的。这个信息和.csproj 文件中提供的信息用于在发布和打包 NuGet 包期间自动生成描述。例如，在 CardGame.cs 文件中的 Card 类上，就有这样一个摘要：

```
/// <summary>
/// Class that describes a single card
/// </summary>
```

/// \<summary>和/// \</summary>标记之间的内容表示 XML 文档文件的内容。本章后面的练习将从控制台应用程序中使用.NET Standard 类。

注意:

本例中的 NuGet 包虽然部署在本地,但程序员也可将其部署到 Nuget.org 上,将其设置为 public 或 private。NuGet 是目前和未来的.NET 包管理器,被许多程序员和公司用于公开产品。.NET Standard 库 Ch18CardLibStandard 公开托管在 NuGet.org 上。任何人都可在 Visual Studio 中选择 ManageNuGet Packages 或在 Package Manager Console 中输入如下命令,以浏览 Ch18CardLibStandard:

```
Install-Package Ch18CardLibStandard
```

然后将包安装到程序中。选择 Tools|NuGet Package Manager|Package Manager Console,可打开 Package Manager Console。

18.3 引用和目标.NET

在决定实现哪个版本的.NET Standard 时,决定因素是类库必须运行在什么平台和框架上。如表 18-2 所示,选择的.NET Standard 的版本越高,可用的 API(见表 18-2)越多,但能运行该类的平台也越少。

表 18-2　.NET Standard 支持的版本小结

框架						
.NET Standard	1.1	1.2	1.4	1.5	2.0	2.1
.NET	5.0	5.0	5.0	5.0	5.0	5.0
.NET Core	1.0	1.0	1.0	1.0	2.0	3.0
.NET Framework	4.5	4.5.1	4.6.1	4.6.1	4.6.1	无
Mono	4.6	4.6	4.6	4.6	5.4	6.4
Xamarin.iOS	10	10	10	10	10.14	12.16
Xamarin.Android	7.0	7.0	7.0	7.0	8.0	10.0
UWP	10	10	10	10	10	10

设想这样一个场景:.NET Standard 类库需要运行,面向的是.NET Core 1.0、.NET Framework 4.5.1 和 Xamarin.Android 7.0 框架。这种情况下,.NET Standard 类库必须面向.NET Standard 1.2 版本,因为此版本支持上述所有框架。考虑另一个场景:仍然需要面向上述所有框架,只是需要的.NET Framework 版本是 4.6.1。此时,.NET Standard 类库应该面向版本 1.4。如果.NET Framework 需要侧重于 4.5 版本,则应该知道的是,4.6.1 版本中也具有 4.5 版本的功能。旧版本的 API 也包含在了新版本中,所以不需要向下降级。

不同.NET Standard 版本中提供的功能有很大的不同。当目标为 1.0 时,访问程序执行所需特性的可能性比目标为 2.0 时要小。许多情况下,这些"老的"共享项目或 PCL 将针对老的.NET Framework 版本,这些版本根本没有移植到.NET Standard 版本。这意味着这些项目中的代码将无法运行,因为这些功能要么不存在,要么发生了很大的变化,或者根本不受支持。请记住.NET Standard 充当了.NET Framework、.NET Core 和.NET 之间的桥梁。.NET Standard 的每个版本都包含了额外的特性,每一次都更接近于支持.NET Framework 中的所有功能。

18.4 .NET Core 的含义

前面提到，.NET Standard 是用于所有 Windows 垂直模型的一个类库，.NET Core 就是这样的一个垂直模型。.NET Core 是完整的、功能丰富的.NET Framework 的一个分支，并且是跨平台和开源的。另外，.NET Core 针对在云平台(如 Microsoft Azure)上运行做了优化，并且是模块化的，性能很好，采用了真正独立的部署模型。

> 注意：
> 对于开发在 Windows 操作系统上运行，功能丰富并且基于 Windows 和 ASP.NET 的应用程序来说，完整版本的.NET Framework 仍然是一个受支持的选项。.NET Framework 的最终版本是 4.8。.NET Framework 不会添加任何新特性，相反，所有特性都将被添加到.NET 中。

.NET Core 3.1 版本是该库的最后一个版本；.NET 5.0，也就是.NET，是添加所有新特性和功能的版本。它是微软垂直开发领域的最新成员，注定会成为所有未来开发的首选框架。从现在开始，.NET 包含了旧.NET Framework 版本 4.8 中可用的所有功能和特性。

本章剩余部分将介绍使.NET Core 2.0 成为新的 Microsoft 垂直模型的合格元素。当然，在将来的某个时候，也可能是唯一的垂直模型。

18.4.1 跨平台

如表 18-1 所示，跨平台指的是编写代码一次，就可以在任何支持的硬件和软件平台上运行这些代码。但是，必须将对应的硬件和软件平台作为目标来编译代码，并包含特定的运行库。不过，代码只需要编写一次。.NET 可下载到 Windows、macOS 和 Linux 上。下载地址是 dotnet.microsoft.com/download/dotnet。

要在 Windows、macOS 或 Linux 上使用.NET，需要有一台运行相应操作系统的计算机，并且需要有一个支持.NET 的 IDE 来处理代码。对于使用.NET 进行开发，Visual Studio Code 是一个非常流行的 IDE，其下载地址为 https://code.visualstudio.com(如图 18-7 所示)。Visual Studio Code 能调试功能，并支持智能感知功能。

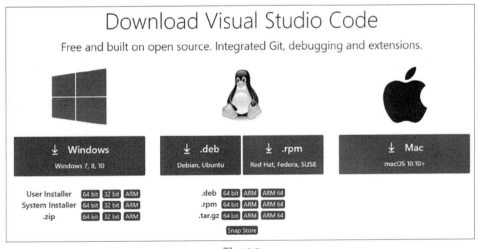

图 18-7

到目前为止,本书中的练习都使用了 Visual Studio Community。因为本书介绍的是 Microsoft 技术,并在 Windows 操作系统上完成练习,所以仍将使用 Visual Studio Community。但毋庸置疑,使用针对 Windows 的.NET 在 Windows 计算机上编写的代码,也可以在 Mac 或 Linux 机器上编译和执行。

必须重申一点:必须针对为目标操作系统编译的 System.IO.dll,编译特定于操作系统的功能,例如 System.IO 名称空间中包含的功能。因此,如果在 Linux 计算机上使用 Visual Studio Code 创建一个项目,并包含 System.IO 名称空间,那么该名称空间将是在 Linux OS 上运行项目必需的名称空间。本章稍后将介绍的 NuGet 可帮助确保项目得到适合对应平台的正确二进制文件。

18.4.2　开源

.NET 的源代码放到了如下地址:https://github.com/dotnet/core。任何开发人员(或者任何有能力读代码的人)都可以查看其源代码,了解它实现的操作。另外,开发人员可与其他开发人员合作,在源代码中查找、确认甚至修复 bug 或问题。注意,完整.NET Framework 的源代码地址为 http://referencesource.microsoft.com,但它不是开源的,因此既不能创建其分支,也不能构建/编译这个完整框架的一个版本。不要误认为只有克隆或下载.NET GitHub 存储库后生成并编译,才能使用.NET。如前所述,可以从 dotnet.microsoft.com/download/dotnet 下载并安装 Microsoft 创建的一个稳定编译版本。

如果发现.NET 源代码中缺少一个方法或类,或者让应用程序能够以最优方式运行的其他东西,就可以自行添加,而这正是开源的好处。当创建分支时,添加代码优化,并让社区知道你做了代码优化。如果社区接受你做的优化,就可以把它放到主分支中,并包含在下一个版本中。如果优化未被接受,就仅为需要该优化的项目编译和生成一个.NET 版本。

最后,通过使.NET 开源,Microsoft 让开发人员和设计师组成的开放社区真正参与进来,为他们提供一个极好的机会来做贡献,借此扬名,从而利用技能提升自己的职业机会。像这样主要由 Microsoft 开发人员编写的代码在以前对开放社区是封闭的。

18.4.3　针对云进行优化

定义云优化的堆栈的特性包括:
- 可移植性
- 可扩展性
  - 小而简洁
  - 模块化(并行执行)
- 弹性

.NET 是可移植的,并且是完全跨平台的。由于占用空间小(相对于完整的.NET Framework 肯定如此),它也是可扩展的。当编译.NET 程序时,只会把运行程序需要的二进制文件打包到程序集或可执行文件中,所以非常容易在其他云硬件上复制和运行程序。由于.NET 是完整.NET Framework 的一个分支,而完整的.NET Framework 是经过时间验证的、精心设计开发的编程库,所以代码对于暂时性问题和处理的异常表现出弹性恢复能力。更多信息请参见 19.2 节。

.NET 运行库的大小和速度也已被优化。在云中,用户需要按照使用量(如资源消耗量)付费,因此这一点就非常重要。因此,如果程序占用的空间小,运行速度快,需要的计算能力就少,成本会随之降低。

18.4.4　性能

相对于完整的.NET Framework,.NET 提供了许多性能改进。关于优化的许多想法都源自开源社区。现在，开发人员不必设法绕过性能问题，而可查看导致程序运行缓慢的源代码，并直接优化代码。在 COREFX 和 CORECLR GitHub 存储库中查找包含 performance 的请求，会看到数千个修改。表 18-3 给出了一些示例。

表 18-3　.NET Core 相比于.NET Framework 所做的性能改进

名称空间/模块	性能改进
`System.Runtime.Serialization`	12 倍
`System.Security.Cryptography`	2 倍
`System.IO.Compression`	4 倍
`System.Linq`	最高 30 倍
`System.Collections.Concurrent.CollectionBag<T>`	30%
`System.Collections.Generic.List<T>`	25%
`System.Collections.Generic.SortedSet<T>`	600 倍
`System.Collections.Generic.Queue<T>`	2 倍
`System.Text.RegularExpressions`	25%

已被实现的优化有很多，而随着更多开发人员和公司采用.NET 并为其做贡献，这个库会变得越来越好。在以下网址可查看关于 .NET 的性能改进的讨论：devblogs.microsoft.com/dotnet/performance-improvements-in-net-5/。

18.4.5　模块化设计

当创建一个新的.NET 项目时(下一个"试一试"将完成此操作)，项目中将包含一组"标准"依赖。展开 Dependencies | Frameworks | Microsoft .NetCore.App，就可以看到这些依赖，如图 18-8 所示。虽然项目中包含超过 100 个程序集，但编译后，其程序集或可执行文件中只会包含运行程序必需的和已引用的依赖。

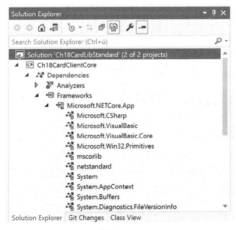

图　18-8

.NET 通过一组 NuGet 包交付。包含"标准的"或"默认的"项目程序集是为了支持某种场景，如开发人员的计算机没有连接到 Internet，所以无法下载和安装基本的 NuGet 包。但在创建.NET 项目后，这些默认的程序集就成为障碍。

18.4.6　独立的部署模型

完整的.NET Framework 最常被安装到将运行开发人员创建的程序的计算机或服务器上。这么做的一个好处是，只需要安装框架一次，所有应用程序就可以根据需要引用和使用该框架，从而节省本地存储空间。但是，有可能发生这样一种不期望遇到的场景：所有的应用程序引用相同的框架程序集，但是程序集被意外更新，破坏了一些代码功能。

对于完整的.NET Framework，有两种差别很大的升级类型：并行和就地升级。并行升级代表主版本的变化。例如，安装.NET Framework 2.0 和.NET Framework 4.0 可支持基于 2.0 或 4.0 版本的程序。当 CLR 和框架组件发生重要修改或优化时，可能出现这种情形。如果一个程序面向.NET Framework 2.0，但是安装的是.NET Framework 4.0，那么产生影响的风险很小，因为这两个版本是并行安装的。与之相对，就地升级(例如从.NET Framework 4.5 升级到.NET Framework 4.6.2)，则可能包含对 mscorlib.dll 和其他.NET 程序集的修改，而当程序面向.NET Framework 4.x 时，是需要运行这些文件的。

.NET 通过实现独立性(也称为应用程序本地框架)解决了这个问题。应用程序本地框架的含义是，程序内引用的程序集与模块或可执行文件包含在一起，当部署程序后，程序包含运行时需要的所有程序集(运行库、编译器和引用的框架组件)。程序不再依赖于在机器范围内安装的任何.NET Framework，对机器范围内的.NET Framework 版本所做的任何并行或就地修改，不会影响.NET 程序。最后，因为程序集很小、很简洁(如针对云优化)，所以占用的本地存储空间有限。

这意味着对于开发人员和公司来说，当交付产品后，他们可以确信即使在计算机或服务器上升级框架，程序也仍将继续工作。在过去，当发生破坏性升级后，开发人员和 IT 支持人员要参加问题升级会议，在危机状态下解决程序无法继续运行的问题。在企业中，这是非常复杂的情形，因为小组、团队和流程要想修改生产环境，需要获得许多人的同意和批准。常见做法是，当开发完成后，代码所有权就转交给支持团队，而这就是问题变得复杂和需要获得批准的根源所在。这些限制使得问题更具挑战性。

> **注意:**
> 相对于.NET Framework 需要在机器范围内进行修改，在开发环境中升级和回滚.NET 很简单。要升级到最新版本的.NET 模块，执行此命令即可：installpackage System.Text.RegularExpressions。要回滚到前一个版本，可使用-Version 参数来指定目标版本。

而选择.NET 作为框架时，这种危机场景将不会发生。相反，升级只在应用程序级别进行，在升级之前，可先进行大量的开发、集成和性能测试。如果升级到新的程序集版本时，在开发周期中发现了问题，开发人员和公司可决定采取什么行动。在开发环境中决定升级代码来支持新版本，或者回滚到升级前能良好工作的版本，要比在生产危机情形下做决定更容易。

.NET Standard 类库是在更早的时候创建并打包的；现在是使用它的时候了。继续阅读下去，理解.NET 是一个跨平台、开源的应用程序框架。结合使用.NET Core 与.NET Standard 类库，程序员只需要编写 BCL 一次，就在所有支持的垂直模型中使用它。.NET Core 的好处是，它提供了真正的跨平台支持。在下面的示例中，创建一个控制台应用程序来使用在上一节中创建的.NET Standard 类库。.NET.控制台应用程序将负责发牌。

下面将使用 Visual Studio 创建一个控制台应用程序，它将使用.NET Standard 类库 Ch18CardLibStandard 中的类和方法。

(1) 创建一个名为 Ch18CardClientCore 的新控制台应用程序，存储在 C:\BeginningC-SharpAndDotNET\Chapter18 目录下，单击 Next 按钮，从下拉菜单中选择.NET 5.0，单击 Create 按钮。

(2)右击 Dependencies | Manage NuGet Packages。如果.NET Standard NuGet 包放到 C:\Program Files (x86)\Microsoft SDKs\NuGetPackages 目录中，如前面所示(图 18-6)，则该包可以离线使用。

(3) 选择 Ch18CardLibStandard NuGet 包的本地拷贝，方法是从 Package source 下拉列表中选择 Microsoft Visual Studio Offline Packages(见图 18-6)，或者在下面的步骤 b 中提到的公共拷贝。执行步骤 a 或 b；两者都不是必需的。如果由于某种原因包没有显示在脱机列表中， 可以执行以下代码片段来手动安装它。确保在 Browse 选项卡上，而不是 Installed 选项卡上。

```
Install-Package "C:\Program Files(x86)\MicrosoftSDKs\NuGetPackages\Ch18CardLib-
Standard.2.0.0.nupkg"
```

a. 要安装本地包，可从脱机包列表中选择 Ch18CardLibStandard NuGet 包，然后单击 Install 按钮。

b. 要在 Package Manager Console 中安装公开包(由 Benjamin Perkins 编写)，可选择 Tools | NuGet Package Manager | Package Manager Console 菜单项。然后，执行下面的命令：

```
Install-Package Ch18CardLibStandard
```

(4) 打开 Program.cs 文件并更新代码，使其如下所示：

```csharp
using System;
using BeginningCSharp;
namespace Ch18CardClientCore
{
    class Program
    {
        static void Main(string[] args)
        {
            Player[] players = new Player[2];
            Console.Write("Enter the name of player #1: ");
            players[0] = new Player(Console.ReadLine());
            Console.Write("Enter the name of player #2: ");
            players[1] = new Player(Console.ReadLine());

            Game newGame = new Game();
            newGame.SetPlayers(players);
            newGame.DealHands();

            Console.WriteLine($"{players[0].Name} received this hand: ");
            foreach (var card in players[0].PlayHand)
            {
                Console.WriteLine($"{card.rank} of {card.suit}s");
            }

            Console.WriteLine($"{players[1].Name} received this hand: ");
            foreach (var card in players[1].PlayHand)
            {
                Console.WriteLine($"{card.rank} of {card.suit}s");
            }
            Console.WriteLine("Press enter to exit.");
```

```
            Console.ReadLine();
        }
    }
}
```

(5) 执行这个.NET Core 应用程序，按照要求输入两个玩家的姓名。结果和发出的牌如图 18-9 所示。

图　18-9

示例说明

当呈现一个控制台应用程序时，将创建一个默认的 Program.cs 文件，并使用 Console.WriteLine()
命令输出字符串 "Hello World"。要注意两点。首先，注意默认情况下，Program 类文件中只包含 using
System 指令。这从另一个角度说明了侧重点在于让程序集尽可能小。与之相对，Console App (.NET
Framework)项目中默认包含多得多的模块。

当执行代码时，将实例化一个 Player[]类数组，该数组包含两个元素，并被命名为 players。然后
请求两个玩家的姓名，并使用 Console.ReadLine()方法从控制台获取这两个姓名，存储到 player[0]和
player[1]元素中。实例化一个新的 Game 类，命名为 newGame，然后调用 SetPlayers()方法，并传入
players 数组作为参数，从而向 Game 分配玩家。调用 Game 类中的 DealHands()方法，并为每个玩家
使用 foreach 语句迭代该方法的结果。查看结果，并选出获胜方。

到现在为止的讨论集中在如何创建新的.NET Standard 类库和.NET 应用程序。下一节将讨论如何
将原本面向完整.NET Framework 版本的程序改为面向.NET，使其能跨平台运行。

18.5　从.NET Framework 移植到.NET

了解到.NET 的所有优势后，你可能会思考如何使用这个新库。如果现有某个程序是用完整版本
的.NET Framework 编写的，那么可将这个程序的代码移植到.NET。因为每个程序都有独特的约束和
上下文，所以本节只讨论一些基本的移植想法和过程。很多情况下，对于庞大的复杂程序，有必要完
成更多分析、规划、代码开发和测试工作。

微软已经创建了一个叫做.NET Portability Analyze 的工具，可以在文档中读到它，也可以在 Visual
Studio 市场上下载。源代码也可以在 GitHub 上获得。

- docs.microsoft.com/en-us/dotnet/standard/analyzers/portability-analyzer
- marketplace.visualstudio.com
- github.com/Microsoft/dotnet-apiport

.NET Portability Analyze 可以分析程序及其程序集，然后生成一个报告，指出该程序中使用的但目前未包含在.NET Core 框架中的 API。从 Marketplace 下载并安装后，可以通过右击项目并从弹出菜单中选择 PortabilityAnalyzer Settings 来配置分析器。结果是一个如图 18-10 所示的窗口。

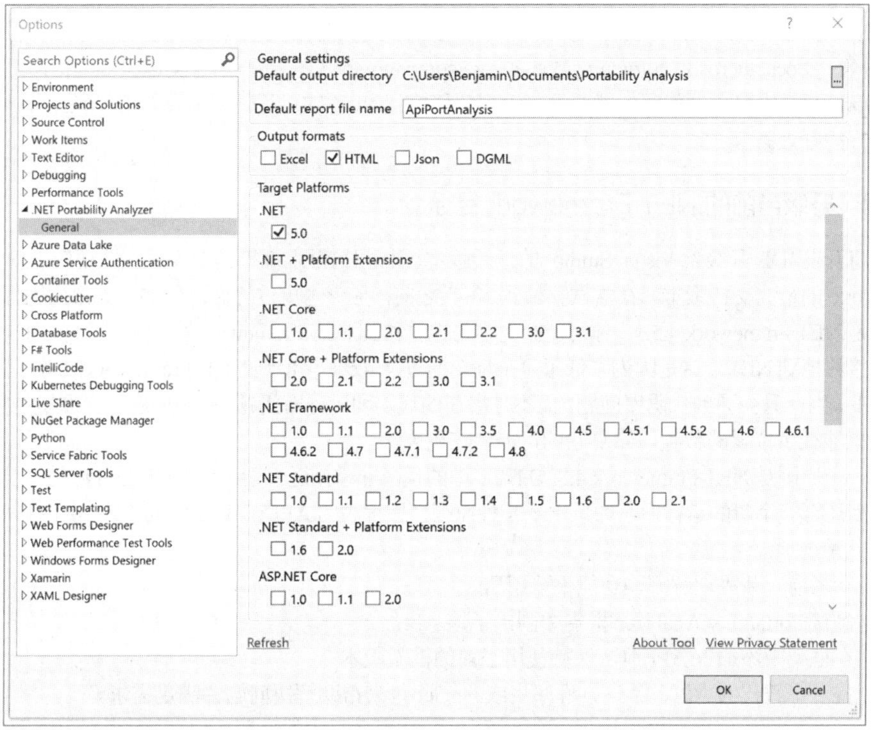

图 18-10

本例中的源应用程序是.NET Framework 4.7.2 控制台应用程序，但源应用程序可以来自当前支持的任何平台。目标平台是.NET。按 OK 按钮，然后右击项目并从弹出菜单中选择 Analyze Project Portability。结果是一个报告，显示与当前项目和.NET 的任何不兼容之处。显示任何检测到的问题及其描述的概述。这些描述有助于解决每个具体确定的问题。除了.NET Portability Analyzer 之外，还有一个名为.NET Upgrade Assistant 的工具，当计划迁移到.NET 时，应该考虑使用它。阅读更多相关信息可参阅 dotnet.microsoft.com/platform/upgrade-assistant。

从.NET Framework 移植到.NET 时，还应该考虑以下几点：

- 识别任何第三方依赖
- 理解哪些功能不可用
- 升级当前的.NET Framework 目标

18.5.1　识别第三方依赖

如前所述，.NET 能跨平台(Windows、Linux、macOS)、在多个芯片组(x64、x86、ARM)上运行。.NET 程序集针对这些目标平台编译后，就能在这些平台上运行和工作。但这并不意味着项目中包含的所有程序集都能在目标平台上使用。可能某个第三方包只支持运行在 32 位(x86)处理器模式中，或者没有在 Linux OS 上运行的包。对于这种情形，开发人员必须找到一种替代方案，或者联系第三方，询问他们是否有计划提供此类支持。

18.5.2 理解哪些功能不可用

如果第三方程序集使用了 Windows OS 特有的技术，如 AppDomains、远程处理、文件访问、安全性、注册表等，那么项目中包含的第三方程序集将无法按预期方式工作。这里有一个破坏性更改的完整列表：docs.microsoft.com/en-us/dotnet/core/compatibility/5.0。通过比较这个列表并审查.NET Framework 程序中包含的代码，能更深刻地理解移植到.NET 的可行性和需要的工作量，并认识到跨平台运行的好处。

18.5.3 升级当前的.NET Framework 目标

除将开发 IDE 升级到 Visual Studio 的最新版本，计划移植到.NET 的个人或团队还应该确定.NET Framework 的最高支持版本。在尝试移植到.NET 之前，应该考虑这样做。例如，如果应用程序当前的目标是.NET Framework 4.5.1，你可能会更容易地转移到.NET Framework 4.8，然后移植到.NET，而不是直接移植到.NET。这是因为降低了复杂性。通过从 4.5.1 移植到.NET Framework 4.8，运行库将保持不变，因此只会遇到代码库问题，而不是潜在的代码和运行库问题。确定问题来自哪里是复杂的，所以如果能减少位置的数量，修复它的可能性将更高。

另一个原因是.NET Framework 4.8 与.NET 中的代码非常接近。请记住.NET 是开源的，已经被全重写，而还有一个新的运行库。如果由于某种原因，原程序的 API 在.NET Core 项目中不存在，那么有以下几种选项：

- 参考前一节"理解哪些功能不可用"。
- 确认 Portability Analyzer 报告中列出了该 API。
- 在框架中添加该 API 前，保持使用当前的框架版本。
- 找一个替代的 API、第三方程序集或 NuGet 包来帮助解决问题并满足需求。

总之，当试图将应用程序移植到一个新平台时，会存在很大的复杂性。应该对现有程序进行分析，并将源程序中的特性映射到目标平台中的特性。然后采取小的、逻辑的步骤，排除并解决任何问题，直到代码在新版本上完全运行。大多数迁移都是独特的，这就是为什么这里只提供指导方针。通常会雇用专门从事计划、设计、测试、执行和部署迁移项目的人员。根据解决方案的复杂性，你可能会考虑这个问题。

18.6 Web 应用程序概述

Windows Presentation Foundation(WPF)及其前身 Windows Forms 用来编写在 Windows 操作系统上运行的应用程序，Universal Windows App(UWA)应用程序类型则用来编写针对平板电脑和其他移动设备，并可从 Microsoft Store 下载的应用程序。与这些技术不同，开发人员使用 ASP.NET 来创建 Web 应用程序，这些 Web 应用程序托管在 Internet 或 Intranet 的 Web 服务器上，主要被 Internet 浏览器通过 HTTP 协议使用。

本章概述如何使用 ASP.NET Web Forms 和 ASP.NET Core 来编写 Web 应用程序。另外，因为 ASP.NET 有多种风格(如 MVC、Web Forms、Web Pages 和 Web API)，本章还将说明它们的区别和每种风格的使用场景。另外将介绍并详细分析 ASP.NET Web Site 和 ASP.NET Web Application Projects 的区别。除了比较 ASP.NET 的各种风格及项目类型，本章还讨论了 Web 控件、输入验证、状态管理和身份验证等主题。下面首先介绍 Web 应用程序是什么，有什么优点，以及具有什么独特属性和特征。

Web 应用程序使 Web 服务器向客户端发送图片、HTML 和/或 JavaScript 代码。这些代码通常在

Web 浏览器(如 Microsoft Edge、Chrome 或 Firefox)中显示。当用户在浏览器中输入一个 Web 地址(URL)，并按下 Enter 键以后，就会向 Web 服务器发送一个 HTTP 请求。HTTP 请求可包含文件名，如 Default.aspx，以及其他一些信息，如 cookie、客户端支持的语言、安全令牌以及与该请求有关的其他数据。然后，Web 服务器返回一个包含 HTML 代码的 HTTP 响应。Web 浏览器将解释这些 HTML 代码，并将文本框、按钮或列表等显示给用户。如果 HTTP 响应中包含 JavaScript，那么这些 JavaScript 代码将在客户端加载页面时运行，或者在发送进一步的 HTTP 请求之前进行一些验证。例如，JavaScript 代码可能确认在单击 Submit 按钮时，某个文本框中有值。当后面编写 ASP.NET Web Form (ASPX)和 ASP.NET Core 应用程序的时候，注意 ASP.NET 的 page 对象及其属性。事实上，Request 和 Response 就是 page 对象的两个属性。

使用 ASP.NET 技术，可通过服务器端代码动态创建 Web 页面。这些 Web 页面的开发方法能做到与客户端 Windows 程序类似。使用 ASP.NET 时，不必直接处理 HTTP 请求和响应，并手动创建 HTML 代码来发送给客户端，而是使用 ASP.NET 控件，如 TextBox、Label、ComboBox 和 Calendar，它们会创建 HTML 代码。要创建一个服务器端的 TextBox 控件，可在 ASP.NET Web Form (ASPX)文件中添加下面的代码:

```
<asp:TextBox ID="player1TextBox" runat="server" />
```

要使用 Razor 语法(本章和第 19 章介绍过)实现相同的功能，可使用下面的语法:

```
@Html.TextBox("player1TextBox")
```

在每种情况下，当对包含这些代码段的文件发出 HTTP 请求时，将执行这些代码，并向客户端返给 HTTP 响应，其中包含该控件的 HTML 表示。图 18-11 说明了请求如何从浏览器发送给 IIS 服务器，又如何从 IIS 服务器返回给浏览器。

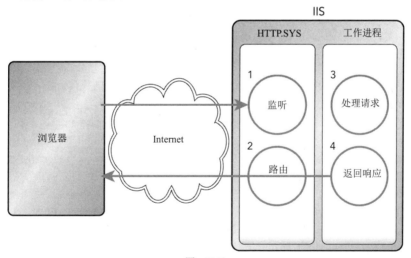

图 18-11

18.7 选择合适的 ASP.NET

当解决方案架构师或程序员认定运行自己程序的最好平台是网站后，下一步是决定使用哪种风格的 ASP.NET。Microsoft 的第一代 Web 开发平台是 Active Server Pages，简称 ASP。ASP 在.asp 文件中使用与 Razor 类似的语法，且常包含一个嵌入的 VB COM，该 VB COM 是使用 Service.CreateObject() 初始化的，以便能引用 API 中公开的方法。虽然仍然支持 ASP 这种技术，但在创建新的基于 Web 的程序时，不建议使用这种应用程序类型。

在 21 世纪初创建出.NET Framework 时，ASP 需要进行更新，自然会利用该框架，结果被重命名为 ASP.NET。二者主要的区别在于，ASP.NET 将表示层(.aspx 文件)与业务逻辑层(aspx.cs 或 aspx.vb 文件)分开，业务逻辑层常被称为代码隐藏。代码隐藏支持的语言包括 C#和 VB.NET，ASP.NET 模型则被称为 Web Forms。在创建面向 IIS 和 Windows Server 操作系统的功能友好、高度复杂的应用程序时，ASP.NET Web Forms 仍然是有效的、得到完全支持的技术。经过多年的设计和功能改进，ASP.NET Web Forms 显然变得有些臃肿。稍后将介绍"臃肿"的具体含义，现在只需要知道，这种"臃肿"标签促使 Microsoft 开发一种新风格的 ASP.NET，即 ASP.NET MVC。

ASP.NET MVC 中的 MVC 代表 Model-View-Controller(模型-视图-控制器)。如前所述，ASP.NET Web Forms 将 ASP 代码分为两个不同的层：表示层和业务逻辑层。MVC 还分出了第三个层，这三个层分别是：

- 模型——业务层
- 视图——表示层
- 控制器——输入控制层

ASP.NET MVC 是 ASP.NET Web Forms 模型的逻辑迭代版本，但要注意，ASP.NET MVC 的设计、支持概念和实践发生了明显变化。一些具有 ASP.NET Web Forms 背景的程序员可能一开始觉得这些变化很有挑战性，但当认真使用这个模型后，将能清晰理解其概念。稍后详细讨论每种 ASP.NET 风格时，还将继续介绍相关内容。

> **注意：**
> 每种主要的 ASP.NET 风格(Web Forms 和 MVC)，以及 ASP 和 ASP.NET Web API，由所谓的处理程序处理。处理程序通常是在 IIS 内配置的一个.dll 程序集。该程序集解析文件，执行文件中的代码，然后将 HTML 返回给发出请求的客户端。

ASP.NET Core 是 ASP.NET 大家庭中的新成员，它与.NET Core 的关系就像 ASP.NET 与.NET Framework 的关系。与.NET 一样，ASP.NET Core 是一个开源框架和平台，可面向 Microsoft Windows 以外的操作系统，如 Linux 和 macOS。ASP.NET Core 支持 Web Applications 和 Web Applications (Model-View-Controller)项目类型。ASP.NET Core Web Applications 与 ASP.NET Web Pages 风格类似，为小型网站的程序员提供了一个比较简单的实现，而 ASP.NET Core Web Applications (MVC)为跨平台运行 Web 应用程序提供了完整的 MVC 功能。

总之，ASP.NET Web API 就像是一个公开了 API 的.dll。没有表示层，只能调用公开的 API 方法，并传入必要的参数。API 方法调用的结果是一个数据字符串，在 ASP.NET Web API 中，这个字符串采用 JSON 格式。之后，发出调用的客户端需要解析并以可用形式呈现 JSON 数据。至此你了解到 Microsoft Web 应用程序框架的发展和演化历史，接下来将介绍如何在这些框架中做出选择。

18.7.1 ASP.NET Web Forms

选择 ASP.NET Web Forms 而不是其他框架的原因是：

- 对于中小型开发团队和开发项目而言，Web Forms 是最理想的选择
- 对于需要在 HTTP 通信中维护会话和状态的 Web 应用程序而言，Web Forms 很有用
- Web Forms 基于非常直观的一组请求管道事件

相对于其他 ASP.NET 风格，ASP.NET Web Forms 是快速开发和部署功能丰富、性能良好的 Web 应用程序的最好、最简单的方法。表示逻辑和业务逻辑分离开来，与前端用户界面开发人员和后台编码人员的技能集很好地对应起来。这是一种理想情况，因为团队可让具备不同技能的人员同时开发项目的不同方面。

ASP.NET Web Forms 常被认为是"臃肿的"，原因在于 viewstate 功能。viewstate 是在 ASP.NET Web Form 中维护状态的一种方式。例如，假设一个 Web 应用程序需要完成并提交一系列页面才能下订单。如果用户在整个过程中的某一步单击了返回按钮，将使用原来输入的值重新填充之前的表单，这就是通过 viewstate 实现的。viewstate 功能的问题是可能被滥用(过度使用)，导致在客户端和服务器之间来回传递非常大的页面。另外，默认情况下，viewstate 是针对 Page 启用的，而非只针对需要维护状态的 Web 页面控件启用。

为避免 viewstate 带来的问题，最好在 Page 级别禁用它，这只需要将 EnableViewState 属性设为 false。例如，如果之后需要维护 TextBox 的状态，可使用下面的代码来专门针对 TextBox 启用 viewstate。另外，需要监控.aspx 文件的大小，确保它们不会变得太大。

```
<asp:TextBox EnableViewState="true" ID="Name" runat="server" />
```

没有会话，就无法维护状态。维护会话这个概念源于客户端/服务器计算时代，在当时，计算机与服务器之间的连接是永久保持的。HTTP 协议是没有状态的，特别适合处理静态(即非动态)的内容。

> **注意：**
> 会话被限制到工作进程(见图 18-11)，这意味着会话中存储的值不能被其他会话访问。当 ASP.NET 应用程序需要在云中或 Web 场中运行时，这是一个非常重要的约束。

ASP.NET Web Forms 之所以是动态的，是因为代码隐藏文件(如 Default.aspx.cs)中使用的 C#代码，当请求该文件时，其中的代码就会执行。返回给浏览器的 HTML 很可能是 C#代码基于客户端/用户的独特输入来改变的。根据会话 cookie 中存储的内容，返回的 HTML 对于每个客户端也可能是不同的。ASP.NET Web Forms 程序员使用以下语法在会话中存储信息：

```
Session["username"] = TextBoxUID.Text;
```

在后续 HTTP 请求中，可使用以下代码来访问名为 username 的会话变量：

```
var username = Session["username"];
```

最后，在执行 ASP.NET Web Forms 请求时会发生一些事件，如 BeginRequest、AuthenticateRequest、Init、Load、ProcessRequest 和 EndRequest 等，它们的含义不言自明。这一点很重要，因为当程序员想采取一些特殊操作来验证客户端的身份，或在完成请求之前清理数据时，很容易判断在什么地方添加相关代码。本节将详细讨论一些重要的 ASP.NET Web Forms 概念。每种 ASP.NET 应用程序风格都有一些方面使自己与众不同(前面介绍了具体细节)。阅读完本节后，你将对下面的 ASP.NET Web Forms 特征有很好的认识：

- 服务器控件
- 输入验证
- 状态管理
- 身份验证和授权

> **注意:**
> 本节的剩余部分将详细介绍这4点,但是 ASP.NET Web Forms 不只具有这几个方面。要记住,本书不是专门介绍 ASP.NET 的,如果你想了解 ASP.NET 的某种风格的更多信息,有其他许多图书可供参考。

1. 服务器控件

本节将介绍 ASP.NET 页面框架提供的服务器控件。这些控件的设计目标是为编写 Web 应用程序提供结构化的、事件驱动的、面向对象的模型。表 18-4 列出了 ASP.NET 中可用的主要 Web 服务器控件,以及这些控件返回的 HTML 代码。

表 18-4 ASP.NET 服务器控件的示例

控件	HTML	描述
Label	`<span>`	返回一个包含文本的 span 元素
TextBox	`<input type="text">`	返回 HTML `<input type="text">`,用户可在其中输入一些值。可编写服务器端的事件处理程序来处理文本发生变化的情况
Button	`<input type="submit">`	将表单值发送给服务器
HyperLink	`<a>`	创建一个简单的锚标签来引用一个 Web 页面
DropDownList	`<select>`	创建一个 select 标签,用户将看到一个条目,并可单击下拉列表,从多个条目中选择一个
CheckBox	`<input type="checkbox">`	返回复选框类型的 input 元素,显示一个可被选中或取消选中的按钮。除了 CheckBox,还可使用 CheckBoxList,它创建一个包含多个复选框元素的表格
RadioButton	`<input type="radio">`	返回 radio 类型的 input 元素。对于单选按钮,只能选中一组按钮中的一个。与 CheckBoxList 类似,RadioButtonList 提供了一个按钮列表
Image	`<img src="">`	返回一个 img 标签,用于在客户端显示 GIF 或 JPG 文件

还有许多控件未在表 18-4 中列出。不过,这些控件都具备如下能力:发送用户调用的事件,可能是自动发送的,也可能是作为页面事件生命周期的一部分发送的。这些事件执行服务器端的事件处理程序。你会发现,ASP.NET 应用程序基本上以这种事件驱动模型为基础。

2. 输入验证

当用户输入数据时,应该检查数据的有效性。检查可在客户端进行,也可以在服务器端进行。在客户端检查数据时,可使用 JavaScript。但是,如果使用 JavaScript 在客户端检查了数据,还应该在服务器端再次检查,因为你不能完全信任客户端。在浏览器中是可以禁用 JavaScript 的,而且黑客能使用可接收错误输入的不同 JavaScript 函数。在客户端检查数据可提高性能,因为在数据通过客户端的验证之前,不会在客户端和服务器之间来回发送。

使用 ASP.NET 时,不需要自行编写验证函数。ASP.NET 中有许多验证控件可创建客户端和服务器端验证。在下例中,验证控件 RequiredFieldValidator 与文本框 player1TextBox 关联在一起。所有验证控件都具有 ErrorMessage 和 ControlToValidate 属性。如果输入不正确,将显示 ErrorMessage 定义的消息。默认情况下,在验证控件的位置显示错误消息。ControlToValidate 属性定义了要检查输入的控件。

```
<asp:TextBox ID="player1TextBox" runat="server"></asp:TextBox>
<asp:RequiredFieldValidator ID="RequiredFieldValidator1" runat="server"
ErrorMessage="Enter a name for player 1" ControlToValidate="player1TextBox">
</asp:RequiredFieldValidator>
```

表 18-5 列举并描述了所有验证控件。

表 18-5 ASP.NET 验证控件示例

控件	描述
RequiredFieldValidator	指定要验证的控件必须有输入值。如果要验证的控件有初始值，而用户需要修改这个初始值，则可在验证控件的 InitialValue 属性中设置这个初始值
RangeValidator	定义了允许用户输入的最小值和最大值。该控件的属性为 MinimumValue 和 MaximumValue
CompareValidator	比较多个值(如密码)。此验证控件不仅可比较两个值是否相等，还可使用其 Operator 属性设置其他选项。Operator 属性的类型为 ValidationCompareOperator，该类型定义了一些枚举值，如 Equal、NotEqual、GreaterThan 和 DataTypeCheck。使用 DataTypeCheck 时，可检查输入值是不是特定数据类型，例如是不是正确的日期输入

3. 状态管理

HTTP 协议是无状态的。客户端发出请求时，从客户端到服务器会建立连接；请求完成后，会关闭连接。但是，通常从一个页面进入另一个页面时，需要记住一些客户端信息。这有几种实现方法。

对于可以保持状态的各种方法，主要区别是在客户端还是服务器端存储状态。表 18-6 概述了不同的状态管理技术，以及状态在多长时间内是有效的。

表 18-6 ASP.NET Web Forms 的状态管理技术

状态类型	客户端还是服务器端的资源	有效时间
视图状态	客户端	仅在单个页面内有效
cookie	客户端	浏览器关闭时，将删除临时 cookie；永久 cookie 则存储在客户端系统的磁盘上
会话	服务器	会话状态与浏览器会话关联在一起。当经过设定的超时时间(默认为 20 分钟)后，会话将失效
应用程序	服务器	应用程序状态被所有客户端共享。在服务器重启前，这个状态是有效的
缓存	服务器	类似于应用程序状态，缓存也是共享的。开发人员能控制缓存什么时候失效

4. 身份验证与授权

为保护网站的安全，可使用身份验证来确认用户具有有效的登录凭据，使用授权确认通过身份验证的用户能够使用资源。对于 Web 应用程序，常用的身份验证技术包括 Forms 身份验证和 Windows 身份验证。Windows 身份验证使用 Windows 账户和 IIS 来验证用户的身份，而 Forms 身份验证则需要使用一个包含用户访问信息的数据库。

ASP.NET 包含许多用于用户身份验证的类。在 ASP.NET 中，可使用许多安全控件，如 Login 和 PasswordRecovery。这些控件使用了 Membership API。使用 Membership API 可创建和删除用户，验证登录信息，或者获取关于当前登录的用户的信息。Membership API 使用一个成员提供程序。从 ASP.NET 4.5 开始，可使用不同的提供程序来访问 Access 数据库、SQL Server 数据库或 Active Directory 中的用户。也可创建自定义提供程序来访问 XML 文件或其他自定义存储。

5. ASP.NET Web Site 与 ASP.NET Web Application

如图 18-12 所示，新的 ASP.NET Web 应用程序分为两种类型：Project 和 Web Site。Web Site 的概念已经被移植到一个新的模型，称为 Single Page Applications、Razor Page 和 Blazor Apps，稍后将对此进行讨论。由于历史原因，Web Site 仍然被包括在内，因为仍然有许多 Web Site 用于生产。从演进的角度看，这些信息还可以增加价值，因为可以认识到技术是从哪里发展起来的。

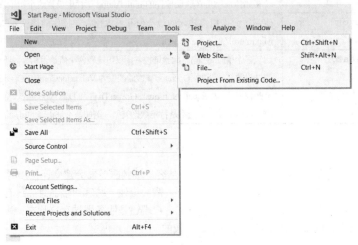

图　18-12

表 18-7 显示了这两种类型的区别。

表 18-7　Project 和 Web Site 的区别

区别	Project	Web Site
文件结构	C#项目有一个.csproj 文件，其中包含运行程序所需的文件和程序集引用的列表	对于使用 C#创建的 Web Site，没有.csproj 文件。目录结构中的所有文件都包含在网站中
编译	代码隐藏文件编译成为一个程序集(.dll)	源代码在被第一次请求时动态编译。这通常会生成多个程序集(.dll)
部署	程序集(.dll)、.aspx 和.ascx 文件被部署到将使用该应用程序的 Web 服务器上	将 Web 应用程序源代码的一个副本部署到 Web 服务器上(包括.aspx、.ascx 和 aspx.cs)

文件结构

ASP.NET Project 的.csproj(项目文件)允许从项目中移除不会包含在部署中，但也不会被永久移除的文件。文件将从项目中排除出去，但不会被删除。如果需要进行部署，但是有一些文件还没有准备好，那么这种能力很有帮助。另外，上一章讲到，项目文件用于存储关于.NET Standard 类的信息，这些信息用于创建 NuGet 包。在 Web Site 中，没有.csproj 文件，所以网站目录结构中的所有文件都被视为解决方案的一部分。

编译

在部署前先编译好 Web Application Project，就不必在部署后第一次请求.aspx 文件时编译该文件及其代码隐藏文件，从而节省一些时间。虽然使用 NGEN 也可以预编译 Web Site，但相比简单地手动发出第一个请求让 ASP.NET 运行库编译 ASP.NET 文件，这种预部署活动要复杂得多。

将编译后的程序集或 ASP.NET Project 加载到内存时，整个 Web 应用程序会占用内存。另一方面，对于 Web Site，只有请求到的文件会被编译并加载到内存中。因此，如果项目中只使用少量页面，那么这样的项目会比 Web Site 使用更多的内存，因为如前所述，在 Web Site 中，只有请求的文件会被编译并加载到内存中。当客户在云平台上根据使用的资源付费时，这是一个需要考虑的重要概念。

部署

部署 Web Site 时，代码隐藏文件(.aspx.cs)中的源代码将以纯文本形式部署，可供人们阅读。只要将 Web Site 部署到一个安全位置，这不是问题，但一些开发人员或公司仍然不想看到这种情况。使用项目时，不会把人类可读的代码部署到服务器上，代码都被编译到程序集(.dll)中。

> **警告:**
> 虽然程序集中的代码是人们不能直接阅读的，但是如果有人获取到对服务器的访问权限，就可以捕捉并反编译.dll 中的代码。一定要严格限制对运行程序的服务器的访问。

另外，把 ASP.NET Web Application Project 的编译后的程序集(.dll)加载到 ASP.NET Runtime 后，如果要修改项目，就必须停止.ASP.NET Runtime 进程并从内存中卸载，此后，修改的内容才对使用该网站的客户端生效。如果该进程有程序集的一个句柄，就不能修改项目，必须先停止进程来释放句柄。对于 Web Site，则并非如此。在 Web Site 中，不必停止 ASP.NET 运行库，就可以更新.aspx.cs 或.aspx文件，当下一次请求这些文件时，就会编译它们，并把它们加载到内存中。

18.7.2 ASP.NET MVC/ASP.NET Core Web App MVC

选择 ASP.NET MVC，而不是其他 ASP.NET 应用程序类型的原因如下:
- ASP.NET MVC 非常适合较大的、较复杂的 Web 应用程序
- ASP.NET MVC 与 Entity Framework (EF)和模型绑定紧密结合在一起
- ASP.NET MVC 与测试驱动开发(Test-Driven Development，TDD)紧密结合在一起

此外，知道选择 ASP.NET Core 进行跨平台支持也是很重要的。

如前所述，ASP.NET Web Forms 分为两个单独的模块，ASP.NET MVC 则分为三个单独的模块:模型、视图和控制器(如图 18-13 所示)。

前面提到了分离模块对 ASP.NET Web Forms 的帮助，对于 ASP.NET MVC，模块的分离也有同样的帮助。模块的分离使得较大的团队能按专长分组，同时开发应用程序的不同方面，从而加快开发速度。

Entity Framework(EF)是一种对象关系模型(Object Relationship Model，ORM)技术，将在第 17 章介绍。它与 ASP.NET MVC 架构和模型绑定紧密结合在一起。ORM(以及 EF)使开发人员能以面向对象的方式设计数据库。例如，如果某个 ASP.NET MVC 应用程序用于存储关于人的信息，那么下面的 Person 类可存储和检索这些信息。

```
public class Person
{
    public string Name { get; set; }
    public int Age { get; set; }
}
```

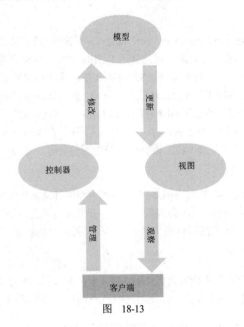

图 18-13

设计好数据模型后，开发人员可将模型部署到数据库(如 SQL Server)和数据结构。数据库表及主键和外键是使用 C#类中的描述生成的。当在 Visual Studio 中创建一个 ASP.NET MVC 应用程序后，默认解决方案会包含一个 Models 文件夹，数据库表的 C#类表示就放在这个文件夹中。这些类用于存储内存中的数据库数据，供更新视图的控制器修改。在默认的 ASP.NET MVC 应用程序中，分别有一个名为 Controllers 和 Views 的文件夹。

在控制器中，开发人员添加代码，通过使用绑定的 Model 对象(如 Person)和 EF 逻辑来创建、读取、更新或删除数据库的内容。控制器也是执行任何业务逻辑、身份验证或应用程序需要的其他任何活动的地方。视图是表示层，由客户端触发，在控制器中使用面向对象模型执行的动作的输出将在这里呈现给客户端。

ASP.NET MVC 与测试驱动开发技术紧密结合在一起，与 ASP.NET Web Forms 相比，更容易进行单元测试。如图 18-14 所示，当创建一个 ASP.NET 应用程序时，可给解决方案添加一个 Unit Test Project，该项目与 ASP.NET MVC 模型紧密结合在一起。

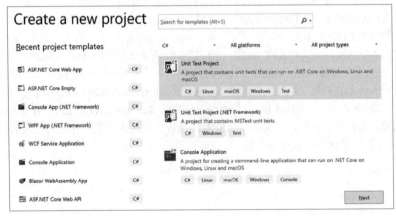

图 18-14

通过将测试代码放到 Tests 项目中，可从测试用例抽象出依赖，如 IIS、数据库和外部类。这是一个非常重要且有帮助的功能，因为在不同的生产实例中，数据常常是不同的，而且运行 IIS 的服务器版本可能在生产环境和测试环境中表现出不一致的行为。移除这些依赖，即只测试控制器内的逻辑，而不考虑依赖的状态，能改进测试的速度和效率。原因在于，开发人员不必使所有依赖保持在有效的、稳定的测试状态(这是非常耗时的操作)，而可将注意力集中在确保测试场景能成功完成。

> **注意:**
> 依赖发生变化是很常见的情形；但是，这些变化会被编写到测试场景中。关键在于，使用 TDD 后，就避免了投入精力处理不一致的数据或平台问题。

ASP.NET MVC 使用无扩展名的 URL：在请求中，不会添加具体文件名。在 ASP.NET Web Forms 应用程序中会请求.aspx 文件，但在 ASP.NET MVC 中并非如此。ASP.NET MVC 采用了"路由"概念，使用 URL 片段(而不是文件名)把请求路由到正确的控制器和视图。例如，请求/Home/About 时，将执行名为 HomeController 的控制器中的 About()方法，该控制器保存在 Controllers 文件夹中。通过使用 Views\Home 目录中名为 About.cshtml 的视图，将 About()方法的结果呈现给客户端。

18.7.3 ASP.NET Web API

选择 ASP.NET Web API 的原因与选择 ASP.NET MVC 应用程序类型类似：这种应用程序类型与 EF 以及 TDD 概念紧密结合在一起,非常适用于较复杂的大型 Web 应用程序。主要区别在于, ASP.NET Web API Visual Studio 项目中没有 View 组件或 Views 文件夹。根据 API 概念，这是很合理的，因为客户端会调用 API 公开的方法，然后该方法返回一些数据。客户端负责使用 API，对 API 的操作做出响应，和/或呈现 API 的结果(通常是 JSON 格式)。

18.7.4 ASP.NET Core Web App

前面讨论了.NET 和.NET Standard 的优点、区别和用例。ASP.NET Core 应用程序类型中同样存在.NET 的优点。下面列出一些优点：

- ASP.NET Core 能跨平台运行。
- ASP.NET Core 不依赖于 IIS。
- ASP.NET Core 不依赖于完整的.NET Framework，而依赖开源的.NET。
- ASP.NET Core 针对云做了优化，并且性能更好。

与.NET 类似, ASP.NET Core 能在 Microsoft Windows 以外的操作系统(如 macOS 和 Linux)上运行。过去提到任何 ASP.NET 应用程序类型时，它们无疑关联着 Internet Information Services(IIS)。ASP.NET Core 包含一个新的 Web 服务器，叫作 Kestrel。ASP.NET Core 可将 IIS 作为反向代理服务器，运行在 IIS 上，也可在一个只运行 Kestrel 的独立容器内运行。

ASP.NET Core 不需要、也不依赖于完整的.NET Framework 库。相反，与.NET 一样，应用程序部署包中只包含执行程序功能所需的程序集。模块化的、性能极佳的独立应用程序包将被部署到服务器或云平台，供执行和使用。由于 Kestrel 对 ASP.NET Core 的大小和代码执行路径做了优化，所以相比 ASP.NET 4.8 Web Forms，每秒处理的请求数(Requests Per Second，RPS)提升了 5.5 倍。相比 Node.js，ASP.NET Core 在 Kestrel 的运行性能提升了 3 倍，如表 18-8 所示。

表 18-8 Kestrel 上 ASP.NET Core 的基准性能比较

堆栈	每秒处理的请求数(RPS)
ASP.NET Web Forms 4.6	~57 000
ASP.NET Core 在 Kestrel 上运行时	~310 000
Node.js	~105 000

RPS 性能测试是在相同的操作系统上执行的，并且 RAM 大小、CPU 速度/类型和网络接口卡都是相同的。因此，性能差异完全源于应用程序类型中的优化和执行效率。

本节将讨论多个 ASP.NET Core 概念。在本节中要理解的最重要概念是，ASP.NET Core 可跨平台运行。与.NET 应用程序一样，ASP.NET Core 网站除了可运行在 Microsoft Windows 上，还可运行在 Linux 和 macOS 上。因此，如果 Web 应用程序需要跨平台运行，就应该使用此 ASP.NET 风格进行开发。但是，如果 Web 应用程序只在 Microsoft Windows 上运行，则应该考虑使用 ASP.NET Core 应用程序。如图 18-15 所示。

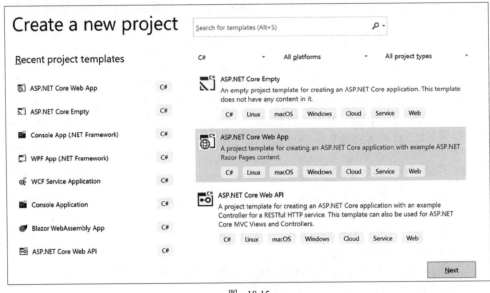

图 18-15

本节将介绍 ASP.NET Core 的以下方面：
- IIS 和 Kestrel
- Blazor App 和 Razor 页面
- 输入验证
- 状态管理
- 身份验证和授权
- 依赖注入

1. IIS 和 Kestrel

直到现在，当开发人员谈到 ASP.NET 时，都会想到，Web 应用程序将运行在 Microsoft Windows 服务器的 Internet Information Services (IIS)中；IIS 是 Microsoft 开发的一个 Web 服务器，可响应客户端

发出的 HTTP 和 HTTPS 请求。但因为 IIS 不能在 Linux 或 macOS 上运行，所以需要有一种方法让 IIS 将请求发送给能在那些操作系统上运行的 Web 服务器。这个问题的答案是使用 Kestrel，这是 ASP.NET Core 项目中包含的一个新的跨平台 Web 服务器。

如图 18-16 所示，当配置 Kestrel 与 IIS 一同运行时，客户端的 HTTP 请求将被转发给 Kestrel Web 服务器。然后，Kestrel 通过传递 HttpContext 类与 ASP.NET Core 源代码交互，HttpContext 类包含关于 HTTP 请求的信息，如会话管理信息、查询字符串、区域性信息、客户端证书等。

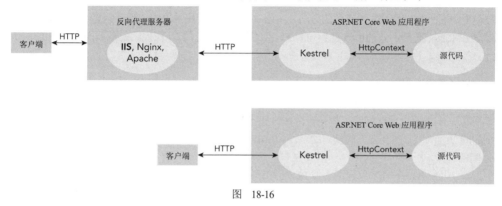

图　18-16

除了 IIS，Apache 和 Nginx 也是可供使用的 Web 服务器，它们只在目标操作系统(如 Windows、Linux 或 macOS)中运行。ASP.NET Core 在运行时，可以没有任何特定于操作系统的 Web 服务器，因为 Kestrel 就是一个 Web 服务器。以这种方式运行时，常称为自托管，因为 Web 应用程序和必要的组件包含在一个专用容器中。通过这种方式将 Web 应用程序捆绑在一起，使得通过 XCOPY 等部署 Web 应用程序变得很容易。而且，如第 19 章所述，可移植性是云优化的程序的一个基本特征。

2. Blazor App 和 Razor 页面

技术在不断发展，因此，用于与这些技术进步交互的工具也必须发展。通过阅读这一章，可以了解到微软最早的 Web 编码模式，即 App Server Pages (ASP)，然后学习 ASP.NET Web Forms，最后，一直到今天还在学习的 ASP.NET Core。这些演变不仅是名字的改变；在幕后，绑定和表示数据的方法发生了很多变化。早期 Web 应用程序时代的一个变化例子是，在用 C#执行代码并在浏览器上呈现之后，需要执行一些活动。另一个是表示代码和业务逻辑代码的分离，使 Web 应用程序更易于管理。将 Web 应用程序分离成这些不同的组件是使用模型-视图-控制器(MVC)模型实现的。

在 Web 应用程序的视图或页面引擎中，通常会发现 Razor 语法；它是在使用 ASP 应用程序时所使用的。第 19 章创建一个 ASP.NET Core Web 应用程序，并在 Index.cshtml 文件中添加一些 Razor 语法。在使用 Razor 之前，在页面中引用变量时，表示层中的标记语法类似于<%= %>，这是 5 个字符。Razor 的改进是使用@符号来表示代码的起始点或设置对变量的引用。可以在 Blazor 中找到使用@代码的类似实现，它用于表示页面上需要执行的代码。本节的其余部分将讨论这两种语法之间的差异，并提供有关 Blazor 的更多细节，以便更好地理解每种语法的好处，以及何时应该使用它们：

- Blazor 和 Razor
- Blazor 服务器和 WebAssembly

开始比较 Blazor 和 Razor 的最好方法是定义它们。Razor 语法提高了开发人员创建运行模型-视图-控制器模型的应用程序的速度。Razor 语法允许用类似的 C#语法引用依赖项，如下所示：

```
@using BeginningCSharp
```

然后在同一个.cshtml 文件中，可以引用在被引用的程序集中找到的类和方法：

```
<label id="labelPlayer1">Player2: @player2 </label>
@foreach (Card card in players[0].PlayHand)
{
    <img width="75" height="100" alt="cardImage"
        src="https://deckofcards.blob.core.windows.net/carddeck/@card.imageLink"/>
}
```

这是一种比以前更快、更有效的方法。注意，在前面的代码片段中，有一个 ID 为 labelPlayer1 的标签。在 Razor 之前，它的值设置为 player2 的名字，应该是用 C#在代码隐藏页面中完成的，方法如下：

```
labelPlayer1.Text = "Benjamin";
```

当只有一个标签时，这是相对容易的。对于更复杂的页面(包括文本框、按钮、链接等)，获取所有名称以匹配需要设置它们的值将花费太多时间。使用 Razor，C#代码检索必要的数据并将其传递给.cshtml 页面，然后 Razor 完成剩下的工作。Razor 从根本上打破了代码隐藏页面和呈现 HTML 的页面之间的链接。

另一方面，Blazor 确实包含了类似 Razor 的语法，但它的目标是一个不同的 Web 应用模型。此模型称为单页应用程序(SPA)，与 MVC 应用程序常见的多页应用程序相比，可以很容易地看到区别。然而，这并不是唯一的区别。如前所述，一些 Web 应用程序需要在浏览器中呈现结果后，在客户端执行代码。从历史上看，这是通过使用 JavaScript 或其众多库之一实现的。在 Blazor 中，可以使用 C#，这很好地引出了 Blazor Server 和 WebAssembly 之间的比较。Blazor 服务器在很大程度上是一个 ASP.NET Core 应用程序，顾名思义，C#代码在服务器上运行，并使用 Razor 页面为客户端页面返回可呈现的文本，该页面的文件扩展名为.razor。包含类似 Razor 语法的文件的扩展名可以很容易地确定讨论的是 Razor 还是 Blazor；否则，它可能会有点复杂。下面的代码片段演示了如何在 Blazor 页面中实例化 Player 和 Game 类：

```
@code {
    private Player[] players = new Player[2];
    private Game newGame = new Game();

    protected override void OnInitialized()
    {
        players[0] = new Player("Benjamin");
        players[1] = new Player("Rual");
        newGame.SetPlayers(players);
        newGame.DealHands();
    }
}
```

代码片段还设置了玩家的名字，并发给他们每人一张牌。Razor 和 Blazor 在浏览器中呈现纸牌的方式是一样的，如前面使用@foreach 语句和 HTML 所示。

Blazor WebAssembly 让我想到了 ActiveX 或 Silverlight 等传统技术，在这三种情况下，浏览器都将下载程序集并在客户端运行。运行 Blazor WebAssembly 应用程序通常意味着通过 HTTP 协议使用 API 引用大量业务逻辑。REST API 和 ASP.NET Web API 的概念将在第 20 章进一步讨论。这意味着 Blazor WebAssembly 中的代码通常执行客户端任务——这些任务过去是使用 JavaScript 完成的，例如输入验证或身份验证。需要复杂算法的数据操作或业务流程等活动仍然是服务器端活动。本章的其余部分主要讨论 ASP.NET Core Web 应用程序。

3. 输入验证

对 ASP.NET Core 应用程序的验证，是使用 System.ComponentModel.DataAnnotations 名称空间中的验证特性进行配置的。验证器在特定模型的类定义中配置。

```
public class Player
{
    [StringLength(20, MinimumLength = 3)]
    [Required]
    public string Name { get; set; }
}
```

当请求与已定义的 Player 模型绑定在一起的页面时，ASP.NET Core 的运行库会生成 jQuery 客户端验证语法。之后，如果用户在没有为 Name 提供值的情况下提交表单，客户端将进行验证并呈现一个错误。

表 18-9 列举并描述了 ASP.NET Core 的一些数据注解验证特性。数据注解是内置的验证属性，在设计时应用它来强制执行预期的验证。看一下前面的代码片段，你将看到[Required]数据注解。这意味着在实例化玩家时，需要提供玩家的 Name。

表 18-9　ASP.NET Core 验证特性示例

控件	描述
Required	指定该属性是必要属性
StringLength	指定用户必须输入的最大值以及(可选的)最小值
Range	对于数值字段，可设置最大值和最小值
EmailAddress	确认输入的值是一个电子邮件地址
DataType	确认输入的值是特定类型，如 Date 或 Currency
RegularExpression	确认输入的值匹配正则表达式语法

4. 状态管理

如前所述，HTTP 协议是无状态的，这意味着当服务器成功响应请求后，不会再存储发出请求的客户端的相关信息。每个请求完成后，将关闭并忘记连接。但当管理客户端的多个请求时，常需要存储和重用关于客户端的一些信息。与其他 ASP.NET 风格一样，使用 HTTP 时，可采用多种方式来管理状态信息。表 18-10 概述了一些状态管理技术，以及状态的有效时间。

表 18-10　ASP.NET Core 的状态管理技术

状态类型	客户端还是服务器端资源	有效时间
TempData	服务器	应用程序读取数据后移除
Query Strings	服务器和客户端	作为 URL 元素在客户端和服务器端传递，只能在单个请求期间访问
cookie	客户端	浏览器关闭时将删除临时 cookie；永久 cookie 将存储到客户端系统的磁盘上
HttpContext.Items	服务器与客户端	在客户端与服务器之间传递，存储在 HttpContext 对象中，只能在单个请求期间访问
Cache	服务器	与 Application 状态类似，缓存也是共享的。但是，当需要使缓存失效时，具有更大的控制权

(续表)

状态类型	客户端还是服务器端资源	有效时间
Session	服务器	Session 状态与浏览器会话关联在一起。当经过配置好的超时时间后，会话将失效
Application	服务器	Application 状态在所有客户端之间共享。在服务器重启之前，这个状态一直有效

5. 身份验证与授权

因为 ASP.NET Core 并非仅关注一个操作系统，所以其身份验证和授权协议也必须能跨平台工作。OWIN 和 OAuth 是最流行的开源身份验证提供程序。OWIN 代表 Open Web Interface for .NET，它本身不是一个身份验证提供程序；但 OWIN 常与 Katana 关联在一起，而 Katana 是一个身份验证提供程序。OWIN 是一个规范，详细规定了 Web 服务器和 Web 应用程序应该如何分离。OWIN 移除了 ASP.NET Core 对 IIS 的依赖，使得通过 Kestrel 实现自托管成为现实。Katana NuGet 包中包含必要的库来实现多类身份验证，如 Windows 和 Forms 身份验证。

OAuth 是 Microsoft、Facebook、Twitter、Google 等公司公开的一个接口，供 Web 应用程序用来进行身份验证。在移动设备或浏览器中运行的应用程序常提示客户端使用 Facebook 或 Microsoft 凭据来访问网站。在这些情况中，使用的协议就是 OAuth。在 ASP.NET Core Web 应用程序中实现 OAuth 所需的类和方法包含在 Microsoft.AspNetCore.Security.Authentication 名称空间中。使用 OAuth 进行身份验证的客户端使用 JSON Web 令牌(JWT)格式的承载令牌。

身份验证过程确认用户确实是真实用户。通常，当某人创建一个新账户时，这个账户会关联一个电子邮件地址和一个密码。应用程序将向用户提供的电子邮件地址发送一个确认邮件，用户单击这个邮件后，注册过程就完成了。之后，使用该电子邮件和密码来访问资源，就能验证确实是创建该账户的用户在访问资源。这个过程的另一个方面是授权。授权过程定义了用户能访问哪些功能和内容。这常称为声明(claim)。

在最简单的形式中，一些源代码检查是否存在对某个资源(如 DealCard()方法)的声明，如果存在，发出请求的发牌方就能调用该方法。

```
principle.FindFirst(c => c.Type == "DealerID");
```

声明也可用名-值对形式表示，从而提供粒度更细的资源访问。

```
policy.RequireClaim("DealerID", "1", "2", "3", "4", "5"));
```

这段代码表明，只有 DealerID 等于 1、2、3、4 或 5 的发牌方才能调用 DealCard()方法。

6. 依赖注入

依赖注入(Dependency Injection，DI)是一个非常高级的概念，但是因为 ASP.NET Core 是以该概念为基础构建的，所以这里简单介绍一下依赖注入。关于 DI，要理解的一个基本知识点是，在 DI 中避免使用 new 关键字。

```
Player[] players = new Player[2];
```

之所以要避免使用 new，是因为 new 关键字会将程序与其引用的类永久绑定在一起。一些情况下，需要修改类的可能性极低，这时使用 new 关键字是可以接受的，是否使用该关键字就是一个设计决策。另一个选项是实现接口，这在第 9 章、第 10 章和第 12 章讨论过。接口将使用者与提供程序松散地耦合在一起，或者解除二者的耦合，这里，程序是使用者，类是提供程序。如下面的代码段所示，在创建 Player 时没有使用 new 关键字。

```
public interface ICardGameClient
{
    void Player(string Name);
}
public class PlaySomeCards
{
    private readonly ICardGameClient _cardGameClient;
    public PlaySomeCards(ICardGameClient cardGameClient)
    {
        _cardGameClient = cardGameClient;
    }
    public PlayHand
    {
        _cardGameClient.Player("Benjamin");
    }
}
```

依赖注入更进一步，使用了所谓的工厂或容器。ASP.NET Core 默认支持 DI，并在 Startup.cs 文件中配置 DI。创建 ASP.NET Core Web 应用程序时，会创建 Startup.cs 文件。该文件包含一个 ConfigureServices()方法，在该方法中配置提供程序。

```
public void ConfigurServices(IServiceCollection services)
{
    services.AddMvc();
    services.AddDbContext<className>(options => ...
    services.AddIdentity<className1,className2>()...
    ...
}
```

当程序代码发出请求时，ConfigureServices()方法中配置的服务提供程序会提供 className。

18.8　本章要点

主题	要点
关键的跨平台术语	表 18-1 列出了你应该了解的重要跨平台术语
.NET Standard API	.NET Framework 名称空间中的一组类和方法，供跨平台或跨垂直模型的程序使用
目标	目标版本越高，支持的平台越少，但 API 的数量越多；这是一个取舍问题
.NET	一个跨平台的、开源的垂直模型，.NET 一直被称为.NET Core，直到.NET 发展成为.NET Framework 的等价开源版本
开源	由开发人员组成的开放社区编写并支持的代码或框架
NuGet 包	一种安装程序依赖的模块化方法。不创建对程序集的引用，而是安装程序集 NuGet
ASP.NET 风格	ASP.NET 应用程序有很多类型，每种应用程序类型有自己的使用场景和优势
Project 与 Web Site 的对比	Project 被编译成.dll 并部署，Web Site 则部署源代码，当第一次请求的时候才会编译
服务器控件和 HtmlHelper	Web 服务器控件是服务器端控件，为 ASP.NET Web Forms 应用程序生成 HTML 代码。HtmlHelper 类为在 Razor 页面中创建 Label、Textbox 等对象提供了方法

(续表)

主题	要点
使用验证控件和数据注解来验证用户输入	ASP.NET 提供了几种验证控件,可用来在客户端和服务器端方便地验证用户输入。出于性能考虑,会在客户端进行验证,但因为不能信任 Web 客户端,所以还必须在服务器端进行验证
状态管理	在 Web 应用程序中,必须考虑在什么地方存储状态。在客户端,可使用 cookie 或视图状态来存储状态;在服务器端,可使用会话、缓存和应用程序对象来存储状态
身份验证和授权	身份验证这个过程用来确认用户是真正的用户。授权过程使通过身份验证的客户端能访问其有权访问的功能和资源
Kestrel	Kestrel 是一个新的 Web 服务器,能够自托管 ASP.NET Core Web 应用程序,并能跨平台运行
依赖注入(DI)	依赖注入解除了使用者与提供程序的耦合

第19章

基本的云编程

本章内容:

- 理解云、云编程和云优化堆栈
- 使用云设计模式为云编程
- 使用 Microsoft Azure C#库创建存储容器
- 创建使用存储容器的 ASP.NET Core Web 应用程序

本章源代码下载:

本章源代码可以通过本书合作站点www.wiley.com 的 Download Code 选项卡下载,也可以通过网址 github.com/benperk/BeginningCSharpAndDotNet 下载。下载代码位于 Chapter19 件夹中并已根据本章示例的名称单独命名。

本书中,C#编程的基础知识主要使用控制台应用程序和通过 WPF 实现的桌面应用程序来呈现。虽然这些都是引人注目的可行开发技术,但它们并非在云中驻留和运行良好的程序示例。这些程序一般部署、运行在用户的计算机、平板电脑或移动设备上。这些程序被编译成可执行文件或动态链接库,依赖.NET 等预装软件。所依赖的这些预装软件通常存在于安装上述程序的位置,或者包含在安装过程中。与此相反,在云中运行的互联网应用程序(如基于 ASP.NET 的应用程序)就不能要求访问该程序的计算机或设备上存在任何此类库或依赖的预装软件。所有依赖项都安装在托管互联网应用程序的服务器上,并由设备使用协议(如 HTTP、Web Socket、FTP 或 SMTP 等)来访问。虽然控制台和桌面应用程序可在云中有依赖的预装软件,如数据库、存储容器或 Web 服务,但它们自己一般不驻留在云中。

通过 Web 浏览器访问、响应 REST API 或 gRPC 服务请求的程序非常适于在云中运行。用于创建这些程序类型的开发技术不需要在调用它们的设备上内置任何所依赖的预装软件。一般情况下,这些程序类型只是彼此交换信息,以清晰、用户友好的方式呈现数据。此外,接收和处理大量数据的程序也非常适合在云中运行,因为利用高可扩展性的资源接收和处理数据是云本身的一个基本特性。

本章将概述什么是云计算,列举在云中成功运行程序的一些模式和技术示例,以及在 ASP.NET Core Web 应用程序中使用云资源的示例。

19.1 云、云计算和云优化堆栈

开始创建完全或部分运行在云上的应用程序只是时间问题，不再是"是否创建"，而是"何时创建"。决定程序的哪些组件运行在云中、云类型和云服务模型，需要一些调查、理解和计划。对于初学者，必须清楚什么是云。云只是运行在一个数据中心的大量商品化计算机硬件，这个数据中心可以运行程序，存储大量数据。区别是弹性，即动态向上扩展的能力(例如增加 CPU 和内存)和/或动态向外扩展的能力(例如增加虚拟服务器实例的数量)，而收缩时似乎毫不费力。这与当前的 IT 运营格局完全不同，在当前的 IT 运营格局中，被区分开来的计算机资源在公司的一个领域往往会部分或完全未使用，而在其他领域又严重缺乏计算机资源。云解决了这个问题：云可以在需要时提供对计算机资源的访问，在不需要它们时，就将这些资源提供给别人。对于个人开发者，云可以用于部署程序，向外界公布。如果程序比较受欢迎，就可以扩展它来满足资源需求；如果程序失败了，也不必耗费太多金钱和时间来建立专用的计算机硬件和基础设施。

下面将详细地探讨云类型和云服务模型。常见的云类型有公共云、私有云和混合云，图 19-1 列出了这几种云的要点。

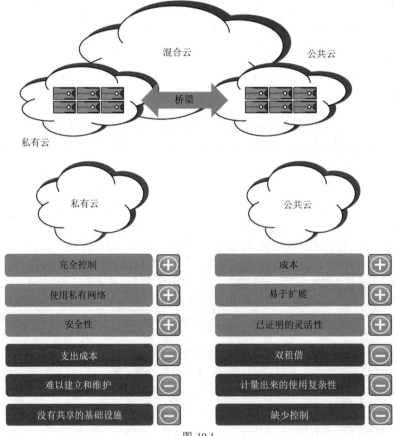

图 19-1

- **公共云**：公共云是共享云提供商拥有和运营的计算机硬件和基础设施，云提供商有 Microsoft Azure、Amazon AWS、Rackspace 或 Google Cloud。对于中小企业而言，如果所管理的客户和用户要求不断波动，这种云类型将非常适合。
- **私有云**：这是位于现场或外包数据中心的专用计算机硬件和基础设施。这种云适用于大公司、必须提供更高级别数据安全性的公司以及政府机构。
- **混合云**：这是公共云和私有云的组合类型，在这种类型中，要选择 IT 解决方案的哪些部分在私有云上运行，哪些部分在公共云上运行。理想的解决方案是在私有云上运行对业务至关重要的、需要更高安全级别的程序，在公共云上运行不敏感、可能失效的任务。

云服务模型的数量在不断增加，但最常见的云服务模型如下所示，另见图 19-2。

- **基础设施即服务(Infrastructure as a Service，IaaS)**：要从操作系统开始向上负责。不负责硬件或网络设施；但负责操作系统补丁和第三方依赖库。
- **平台即服务(Platform as a Service, PaaS)**：只负责运行在所选操作系统上的程序及其依赖项。不负责操作系统维护、硬件或网络基础设施。
- **软件即服务(Software as a Service，SaaS)**：通过互联网访问设备使用软件程序或服务。例如，Office 365、Salesforce、OneDrive 或 Box，都可通过互联网连接在任意位置进行访问，并非只有将软件安装在客户端才能起作用。只需要负责运行在平台上的软件。

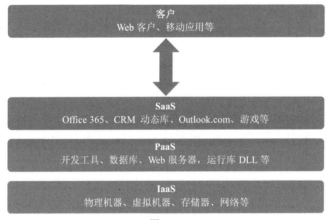

图 19-2

总之，云是一个商品化、弹性化的计算机硬件结构，用于运行程序。在混合云、公共云或私有云类型中，这些程序运行在 IaaS、PaaS 或 SaaS 服务模型上。

云编程就是开发运行在任何云服务模型上的代码逻辑。云程序应该具有可移植性、可伸缩性和弹性模式，改善程序的性能和稳定性。没有实现这些可移植性、可伸缩性和弹性模式的程序可运行在云中，但某些情况下，诸如硬件故障或网络延迟的问题可能导致程序执行意外的代码路径，并终止。

> **注意：**
> 有关云编程模式和最佳实践方式的讨论，请参见下一节。

弹性是云最大的优点，这很重要，因为不仅平台可以扩展，云程序也可以扩展。例如，代码依赖后端资源、数据库、读取或打开文件，还是通过大数据对象来解析？将此类功能操作放在云程序中时，会降低其伸缩性，因此支持较低的吞吐量。要确保云程序管理的代码路径能执行长期运行的方法，如有必要，可采用一种离线处理机制。

云优化堆栈是一个概念，指代码可处理高吞吐量，占用空间小，可与其他应用程序一起运行在同一台服务器上，还可以跨平台使用。"占用空间小"指仅把存在依赖的组件打包到云程序中，使部署尺寸尽可能小。考虑一下云程序是否需要整个.NET Framework 才能运行。如果不需要整个.NET Framework，那就只包括运行云程序所需的库，然后把云程序编译到一个自包含的应用程序中以支持并行执行。云程序可与其他任何云程序一起运行，因为它在二进制包中包含了所需的依赖项。最后，使用开源版本的 Mono、.NET Core 或 ASP.NET Core，将可以把云程序打包、编译、部署到 Microsoft 之外的操作系统(例如 macOS、iOS 或 Linux)上。.NET Framework 和.NET Core 在这里都是故意使用的，目的是为了说明它们的使用之间的差异。正如在前面几章中提到的，在.NET 5 中，.NET Framework 和.NET Core 中的特性是相当的，现在这个库被简单地称为.NET。

19.2　云模式和最佳实践

在云中，仅允许较短的延迟或停机时间，代码必须为此做好准备，代码要包含从这些平台异常中成功恢复的逻辑。如果以前曾现场编码，或编写就地执行的程序代码，这是一个重要的思想转变。需要忘掉很多有关管理异常的东西，学会接受失败，并创建从这种失败中恢复的代码。

上一节中提到了可移植性、可伸缩性和弹性等概念，需要将这些概念集成到在云运行中的程序里。但这里的可移植性有什么特殊含义？如果程序可在多个平台上移动或执行，例如 Windows、Linux 和 macOS，该程序就是可移植的。一些 ASP.NET Core 特性位于开源技术的新堆栈上，为开发人员提供把代码编译到二进制文件中的选项，以便在这些平台上运行。传统上，开发人员使用 ASP.NET 编写程序，在后台运行 C#，使用 IIS 在 Windows 服务器上运行该程序。然而，从以云为核心的角度看，在没有人工干预或程序化干预的情况下，程序及其所有依赖项从一个虚拟机移动到另一个虚拟机的能力是最适用的"可移植性"。记住，云中会出现失败，运行程序的虚拟机(VM)可以在任何给定的时间消失，然后在另一台虚拟机上重新构建。因此，程序必须是可移植的，能从这样的事件中恢复。

"可伸缩性"意味着，当多个客户使用代码时，代码能正常响应。例如，如果每分钟有 1500 个请求，且请求的完成和响应在 1 秒钟之内完成，则大约每秒有 25 个并发请求。如果每分钟有 15 000 个请求，则每秒有 250 个并发请求。云程序能以相同的方式响应 25 个和 250 个并发请求吗？如果是 2550 个并发请求呢？以下是几个有效管理可伸缩性的云编程模式：

- 命令和查询责任分离(Command and Query Responsibility Segregation，CQRS)模式——这种模式涉及把读取数据的操作与修改或更新数据的操作分离开。
- 物化视图模式——这会修改存储结构，以便反映数据查询模式。例如，为极常用的查询创建视图可以执行更有效的查询。
- 分片(Sharding)模式——这把数据分解到多个水平碎片中(其中包含明显不同的数据子集)，而不是通过增加硬件的容量进行垂直伸缩。
- 管家钥匙(Valet Key)模式——这允许客户直接访问数据存储，以传输或上传大文件。它不是让 Web 客户机管理数据存储的守卫工作，而是给客户提供一把管家钥匙，并允许直接访问数据存储。

> **注意：**
> 这些模式涵盖一些高级的 C#编码技术，因此这里只描述模式。如果希望查看实现模式的实际 C#代码，可在互联网上通过搜索找到它们。

"弹性"是指程序响应和从服务故障和异常中恢复的程度。从历史上看，IT 基础设施一直专注于失败的预防，其可接受的停机时间是最短的，期望值是 99.99%或 99.999% SLA(Service-Level Agreement，服务水平协议)。但在云中运行程序，可靠性需要做思维转变，我们需要拥抱失败，要更关注恢复(而不是预防)。程序有多个依赖项，如数据库、存储器、网络和第三方服务，其中一些没有 SLA，所以需要转变视角。在出现中断或非正常运行的情况下，如果仍能做出用户友好的响应，会使云程序富有弹性。下面的一些云编程模式可用于将弹性嵌入云程序：

- **断路器模式**——这是一种代码设计方式，它了解远程服务的状态，只有在服务可用的情况下，才会试图连接。如果通过以前的失败知道远程服务不可用，就会避免尝试请求和浪费 CPU 周期。
- **健康端点监控模式**——这会通过实现端点检测，检查基于云的应用程序是否可用。
- **重试模式**——在短暂的异常或故障后重试请求。这种模式在给定的时间段内重试多次，当重试次数到达阈值时，就停止重试。
- **节流模式**——管理云程序的使用，以便满足 SLA，而且程序在高负载下仍然可用。

使用上述一个或多个模式，有助于更成功地实现云迁移。上述模式会提高程序的可伸缩性和弹性，从而提高程序的可用性。这反过来会带来更愉悦的用户或客户体验。

19.3　使用 Microsoft Azure C#库创建存储容器

尽管有许多云提供商，但用于本章和下一章中例子的云提供商是 Microsoft。Microsoft 提供的云平台是 Azure。Azure 有许多不同种类的特性。例如 IaaS 产品称为 Azure VM，PaaS 产 12 月 Azure 云服务。此外，Microsoft 还有用于数据库的 SQL Azure、用于验证用户身份的 Azure Active Directory、用于存储 BLOB 的 Azure Storage。

> **注意：**
> 下面的 "试一试" 练习要求订阅 Microsoft Azure。如果尚未订阅，可在 http://azure. microsoft.com 上注册一个 12 月至多 200 美元的免费试用版本。

以下两个练习将创建一个 Azure 存储账户和一个 Azure 存储容器。之后，将使用 Microsoft Azure Storage SDK for .NET 将 52 张扑克牌的图片存储到该容器中。下一节将创建一个 ASP.NET Core Web 应用程序，来访问存储在 Azure 存储容器中的图片。在本书的后面，这个 ASP.NET Core Web 应用程序将处理一手扑克牌。扑克牌图片是存储在 Azure 存储容器中的 BLOB。

试一试　创建一个 Azure 存储账户

(1) 访问 Microsoft Azure 门户网站 https://portal.azure.com。

(2) 单击浏览器左上方的三个水平线按钮，单击+Create a resource，然后单击 Storage account，如图 19-3 所示。如果找不到 Storage account 条目，请在 Marketplace 中搜索 Storage account。

(3) 输入订阅、资源组、存储账户名和地区，单击 "Review + create" 按钮，单击 Create 按钮。一旦指定了存储账户，存储账户列表应如图 19-4 所示。在这个示例中，Azure 存储账户是 deckofcards。给 Azure 存储账户指定一个不同的名称。请记住此存储账户的名称，因为它将在下一个 "试一试" 练习中使用。

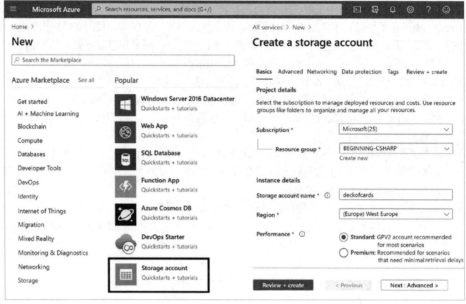

图 19-3

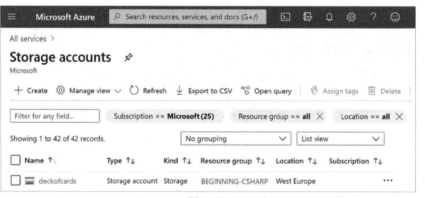

图 19-4

(4) 这样就成功创建了一个 Azure 存储账户。

> **注意:**
> 存储账户可用于存储 BLOB、表、队列和文件。例子包括数据库备份、Azure Web App IIS 日志、VM 机器映像、文档或图片,每个存储账户最多可存储 100TB 数据。

示例说明

Microsoft Azure 管理控制台本身运行在 PaaS 云服务模型(即 Azure 云服务)的 Microsoft Azure 平台上。管理控制台由 Microsoft 的一个产品团队编写,由 Microsoft 支持人员支持。左边导航栏上的所有特性都可供创建和利用,如图 19-3 所示。用自己的订阅创建一个 Azure 存储账户,就可以获得存储空间和一个全局可访问的 URL,进而访问存储账户 deckofcards 的内容(例如 https://deckofcards.blob.core.windows.net)。

下面将使用 Visual Studio 和 Microsoft Azure Storage Client Library 来创建一个控制台应用程序，从而创建一个 Azure 存储容器，并给它上传 52 张牌。

(1)　打开 Visual Studio，单击 Create a new project 框，选择 Console Application，见图 19-5。单击 Next 按钮，将项目命名为 Ch19Ex01 并将其保存在目录 C: \ BeginningCSharpAndDotNET\Chapter19。单击 Next 按钮，从下拉列表中选择.NET 5.0，然后单击 Create 按钮。

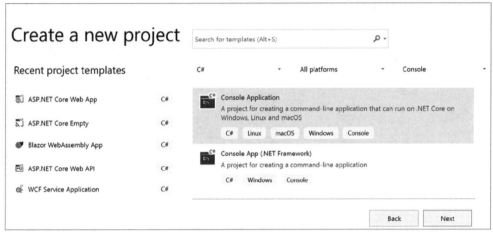

图 19-5

(2)　右击 Ch19Ex01 | Add… | New Folder，给项目添加一个名为 Cards 的目录。把 52 张扑克牌的图片添加到该目录中，如图 19-6 所示。图片可从 GitHub 下载站点中获得(github.com/benperk/ BeginningCSharpAndDotNET/tree/main/ Chapter19/Ch19Ex01/Ch19Ex01/Cards)，分别命名，从 0-1.PNG 到 3-13.PNG。

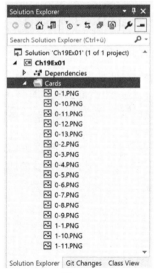

图 19-6

(3) 此外，把 Cards 目录复制到 C:\BeginningCSharpAndDotNET\Chapter19\Ch19Ex01\bin\Debug\net5.0\下，这样在运行时，编译后的可执行文件可以找到它们。还可以通过右击每个图像，然后单击 Properties，手动将每个图像的 Copy to Output Directory 属性设置为 Copy Always。

(4) 再次右击 Ch19Ex01 项目，从弹出的菜单中选择 Manage NuGet Packages…。

(5) 在如图 19-7 所示的搜索文本框中，输入 Azure Storage Blobs，安装最新的 Azure Storage Blobs 客户端库。有关 Azure Storage SDK 库的更多信息，可在 github.com/Azure/azure-storage-net 上找到。

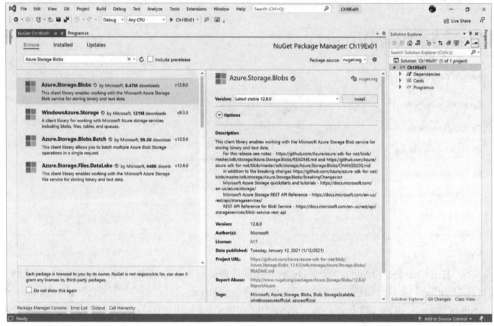

图 19-7

(6) 接受用户协议，一旦安装 NuGet 包及其依赖项，就会在 Visual Studio 的输出窗口中看到 "===============Finished==================="消息。此外，展开 Dependencies/Packages 文件夹，可在其中查看新添加的二进制文件。

(7) 通过再次访问 Microsoft Azure 管理门户(portal.azure.com)复制 Azure 存储连接字符串，然后导航到 Azure 存储账户，该账户是在前面的示例中创建的。如图 19-8 所示，在 Settings 区域中单击 Access keys。单击 Show keys 按钮，单击后该按钮更改为 Hide keys，复制 Key1 的连接字符串并将其放在安全的地方。删除文本框中看到的 Key 值。

(8) 打开命令提示符，添加以下命令，按下 Enter 键。用<yourConnectionString>取代上一步的连接字符串。重新启动 Visual Studio，以便它能够访问新创建的环境变量。

```
setx AZURE_STORAGE_CONNECTION_STRING "<yourConnectionString>"
```

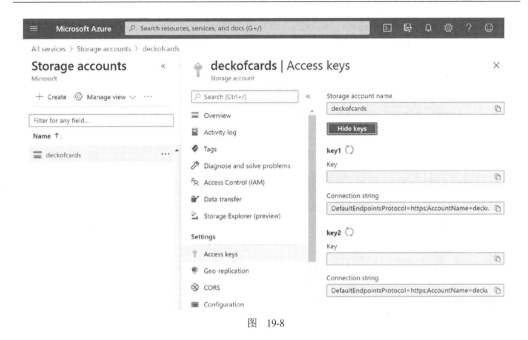

图 19-8

(9) 现在添加代码来创建容器，上传图片，列出它们；如有必要，可删除它们。首先在 Main()
方法中添加程序集引用和 C#框架 try { }...catch { }，如下所示：

```
using System;
using System.IO;
using Azure;
using Azure.Storage.Blobs;
using Azure.Storage.Blobs.Models;

namespace Ch19Ex01
{
    class Program
    {
        static void Main(string[] args)
        {
            try {}
            catch (RequestFailedException rfe)
            {
                Console.WriteLine($"RequestFailedException: {rfe.Message}");
            }
            catch (Exception ex)
            {
                Console.WriteLine($"Exception: {ex.Message}");
            }
            Console.WriteLine("Press enter to exit.");
            Console.ReadLine();
        }
    }
}
```

(10) 接下来，在 try{}代码块中添加创建容器的代码，如下所示。看看传递给 blobServiceClient.
CreateBlobContainer("carddeck")的参数 carddeck。这是用于 Azure 存储容器的名称。此后可通过

https://deckofcards.blob.core.windows.net/carddeck/0-1.PNG 访问这个容器的内容。例如，可在其中放置任何想要的名称，只要符合命名要求即可(例如，名称的长度必须是 3~63 个字符，必须是小写字母，必须以字母或数字开头)。如果提供的容器名称不符合命名要求，就返回 400 HTTP 状态错误。

```
string connectionString = Environment.GetEnvironmentVariable("AZURE_STORAGE_
CONNECTION_STRING");
    BlobServiceClient blobServiceClient = new BlobServiceClient(connectionString);
```

(11) 把如下代码添加到步骤(10)中创建容器的代码的后面，这些代码会上传存储在 Cards 文件夹中的扑克牌图片：

```
BlobContainerClient containerClient = blobServiceClient.CreateBlobContainer(
"carddeck");
containerClient.SetAccessPolicy(PublicAccessType.Blob);

int numberOfCards = 0;
DirectoryInfo dir = new DirectoryInfo(@"Cards");
foreach (FileInfo f in dir.GetFiles("*.*"))
{
    BlobClient blob = containerClient.GetBlobClient(f.Name);
    using (var fileStream = System.IO.File.OpenRead(@"Cards\" + f.Name))
    {
        blob.Upload(fileStream);
        Console.WriteLine($"Uploading: '{f.Name}' which " +
                          $"is {fileStream.Length} bytes.");
    }
    numberOfCards++;
}
Console.WriteLine($"Uploaded {numberOfCards.ToString()} cards.");
Console.WriteLine();
```

(12) 图片上传后，检查一切是否正常。在步骤(11)的代码之后添加下面的代码，列出存储在新建的 Azure 存储容器 carddeck 中的 blob。

```
numberOfCards = 0;
foreach (BlobItem item in containerClient.GetBlobs())
{
    Console.WriteLine($"Card image url '{containerClient.Uri}/{item.Name}' with length " +
    $"of {item.Properties.ContentLength}");
    numberOfCards++;
}
Console.WriteLine($"Listed {numberOfCards.ToString()} cards.");
```

(13) 现在，如有必要，可删除刚上传的图片。

```
Console.WriteLine("If you want to delete the container and its contents enter: " +
                  "'Yes' and press the Enter key");
var delete = Console.ReadLine();
if (delete == "Yes")
{
    containerClient.Delete();
    Console.WriteLine("Container deleted.");
}
Console.WriteLine("All done, press the Enter key to exit.");
Console.ReadLine();
```

(14) 运行控制台应用程序并查看输出，结果如图 19-9 所示。然后访问 Microsoft Azure 管理控制台，单击 Storage Accounts，再单击刚才创建的账户，向下滚动到 blob 服务，单击 Containers 后再单击某文件夹(如 carddeck)，如图 19-10 所示。查看其内容。

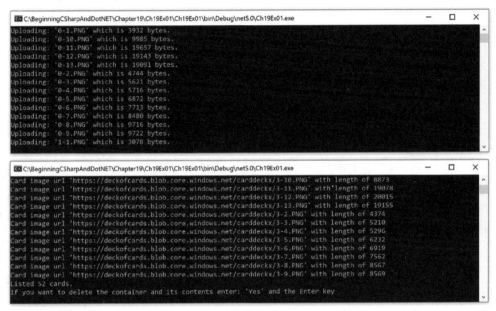

图 19-9

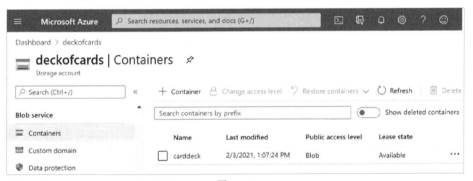

图 19-10

示例说明

可通过编程方式创建 Azure 存储账户，但这种创建方式的安全方面相对复杂，该步骤是直接在 Microsoft Azure 管理控制台上执行的。创建一个 Azure 存储账户后，就可以在该账户内创建多个容器。在本例中，创建了一个名为 carddeck 的容器。每个 Microsoft Azure 订阅的存储账户数量是有限的，而存储账户内的容器数量没有限制。可以创建任意多个容器，但要注意，每个容器都是有成本的。

本例的代码分为 4 部分(创建容器，把图片上传到容器，列出容器中的 blob，根据需要有选择性地删除容器的内容)。执行的第一步是为控制台应用程序建立 try{ }…catch{ }框架。这是一种很好的实践方式，因为未捕获或未处理的异常通常会使进程(EXE)崩溃，而这总是应该避免的。第一个 catch() 表达式是 RequestFailedeexception，捕获在 Azure 名称空间的方法中专门抛出的异常。

```
catch (RequestFailedException rfe)
```

然后有一个捕获所有异常的表达式，处理所有其他意外的异常，并把异常消息写到控制台。

```
catch (Exception ex)
```

try{} 代码块中的前两行从环境变量中检索 Azure 存储账户 Access 键，该变量用于创建 BlobServiceClient 的实例：

```
string connectionString = Environment.GetEnvironmentVariable("AZURE_
STORAGE_CONNECTION_STRING");
BlobServiceClient blobServiceClient = new BlobServiceClient(connection String);
```

接下来，创建一个客户端程序，该客户端程序使用存储账户中的特定 blob 容器管理接口。然后代码创建容器并获取对它的引用；在本例中，容器名为 carddeck。如果运行此代码而容器已经存在，则会收到一个异常。

```
BlobContainerClient containerClient = blobServiceClient.CreateBlobContainer(
"carddeck");
```

容器可以是 Private 或 Public。对于这个示例，容器是 Public，这意味着不需要访问密钥，就可以访问它。执行下面的代码，就可以把容器设置为 Public：

```
containerClient.SetAccessPolicy(PublicAccessType.Blob);
```

现在创建了容器，并可以公开访问，但它是空的。使用像 DirectoryInfo 和 FileInfo 这样的 System.IO 方法，可以创建一个 foreach 循环，把每张扑克牌图片添加到 carddeck 存储容器中。GetBlob Client(() 方法用于为要添加到容器中的特定图片名称设置引用。然后 System.IO.File.OpenRead() 方法利用文件名和路径，将实际文件打开为 FileStream，并通过 Upload () 方法上传到容器中。

```
BlobClient blob = containerClient.GetBlobClient(f.Name);
using (var fileStream = System.IO.File.OpenRead(@"Cards\" + f.Name))
{
    blob.Upload(fileStream);
    Console.WriteLine($"Uploading: '{f.Name}' which " +
                    $"is {fileStream.Length} bytes.");
}
```

迭代 Cards 目录中的所有文件，并上传至容器。使用在 carddeck 容器的初始创建过程中创建的同一个容器对象，通过调用 ListBlobs() 方法，把现有的一组 blob 返回为 Pageable<BlobItem>。然后遍历列表，把它们写到控制台。

```
foreach (BlobItem item in containerClient.GetBlobs())
{
Console.WriteLine($"Card image url '{containerClient.Uri}/{item.Name}' with length " +
                $"of {item.Properties.ContentLength}");
    numberOfCards++;
}
```

要删除 blob 和容器，请使用 BlobContainerClient 类中的 Delete() 方法。在执行这样的删除操作之前，请确认这是谨慎的做法。

```
containerClient.Delete();
```

现在创建了 Azure 存储账户和容器，加载了 52 张扑克牌的图片，所以可以创建一个 ASP.NET Core

Web 应用程序来引用 Azure 存储容器了。

19.4　创建使用存储容器的 ASP.NET Core Web 应用程序

上一章已研究了 ASP.NET 的主题。所以，如果跳过了这一章，可以考虑在继续阅读之前先阅读它。要重申上一章的一些重要主题，请记住，Web 应用程序让 Web 服务器向客户端发送 HTML 代码。这些代码显示在 Web 浏览器上，例如 Microsoft Edge 或 Google Chrome。当用户在浏览器中输入 URL 字符串时，HTTP 请求会被发送到 Web 服务器。HTTP 请求包含所请求的文件名和其他信息，比如识别应用程序的字符串、客户端支持的语言以及属于请求的其他数据。Web 服务器返回一个包含 HTML 代码的 HTTP 响应，这些代码由 Web 浏览器解释，向用户显示文本框、按钮和列表。

ASP.NET 是一种用服务器端代码动态创建 Web 页面的技术。这些 Web 页面的开发方式与客户端 Windows 程序具有诸多相似之处。如果不直接处理 HTTP 请求和响应，手动创建发送到客户端的 HTML 代码，还可以使用创建 HTML 代码的控件，例如 TextBox、Label、ComboBox 和 Calendar。

为给客户端系统上的 Web 应用程序使用 ASP.NET，只需要一个简单的 Web 浏览器。可使用 Internet Explorer、Microsoft Edge、Google Chrome、Firefox 或其他任何支持 HTML 的 Web 浏览器。客户端系统不需要安装.NET。

在服务器系统上，需要 ASP.NET 运行库。如果系统上有 IIS，安装.NET 时就会用服务器配置 ASP.NET 运行库。在开发期间，不需要使用 IIS，因为 Visual Studio 提供了自己的 IIS Express 服务器，可以用它测试和调试应用程序。

为理解 ASP.NET 运行库是如何工作的，考虑一个来自浏览器的典型 Web 请求(见图 19-11)。客户端向服务器请求一个文件，如 default.aspx 或 index.cshtml。ASP.NET Web 窗体页面通常的文件扩展名是.aspx(尽管 ASP.NET MVC 没有特定的文件扩展名)，而.cshtml 用于 Razor 页面。因为这些文件的扩展名用 IIS(或者 IIS Express)注册，服务器能识别它们，所以 ASP.NET 运行库和 ASP.NET 工作进程会启动。IIS 工作进程被命名为 w3wp.exe，驻留在 Web 服务器的应用程序上。第一次请求 index.cshtml 时，启动 ASP.NET 解析器，编译器编译文件和 C#代码，这些 C#代码与.cshtml 文件相关，并创建一个程序集。然后.NET 运行库的 JIT 编译器把程序集编译为本机代码。之后销毁 Page 对象。但程序集要保留下来，用于后续请求，所以没必要再次编译程序集。

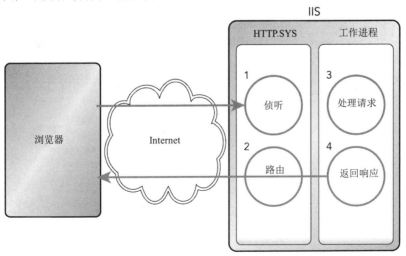

图 19-11

基本理解 Web 应用程序和 ASP.NET 后，就可以执行下例中的步骤了。

试一试   创建一个 ASP.NET Core Web 应用程序来处理两手扑克牌

下面再次使用 Visual Studio，但这次要创建一个 ASP.NET 网站，请求两个玩家的名字，然后在提交页面时，处理两手扑克牌。这些扑克牌从之前创建的 Azure 存储容器下载，扑克牌显示在 Web 页面上。

(1) 打开 Visual Studio，单击 Create a new project 框，选择 ASP.NET Core Web App。如图 19-12 所示。单击 Next 按钮，将项目命名为 Ch19Ex02，并将其保存在目录 C:\BeginningCSharpAndDotNET\Chapter19 中。单击 Next 按钮，从下拉列表中选择.NET 5.0(其他默认设置不变)，单击 Create 按钮。

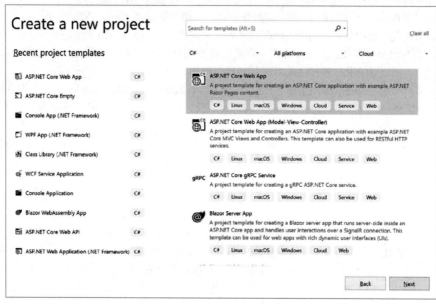

图 19-12

(2) 从 GitHub 仓库下载 CardGame.cs 文件：github.com/benperk/BeginningCSharpAndDotNET/tree/main/Chapter19/Ch19Ex02/Ch19Ex02/Models。右击项目，选择 Add | New Folder，并命名为 Models；右击文件夹，将 CardGames.cs 添加到 Models 文件夹上，选择 Add，再选择 Existing Item，导航到下载文件 CardGame.cs 的位置，选择并添加文件。

(3) 打开 Pages 文件夹中的 index.cshtml 文件，将下面的代码放在页面的顶部：

```
@page
@model Ch19Ex02.Pages.IndexModel
@addTagHelper*, Microsoft.AspNetCore.Mvc.TagHelpers
@using BeginningCSharp
@{
    Player[] players = new Player[2];
    string player1 = "", player2 = "";

    if (Model.Request.Method == "POST")
    {
        player1 = Model.Request.Form["PlayerName1"];
        player2 = Model.Request.Form["PlayerName2"];
        players[0] = new Player(player1);
```

```
        players[1] = new Player(player2);
        Game newGame = new Game();
        newGame.SetPlayers(players);
        newGame.DealHands();
    }
}
```

(4) 接下来，在步骤(3)添加的代码之后添加如下语法。密切关注@card.imageLink，这是给 Card
类新添加的参数。

```
<html lang="en">
<head>
<meta charset="utf-8"/>
<style>
    body {
        font-family: Verdana;
        margin-left: 50px;
        margin-top: 50px;
    }

    div {
        border: 1px solid black;
        width: 40%;
        margin: 1.2em;
        padding: 1em;
    }
</style>
<title>BensCards: a new and exciting card game. </title>
</head>
<body>
    @if (Model.Request.Method == "POST")
    {
        <label id="labelGoal">Which player has the best hand.</label>
        <br/>
        <div>
            <p><label id="labelPlayer1">Player1: @player1</label></p>
            @foreach (Card card in players[0].PlayHand)
            {
                <img width="75" height="100" alt="cardImage"
                src="https://deckofcards.blob.core.windows.net/carddeck/@card.imageLink"/>
            }
        </div>
        <div>
            <p><label id="labelPlayer1">Player2: @player2</label></p>
            @foreach (Card card in players[1].PlayHand)
            {
                <img width="75" height="100" alt="cardImage"
                src="https://deckofcards.blob.core.windows.net/carddeck/@card.imageLink"/>
            }
        </div>
    }
    else
    {
        <label id="labelGoal">
            Enter the players name and deal the cards.
        </label>
        <br/><br/>
```

```
        <form method="post">
            <div>
                <p>Player 1: @Html.TextBox("PlayerName1")</p>
                <p>Player 2: @Html.TextBox("PlayerName2")</p>
                <p><input type="submit" value="Deal Cards" asp-page-handler="Submit"
class="submit"></p>
    </div>
        </form>
    }
</body>
</html>
```

(5) 打开 Startup.cs 文件，在 ConfigureServices()方法的末尾添加以下内容：

```
services.AddMvc(options =>
{
options.EnableEndpointRouting = false;
});
```

(6) 在 Startup.cs 文件中，在 Configure()方法的末尾添加以下内容：

```
app.UseMvc();
```

(7) 现在，按 F5 功能键或 Visual Studio 中的 Run 按钮，运行 Web 应用程序。浏览器将启动，显示如图 19-13 所示的页面。首先提示输入玩家的名字。输入任意两个名字。

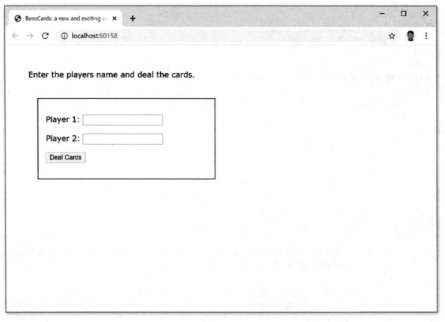

图 19-13

(8) 单击 Deal Cards 按钮，给每个玩家发一手牌。结果如图 19-14 所示。

前面使用 Razor Pages 创建了一个简单的 ASP.NET Core Web Application。将这个 ASP.NET Core Web Application 连接到 Azure 存储账户和容器，以显示扑克牌的图片。

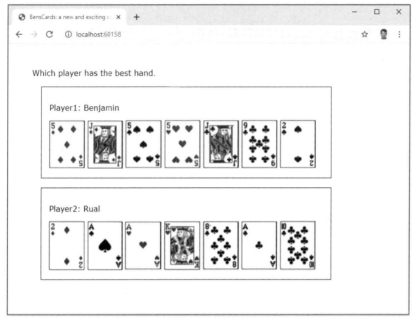

图 19-14

示例说明

上例使用了名为 Razor 的新技术。Razor 是一个视图引擎。Razor 使用类似 C#的语言，这些语言的代码放在@ {...}代码块中，在浏览器请求页面时编译和执行。看看下面这段代码：

```
@{
    Player[] players = new Player[2];
    string player1 = "", player2 = "";

    if (Model.Request.Method == "POST")
    {
        player1 = Model.Request.Form["PlayerName1"];
        player2 = Model.Request.Form["PlayerName2"];
        players[0] = new Player(player1);
        players[1] = new Player(player2);
        Game newGame = new Game();
        newGame.SetPlayers(players);
        newGame.DealHands();
    }
}
```

代码封装在一个@{...}代码块中，在访问时由 Razor 引擎编译和执行。访问该页面时，创建 Player[] 类型的数组，并把查询字符串的内容填充到两个变量 player1 和 player2 中。如果页面没有回送，就意味着只请求页面(GET)，而不是单击按钮(POST)，于是不执行 if(Model.Request.Method == "POST"){} 代码块内的代码。如果对页面的请求是一个 POST，在单击 Deal Cards 按钮时就会执行 POST，通过将表单中输入的值添加到 player1 和 player2 字符串中，将填充 Players。开始新的游戏，给玩家发一手牌。

第一次请求 index.cshtml 文件时，会执行如下代码路径，因为它不是一个 POST。

```
else
{
    <label id="labelGoal">
        Enter the players name and deal the cards.
    </label>
    <br/><br/>
    <form method="post">
        <div>
            <p>Player 1: @Html.TextBox("PlayerName1")</p>
            <p>Player 2: @Html.TextBox("PlayerName2")</p>
            <p><input type="submit" value="Deal Cards" asp-page-handler="Submit"
class="submit"></p>
        </div>
    </form>
}
```

下面的代码显示两个 HTML 文本框控件(用于请求玩家的名字)和一个按钮。一旦输入信息，就单击
Deal Cards 按钮以执行 POST 和随后的代码路径。代码遍历每个游戏玩家的牌。

```
@if (Model.Request.Method == "POST")
{
    <label id="labelGoal">Which player has the best hand.</label>
    <br/>
    <div>
    <p><label id="labelPlayer1">Player1: @player1</label></p>
    @foreach (Card card in players[0].PlayHand)
    {
        <img width="75" height="100" alt="cardImage"
        src="https://deckofcards.blob.core.windows.net/carddeck/@card.imageLink"/>
    }
    </div>
        <div>
            <p><label id="labelPlayer1">Player2: @player2</label></p>
            @foreach (Card card in players[1].PlayHand)
            {
                <img width="75" height="100" alt="cardImage"
                src="https://deckofcards.blob.core.windows.net/carddeck/@card.imageLink"/>
            }
        </div>
    }
```

注意，在两个 foreach 循环里，引用了 Azure 存储账户 URL 和前面练习中创建的容器。

注意：
Azure 存储账户 URL 和容器只是例子。应该用自己的 Azure 存储账户替换 deckofcards，用自己
的 Azure 存储容器替换 carddeck。

19.5 习题

(1) 玩纸牌游戏时，需要在浏览器和服务器之间传送什么信息？
(2) 因为 Web 应用程序是无状态的，请说出存储这些信息的一些方法，使它们可包含在 Web 请

求中。

(3)在 Blazor 应用程序中不使用 ASP.NET Web API，尝试在其他程序类型(如控制台应用程序或 WPF 应用程序)中使用它。

附录 A 给出了习题答案。

19.6　本章要点

主题	要点
定义云	云是一个商品化的、具有弹性的计算机硬件结构，用于运行程序。在混合云、公共云或私有云中，这些程序可在 IaaS、PaaS 或 SaaS 服务模型上运行
定义云优化堆栈	云优化堆栈是一个概念，指代码吞吐量高，占用空间小，可与其他应用程序一起运行在同一台服务器上，并支持跨平台
创建存储账户	存储账户可包含数量不限的容器。存储账户是一种机制，用于控制访问其中创建的容器
用 C#创建存储容器	存储容器存在于存储账户中，包含 blob、文件或互联网上可从任何地方访问的数据
在 ASP.NET Razor 中引用存储容器	可在 C#代码中引用存储容器。使用存储账户名、容器名、博客名、文件或需要访问的数据

第20章

基本 Web API 和 WCF 编程

本章内容：

- 创建 ASP.NET Core Web API
- 使用 ASP.NET Core Web API
- REST 的含义
- WCF 的含义
- 掌握 WCF 概念
- 理解 WCF 编程

本章源代码下载：

本章源代码可通过本书合作站点 www.wiley.com 上的 Download Code 选项卡下载，也可以通过网址 github.com/benperk/BeginningCSharpAndDotNET 下载。下载代码位于 Chapter20 文件夹中并已根据本章示例的名称单独命名。现在我们已经对云计算和云编程有了一些了解，下面继续编写一些 C# 代码，这些代码比上一章中所做的稍微复杂一些。本章将探索 ASP.NET Core Web API 和 Blazor 应用程序。

20.1 创建 ASP.NET Core Web API

API 编程概念已经存在了几十年，通常被描述为包含一组对构建软件程序有用的功能的模块。最初，从 Windows 客户端应用程序的角度看，这些模块是动态链接库(.dll)，它揭示了可编程访问的接口，这些接口将内部函数提供给其他程序。在这样的系统中，当消费程序使用 API 时，它将依赖于接口的模式。接口的更改会在消费程序中导致异常和失败，因为当前访问和执行模块中函数的过程不再有效。一旦程序变得依赖于某个接口，就不应该更改它。当它被更改时，该事件通常称为 DLL Hell。有关 DLL Hell 的更多信息，请阅读文章 en.wikipedia.org/wiki/DLL_Hell。

随着时间的推移，Internet 和内部网解决方案的实现成为主流，对 Web 服务和 WCF 等技术的依赖也随之产生。Web 服务和 WCF 都公开了正式的契约接口，这些接口向其他程序公开了其中包含的功能。与前面提到的 DLL API(模块与消费模块在同一台计算机上)不同，Web 服务和 WCF 托管在 Web 服务器上。由于托管在 Internet 或内部网服务器上，访问 Web 接口不再局限于一台计算机，可从任何设备，从任何与 Internet 或内部网连接的地方访问。

回顾一下在前一章中对云优化堆栈进行的分析。从那次讨论中,了解到要考虑云优化,程序必须占用很小的空间,能够处理高吞吐量,并且支持跨平台。ASP.NET Core Web API 是基于 ASP.NET MVC (模型-视图-控制器)的概念,它直接与新的云优化堆栈定义一致。如果曾经创建和/或使用过 Web 服务或 WCF,就会意识到相比而言,ASP.NET Core Web API 更加简单、紧凑。

下面的示例将创建一个 ASP.NET Core Web API,处理一手牌。

试一试 创建 ASP.NET Core Web API

下面使用 Visual Studio 创建一个 ASP.NET Core Web API,它接受玩家的名字并给该玩家返回一手牌。

(1) 为了创建新的 ASP.NET Core Web API,可以选择 Visual Studio 中的 Create a new project。在 Create a new project 对话框中(参见图 20-1),选择 ASP.NET Core Web API 模板,单击 Next 按钮。更改路径为 C:\BeginningCSharpAndDotNET\Chapter20,命名为 Web API Ch20Ex01,单击 Next 按钮。

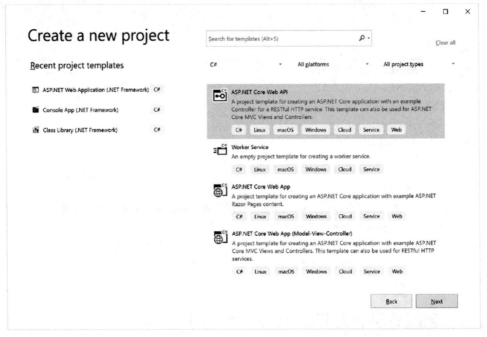

图   20-1

(2) 从 Target Framework 下拉框中选择.NET 5.0,保留其余默认值(参见图 20-2),单击 Create 按钮。

(3) 为了在 Package Manager Console 中安装包(由 Benjamin Perkins 编写),选择菜单项 Tools | NuGet Package Manager | Package Manager Console,执行以下命令:

```
Install-Package Ch18CardLibStandard
```

(4) 接下来为了添加控制器,右击 Controllers 文件夹,选择 Add | Controller…,选择 MVC Controller – Empty | Add(图 20-3)。

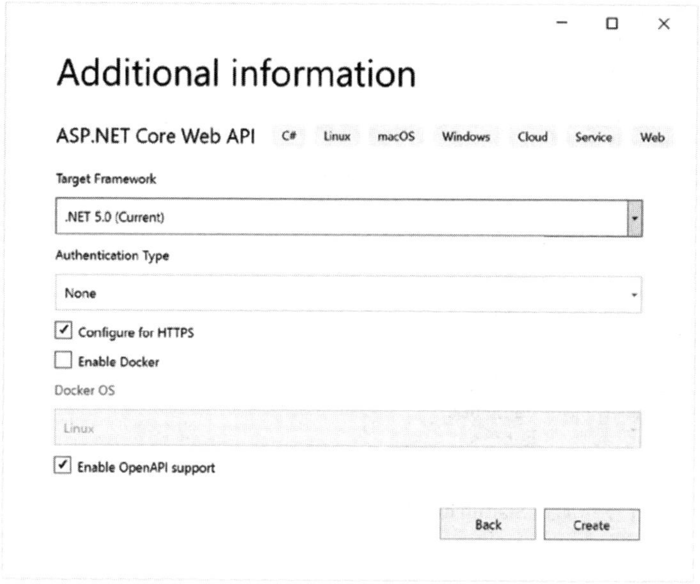

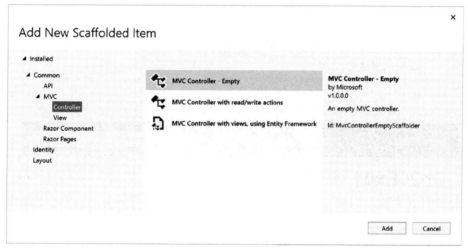

图 20-2

图 20-3

(5) 将控制器命名为 HandOfCardsController，单击 Add 按钮。

(6) 在 HandOfCardsController.cs 文件的顶部添加 using BeginningCSharp;。

(7) 将以下代码添加到 HandOfCardsController 类中：

```
[HttpGet, HttpPost]
[Route("api/HandOfCards/{playerName}")]

public async Task<IEnumerable<HandOfCards>> GetHandOfCards(string playerName)
{
    Player[] players = new Player[1];
    players[0] = new Player(playerName);
```

```
    Game newGame = new Game();
    newGame.SetPlayers(players);
    newGame.DealHands();
    var handOfCards = players[0].PlayHand;
    return Enumerable.Range(0, 7).Select(index => new HandOfCards
    {
        imageLink = handOfCards[index].imageLink,
        rank = handOfCards[index].rank.ToString(),
        suit = handOfCards[index].suit.ToString()
    }).ToArray();
}

public class HandOfCards
{
    public string imageLink { get; set; }
    public string rank { get; set; }
    public string suit { get; set; }
}
```

(8) 将以下代码片段添加到 Startup.cs 文件包含的 Configure 方法中：

```
app.UseCors(cors => cors
    .AllowAnyMethod()
    .AllowAnyHeader()
    .SetIsOriginAllowed(origin => true)
    .AllowCredentials()
);
```

(9) 运行该项目，打开一个浏览器，呈现类似于图 20-4 所示的内容。默认项目包括 WeatherForecast 控制器。可以忽略或删除它。

图　20-4

恭喜！这就完成了 ASP.NET Core Web API 的创建，返回一些 JSON，其中包含到图像的链接、扑克牌的点数(如 A)和花色。此时，如果运行应用程序，只会看到 JSON 文本，而不是一手牌。稍后使用此 API 发牌。

示例说明

注意第一个不熟悉的东西是 Swagger。Swagger 语言用于描述、构建和记录使用 JSON 语法的 Web API。访问 swagger .io 可阅读更多关于 Swagger 的信息。

创建新的 ASP.NET Core Web API 时，会提示一些选项。这个示例所描述的方法是空的。事实上，从 Scaffold 选择窗口选择了 Empty，就意味着项目将不包含任何东西，只包含创建 ASP.NET Core Web API 所需的一些基本的必要条件。这导致很少将配置文件和二进制文件添加到解决方案中；因此，这个 Web API 的占用空间很小，这正是优化运行和可移植高所需要的。

其他可能的选择包括额外的配置文件、许多额外的引用和一个基本的 ASP.NET Core MVC 应用程序示例。由于这个示例较小，而且不需要大多数 MVC 特性，所以选择了 Empty scaffold。如果在自己的未来项目中需要额外的功能和示例，请考虑选择功能更丰富的 Web API scaffold，因为它可构建数据管道，并提供许多经过验证的编码模式示例，以便在其上构建解决方案。

我们安装了 Ch18CardLibStandard NuGet 包，它提供了玩纸牌游戏的编程逻辑。这个包提供了实例化 Player 数组、创建一个新 Game、设置 Players、添加 playerName、发牌以及为消费者请求返回 JSON 文件的功能。

```
[HttpGet, HttpPost]
[Route("api/HandOfCards/{playerName}")]
```

HttpGet 和 HttpPost 注解描述了可以向 Web API 发出哪些类型的请求。在本例中，支持 GET 和 POST。Route 注解是 ASP.NET 决定哪个 Web API 方法响应哪个请求。我们将逐渐意识到，如果尝试使用这个 Web API，与 ASP.NET Web API 进行交互时，并不会请求特定文件。在 ASP.NET Web Forms 应用程序中，请求被发送到扩展名为.aspx 的文件，而在调用 Web API(或 ASP.NET MVC 应用程序)时则不是这样。Web API 请求发送到 Web 服务器，其中的参数在请求的 URL 中，由正斜杠分隔。例如："http://localhost:445348/api/{controllerName}/Parameter1/Parameter2/etc…"。

本练习中引入的另一个概念与 app.UseCors()配置有关。这与称为跨源资源共享(CORS)的安全特性有关。CORS 确保，当一页面在浏览器中呈现时，对任何其他服务器的调用都得到批准。它的目的是确保没有脚本在客户端机器上执行，除非期望这样做。为了使本例中的场景更简单，我们进行的配置允许所有方法、头和域使用此 API。在实际生产环境中不会这样做。有关 CORS 的更多细节，请阅读以下文章：

```
en.wikipedia.org/wiki/Cross-origin_resource_sharing
```

现在 ASP.NET Core Web API 创建完成后，继续下一节学习 Web API 的用法。

20.2　使用 ASP.NET Core Web API

当上个示例运行 ASP.NET Core Web API 时，可以使用 Swagger 页面来尝试使用 API。还可以在应用程序运行时直接将 URL 输入浏览器，然后接收 JSON 响应的输出。对 https://localhost:44348/api/HandOfCards/Benjamin 的请求将输出如图 20-5 所示的内容。请确保更改端口号，即分号后面的一系列数字，以匹配在浏览器中看到的端口号。Benjamin 这个名字是获得一手牌的玩家的名字。

图 20-5

还有一个名为 CURL 的实用程序，它在使用 Web API 时非常有用。如图 20-6 所示，执行以下命令还将得到 Web API 的 JSON 输出。只有在应用程序运行的情况下，才能通过 Visual Studio 工作：

```
curl https://localhost:44348/api/HandOfCards/Benjamin
```

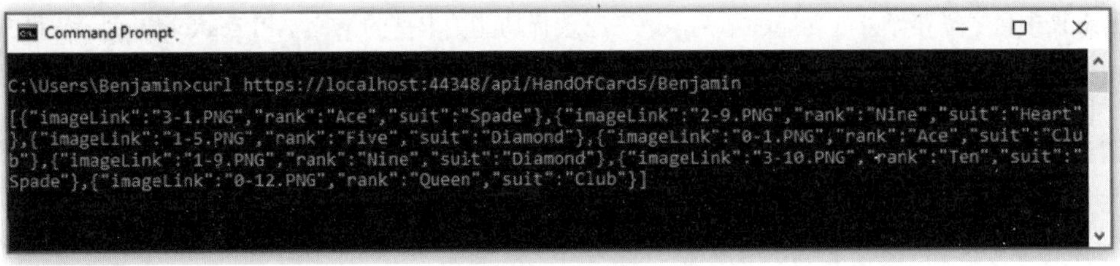

图 20-6

仅仅看 JSON 文件的内容并没有多少价值；需要以某种方式使用它。扑克牌图像的名称(如 3-1.PNG)可以用来显示发牌的图像，而不仅是它的点数和花色。这使游戏更有吸引力。ASP.NET Core Web API 可以部署到云中的服务器(如 Azure)上，或者可在自己的客户端本地使用它。下一个练习将在本地使用 API。该练习将创建一个 Blazor WebAssembly 应用程序，它将调用 ASP.NET Core Web API，解析 JSON，并使用其内容显示一手牌。

试一试 在 Blazor WebAssembly App 中使用 Web API

使用 Visual Studio 创建一个 Blazor WebAssembly 应用程序，该应用程序使用 ASP.NET Core Web API。Web API 接受玩家的名字，并为该玩家返回一手牌。

(1) 打开 Visual Studio，选择 Create a new project，再选择 Blazor WebAssembly App，单击 Next 按钮，命名项目为 Ch20Ex02，将 Location 更改为 C:\BeginningCSharpAndDotNET\Chapter20，单击 Next 按钮。设置如图 20-7 所示，然后单击 Create 按钮。

> **注意：**
> ASP.NET Web API 的输出是一个 JSON 文件，其格式遵循标准格式，易于解析。解析 JSON 文件最常见的方法是使用 Newtonsoft.Json 库。

(2) 为了安装用于解析 JSON 响应的 Newtonsoft.Json 库，右击 Ch20Ex02 项目，选择 Manage NuGet Packages，这将在 Visual Studio 中打开一个选项卡，如图 20-8 所示。

(3) 在 Package 列表中浏览并选择 Newtonsoft.Json，单击 Install 按钮，就会在 Dependencies | Packages 目录中找到 Newtonsoft.Json 二进制文件引用。

图　20-7

图　20-8

(4) 打开位于 Pages 文件夹中的 Index.razor 文件。将这些指令添加到文件的顶部：

```
@page "/"
@inject HttpClient Http
@using Newtonsoft.Json;
@using System.IO;
@using Microsoft.AspNetCore.Components.Rendering
```

(5) 直接在代码下方输入以下内容，它将创建一个文本框和一个按钮，文本框用于输入名称，将名称传递给调用 Web API 的代码，并显示一手牌：

```
<h1>BensCards: a new and exciting card game.</h1>
<br/>
Enter your name:
<input type="text" @bind="player.PlayerName"/>
<br/><br/>
<button @onclick="PostRequest">Deal Cards</button>
<br/><br/>
<h2>@playerName</h2>
<br/>
<p>@responseBody</p>
@if (cards.Count > 0)
{
    ShowHand(__builder);
    cards.Clear();
}
```

(6) 接下来，输入如下代码，它包含 Blazor 应用程序中的可执行代码，这段代码还实例化了发牌所需的一些变量：

```
@code{

    private string responseBody;
    private string playerName;
    Player player = new Player();
    List<string> cards = new List<string>();
}
```

(7) 注意，在第 5 步中，添加了一个按钮，当单击该按钮时，它将调用名为 PostRequest 的方法。在@code 括号中添加 PostRequest 方法。更改 URL，使其与浏览器中的 URL 或之前使用 curl 时使用的 URL 相匹配。可能只需要更改分号后面的数字：

```
private async Task PostRequest()
{
try
    {
        var requestMessage = new HttpRequestMessage()
        {
            Method = new HttpMethod("POST"),
            RequestUri =
                new Uri("https://localhost:44348/api/HandOfCards/"
                    + player.PlayerName),
            Content =
                JsonContent.Create(new Player
                {
                    PlayerName = $"{player.PlayerName}"
                })
        };
        var response = await Http.SendAsync(requestMessage);
        playerName = $"{player.PlayerName}, here are your cards.";
        Stream stream = await response.Content.ReadAsStreamAsync();
        StreamReader reader = new StreamReader(stream);
        var results = JsonConvert.DeserializeObject<dynamic>(reader.ReadLine());
        reader.Close();
        foreach (var card in results)
```

```
        {
            cards.Add((string)card.imageLink);
        }
    }
    catch (Exception ex)
    {
        responseBody = ex.Message + " -" + ex.StackTrace;
    }
}
```

(8) 最后，在@code 括号中添加 ShowHand()方法和 Player 类：

```
private void ShowHand(RenderTreeBuilder __builder)
{
    <div>
    @foreach (string card in cards)
    {
        <img width="75"
            height="100"
            alt="cardImage"
            src="https://deckofcards.blob.core.windows.net/carddeck/@card" />
    }
    </div>
}
public class Player
{
    public string PlayerName { get; set; }
}
```

(9) 通过按 F5 键运行 Blazor 应用程序，确保 ASP.NET Core Web API 项目也在运行中。渲染完成后，输入名称，单击 Deal Hand 按钮。Blazor 应用程序中的代码使用 ASP.NET Web API 并呈现一手牌，如图 20-9 所示。

图　20-9

示例说明

当最初呈现 Index.razor 页面时，ShowHand()没有执行，因为还没有用 JSON 响应的内容填充扑克牌列表。相反，只显示部分 HTML 代码，其中包含捕获玩家名字的输入文本和触发页面返回自身的按钮。

一旦输入玩家名字并单击 Deal Hand 按钮，就会执行 PostRequest 方法。

```
var requestMessage = new HttpRequestMessage()
{
    Method = new HttpMethod("POST"),
    RequestUri =
        new Uri("https://localhost:44348/api/HandOfCards/"
            + player.PlayerName),
    Content =
        JsonContent.Create(new Player
        {
            PlayerName = $"{player.PlayerName}"
        })
};
    var response = await Http.SendAsync(requestMessage);
```

存储在 RequestUri 中的 Web 地址是 ASP.NET Core Web API 的 Internet、内部网或本地主机位置，并用作构建 HttpRequestMessage 的参数。HttpClient 类的 SendAsync 方法接收 responseMessage 参数并返回 JSON 格式的响应。然后使用 ReadAsStreamAsync()将响应放置到 Stream 对象中：

```
Stream stream = await response.Content.ReadAsStreamAsync();
StreamReader reader = new StreamReader(stream);
var results = JsonConvert.DeserializeObject<dynamic>(reader.ReadLine());
reader.Close();
```

然后，Stream 对象作为参数传递给 StreamReader 构造函数。使用 StreamReader 类的 ReadLine()方法作为参数，使用 Newtonsoft.Json 库反序列化 JSON。然后可以通过 foreach 语句枚举结果，并将其添加到名为 cards 的 List<string>容器中。随后可以在页面渲染过程中使用 cards 列表：

```
foreach (var card in results)
{
    cards.Add((string)card.imageLink);
}
```

> **注意：**
> 回顾在第 13 章中讨论的 dynamic 类型。通常的做法是将 dynamic 类型与 JSON 文件一起使用，因为其中包含的结构并不总是可以转换为强类型类。

一旦 JSON 响应的解析结果被加载到 cards 容器中，就会执行 ShowHand()方法中的标记代码。foreach 循环读取 cards 容器，并将图像名称与第 19 章中创建的 Microsoft Azure Blob 容器链接联系起来：

```
@foreach (string card in cards)
{
    <img width="75"
        height="100"
        alt="cardImage"
        src="https://deckofcards.blob.core.windows.net/carddeck/@card" />
}
```

关于 Web API 的讨论到此结束。请记住，这些信息旨在提供一个进入 Web 编程世界的门户。本章的其余部分将介绍这个基于 REST 的 Web API 概念的前身，即 WCF。WCF 将不会迁移到.NET 的跨平台版本,而将保留在.NET Framework 4.8 上。由于在 IT 行业中仍然存在这种技术的许多实现,因此有必要让那些需要的人能够获得相关信息。

在 WCF 之前,有一种叫作 Web 服务的东西。Web 服务就像一个 Web 站点,只不过是由计算机(而不是人)使用的。例如,除了浏览某个 Web 站点来查看自己喜欢的电视节目的信息外,还可以使用一个桌面应用程序,通过某个 Web 服务提取相同的信息。这种方法的优势是,同一个 Web 服务可被各种应用程序使用,其中也包括 Web 站点。而且,可以编写自己的应用程序或 Web 站点来使用第三方的 Web 服务。例如,把自己喜欢的电视节目的信息与地图服务结合起来,以显示该节目的拍摄现场。

.NET Framework 支持 Web 服务已经有一段时间了。但在最近的版本中,它把 Web 服务与远程技术结合起来,创建出 Windows Communication Foundation(WCF),这是在应用程序之间进行通信的一种通用基础结构。远程技术可在一个进程中创建对象实例,在另一个进程中使用它们,即使创建对象的计算机与使用对象的计算机不同也同样如此。但这种技术仍有它自己的问题。远程技术是有限制的,而且刚入门的程序员要掌握它也不容易。

WCF 从 Web 服务中提取了服务、独立于平台的 SOAP 消息传输等概念,把它们与远程技术中的宿主服务器应用程序和高级绑定功能结合在一起,所以可将这种技术看成一个超集,包含了Web 服务和远程技术,但比 Web 服务强大,比远程技术更易于掌握。使用 WCF,可从简单的应用程序转向使用 SOA(Service-Oriented Architecture,面向服务的架构)的应用程序。SOA 意味着可分散处理,并在需要时连接跨本地网络和 Internet 的服务和数据,使用分布式处理。

本章将学习如何在应用程序代码中创建和使用 WCF 服务。另外,本章也介绍了 WCF 的原理,这些知识同样重要,可以帮助理解其工作机制。但在深入研究 WCF 之前,先概述一下 REST 的含义以及它与 Web API 的关系。

20.3　REST 的含义

REST(representational state transfer,具象状态传输)是一种软件架构风格,它通过 HTTP 设置客户机和服务器之间的通信标准。与 WCF 相比,可以考虑这样一个事实: WCF 仅用于 Windows,而 REST 可以跨平台使用。ASP.NET Web API 也是如此。注意产品名称中缺少 "Core"。ASP.NET Core Web API 是跨平台的,而针对.NET Framework 的 ASP.NET Web API 则不是。

回顾一下前面的练习,它创建并使用 ASP.NET Core Web API。不管你是否知道,实际上都是在使用 REST。当创建要发送到 API 的消息时,消息格式化为包含玩家名字的 JSON 文档。来自 API 的响应也以 JSON 形式出现,可以使用 Newtonsoft 对响应进行反序列化并解析出其中包含的内容。如果再次查看图 20-6 以查看 API 的响应,可能会更清楚一些。

REST 的简单性使它成为一种非常有用的技术,特别是将它与以前存在的技术进行比较时。使用 SOAP 甚至 WCF 的 Web 服务是依赖于平台的,而且有些难以配置和支持。还要考虑在此之前的东西,即所谓的电子数据交换(EDI),它实际上并不是一个行业标准。相反,它只是特定客户端和服务器之间的协议,文件以可破译的格式存在;例如,逗号分隔的文本文件。可以访问如下地址,阅读更多关于 REST 的信息: en.wikipedia.org/wiki/Representational_state_transfer。

20.4　WCF 的含义

WCF 技术允许创建服务,可以跨进程、计算机和网络从其他应用程序访问这些服务。利用这些服务,可在多个应用程序中共享功能,提供数据源,或者抽象复杂进程。WCF 服务提供的功能也封装为该服务的方法，由该服务提供。每个方法——在 WCF 术语中称为"操作(operation)"——每个操作都有一个端点，用于交换数据。根据用于连接服务的网络和特定的要求，这种数据交换可能由一个或更多协议定义。

在 WCF 中，端点可以有多个绑定，每个绑定都指定一种通信方式。绑定还可指定其他信息，例如，必须满足什么安全要求才能与端点通信。例如，绑定可能需要用户名和密码身份验证或者 Windows 用户账户令牌。在连接一个端点时，绑定使用的协议会影响所使用的地址，如后面所述。

一旦连接了一个端点，就可以使用 SOAP 或 REST 消息与它通信。所使用的消息形式取决于所执行的操作和该操作收发消息所需的数据结构。WCF 使用协定(contract)指定所有这些信息。通过与服务交换的元数据可以查找协定。用于找出服务信息的一种常用格式是 Web Service Description Language(WSDL)，它最初用于 Web 服务。不过，还可用其他方式来描述 WCF 服务。

> **注意:**
> WCF 的使用和设置方式变化多端。可以使用 WCF 来创建 REST 服务。这些服务依赖简单 HTTP 请求在客户端和服务器之间通信，因此，与 SOAP 消息相比，它们更小。

识别出要使用的服务和端点，知道了要使用的绑定和需要遵守的协定后，就可与 WCF 服务通信，这与使用在本地定义的对象一样简单。与 WCF 服务通信可以是简单的单向事务、请求/响应消息，也可以是从通信信道任一端发出的全双工通信，还可以在需要时使用消息负载优化技术，如 Message Transmission Optimization Mechanism(MTOM)来打包数据。

WCF 服务在存储它的计算机上运行为许多不同进程中的一个。Web 服务总是运行在 IIS 上，而 WCF 服务可以选择适合的宿主进程。可以使用 IIS 驻留 WCF 服务，也可以使用 Windows 服务或可执行程序。如果使用 TCP 在本地网络上与 WCF 服务通信，就不需要在运行服务的 PC 上安装 IIS。WCF 框架允许定制本节介绍的几乎所有方面。但这是一个高级主题，本章仅使用.NET 4.8 默认提供的技术。

了解 WCF 服务的基础知识后，下面将详细介绍这些概念。

20.5　WCF 概念

本节描述 WCF 的如下方面:
- WCF 通信协议
- 地址、端点和绑定
- 协定
- 消息模式
- 行为
- 驻留

20.5.1　WCF 通信协议

如前所述，可以通过许多传输协议与 WCF 服务通信。在.NET 4.8 Framework 中定义了如下 5 个协议。
- HTTP: 它允许与任何位置(包括跨 Internet)的 WCF 服务通信。可以使用 HTTP 通信技术创建 WCF Web 服务。

- **TCP**：如果正确配置了防火墙，它允许与本地网络或跨 Internet 的 WCF 服务通信。TCP 比 HTTP 高效，功能也比较多，但配置起来更复杂。
- **UDP**：类似于 TCP，也允许通过本地网络或 Internet 进行通信，但它的实现方式与 TCP 略有不同。这种实现允许服务同时向多个客户端广播消息。
- **命名管道**：它允许与 WCF 服务通信，该 WCF 服务与调用代码位于同一台计算机的不同进程上。
- **MSMQ**：这是一种排队技术，允许应用程序发送的消息通过队列路由到目的地。MSMQ 是一种可靠的消息传输技术，可以确保发送给队列的消息一定达到该队列。MSMQ 还是一种异步技术，所以只有排在前面的消息都处理完毕，服务仍有效时，才能处理当前消息。

这些协议常常允许建立安全连接。例如，可以使用 HTTPS 协议建立 Internet 上的 TLS 连接。TCP 使用 Windows 安全架构为本地网络上的安全性能提供了更多可能性。UDP 则不支持安全性。为连接 WCF 服务，必须知道它在什么地方。这表示必须知道端点的地址。

20.5.2　地址、端点和绑定

用于服务的地址类型取决于所使用的协议。本章前面介绍的 3 个协议(不包括 MSMQ)都需要格式化的服务地址。

- **HTTP**　HTTP 协议的地址是 URL，其格式很常见：http://<server>:<port>/<service>。对于 TLS 连接，也可以使用 https://<server>:<port>/<service>。如果在 IIS 中驻留服务，<service>就是扩展名为.svc 的文件。IIS 地址可能包含比这个示例更多的子目录，即.svc 文件之前有更多使用/字符分隔的部分。
- **TCP**　TCP 的地址采用 net.tcp://<server>:<port>/<service>形式。
- **UDP**　UDP 的地址采用 soap.udp://<server>:<port>/<service>形式。对于多播通信，需要为 <server>使用一些特定值，但这超出了本章的讨论范围。
- **命名管道**　命名管道连接的地址与上述类似，但没有端口号。其形式是 net.pipe://<server>/<service>。

服务的地址是一个基地址，它可用于为表示操作的端点创建地址。例如，在 net.tcp://<server>:<port>/<service>/operation1 上有一个操作。

例如，假定创建一个 WCF 服务，它有一个操作，绑定了前面介绍的3个协议，就可以使用下面的基地址：

```
http://www.mydomain.com/services/amazingservices/mygreatservice.svc
net.tcp://myhugeserver:8080/mygreatservice
net.pipe://localhost/mygreatservice
```

接着就可以给操作使用下面的地址：

```
http://www.mydomain.com/services/amazingservices/mygreatservice.svc/greatop
net.tcp://myhugeserver:8080/mygreatservice/greatop
net.pipe://localhost/mygreatservice/greatop
```

可给操作使用默认端点，而不必明确地配置它们。这简化了配置，如果需要使用标准端点地址(如上例所示)，这表现得尤其明显。如前所述，绑定不仅指定了操作使用的传输协议，还可以指定在传输协议上通信的安全要求、端点的事务处理功能和消息编码等。绑定提供了极大灵活性，所以.NET Framework 提供了一些可用的预定义绑定。还可将这些绑定用作起点，修改它们，得到需要的绑定类型。预定义绑定有一些必须遵循的原则。每种绑定类型都用 System.ServiceModel 名称空间中的一个类表示。表 20-1 列出了最常用的绑定及其基本信息。

表 20-1 绑定类型

绑定	说明
BasicHttpBinding	最简单的 HTTP 绑定，Web 服务使用的默认绑定，它的安全功能有限，不支持事务处理
WSHttpBinding	HTTP 绑定的一种较高级形式，可以使用 WSE 中引入的所有额外功能
WSDualHttpBinding	扩展了 WSHttpBinding 功能，包含双向通信功能。在双向通信中，服务器可以启动与客户端的通信，还可以进行一般的消息交换
WSFederationHttpBinding	扩展了 WSHttpBinding 功能，包含联合功能。联合功能允许第三方实现单点登录(single sign-on)和其他专用安全措施。这是一个高级主题，本章不予讨论
NetTcpBinding	用于 TCP 通信，允许配置安全性、事务处理等
NetNamedPipeBinding	用于命名管道的通信，允许配置安全性、事务处理等
NetMsmqBinding	这些绑定用于 MSMQ，本章不予讨论
NetPeerTcpBinding	用于对等绑定，本章不予讨论
WebHttpBinding	用于使用 HTTP 请求(而不是 SOAP 消息)的 Web 服务
UdpBinding	允许绑定到 UDP 协议

  表 20-1 中的许多绑定类拥有可用于其他配置的类似属性。例如，它们有可用于配置超时值的属性。本章后面介绍编码时会详细讨论。

  端点的默认绑定因所用协议而异。这些默认绑定如表 20-2 所示。

表 20-2 .NET 的默认绑定

协议	默认绑定
HTTP	BasicHttpBinding
TCP	NetTcpBinding
UDP	UdpBinding
命名管道	NetNamedPipeBinding

20.5.3 协定

  协定确定了 WCF 服务的用法。可以定义如下几种协定。

- **服务协定**：包含服务的一般信息和服务提供的操作的一般信息。例如，该协定可以包含服务使用的名称空间。在为 SOAP 消息定义模式时，服务使用唯一的名称空间，以免与其他服务冲突。
- **操作协定**：定义操作的用法，这包括操作方法的参数和返回类型，以及其他信息，例如，方法是否返回响应消息。
- **消息协定**：允许定制 SOAP 消息内部的信息格式化方式。例如，数据应包含在 SOAP 标头中还是 SOAP 消息体中。在创建必须与旧系统集成的 WCF 服务时，就可以使用消息协定。
- **错误协定**：定义操作可能返回的错误。使用.NET 客户端程序时，错误会导致可以捕获的异常，并以通常方式处理。
- **数据协定**：如果使用复杂类型，如用户定义的结构和对象(作为操作的参数或返回类型)，就必须为这些类型定义数据协定。数据协定根据通过属性显示的数据来定义类型。

一般使用特性把协定添加到服务类和方法中，如本章后面所述。

20.5.4　消息模式

上一节提到，操作协定可以定义操作是否返回一个值，WSDualHttpBinding 允许进行双向通信。这些都是消息模式。消息模式包含如下 3 种类型。

- 请求/响应消息传输：交换消息的"一般"方式，每个发送给服务的消息都会生成一个发送给客户端的响应。这并不意味着客户端必须要等待响应，因为可用一般方式异步调用操作。
- 单向消息传输：消息从客户端传输给 WCF 操作，但服务器不发送响应。
- 双向消息传输：一种较高级的模式，客户端可以用作服务器，服务器也可以用作客户端。启动后，双向消息传输允许客户端和服务器彼此发送消息，这些消息可能没有响应。

本章后面将使用这些消息模式。

20.5.5　行为

行为(behavior)是把没有直接提供给客户端的其他配置应用于服务和操作的方式。给服务添加行为，可以控制宿主进程如何实例化和使用行为，行为如何参与事务处理，在服务中如何解决多线程问题等。操作行为可以控制在操作执行过程中是否使用模仿功能，各个操作行为如何影响事务处理等。

可在不同的级别上指定默认行为，而不必给每个服务和操作指定每个行为的各个方面。还可在需要时提供默认设置和重写设置，减少所需的配置量。

20.5.6　驻留

本章开头曾提到，WCF 服务可以存储在如下几个不同进程中。

- Web 服务器：驻留在 IIS 的 WCF 服务是 WCF 提供的最接近 Web 服务的服务。还可以使用 WCF 服务中的高级功能和安全特性，这些功能和特性很难在 Web 服务中实现，也可以集成 IIS 特性，如 IIS 安全特性。
- 可执行文件：可以把 WCF 服务驻留在.NET 中创建的任意应用程序类型中，如控制台应用程序、Windows 窗体应用程序和 WPF 应用程序。
- Windows 服务：可以把 WCF 服务驻留在 Windows 服务中，这意味着可以使用 Windows 服务提供的有用特性，包括自动启动和错误恢复。
- Windows Process Activation Service(WAS)：专门用于驻留 WCF 服务，基本上是 IIS 的一个简化版本，可以在没有 IIS 的任何地方使用。

上述列表中的两个选项 IIS 和 WAS 为 WCF 服务提供了有用的特性，例如激活、进程回收和对象池。如果使用另外两个驻留选项，WCF 服务就是自驻留的。我们偶尔会自驻留服务，以进行测试，但最好创建自驻留、产品级的服务。例如，假定不允许在运行服务的计算机上安装 Web 服务器。如果服务运行在域控制器上，或者公司的本地策略只是禁止运行 IIS，就可以把服务驻留在 Windows 服务上，它会工作得很好。

20.6　WCF 编程

前面介绍了基础知识，下面开始编写一些代码。本节首先介绍一个在 Web 服务器上驻留的简单 WCF 服务和一个控制台客户端程序。介绍了所创建的代码结构后，学习 WCF 服务和客户端应用程序的基本结构。此后详细探讨一些重要主题：

- 定义 WCF 服务协定

- 自驻留的 WCF 服务

在下面的示例中将创建一个简单的 WCF 服务，该服务公开两个方法和一个使用它们的客户端。

试一试 一个简单的 WCF 服务和客户端程序：Ch20Ex03Client

(1) 在 C:\BeginningCSharpAndDotNET\Chapter20 目录中创建一个新的 WCF 服务应用程序项目 Ch20Ex03。如果没有看到 WCF 项目模板，就需要通过 Visual Studio Installer 安装 Windows Communication Foundation 模板，如图 20-10 所示。

图 20-10

(2) 右击 Solution | Add | New Project | Console App(.NET Framework)，在面向.NET Framework 4.8 的解决方案中命名为 Ch20Ex03Client。

(3) 在 Build 菜单上单击 Build Solution 选项。

(4) 右击 Ch20Ex03Client 项目，然后选择 Add | Service Reference，在 Add Service Reference 对话框中单击 Discover。

(5) 启动开发 Web 服务器，加载 WCF 服务的信息后，展开该引用，查看其细节，注意服务中有两个方法：GetData 和 GetDataUsingDataContract。如图 20-11 所示。

图 20-11

(6) 单击 OK 按钮，添加服务引用。

(7) 在 Ch20Ex03Client 应用程序中修改 Program.cs 中的代码，如下所示：

```
using Ch20Ex03Client.ServiceReference1;

namespace Ch20Ex03Client
{
    class Program
    {
        static void Main(string[] args)
        {
            int intParam;
            do
            {
                Console.WriteLine("Enter an integer and press enter to call the WCF service.");
            } while (!int.TryParse(Console.ReadLine(), out intParam));
            Service1Client client = new Service1Client();
            Console.WriteLine(client.GetData(intParam));
            Console.WriteLine("Press an key to exit.");
            Console.ReadKey();
        }
    }
}
```

(8) 在 Solution Explorer 中右击 Ch20Ex03Client 项目，选择 Set as StartUp Project 选项。运行应用程序(F5)。在控制台应用程序窗口中输入一个数字，按下回车键，结果如图 20-12 所示。

图　20-12

(9) 退出应用程序，在 Solution Explorer 中右击 Ch20Ex03 项目中的 Service1.svc 文件，单击 View in Browser。查看窗口中的信息。单击 Web 页面顶部的链接，查看服务的 WSDL。现在还不需要了解 WSDL 文件中的所有内容的含义。

示例说明

这个示例中创建了一个驻留在 Web 服务器上的简单 WCF 服务和控制台客户端程序。我们为 WCF 服务项目使用了默认的 Visual Studio 模板，这意味着不必自己添加任何代码，而是可以使用这个默认模板中定义的一个操作 GetData()。对于这个示例，使用什么操作并不重要，而应关注代码的结构及其工作方式。

首先分析服务器项目 Ch20Ex05，包含的内容如下。

- 文件 Service1.svc，它定义了服务的宿主。
- 类定义 CompositeType，它定义了服务使用的数据协定(位于 IService1.cs 代码文件中)。
- 接口定义 IService1，它定义了服务协定和两个操作协定。
- 类定义 Service1，它实现 IService1 接口，定义了服务的功能(位于 Service1.svc.cs 代码文件中)。
- 配置段<system.serviceModel>(在 Web.config 中)，它配置了服务。

Service1.svc 文件包含如下代码行。要查看这行代码，应在 Solution Explorer 中右击该文件，再单击 View Markup：

```
<%@ ServiceHost Language="C#" Debug="true" Service="Ch20Ex03.Service1"
CodeBehind="Service1.svc.cs" %>
```

这是一个 ServiceHost 指令，用于告诉 Web 服务器(本例是 Web 开发服务器，但该指令也可应用于 IIS)把什么服务存储在这个地址上。定义服务的类在 Service 特性中声明，定义这个类的代码文件在 CodeBehind 特性中声明。这个指令是必需的，以获得 Web 服务器的驻留功能，如前面几节所述。

显然，没有驻留在 Web 服务器上的 WCF 服务不需要这个文件。本章后面将学习自驻留的 WCF 服务。

接着在 IService1.cs 文件中定义数据协定 CompositeType。从代码中可以看出，数据协定只是一个类定义，类定义中包含 DataContract 特性，类成员上包含 DataMember 特性：

```
[DataContract]
public class CompositeType
{
    bool boolValue = true;
    string stringValue = "Hello ";
    [DataMember]
    public bool BoolValue
    {
        get { return boolValue; }
        set { boolValue = value; }
    }
    [DataMember]
    public string StringValue
    {
        get { return stringValue; }
        set { stringValue = value; }
    }
}
```

这个数据协定通过元数据提供给客户端应用程序(查看示例中的 WSDL 文件，就会看到这些元数据)。这允许客户端应用程序定义一个类型，该类型可以序列化到窗体上，该窗体又可以由服务反序列化到 CompositeType 对象上。客户端程序不需要知道这个类型的实际定义，实际上，客户端程序使用的类可以有不同的实现代码。定义数据协定的这种方式虽然简单但非常强大，允许在 WCF 服务及其客户端程序之间交换复杂的数据结构。

IService1.cs 文件还包含服务协定，该服务协定定义为带有 ServiceContract 特性的接口。这个接口也在服务元数据中进行了完整描述，并可在客户端应用程序中重建。接口成员构成了服务的操作，每个操作都应用 OperationContract 特性创建一个操作协定。示例代码包含两个操作，其中一个操作使用了前面的数据协定：

```
[ServiceContract]
public interface IService1
{
    [OperationContract]
    string GetData(int value);
    [OperationContract]
    CompositeType GetDataUsingDataContract(CompositeType composite);
}
```

前面介绍的 4 个协定定义特性都可以用特性进一步配置，如下一节所述。实现服务的代码与其他类定义类似：

```
public class Service1 : IService1
{
public string GetData(int value)
{
return string.Format($"You entered: {value}");
}
public CompositeType GetDataUsingDataContract(CompositeType composite)
{
...
}
}
```

注意这个类定义不需要继承自特定类型，也不需要任何特定的特性，只需要实现定义了服务协定的接口。实际上，可以在这个类及其成员中添加特性，以指定行为，但这些都不是强制的。

把服务的实现代码(类)和服务协定(接口)分开的效果极佳。客户端程序不需要了解类的任何信息，类包含的功能可能远远超过服务实现的功能。一个类甚至可以实现多个服务协定。

最后分析 Web.config 文件中的配置。在配置文件中，WCF 服务的配置是从.NET 远程技术中提取出来的一个特性，可以处理所有类型的 WCF 服务(非自驻留的服务和自驻留的服务)和 WCF 服务的客户端程序(稍后介绍)。

WCF配置代码包含在Web.config或app.config文件的配置段<system.serviceModel>中。这个示例使用了默认值，所以没有进行很多服务配置。在Web.config文件中，配置段包含一个子段，它为服务行为<behaviors>重写了默认值。Web.config中的<system.serviceModel>配置段的代码如下(为简洁起见，删除了注释)：

```
<system.serviceModel>
  <behaviors>
    <serviceBehaviors>
      <behavior>
        <serviceMetadata httpGetEnabled="true" httpsGetEnabled="true" />
        <serviceDebug includeExceptionDetailInFaults="false" />
      </behavior>
    </serviceBehaviors>
  </behaviors>
</system.serviceModel>
```

这个配置段可在<behavior>子段中定义一个或多个行为，这些行为可在多个其他元素上重用。可给<behavior>段指定一个名称，以便进行重用(这样就可以在其他地方引用它)，也可以不指定名称来使用(如本例所示)，以指定重写默认的行为设置。

> **注意：**
> 如果使用了非默认的配置，在<system.serviceModel>中就会包含一个<services>段，其中包含一个或多个<service>子段，<service>子段又可以包含<endpoint>子段，每个<endpoint>子段都定义了服务的一个端点。实际上，所定义的端点是服务的基端点。可从中推断出操作的端点。

在 Web.config 中，重写的一个默认行为如下：

```
<serviceDebug includeExceptionDetailInFaults="false"/>
```

这个设置可以是 true，在传输给客户端程序的任意错误中提供异常详情，通常只允许在开发过程中传输这些异常信息。

在 Web.config 中，另一个默认的重写行为与元数据相关。元数据允许客户端程序获得 WCF 服务的描述。默认配置为服务定义了两个默认端点，一个端点由客户端程序用于访问服务；另一个端点用于获得服务的元数据。在 Web.config 文件中，可禁用这个功能，如下所示：

```
<serviceMetadata httpGetEnabled="false"
httpsGetEnabled="false" />
```

另外，还可完全删除这行配置代码，因为默认行为不允许交换元数据。

如果在本例中尝试禁用这个功能，并不能阻止客户端程序访问服务，因为客户端程序已经在添加服务引用时获得了需要的元数据。但禁用元数据会禁止其他客户端程序使用 Add Service Reference 工具访问这个服务。一般情况下，生产环境中的 Web 服务不需要提供元数据，所以应在开发阶段完成后禁用这个功能。

前面介绍了 WCF 服务的代码，现在分析客户端程序，尤其是使用 Add Service Reference 工具做了什么。注意在 Solution Explorer 中，客户端程序包含一个文件夹 Service References，如果展开该文件夹，就会看到一个 ServiceReference1 项，它是添加引用时选用的名称。

Add Service Reference 工具创建了访问服务需要的所有类。这包括服务的代理类，服务的代理类包含服务的所有操作方法(Service1Client)，以及从数据协定中生成的客户端类(CompositeType)。

注意：
可以浏览 Add Service Reference 工具生成的代码(显示项目中的所有文件，包括隐藏的文件)。

该工具还为项目添加了一个配置文件 app.config，这个配置定义了两项内容：
- 服务端点的绑定信息
- 端点的地址和协定

从服务描述中提取绑定信息：

```
<configuration>
  <system.serviceModel>
    <bindings>
      <basicHttpBinding>
        <binding name="BasicHttpBinding_IService1" />
      </basicHttpBinding>
    </bindings>
```

这个绑定、服务的基地址(这是Web服务器存储的服务的.svc文件地址)和协定的客户端版本 IService1 在端点配置中使用：

```
    <client>
      <endpoint address="http://localhost:49227/Service1.svc"
        binding="basicHttpBinding"
        bindingConfiguration="BasicHttpBinding_IService1"
        contract="ServiceReference1.IService1"
        name="BasicHttpBinding_IService1" />
    </client>
  </system.serviceModel>
</configuration>
```

如果删除<bindings>段和<endpoint>元素的 bindingConfiguration 特性，客户端程序将使用默认的绑定配置。

　　<binding>元素的名称是 BasicHttpBinding_IService1，这里包含它是为了定制绑定的配置。这里可用的配置有很多，包括超时设置、消息大小限制和安全设置等。如果服务项目把这些配置指定为非默认值，就可以在 app.config 文件中看到它们，因为它们会被复制到这个文件中。只有绑定配置匹配时，客户端程序才能与服务通信。本章不深入探讨 WCF 服务配置。

　　这个示例介绍了许多基础知识，下面总结一下前面的内容：

- WCF 服务定义
  - 服务由服务协定接口定义，其中包括操作协定成员
  - 服务在实现了服务协定接口的类中实现
  - 数据协定只是使用数据协定特性的类型定义
- WCF 服务配置
  - 可使用配置文件(Web.config 或 app.config)来配置 WCF 服务
- WCF Web 服务器驻留：
  - Web 服务器驻留把.svc 文件用作服务基地址
- WCF 客户程序配置：
  - 可使用配置文件(Web.config 或 app.config)来配置 WCF 服务的客户端程序

下一节将详细介绍协定。

20.6.1　WCF 测试客户端程序

　　上面的示例创建了服务和客户端程序，说明了基本 WCF 体系结构的工作原理，以及如何归档 WCF 服务的配置。但实际要使用的客户端应用程序会比较复杂，也难以正确测试服务。为便于开发 WCF 服务，Visual Studio 提供了一个测试工具，可用于确保 WCF 操作正常工作。这个工具会自动配置为处理 WCF 服务项目，所以如果运行项目，该工具就会显示出来。只需要确保要测试的服务(即.svc 文件)设置为 WCF 服务项目的启动页面即可。可使用该工具调用服务操作，还可以用其他方式检查服务。如下面的示例所示。

试一试　使用 WCF 测试客户端程序

　　(1) 打开上一个示例中的 WCF Service Application 项目 Ch20Ex03。在 Solution Explorer 中右击 Service1.svc 服务，然后单击 Set As Start Page。在 Solution Explorer 中右击 Ch20Ex03 项目，然后单击 Set As StartUp Project。

　　(2) 在 Web.config 中，确保启用元数据，如下所示：

```
<serviceMetadata httpGetEnabled="true" httpsGetEnabled="true" />
```

　　(3) 运行该应用程序。WCF 测试客户端程序就会显示出来。

　　(4) 在测试客户端程序的左窗格上双击 Config File。用于访问服务的配置文件就显示在右窗格上。在左窗格上双击 GetDataUsingDataContract()操作。

　　(5) 在右窗格上把 BoolValue 的值改为 True，StringValue 的值改为 Test String，再单击 Invoke。

　　(6) 如果显示了安全提示对话框，单击 OK 按钮确认把信息发送给服务。显示操作的结果，如图 20-13 所示。

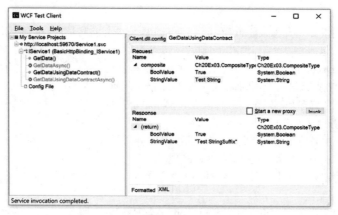

图   20-13

(7) 在底部单击 XML 标签页，查看请求和响应的 XML。关闭 WCF 测试客户端程序，这会停止 Visual Studio 中的调试。

示例说明

这个示例使用 WCF 测试客户端程序，在上一个示例创建的服务上检查和调用操作。首先注意，服务的加载有一点儿延迟，这是因为测试客户端程序必须检查服务，以确定其功能。这个检查过程使用与 Add Service Reference 工具相同的元数据，所以必须确保元数据是可用的(在上一个示例中可能禁用了元数据)。检查完毕后，在工具的左窗格上就会显示服务及其操作。

接着查看用于访问服务的配置。与上一个示例中的客户端应用程序一样，这些配置也是从服务的元数据中自动生成的，且包含在与服务相同的代码中。如有必要，可通过该工具编辑这个配置文件，方法是右击 Config File 项，单击 Edit with SvcConfigEditor。图 20-14 是该配置的一个示例，其中包含本章前面提到的绑定配置选项。

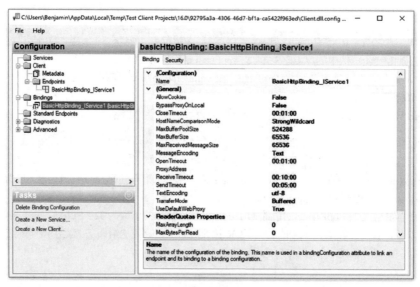

图   20-14

最后调用了一个操作。测试客户端程序允许输入要使用的参数，并调用方法，然后显示结果，所有这些都不需要编写任何客户端代码。我们还查看了为获得结果而发送和接收的 XML，这些信息的技术性很强，但在调试较复杂的服务时，这些信息是绝对必需的。

20.6.2　定义 WCF 服务协定

从前面的示例可以了解到，通过 WCF 基础结构，可以结合使用类、接口和特性来方便地为 WCF 服务定义协定。本节将深入介绍这种技术。

1. 数据协定

要给服务定义数据协定，需要把 DataContractAttribute 特性应用于类定义。这个特性在名称空间 System.Runtime.Serialization 中。可使用表 20-3 所示的属性配置它。

表 20-3　DataContractAttribute 的属性

属性	说明
Name	用不同于类定义的名称来命名数据协定。这个名称在 SOAP 消息和服务元数据定义的客户端数据对象上使用
Namespace	定义数据协定在 SOAP 消息中使用的名称空间
IsReference	影响序列化对象的方式。如果设置为true，那么即使多次引用某个对象实例，仍然只序列化该对象实例一次，有些情况下，这可能非常重要。默认值是 false

当需要与已有的SOAP 消息格式交互操作时，Name 和 Namespace 属性非常重要(其他协定的类似名称的属性也是同理)，但在其他情况下很可能不需要使用它们。

数据协定中的每个类成员都必须使用 DataMemberAttribute 特性，它在名称空间 System.Runtime.Serialization 中。这个特性具有表 20-4 所示的属性。

表 20-4　DataMemberAttribute 的属性

属性	说明
Name	指定序列化时数据成员的名称(默认为成员名称)
IsRequired	指定成员是否必须显示在 SOAP 消息中
Order	int 值，指定序列化或反序列化成员的顺序，如果一个成员必须在另一个成员之前出现，这个顺序就是必需的。先处理 Order 较低的成员
EmitDefaultValue	将其设置为 false 时，如果成员的值是默认值，就禁止该成员包含在SOAP 消息中

2. 服务协定

把 System.ServiceModel.ServiceContractAttribute 特性应用于接口定义，就定义了服务协定。表 20-5 所示的属性可用于定制服务协定。

表 20-5　ServiceContractAttribute 的属性

属性	说明
Name	按照 WSDL 中<portType>元素中的定义，指定服务协定的名称
Namespace	定义 WSDL 中<portType>元素使用的服务协定的名称空间
ConfigurationName	在配置文件中使用的服务协定名称
HasProtectionLevel	指定服务使用的消息是否有明确定义的保护级别。保护级别允许签名消息，或者签名和加密消息
ProtectionLevel	保护级别，用于保护消息
SessionMode	确定是否为消息启用会话。如果使用会话，就可以确保关联到发送给服务的不同端点的消息，即它们使用同一个服务实例，因此可以共享状态
CallbackContract	对于双向消息传输，客户端提供了协定和服务。如前所述，这是因为双向通信中的客户端也用作服务器。这个属性允许指定客户端使用的协定

3. 操作协定

在定义服务协定的接口中，应用 System.ServiceModel.OperationContractAttribute 特性，就可以把成员定义为操作。这个特性具有表 20-6 所示的属性。

表 20-6　OperationContractAttribute 的属性

属性	说明
Name	指定服务操作的名称。默认为成员名称
IsOneWay	指定操作是否返回一个响应。如果把它设置为 true，则客户端不等待操作完成，就会继续执行
AsyncPattern	如果设置为 true，操作就会实现为两个方法：Begin<*methodName*>()和 End<*methodName*>()，这两个方法可用于异步调用操作
HasProtectionLevel	参见表 20-5
ProtectionLevel	参见表 20-5
IsInitiating	如果使用会话，这个属性就确定调用这个操作是否可以启动新会话
IsTerminating	如果使用会话，这个属性就确定调用这个操作是否会中断当前会话
Action	如果使用寻址功能(WCF 服务的一个高级功能)，操作就有一个关联的动作名称，通过这个属性可以指定该名称
ReplyAction	同上，但为操作的响应指定动作名称

注意:
在添加一个服务引用时，无论 AsyncPattern 是否设置为 true，Visual Studio 都会生成用于调用该服务的异步代理方法。这些方法带有后缀 Async，它们使用了.NET 4.5 中新引入的异步技术，并且只是从调用代码的角度看才是异步的。在内部，它们调用的是同步的 WCF 操作。

4. 消息协定

前面的示例中没有使用消息协定规范。如果使用消息协定，就应定义一个表示消息的类，再给类应用 MessageContractAttribute 特性。接着给这个类的成员应用 MessageBodyMemberAttribute、MessageHeaderAttribute或MessageHeaderArrayAttribute特性。所有这些特性都在System.ServiceModel名称空间中。除非要高度控制WCF服务使用的SOAP消息，否则一般不会使用消息协定，所以这里不详细讨论它。

5. 误协定

如果客户端应用程序可以使用特定的异常类型，如果定制异常，就可以给可能生成该异常的操作应用 System.ServiceModel.FaultContractAttribute 特性。

试一试　WCF 协定：Ch20Ex04Contracts

(1) 在 C:\BeginningCSharpAndDotNET\Chapter20 目录中创建一个新的 WCF 服务应用程序项目 Ch20Ex04。

(2) 给解决方案添加一个类库项目 Ch20Ex04Contracts，删除 Class1.cs 文件。

(3) 在 Ch20Ex04Contracts 项目中添加对 System.Runtime.Serialization.dll 和 System.ServiceModel.dll 程序集的引用。

(4) 在 Ch20Ex04Contracts 项目中添加 Player 类，修改 Player.cs 中的代码，如下所示：

```
using System.Runtime.Serialization;

namespace Ch20Ex04Contracts
{
    [DataContract]
    public class Player
    {
        [DataMember]
        public string Name { get; set; }
        [DataMember]
        public int Level { get; set; }
    }
}
```

(5) 在 Ch20Ex04Contracts 项目中添加 IGameService 接口，修改 IGameService.cs 中的代码，如下所示：

```
using System.ServiceModel;

namespace Ch20Ex04Contracts
{
    [ServiceContract(SessionMode = SessionMode.Required)]
    public interface IGameService
    {
        [OperationContract(IsOneWay = true, IsInitiating = true)]
        void SetPlayerLevel(int playerLevel);
        [OperationContract]
        Player[] GetProfessionalPlayer(Player[] playerToTest);
    }
}
```

(6) 在 Ch20Ex04 项目中，右击 References，然后单击 Add Reference | Projects | Ch20Ex04Contracts，单击 OK 按钮，添加对 Ch20Ex04Contracts 项目的引用。

(7) 删除 Ch20Ex04 项目中的 IService1.cs 和 Service1.svc。

(8) 在 Ch20Ex04 中添加一个新的 WCF 服务 GameService，删除 Ch20Ex04 项目中的 IGameService.cs 文件。修改 GameService.svc.cs 文件中的代码，如下所示：

```
using using System.Collections.Generic;
using Ch20Ex04Contracts;
namespace Ch20Ex04
```

```
{
   public class GameService : IGameService
   {
      private int playerLevel;
      public void SetPlayerLevel(int playerLevel)
      {
         this.playerLevel = playerLevel;
      }
      public Player[] GetProfessionalPlayer(Player[] playerToTest)
      {
         List<Player> result = new List<Player>();
         foreach (Player player in playerToTest)
         {
            if (player.Level > playerLevel)
            {
               result.Add(player);
            }
         }
         return result.ToArray();
      }
   }
}
```

(9) 修改 Ch20Ex04 项目的 Web.config 中的服务配置段，如下所示：

```
<system.serviceModel>
  <protocolMapping>
    <add scheme="http" binding="wsHttpBinding" />
  </protocolMapping>
  ...
</system.serviceModel>
```

(10) 右击项目，从弹出菜单中选择 Properties，打开 Ch20Ex04 的项目属性，在 Web 部分中，记录主机设置中使用的端口，例如 ex:http://localhost:52262/。

(11) 在解决方案中添加一个新的控制台项目 Ch20Ex04Client，把它设置为启动项目。在 Ch20Ex04Client 项目中添加对 System.ServiceModel.dll 程序集和 Ch20Ex02Contracts 项目的引用。在 Ch20Ex04Client 项目中修改 Program.cs 中的代码，如下所示(确保使用了前面在 EndpointAddress 构造函数中获得的端口号，示例代码使用了 52262)：

```
using System;
using System.ServiceModel;
using Ch20Ex04Contracts;

namespace Ch20Ex04Client
{
   class Program
   {
      static void Main(string[] args)
      {
         Player [] players = new Player[]
         {
            new Player { Level = 46, Name="Benamin" },
            new Player { Level = 73, Name="Jon" },
         new Player { Level = 92, Name="Rual" },
         new Player { Level = 24, Name="Mary" }
         };
```

```
            Console.WriteLine("Player:");
            OutputPlayers(players);
            IGameService client = ChannelFactory<IGameService>.CreateChannel(
                new WSHttpBinding(),
                new EndpointAddress("http://localhost:52262/GameService.svc"));
            client.SetPlayerLevel(70);
            Player[] professionalPlayers = client.GetProfessionalPlayer(players);
            Console.WriteLine();
            Console.WriteLine("Professional players:");
            OutputPlayers(professionalPlayers);
            Console.ReadKey();
        }
        static void OutputPlayers(Player[] players)
        {
            foreach (Player player in players)
                Console.WriteLine($"{player.Name}, level: {player.Level}");
        }
    }
}
```

(12) 要测试 WCF 服务，右击 Ch20Ex0 项目中的 GameService.svc 文件，选择 View in Browser，它将呈现类似于图 20-15 所示的服务细节。

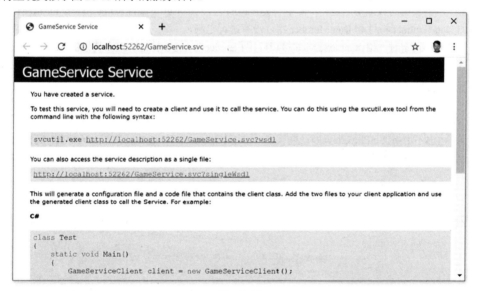

图　20-15

(13) 右击 Ch20Ex04Client，然后选择 Set as Startup Project，按 F5 键或在菜单中单击 Start 按钮。结果如图 20-16 所示。

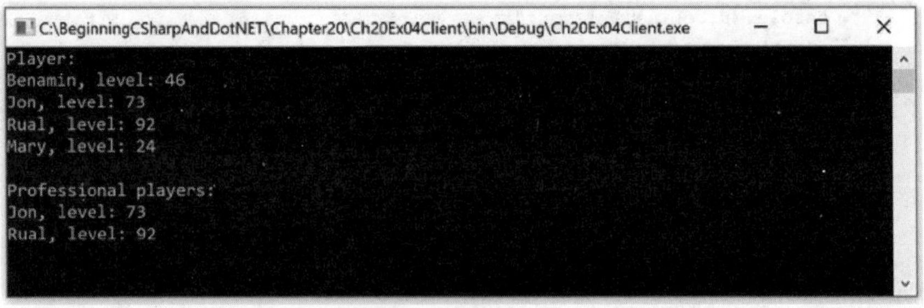

图 20-16

示例说明

这个示例在类库项目中创建了一系列协定，在 WCF 服务和客户端程序中使用了这个类库。与前面的示例一样，这个服务也驻留在 Web 服务器上。这个服务的配置也被减少到最低程度。

在这个示例中，主要区别是客户端程序不需要元数据，因为客户端程序可以访问协定程序集。客户端程序不是从元数据中生成一个代理类，而是通过另一种方法获得服务协定接口的引用。这个示例中另一个值得注意的地方是使用会话维护服务中的状态，这需要 WSHttpBinding 绑定，而不是 BasicHttpBinding 绑定。

这个示例使用的数据协定是一个简单的类 Player，它有一个 string 属性 Name 和一个 int 属性 Level。使用的 DataContract 特性和 DataMember 特性没有进行定制。

定义服务协定时，给 IGameService 接口应用了 ServiceContract 特性。这个特性的 SessionMode 属性设置为 SessionMode.Required，因为这个服务需要状态：

```
[ServiceContract(SessionMode=SessionMode.Required)]
public interface IGameService
{
```

第一个操作协定 SetPlayerlevel()设置状态，因此其 OperationContract 特性的 IsInitiating 属性设置为 true。这个操作不返回任何值，所以将 IsOneWay 设置为 true，把操作定义为单向操作：

```
[OperationContract(IsOneWay=true,IsInitiating=true)]
void SetPlayerLevel(int playerLevel);
```

另一个操作协定 GetProfessionalPlayer()不需要进行任何定制，使用前面定义的数据协定：

```
    [OperationContract]
    Person[] GetProfessionalPlayer(Player[] playerToTest);
}
```

这两个类型 Player 和 IGameService 都可以用于服务和客户端程序。服务在 GameService 类型中实现了 IGameService 协定，它不包含任何特殊代码。这个类与前面的服务类的唯一区别是，这个类是有状态的。这是允许的，因为定义了一个会话，来关联来自客户端程序的消息。

为确保服务使用 wsHttpBinding 绑定，给服务添加了如下 Web.config：

```
<protocolMapping>
    <add scheme="http" binding="wsHttpBinding" />
</protocolMapping>
```

这重写了 HTTP 绑定的默认映射。另外，也可以手动配置服务，保留已有的默认配置，但这个重写的配置要简单得多。注意此类重写配置会应用于项目中的所有服务。如果项目中有多个服务，就必须确保每个服务都能接受这个绑定。

客户端程序比较有趣，主要是因为下面这行代码：

```
IGameService client = ChannelFactory<IGameService>.CreateChannel(
    new WSHttpBinding(),
    new EndpointAddress("http://localhost:52262/GameService.svc"));
```

客户端应用程序没有用app.config文件来配置与服务的通信，也没有从元数据中定义代理类来与服务通信。而是通过ChannelFactory<T>.CreateChannel()方法创建代理类。这个方法创建了一个实现IGameService客户端程序的代理类，但在后台生成的类与服务通信，就像前面通过元数据生成的代理一样。

> **注意：**
> 如果通过 ChannelFactory<T>.CreateChannel()方法创建代理类，通信信道就默认为在 1 分钟后超时，导致通信错误。使连接一直处于激活状态有许多方式，但这些都超出了本章的讨论范围。

> **注意：**
> 采用这种方式创建代理类是一种非常有用的技术，可以快速生成客户端应用程序。

20.6.3　自驻留的 WCF 服务

本章前面介绍了驻留在 Web 服务器上的 WCF 服务。它们可以在 Internet 上通信，但对于本地网络通信而言，这并不是最高效的方式。一方面，需要用计算机上的 Web 服务器驻留服务；另一方面，在应用程序的体系结构上出现一个独立的 WCF 服务可能并不合适。

因此应使用自驻留的 WCF 服务。自驻留的 WCF 服务存在于创建它的进程中，而不存在于特别建立的主机应用程序(如 Web 服务器)的进程中。这意味着可以使用控制台应用程序或 Windows 应用程序驻留服务了。

要建立自驻留的 WCF 服务，需要使用 System.ServiceModel.ServieceHost 类。用要驻留的服务类型或服务类的一个实例来实例化这个类。通过属性或方法可以配置服务宿主，也可以通过配置文件来配置。实际上，宿主进程(如 Web 服务器)使用 ServiceHost 实例执行该驻留任务。自驻留时，区别是直接与这个类交互操作。但在宿主应用程序的 app.config 文件中，<system.serviceModel>段中的配置使用的语法与本章前面的配置段中的相同。

可以通过任意协议提供自驻留的 WCF 服务，但是一般在这种类型的应用程序中使用 TCP 或命名管道绑定。通过 HTTP 访问的服务常常位于 Web 服务器进程中，因为可以获得 Web 服务器提供的额外功能，如安全性等。

如果要驻留 MyService 服务，可使用下面的代码创建 ServiceHost 的一个实例：

```
ServiceHost host = new ServiceHost(typeof(MyService));
```

如果要驻留 MyService 的实例 MyServiceObject，可以编写如下代码，创建 ServiceHost 的一个实例：

```
MyService myServiceObject = new MyService();
ServiceHost host = new ServiceHost(myServiceObject);
```

> **警告：**
> 只有配置了服务，使调用总是可以路由到同一个对象实例上，才能在 ServiceHost 中驻留服务实例。为此，必须给服务类应用 ServiceBehavior 特性，将这个特性的 InstanceContextMode 属性设置为 InstanceContextMode.Single。

创建 ServiceHost 实例后，就可以通过属性配置服务及其端点和绑定。另外，如果把配置放在.config 文件中，将会自动配置 ServiceHost 实例。

有了配置好的ServiceHost 实例，为了开始驻留服务，应使用 ServiceHost.Open()方法。同样，通过 ServiceHost.Close()方法可以停止驻留服务。第一次驻留 TCP 绑定的服务时，如果启用它，可能收到 Windows 防火墙服务发出的一个警告，因为它阻塞了默认的 TCP 端口。只有给这个服务打开 TCP 端口，才能开始监听该端口。

下例使用自驻留技术通过 WCF 服务提供 WPF 应用程序的一些功能。

试一试　自驻留的 WCF 服务：Ch20Ex05

(1) 在 C:\BeginningCSharpAndDotNET\Chapter20 目录中创建一个新的 WPF 应用程序(.NET Framework) Ch20Ex05。

(2) 右击 Solution，然后选择 Add | New Item |，再选择 WCF Service， 命名为 AppControlService，单击 Add 按钮，给项目添加一个新的 WCF 服务。

(3) 修改 MainWindow.xaml 中的代码，如下所示：

```xml
<Window x:Class="Ch20Ex05.MainWindow"
    xmlns="http://schemas.microsoft.com/winfx/2006/xaml/presentation"
    xmlns:x="http://schemas.microsoft.com/winfx/2006/xaml"
    xmlns:d="http://schemas.microsoft.com/expression/blend/2008"
    xmlns:mc="http://schemas.openxmlformats.org/markup-compatibility/
    2006"
    xmlns:local="clr-namespace:
    Ch20Ex05"
    Loaded="Window_Loaded" Closing="Window_Closing"
    Title="Stellar Evolution" Height="450" Width="430"
    mc:Ignorable="d">
<Grid Height="400" Width="400" HorizontalAlignment="Center"
  VerticalAlignment="Center">
  <Rectangle Fill="Black" RadiusX="20" RadiusY="20"
    StrokeThickness="10">
    <Rectangle.Stroke>
      <LinearGradientBrush EndPoint="0.358,0.02"
        StartPoint="0.642,0.98">
        <GradientStop Color="#FF121A5D" Offset="0" />
        <GradientStop Color="#FFB1B9FF" Offset="1" />
      </LinearGradientBrush>
    </Rectangle.Stroke>
  </Rectangle>
  <Ellipse Name="AnimatableEllipse" Stroke="{x:Null}" Height="0"
    Width="0" HorizontalAlignment="Center"
    VerticalAlignment="Center">
    <Ellipse.Fill>
      <RadialGradientBrush>
        <GradientStop Color="#FFFFFFFF" Offset="0" />
        <GradientStop Color="#FFFFFFFF" Offset="1" />
      </RadialGradientBrush>
```

```
      </Ellipse.Fill>
      <Ellipse.Effect>
        <DropShadowEffect ShadowDepth="0" Color="#FFFFFFFF"
          BlurRadius="50" />
      </Ellipse.Effect>
    </Ellipse>
  </Grid>
</Window>
```

(4) 修改 MainWindow.xaml.cs 中的代码，如下所示：

```csharp
using System;
using System.Windows;
using System.Windows.Media;
using System.Windows.Shapes;
using System.ServiceModel;
using System.Windows.Media.Animation;

namespace Ch20Ex05
{
    public partial class MainWindow : Window
    {
        private AppControlService service;
        private ServiceHost host;
        public MainWindow()
        {
            InitializeComponent();
        }
        private void Window_Loaded(object sender, RoutedEventArgs e)
        {
            service = new AppControlService(this);
            host = new ServiceHost(service);
            host.Open();
        }
        private void Window_Closing(object sender,
            System.ComponentModel.CancelEventArgs e)
        {
            host.Close();
        }
        internal void SetRadius(double radius, string foreTo,
            TimeSpan duration)
        {
            if (radius > 200)
            {
                radius = 200;
            }
            Color foreToColor = Colors.Red;
            try
            {
                foreToColor = (Color)ColorConverter.ConvertFromString(foreTo);
            }
            catch
            {
                // Ignore color conversion failure.
            }
            Duration animationLength = new Duration(duration);
            DoubleAnimation radiusAnimation = new DoubleAnimation(
```

```
            radius * 2, animationLength);
        ColorAnimation colorAnimation = new ColorAnimation(
            foreToColor, animationLength);
        AnimatableEllipse.BeginAnimation(Ellipse.HeightProperty,
            radiusAnimation);
        AnimatableEllipse.BeginAnimation(Ellipse.WidthProperty,
            radiusAnimation);
        ((RadialGradientBrush)AnimatableEllipse.Fill).GradientStops[1]
            .BeginAnimation(GradientStop.ColorProperty, colorAnimation);
    }
}
}
```

(5) 修改 IAppControlService.cs 中的代码, 如下所示:

```
[ServiceContract]
public interface IAppControlService
{
    [OperationContract]
    void SetRadius(int radius, string foreTo, int seconds);
}
```

(6) 修改 AppControlService.cs 中的代码, 如下所示:

```
[ServiceBehavior(InstanceContextMode=InstanceContextMode.Single)]
public class AppControlService : IAppControlService
{
    private MainWindow hostApp;
    public AppControlService(MainWindow hostApp)
    {
        this.hostApp = hostApp;
    }
    public void SetRadius(int radius, string foreTo, int seconds)
    {
        hostApp.SetRadius(radius, foreTo, new TimeSpan(0, 0, seconds));
    }
}
```

(7) 修改 app.config 中的代码, 如下所示:

```
<configuration>
    <startup>
        <supportedRuntime version="v4.0" sku=".NETFramework,Version=v4.8" />
    </startup>
  <system.serviceModel>
    <services>
      <service name="Ch20Ex05.AppControlService">
        <endpoint address="net.tcp://localhost:8081/AppControlService"
          binding="netTcpBinding"
          contract="Ch20Ex05.IAppControlService" />
      </service>
    </services>
  </system.serviceModel>
</configuration>
```

(8) 通过按 F6 键或在菜单中选择 Build | Build Solution 来构建 Ch20Ex05 项目。在解决方案中添加一个控制台应用程序(.NET Framework) Ch20Ex05Client, 右击 Project, 选择 Set as Startup Project,

在 Ch20Ex05 和 Ch20Ex05Client 项目中添加对 system.ServicModel.dll 的引用。在 CH20Ex05Client 项目中，右击 References，然后选择 Add Reference | Projects Ch20Ex05，单击 OK 按钮，添加对 Ch20Ex05 的引用。

(9) 把解决方案配置为有多个启动项目，方法是右击 Solution，选择 Properties，扩展 Common Properties，选择 Startup Project，再选择 Multiple startup projects，为两个项目从 Action 下拉列表中选择 Start，如图 20-17 所示，单击 OK 按钮。

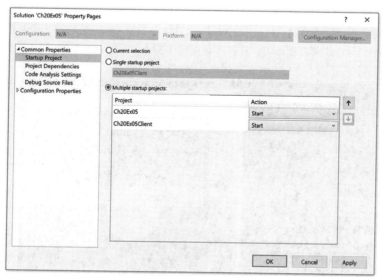

图 20-17

(10) 修改 Program.cs 中的 Ch20Ex05Client 代码，如下所示：

```csharp
using Ch20Ex05;
using System.ServiceModel;
using System;

namespace Ch20Ex05Client
{
    class Program
    {
        static void Main(string[] args)
        {
            Console.WriteLine("Press enter to begin.");
            Console.ReadLine();
            Console.WriteLine("Opening channel.");
            IAppControlService client =
                ChannelFactory<IAppControlService>.CreateChannel(
                    new NetTcpBinding(),
                    new EndpointAddress(
                        "net.tcp://localhost:8081/AppControlService"));
            Console.WriteLine("Creating sun.");
            client.SetRadius(100, "yellow", 3);
            Console.WriteLine("Press enter to continue.");
            Console.ReadLine();
            Console.WriteLine("Growing sun to red giant.");
            client.SetRadius(200, "Red", 5);
```

```
            Console.WriteLine("Press enter to continue.");
            Console.ReadLine();
            Console.WriteLine("Collapsing sun to neutron star.");
            client.SetRadius(50, "AliceBlue", 2);
            Console.WriteLine("Finished. Press enter to exit.");
            Console.ReadLine();
        }
    }
}
```

(12) 运行解决方案。出现提示时，打开 Windows 防火墙 TCP 端口，使 WCF 可以监听连接。 显示 WPF 窗口和控制台应用程序窗口时，在控制台窗口中按下回车键。结果如图 20-18 所示。

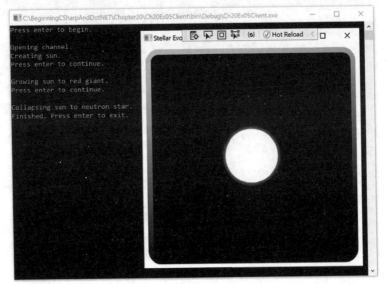

图 20-18

(12) 在控制台窗口中继续按下回车键，继续星体演化循环。关闭 WPF 窗口。

示例说明

该示例在 WPF 应用程序中添加了一个 WCF 服务，用它控制 Ellipse 控件的动画。我们创建了一个简单客户端应用程序来测试服务。如果不熟悉WPF，不必过多考虑示例中的 XAML 代码，我们只对 WCF 感兴趣。

WCF 服务 AppControlService 有一个操作 SetRadius()，客户端程序调用这个操作来控制动画。这个方法与它同名的方法通信，同名方法在 WPF 应用程序的 Window1 类中定义。为此，服务必须引用应用程序，所以必须驻留该服务的一个对象实例。如前所述，这意味着服务必须使用行为特性：

```
[ServiceBehavior(InstanceContextMode=InstanceContextMode.Single)]
public class AppControlService : IAppControlService
{
    ...
}
```

在 Window1.xaml.cs 中，在 Windows_Loaded()事件处理程序中创建服务实例。这个方法也为服务创建了一个 ServiceHost 对象，并调用了其 Open()方法，以便开始驻留：

```
public partial class Window1 : Window
{
    private AppControlService service;
    private ServiceHost host;
    ...
    private void Window_Loaded(object sender, RoutedEventArgs e)
    {
        service = new AppControlService(this);
        host = new ServiceHost(service);
        host.Open();
    }
```

在 Window_Closing()事件处理程序中，应用程序关闭时，驻留过程中断。

配置文件非常简单，它定义了 WCF 服务的一个端点，监听端口 8081 的 net.tcp 地址，使用默认的 netTcpBinding 绑定：

```
<service name="Ch20Ex05.AppControlService">
    <endpoint address="net.tcp://localhost:8081/AppControlService"
        binding="netTcpBinding"
        contract="Ch20Ex05.IAppControlService" />
</service>
```

这与客户端应用程序中的代码相匹配：

```
IAppControlService client =
    ChannelFactory<IAppControlService>.CreateChannel(
        new NetTcpBinding(),
        new EndpointAddress(
            "net.tcp://localhost:8081/AppControlService"));
```

客户端程序创建客户代理类时，可以调用 SetRadius()方法，给它传递半径、颜色和动画持续时间等参数，这些都会通过服务转发给 WPF 应用程序。接着，WPF 应用程序中的简单代码定义并使用动画，来改变椭圆的大小和颜色。

如果使用一个计算机名，而不是 localhost，并且网络允许在指定的端口上通信，这段代码就可以在网络上工作。另外，可进一步分离客户端程序和宿主应用程序，并通过 Internet 连接起来。无论采用什么方式，WCF 服务都提供了很好的通信方式，建立这种通信不需要付出过多努力。

20.7　习题

(1) 下面哪些应用程序可以驻留 WCF 服务？

a. Web 应用程序

b. Windows 窗体应用程序

c. Windows 服务

d. COM+应用程序

e. 控制台应用程序

(2) 如果要与 WCF 服务交换 MyClass 类型的参数，应实现什么类型的协定？需要什么特性？

(3) 如果把 WCF 服务驻留在 Web 应用程序中，应对服务使用的基端点进行什么扩展？

(4) 在自驻留 WCF 服务时，必须设置 ServiceHost 类的属性，调用它的方法，来配置服务。对吗？

(5) 提供服务协定 IMusicPlayer 的代码，它定义了 Play()、Stop()和 GetTrackInformation()操作。在

合适的地方使用单向方法。还要为这个服务定义其他什么协定？

附录 A 给出了习题答案。

20.8　本章要点

主题	要点
REST	REST 是一种体系结构样式，它为客户机和服务器之间的通信提供了标准。它是使用 SOAP 的 WCF 和 Web 服务的替代方案
Web API	Web API 是 ASP.NET 的 REST 实现，它没有用户界面，只以 JSON 文档的形式返回数据有效负载
JSON	这种数据文件格式是在客户机和服务器之间发送和接收数据的开放标准。它是 XML 或 HTML 格式的替代品
WCF 基础	WCF 提供了创建远程服务并与其通信的框架，它合并了 Web 服务和远程技术体系结构的元素，并使用新技术来达到该目标
通信协议	可以通过几个协议与 WCF 服务通信，包括 HTTP 和 TCP。这表示可使用客户端应用程序的本地服务，也可以使用其他计算机或网络上的服务。为此，应通过对应于该协议的绑定及需要的功能，在特定的端点上访问该服务。可以通过行为控制这些功能，例如使用会话状态或提供元数据。.NET 包含许多默认的设置，非常便于定义简单的服务
通信负载	对来自 WCF 服务的响应的调用一般编码为 SOAP 消息。也可以使用普通的 HTTP 消息，如有必要，还可以从头开始定义自己的负载类型
驻留	WCF 服务可驻留在 IIS 或 Windows 服务中，也可以是自驻留的。使用 IIS 等宿主来驻留 WCF 服务，就可以利用该宿主内置的功能，包括安全性和应用程序池。自驻留比较灵活，但可能需要更多的配置和编码
协定	通过协定来定义 WCF 服务和客户代码之间的接口。服务及其提供的操作是通过服务和操作协定来定义的。数据类型用数据协定来定义。可使用消息协定和误协定来进一步定制通信
客户端应用程序	客户端应用程序与 WCF 服务通过代理类来通信。代理类为服务实现了服务协定接口，对这个接口的操作方法的所有调用都重定向到服务上。可使用 Add Service Reference 工具生成代理，也可以通过信道工厂方法以编程方式创建代理。为了成功通信，必须配置客户端程序，以匹配服务的配置

第21章

基本桌面编程

本章内容:

- 如何使用 WPF 设计器
- 如何使用 Label 和 TextBlock 等控件向用户呈现信息
- 如何使用 Button 等控件触发事件
- 如何使用 TextBox 等控件让应用程序的用户输入文本
- 如何使用 RadioButton 和 CheckBox 等控件将应用程序的当前状态告知用户，并允许用户修改状态
- 如何使用 ListBox 和 ComboBox 等控件显示信息列表
- 如何使用窗格对用户界面进行布局
- 如何使用路由命令来代替事件
- 如何使用 XAML 样式来设置控件和应用程序的样式
- 如何使用 Menu 控件和路由命令来创建菜单
- 如何创建值转换器
- 如何使用时间线来创建动画
- 如何定义和引用静态及动态资源
- 如何在常用控件不满足需要时创建用户控件

本章源代码下载:

本章源代码可以通过本书合作站点 www.wiley.com 上的 Download Code 选项卡下载，也可以通过网址 github.com/benperk/BeginningCSharpAndDotNET 下载。下载代码位于 Chapter21 文件夹中并已根据本章示例的名称单独命名。

本书第 I 部分详细介绍了 C#语言的一些知识，但从本章开始，不再介绍编程语言的细节，而将进入图形用户界面(Graphical User Interface，GUI)的世界。

过去许多年中，Visual Studio 为 Windows 开发人员提供了多种创建用户界面的方法: Windows Forms 是用于创建传统 Windows 应用程序的基本工具，Windows Presentation Foundation (WPF)则提供更广泛的应用程序类型，并尝试解决 Windows Forms 中存在的很多问题。本章将讨论如何用 WPF 创建典型的 Windows 应用程序。

对于大多数图形 Windows 应用程序而言,开发核心是窗口设计器。为创建用户界面,将控件从工具箱拖放到窗口中,放在应用程序运行时希望其出现的位置上。而在 WPF 中,则不完全是这样,原因是用户界面实际上完全由另一种称为"可扩展应用程序标记语言(Extensible Application Markup Language,简称 XAML,读作 zammel)的语言来编写。在 Visual Studio 中,两种方式都可行,随着自己更加熟悉 WPF,既可以拖曳控件,也可以直接编写 XAML 代码。

本章将使用 Visual Studio WPF 设计器为前面章节中编写的纸牌游戏创建很多窗口。Visual Studio 中自带了许多拥有广泛功能的控件,本章将用到其中的一部分。利用 Visual Studio 的设计功能,开发用户界面和处理用户交互变得十分直观,而且充满趣味!由于篇幅所限,本书无法涵盖所有 Visual Studio 控件。本章要介绍一些最常用的控件,包括标签、文本框、菜单栏和布局面板等控件。

21.1 XAML

XAML 是一门使用 XML 语法的语言,允许以层次化的声明方式将控件添加到用户界面中。也就是说,可以采用 XML 元素的形式添加控件,并使用 XML 特性来指定控件属性。也可以使用包含其他控件的控件,这在布局和功能上都是必需的。

> **注意:**
> 本章将详细介绍 XML。如果此时希望快速了解 XML 的基础知识,可直接跳到该章,阅读其前几页的内容。

XAML 在设计时就考虑到利用当今功能强大的显卡,允许通过 DirectX 来使用这些显卡提供的所有高级功能。下面列出其中一些功能:

- 浮点坐标和矢量图形,允许在不损失质量的情况下缩放、旋转和转换布局
- 高级 2D 和 3D 渲染功能
- 高级字体处理和渲染
- UI 对象支持纯色、渐变和纹理填充,并可选择透明度
- 可在任何情形中使用的动画分镜头设计,包括鼠标单击按钮等用户触发的事件
- 可使用可重用的资源来动态设置控件的样式

21.1.1 关注点分离

在过去多年。维护 Windows 应用程序的一个问题在于,生成用户界面的代码和基于用户操作执行的代码经常混合在一起。这导致多个开发人员和设计人员难以处理同一个项目。WPF 通过两种途径解决这个问题。首先,使用 XAML(而不是 C#)来描述 GUI,GUI 因此变得独立于平台,实际上,可在不使用任何代码的情况下渲染 XAML。其次,很自然会将 C#代码与 GUI 代码放在不同文件中。Visual Studio 使用了"代码隐藏文件",即能动态链接到 XAML 文件的 C#文件。

由于 GUI 与代码分离开来,可以创建定制的应用程序来设计 GUI,Microsoft 已经做到了这一点。Blend for Visual Studio 是设计师们为 WPF 制作 GUI 时的首选工具。该工具可与 Visual Studio 加载相同的项目,但 Visual Studio 主要面向开发人员,而不是设计人员; Blend 恰好相反。也就是说,如果有许多设计人员和开发人员参与到大型项目中,他们可以使用各自喜欢的工具共同处理同一个项目,而不必担心无意间影响他人的工作。

21.1.2 XAML 基础知识

正如前面介绍的那样，XAML 是 XML 语言，这意味着在 XAML 较小时，我们可以直接看清代码所要表达的含义。请分析下面这段代码，看你能否理解它所要表达的含义：

```
<Window x:Class="Ch21Ex01.MainWindow"
        xmlns="http://schemas.microsoft.com/winfx/2006/xaml/presentation"
        xmlns:x="http://schemas.microsoft.com/winfx/2006/xaml"
        xmlns:d="http://schemas.microsoft.com/expression/blend/2008"
        xmlns:mc="http://schemas.openxmlformats.org/markup-compatibility/2006"
        xmlns:local="clr-namespace: WpfApp1"
        mc:Ignorable="d"
        Title="Hello World" Height="350" Width="525">
    <Grid>
        <Button Content="Hello World"
           HorizontalAlignment="Left"
           Margin="220,151,0,0"
           VerticalAlignment="Top"
           Width="75"/>
    </Grid>
</Window>
```

上述 XAML 示例的作用是创建带有一个按钮的窗口。窗口和按钮中都会显示 Hello World 文本。XML 允许在一个标签中放置另一个标签，只需要正确地闭合各个标签即可。在 XAML 中，如果将一个元素放在另一个元素中，前者将成为后者内容的一部分，也就是说 Button 部分的代码也可以编写为：

```
<Button HorizontalAlignment="Left"
        Margin="220,151,0,0"
        VerticalAlignment="Top"
        Width="75">
  Hello World
    </Button>
```

上述代码中，Button 的 Content 属性被删除了，这样，文本就成为 Button 控件的子节点。在 XAML 中，Content 可以是任意内容，正如在上例中演示的那样：Button 元素是 Grid 元素的内容，而这个 Grid 元素又是 Window 元素的内容。

绝大多数控件(但不是全部控件)都可以包含内容，并且对内置控件外观的修改只有很少的限制。

1. 名称空间

在上例中，Window 元素是 XAML 文件的根元素。该元素通常包含一系列名称空间声明。默认情况下，Visual Studio 设计器中包含两个值得注意的名称空间：http://schemas.microsoft.com/winfx/2006/xaml/presentation 和 http://schemas.microsoft.com/winfx/2006/xaml。前者是 WPF 的默认名称空间，其中声明了许多在创建用户界面时可能用到的控件。后者则用于声明 XAML 语言本身。名称空间并非必须在根标签中声明，不过在这里声明可以保证整个 XAML 文件范围内都可以方便地访问到这个名称空间中的内容，因此通常没必要将这些声明放到其他位置。

> **注意：**
> 名称空间看起来像是 URL，但这是有欺骗性的。实际上它们称为 Uniform Resource Identifiers (URI)。URI 可以是任意字符串，只要它唯一地标识一个资源即可。Microsoft 选择通常用于 URL 的形式指定 URI，但在这里，如果将它们输入浏览器，就不会得到什么结果。

在 Visual Studio 中新建了一个窗口后，总会默认声明一个 presentation 名称空间，而 XAML 语言的名称空间则以 xmlns:x 形式进行声明。正如 Window、Button 和 Grid 标签那样，这样声明之后不必再为添加到窗口中的控件添加前缀，但我们指定的语言元素必须标明 x 前缀。

最后一个十分常见的名称空间是系统名称空间：xmlns:sys="clr-namespace:System;assembly=mscorlib"。该名称空间允许在 XAML 中直接使用.NET Framework 内置的类型。这样做之后，在代码中所写的标记可以显式声明要创建的元素类型。例如，可在标记中声明一个数组，并且表明数组中的成员是字符串：

```
<Window.Resources>
  <ResourceDictionary>
    <x:Array Type="sys:String" x:Key="localArray">
      <sys:String>"Benjamin Perkins"</sys:String>
      <sys:String>"Jon D. Reid"</sys:String>
    </x:Array>
  </ResourceDictionary>
</Window.Resources>
```

2. 代码隐藏文件

尽管 XAML 是一种强大的用户界面声明方式，但它并不是一门编程语言。如果我们想在界面表现的基础上增加一些功能，则需要使用 C#代码。虽然可在 XAML 中直接嵌入 C#代码，但任何时候都不建议将代码和标记混合在一起，因而本书也不会这么做。本书将要大量用到的是 "代码隐藏文件 (Code-Behind Files)"。它们就是普通的 C#文件，只不过其名称与 XAML 文件相同，再加上.cs 扩展名。尽管也可以将其命名为其他文件名，但最好遵循上述命名约定。为应用程序创建新窗口时，Visual Studio 会自动创建代码隐藏文件，因为它知道我们会为该窗口添加代码。同时，Visual Studio 也会在 XAML 文件的 Window 标签中添加 x:Class 属性：

```
<Window x:Class="Ch21Ex01.MainWindow"
```

这条语句告诉编译器，该窗口对应的代码不在一个单独文件中，而在 Ch21Ex01.MainWindow 类中。因为我们只能指定完全限定的类名，不能指定包含该类的程序集，因此不能把代码隐藏文件放在定义该 XAML 文件的项目之外。Visual Studio 自动将代码隐藏文件与 XAML 文件放在同一个目录中，因此使用 Visual Studio 时，我们不必担心发生上述情况。

21.2   动手实践

现在，你已经对 WPF 的结构有了足够的了解，可以开始亲手实践了。我们一起来了解一下编辑器。首先新建一个 WPF 项目，方法是选择 File | New | Project。在 Create a new project 对话框中，利用 C#、Windows 和 Desktop 把选项缩小为 Visual C#下的 Windows Classic Desktop 节点，并选择项目模板 WPF App(.NET Framework)。图 21-1 显示的 Create a new project 对话框中包含了所选的模板。

为使这个例子可在下一个例子中重用，把项目命名为 Ch21Ex01。单击 Next，给 Target Framework 选择.NET 5 (Current)。

现在，Visual Studio 界面中会显示一个空白窗口，四周则是各种不同的面板。屏幕的主要区域分为两部分。上部为设计视图，用于显示当前设计的窗口的所见即所得(WYSIWYG)外观；下部是 XAML 视图，用于显示同一窗口的代码。

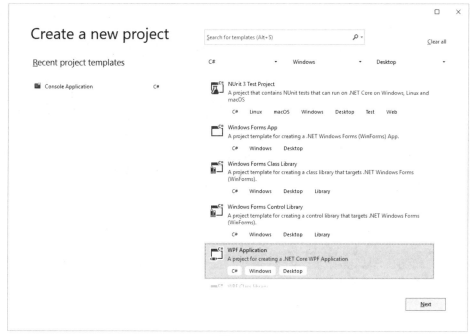

图 21-1

在设计视图的右侧，是前面项目中已经有所接触的 Solution Explorer，以及 Properties 面板，该面板显示了当前在设计视图和 XAML 视图中所选内容的相关信息。需要注意，Properties 面板中显示的内容和 XAML 视图、设计视图中的选择总是同步的；如果在 XAML 视图中移动光标，其他两个区域中的选择的内容也会随之自动变化。

设计视图左侧有几个折叠起来的面板，其中之一是工具箱。本章将介绍如何使用工具箱中的各种控件为纸牌游戏创建对话框，因此请将其展开，然后单击其右上角的固定按钮将其固定为展开状态。随后在该面板中展开 Common WPF Controls 节点。本章将主要介绍此处的大部分控件。

21.2.1 WPF 控件

所谓控件，是将程序代码和 GUI 预先打包到一起，可供重复利用，并创建出复杂的应用程序。控件可以定义自身默认的绘制形式及一系列标准行为。Label、Button 和 TextBox 等控件很容易识别，因为它们在 Windows 应用程序中已经被使用了约 20 年。其他控件，如 Canvas 和 StackPanel，不显示任何内容，只是用来帮助创建 GUI。

自带控件的外观看起来与标准 Windows 应用程序中的控件是一样的，它们可按当前的 Windows 主题设置绘制自身。不过，所有外观元素都可以高度自定义，只需要单击几次鼠标，就可以完全改变这些控件的显示方式。这样的自定义是通过设置控件的属性值来实现的。WPF 不仅可以使用我们之前所了解到的标准属性，还支持一种新的"依赖属性(dependency property)"。本章后面将详细介绍这些属性，现在只需要知道许多 WPF 属性并不只是可以获取和设置值；例如，它们能将自身的更改告知观察者。

除了可以定义其在屏幕上的外观外，控件中也定义了一些标准行为，例如单击按钮或从列表中选择某项。通过"处理"控件定义的事件，可以改变当用户对某个控件执行相应操作时会发生什么。何时以及如何实现这些事件处理程序，取决于具体的应用程序和具体的控件，但一般来说，对于 Button 控件，我们都会处理 Click 事件；对于 ListBox 控件，则需要在用户改变所选项时执行某种操作，因此通常会处理 SelectionChanged 事件。对于 Label、TextBlock 等其他控件来说，也许并不需要实现任何事件。

> **警告：**
>
> 尽管当我们花一些时间让用户界面变得比标准的 Windows 界面更有趣时，用户通常都会很乐意接受，但在更改标准的控件行为时，请务必三思。例如，假如我们更改了 Button 控件，使其仅响应用户的右击操作，这会使用户在用鼠标左键单击该按钮之后什么也不会发生，导致他们认为这个应用程序出问题了。实际上，如果仅由于好奇而像这样修改按钮控件，那么使用其他控件类型会比直接修改 Button 控件的默认行为要好得多。

可通过多种方式将控件添加到窗口中，但最常见的方法是直接将它们从工具箱拖放到设计视图或 XAML 视图中。下面通过一个简单示例来说明这一点。

试一试　将控件添加到窗口中

在学习本章内容的过程中，我们可以自由选择添加控件的方式，可将其从工具箱拖曳到设计视图，也可以手动输入 XAML 代码。

(1) 首先将 Button 控件从工具箱拖曳到设计视图中。请注意观察 XAML 视图中的代码如何进行相应更新，以反映所做的改变。

(2) 现在，拖曳另一个 Button 控件，但这次将其放到 XAML 视图中，并且放在第一个按钮之后，</Grid>标签之前。

示例说明

在设计视图中看到的结果可能有些令人吃惊——第二个按钮占满了整个窗口。将控件拖曳到设计视图时，Visual Studio 会尝试自动设置属性并插入其子元素，以便让该控件可以按照标准外观显示。而将同样的控件拖曳到 XAML 视图时，则不会发生这样的调整，插入的只是用来定义该控件的那个标签而已。

可多次尝试将控件放在窗口中希望的特定位置，但会发现准确放置比较困难。此时，可直接将其拖曳到 XAML 视图中，或者手动输入相应的代码。

> **注意：**
>
> 如果希望拖曳控件，但发现很难将其放到正确位置，则可以随意将其放置在某个位置，然后将为其自动生成的相应 XAML 代码剪切并粘贴到正确位置即可。

21.2.2　属性

如前文所述，所有控件中都包含许多属性，这些属性可用来控制控件的行为。某些属性的含义很容易理解，例如 Height 和 Width，但某些却难以理解，例如 RenderTransform。所有属性都可以通过 Properties 面板来设置，也可以直接在 XAML 中设置或直接在设计视图中进行调整。下面的示例显示了如何在设计视图中设置控件属性。

注意：

创建一个新项目时，Visual Studio 会给类创建一个默认名称空间。随后在项目中添加新的类或窗口时，就使用该名称空间。在 Solution Explorer 中双击 Properties，可以更改该名称空间。如果发现类的名称空间不同于示例中给出的名称空间，可以把默认名称空间改为本书中的名称空间。这种改变只会影响新类，不影响已在项目中的类。

试一试　设置属性：Ch21Ex01\MainWindow.xaml

回到之前的那个示例，并执行下面的操作。在更改属性时，请注意观察这些更改是如何影响 XAML 和设计视图的。把整个窗口修改为如图 21-2 所示的样子。

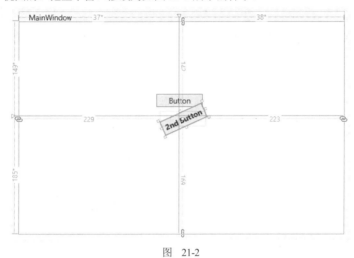

图　21-2

(1) 首先在设计视图中选中第二个 Button 控件，这正是占满整个窗口的那个按钮。

(2) 可在 Properties 面板的顶部更改该控件名称，将其改为 rotatedButton。

(3) 在 Common 节点下，将 Content 的值改为 2nd Button。

(4) 在 Layout 下，将 Width 和 Height 的值分别改为 75 和 22。

(5) 展开 Text 节点，单击 B 图标，将文本改为粗体。

(6) 选择第一个 Button 控件，将其拖曳到第二个 Button 控件上。Visual Studio 会通过贴靠功能帮助调整控件的位置。

(7) 再次选择第二个按钮，将鼠标指针悬停到其左上角。当指针变为带有箭头的四分之一圆弧时，向下拖曳，使该按钮倾斜。

(8) 现在，窗口的 XAML 代码应该如下所示：

```
<Window x:Class="Ch21Ex01.MainWindow"
        xmlns="http://schemas.microsoft.com/winfx/2006/xaml/presentation"
        xmlns:x="http://schemas.microsoft.com/winfx/2006/xaml"
        xmlns:d="http://schemas.microsoft.com/expression/blend/2008"
        xmlns:mc="http://schemas.openxmlformats.org/markup-compatibility/2006"
        xmlns:local="clr-namespace: Ch21Ex01"
        mc:Ignorable="d"
        Title="MainWindow" Height="350" Width="525">
<Grid>
    <Button Content="Button" HorizontalAlignment="Left" Margin="221,115,0,0"
```

```
              VerticalAlignment="Top" Width="75"/>
      <Button x:Name="rotatedButton" Content="2nd Button" Width="75" Height="22"
          FontWeight="Bold" RenderTransformOrigin="0.5,0.5" >
              <Button.RenderTransform>
                  <TransformGroup>
                      <ScaleTransform/>
                      <SkewTransform/>
                      <RotateTransform Angle="-32.744"/>
                      <TranslateTransform/>
                  </TransformGroup>
              </Button.RenderTransform>
          </Button>
      </Grid>
  </Window>
```

(9) 按 F5 键运行该应用程序，并尝试改变窗口大小。注意，第二个按钮会随着窗口大小的变化而移动，而第一个按钮则保持不动。

示例说明

在三个视图中，任意一个视图的更改都会自动反映在其他视图中，但某些视图可能更适合做某些特定的调整。修改按钮上显示的文本等不重要内容时，可很快在 XAML 视图中进行修改，但如果要添加一些用于变形渲染的代码，则在设计视图中调整会更快。

在本练习中，我们首先更改了按钮名，该操作为该按钮添加了 x:Name 属性。控件的名称必须在整个名称空间范围内是唯一的，也就是说一个名称只能指定给一个控件。

接着更改了 Content 属性，并设置了控件的 Height 和 Width 属性，以及将字体更改为粗体。通过这样的更改，控件在窗口中的外观得到了改善。在之前，该控件占满了整个容器，但现在，我们将其限制为特定大小。

随后将第一个按钮拖曳到设计视图中的特定位置。如本章后面所述，这样的操作并不总是得到相同的结果，而会根据控件所处的容器而有所不同。在本例中，由于有了 Grid 容器，可将控件拖曳到特定位置。拖曳操作会设置控件的 Margin 属性。同时，还需要注意另外两个属性：HorizontalAlignment="Left"和 VerticalAlignment="Top"。设置上述两个属性后，该控件的四周留白将相对于窗口的左上角而定，并且将保留在所放置的那个网格位置中。如果此时对比第一个按钮和第二个按钮，将注意到，第二个控件并未设置上述属性。正是由于没有设置 Alignment 和 Margin 属性，该控件才会停留在容器的中间，即使是在运行时也是这样。也就是说，已经设置了 Alignment 和 Margin 属性的第一个按钮在窗口大小改变时会固定在窗口中的特定位置，而第二个按钮始终保持在窗口中间。

最后一个步骤中做了轻微修改。通过在"旋转"鼠标指针出现的位置拖曳控件，可以旋转该控件。这是 XAML 和 WPF 的一个标准功能，可应用到所有控件中，不过极少数控件在旋转后不会对自己内部的内容做相应调整。这主要是那些依赖 Windows Forms 或旧 Windows 控件来显示内容的控件。

1. 依赖属性

用户在对话框中执行的一些操作(如选择列表项)往往会导致其他控件改变和更新其外观显示或内容。大多数情况下，标准.NET 属性都是简单的设置器和获取器，这可能无法将所做的更改告知其他控件。依赖属性是一种能够注册到 WPF 属性系统中的属性，据此可以获得更多功能。这些功能包括自动属性更改通知，但此外有其他很多好处。具体说来，依赖属性的功能包括：

- 可通过样式来更改依赖属性的值。

- 可通过资源或数据绑定来设置依赖属性的值。
- 可在动画中更改依赖属性的值。
- 可按层级结构设置 XAML 中的依赖属性。也就是说，设置某个父元素中依赖属性的值时，可将该值也作为其子元素中同一个依赖属性的默认值。
- 可通过明确定义的代码模式，来配置属性值更改通知。
- 可配置一系列相关属性，其中一个属性值改变后，会自动更新其他属性。这种功能称为强制(coercion)。这样的操作通常称为被更改的属性强制其他属性的值发生变化。
- 可对依赖属性应用元数据，以便指定其他行为特征。例如，我们可以指定，如果给定的属性值发生变化，就自动调整用户界面。

在实践中，由于依赖属性都通过特定的方法来实现，因此我们可能不会注意到它们与普通属性有太大的区别。但当我们创建自己的控件时，很快会发现在使用普通.NET 属性时，很多功能突然间就消失不见了。

2. 附加属性

附加属性(Attached Property)是一种在定义该属性的类实例的每个子对象上都可用的属性。例如，如本章稍后所述，在之前的示例中用到的 Grid 控件可以定义列和行，以便对 Grid 控件的子控件进行排序。这样，每个子控件就都可以使用 Column 和 Row 这两个附加属性来指定自己属于网格中的哪一个单元格了：

```
<Grid HorizontalAlignment="Left" Height="167" VerticalAlignment="Top" Width="290">
    <Button Content="Button" HorizontalAlignment="Left" Margin="10,10,0,0"
                    VerticalAlignment="Top" Width="75" Grid.Column="0" Grid.Row="0"
                    Height="22" />
    ...
            </Grid>
```

在这段代码中，引用附加属性的做法是使用父元素的名称，加上一个句点，后跟附加属性的名称。

在 WPF 中，附加属性有很多用处。在稍后的 21.3 节"控件布局"中可以看到许多通过附加属性来指定控件位置的例子。同样，我们也将学习如何在容器控件中定义附加属性，使子控件可以定义诸如自己要贴靠到容器哪一侧这样的属性。

21.2.3　事件

第 13 章介绍了什么是事件，以及如何使用它们。本节专门讨论由 WPF 控件生成的事件，还将介绍一种通常与用户操作关联的路由事件(routed event)。例如，当用户单击某个按钮时，该按钮会生成一个事件，用于表明自身发生了什么。通过处理该事件，程序员可为该按钮提供某种功能。

我们要处理的大部分事件都是本书中所涉及控件的通用事件，例如 LostFocus 和 MouseEnter 等。这是因为这些事件本身继承自诸如 Control 或 ContentControl 的基类。此外，像 DatePicker 控件的 CalendarOpened 事件是专用事件，只存在于特定的控件中。表 21-1 列出了一些最常用的事件。

表21-1 通用控件事件

事件	说明
Click	当控件被单击时发生。某些情况下，当用户按下 Enter 键或空格键时也会发生这样的事件
Drop	当拖曳操作完成时发生，也就是说，当用户将某个对象拖曳到该控件上，然后松开鼠标按钮时发生
DragEnter	当某个对象被拖曳进入该控件的边缘范围内时发生
DragLeave	当某个对象被拖曳出该控件的边缘范围之外时发生
DragOver	当某个对象被拖曳到控件上时发生只要拖动的对象停留在控件上，此事件就会重复发生
KeyDown	当该控件具有焦点，并且某个按键被按下时发生。该事件总在 KeyPress 和 KeyUp 事件之前发生
KeyUp	当该控件具有焦点，并且某个按键被释放时发生。该事件总在 KeyDown 事件后发生
GotFocus	当该控件获得焦点时发生。勿用该事件对控件执行验证操作。应该改用 Validating 和 Validated
LostFocus	当该控件失去焦点时发生。请勿使用该事件对控件执行验证操作。应该改用 Validating 和 Validated
MouseDoubleClick	当双击该控件时发生
MouseDown	当鼠标指针经过某个控件，鼠标按钮被按下时发生。该事件与 Click 事件并不相同，因为 MouseDown 事件在按钮被按下后，在其释放前发生
MouseMove	当鼠标经过控件时持续发生
MouseUp	当鼠标指针经过控件，而鼠标按钮又被释放时发生

在本章的示例中将多次遇到上述这些事件。

1. 处理事件

为事件添加处理程序有两种基本方式。其一是使用 Properties 窗口中的事件列表，如图21-3 所示。当单击 Properties 窗口中的闪电按钮时，就会出现事件列表。

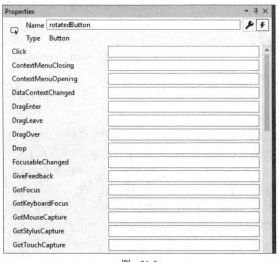

图 21-3

要为特定事件添加处理程序，可以在事件列表中事件名的右侧双击。该操作会将相应事件添加到 XAML 标签中。而处理该事件的相应方法的签名则被添加到 C#代码隐藏文件中。

```
<Button x:Name="rotatedButton" Content="2nd Button" Width="75"
        Height="22" FontWeight="Bold" Margin="218,138,224,159"
        RenderTransformOrigin="0.5,0.5"
        Click="rotatedButton_Click">
    ...
</Button>
private void rotatedButton_Click(object sender, RoutedEventArgs e)
    {
    }
```

另外，还可以直接在 XAML 中输入事件名，并添加相应的处理程序的名称。如果使用这种方法，Visual Studio 将在你进行输入时显示一个 New Event Handler 菜单。选择该菜单可为事件提供默认的名称并在代码隐藏文件中创建事件处理程序。如果自己输入事件名，可在以后右击该事件，然后选择 Go To Definition，在代码中生成事件处理程序。

2. 路由事件

WPF 中存在一种路由事件(routed event)。标准的.NET 事件会被显式订阅该事件的代码处理，且只发送到这些订阅者那里。路由事件的不同之处在于，可将事件发送到包含该控件所在层次的所有控件。

当路由事件发生时，它会向发生该事件的控件的上层与下层控件传递。也就是说，如果右击了某个按钮，会首先将 MouseRightButtonDown 事件发送给该按钮本身，然后发送给该控件的父控件，在之前的示例中，就是 Grid 控件。如果 Grid 控件未处理该事件，该事件会最终传递给窗口。如果不希望该事件被继续传往更高的控件层次，只需要将 RoutedEventArgs 的属性 Handled 设置为 true 即可，此时不会再发生其他调用。当某个事件像这样往上层传递时，就称其为冒泡事件(bubbling event)。

路由事件也可以往其他方向传递，例如从根元素传往执行操作的控件。这样的事件被称为下钻事件(tunneling event)，并且按照约定，所有这类事件都应该加上 Preview 前缀，并且总是在相应的冒泡事件之前发生。PreviewMouseRightButtonDown 事件就属于这一类。

最后需要说明的是，路由事件的行为也可以和标准的.NET 事件一样，只发送给执行操作的控件。

3. 路由命令

路由命令(routed command)的作用与事件相似，都是引起一些代码开始执行。但事件只能直接与 XAML 中的单个元素和代码中的一个处理程序绑定，路由命令则更复杂。

事件和命令的关键差异主要在使用过程中体现出来。如果一段代码响应的是只在应用程序中的一个位置发生的用户操作，则应该使用事件。例如，当用户单击某个窗口中的 OK 按钮以便保存并关闭该窗口时，就使用此类事件。当代码响应多个位置的操作时，则应该使用命令。例如，很多时候，既可以在菜单中选择 Save 命令，也可以使用某个工具栏按钮来保存应用程序的内容。这样的需求实际上也可以使用事件处理程序来完成，但这意味着我们需要在许多地方编写相同的代码；而使用命令，则只需要编写一次即可。

在创建命令时，还需要通过一些代码来回答这样一个问题："当前是否允许用户使用这段代码？"也就是说，将一个命令与某个按钮关联起来时，该按钮可以询问这个命令能否执行，并相应地设置其状态。

实现一个命令比实现一个事件更复杂，所以我们将其放在本章后面，在介绍菜单项时讲解。下面的示例给本章前面的示例添加了一些事件处理程序，演示了路由事件。

　　下面的示例是在本章之前的示例基础上完成的。如果在之前的练习中添加了行和列，应将它们删除掉，以便符合本示例中 XAML 代码的要求。

　　(1) 选择 rotatedButton 按钮，然后添加一个 KeyDown 事件。可通过 Properties 面板或直接输入 XAML 代码的方法来完成这一步骤。将其命名为 rotatedButton_KeyDown。

　　(2) 在 XAML 视图中单击 Grid 对应的标签将其选中，然后为其添加相同事件。将其命名为 Grid_KeyDown。

　　(3) 在 XAML 视图中选择 Window 标签，再次添加该事件。将其命名为 Window_KeyDown。

　　(4) 重复步骤(1)到(3)，所不同的是添加 PreviewKeyDown 事件，随后修改事件的名称，表明它是 Preview 处理程序。最终的 XAML 代码如下所示：

```xml
<Window x:Class="Ch21Ex01.MainWindow"
        xmlns="http://schemas.microsoft.com/winfx/2006/xaml/presentation"
        xmlns:x="http://schemas.microsoft.com/winfx/2006/xaml"
        xmlns:d="http://schemas.microsoft.com/expression/blend/2008"
        xmlns:mc="http://schemas.openxmlformats.org/markup-compatibility/2006"
        xmlns:local="clr-namespace: Ch21Ex01"
        mc:Ignorable="d"
        Title="MainWindow" Height="350" Width="525" KeyDown="Window_KeyDown"
          PreviewKeyDown="Window_PreviewKeyDown">
    <Grid KeyDown="Grid_KeyDown" PreviewKeyDown="Grid_PreviewKeyDown">
        <Button Content="Button" HorizontalAlignment="Left" Margin="221,115,0,0"
            VerticalAlignment="Top" Width="75" />
        <Button x:Name="rotatedButton" Content="2nd Button" Width="75" Height="22"
            FontWeight="Bold" RenderTransformOrigin="0.5,0.5" KeyDown="rotatedButton_
            KeyDown" PreviewKeyDown="rotatedButton_PreviewKeyDown" >
                <Button.RenderTransform>
                    <TransformGroup>
                        <ScaleTransform/>
                        <SkewTransform/>
                        <RotateTransform Angle="-32.744"/>
                        <TranslateTransform/>
                    </TransformGroup>
                </Button.RenderTransform>
        </Button>
    </Grid>
</Window>
```

　　(5) 如果直接输入 XAML 代码，则右击每个事件，通过选择 Go To Definition 菜单项在代码隐藏文件中添加事件处理程序。

　　(6) 将下列代码添加到事件处理程序中：

```csharp
private void Grid_KeyDown(object sender, KeyEventArgs e)
{
    MessageBox.Show("Grid handler, bubbling up");
}
private void Grid_PreviewKeyDown(object sender, KeyEventArgs e)
{
    MessageBox.Show("Grid handler, tunneling down");
}
private void rotatedButton_KeyDown(object sender, KeyEventArgs e)
{
    MessageBox.Show("rotatedButton handler, bubbling up");
```

```
}
private void rotatedButton_PreviewKeyDown(object sender, KeyEventArgs e)
{
    MessageBox.Show("rotatedButton handler, tunneling down");
}
private void Window_KeyDown(object sender, KeyEventArgs e)
{
    MessageBox.Show("Window handler, bubbling up");
}
private void Window_PreviewKeyDown(object sender, KeyEventArgs e)
{
    MessageBox.Show("Window handler, tunneling down");
}
```

(7) 按下 F5 键运行该应用程序。

(8) 通过单击并按下任意键(回车键或空格键除外)的方式选择旋转后的按钮。观察一下事件的执行顺序。

(9) 关闭该应用程序。

(10) 找到 Grid_PreviewKeyDown 事件处理程序，在 MessageBox 一行的下方添加如下代码：

```
e.Handled = true;
```

(11) 重复步骤(7)和(8)。

示例说明

KeyDown 和 PreviewKeyDown 事件演示了冒泡事件和下钻事件。在选择 rotatedButton 按钮的同时按下某个键，会看到每个事件处理程序被依次执行。

首先执行 Preview 事件，从 Window 对象的处理程序开始，然后是 Grid，最后是 rotatedButton。随后执行 KeyDown 事件，但这次的执行顺序与上面正好相反，从 rotatedButton 按钮的事件处理程序开始，到 Window 对象的处理程序结束。

按钮控件对回车键和空格键做了特殊处理。这两个按键会被看成一个 Click 事件，因此对于这两个按键仅会触发 Preview 事件。

随后添加了下面这行代码：

```
e.Handled = true;
```

该代码戏剧性地改变了程序的执行方式。设置 RoutedEventArgs 的 Handled 属性不仅会执行下钻事件，也会执行冒泡事件。对于所有此类事件来说，基本上都是这样的。

4. 控件类型

在 WPF 中有很多控件可供使用。它们分为内容控件和项控件两大类。内容控件(例如 Button 控件)有一个 Content 属性，可将这个属性设置为数字、字符串、对象和其他任意的控件。也就是说，可以决定控件的显示方式，但只能在内容中直接放置一个控件。对于项控件来说，可以在其中插入多个控件作为其内容。Grid 控件就是项控件的一个典型例子。在创建用户界面时，会将这两种控件混合起来使用。

除内容控件和项控件外，还有其他一些类型的控件不允许在其中放置控件作为它们的内容。Image 控件就属于这种情况，该控件只能用来显示图片。更改控件的行为会改变控件的作用。

21.3　控件布局

到这里为止，本章使用 Grid 元素来设计一些控件的布局，这主要是因为在新建一个 WPF 应用程序时，它是默认的布局控件。不过，我们还没有介绍这一控件的所有功能，也没有介绍除此之外其他能用来进行布局的容器。本节将进一步介绍控件布局，这是 WPF 的一项基本概念。

21.3.1　基本布局概念

在 WPF 中可使用布局控件对窗口中的各项进行布局。这样的布局控件有很多，但在开始使用它们之前，应该先了解一些基本概念，以及 Visual Studio 提供的一个可视化辅助工具。

1. 堆叠顺序

当某个容器控件包含多个子控件时，这些子控件会按特定的堆叠顺序进行排列。如果使用过绘图软件，可能已经熟悉了这个概念。我们可以将堆叠顺序想象为，每个控件都包含在一个玻璃盘中，而容器包含一摞这样的玻璃盘。这样一来，容器的外观看起来就类似于从这些玻璃的上方往下看时的样子。当容器中的控件重叠时，我们看到的最终结果就由这些玻璃盘的上下堆叠顺序来决定。如果某个控件位于上层，在重叠的部分，该控件就是可见的。而下层的控件则可能会被它们上层的控件遮挡住一部分或全部。

堆叠顺序也影响在窗口中进行鼠标单击时的点中行为。如果考虑控件的上下堆叠情况，被点中的控件则总是在最上层的那一个。而控件的堆叠顺序则是由这些控件在容器的子控件列表中出现的顺序来决定的。容器中的第一个子控件位于最下方，而最后一个子控件则位于最上方。在这两者之间的子控件则按照出现的顺序自下自上排列。此外，控件的堆叠顺序还会对在 WPF 中使用的某些布局控件产生其他影响，稍后将介绍相关内容。

2. 对齐、边距、填充和尺寸

前面的示例中用到了 Margin、HorizontalAlignment 和 VerticalAlignment 属性在 Grid 容器中安排控件的位置，但当时并没有对它们进行详细介绍。另外，我们了解了如何使用 Height 和 Width 来指定控件的尺寸。上述这些属性，以及尚未介绍过的 Padding 属性一起，在大多数甚至所有布局控件(稍后将看到)中都十分有用，只不过它们各自的作用有所不同。不同的布局控件也可对这些属性设置一些默认值。接下来将会看到许多相关的例子，不过首先了解与此相关的基本知识。

HorizontalAlignment 和 VerticalAlignment 这两个对齐属性确定控件的对齐方式。可将 HorizontalAlignment 设置为 Left、Right、Center 或 Stretch。Left 和 Right 用于让控件对齐容器的左边缘或右边缘，Center 则表示位于中间，Stretch 则自动调整控件宽度，使其接触到容器的左右边缘。VerticalAlignment 与此类似，但值为 Top、Bottom、Center 或 Stretch。

Margin 和 Padding 分别用于指定控件边缘外侧和内侧的留白。之前的示例使用 Margin 属性让件与窗口的边缘保持一定距离。由于还将 HorizontalAlignment 设置为 Left，VerticalAlignment 设置为 Top，因此控件会保持在左上角特定的位置上，Margin 属性使其与容器边缘保持了一定的距离。Padding 与此类似，所不同的只是它用来指定控件内容与控件边缘的距离。这对于指定控件的 Border 比较有用，下一节将介绍 Border 控件。Padding 和 Margin 可按照四个方向来指定(形式为 leftAmount、topAmount、rightAmount、bottomAmount)，也可以指定一个值(Thickness 值)。

稍后，你将了解到 Height 和 Width 属性往往被其他属性所控制。例如，当 HorizontalAlignment 设置为 Stretch 时，控件的 Width 属性就会随容器宽度的改变而改变。

3. Border 控件

Border 控件是一种简单，却有用的容器控件。它内含一个子对象，而不像稍后将介绍的其他复杂控件那样内含多个子对象。这个子对象会完全充满整个 Border 控件。这看起来不是特别有用，但请记住，可使用 Margin 和 Padding 属性来指定 Border 在其容器中的位置，以及 Border 中的内容相对于 Border 本身的位置。还可以为 Border 设置诸如 Background 的属性，使其可见。接下来将实际使用这一控件。

4. 可视化的调试工具

在调试模式下运行 WPF 应用程序时，Visual Studio 会在应用程序上方，窗口顶部的中心位置显示一个小的 4 点形状的菜单。在这 4 个菜单项中，有 3 个可以启用或禁用调试功能，还有一个可以打开 Live Visual Tree。下面的示例以前面的示例为基础，演示了这个可视化工具。

试一试　使用可视化的调试工具：Ch21Ex01\MainWindow.xaml

现在回头看看本章中的第一个示例并执行如下步骤。

(1) 按 F5 键在调试模式下运行该应用程序。

(2) 单击 Select Element 菜单项，启用 Enable Selection 选项。

(3) 单击文本为 2nd button 的按钮。注意按钮会显示红色虚线边框线。

(4) 单击最左边的菜单项，打开 Live Visual Tree。

(5) 在 Visual Studio 中，Live Visual Tree 选项卡位于左边，单击展开它。

(6) 取决于单击按钮的位置，Live Visual Tree 要么选中 close-by 元素，要么选中 rotatedButton。

(7) 在 Live Visual Tree 中右击 rotatedButton 并选择 Show Properties，这将打开 Live Properties Explorer。在其中可看到控件在运行期间的属性。

(8) 单击 MainWindow，使运行着的应用程序重新回到 Visual Studio 上方。

(9) 单击最右边的菜单项 Track Focused Element。

(10) 单击文本为 Button 的按钮，可以看到 Live Properties Explorer 中值发生变化，反映了新的选择。如果禁用 Track Focused Element 菜单项，则在完成新的选择后，Live Properties Explorer 中的内容不会发生变化。

(11) 最后，启用 Display Layout Adorners 菜单项。

(12) 将鼠标悬停在界面上的不同元素上，可以看到 Visual Studio 中显示了一些线，说明了应用边距的方式。注意，可能需要单击 Track Focus Element 选项来查看。

示例说明

可视化的调试工具对于查看应用程序的 UI 在运行时的行为非常有用。判断 UI 元素在运行时为什么表现出特定的行为是很难的，但借助这些工具，可深入研究并检查在应用程序执行时，实际应用的这些控件的属性。

21.3.2　布局面板

所有内容布局控件都继承自抽象类 Panel。该类定义的容器可以包含派生自 UIElement 的对象的集合。所有 WPF 控件都继承自 UIElement。我们不能直接使用 Panel 类对控件进行布局，但可以从它派生出其他需要的控件。另外，可直接使用以下这些继承自 Panel 的布局控件，如表 21-2 所示，其中列出了大多数常用的布局面板。

表21-2 常用的布局面板

布局面板	说明
Canvas	该控件允许以任何合适的方式放置子控件。它不会对子控件的位置施加任何限制,但不会对位置摆放提供任何辅助
DockPanel	该控件可让其中的子控件贴靠到自己四条边中的任意一边。最后一个子控件则可以充满剩余区域
Grid	该控件让子控件的定位变得比较灵活。可将该控件的布局分为若干行和若干列,这样就可以在网格布局中对齐控件
StackPanel	该控件能够按照水平方向或垂直方向依次对子控件进行排列
WrapPanel	与 StackPanel 一样,该控件也能按照水平方向或垂直方向依次对子控件进行排列,但它不是按照一行或一列来排序,而是根据可用空间的大小以多行多列的方式来排列

1. Canvas 控件

Canvas 控件可以完全自由地对控件的位置进行安排。同时,对 Canvas 的子元素应用 HorizontalAligment 和 VerticalAlignment 属性并不会改变这些元素的位置。

如之前的例子所示,可使用 Margin 属性来定位元素,但最好使用 Canvas 类公开的 Canvas.Left、Canvas.Top、Canvas.Right 和 Canvas.Bottom 附加属性。

```
<Canvas...>
    <Button Canvas.Top="10" Canvas.Left="10"...>Button1</Button>
</Canvas>
```

上面这段代码将 Button 控件定位到距离 Canvas 控件顶部和左侧各 10 像素的位置。需要注意,Top 和 Left 属性的优先级高于 Bottom 和 Right 属性。例如,如果同时指定 Top 和 Bottom 属性,Bottom 属性会被忽略掉。

图 21-4 分别展示了在 Canvas 控件中放置两个 Rectangle 控件,并将窗口调整为两种不同大小后的情形。

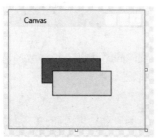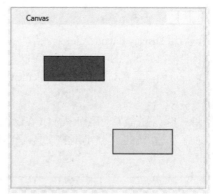

图 21-4

> **注意：**
> 本节中所有示例布局都可在本章对应的下载代码的 LayoutExamples 项目中找到。

其中一个 Rectangle 控件的位置相对于左上角进行设置，而另一个则相对于右下角进行设置。调整窗口大小时，它们各自的相对位置保持不变。还可以看到 Rectangle 控件堆叠顺序的重要性。右下角的 Rectangle 控件位于上层，所以当两者重叠时，用户看到的是这个控件。

本示例的代码如下所示(可在 LayoutExamples\Canvas.xaml 下载文件中找到)：

```
<Window x:Class="LayoutExamples.Canvas"
        xmlns="http://schemas.microsoft.com/winfx/2006/xaml/presentation"
        xmlns:x="http://schemas.microsoft.com/winfx/2006/xaml"
        xmlns:d="http://schemas.microsoft.com/expression/blend/2008"
        xmlns:mc="http://schemas.openxmlformats.org/markup-compatibility/2006"
        xmlns:local="clr-namespace:LayoutExamples"
        mc:Ignorable="d"
        Title="Canvas" Height="300" Width="300">
    <Canvas Background="AliceBlue">
        <Rectangle Canvas.Left="50" Canvas.Top="50" Height="40" Width="100"
    Stroke="Black" Fill="Chocolate" />
        <Rectangle Canvas.Right="50" Canvas.Bottom="50" Height="40" Width="100"
    Stroke="Black" Fill="Bisque" />
    </Canvas>
</Window>
```

2. DockPanel 控件

顾名思义，DockPanel 控件允许将控件贴靠到某条边上。就算之前我们没有特别注意过这样的布局方式，也应该十分熟悉此类布局。例如，Word 软件中的功能区(Ribbon)控件就停留在 Word 窗口顶部，Visual Studio 中的各种窗口也各自停靠在不同位置上。并且，可以拖动 Visual Studio 中的这些窗口，改变它们的停靠位置。

DockPanel 具有一个能让子控件用来指定停靠边缘的附加属性，即 DockPanel.Dock。可将该属性的值设置为 Left、Top、Right 或 Bottom。

DockPanel 中控件的堆叠顺序非常重要，因为每当一个控件停靠到某个边缘上后，其他子控件的可占用空间就会减少。例如，将一个工具栏控件停靠到 DockPanel 的顶部，然后将另一个工具栏停靠到 DockPanel 的左边。这样一来，第一个控件就会占满 DockPanel 显示区域的整个顶部，而第二个控件则只能占满第一个控件的底部到 DockPanel 控件底部的左侧区域。

最后一个子控件通常将只能占满其他子控件之外余下部分的相应区域(可控制这一行为，所以前面这句话并不是完全肯定的语气)。

在 DockPanel 中定位一个控件时，该控件所占用的区域可能会小于 DockPanel 为其保留的区域。例如，如果将一个宽度为 100、高度为 50、HorizontalAlingment 的值为 Left 的 Button 控件停靠到 DockPanel 的顶部，在 Button 的右侧就会留下一部分无法被其他停靠子控件占用的区域。并且，如果 Button 控件的 Margin 值为 20，DockPanel 顶部被保留的区域就有 90 像素高(控件的高度与上下两边的 Margin 值相加)。在使用 DockPanel 设置布局时，务必考虑这些因素；否则可能无法获得预想的结果。

图 21-5 展示了一个 DockPanel 布局示例。

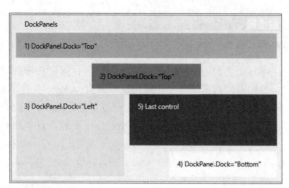

图 21-5

这一布局的代码如下所示(可在 LayoutExamples\DockPanel.xaml 下载文件中找到):

```
<Window x:Class="LayoutExamples.DockPanels"
        xmlns="http://schemas.microsoft.com/winfx/2006/xaml/presentation"
        xmlns:x="http://schemas.microsoft.com/winfx/2006/xaml"
        xmlns:d="http://schemas.microsoft.com/expression/blend/2008"
        xmlns:mc="http://schemas.openxmlformats.org/markup-compatibility/2006"
        xmlns:local="clr-namespace:LayoutExamples"
        mc:Ignorable="d"
        Title="DockPanels" Height="300" Width="500">
    <DockPanel Background="AliceBlue">
        <Border DockPanel.Dock="Top" Padding="10" Margin="5"
Background="Aquamarine" Height="45">
            <Label>1) DockPanel.Dock="Top"</Label>
        </Border>
        <Border DockPanel.Dock="Top" Padding="10" Margin="5"
Background="PaleVioletRed" Height="45" Width="200">
            <Label>2) DockPanel.Dock="Top"</Label>
        </Border>
        <Border DockPanel.Dock="Left" Padding="10" Margin="5"
Background="Bisque" Width="200">
            <Label>3) DockPanel.Dock="Left"</Label>
        </Border>
        <Border DockPanel.Dock="Bottom" Padding="10" Margin="5"
Background="Ivory" Width="200" HorizontalAlignment="Right">
            <Label>4) DockPanel.Dock="Bottom"</Label>
        </Border>
        <Border Padding="10" Margin="5" Background="BlueViolet">
            <Label Foreground="White">5) Last control</Label>
        </Border>
    </DockPanel>
</Window>
```

上述代码使用前面介绍的 Border 控件标记出示例布局中停靠控件的区域,并使用 Label 控件输出一些简单的描述性文字。要了解整个布局,必须从头到尾阅读这段代码,下面分别来看看每个控件的情况:

(1) 第 1 个 Border 控件停靠于 DockPanel 控件的顶部。DockPanel 中被占去的区域为顶部的 55 像素(Height 加上两个 Margin)。需要注意,Padding 属性不影响这一布局,因为该属性只会应用到 Border 的内部,并不能控制嵌入的 Label 控件的位置。如果未指定 Height 或 Width 属性,Border 控件会占满其所停靠边缘的整个可用区域,这就是为什么它会横跨整个 DockPanel 控件的原因。

(2) 第 2 个 Border 控件同样停靠到 DockPanel 的顶部,并占用了剩下部分顶部的 55 像素高的区域。该 Border 控件还有一个 Width 属性,这就使其仅占用了 DockPanel 一部分的宽度。DockPanel 中 HorizonalAlignment 属性的默认值为 Center,所以它位于 DockPanel 的中间。

(3) 第 3 个 Border 控件停靠到 DockPanel 的左侧,占用了左侧 210 像素的区域。

(4) 第 4 个 Border 控件停靠在 DockPanel 底部,占用的区域为 30 像素加上其中的 Label 控件(也可以是其他控件)的高度。该高度由 Margin、Padding 和 Border 控件的内容共同决定,并没有明确指定。Border 控件被固定到 DockPanel 的右下角,因为其 HorizontalAlignment 值为 Right。

(5) 第 5 个(也就是最后一个 Border 控件)占满了其他所有区域。

运行该示例,然后试着调整内容的大小。注意,控件在堆叠顺序中越接近顶层,就越具有占用空间的优先权。在缩小窗口时,第 5 个 Border 控件可能会被上层的其他所有控件完全遮盖。所以注意在使用 DockPanel 控件进行布局时避免这种情况的发生,例如可为窗口设置允许的最小尺寸。

3. StackPanel 控件

可将 StackPanel 控件理解为精简版的 DockPanel,即子控件所停靠的边缘是固定不变的。另一个差异是 StackPanel 中的最后一个子控件不会占满剩余空间。不过,这些子控件默认情况下会拉伸到 StackPanel 控件的边缘。

控件的堆叠方向由三个属性决定。Orientation 可设置为 Horizontal 或 Vertical,HorizontalAlignment 和 VerticalAlignment 可用于决定控件的堆栈是紧靠 StackPanel 的顶部、底部、左侧还是右侧进行排列。还可将对齐(Alignment)属性的值设置为 Center,让控件在 StackPanel 的中间堆叠。

图 21-6 展示了两个 StackPanel 控件,其中分别包含三个按钮。上方的 StackPanel 控件的 Orientation 属性设置为 Horizontal,下方的 StackPanel 控件的 Orientation 属性则设置为 Vertical。

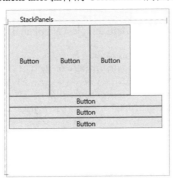

图 21-6

此处所用到的代码如下所示(可在 LayoutExamples\StackPanels.xaml 下载文件中找到):

```
<Window x:Class="LayoutExamples.StackPanels"
        xmlns="http://schemas.microsoft.com/winfx/2006/xaml/presentation"
        xmlns:x="http://schemas.microsoft.com/winfx/2006/xaml"
        xmlns:d="http://schemas.microsoft.com/expression/blend/2008"
        xmlns:mc="http://schemas.openxmlformats.org/markup-compatibility/2006"
        xmlns:local="clr-namespace:LayoutExamples"
        mc:Ignorable="d"
        Title="StackPanels" Height="300" Width="300">
    <Grid>
        <StackPanel HorizontalAlignment="Left" Height="128" VerticalAlignment="Top"
  Width="284" Orientation="Horizontal">
```

```
        <Button Content="Button" Height="128" VerticalAlignment="Top"
                Width="75"/>
        <Button Content="Button" Height="128" VerticalAlignment="Top"
                Width="75"/>
        <Button Content="Button" Height="128" VerticalAlignment="Top"
                Width="75"/>
    </StackPanel>
    <StackPanel HorizontalAlignment="Left" Height="128" VerticalAlignment="Top"
Width="284" Margin="0,128,0,0" Orientation="Vertical">
        <Button Content="Button" HorizontalAlignment="Left" Width="284"/>
        <Button Content="Button" HorizontalAlignment="Left" Width="284"/>
        <Button Content="Button" HorizontalAlignment="Left" Width="284"/>
    </StackPanel>
  </Grid>
</Window>
```

4. WrapPanel 控件

WrapPanel 基本上可以认为是 StackPanel 的扩展版本；容纳不下的控件会被安排到下一行(或下一列)。图 21-7 展示了一个包含多个形状的 WrapPanel 控件，其窗口被调整为大小不同的两种。

图 21-7

实现该效果的代码如下所示(可在 LayoutExamples\WrapPanel.xaml 下载文件中找到)：

```
<Window x:Class="LayoutExamples.WrapPanel"
        xmlns="http://schemas.microsoft.com/winfx/2006/xaml/presentation"
        xmlns:x="http://schemas.microsoft.com/winfx/2006/xaml"
        xmlns:d="http://schemas.microsoft.com/expression/blend/2008"
        xmlns:mc="http://schemas.openxmlformats.org/markup-compatibility/2006"
        xmlns:local="clr-namespace:LayoutExamples"
        mc:Ignorable="d"
        Title="WrapPanel" Height="92" Width="260">
    <WrapPanel Background="AliceBlue">
        <Rectangle Fill="#FF000000" Height="50" Width="50" Stroke="Black"
RadiusX="10" RadiusY="10" />
        <Rectangle Fill="#FF111111" Height="50" Width="50" Stroke="Black"
RadiusX="10" RadiusY="10" />
        <Rectangle Fill="#FF222222" Height="50" Width="50" Stroke="Black"
RadiusX="10" RadiusY="10"/>
        <Rectangle Fill="#FFFFFFFF" Height="50" Width="50" Stroke="Black"
RadiusX="10" RadiusY="10" />
    </WrapPanel>
</Window>
```

WrapPanel 控件是创建动态布局的好方法，使用户可以精确地控制内容的显示。

5. Grid 控件

Grid 控件可分为多行和多列，以便摆放子控件。本章已经多次提到 Grid 控件了，但每次都只使用一行和一列而已。要添加更多行和列，可使用 RowDefinitions 和 ColumnDefinitions 属性，这两个属性分别是 RowDefinition 和 ColumnDefinition 对象的集合，而且是通过属性元素语法来指定的：

```
<Grid>
    <Grid.RowDefinitions>
        <RowDefinition />
        <RowDefinition />
    </Grid.RowDefinitions>
    <Grid.ColumnDefinitions>
        <ColumnDefinition />
        <ColumnDefinition />
</Grid.ColumnDefinitions>
...
</Grid>
```

上述代码定义了一个包含两行和两列的 Grid 控件。注意，这里并不需要其他信息；每一行和每一列都会随着 Grid 控件大小的改变而自动改变大小。每一行占用 Grid 中二分之一的高度，每一列则占用其一半的宽度。通过将 Grid.ShowGridlines 属性设置为 true，可让 Grid 控件显示单元格之间的分界线。

> **注意：**
> 也可通过在设计视图中单击网格的边缘来定义行和列。当鼠标指针移到网格边缘时，设计视图上会出现一条横穿的黄线；如果单击这条边，就可以插入所需的 XAML 代码。这样操作后，行和列的 Width 和 Height 属性会由设计器自动设定，但我们可以删除这两个属性，或者拖曳相应的线条，以满足我们的需要。

可通过 Width、Height、MinWidth、MaxWidth、MinHeight 和 MaxHeight 属性来重新调整大小。例如，为某一列设置 Width 属性可以使其保持在该宽度。也可将列的 Width 属性设置为*，这表示"在计算其他所有列的宽度后，占满剩余的空间。"这个值实际上就是默认值。如果有多列的 Width 为*，这些列会均分可用的剩余空间。行的 Height 属性也可以使用*这个值。Height 和 Width 还可以取值为 Auto，也就是根据行和列中的内容来确定自身的高度和宽度。还可以使用 GridSplitter 控件让用户可以通过鼠标单击并拖曳的方式自行调整行和列的大小。

还可以使用"数字*"来使用比例间距。例如，如果两行的高度是*和 2*，那么第一行的高度是总高度的一个单位，第二行获得剩余空间的两个单位。如果这些是所有的行，那么第一行得到 1/3 的空间，第二行得到 2/3。

Grid 控件的子控件可使用 Grid.Column 和 Grid.Row 附加属性来指定自己属于哪个单元格。这两个属性的默认值都是 0，也就是说，如果不填写该属性，子控件会默认位于左上角的单元格中。子控件还可以使用 Grid.ColumnSpan 和 Grid.RowSpan 属性来使自己横跨表格中的多个单元格，其左上角的单元格由 Grid.Column 和 Grid.Row 属性指定。

下面的示例中使用 Grid 的属性创建了一些行和列，并使用 GridSplitter 在运行时对这些属性进行了更新。

试一试　使用行和列：Ch21Ex01\MainWindow.xaml

现在回头看看本章开头介绍的包含两个按钮的那个示例，然后执行以下步骤。

(1) 在 XAML 视图中单击选中 Grid 控件。

(2) 在设计视图中将鼠标指针移动到网格顶部；将会看到一个线条贯穿整个网格。留下一个按钮的空间，然后单击该线条，生成两列。

(3) 在窗口左侧重复步骤(2)，生成两行。

(4) 选择两个按钮中的第一个。注意，添加行和列的操作实际上已经自动为该按钮添加了 Grid.Row 和 Grid.Column 属性。将这两个附加属性的值设置为 0。

(5) 对 Margin 属性进行必要的调整，让按钮在单元格中完全可见。

(6) 第二个按钮也已改变，例如添加了 Margin 值。现在，将第二个按钮的 Margin 属性删除掉。

(7) 在 XAML 视图中添加一个 GridSplitter 控件，将其放在 Grid 控件结束标签的上一行，并按照如下方式设置其属性：

```
<GridSplitter Grid.RowSpan="2" Width="3" BorderThickness="2" BorderBrush="Black"/>
```

(8) 运行该应用程序。完整的 XAML 代码如下所示：

```
<Window x:Class="Ch21Ex01.MainWindow"
        xmlns="http://schemas.microsoft.com/winfx/2006/xaml/presentation"
        xmlns:x="http://schemas.microsoft.com/winfx/2006/xaml"
        xmlns:d="http://schemas.microsoft.com/expression/blend/2008"
        xmlns:mc="http://schemas.openxmlformats.org/markup-compatibility/2006"
        xmlns:local="clr-namespace: Ch21Ex01"
        mc:Ignorable="d"
        Title="MainWindow" Height="350" Width="525" KeyDown="Window_KeyDown"
        PreviewKeyDown="Window_PreviewKeyDown">
  <Grid KeyDown="Grid_KeyDown" PreviewKeyDown="Grid_PreviewKeyDown">
    <Grid.RowDefinitions>
      <RowDefinition Height="109*"/>
      <RowDefinition Height="210*"/>
    </Grid.RowDefinitions>
    <Grid.ColumnDefinitions>
      <ColumnDefinition Width="191*"/>
      <ColumnDefinition Width="326*"/>
    </Grid.ColumnDefinitions>
    <Button x:Name="button" Content="Button" HorizontalAlignment="Left"
        Margin="27,4,0,0" VerticalAlignment="Top" Width="75" Grid.Column="0"
        Grid.Row="0"/>
        <Button x:Name="rotatedButton" Content="2nd Button" Width="75" Height="22"
        FontWeight="Bold" RenderTransformOrigin="0.5,0.5"
        KeyDown="rotatedButton_KeyDown"
        PreviewKeyDown="rotatedButton_PreviewKeyDown" Grid.Column="1"
        Grid.Row="1" >
      <Button.RenderTransform>
        <TransformGroup>
          <ScaleTransform/>
          <SkewTransform/>
          <RotateTransform Angle="-23.896"/>
          <TranslateTransform/>
        </TransformGroup>
      </Button.RenderTransform>
    </Button>
    <GridSplitter Grid.RowSpan="2" Width="3" BorderThickness="2"
                  BorderBrush="Black" />
  </Grid>
</Window>
```

如图 21-8 所示，在应用程序运行时，分隔栏被拉到不同位置上。

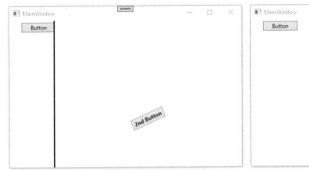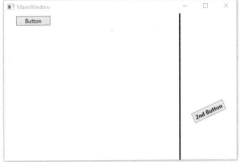

图 21-8

示例说明

通过将网格控件分隔为两列和两行，我们对子控件在网格中的定位方式进行了修改。将第一个按钮的 Grid.Row 和 Grid.Column 属性设置为 0 后，就将其从原位置移到左上角。

第二个按钮看起来并没有怎么变化，但当拖曳 GridSplitter 控件的分隔线时，可以看到该按钮的边距现在是相对于所在列的左边缘而言的，也就是说在窗口中左右移动分隔线时，按钮也会随之在窗口中左右移动。

21.4 游戏客户端

现在，我们已经了解了 WPF 和 Visual Studio 的基本使用方法，接下来就使用控件创建实际应用。本章的剩余部分将主要介绍如何为之前章节中所开发的纸牌游戏编写一个游戏客户端。将用到很多控件来编写这个游戏客户端，随后，也可以完全自己编写一个。

本章将为这个游戏写一些支持性的对话框——包括 About、Options 和 New Game 窗口。

21.4.1 About 窗口

About 窗口有时称为 About 对话框，用于显示开发人员及应用程序本身的一些信息。某些 About 窗口十分复杂，例如 Microsoft Office 和 Visual Studio 中的 About 窗口还显示了版本和许可信息。在应用程序中，Help 菜单的最后一个菜单项通常用来打开 About 窗口。

接下来要创建的这个对话框如图 21-9 所示。

图 21-9

1. 设计用户界面

用户并不会频繁使用 About 窗口。实际上，之所以把它放在 Help 菜单中，是因为只有当用户需要查看应用程序版本信息，或者当应用程序出问题后需要寻找联系方式的时候才会访问它。但这也意味着它对用户是有用的，所以既然要在应用程序中设计这个窗口，就需要重视它。

设计一个应用程序时，应当尽量保持外观和风格的一致性。也就是说，应当在整个应用程序中使用几种固定的颜色，并在不同位置使用相同的控件样式。在 BenCards 这个游戏中，我们将主要使用三种颜色——红色、黑色和白色。

如果观察图 21-9，会发现该窗口左上角是 Wrox 出版社的徽标。之前还没有使用过图像，但在应用程序中添加一些特定的图像可以让用户界面看起来更专业。

2. Image 控件

Image 是一个简单却效果非凡的控件。它可以显示一幅图片，并按照需要对其进行适当的大小调整。该控件公开了两个关键属性，如表 21-3 所示。

表 21-3 Image 控件的属性

属性	说明
Source	该属性用于指定图像位置。既可以是磁盘上的某个位置，也可以是 Web 上的某个位置。如本章后面所述，也可以创建一个静态资源，并将其作为图像源使用
Stretch	实际上，图片大小很少正好符合我们的需要，并且很多时候图片的大小还需要随着应用程序窗口的改变而改变。可使用该属性来控制图像如何进行大小调整。可用值包括： None——永远不会调整图像大小。 Fill——拉伸图片，使其充满整个可用区域。这可能会改变图片的比例。 Uniform——保持图片的宽高比，如果改变了宽高比，不会充满所有可用区域。 UniformToFill——在保持宽高比的同时充满整个可用区域。如果在保持宽高比的情况下图片大于可用区域，就会裁减掉超出范围的区域，以适应可用区域的大小

3. Label 控件

在之前的一些示例中，已经见过此类最简单的控件了。它向用户显示简单的文本信息，某些情况下还显示相关的快捷键。它使用 Content 属性来显示文本信息，使用 Label 控件显示单行文字。如果在某个字母前添加下画线 "_" 前缀，那么该字母在控件中显示时会带有下画线，并且通过 Alt 与该字母的组合就可以直接访问该控件。例如，_Name 可以为这个 Label 所在的控件直接指定 Alt+N 快捷键。

4. TextBlock 控件

与 Label 控件类似，该控件也用于显示不含任何复杂格式信息的简单文本。但与 Label 不同的是，TextBlock 控件可以显示多行文本。不能对其组成文本单独设置格式。

TextBlock 直接显示文本内容，即使所在控件没有足够的空间来显示文本内容也是这样。当内容过多时，该控件并不会显示滚动条，但可在需要时将其放在一个简单的视图控件 ScrollViewer 中，来解决这一问题。

5. Button 控件

与 Label 控件一样，之前也介绍过 Button 控件。它可用在用户界面的任何地方，而且易于识别。用户可以单击这个控件来完成某种操作——但也仅如此而已。如果试图改变其功能，往往导致糟糕的界面设计，让用户感到困惑不解。

默认情况下，Button 上可显示一行简短文本或一幅图片，来介绍单击该控件之后所执行的操作。Button 控件并不包含任何用于显示图片或文本的属性，但可使用 Content 属性来显示简单文本，或在 Content 中嵌入一个 Image 控件来显示图片。相关代码可在 Ch21Ex01\ImageButton.xaml 下载文件中找到：

```
<Button HorizontalAlignment="Left" VerticalAlignment="Top" Width="75" Margin="10" >
    <StackPanel Orientation="Horizontal">
        <Image Source=".\Images\Delete_black_32x32.png" Stretch="UniformToFill"
Width="16" Height="16" />
        <TextBlock>Delete</TextBlock>
    </StackPanel>
        </Button>
```

> **注意：**
> 上述按钮中用到的图片位于下载代码的 Ch21Ex01\Images 文件夹中。

图 21-10 展示了一个同时包含文本和图像的 Delete 按钮。

图 21-10

> **注意：**
> 要完成下面这个示例，需要一个用作横幅的图像文件。该文件所在位置为 BensCards.WPF\Images\Banner.png。

试一试 创建 About 窗口：BenCards.WPF\AboutWindow.xaml

在开始创建 About 窗口前，需要新建一个项目。除本窗口外，本章还会创建好几个窗口，因此，请新建一个 WPF App 项目，并将其命名为 BensCards.WPF。将相应的解决方案命名为 BensCards。

在 Solution Explorer 中右击 BensCards.WPF 项目，然后选择 Add | Window，并将该窗口命名为 AboutWindow.xaml。

(2) 通过单击并拖曳，或通过设置其属性的方式来调整窗口大小：

```
Height="300" Width="434" MinWidth="434" MinHeight="300"
ResizeMode="CanResizeWithGrip"
```

(3) 选择 Grid 控件，然后单击网格边缘创建 4 行。不必考虑每一行的准确位置，只需要将它们的值改为如下所示即可：

```
<Grid.RowDefinitions>
    <RowDefinition Height="58"/>
    <RowDefinition Height="20"/>
    <RowDefinition />
    <RowDefinition Height="42"/>
</Grid.RowDefinitions>
```

(4) 将工具箱中的 Canvas 控件拖曳到最上面一行。删掉由 Visual Studio 插入的所有属性，然后添加以下代码：

```
Grid.Row="0" Background="#C40D42"
```

(5) 右击该项目，然后选择 Add | New Folder。将新建的这个文件夹命名为 Images。

(6) 在 Solution Explorer 中右击新建的文件夹，选择 Add | Existing Item。浏览本章用到的图片。选中所有这些图片，然后单击 Add。这样，横幅就会显示在设计视图中。

(7) 将一个 Image 控件拖曳到其中。修改其属性，如下所示：

```
Height="56" Canvas.Left="0" Canvas.Top="0" Stretch="UniformToFill"
Source=".\Images\Banner.png"
```

(8) 选中 Canvas 控件，并将一个 Label 控件拖曳到其中。修改其属性，如下所示：

```
Canvas.Right="10" Canvas.Top="25" Content="Ben's Cards" Foreground="#FFF7EFEF"
FontFamily="Times New Roman"
```

(9) 选中 Grid 控件，并将一个新的 Canvas 控件拖曳到其中。将其属性修改为：

```
Grid.Row="1" Background="Black"
```

(10) 选中新建的 Canvas 控件，并将一个 Label 控件拖曳到其中。将其属性修改为如下形式(注意，如果更容易的话，可以使用(c)而不是©)：

```
Canvas.Left="5" Canvas.Top="0" FontWeight="Bold" FontFamily="Arial"
Foreground="White"
Content="Ben's Cards © Copyright 2020 -2021 Wrox Press (Wiley)"
```

(11) 再次选中 Grid 控件，将最后一个 Canvas 控件拖曳到最下的一行中。将其属性修改为：

```
Grid.Row="3"
```

(12) 选中新建的 Canvas 控件，将一个 Button 控件拖曳到其中。将其属性修改为：

```
Content="_OK" Canvas.Right="12" Canvas.Bottom="10" Width="75"
```

(13) 再次选中 Grid 控件，将一个 StackPanel 控件拖曳到第三行上。将其属性修改为：

```
Grid.Row="2"
```

(14) 选中该 StackPanel 控件，依次将两个 Label 控件和一个 TextBlock 控件拖曳到其中。

(15) 用如下代码修改最上方的 Label 控件：

```
Content="CardLib and Idea developed by Ben's Watson" HorizontalAlignment="Left"
VerticalAlignment="Top" Padding="20,20,0,0" FontWeight="Bold"
Foreground="#FF8B6F6F"
```

(16) 修改接下来的 Label 控件，如下所示：

```
Content="WPF User Interface developed by Jacob Hammer"
HorizontalAlignment="Left" Padding="20,0,0,0" VerticalAlignment="Top"
FontWeight="Bold" Foreground="#FF8B6F6F"
```

(17) 修改 TextBlock，如下所示：

```
Text="Ben's Cards developed with C# for Wrox Press (Wiley).
You can visit Wrox Press at http://www.wrox.com."
Margin="0,10,0,0" Padding="20,0,0,0" TextWrapping="Wrap"
HorizontalAlignment="Left" VerticalAlignment="Top" Height="39"
```

(18) 双击该按钮，在事件处理程序中添加如下代码：

```
private void Button_Click(object sender, RoutedEventArgs e)
{
    this.Close();
}
```

(19) 在 Solution Explorer 中双击 App.xaml 文件，将 StartupUri 属性由 MainWindow.xaml 改为 AboutWindow. xaml。

(20) 运行该应用程序。

示例说明

开始时在该窗口中设置了一些属性。通过设置 MinWidth 和 MinHeight 属性，可以防止用户将窗口大小调整到遮挡住内容的程度。ResizeMode 属性被设置为 CanResizeWithGrip，这可以让窗口的右下角出现一个小手柄标志，让用户知道该窗口的大小是可以调整的。

接下来为网格添加 4 行。为此，定义窗口的基本结构。将第 1、2 和 4 行设置为固定高度，确保只有第 3 行的高度是可变的，这是包含内容的那一行。

随后添加了第一个 Canvas 控件。该控件可以轻松地设置第一行的背景色。通过确保该 Canvas 大小可变，强制使它充满网格的第一行。

添加到 Canvas 中的 Image 控件被固定在 Canvas 的左上角，这样可以确保窗口大小改变时，图像保持不变。随后将图片的高度设置为固定值，而宽度保持自由。由于将 Stretch 属性设置为 UniformToFill，因此 Image 控件会将高度作为宽高比的标准，它可以自动调整自己的宽度来匹配已经设定好的高度和宽高比。

第一行的最后一个部分添加了一个 Label 控件，将其固定到 Canvas 的右上角，以确保调整窗口大小时，Label 会随着右边缘移动。

接下来开始处理第二行，其中包含另一个 Canvas 控件，该控件中又包含一个 Label 控件。

底部的 Canvas 与此类似，所不同的是在其中添加的是一个 Button 控件，并将其固定到 Canvas 的右下角。这样可确保窗口大小改变时，该按钮始终位于窗口的右下角。OK 文本前加下画线 "_" 即可为该按钮创建 Alt+O 快捷键。

最后在第三行中添加了一个 StackPanel，再在其中添加 Label 和 TextBlock 控件。通过将第一个 Label 的 Padding 值设置为 20,20,0,0，让该控件的内容距离上边缘和左边缘各 20 像素。

下一个 Label 的 Padding 值为 20,0,0,0，只留出了左边的空白，这是因为两个 Label 之间的空间正好合适，并不需要多余的空白。

最后对 TextBlock 进行了设置。将属性 TextWrapping 设置为 Wrap，以便文本在一行中容纳不下时自动换行。在窗口大小变化，一行变得更长后，文本又可以自动排列为较少行。这里也用到 Margin 和 Padding 属性。Margin 设置为距离上方的 Label 控件 10 像素，Padding 则将其内容设置为距离控件左边 20 像素。

最后，事件处理程序中的代码关闭窗口。在本例中，这相当于关闭整个应用程序，因为在第(19)步中将启动窗口设置为 About 窗口，因此关闭它就会自动关闭应用程序。

21.4.2　Options 窗口

接下来将创建 Options 窗口。该窗口让玩家可设置一些可以改变游戏玩法的参数。其中也会用到一些之前未涉及的控件，包括 CheckBox、RadioButton、ComboBox、TextBox 和 TabControl。

图 21-11 显示 Options 窗口中选中第一个选项卡时的情景。乍看起来，这个窗口和 About 窗口很像，但是我们在其中可以获得更多功能。

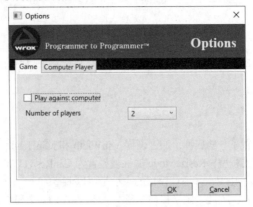

图   21-11

1. TextBox 控件

本章前面用过 Label 和 TextBlock 控件。这两个控件的作用只是向用户显示文本而已。而 TextBox 控件则允许用户向应用程序中输入一些文本。尽管这个控件也可以仅显示文本，但我们不应该单纯为了显示文本而使用它，除非在此基础上还允许用户编辑显示的文本(或复制/粘贴文本)。如果非要用 TextBox 来仅显示文本，需要将 IsReadOnly 属性设置为 false，以防用户编辑其中的内容。

使用表 21-4 中所示的一系列属性，可以控制在 TextBox 中输入和显示文本的方式。

表 21-4   TextBox 控件的属性

属性	说明
Text	TextBox 控件中当前显示的文本
IsEnabled	将该属性设置为 true 时，用户可以编辑 TextBox 中的文本。如果为 false，文本会显示为灰色，用户无法将键盘焦点放到该控件上
IsReadOnly	当此设置为 true 时，用户可以复制 TextBox 中的文本，但不能更改它
TextWrapping	有时我们希望 TextBox 只显示一行文本。这种情况下，可以将该属性值设置为 NoWrap。这是默认值。如果希望将文本显示为多行，可将其值设置为 Wrap 或 WrapWithOverflow。Wrap 表示超出文本框边缘的文本内容会被移到下一行中。WrapWithOverflow 则表示如果文本中没有合适的换行位置，允许非常长的单个单词超出文本框的边缘
VerticalScrollBarVisibility	如果允许用户在 TextBox 中输入多行文本，那么用户输入的内容有可能会超出文本框的下边界，从而无法完整显示。这种情况下，有必要使用滚动条进行操作。如果希望仅当文本过长时自动显示滚动条，可将此属性设置为 Auto。设置为 Visible 表示始终显示滚动条，设置为 Hidden 或 Disabled 则表示无论什么情况下都不显示滚动条
AcceptsReturn	此属性控制如何在控件中输入文本。如果将此设置为默认值 false，那么用户就不能用 Return 语句断行。这也会影响默认按钮。如果有一个默认按钮，并且当焦点在文本框上时按 Return，那么它要么输入一个新行，要么触发默认按钮

2. CheckBox 控件

CheckBox 控件用于向用户显示可以选中或清除的选项。如果希望向用户显示一个开关选项，或希望用户回答一个关于是或否的问题，可以使用 CheckBox 控件。例如，在 Options 对话框中，我们希望用户选择是否要与电脑进行对战游戏。为此使用 CheckBox 控件，并在旁边标明文本"Play Against Computer"。

按照设计，CheckBox 是独立实体，不会受到视图中其他 CheckBox 控件的影响。有时，我们会发现多个 CheckBox 有某种链接关系，选中其中一个后，其余的会被设置为未选中状态，但实际上这并不是 CheckBox 控件应有的用途。要实现这种功能，应该使用下一节介绍的 RadioButton 控件。

CheckBox 也可以显示第三种状态，即"不确定"状态，表示不能回答"是"或"否"这个问题。当 CheckBox 用于显示其他项的信息时，经常使用这种状态。例如，CheckBox 有时用于表示在一个树状视图中，是否所有子节点都已经被选中。这种情况下，如果所有节点都被选中，则 CheckBox 是选中状态；如果所有节点都未选中，则 CheckBox 为未选中状态；如果只选了其中一部分节点，则 CheckBox 会是不确定状态。

表 21-5 列出了 CheckBox 控件常用的属性。

表 21-5　CheckBox 控件的属性

属性	说明
Content	CheckBox 是一种内容控件，其中显示的内容是可以完全自定义的。在 Content 属性中添加一些文本会显示默认视图
IsThreeState	此属性用于指定该控件有两种状态还是三种状态。默认值为 false，表示该控件只有两种状态
IsChecked	此属性的值可以是 true 或 false。默认情况下，将其设置为 true 会显示为选中状态。如果 IsThreeState 为 true，该属性还可以取值为 null，表示该控件的状态为不确定

3. RadioButton 控件

RadioButton 总与其他 RadioButton 控件结合使用，让用户可在多个选项中进行选择，并且某一时间只能选择一个选项。如果希望用户回答一些只有少数几种可选答案的问题，就可以使用 RadioButton 控件。而如果可能的答案多于 4 个，就需要考虑改用 ListBox 或 ComboBox 控件。在稍后创建的 Options 窗口中，用户可以选择电脑玩家的技能水平。我们设计了三种选项：Dumb(简单)、Good(中等)和 Cheats(很难)。当然，同一时刻只能选择一项。

如果在同一视图中要用到多个 RadioButton 控件，它们之间会默认建立一种关联，在其中一个被选中时，所有其余 RadioButton 控件都变为未选中状态。如果一个视图中的多个 RadioButton 控件不需要建立起这种关联，可将它们分到不同的组中，以免其他控件将这些没有关联的控件的值清除。

可使用表 21-6 中所示的属性来控制 RadioButton。

表 21-6　RadioButton 控件的属性

属性	说明
Content	RadioButton 是内容控件，因此可以修改其显示的内容。默认情况下，在 Content 中输入文本
IsChecked	值可以是 true 或 false。如果 IsThreeState 被设置为 true，还可以取值为 null，表示状态不确定
GroupName	表示相应控件属于哪一组。默认情况下该属性的值为空，而 GroupName 值为空的所有 RadioButton 控件都被认为属于同一组

4. ComboBox 控件

与 RadioButton 和 CheckBox 控件一样，ComboBox 允许用户选择一个选项。不过，ComboBox 与其存在以下两方面的根本性区别：

- ComboBox 在一个下拉列表中显示可选项。
- ComboBox 允许用户自行输入新值。

ComboBox 常用于显示一个包含许多值的列表，例如国家、地区或省的列表，但它们也可用于其他许多用途。在 Options 对话框中，ComboBox 用于让用户选择玩家数量。尽管通过 RadioButton 也可以完成这个功能，但使用 ComboBox 可以节省视图空间。

ComboBox 可以改为在其顶部显示一个 Textbox，以便允许用户输入一些未能包含在列表中的值。本章中的一个练习要求在 Options 对话框中添加一个 ComboBox 控件，让用户既可以输入自己的名称，又可以从列表中选择一个现有的名称。

该控件的 IsReadOnly 和 IsEditable 属性对于控件行为非常重要，将这两个属性结合起来使用，可以让用户通过 4 种不同方式使用键盘来选择 ComboBox 的值(见表 21-7)。

表 21-7　IsReadOnly 和 IsEditable 属性的组合

	IsReadOnly 为 true	IsReadOnly 为 false
IsEditable 为 true	TextBox 正常显示，但控件本身对按键操作不会有任何反应。如果在列表中选择某一项，可在 TextBox 中选择文本	TextBox 正常显示，用户也可以正常进行输入。如果用户输入的内容已经在列表中，就会选中这部分内容。在用户输入内容的过程中，控件将显示该内容在列表中的最佳匹配项
IsEditable 为 false	如果 IsEditable 的值为 false，那么 IsReadOnly 的值不会有任何影响，因为不会显示文本框。选中该控件后，用户可通过输入方式选择列表中的某一项，却不能输入列表中不存在的值	

ComboBox 是项控件，也就是说，我们可在其中添加许多项内容。表 21-8 列举了 ComboBox 控件中的其他一些属性。

表 21-8　ComboBox 控件的其他属性

属性	说明
Text	Text 属性表示要在 ComboBox 顶端显示的文本内容。可以是列表中的某一项，也可以是用户输入的新文本
SelectedIndex	表示选中的项在列表中的索引值。如果等于-1，代表没有进行任何选择，或者用户输入的内容不是列表中的某一项
SelectedItem	表示列表中实际的某一项，而不仅是索引值或文本内容。如果没有选择任何一项或者用户输入了新内容，返回 null

5. TabControl 控件

TabControl 与本节中介绍的所有控件存在本质差异。它是一个布局控件，用于对页面上可以通过单击来选择的内容进行分组。

当希望在一个窗口中显示许多内容，又不希望让视图变得太杂乱时，可以使用 TabControl。这种情况下，应该将不同信息按照相关性分为不同的组，并为每一组建一个页面。一般来说，不应当让某一页中的控件影响其他页面中的控件。如果它们互相影响，用户将不知道另一页中的选项已经被改变，导致产生困惑。

　　默认情况下，每个页面都由 TabItem 组成，TabItem 又默认包含一个 Grid 控件。不过，可以根据需要把 Grid 替换为任何其他控件。在每个选项卡中都可以放置一些 UI 元素，并通过选择 TabItem 来切换不同的选项卡。每个 TabItem 都有一个用于显示选项卡名称的标题(Header)。该标题可以是一个 Content 控件，也就是说，可以自定义标题的显示内容，而不只是使用单纯的文本。

试一试　设计 Options 窗口：BensCards.WPF\OptionsWindow.xaml

　　第一眼看到 Options 窗口时，也许会发现，它与 About 窗口十分相似，事实的确如此。正由于它们很像，所以我们可以重复使用之前示例中用到的一些代码。

　　(1) 在 Solution Explorer 中右击项目，选择 Add |Window(WPF)。将窗口命名为 OptionsWindow.xaml。

　　(2) 删除默认插入的 Grid 控件。

　　(3) 打开之前描述过的 AboutWindow.xaml 窗口，将 Grid 控件及其中所有内容复制并粘贴到新的 OptionsWindow. xaml 文件中。

　　(4) 修改窗口属性，如下所示：

```
Title="Options" Height="345" Width="434" ResizeMode="NoResize"
```

　　(5) 删除 StackPanel 及其所有内容。

　　(6) 删除 Grid.Row 属性值为 3 的 Canvas 控件及其所有内容。

　　(7) 删除 Grid.Row 属性值为 1 的 Canvas 控件中的 Label 控件。

　　(8) 修改 Grid.Row 属性值为 0 的 Canvas 控件中的 Label 控件，如下所示：

```
    <Label Canvas.Right="10" Canvas.Top="13" Content="Options"
Foreground="#FFF7EFEF"
                FontFamily="Times New Roman" FontSize="24" FontWeight="Bold" />
```

　　(9) 将一个 StackPanel 控件拖曳到最底部的行，将其属性设置为：

```
Grid.Row="3" Orientation="Horizontal" FlowDirection="RightToLeft"
```

　　(10) 在 StackPanel 中添加两个按钮，如下所示：

```
    <Button Content="_Cancel" Height="22" Width="75" Margin="10,0,0,0"
        Name="cancelButton" />
    <Button Content="_OK" Height="22" Width="75" Margin="10,0,0,0"
        Name="okButton" />
```

　　(11) 将一个 TabControl 控件拖曳到第二行，将其属性设置为：

```
Grid.RowSpan="2" Canvas.Left="10" Canvas.Top="2" Width="408" Height="208"
Grid.Row="1"
```

　　(12) 将两个 TabItem 控件的 Header 属性分别改为 Game 和 Computer Player。

　　现在，该窗口的外观应该如图 21-12 所示，接下来就该在选项卡中插入一些内容了。

　　(13) 选择 Game TabItem，然后将一个 CheckBox 拖曳到其中。将其属性设置为：

```
Content="Play against computer" HorizontalAlignment="Left" Margin="11,33,0,0"
VerticalAlignment="Top" Name="playAgainstComputerCheck"
```

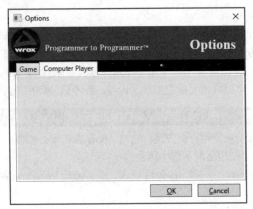

图 21-12

(14) 在该 TabItem 中拖入一个 Label 控件和一个 ComboBox 控件，并将它们的属性设置为：

```
        <Label Content="Number of players" HorizontalAlignment="Left"
Margin="10,54,0,0" VerticalAlignment="Top" />
        <ComboBox HorizontalAlignment="Left" Margin="196,58,0,0"
VerticalAlignment="Top" Width="86" Name="numberOfPlayersComboBox"
SelectedIndex="0" >
            <ComboBoxItem>2</ComboBoxItem>
            <ComboBoxItem>3</ComboBoxItem>
            <ComboBoxItem>4</ComboBoxItem>
        </ComboBox>
```

(15) 选择标题为 Computer Player 的第二个 TabItem。将一个 Label 和三个 RadioButton 控件拖曳到 Grid 中，然后将它们的属性设置为：

```
        <Label Content="Skill Level" HorizontalAlignment="Left"
Margin="10,10,0,0" VerticalAlignment="Top"/>
        <RadioButton Content="Dumb" HorizontalAlignment="Left"
Margin="37,41,0,0" VerticalAlignment="Top" IsChecked="True"
Name="dumbAIRadioButton"/>
        <RadioButton Content="Good" HorizontalAlignment="Left"
Margin="37,62,0,0" VerticalAlignment="Top" Name="goodAIRadioButton"/>
        <RadioButton Content="Cheats" HorizontalAlignment="Left"
Margin="37,83,0,0" VerticalAlignment="Top"
Name="cheatingAIRadioButton"/>
```

(16) 至此已经完成了该窗口的布局。最终是 XAML，如下所示：

```
<Window x:Class="BensCards.WPF.OptionsWindow"
        xmlns="http://schemas.microsoft.com/winfx/2006/xaml/presentation"
        xmlns:x="http://schemas.microsoft.com/winfx/2006/xaml"
        xmlns:d="http://schemas.microsoft.com/expression/blend/2008"
        xmlns:mc="http://schemas.openxmlformats.org/markup-compatibility/2006"
        xmlns:local="clr-namespace:BensCards.WPF"
        mc:Ignorable="d"
        Title="Options" Height="345" Width="434" ResizeMode="NoResize">
    <Window.Resources>
        <local:InversedBoolConverter x:Key="inverseBool" />
    </Window.Resources>
    <Grid>
```

```xml
        <Grid.RowDefinitions>
            <RowDefinition Height="58"/>
            <RowDefinition Height="20"/>
            <RowDefinition />
            <RowDefinition Height="42"/>
        </Grid.RowDefinitions>
        <Canvas Grid.Row="0" Background="#C40D42" >
            <Image Height="56" Canvas.Left="0" Canvas.Top="0" Stretch="UniformToFill"
                            Source=".\Images\Banner.png"/>
            <Label Canvas.Right="10" Canvas.Top="13" Content="Options" Foreground="#FFF7EFEF"
                    FontFamily="Times New Roman" FontSize="24" FontWeight="Bold" />
        </Canvas>
        <Canvas Grid.Row="1" Background="Black" >
            <Canvas.Resources>
                <local:NumberOfPlayers x:Key="numberOfPlayersData" />
            </Canvas.Resources>
            <TabControl Grid.RowSpan="2" Canvas.Left="10" Canvas.Top="2" Width="408"
                Height="208" Grid.Row="1">
            <TabItem Header="Game">
                <Grid Background="#FFE5E5E5">
                    <CheckBox Content="Play against computer"
                        HorizontalAlignment="Left"
                        Margin="11,33,0,0" VerticalAlignment="Top"
                        Name="playAgainstComputerCheck"
                        IsChecked="{Binding Path=PlayAgainstComputer}" />
                    <Label Content="Number of players" HorizontalAlignment="Left"
                        Margin="10,54,0,0" VerticalAlignment="Top" />
                    <ComboBox HorizontalAlignment="Left"
                        Margin="196,58,0,0" VerticalAlignment="Top"
                        Width="86" Name="numberOfPlayersComboBox"
                        ItemsSource=
                        "{Binding Source={StaticResource numberOfPlayersData}}"
                        SelectedValue="{Binding Path=NumberOfPlayers}"
                        IsEnabled="{Binding ElementName=playAgainstComputerCheck,
                        Path=IsChecked, Converter={StaticResource inverseBool}}"/>
                </Grid>
            </TabItem>
            <TabItem Header="Computer Player">
                <Grid Background="#FFE5E5E5">
                    <Label Content="Skill Level" HorizontalAlignment="Left"
                        Margin="10,10,0,0" VerticalAlignment="Top" />
                    <RadioButton Content="Dumb" HorizontalAlignment="Left"
                        Margin="37,41,0,0" VerticalAlignment="Top" IsChecked="True"
                        Name="dumbAIRadioButton" Checked="dumbAIRadioButton_Checked"/>
                    <RadioButton Content="Good" HorizontalAlignment="Left"
                        Margin="37,62,0,0" VerticalAlignment="Top" Name="goodAIRadioButton"
                        Checked="goodAIRadioButton_Checked"/>
                    <RadioButton Content="Cheats" HorizontalAlignment="Left"
                        Margin="37,83,0,0" VerticalAlignment="Top"
                        Name="cheatingAIRadioButton"
                        Checked="cheatingAIRadioButton_Checked"/>
                </Grid>
            </TabItem>
          </TabControl>
        </Canvas>
        <StackPanel Grid.Row="3" Orientation="Horizontal" FlowDirection="RightToLeft">
```

```
      <Button Content="_Cancel" Height="22" Width="75" Margin="10,0,0,0"
        Name="cancelButton" Click="cancelButton_Click" />
      <Button Content="_OK" Height="22" Width="75" Margin="10,0,0,0"
        Name="okButton" Click="okButton_Click" />
    </StackPanel>
  </Grid>
</Window>
```

(17)打开 App.xaml 文件，将 StartupUri 设置为 OptionsWindow.xaml。

(18) 运行该应用程序。

示例说明

窗口的 ResizeMode 设置为 NoResize。这样，我们在放置控件时就不必考虑窗口大小改变时会发生什么情况了，因为用户无法再调整窗口的大小。虽然如果控件能够根据自己的需要来安排和调整大小会更好，但有时限制用户可以做的事情会更好。

第(9)步中的 StackPanel 引入了新属性 FlowDirection，其值为 RightToLeft。这样，添加到其中的两个按钮就会靠紧对话框的右边缘，而不是默认的左边缘了。有趣的是，这样的修改也会改变两个按钮的 Margin 属性的含义，即 Left 和 Right 的含义会互换。

第二个选项卡中的 RadioButtons 并未指定 GroupName，这样，它们就会作为一组。随后为其中第一个设置了 IsChecked 属性为 true，使其成为默认的选中项。

---

6. 处理 Options 窗口中的事件

现在，Options 窗口看起来已经不错了，但用户还不能通过它实现什么功能，即使更改其中的设置也没有任何意义。用户希望他们所做的选择可以保存下来，并且被应用程序使用。为此，可将控件的值保存在这个窗口中，但是这样做之后会非常缺乏灵活性，会将应用程序数据与 GUI 混在一起，因此并不是一种良好的设计。我们应该创建一个类，并将用户所做的选择保存在其中。

下面的示例中将事件处理程序添加到 Options 窗口，在用户与控件交互时会执行这些事件处理程序。

试一试　处理事件：BensCards.WPF\OptionsWindow.xaml

本例会在项目中添加一个新类，将用户所做的选择保存在其中，并处理用户改变选择时所发生的事件。

(1) 在项目中新建一个类，将其命名为 GameOptions.cs。

(2) 输入如下代码：

```
using System;
namespace BensCards.WPF
{
    [Serializable]
    public class GameOptions
    {
        public bool PlayAgainstComputer { get; set; }
        public int NumberOfPlayers { get; set; }
        public int MinutesBeforeLoss { get; set; }
        public ComputerSkillLevel ComputerSkill { get; set; }
    }
    [Serializable]
    public enum ComputerSkillLevel
```

```
    {
        Dumb,
        Good,
        Cheats
    }
}
```

(3) 返回代码隐藏文件 OptionsWindow.xaml.cs，添加一个 private 字段来保存 GameOptions 实例：

```
private GameOptions gameOptions;
```

(4) 在构造函数中添加以下代码：

```
using System.IO;
using System.Windows;
using System.Xml.Serialization;
namespace BensCards.WPF
{

    public partial class OptionsWindow : Window
    {
        private GameOptions gameOptions;
        public OptionsWindow()
        {
            if (gameOptions == null)
            {
                if (File.Exists("GameOptions.xml"))
                {
                    using (var stream = File.OpenRead("GameOptions.xml"))
                    {
                        var serializer = new XmlSerializer(typeof(GameOptions));
                        gameOptions = serializer.Deserialize(stream) as GameOptions;
                    }
                }
                else
                gameOptions = new GameOptions();
            }
            InitializeComponent();
        }
```

(5) 转到设计视图，分别双击三个 RadioButton 控件，在代码隐藏文件中添加 Checked 事件处理程序。按照如下所示修改处理程序：

```
private void dumbAIRadioButton_Checked(object sender, RoutedEventArgs e)
{
    gameOptions.ComputerSkill = ComputerSkillLevel.Dumb;
}
private void goodAIRadioButton_Checked(object sender, RoutedEventArgs e)
{
    gameOptions.ComputerSkill = ComputerSkillLevel.Good;
}
private void cheatingAIRadioButton_Checked(object sender, RoutedEventArgs e)
{
    gameOptions.ComputerSkill = ComputerSkillLevel.Cheats;
}
```

(6) 双击 OK 按钮和 Cancel 按钮，然后在处理方法中添加如下代码：

```
private void okButton_Click(object sender, RoutedEventArgs e)
{
    using (var stream = File.Open("GameOptions.xml", FileMode.Create))
    {
        var serializer = new XmlSerializer(typeof(GameOptions));
        serializer.Serialize(stream, gameOptions);
    }
    Close();
    }
        private void cancelButton_Click(object sender, RoutedEventArgs e)
    {
    gameOptions = null;
    Close();
}
```

(7) 运行该应用程序。

示例说明

新类目前仅是一系列可保存 Options 窗口中各种值的属性。我们将其标记为 Serializable，以便保存为一个文件。

当用户选中 RadioButton 时，会发生 Checked 事件。我们对该事件进行处理，以便设置 GameOptions 实例的 ComputerSkillLevel 属性值。

21.4.3　数据绑定

数据绑定是一种以声明方式将控件与数据关联到一起的方法。在 Options 窗口中，通过处理 RadioButton 的 Checked 事件，来设置 GameOptions 类的 ComputerSkillLevel 属性值。这种处理方式没什么问题，我们可通过代码和事件处理程序来设置窗口中的所有值，但通常，更好的办法是直接将控件的属性与对应的数据绑定起来。

一个绑定(Binding)关系由以下 4 个组件构成。
- 绑定目标：指定绑定要应用到的对象
- 目标属性：指定要设置的属性
- 绑定源：指定绑定使用的对象
- 源属性：指定存储该数据的属性

不需要在每次使用时都明确指定这 4 个组件。特别是，由于设置的是绑定到控件的一个属性，因此通常绑定目标已经被隐式指定。

总是要设置绑定源，而后才能使绑定关系正常运作起来，只不过其设置方式多种多样。接下来将介绍绑定源数据的几种不同方法。

1. DataContext 控件

DataContext 控件用于定义一个数据源，该数据源可以绑定某个元素的所有子元素。很多时候，经常用类的一个实例来保存视图中的大部分数据。这种情况下，可将窗口的 DataContext 设置为该对象的实例，从而可以将该类与视图中的属性绑定起来。该方法将在"动态绑定到外部对象"小节中介绍。

2. 绑定到本地对象

可绑定到任何包含所需数据的.NET 对象，只要编译器能够定位该对象即可。如果在使用对象的控件所在的上下文环境(即相同的 XAML 代码块)中可以找到该对象，就可通过设置绑定的 ElementName 属性来指定绑定源。请看对 Options 窗口中的 ComboBox 控件所做的更改：

```
<ComboBox HorizontalAlignment="Left" Margin="196,58,0,0" VerticalAlignment="Top"
Width="86" Name="numberOfPlayersComboBox" SelectedIndex="0"
IsEnabled="{Binding ElementName=playAgainstComputerCheck, Path=IsChecked}" >
```

注意 IsEnabled 属性。没有指定 true 或 false 值，而是使用了一长串用花括号括起来的文本。这种指定属性值的方法称为"标记扩展语法"，也是一种用于指定属性的便捷方法。还可以使用以下写法：

```
            <ComboBox HorizontalAlignment="Left" Margin="196,58,0,0"
VerticalAlignment="Top" Width="86" Name="numberOfPlayersComboBox"
SelectedIndex="0" >
            <ComboBox.IsEnabled>
               <Binding ElementName="playAgainstComputerCheck"
Path="IsChecked" />
            </ComboBox.IsEnabled>
```

上面两段示例代码都可将绑定源设置为 playAgainstComputerCheck 复选框。源属性是通过 Path 指定的 IsChecked 属性。

绑定目标被设置为 IsEnabled 属性。两段示例代码都通过将绑定指定为该属性的内容来完成这种设置，只不过使用了两种不同的语法而已。最后，由于在 ComboBox 上进行绑定，因此也就隐式指定了绑定目标。

本例中的这一绑定关系可让 ComboBox 的 IsEnabled 属性随着 CheckBox 的 IsChecked 属性值自动进行设置或清除。结果，我们没有使用任何代码，就可以在用户更改 CheckBox 的值时启用和禁用 ComboBox。

3. 静态绑定到外部对象

通过在 XAML 中将某个类指定为一项资源，就可以动态创建对象实例。具体方法就是首先在 XAML 中添加相应的名称空间，以便可以找到这个类，然后在 XAML 的某个元素中将类声明为资源。

下面的示例展示如何在希望进行数据绑定的对象的父元素中创建资源引用。

> **注意：**
> 如果按照前面几节的介绍，修改了 ComboBox，则应该删除 IsEnabled 绑定来撤销更改。

试一试 创建静态数据绑定：BensCards.WPF \NumberOfPlayers.cs

在本例中，将新建一个用来保存 Options 窗口中 ComboBox 数据的新类，并将其与该控件绑定起来。

(1) 在项目中新建一个类，并将其命名为 NumberOfPlayers.cs。

(2) 添加如下代码：

```
using System.Collections.ObjectModel;

namespace BensCards.WPF
{
   public class NumberOfPlayers : ObservableCollection<int>
   {
      public NumberOfPlayers()
```

```
                      : base()
            {
                Add(2);
                Add(3);
                Add(4);
            }
        }
    }
```

(3) 在 OptionsWindow.xaml 文件中，选择 TabControl 的祖父级 Canvas 控件。将以下代码放入
Canvas 控件的开始标签中，并置于 TabControl 声明的上方：

```
<Canvas.Resources>
    <local:NumberOfPlayers x:Key="numberOfPlayersData" />
    </Canvas.Resources>
```

(4) 选择 ComboBox，并从中删除三个 ComboBoxItem。

(5) 在其中添加属性：

```
ItemsSource="{Binding Source={StaticResource numberOfPlayersData}}"
```

示例说明

在本例中，我们完成了多项工作。NumberOfPlayers 类继承自一个特殊集合 ObservableCollection。
这个基类是一个进行过扩展的集合，以使其能在 WPF 中更好地发挥作用。在该类的构造函数中，我
们为该集合添加了几个值。

接下来在 Canvas 中新建了一个资源。其实可在 ComboBox 的任意父元素中创建这个资源。一旦
在元素中指定了某个资源，它的所有子元素就都可以使用这一资源。

最后通过 ItemsSource 设置了绑定关系。ItemsSource 属性被设计用于在项控件中，为项集合设置
绑定。在绑定中，只需要指定绑定源。绑定目标、目标属性和源属性的设置都是在 ItemsSource 属性
中进行处理的。

注意，此时绑定已经定义，但是没有 numberOfPlayersData 要绑定，因此无法运行。下节再讲。

___

4. 动态绑定到外部对象

现在，可绑定到根据需要动态创建的对象，以便为它们提供数据。在希望对一个现有实例化对象
进行数据绑定时，应该使用什么方法呢？这种情况下，需要在代码中加一点料。

以 Options 窗口为例，我们并不希望其中的选项在每次打开窗口时都被清除，而是希望用户所做
的选择可以被保存下来，并且可用在应用程序的其余部分。

在下面的示例代码中将 DataContext 属性的值设置为 GameOptions 类的实例，就可以实现该类的
属性的动态绑定。

试一试　创建动态绑定：BensCards.WPF\GameOptions.cs

在本例中，我们会将 Options 窗口中其余的控件与 GameOptions 实例绑定起来。

(1) 打开 OptionsWindow.xaml.cs 代码隐藏文件。

(2) 在构造函数的底部，在 InitializeComponent()这一行之前添加以下代码：

```
DataContext = gameOptions;
```

(3) 转到 GameOptions 类，对其进行修改，如下所示：

```
using System;
```

```
using System.ComponentModel;

namespace BensCards.WPF
{
    [Serializable]
    public class GameOptions
    {
        private bool playAgainstComputer = true;
        private int numberOfPlayers = 2;
        private ComputerSkillLevel computerSkill = ComputerSkillLevel.Dumb;

        public int NumberOfPlayers
        {
            get { return numberOfPlayers; }
            set
            {
                numberOfPlayers = value;
                OnPropertyChanged(nameof(NumberOfPlayers));
            }
        }
        public bool PlayAgainstComputer
        {
            get { return playAgainstComputer; }
            set
            {
                playAgainstComputer = value;
                OnPropertyChanged(nameof(PlayAgainstComputer));
            }
        }
        public ComputerSkillLevel ComputerSkill
        {
            get { return computerSkill; }
            set
            {
                computerSkill = value;
                OnPropertyChanged(nameof(ComputerSkill));
            }
        }
        public event PropertyChangedEventHandler PropertyChanged;
        private void OnPropertyChanged(string propertyName)
        {
            PropertyChanged?.Invoke(this, new
            PropertyChangedEventArgs(propertyName));
        }
    }
    [Serializable]
    public enum ComputerSkillLevel
    {
        Dumb,
        Good,
        Cheats
    }
}
```

(4) 返回 OptionsWindow.xaml 文件，选择 CheckBox，然后添加 IsChecked 属性，如下所示：

```
IsChecked="{Binding Path=PlayAgainstComputer}"
```

(5) 选择 ComboBox，然后按照如下方式进行修改，删除 SelectedIndex 属性，修改 ItemsSource 和 SelectedValue 属性：

```
<ComboBox HorizontalAlignment="Left" Margin="196,58,0,0" VerticalAlignment="Top"
Width="86" Name="numberOfPlayersComboBox"
ItemsSource="{Binding Source={StaticResource numberOfPlayersData}}"
SelectedValue="{Binding Path=NumberOfPlayers}" />
```

(6) 运行该应用程序。

示例说明

将窗口的 DataContext 设置为 GameOptions 实例后，可以通过指定绑定中使用的属性很方便地绑定到该实例。这就是在第(4)、第(5)步中实现的。需要注意，ComboBox 是通过一个静态资源中的项来填充的，但选定的值在 GameOptions 实例中设置。

GameOptions 类发生了较大变化。当属性值发生变化时，这个类就会通知 WPF。为让这个通知生效，我们需要让订阅方调用接口中定义的 PropertyChanged 事件。为此，属性设置器必须主动对它们进行调用，这一调用是通过辅助方法 OnPropertyChanged 来实现的。

调用 OnPropertyChanged 方法时，使用了 C# 6 引入的新表达式 nameof。通过一个表达式调用 nameof(…)时，它将检索最终标识符的名称。这在 OnPropertyChanged 方法中特别有用，因为它把要更改的属性名作为一个字符串。

OK 按钮的事件处理程序使用 XmlSerializer 将设置保存到磁盘中，而 Cancel 事件处理程序将 GameOptions 字段设置为 null，这样可以确保用户所做的选择可以被清除掉。这两个事件处理程序都会执行关闭窗口的操作。

21.4.4 使用 ListBox 控件启动游戏

现在，在游戏中，我们只剩下一个提供支持的窗口需要创建了。在创建游戏主界面之前，最后一个窗口用于让玩家添加新的玩家，以及指定在新一轮游戏中有哪些玩家需要加入。该窗口使用一个 ListBox 控件来显示玩家的名字。

通常，ListBox 和 ComboBox 控件的作用是类似的，只不过 ComboBox 控件一般只能选择一项，而 ListBox 允许用户选择多项。另一个显著差异是 ListBox 控件用于显示其内容的列表总处于展开状态。也就是说，ListBox 控件会占用窗口中更多的空间，但用户可以立即看到相应的选项。

表 21-9 中列出了 ListBox 控件一些比较重要的属性。

表 21-9 ListBox 控件的重要属性

属性	说明
SelectionMode	该属性控制用户在列表中进行选择的方式。可以有三种取值：Single，只允许用户选择一项；Multiple，允许用户不必按下 Ctrl 键即可选择多项；Extended，允许用户通过按下 Shift 键选择连续的多项，或者按下 Ctrl 键选择非连续的多项
SelectedItem	获取或设置第一个被选中的项，如果没有被选项，返回 null。即使有多项被选中，也仅返回第一项
SelectedItems	获取包含当前所有可选中项的列表
SelectedIndex	与 SelectedItem 类似，不同之处在于仅返回所选项的索引值，而不是项本身。如果没有被选项，返回-1，而不是 null

下面的示例中创建了一个在用户启动新游戏时显示的窗口。

该窗口会在新游戏开始之前显示给用户。用户可以在其中输入自己的名字，也可以从已知玩家的列表中选择已经存在的名字。

(1) 新建一个窗口，将其命名为 StartGameWindow.xaml。

(2) 删除该窗口中的 Grid 元素，并将 OptionsWindow.xaml 窗口中的主 Grid 元素及其内容复制到新建的窗口中。

(3) 将 Grid.Row 属性值为 1 的那个 Canvas 控件中的所有内容删除。

(4) 将窗口标题修改为 Start New Game，并设置以下属性：

```
Height="345" Width="445" ResizeMode="NoResize"
```

(5) 将网格第一行(编号为 0)中 Label 的内容改为 New Game。

(6) 打开 GameOptions.cs 文件，并将下列字段添加到该类的顶部：

```
private ObservableCollection<string> playerNames =
    new ObservableCollection<string>();
public List<string> SelectedPlayers { get; set; } = new List<string>();
```

(7) 上面这段代码用到了 System.Collections.Generic 和 System.Collections.ObjectModel 名称空间，所以使用以下语句：

```
using System.Collections.Generic;
using System.Collections.ObjectModel;
```

(8) 为该类添加一个属性和两个方法，如下所示：

```
public ObservableCollection<string> PlayerNames
{
    get
    {
        return playerNames;
    }
    set
    {
        playerNames = value;
        OnPropertyChanged("PlayerNames");
    }
}
public void AddPlayer(string playerName)
{
    if (playerNames.Contains(playerName))
        ·  return;
    playerNames.Add(playerName);
    OnPropertyChanged("PlayerNames");
}
```

(9) 返回 StartGameWindow.xaml 窗口。

(10) 在 Canvas 的下方，即网格行 1 中添加一个 ListBox 控件、两个 Label 控件、一个 TextBox 控件以及一个 Button 控件(设置 Grid.Row 为 2)，并按照图 21-13 所示的布局和外观修改这些控件。

图　21-13

(11) 按照表 21-10 所示设置控件的 Name 属性。

表 21-10　Name 属性

控件	Name
TextBox	newPlayerTextBox
Button	addNewPlayerButton
ListBox	playerNamesListBox

(12) 设置 ListBox 的 ItemsSource 属性，如下所示：

```
ItemsSource="{Binding Path=PlayerNames}"
```

(13) 在代码隐藏文件中为 ListBox 添加 SelectionChanged 事件处理程序，并添加如下代码：

```
private void playerNamesListBox_SelectionChanged(object sender,
SelectionChangedEventArgs e)
    {
        if (gameOptions.PlayAgainstComputer)
            okButton.IsEnabled = (playerNamesListBox.SelectedItems.Count == 1);
        else
            okButton.IsEnabled = (playerNamesListBox.SelectedItems.Count ==
gameOptions.NumberOfPlayers);
    }
```

(14) 在 StartGameWindow 类的开头添加以下字段：

```
private GameOptions gameOptions;
```

(15) 将 OK 按钮的 IsEnabled 属性设置为 false。

(16) 从 OptionsWindow.xaml.cs 代码隐藏文件中复制构造函数(注意不要仅复制其名称)，并在代码末尾的 InitializeComponent 之后添加下列代码(别忘了为 System.IO 和 System.Xml.Serialization 添加 using 声明)：

```
if (gameOptions.PlayAgainstComputer)
    playerNamesListBox.SelectionMode = SelectionMode.Single;
else
    playerNamesListBox.SelectionMode = SelectionMode.Extended;
```

(17) 选择 Add 按钮，并为其添加 Click 事件处理程序。添加如下代码：

```
private void addNewPlayerButton_Click(object sender, RoutedEventArgs e)
{
    if (!string.IsNullOrWhiteSpace(newPlayerTextBox.Text))
        gameOptions.AddPlayer(newPlayerTextBox.Text);
    newPlayerTextBox.Text = string.Empty;
}
```

(18) 将 OptionsWindow.xaml.cs 代码隐藏文件中 OK 和 Cancel 按钮的事件处理程序代码复制到当前这个代码隐藏文件中。

(19) 在 OK 按钮的事件处理程序的开头添加以下几行代码：

```
foreach (string item in playerNamesListBox.SelectedItems)
    {
        gameOptions.SelectedPlayers.Add(item);
    }
```

(20) 转到 App.xaml 文件，将 StartupUri 设置为 StartGameWindow.xaml。

(21) 运行该应用程序。

示例说明

首先在 GameOptions 类中添加了一些代码，使其可以保存所有已知玩家的信息以及用户在 StartGame 窗口中所做的当前选择。

ListBox 的 ItemsSource 属性与之前在 ComboBox 中看到的类似。不过，与之前将 ComboBox 中的所选项直接与某个值进行绑定不同的是，对 ListBox 进行绑定要复杂一些。如果尝试绑定 SelectedValues 属性，我们会发现，这个属性其实是只读的，不能直接用于数据绑定。这里采用的解决办法是通过编写代码，使用 OK 按钮来保存相应的值。需要注意，这里可以强制转换为 IList<string>，是因为此时 ListBox 的内容是字符串，但如果我们选择修改默认行为，显示其他内容，那么所选择的项也必须进行更改。

当 ListBox 中的已选项发生变化时，就会触发 SelectionChanged 事件。此时，我们要处理该事件，以便确定所选项的数目是否正确。如果玩家选择与电脑进行对战，那么只有一个真正的玩家；否则，必须选择相应数量的玩家名字。

21.5　创建控件并设置样式

WPF 的一个最佳特性是允许设计人员完全控制用户界面的外观和操作方式。其核心是可以根据需要设置控件的二维或三维样式。前面只使用了.NET 为控件提供的基本样式，但实际上可设置任意多种不同的样式。

本节介绍两个基本技术：
- 样式——批量设置要应用到控件上的某些属性
- 模板——在其基础上设置控件外观的控件

这两种技术会有一些重叠，因为样式可以包含模板。

21.5.1　样式

WPF 控件有一个 Style 属性(继承自 FrameworkElement)，它可以设置为 Style 类的实例。Style 类相当复杂，可用来实现高级的样式功能，但其核心实际上也就是一组 Setter 对象。每个 Setter 对象都根据其 Property 属性(要设置的属性名称)和 Value 属性(要赋给属性的值)，来设置一个属性的值。可将 Property 中使用的名称完全限定为控件类型(例如 Button.Foreground)，也可设置 Style 对象的 TargetType 属性(例如 Button)，以便解析属性名称。

下面的代码展示了如何使用 Style 对象来设置 Button 控件的 Foreground 属性：

```
<Button>
  Click me!
  <Button.Style>
    <Style TargetType="Button">
      <Setter Property="Foreground">
        <Setter.Value>
          <SolidColorBrush Color="Purple" />
        </Setter.Value>
      </Setter>
    </Style>
  </Button.Style>
</Button>
```

显然，对于上述代码，用通常方式设置 Button 控件的 Foreground 属性会简单得多。将样式转变为资源时，样式就会非常有用，因为资源可供重复使用。

21.5.2　模板

控件用模板构建，而模板可以自定义。模板由一系列控件组成，这些控件按层次结构组合起来，构成了我们看到的控件，其中可能包含用于呈现内容的控件，例如显示内容的按钮。

控件的模板保存在 Template 属性中，而 Template 属性是 ControlTemplate 类的实例。ControlTemplate 类包含 TargetType 属性，该属性可以设置为用于定义模板的控件类型。

通常，通过样式为类设置模板。方法是按以下方式在 Template 属性中提供要使用的控件：

```
<Button>
  Click me!
  <Button.Style>
    <Style TargetType="Button">
      <Setter Property="Template">
        <Setter.Value>
          <ControlTemplate TargetType="Button">
            ...
          </ControlTemplate>
        </Setter.Value>
      </Setter>
    </Style>
  </Button.Style>
</Button>
```

某些控件可能需要多个模板。例如，CheckBox 控件为复选框使用一个模板(CheckBox.Template)，为复选框旁的输出文本使用另一个模板(CheckBox.ContentTemplate)。

需要呈现内容的模板都可在需要输出内容的位置包含一个 ContentPresenter 控件。

本章前面创建的 3 个对话框在外观和操作方式上都很相似。这些对话框共有的一个元素是 header，在 header 中修改了每个对话框的标签文本。可将 header 定义为标签，下例开发了一种新的 Label 样式并用它替代了 4 个对话框中的 header。

试一试 创建主窗口：BensCards.WPF\GameClientWindow.xaml

(1) 右击项目，然后选择 Add | Resource Dictionary(WPF)，创建一个新的 Resource Dictionary，命名为 ControlResources.xaml。

(2) 为标签新建一个 Control Template。

```
<ControlTemplate x:Key="HeaderTemplate" TargetType="{x:Type Label}">
    <Canvas Background="#C40D42" >
        <Image Height="56" Canvas.Left="0" Canvas.Top="0"
            Stretch="UniformToFill" Source=".\Images\Banner.png"/>
        <ContentPresenter Canvas.Right="10" Canvas.Top="25"
            Content="{TemplateBinding Content}" />
    </Canvas>
</ControlTemplate>
```

(3) 添加一种包含 Control Template 的样式：

```
<Style x:Key="HeaderLabelStyle" TargetType="Label">
    <Setter Property="Template" Value="{StaticResource HeaderTemplate}" />
    <Setter Property="FontFamily" Value="Times New Roman" />
    <Setter Property="FontSize" Value="24" />
    <Setter Property="FontWeight" Value="Bold" />
    <Setter Property="Foreground" Value="#FFF7EFEF" />
</Style>
```

(4) 新建一个窗口，命名为 GameClientWindow.xaml。

(5) 将标题改为 Ben's Cards Game Client，删除 Height 和 Width 属性。

(6) 设置 WindowState 属性的值为 Maximized。

(7) 在窗口的顶部，Grid 的前面，导入 Resource Dictionary，如下所示：

```
<Window.Resources>
    <ResourceDictionary>
        <ResourceDictionary.MergedDictionaries>
            <ResourceDictionary Source="ControlResources.xaml" />
        </ResourceDictionary.MergedDictionaries>
    </ResourceDictionary>
</Window.Resources>
```

(8) 在 Grid 控件中插入网格的行定义，如下所示：

```
<Grid.RowDefinitions>
    <RowDefinition Height="58"/>
    <RowDefinition Height="20"/>
    <RowDefinition />
    <RowDefinition Height="42"/>
</Grid.RowDefinitions>
```

(9) 插入一个新的 Label 控件，如下所示：

```
<Label Grid.Row="0" Style="{StaticResource HeaderLabelStyle}">Ben's Cards</Label>
```

示例说明

查看控件模板时，会发现该模板几乎类似于本章前面创建的窗口内的控件，唯一的区别在于 ControlTemplate 声明，以及使用 ContentPresenter 取代了 Label 控件。

ControlTemplate TargetType 声明非常重要，因为它指定了模板的目标控件。 这样，就可以将父控件中的绑定属性用于模板内的控件上。查看下面的 ContentPresenter 控件：

```
<ContentPresenter Content="{TemplateBinding Content}" />
```

ContentPresenter 控件允许指定控件类型的内容放到什么地方。在 GameClientWindow 中，指定 Label 的内容是 Ben's Cards，这将使这条文本显示出来。这是一种通常的做法，但 ContentPresenter 允许指定任何内容，就如期望通过内容属性指定任何内容一样。

Style 控件可对任何想要的标签属性进行设置，但要注意，Template 属性应该设置为对新的 HeaderTemplate 的引用：

```
<Setter Property="Template" Value="{StaticResource HeaderTemplate}" />
```

21.5.3 触发器

WPF 中的事件几乎无所不包，例如按钮单击、应用程序启动和关闭事件等。实际上，WPF 有几类触发器(Trigger)，它们均继承自 TriggerBase 基类。例如 EventTrigger 触发器类就包含了一系列操作，每个操作都是一个派生自 TriggerAction 基类的对象。激活触发器时，就会执行相应的操作。

可借助 EventTrigger，调用 BeginStoryboard 操作来触发动画，调用 ControllableStoryboardAction 来操作故事板(storyboard)，或者调用 SoundPlayerAction 来触发声音效果。

每个控件都有 Triggers 属性，它可用于直接在该控件上定义触发器。还可以沿着层次结构向上定义触发器，例如在前面演示的 Window 对象上。设置控件的样式时，最常用的触发器类型是 Trigger(但仍使用 EventTrigger 触发控件动画)。Trigger 类用于设置属性，来响应其他属性的改变，在 Style 对象中使用时的效果尤其好。

触发器对象的配置如下：

- 要定义 Trigger 对象监视的属性，应使用 Trigger.Property 属性。
- 要定义何时激活 Trigger 对象，应设置 Trigger.Value 属性。
- 要定义 Trigger 触发的操作，应将 Trigger.Setters 属性设置为 Setter 对象的一个集合。

这里所指的 Setter 对象就是前面 21.1.1 一节介绍的 Setter 对象。

下面的代码显示了在 Style 对象中用到一个触发器：

```
<Style TargetType="Button">
    <Style.Triggers>
      <Trigger Property="IsMouseOver" Value="true">
<Setter Property="Foreground" Value="Yellow" />
      </Trigger>
    </Style.Triggers>
</Style>
```

上述代码在 Button.IsMouseOver 属性为 true 时，将 Button 控件的 Foreground 属性设置为 Yellow。 IsMouseOver 是一个非常有用的属性，可在查找控件信息或控件状态时用作快捷键。顾名思义，如果鼠标指针位于某个控件之上，则该属性为 true。这样就可以为鼠标滚轮编写代码。与其类似的属性包括 IsFocused，用于确定控件是否获得了焦点；IsHitTestVisible 表示是否可以单击该控件(即控件没有被上层堆叠的控件盖住)；IsPressed 表示某个按钮是否被按下。最后这个属性仅适用于继承自

ButtonBase 的按钮，其他属性则适用于所有控件。

还可以借助 ControlTemplate.Triggers 属性来实现更多功能，创建包含触发器的控件模板。默认的 Button 模板就采用这种方式响应鼠标滚轮滚动、单击和焦点切换。只有修改模板，才能实现自己的功能。

21.5.4 动画

动画是通过故事板创建的。毫无疑问，定义动画的最好方法就是使用 Expression Blend 这样的设计器。不过，也可以直接编辑 XAML 代码来定义动画，或通过 C#代码来定义。

> **注意：**
> 有关图形动画的细节超出了本书的讨论范围。本节中的内容旨在让你大致了解能够使用动画做些什么。

WPF 中的动画使用 Storyboard 对象来定义。使用故事板可以以动画的方式来设置属性值，例如，按钮的背景色。需要知道，可以动画方式来处理任何属性，而不只是影响控件显示方式的属性。

可以在 Resource Dictionary 中独立定义故事板，也可以在控件中使用事件触发器的 BeginStoryboard 来定义。在故事板中可定义一个或多个动画，也就是时间线。

在上一节中，使用触发器设置了鼠标在控件上经过时 Button 控件的前景色。分析下面的代码，这里使用的是故事板：

```
<Button Content="Animation" HorizontalAlignment="Left" Margin="197,63,0,0"
                                VerticalAlignment="Top" Width="75">
    <Button.Triggers>
        <EventTrigger RoutedEvent="Button.MouseEnter">
            <BeginStoryboard>
                <Storyboard>
                    <ColorAnimation To="Yellow"
                        Storyboard.TargetProperty="(Button.Foreground)
                                            .(SolidColorBrush.Color)"
                        FillBehavior="HoldEnd"
                        Duration="0:0:1" AutoReverse="False" />
                </Storyboard>
            </BeginStoryboard>
        </EventTrigger>
        <EventTrigger RoutedEvent="Button.MouseLeave">
            <BeginStoryboard>
                <Storyboard>
                    <ColorAnimation To="Black"
                        Storyboard.TargetProperty="(Button.Foreground)
                                            .(SolidColorBrush.Color)"
                        FillBehavior="HoldEnd"
                        Duration="0:0:1"/>
                </Storyboard>
            </BeginStoryboard>
        </EventTrigger>
    </Button.Triggers>
</Button>
```

Button 控件包含两个触发器，分别用于 MouseEnter 和 MouseLeave。每个触发器都包含一个 ColorAnimation，可分别将文本的前景色更改为黄色和黑色。使用 Trigger 直接设置 Foreground 属性和使用故事板进行设置在细节上是不同的。使用故事板，所得到的是一种在 1 秒内流畅完成的过渡，但若直接设置属性，则过渡会瞬间发生。只要合理利用，两者都是非常有用的工具——如果使用太多的动画，会干扰用户，但合理地设置动画可以使应用程序看起来更加精彩。

21.6 WPF 用户控件

图形化的纸牌游戏的一个关键特征是纸牌。显然，在 WPF 自带的标准控件中并不能找到 Playing Card 控件，所以需要自己创建它。

WPF 提供了一组在许多情况下有效的控件。不过，与所有.NET 开发框架一样，WPF 也允许扩展其功能。比如，可在 WPF 层次结构中派生自己的类，以创建出自己的控件。

用户控件常从 UserControl 派生。这个类提供了 WPF 控件需要的所有基本功能，并保证自定义控件与现有的 WPF 控件能统一起来。我们期望在 WPF 控件上实现的所有功能，包括动画、样式、模板，都可以通过用户控件来实现。

选择 Project | Add User Control 菜单项，即可在项目中添加用户控件。随后，就可以得到一个空白画布(实际上是一个空白网格)。在 XAML 中，用户控件通过顶层的 UserControl 元素来定义，代码隐藏文件中的类继承自 System.Windows.Controls.UserControl 类。

在项目中添加了用户控件后，就可以在该控件上添加其他控件，在代码隐藏文件中配置该控件了。完毕之后，即可在整个应用程序中使用这个用户控件，甚至可以在其他应用程序中重复使用。

在创建用户控件的过程中，最重要的内容就是了解如何实现依赖属性。本章前面简要介绍了依赖属性，现在要编写用户控件，因此再详细讨论一下依赖属性。

实现依赖属性

依赖属性可以添加到所有继承自 System.Windows.DependencyObject 的类。这个类在 WPF 许多类的继承层次结构中，包括所有的控件和 UserControl。

要在某个类中实现依赖属性，应在类的定义代码中添加一个带有 public 和 static 修饰符、类型为 System.Windows.DependencyProperty 的成员。该成员可以是任意名称，但最好符合命名约定 <PropertyName>Property：

```
public static DependencyProperty MyStringProperty;
```

将这个属性定义为 static(静态)似乎很奇怪，这样就可以为该类的所有实例单独定义这个属性。WPF 属性框架会一直自动跟踪相关代码，因此不必担心。

添加的这个成员必须通过静态的 DependencyProperty.Register()方法来配置：

```
public static DependencyProperty MyStringProperty =
DependencyProperty.Register(...);
```

该方法包含 3~5 个参数，如表 21-11 所示(表中按照参数的使用顺序罗列，前 3 个为必要参数)。

表 21-11 Register( )方法的参数

参数	用法
string name	属性的名称
Type propertyType	属性的类型
Type ownerType	包含属性的类的类型
PropertyMetadata typeMetadata	额外的属性设置: 属性的默认值, 以及在属性变更通知和强制类型转换时用到的回调方法
ValidateValueCallback validateValueCallback	用于验证属性值的回调方法

注意:
还有其他方法也可以注册依赖属性, 例如 RegisterAttached(), 可用来实现附加属性。本章不介绍这些方法, 不过它们的确值得我们进一步学习。

例如, 使用三个参数就可以注册 MyStringProperty 依赖属性:

```
public class MyClass : DependencyObject
{
    public static DependencyProperty MyStringProperty = DependencyProperty.Register(
        "MyString",
        typeof(string),
        typeof(MyClass));
}
```

还可以添加一个.NET 属性, 用于直接访问依赖属性(它不是必需的, 如下所述)。不过, 由于依赖属性定义为静态成员, 因此不能像使用普通属性那样使用它。要访问依赖属性的值, 必须使用继承自 DependencyObject 的方法, 如下所示:

```
public string MyString
{
    get { return (string)GetValue(MyStringProperty); }
    set { SetValue(MyStringProperty, value); }
}
```

其中, GetValue()和 SetValue()方法分别获取和设置 MyStringProperty(即当前实例的依赖属性)的值。这两个方法是公共(public)方法, 因此客户端代码可以直接通过它们来操作依赖属性的值。这也说明了为什么不添加.NET 属性也可以访问依赖属性。

如果需要设置属性的元数据, 就必须使用继承自 PropertyMetadata 的对象, 例如 Framework-PropertyMetadata, 并将该实例作为第 4 个参数传递给 Register()方法。FrameworkPropertyMetadata 的构造函数有 11 个重载版本, 每个构造函数都带有表 21-12 所示的一个或多个参数。

表 21-12 FrameworkPropertyMetadata 构造函数的重载版本

参数类型	用法
object defaultValue	属性的默认值
FrameworkPropertyMetadataOptions flags	该参数是一系列标志的组合(来自 FrameworkPropertyMetadataOptions 枚举), 用于为属性指定额外的元数据。例如, 使用 AffectsArrange 来声明属性的变更可能会影响控件的布局。使窗口的布局引擎在属性发生变化时重新计算控件的布局。有关此处可用的所有选项, 请参见 MSDN 文档

(续表)

参数类型	用法
PropertyChangedCallback propertyChangedCallback	属性值更改时要调用的回调方法
CoerceValueCallback coerceValueCallback	强制转换属性值的类型时要调用的回调方法
bool isAnimationProhibited	指定该属性是否可在动画过程中发生变化
UpdateSourceTrigger defaultUpdateSourceTrigger	当属性值进行了数据绑定时，该属性会根据 UpdateSourceTrigger 枚举值的不同，确定数据源何时更新。默认值为 PropertyChanged，表示绑定源会随着属性值更改。并非所有时候都需要这样处理，例如 TextBox.Text 属性就可以使用 LostFocus 值(在丢失焦点时更新)。这样可以避免绑定源过早更新。还可以使用 Explicit 值，指定绑定源仅在被请求时才更新(通过调用继承自 DependencyObject 的类的 UpdateSource()方法)

下面的简单例子演示了如何使用 FrameworkPropertyMetadata 来设置属性的默认值：

```
public static DependencyProperty MyStringProperty =
    DependencyProperty.Register(
        "MyString",
        typeof(string),
        typeof(MyClass),
        new FrameworkPropertyMetadata("Default value"));
```

前面学习了三个回调方法，分别用于属性变更通知、属性强制类型转换和属性值的验证。这些回调方法与依赖属性一样，都必须实现为公共的静态方法。每个回调方法都有特定的返回值类型和参数列表，在使用回调方法时必须遵循。

现在，继续开发游戏客户端 Ben's Cards。下面的"试一试"练习将在应用程序中创建一个用户控件来表示纸牌。

注意：
在编辑器中输入 propdp 并按 Tab 键可添加依赖属性。

试一试 用户控件：BensCards.WPF\CardControl.xaml

回到之前示例中的 BensCards.WPF 项目。

(1) 本例将用到第 13 章创建的 Ch13CardLib 项目，因此把它添加到解决方案中。首先在解决方案资源管理器中右击解决方案名称，然后选择 Add | Existing Project。接下来，浏览到第 13 章的代码示例，选择 Ch13CardLib.csproj 文件。

(2) 在 BensCards.WPF 项目中添加对 Ch13CardLib 项目的引用。具体做法为：在 BensCards.WPF 项目中右击 References，选择 Add Reference。然后从树状视图的左侧单击 Projects | Solution，并选择 Ch13CardLib，最后单击 OK 按钮。

(3) 在 BensCards.WPF 项目中添加一个新类，从而实现添加一个新的值转换器，命名为 RankNameConverter.cs，添加如下代码：

```csharp
using System;
using System.Windows;
using System.Windows.Data;
namespace BensCards.WPF
{
    [ValueConversion(typeof(Ch13CardLib.Rank), typeof(string))]
    public class RankNameConverter : IValueConverter
    {
        public object Convert(object value, Type targetType,
                object parameter, System.Globalization.CultureInfo culture)
        {
            int source = (int)value;
            if (source == 1 || source > 10)
            {
                switch (source)
                {
                    case 1:
                        return "Ace";
                    case 11:
                        return "Jack";
                    case 12:
                        return "Queen";
                    case 13:
                        return "King";
                    default:
                        return DependencyProperty.UnsetValue;
                }
            }
            else
                return source.ToString();
        }
        public object ConvertBack(object value, Type targetType,
                object parameter, System.Globalization.CultureInfo culture)
        {
            return DependencyProperty.UnsetValue;
        }
    }
}
```

(4) 在 BensCards.WPF 项目中添加用户控件 CardControl。

(5) 从 XAML 设置中删除代码行 d:DesignHeight="300"d:DesignWidth="300"，接着设置 UserControl 的 Height、Width 和 Name 属性，如下所示：

```
Height="154" Width="100" Name="UserControl"
```

(6) 在 Grid 控件之前，添加在该控件的定义中要使用的资源：确保将 Build Action 设置为 Resource，将图像文件添加到项目中。

```xml
<UserControl.Resources>
 <local:RankNameConverter x:Key="rankConverter"/>
 <DataTemplate x:Key="SuitTemplate">
  <TextBlock Text="{Binding}"/>
 </DataTemplate>
```

```
    <Style TargetType="Image" x:Key="SuitImage">
      <Style.Triggers>
        <DataTrigger Binding="{Binding ElementName=UserControl, Path=Suit}"
            Value="Club">
          <Setter Property="Source" Value="Images\Clubs.png" />
        </DataTrigger>
        <DataTrigger Binding="{Binding ElementName=UserControl, Path=Suit}"
            Value="Heart">
          <Setter Property="Source" Value="Images\Hearts.png" />
        </DataTrigger>
        <DataTrigger Binding="{Binding ElementName=UserControl, Path=Suit}"
            Value="Diamond">
          <Setter Property="Source" Value="Images\Diamonds.png" />
        </DataTrigger>
        <DataTrigger Binding="{Binding ElementName=UserControl, Path=Suit}"
            Value="Spade">
          <Setter Property="Source" Value="Images\Spades.png" />
        </DataTrigger>
      </Style.Triggers>
    </Style>
</UserControl.Resources>
```

(7) 在 Grid 控件内部，添加 Rectangle 控件，如下所示：

```
<Rectangle RadiusX="12.5" RadiusY="12.5">
  <Rectangle.Fill>
    <LinearGradientBrush EndPoint="0.47,-0.167" StartPoint="0.86,0.92">
      <GradientStop Color="#FFD1C78F" Offset="0"/>
      <GradientStop Color="#FFFFFFFF" Offset="1"/>
    </LinearGradientBrush>
  </Rectangle.Fill>
  <Rectangle.Effect>
    <DropShadowEffect Direction="145" BlurRadius="10" ShadowDepth="0" />
  </Rectangle.Effect>
</Rectangle>
```

(8) 接下来添加 Path 控件。添加完毕后，应该会看到如图 21-14 所示的控件。

```
<Path Fill="#FFFFFFFF" Stretch="Fill" Stroke="{x:Null}"
  Margin=" 0,0,35,0" Data="M12,0
                        L47,0
                        C18,25 17,81 23,98
                        35,131 54,144 63,149
                        L12,149
                        C3,149 0,143 0,136
                        L0,12
                        C0,5 3,0 12,0
                        z">
  <Path.OpacityMask>
    <LinearGradientBrush EndPoint="0.957,1.127" StartPoint="0,-0.06">
      <GradientStop Color="#FF000000" Offset="0"/>
      <GradientStop Color="#00FFFFFF" Offset="1"/>
    </LinearGradientBrush>
  </Path.OpacityMask>
</Path>
```

图 21-14

(9) 现在可以看到纸牌背面的显示，但我们也希望控制纸牌正面的显示，所以继续使用一些标签来显示纸牌的花色和牌面大小。在 Path 代码之后，将以下内容添加到 CardControl.xaml 中。

```xml
<Label x:Name="SuitLabel"
    Content="{Binding Path=Suit, ElementName=UserControl, Mode=Default}"
    ContentTemplate="{DynamicResource SuitTemplate}"
    HorizontalAlignment="Center" VerticalAlignment="Center"
    Margin="8,51,8,60" />
<Label x:Name="RankLabel" Grid.ZIndex="1"
    Content="{Binding Path=Rank, ElementName=UserControl, Mode=Default,
        Converter={StaticResource ResourceKey=rankConverter}}"
    ContentTemplate="{DynamicResource SuitTemplate}"
    HorizontalAlignment="Left" VerticalAlignment="Top"
    Margin="8,8,0,0" />
<Label x:Name="RankLabelInverted"
    Content="{Binding Path=Rank, ElementName=UserControl, Mode=Default,
        Converter={StaticResource ResourceKey=rankConverter}}"
    ContentTemplate="{DynamicResource SuitTemplate}"
    HorizontalAlignment="Right" VerticalAlignment="Bottom"
    Margin="0,0,8,8" RenderTransformOrigin="0.5,0.5">
    <Label.RenderTransform>
        <RotateTransform Angle="180"/>
    </Label.RenderTransform>
</Label>
```

(10) 最后，在 CardControl.Xaml 的末尾，添加图像来显示牌的花色，花色的显示应该具有美观的可视化外观。

```xml
<Image Name="TopRightImage" Style="{StaticResource ResourceKey=SuitImage}"
        Margin="12,12,8,0" HorizontalAlignment="Right" VerticalAlignment="Top"
        Width="18.5" Height="18.5" Stretch="UniformToFill" />
<Image Name="BottomLeftImage" Style="{StaticResource ResourceKey=SuitImage}"
        Margin="12,0,8,12" HorizontalAlignment="Left" VerticalAlignment="Bottom"
        Width="18.5" Height="18.5" Stretch="UniformToFill"
        RenderTransformOrigin="0.5,0.5">
  <Image.RenderTransform>
    <RotateTransform Angle="180" />
  </Image.RenderTransform>
</Image>
```

(11) 在 CardControl 的代码隐藏文件中，给该类添加 3 个依赖属性(可输入 propdp 并按 Tab 键两次，利用 Visual Studio 为这些属性创建模板)：

```
    public static DependencyProperty SuitProperty = DependencyProperty.
Register(
        "Suit",
        typeof(Ch13CardLib.Suit),
        typeof(CardControl),
        new PropertyMetadata(Ch13CardLib.Suit.Club,
        new PropertyChangedCallback(OnSuitChanged)));
            public static DependencyProperty RankProperty = DependencyProperty.Register(
                "Rank",
                typeof(Ch13CardLib.Rank),
                typeof(CardControl),
                new PropertyMetadata(Ch13CardLib.Rank.Ace));
            public static DependencyProperty IsFaceUpProperty = DependencyProperty.Register(
                "IsFaceUp",
                typeof(bool),
                typeof(CardControl),
                new PropertyMetadata(true, new PropertyChangedCallback(OnIsFaceUpChanged)));
                public bool IsFaceUp
                {
                    get { return (bool)GetValue(IsFaceUpProperty); }
                    set { SetValue(IsFaceUpProperty, value); }
                }
                public Ch13CardLib.Suit Suit
                {
                    get { return (Ch13CardLib.Suit)GetValue(SuitProperty); }
                    set { SetValue(SuitProperty, value); }
                }
                public Ch13CardLib.Rank Rank
                {
                    get { return (Ch13CardLib.Rank)GetValue(RankProperty); }
                    set { SetValue(RankProperty, value); }
                }
```

(12) 在该类中添加更改事件处理程序：

```
public static void OnSuitChanged(DependencyObject source,
    DependencyPropertyChangedEventArgs args)
{
    var control = source as CardControl;
    control.SetTextColor();
}
private static void OnIsFaceUpChanged(DependencyObject source,
        DependencyPropertyChangedEventArgs args)
{
    var control = source as CardControl;
    control.RankLabel.Visibility = control.SuitLabel.Visibility =
            control.RankLabelInverted.Visibility =
    control.TopRightImage.Visibility =
    control.BottomLeftImage.Visibility = control.IsFaceUp ?
            Visibility.Visible : Visibility.Hidden;
}
```

(13) 在该类中添加如下属性：

```
private Ch13CardLib.Card card;
```

```
public Ch13CardLib.Card Card
{
   get { return card; }
   private set { card = value; Suit = card.suit; Rank = card.rank; }
} }
```

(14) 添加如下辅助方法，以设置文本颜色，重载取牌的构造函数：

```
public CardControl(Ch13CardLib.Card card)
   {
       InitializeComponent();
       Card = card;
   }
   private void SetTextColor()
   {
     var color = (Suit == Ch13CardLib.Suit.Club || Suit == Ch13CardLib.Suit.
Spade) ?
       new SolidColorBrush(Color.FromRgb(0, 0, 0)) :
       new SolidColorBrush(Color.FromRgb(255, 0, 0));
     RankLabel.Foreground = SuitLabel.Foreground = RankLabelInverted.Foreground =
                          color;
}
```

(15) 定位到 GameClientWindow，将一个新网格添加到该标签下方的窗口中：

```
<Grid x:Name="contentGrid" Grid.Row="2" />
```

(16) 将主网格的 Background 颜色设置为绿色：

```
<Grid Background="Green">
```

(17) 打开代码隐藏文件，修改构造函数，如下所示：

```
public GameClientWindow()
{
   InitializeComponent();
   var position = new Point(15, 15);
   for (var i = 0; i < 4; i++)
   {
      var suit = (Ch13CardLib.Suit)i;
      position.Y = 15;
      for (int rank = 1; rank < 14; rank++)
      {
         position.Y += 30;
         var card = new CardControl(new Ch13CardLib.Card((Ch13CardLib.Suit)suit,
                                                       (Ch13CardLib.Rank)rank));
         card.VerticalAlignment = VerticalAlignment.Top;
         card.HorizontalAlignment = HorizontalAlignment.Left;
         card.Margin = new Thickness(position.X, position.Y, 0, 0);
         contentGrid.Children.Add(card);
      }
      position.X += 112;
   }
}
```

(18)　将 App.xaml 文件中的 StartupUri 改为 GameClientWindow.Xaml 并运行应用程序。操作结果如图 21-15 所示。

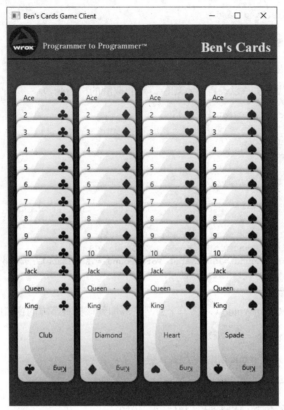

图　21-15

示例说明

本例创建了一个用户控件,它带两个依赖属性,并包含使用该控件的客户端代码。该示例涵盖了很多内容,下面从 Card 控件的代码开始介绍。

Card 控件包含的大多数代码类似于本章前面介绍的代码。第一部分定义了该控件的一些资源。首先定义了 RankConverter 类的一个实例,确保在 XAML 中能够使用它。

```
<local:RankNameConverter x:Key="rankConverter"/>
```

接下来定义了 DataTemplate,它类似于 ControlTemplate,可用于修改控件的可视化外观。不过 ControlTemplate 通常仅用于修改控件的外观,而 DataTemplate 还可用于呈现控件的底层数据,例如,可使用 DataTemplate 来显示 DataContext 控件的属性。

最后定义的资源是Image控件的样式。该样式定义了4个触发器,其中每个触发器都与UserControl类的 Suit 属性相绑定。触发器根据 Image 控件的值的不同, 将 Source 属性设置为相应的图片。

```
<DataTrigger Binding="{Binding ElementName=UserControl, Path=Suit}"
             Value="Club">
    <Setter Property="Source" Value="Images\Clubs.png" />
</DataTrigger>
```

定义完 Card 控件的资源后,下面开始绘制纸牌。所绘制纸牌的网格中的第一个控件是 Rectangle,这似乎有些令人惊讶,因为纸牌的四角都是圆角。通过设置该控件的 RadiusX 和 RadiusY 属性可完成这一操作：

```
<Rectangle RadiusX="12.5" RadiusY="12.5">
```

这两个属性实际控制的是椭圆的 x 和 y 半径，矩形在内部使用该椭圆来显示圆角。

之后，使用 LiniarGradientBrush 给矩形填充颜色。StartPoint 和 EndPoint 属性表示所绘制的一条倾斜的直线。默认情况下，这条直线的位置从 0,0(左上角)到 1,1(右下角)。在此指定直线从右下角开始倾斜，到控件顶部的 x 轴中间结束：

```
<LinearGradientBrush EndPoint="0.47,-0.167"
StartPoint="0.86,0.92">
```

最后，给矩形添加 DropShadow 效果，在控件的周围绘制阴影。

接下来，将 Path 控件放入 Grid 中，Path 控件允许使用直线和曲线绘制多边形。可以使用 C#语言对该控件将描述的路径进行编码，也可以在该示例中使用标记语法来实现。因为 Path 是为控件定义的，所以可能难以看到所绘制的多边形。这是因为 Stroke 属性的值为 null，为解释这一点，试着将它的值修改为 Red。之后应该能在纸牌上看到图 21-16 所示的多边形。

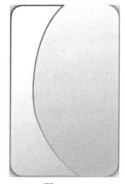

图　21-16

Stretch 属性也非常重要，将其设置为 Fill 时，如果包含 Path 的控件的大小发生变化，多边形也会随之调整大小。最后，Margin 属性使 Path 控件的右边缘移动到距离父控件右边缘的左侧 35 像素处。

现在看一下 Data 属性：

```
Data="M12,0
      L47,0
      C18,25 17,81 23,98
      35,131 54,144 63,149
      L12,149
      C3,149 0,143 0,136
      L0,12
      C0,5 3,0 12,0
      z"
```

Data 属性用来设置路径。该属性的值是一个格式十分特殊的字符串。字符串中的一些数字前面带有字母前缀，而一些数字前面不带前缀，下面进一步介绍。

路径以 M12,0 开始。其中坐标之前的 M 表示该路径的起点，这里的 M 大写非常重要，表示该坐标是一个绝对位置，若为小写的 m，则表示该坐标是一个相对于前一个点的偏移量。如果不存在这样一个点，则上一个点的坐标就是 0,0。这将多边形的起点置于左上角右侧 12 像素处。

下一个指令是 L47,0，表示要创建一条从当前点到指定点的直线。在本示例中，绘制了一条从 12,0

到 47,0 的水平线。编写指令 h35 或 H47 也可实现这种效果。字母 H，无论是大写还是小写都可表示要绘制的路径是一条水平线。同样，这里的大写字母表示是绝对位置，小写字母表示相对于上一个点的距离。

第 3 个指令有点长：

```
C18,25 17,81 23,98
```

其中的 C 表示所绘制的是一条 Cubic Bezier 曲线。为此，需要四个点：起点、两个指定起点和终点切线的点、终点。起点为上一条线的终点。前两个点是控制点，分别定义曲线的起点和终点切线。第 3 个点是终点。

接下来的一条指令数字前面没有前缀字母，这表示该指令的类型同上一条指令，这里表示是另一条曲线。

余下的指令只是绘制更多的线条和曲线，直到最后遇到小写字母 z。这意味着必须闭合该多边形，所以将从当前位置朝向起点绘制一条直线。在本例中，可以省略这个小写字母 z，因为最后一条曲线与多边形的起点汇合到一起，但为了完整起见，我们还是把它包含了进来。如果闭合曲线想使用 join cap.则闭合曲线是很重要的，如果只是使曲线的起点和终点位于同一点，那么起点和终点使用 end cap。

CardControl 控件的代码向客户端代码提供了三个依赖属性，即 Suit、Rank 和 IsFaceUp，并将它们与控件布局中的可视化元素绑定起来。结果，将 Suit 设置为 Club(梅花)时，牌面中央会显示 Club 文字，右上角和左下角也会显示梅花图案。同样，Rank 的值(牌面的大小)也显示在其余两个角上。

稍后介绍这些属性的实现代码。现在只需要知道它们都是第 10 章建立的 CardLib 项目中的枚举。

三个标签显示了牌面大小和花色。尽管它们与不同属性绑定起来，但有一些共同之处。它们必须根据所绑定的属性值显示红字或黑字。在本例中，牌面颜色是使用 Rank 发生变化时触发的事件来设置的，也可以像下面这样使用触发器：

```
<Label x:Name="SuitLabel"
    Content="{Binding Path=Suit, ElementName=UserControl, Mode=Default}"
    ContentTemplate="{DynamicResource SuitTemplate}" HorizontalAlignment="Center"
    VerticalAlignment="Center" Margin="8,51,8,60" />
```

绑定属性值时，也可以指定如何显示绑定的内容，这是通过数据模板(data template)来实现的。在本例中，数据模板就是引用为动态资源的 SuitTemplate(不过，这里也可以使用静态资源绑定)。该模板在用户控件资源部分进行定义：

```
<UserControl.Resources>
    <DataTemplate x:Key="SuitTemplate">
        <TextBlock Text="{Binding}"/>
    </DataTemplate>
</UserControl.Resources>
```

Suit 的字符串值用作 TextBlock 控件的 Text 属性。这个 DataTemplate 定义在两个牌面大小标签中重复使用了。Suit 是一个枚举值，其中每一项的名称都会自动转换为字符串，显示在 Text 属性中。

两个 Rank 标签在绑定中包含一个值转换器。

```
<Label x:Name="RankLabel" Grid.ZIndex="1"
    Content="{Binding Path=Rank, ElementName=UserControl, Mode=Default,
        Converter={StaticResource ResourceKey=rankConverter}}"
    ContentTemplate="{DynamicResource SuitTemplate}"
    HorizontalAlignment="Left" VerticalAlignment="Top"
    Margin="8,8,0,0" />
```

该转换器通过下面的声明包含在 UserControl 资源中：

```
<local:RankNameConverter x:Key="rankConverter"/>
```

如果删除该值转换器，并不会破坏控件。仍可以看到 Ace、2、3、4 等枚举值。枚举值的名称也会转换为字符串——Ace、Deuce、Three、Four 等。尽管这在技术上是正确的，但并不完全合规，因此需要将值转换为数字和字符串的组合。

最后需要注意 RankLabel 中的 Grid.ZIndex="1"属性。在 Grid 或 Canvas 中，控件的 ZIndex 属性确定该控件在众多控件堆叠中的层级。如果两个或多个控件位于同一位置，就可以用 ZIndex 强制其中一个控件排在最前面。一般而言，所有控件的 ZIndex 属性都为 0，因此将某个控件的该属性设置为 1，可使它排在最前面。这是必要的，因为控件之间的遮挡会掩盖掉控件上的文字。

要让上述数据绑定正常工作，必须使用上一节介绍的技术定义三个依赖属性。它们在用户控件的代码隐藏文件中定义(它们都有简单的.NET 属性封装器，但由于太简单，此处未包含)：

```
    public static DependencyProperty SuitProperty = DependencyProperty.
Register(
        "Suit",
        typeof(CardLib.Suit),
        typeof(CardControl),
        new PropertyMetadata(CardLib.Suit.Club,
        new PropertyChangedCallback(OnSuitChanged)));
    public static DependencyProperty RankProperty = DependencyProperty.
Register(
        "Rank",
        typeof(CardLib.Rank),
        typeof(CardControl),
        new PropertyMetadata(CardLib.Rank.Ace));
    public static DependencyProperty IsFaceUpProperty = DependencyProperty.
Register(
        "IsFaceUp",typeof(bool),
        typeof(CardControl),
        new PropertyMetadata(true, new PropertyChangedCallback(OnIsFaceUpChanged)));
```

依赖属性使用回调方法来验证其值，Suit 和 IsFaceUp 属性也为其值的更改准备好回调方法。

当 Suit 的值改变时，就调用 OnSuitChanged()回调方法。该方法将文本的颜色设置为红色(红桃和方块)或黑色(梅花或黑桃)。为此，要在方法调用的源代码中调用一个实用方法。这是必不可少的，因为回调方法实现为静态方法，但它将触发事件的用户控件实例传递为一个参数，以产生交互。所调用的方法是 SetTextColor()：

```
public static void OnSuitChanged(DependencyObject source,
    DependencyPropertyChangedEventArgs args)
{
    var control = source as CardControl;
    control.SetTextColor();
}
```

SetTextColor()方法是私有的，但显然 OnSuitChanged()方法仍可以访问它，因为尽管它们分别是实例和静态方法，但它们是同一个类的成员。SetTextColor()只是将控件中各个标签的 Foreground 属性设置为纯色画笔，而具体颜色取决于 Suit 的值，为红色或黑色。

当 IsFaceUp 改变时，该控件会显示或隐藏用来显示控件当前值的图片和标签。

　　GameClientWindow.xaml.cs 代码隐藏文件中的代码仅是临时用来显示纸牌的。它们为每种花色的13 张牌生成牌面，并将相同的花色排在一列。

21.7　主窗口

　　该应用程序的主窗口是玩游戏时的主界面，而现在其中还没有太多控件。本节将开发这个游戏，但在开始之前，还必须做两件事。首先给游戏客户端窗口添加菜单，之后将已构建好的窗口与菜单项绑定起来。

21.7.1　菜单控件

　　大多数应用程序都包含某类菜单和工具栏。它们的目的是相同的：让用户轻松地浏览应用程序的内容。工具栏通常包含菜单所提供的相同菜单项的子集，可将其视为菜单项的快捷方式。

　　Visual Studio 内置了 Menu 和 Toolbar 控件。下面将介绍 Menu 控件的用法，Toolbar 控件的用法与其非常类似。

　　默认情况下，菜单项显示为水平的一栏，每个菜单项都可以展开其下拉菜单。菜单是 Item 控件，所以，可修改其包含的默认内容；不过，一般使用某种形式的 MenuItem(菜单项)，如下例所示。每个 MenuItem 都可以包含其他菜单项，将 MenuItem 嵌套起来，就可以建立复杂的菜单，但应使菜单结构尽可能简洁。

　　使用一些属性，可以控制 MenuItem 控件的显示方式(见表 21-13)。

表 21-13　MenuItem 的显示属性

属性	说明
Icon	在控件的左侧显示一个小图标
IsCheckable	在控件的左侧显示一个 CheckBox 控件
IsChecked	获取或设置 MenuItem 上的 CheckBox 值

21.7.2　路由命令和菜单

　　路由命令(routed command)在本章中简单介绍过，现在将第一次用到它。路由命令与事件类似，都是在用户执行某个操作时执行代码，都可以返回某个状态，表示它们在任何给定时间是否可以执行。

　　为什么使用路由命令而不使用事件，至少有三个理由：

　　(1) 在应用程序的多个不同位置触发某个事件的操作。

　　(2) UI 元素应只在特定条件下才可用，例如在没有内容需要保存时，就应该禁用 Save 按钮。

　　(3) 希望断开处理事件的代码和代码隐藏文件的联系。

　　如果出现上述几种情况，就可以考虑使用路由命令。对于本章开发的游戏，某些菜单项也应能通过工具栏来执行。还有，Save 操作应只在游戏过程中可用，且应在菜单和工具栏中都可用。

> **注意：**
> 　　重要的是，只有在 BensCards.WPF 项目中正确设置了默认名称空间，才能使示例工作。如果出现了编译器错误，指出类或资源不是名称空间的成员，就可能使用了与本书不同的名称空间。BensCards 解决方案使用了两个根名称空间：用于 Ch13CardLib 项目的 Ch13CardLib 和用于

BensCards.WPF 项目的 BensCards.WPF。如果出了问题，就尝试在整个项目中改变名称空间，来匹配本书使用的那些名称空间。

试一试 创建主窗口：*BensCards* WPF\GameClientWindow.xaml

本例将继续处理本章之前创建的 GameClientWindow。

(1) 打开 ControlResource.xaml 文件，添加 Menu 控件所使用的样式：

```
<Style x:Key="MainMenuStyle" TargetType="Menu">
    <Setter Property="Background" Value="Black" />
    <Setter Property="Foreground" Value="White" />
    <Setter Property="FontWeight" Value="Bold" />
</Style>
<Style x:Key="MainMenuItemStyle" TargetType="MenuItem">
    <Setter Property="Foreground" Value="White" />
</Style>
<Style x:Key="MainMenuSubMenuItemStyle" TargetType="MenuItem">
    <Setter Property="Foreground" Value="Black" />
    <Setter Property="Width" Value="200" />
    <Setter Property="Height" Value="22" />
</Style>
<Style x:Key="MenuItemSeperatorStyle" TargetType="Separator">
    <Setter Property="Foreground" Value="Black"/>
</Style>
```

(2) 打开 GameClientWindow，将 Menu 控件拖放到网格中。设置如下属性：

```
<Menu Grid.Row="1" Margin="0" Style="{StaticResource MainMenuStyle}">
</Menu>
```

(3) 在设计视图中右击该 Menu 控件，并选择 Add MenuItem 命令。

(4) 将 Header 属性改为 "_File"。注意单词前面要加一个下画线。删除 Height 和 Width 属性并设置 Style 为 MainMenuStyle：

```
<MenuItem Header="_File" Style="{StaticResource MainMenuItemStyle}"/>
```

(5) 再在_File 项中添加一个 MenuItem，做法是右击_File 项，然后选择 Add MenuItem 命令。设置其 Header 和 Style 属性，如下所示：

```
<MenuItem Header="_File" Style="{StaticResource MainMenuItemStyle}">
    <MenuItem Header="_New Game" Style="{StaticResource
                        MainMenuSubMenuItemStyle}"/>
</MenuItem>
```

(6) 将下列 MenuItem 添加到 File 菜单中：

```
<MenuItem Header="_Open" Style="{StaticResource
                MainMenuSubMenuItemStyle}"/>
<MenuItem Header="_Save" Style="{StaticResource
    MainMenuSubMenuItemStyle}" Command="Save">
    <MenuItem.Icon>
        <Image Source="Images\base_floppydisk_32.png" Width="20" />
    </MenuItem.Icon>
</MenuItem>
<Separator Style="{StaticResource MenuItemSeperatorStyle}"/>
```

```
    <MenuItem Header="_Close"
        Style="{StaticResource MainMenuSubMenuItemStyle}" Command="Close"/>
```

(7) 在 File 菜单项的同一级别添加以下 MenuItem 控件：

```
<MenuItem Header="_Game" Style="{StaticResource MainMenuItemStyle}">
    <MenuItem Header="_Undo" Style="{StaticResource
                    MainMenuSubMenuItemStyle}"/>
</MenuItem>
<MenuItem Header="_Tools" Style="{StaticResource MainMenuItemStyle}">
    <MenuItem Header="_Options" Style="{StaticResource
                    MainMenuSubMenuItemStyle}"/>
</MenuItem>
<MenuItem Header="Help" Style="{StaticResource MainMenuItemStyle}">
        <MenuItem Header="_About" Style="{StaticResource
                    MainMenuSubMenuItemStyle}"/>
</MenuItem>
```

(8) 在主网格控件之前，</Window.Resources>标签之后，将以下命令绑定添加到窗口中：

```
<Window.CommandBindings>
  <CommandBinding Command="ApplicationCommands.Close"
     CanExecute="CommandCanExecute" Executed="CommandExecuted" />
  <CommandBinding Command="ApplicationCommands.Save"
     CanExecute="CommandCanExecute" Executed="CommandExecuted" />
</Window.CommandBindings>
```

(9) 现在窗口应该如图 21-17 所示。

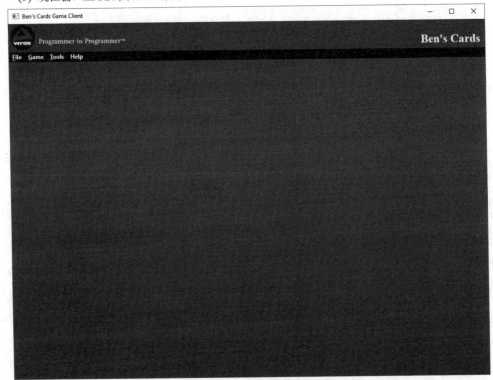

图 21-17

(10) 打开 GameClientWindow.xaml.cs 代码隐藏文件，添加下面两个方法。一定要包含 System.Windows.Input 名称空间：

```
private void CommandCanExecute(object sender, CanExecuteRoutedEventArgs e)
{
    if (e.Command == ApplicationCommands.Close)
        e.CanExecute = true;
    if (e.Command == ApplicationCommands.Save)
        e.CanExecute = false;
        e.Handled = true;
}
private void CommandExecuted(object sender, ExecutedRoutedEventArgs e)
{
    if (e.Command == ApplicationCommands.Close)
        this.Close();
    e.Handled = true;
}
```

(11) 修改 GameClientWindow 的构造函数，使它仅调用 InitializeComponent()：

```
public GameClientWindow()
{
    InitializeComponent();
}
```

(12) 运行该应用程序。

示例说明

运行这个应用程序时，Game Client 窗口一开始会最大化显示，且仍可根据需要调整其大小。按住 Alt 键时，File 菜单会获得焦点，F 字母也会加上下画线，说明可按下 F 键展开该菜单。

展开菜单后，Save 菜单处于禁用状态，但该菜单会显示一个磁盘图标，在元素标题的右边会显示 Ctrl+S 标注。这表示可按 Ctrl+S 快捷键来访问该菜单(当其可用时)。前面没有设置任何快捷键，为什么会有这样一个标注？实际上，为该菜单项设置命令的代码如下：

```
<MenuItem Header="_Save" Style="{StaticResource MainMenuSubMenuItemStyle}"
Command="Save">
```

这个 Save 命令由 WPF 定义。File 菜单中的 Save 和 Close 菜单项是在 ApplicationCommands 类中定义的，它还定义了 Cut、Copy、Paste 和 Print 菜单项。为 MenuItem 指定 Save 命令时，快捷键 Ctrl+S 就会分配给这个菜单项，因为大多数 Windows 应用程序都使用这个标准组合键来访问这个功能。

在代码隐藏文件中添加了两个方法，用于确定命令的状态及执行的操作。在 XAML 中，创建了两个命令绑定，来使用此类方法：

```
<Window.CommandBindings>
    <CommandBinding Command="ApplicationCommands.Close"
        CanExecute="CommandCanExecute" Executed="CommandExecuted" />
    <CommandBinding Command="ApplicationCommands.Save"
        CanExecute="CommandCanExecute" Executed="CommandExecuted" />
</Window.CommandBindings>
    private void CommandCanExecute(object sender, CanExecuteRoutedEventArgs e)
    {
        if (e.Command == ApplicationCommands.Close)
            e.CanExecute = true;
        if (e.Command == ApplicationCommands.Save)
```

```
                    e.CanExecute = false;
                    e.Handled = true;
        }
        private void CommandExecuted(object sender, ExecutedRoutedEventArgs e)
        {
            if (e.Command == ApplicationCommands.Close)
                this.Close();
            e.Handled = true;
        }
```

命令绑定中的 CanExecute 部分指定，调用一个方法来确定命令在当时是否对用户可用。Executed
部分指定，方法应在用户激活命令时调用。注意，这与命令在何处激活无关。如果菜单项和按钮都包
含 Save 命令，那么绑定对它们都有效。

CommandCanExecute 目前的实现代码太过简单，实际上应该进行一些计算，以确定应用程序是
否准备好保存数据。因为游戏还没有需要保存的内容，所以只为 Save 命令返回 false 值。为此，设置
CanExecuteRoutedEventArgs 类的 e.CanExecute 属性。另一方面，Close 命令可以正常执行，所以给它
返回 true。

CommandExecuted 执行的测试与 CommandCanExecute 相同。如果确定要执行的命令是 Close，
就关闭当前窗口。

21.8   把所有内容结合起来

这个游戏目前已开发了两个独立的对话框、一个纸牌库和一个主窗口，主窗口提供的空白区域用
来显示游戏。还有许多工作要做，但已经有了基础的素材，可以继续建立游戏。CardLib 中的类描述
了整个游戏的"域模型(domain model)"，即游戏可以分解成的对象，必须重构它们，使其更好地用于
Windows 应用程序。接下来，要编写游戏的"视图模型(View Model)"，这是可以控制游戏显示的一
个类。随后，创建另外两个用户控件，它们使用 Card 用户控件可视化地显示该游戏。最后，将它们
全部绑定起来，形成完整的游戏客户端。

> **注意：**
> "视图模型"这个术语来自 WPF 中一种常见的设计模式：模型-视图-视图模型(MVVM)。这种
> 设计模式描述了如何将代码从视图中分离出来，又如何将它们链接在一起。尽管本书未遵循这种设计
> 模式，但游戏示例借用了其中的许多元素，例如将视图模型从视图中分离出来。对于这个例子，接下
> 来介绍的域模型是 MVVM 中的"模型"部分，而已创建的窗口是视图。

21.8.1   重构域模型

如前所述，域模型是描述游戏中所用对象的代码。目前，CardLib 项目的下列类描述了游戏中的
对象：

- Card
- Deck
- Rank
- Suit

除这些类之外，游戏还需要 Player 和 ComputerPlayer 类，下面将添加它们。还需要修改 Card 和 Deck 类，让它们更好地用于 Windows 应用程序。

这有许多工作要做，现在就开始吧。

> **注意：**
> 本例没有使用之前章节中的 CardClient 类，因为控制台应用程序和 Windows 应用程序的差别十分显著，可以重复使用的代码非常少。

试一试　完成域模型：BensCards.WPF

本例继续上一个练习的内容。

(1) 在游戏过程中，每个玩家都会有不同的"状态"。可通过 PlayerState 枚举对其建模。打开 Ch13CardLib 项目，在项目中新建 PlayerState 枚举。只需要新建一个类并替换代码，如下所示：

```
[Serializable]
public enum PlayerState
{
    Inactive,
    Active,
    MustDiscard,
    Winner,
    Loser
}
```

(2) 接下来为玩家新建一些事件。为此，需要一些自定义事件参数，因此添加另一个类 PlayerEventArgs。目前，不必担心缺少 Player 类：

```
public class PlayerEventArgs : EventArgs
{
    public Player Player { get; set; }
    public PlayerState State { get; set; }
}
```

(3) 还需要为纸牌新建一些事件，所以新建一个类 CardEventArgs：

```
public class CardEventArgs : EventArgs
{
    public Card Card { get; set; }
}
```

(4) 枚举 ComputerSkillLevel 现在位于 BensCards.WPF 项目的 GameOptions.cs 类中。将其从该项目中剪切并移到 Ch13CardLib 项目的相应文件中。这会将其名称空间改为 Ch13CardLib，因此必须在 GameOptions.cs 和 OptionsWindow.xaml.cs 文件中添加 Ch13CardLib 名称空间：

```
using Ch13CardLib;
```

(5) 也需要修改 Deck 类。这里不是多次返回本章前面创建的这个类，而是列出其完整的代码：

```
using System;
using System.Collections.Generic;
using System.Linq;
namespace Ch13CardLib
{
    public delegate void LastCardDrawnHandler(Deck currentDeck);
```

```csharp
public class Deck : ICloneable
{
    public event LastCardDrawnHandler LastCardDrawn;
    private Cards cards = new Cards();
    public Deck()
    {
        InsertAllCards();
    }
    protected Deck(Cards newCards)
    {
        cards = newCards;
    }
    public int CardsInDeck
    {
        get { return cards.Count; }
    }
    public Card GetCard(int cardNum)
    {
        if (cardNum >= 0 && cardNum <= 51)
        {
            if ((cardNum == 51) && (LastCardDrawn != null)) LastCardDrawn(this);
            return cards[cardNum];
        }
        else
            throw new CardOutOfRangeException(cards.Clone() as Cards);
    }
    public void Shuffle()
    {
        Cards newDeck = new Cards();
        bool[] assigned = new bool[cards.Count];
        Random sourceGen = new Random();
        for (int i = 0; i < cards.Count; i++)
        {
            int sourceCard = 0;
            bool foundCard = false;
            while (foundCard == false)
            {
                sourceCard = sourceGen.Next(cards.Count);
                if (assigned[sourceCard] == false)
                    foundCard = true;
            }
            assigned[sourceCard] = true;
            newDeck.Add(cards[sourceCard]);
        }
        newDeck.CopyTo(cards);
    }
    public void ReshuffleDiscarded(List<Card> cardsInPlay)
    {
        InsertAllCards(cardsInPlay);
        Shuffle();
    }
    public Card Draw()
    {
        if (cards.Count == 0) return null;
        var card = cards[0];
        cards.RemoveAt(0);
```

```
            return card;
        }
        public Card SelectCardOfSpecificSuit(Suit suit)
        {
            Card selectedCard = cards.FirstOrDefault(card => card?.suit == suit);
            if (selectedCard == null) return Draw();
            cards.Remove(selectedCard);
            return selectedCard;
        }
        public object Clone()
        {
            Deck newDeck = new Deck(cards.Clone() as Cards);
            return newDeck;
        }
        private void InsertAllCards()
        {
            for (int suitVal = 0; suitVal < 4; suitVal++)
            {
                for (int rankVal = 1; rankVal < 14; rankVal++)
                {
                    cards.Add(new Card((Suit)suitVal, (Rank)rankVal));
                }
            }
        }
        private void InsertAllCards(List<Card> except)
        {
            for (int suitVal = 0; suitVal < 4; suitVal++)
            {
                for (int rankVal = 1; rankVal < 14; rankVal++)
                {
                    var card = new Card((Suit)suitVal, (Rank)rankVal);
                    if (except?.Contains(card) ?? false) continue;
                    cards.Add(card);
                }
            }
        }
    }
}
```

(6) 在游戏中，有两类玩家：Player，由真人来操作；ComputerPlayer，由游戏自动控制。添加 Player 类，如下所示：

```
using System;
using System.ComponentModel;
using System.Linq;

namespace Ch13CardLib
{
    [Serializable]
    public class Player : INotifyPropertyChanged
    {
        public int Index { get; set; }
        protected Cards Hand { get; set; }
        private string name;
        private PlayerState state;

        public event EventHandler<CardEventArgs> OnCardDiscarded;
```

```
        public event EventHandler<PlayerEventArgs> OnPlayerHasWon;

        public PlayerState State
        {
            get { return state; }
            set
            {
                state = value;
                OnPropertyChanged(nameof(State));
            }
        }

        public virtual string PlayerName
        {
            get { return name; }
            set
            {
                name = value;
                OnPropertyChanged(nameof(PlayerName));
            }
        }

        public void AddCard(Card card)
        {
            Hand.Add(card);
            if (Hand.Count > 7)
                State = PlayerState.MustDiscard;
        }

        public void DrawCard(Deck deck)
        {
            AddCard(deck.Draw());
        }

        public void DiscardCard(Card card)
        {
            Hand.Remove(card);
            if (HasWon)
                OnPlayerHasWon?.Invoke(this, new PlayerEventArgs { Player = this, State =
                                                             PlayerState.Winner });
                OnCardDiscarded?.Invoke(this, new CardEventArgs { Card = card });
            }
            public void DrawNewHand(Deck deck)
            {
                Hand = new Cards();
                for (int i = 0; i < 7; i++)
                    Hand.Add(deck.Draw());
        }
        public bool HasWon => Hand.Count == 7 && Hand.Select(x => x.suit)
        .Distinct().Count() == 1;
        public Cards GetCards() => Hand.Clone() as Cards;
        public event PropertyChangedEventHandler PropertyChanged;
        private void OnPropertyChanged(string propertyName) => PropertyChanged?
                    .Invoke(this, new PropertyChangedEventArgs(propertyName));
    }
}
```

(7) 给 Ch13CardLib 项目添加 ComputerPlayer 类，如下所示：

```csharp
using System;
using System.Collections.Generic;
using System.Linq;
using System.Text;

namespace Ch13CardLib
{
    [Serializable]
    public class ComputerPlayer : Player
    {
        private Random random = new Random();
        public ComputerSkillLevel Skill { get; set; }
        public override string PlayerName => $"Computer {Index}";

        public void PerformDraw(Deck deck, Card availableCard)
        {
            if (Skill == ComputerSkillLevel.Dumb)
                DrawCard(deck);
            else
                DrawBestCard(deck, availableCard, (Skill ==
                            ComputerSkillLevel.Cheats));
        }

        public void PerformDiscard(Deck deck)
        {
            if (Skill == ComputerSkillLevel.Dumb)
                DiscardCard(Hand[random.Next(Hand.Count)]);
            else
                DiscardWorstCard();
        }

        private void DrawBestCard(Deck deck, Card availableCard, bool cheat = false)
        {
            var bestSuit = CalculateBestSuit();
            if (availableCard.suit == bestSuit)
                AddCard(availableCard);
            else if (cheat == false)
                DrawCard(deck);
            else
                AddCard(deck.SelectCardOfSpecificSuit(bestSuit));
        }

        private void DiscardWorstCard()
        {
            DiscardCard(Hand.First(x => x.suit == CalculateWorstSuit()));
        }

        private Suit CalculateBestSuit() => OrderSuitsInHand().Last();

        private Suit CalculateWorstSuit() => OrderSuitsInHand().First();

        private List<Suit> OrderSuitsInHand()
        {
            var cardSuits = new Dictionary<Suit, int>
            {
```

```
                { Suit.Club, 0 },
                { Suit.Diamond, 0 },
                { Suit.Heart, 0 },
                { Suit.Spade, 0 }
            };
            foreach (var card in Hand)
                cardSuits[card.suit]++;
            return cardSuits.OrderBy(x => x.Value).Select(y => y.Key).ToList();
        }
    }
}
```

示例说明

本练习有许多代码，也做了许多修改！不过，在运行应用程序时，却看不到什么变化。其实是做了许多修改，才使游戏运行起来的。

用几个新方法扩展了 Deck 类。当牌堆(Deck)没有牌时，被丢弃的牌应该回收到游戏中。为此，为 InsertAllCards 方法添加了一个重载版本，用于整理游戏中的牌。属性 CardsInDeck 用于返回牌的数目。如果玩家出了所有的牌，就要把所有被丢弃的牌回收到牌堆中，并洗牌，所以 Shuffle 方法允许 Deck 中可能少于 52 张牌，ReshuffleDiscarded 方法允许重新洗牌。Draw 和 SelectCardOfSpecificSuit 都用于摸牌。从下载代码添加到项目的 Player 和 ComputerPlayer 类中的大部分代码都很容易理解。Player 类可以出牌和弃牌，这一部分是与 ComputerPlayer 共享的，但 ComputerPlayer 还能确定摸什么牌，弃什么牌，而不要求用户参与操作。ComputerPlayer 类甚至还可以有一些作弊行为：

```csharp
public void PerformDraw(Deck deck, Card availableCard)
{
    if (Skill == ComputerSkillLevel.Dumb)
        DrawCard(deck);
    else
        DrawBestCard(deck, availableCard, (Skill == ComputerSkillLevel.Cheats));
}

public void PerformDiscard(Deck deck)
{
    if (Skill == ComputerSkillLevel.Dumb)
        DiscardCard(Hand[random.Next(Hand.Count)]);
    else
        DiscardWorstCard();
}
private void DrawBestCard(Deck deck, Card availableCard, bool cheat = false)
{
    var bestSuit = CalculateBestSuit();
    if (availableCard.suit == bestSuit)
        AddCard(availableCard);
    else if (cheat == false)
        DrawCard(deck);
    else
        AddCard(deck.SelectCardOfSpecificSuit(bestSuit));
}
```

作弊是让电脑可以根据牌堆中的牌选择特定花色的牌。如果允许电脑作弊，玩家就更难赢了！

还要注意，Player 类实现了 INotifyPropertyChanged 接口，PlayerName 和 State 属性会使用它向各个玩家告知自己的变更。特别是 State 属性，它的变化会向前推动整个游戏。

21.8.2 视图模型

视图模型的作用是保存显示它的视图的状态。对于 Ben's Cards，它表示已经建立了一个视图模型类 GameOptions。这个类会保存 Options 和 StartGame 窗口的状态。现在，还不能从选项中获知所选择的玩家信息，接下来就添加这一功能。还缺少 Game Client 窗口的视图模型，这是下一步要完成的工作。

游戏执行过程的视图模型必须反映游戏中的所有信息。包括以下几个部分：

- 当前玩家从哪个牌堆中摸牌
- 当前玩家可以抽中的牌，而不是去摸牌
- 当前玩家
- 玩家数量

视图模型还能通知各个玩家发生了更改，这也需要再次实现 INotifyPropertyChanged 接口。

除上述功能外，视图模型还应提供启动新一轮游戏的功能。为此，在菜单中新建一个路由命令。该命令是在视图模型内部创建的，但由视图来调用。

试一试 视图模型：BensCards.WPF

本示例继续 BensCards.WPF 项目。

(1) 在 GameOptions 类中通过 using 语句添加如下名称空间：

```
using System.Windows.Input;
using System.IO;
using System.Xml.Serialization;
```

(2) 在 GameOptions 类中添加一个新命令：

```
public static RoutedCommand OptionsCommand = new RoutedCommand("Show Options",
typeof(GameOptions), new InputGestureCollection(new List<InputGesture>
{ new KeyGesture(Key.O, ModifierKeys.Control) }));
```

(3) 在该类中添加两个新方法：

```
public void Save()
{
    using (var stream = File.Open("GameOptions.xml", FileMode.Create))
    {
        var serializer = new XmlSerializer(typeof(GameOptions));
        serializer.Serialize(stream, this);
    }
}
public static GameOptions Create()
{
    if (File.Exists("GameOptions.xml"))
    {
        using (var stream = File.OpenRead("GameOptions.xml"))
        {
            var serializer = new XmlSerializer(typeof(GameOptions));
            return serializer.Deserialize(stream) as GameOptions;
        }
    }
    else
    return new GameOptions();
    }
```

(4) 修改 OptionsWindow.xaml.cs 代码隐藏文件中的 OK 单击事件处理程序，如下所示：

```
private void okButton_Click(object sender, RoutedEventArgs e)
{
    DialogResult = true;
    gameOptions.Save();
    Close();
}
```

(5) 删除构造函数中除 InitializeComponent 调用之外的所有内容，并关联 DataContextChanged 事件：

```
public OptionsWindow()
{
    gameOptions = GameOptions.Create();
    DataContext = gameOptions;
    InitializeComponent();
}
```

(6) 打开 StartGameWindow.xaml.cs 代码隐藏文件，选择构造函数中的最后 4 行代码。右击已选中的代码，并选择 Quick Actions and Refactorings... | ExtractMethod，提取一个新方法 ChangeListBoxOptions：

```
private void ChangeListBoxOptions()
{
    if (gameOptions.PlayAgainstComputer)
        playerNamesListBox.SelectionMode = SelectionMode.Single;
    else
        playerNamesListBox.SelectionMode = SelectionMode.Extended;
}
```

(7) 添加 StartGame_DataContextChanged 事件处理程序：

```
void StartGame_DataContextChanged(object sender,
DependencyPropertyChangedEventArgs e)
{
    gameOptions = DataContext as GameOptions;
    ChangeListBoxOptions();
}
```

(8) 删除构造函数中除 InitializeComponent 调用外的所有内容，并关联 DataContextChanged 事件：

```
public StartGameWindow()
{
    InitializeComponent();
    DataContextChanged += StartGame_DataContextChanged;
}
```

(9) 修改 OK 按钮的单击事件处理程序：

```
private void okButton_Click(object sender, RoutedEventArgs e)
{
    var gameOptions = DataContext as GameOptions;
    gameOptions.SelectedPlayers = new List<string>();
    foreach (string item in playerNamesListBox.SelectedItems)
    {
        gameOptions.SelectedPlayers.Add(item);
    }
```

```
    this.DialogResult = true;
    this.Close();
}
```

(10) 新建一个类，命名为 GameViewModel。首先实现 INotifyPropertyChanged 接口：

```
using Ch13CardLib;
using System.Collections.Generic;
using System.ComponentModel;
using System.Linq;
using System.Windows.Input;
namespace BensCards.WPF
{
    public class GameViewModel : INotifyPropertyChanged
    {
        public event PropertyChangedEventHandler PropertyChanged;
        private void OnPropertyChanged(string propertyName) =>
        PropertyChanged?.Invoke(this, new PropertyChangedEventArgs(propertyName));
    }
}
```

(11) 添加一个用于保存当前玩家的属性。该属性应该使用 OnPropertyChanged 事件：

```
private Player currentPlayer;
public Player CurrentPlayer
{
    get { return currentPlayer; }
    set
    {
        currentPlayer = value;
        OnPropertyChanged(nameof(CurrentPlayer));
    }
}
```

(12) 与 CurrentPlayer 属性类似，再在该类中添加 4 个属性及其相关的字段。属性名和字段名见表 21-14。

表 21-14　属性名和字段名

类型	属性名	字段名
List<Player>	Players	players
Card	CurrentAvailableCard	availableCard
Deck	GameDeck	deck
bool	GameStarted	gameStarted

(13) 添加如下私有字段，用于保存游戏选项：

```
private GameOptions gameOptions;
```

(14) 添加两个路由命令：

```
    public static RoutedCommand StartGameCommand =
new RoutedCommand("Start New Game", typeof(GameViewModel),
new InputGestureCollection(new List<InputGesture>
{ new KeyGesture(Key.N, ModifierKeys.Control) }));
    public static RoutedCommand ShowAboutCommand =
```

```
new RoutedCommand("Show About Dialog", typeof(GameViewModel));
```

(15) 添加一个新的默认构造函数：

```
public GameViewModel()
{
    Players = new List<Player>();
    gameOptions = GameOptions.Create();
}
```

(16) 在游戏开始时，需要对玩家和牌堆进行初始化。在类中添加如下代码：

```
public void StartNewGame()
{
    if (gameOptions.SelectedPlayers.Count < 1 ||
    (gameOptions.SelectedPlayers.Count == 1
    && !gameOptions.PlayAgainstComputer))
            return;
    CreateGameDeck();
    CreatePlayers();
    InitializeGame();
    GameStarted = true;
}
private void InitializeGame()
{
    AssignCurrentPlayer(0);
    CurrentAvailableCard = GameDeck.Draw();
}
private void AssignCurrentPlayer(int index)
{
    CurrentPlayer = Players[index];
    if (!Players.Any(x => x.State == PlayerState.Winner))
        Players.ForEach(x => x.State = (x == Players[index] ?
                                    PlayerState.Active :
    PlayerState.Inactive));
}
private void InitializePlayer(Player player)
{
    player.DrawNewHand(GameDeck);
    player.OnCardDiscarded += player_OnCardDiscarded;
    player.OnPlayerHasWon += player_OnPlayerHasWon;
    Players.Add(player);
}
private void CreateGameDeck()
{
    GameDeck = new Deck();
    GameDeck.Shuffle();
}
private void CreatePlayers()
{
    Players.Clear();
    for (var i = 0; i < gameOptions.NumberOfPlayers; i++)
    {
        if (i < gameOptions.SelectedPlayers.Count)
        InitializePlayer(new Player
        {
            Index = i,
```

```
                PlayerName =
gameOptions.SelectedPlayers[i]
        });
    else
        InitializePlayer(new ComputerPlayer
        {
            Index = i,
            Skill =
gameOptions.ComputerSkill
        });
    }
}
```

(17) 最后，为玩家生成的事件添加两个事件处理程序：

```
void player_OnPlayerHasWon(object sender, PlayerEventArgs e)
{
    Players.ForEach(x => x.State = (x == e.Player ? PlayerState.Winner :
                                    PlayerState.Loser));
}
void player_OnCardDiscarded(object sender, CardEventArgs e)
{
    CurrentAvailableCard = e.Card;
    var nextIndex = CurrentPlayer.Index + 1 >= gameOptions.NumberOfPlayers ? 0 :
                                    CurrentPlayer.Index + 1;
    if (GameDeck.CardsInDeck == 0)
    {
        var cardsInPlay = new List<Card>();
        foreach (var player in Players)
            cardsInPlay.AddRange(player.GetCards());
        cardsInPlay.Add(CurrentAvailableCard);
        GameDeck.ReshuffleDiscarded(cardsInPlay);
    }
    AssignCurrentPlayer(nextIndex);
}
```

(18) 打开 GameClientWindow.xaml 文件，在 Window 声明的下方添加一个 DataContext 声明：

```
<Window.DataContext >
    <local:GameViewModel />
</Window.DataContext>
```

(19) 在 CommandBindings 声明中添加三个命令绑定：

```
    <CommandBinding Command="local:GameViewModel.StartGameCommand"
CanExecute="CommandCanExecute" Executed="CommandExecuted" />
<CommandBinding Command="local:GameViewModel.ShowAboutCommand"
CanExecute="CommandCanExecute" Executed="CommandExecuted" />
    <CommandBinding Command="local:GameOptions.OptionsCommand"
CanExecute="CommandCanExecute" Executed="CommandExecuted" />
```

(20) 在 New Game 菜单中添加一个命令：

```
<MenuItem Header="_New Game" Style="{StaticResource MainMenuSubMenuItemStyle}"
Command="local:GameViewModel.StartGameCommand"/>
```

(21) 在 Options 菜单项中添加一个命令：

```
Command="local:GameOptions.OptionsCommand"
```

(22) 在 About 菜单项中添加一个命令:

```
Command="local:GameViewModel.ShowAboutCommand"
```

(23) 打开代码隐藏文件，修改 CommandCanExecute 和 CommandExecuted 方法，如下所示:

```
private void CommandCanExecute(object sender, CanExecuteRoutedEventArgs e)
{
    if (e.Command == ApplicationCommands.Close)
        e.CanExecute = true;
    if (e.Command == ApplicationCommands.Save)
        e.CanExecute = false;
    if (e.Command == GameViewModel.StartGameCommand)
        e.CanExecute = true;
    if (e.Command == GameOptions.OptionsCommand)
        e.CanExecute = true;
    if (e.Command == GameViewModel.ShowAboutCommand)
        e.CanExecute = true;
        e.Handled = true;
}
private void CommandExecuted(object sender, ExecutedRoutedEventArgs e)
{
    if (e.Command == ApplicationCommands.Close)
        this.Close();
    if (e.Command == GameViewModel.StartGameCommand)
    {
        var model = new GameViewModel();
        var startGameDialog = new StartGameWindow();
        var options = GameOptions.Create();
        startGameDialog.DataContext = options;
        var result = startGameDialog.ShowDialog();
        if (result.HasValue && result.Value == true)
        {
            options.Save();
            model.StartNewGame();
            DataContext = model;
        }
    }
    if (e.Command == GameOptions.OptionsCommand)
    {
        var dialog = new OptionsWindow();
        var result = dialog.ShowDialog();
        if (result.HasValue && result.Value == true)
            DataContext = new GameViewModel(); // Clear current game
    }
    if (e.Command == GameViewModel.ShowAboutCommand)
    {
        var dialog = new AboutWindow();
        dialog.ShowDialog();
    }
    e.Handled = true;
}
```

示例说明

本例对代码进行了许多修改，并且在运行应用程序时也看不到什么变化，但菜单有变化。Options 和 New Game 菜单项都有了快捷键，可分别使用 Ctrl+O 和 Ctrl+N 来访问。显示下拉菜单时，就会看到相应的提示。这是因为菜单新增了两个命令，分别通过修改 GameOptions.cs 和 GameViewModel.cs
来完成：

```
    public static RoutedCommand OptionsCommand = new RoutedCommand("Show
Options",
typeof(GameOptions), new InputGestureCollection(new List<InputGesture>
{ new KeyGesture(Key.O, ModifierKeys.Control) }));
    public static RoutedCommand StartGameCommand =
new RoutedCommand("Start New Game", typeof(GameViewModel),
new InputGestureCollection(new List<InputGesture>
{ new KeyGesture(Key.N, ModifierKeys.Control) }));
```

将 InputGesture 列表指派给该命令时，快捷键会自动与菜单项关联起来。

在游戏客户端的代码隐藏文件中，还添加了代码，让两个窗口显示为对话框：

```
if (e.Command == GameViewModel.StartGameCommand)
{
    var model = new GameViewModel();
    var startGameDialog = new StartGameWindow();
    startGameDialog.DataContext = model.GameOptions;
    var result = startGameDialog.ShowDialog();
    if (result.HasValue & & result.Value == true)
    {
        model.GameOptions.Save();
        model.StartNewGame();
        DataContext = model;
    }
}
```

将窗口显示为对话框，就可以返回一个值，表示是否应使用对话框的结果。不能从窗口直接返回
一个值；而要将窗口的 DialogResult 属性设置为 true 或 false，以表示成功或失败：

```
private void okButton_Click(object sender, RoutedEventArgs e)
{
    this.DialogResult = true;
    this.Close();
}
```

本章前面提到，如果对现有对象实例设置 DataContext，就必须通过代码来实现。之前介绍的代
码的确是这样，但现在应用程序启动时，GameClientWindow.xaml 中的 XAML 也实例化了一个新实例：

```
<Window.DataContext >
    <local:GameViewModel />
</Window.DataContext>
```

这个实例确保视图中有一个 DataContext，但在与 StartGame 命令中的新实例互用之前，它没有太
多用处。

GameViewModel 包含许多代码，但大多数只是玩家和 Deck 实例的属性和实例化。

游戏开始后，玩家的状态和 GameViewModel 使游戏在电脑和玩家做出选择后向前推进。
PlayerHasWon 事件在 GameViewModel 中处理，以确保其他玩家的状态切换为 Loser。

```
void player_OnPlayerHasWon(object sender, PlayerEventArgs e)
{
    Players.ForEach(x => x.State = (x == e.Player ? PlayerState.Winner :
PlayerState.Loser));
}
```

为玩家创建的其他事件也会在这里处理：CardDiscarded 用于表明某个玩家完成了自己该轮中的任务。这会使 CurrentPlayer 被设置为下一个玩家：

```
void player_OnCardDiscarded(object sender, CardEventArgs e)
{
    CurrentAvailableCard = e.Card;
    var nextIndex = CurrentPlayer.Index + 1 >= gameOptions.NumberOfPlayers ? 0 :
                    CurrentPlayer.Index + 1;
    if (GameDeck.CardsInDeck == 0)
    {
        var cardsInPlay = new List<Card>();
        foreach (var player in Players)
        cardsInPlay.AddRange(player.GetCards());
        cardsInPlay.Add(CurrentAvailableCard);
        GameDeck.ReshuffleDiscarded(cardsInPlay);
    }
    AssignCurrentPlayer(nextIndex);
}
```

该事件处理程序还会检查牌堆中是否还有牌。如果没有，事件处理程序就收集游戏中已用过的所有纸牌，并生成一个新的已洗好的牌堆，其中只包含被弃掉的牌。

从 GameClientWindow.xaml.cs 代码隐藏文件的 CommandExecuted 方法中调用 StartGame 方法。该方法使用三个方法来新建一个牌堆，并为玩家发牌，最后设置好 CurrentPlayer，就可以开始游戏了。

21.8.3 大功告成

现在，整个游戏已经编写好了，但还不能玩，因为游戏客户端还没有任何显示。要让游戏运行起来，还需要使用 DockPanel 将另两个用户控件放到游戏客户端中。

这两个用户控件是 CardsInHand 和 GameDecks，前者用于显示玩家的一手牌，后者用于显示主牌堆和可用的牌。

试一试 大功告成：BensCards.WPF

本例继续开发 BensCards.WPF 项目。

(1) 右击 GameClient 项目，并选择 Add | User Control (WPF)，新建一个用户控件，命名为 CardsInHandControl。

(2) 在 Grid 中添加 Label 和 Canvas 控件：

```
<Grid>
    <Label Name="PlayerNameLabel" Foreground="White" FontWeight="Bold"
FontSize="14" >
        <Label.Effect>
            <DropShadowEffect ShadowDepth="5" Opacity="0.5" Direction="145" />
        </Label.Effect>
    </Label>
    <Canvas Name="CardSurface">
    </Canvas>
</Grid>
```

(3) 打开代码隐藏文件，添加下列 using 指令：

```
using Ch13CardLib;
using System;
using System.Threading;
using System.Windows;
using System.Windows.Controls;
using System.Windows.Input;
using System.Windows.Media;
using System.Windows.Threading;
```

(4) 我们需要 4 个依赖属性。输入 propdp，然后按下 Tab 键，即可插入属性模板。在其中插入 Type、Name、OwnerClass 以及默认值。使用 Tab 键从一个值切换到下一个值。按照表 21-15 所示设置各个值。编辑完所有值后，就按下回车键，结束模板的创建。

表 21-15　CardsInHandControl 的依赖属性

类型	名称	所属的类	默认值
Player	Owner	CardsInHandControl	null
GameViewModel	Game	CardsInHandControl	null
PlayerState	PlayerState	CardsInHandControl	PlayerState.Inactive
Orientation	PlayerOrientation	CardsInHandControl	Orientation.Horizontal

(5) 在 Owner、PlayerState 和 PlayerOrientation 的属性发生更改时，添加要使用的回调方法。

```
    private static void OnOwnerChanged(DependencyObject source,
DependencyPropertyChangedEventArgs e)
    {
        var control = source as CardsInHandControl;
        control.RedrawCards();
    }
    private static void OnPlayerStateChanged(DependencyObject source,
DependencyPropertyChangedEventArgs e)
    {
        var control = source as CardsInHandControl;
        var computerPlayer = control.Owner as ComputerPlayer;
        if (computerPlayer != null)
        {
            if (computerPlayer.State == PlayerState.MustDiscard)
            {
                Thread delayedWorker = new Thread(control.DelayDiscard);
                delayedWorker.Start(new Payload { Deck = control.Game.GameDeck,
AvailableCard = control.Game.CurrentAvailableCard, Player = computerPlayer });
            }
            else if (computerPlayer.State == PlayerState.Active)
            {
                Thread delayedWorker = new Thread(control.DelayDraw);
                delayedWorker.Start(new Payload { Deck = control.Game.GameDeck,
AvailableCard = control.Game.CurrentAvailableCard, Player = computerPlayer });
            }
        }
        control.RedrawCards();
    }
    private static void OnPlayerOrientationChanged(DependencyObject source,
```

```
DependencyPropertyChangedEventArgs args)
{
    var control = source as CardsInHandControl;
    control.RedrawCards();
}
```

(6) 回调方法需要一系列辅助方法。首先添加一个私有类和两个方法，这两个方法由
OnPlayerStateChanged 方法的 delayedWorker 线程使用。

```
private class Payload
{
    public Deck Deck { get; set; }
    public Card AvailableCard { get; set; }
    public ComputerPlayer Player { get; set; }
}
private void DelayDraw(object payload)
{
    Thread.Sleep(1250);
    var data = payload as Payload;
    Dispatcher.Invoke(DispatcherPriority.Normal,
    new Action<Deck, Card>(data.Player.PerformDraw), data.Deck, data.AvailableCard);
}
private void DelayDiscard(object payload)
{
    Thread.Sleep(1250);
    var data = payload as Payload;
    Dispatcher.Invoke(DispatcherPriority.Normal,
    new Action<Deck>(data.Player.PerformDiscard), data.Deck);
}
```

(7) Owner 属性需要一个在属性更改时调用的回调方法。可将其指定为 PropertyMetadata 类的构造
函数的第二个参数，这个构造函数作为 Register()方法的第 4 个参数。修改注册代码，如下：

```
public static readonly DependencyProperty OwnerProperty =
    DependencyProperty.Register(
    "Owner",
    typeof(Player),
    typeof(CardsInHandControl),
    new PropertyMetadata(null, new PropertyChangedCallback(OnOwnerChanged)));
```

(8) 与 Owner 属性类似，PlayerState 和 PlayerOrientation 属性也应注册一个回调方法。为这两个属
性重复第(7)步，将 OnPlayerStateChanged 和 OnPlayerOrientationChanged 作为回调方法的名称。

(9) 添加用来绘制控件的方法：

```
private void RedrawCards()
{
    CardSurface.Children.Clear();
    if (Owner == null)
    {
        PlayerNameLabel.Content = string.Empty;
        return;
    }
    DrawPlayerName();
    DrawCards();
}
private void DrawCards()
```

```
{
    bool isFaceup = (Owner.State != PlayerState.Inactive);
    if (Owner is ComputerPlayer)
        isFaceup = (Owner.State == PlayerState.Loser ||
Owner.State == PlayerState.Winner);
    var cards = Owner.GetCards();
    if (cards == null || cards.Count == 0)
        return;
    for (var i = 0; i < cards.Count; i++)
    {
        var cardControl = new CardControl(cards[i]);
        if (PlayerOrientation == Orientation.Horizontal)
            cardControl.Margin = new Thickness(i * 35, 35, 0, 0);
        else
        cardControl.Margin = new Thickness(5, 35 + i * 30, 0, 0);
        cardControl.MouseDoubleClick += cardControl_MouseDoubleClick;
        cardControl.IsFaceUp = isFaceup;
        CardSurface.Children.Add(cardControl);
    }
}
private void DrawPlayerName()
{
    if (Owner.State == PlayerState.Winner || Owner.State ==
                                    PlayerState.Loser)
        PlayerNameLabel.Content = Owner.PlayerName +
(Owner.State == PlayerState.Winner ?
" is the WINNER" : " has LOST");
    else
        PlayerNameLabel.Content = Owner.PlayerName;
    var isActivePlayer = (Owner.State == PlayerState.Active ||
Owner.State == PlayerState.MustDiscard);
    PlayerNameLabel.FontSize = isActivePlayer ? 18 : 14;
    PlayerNameLabel.Foreground = isActivePlayer ?
new SolidColorBrush(Colors.Gold) :
new SolidColorBrush(Colors.White);
}
```

(10) 最后，添加玩家双击纸牌时调用的处理程序：

```
private void cardControl_MouseDoubleClick(object sender,
                            MouseButtonEventArgs e)
{
    var selectedCard = sender as CardControl;
    if (Owner == null)
        return;
    if (Owner.State == PlayerState.MustDiscard)
        Owner.DiscardCard(selectedCard.Card);
    RedrawCards();
}
```

(11) 按照步骤(1)创建另一个用户控件，命名为 GameDecksControl。

(12) 删除 Grid 控件，插入一个 Canvas 控件：

```
<Canvas Name="controlCanvas" Width="250" />
```

(13) 打开代码隐藏文件，在其中引用下列名称空间：

```
using Ch13CardLib;
using System.Collections.Generic;
using System.Linq;
using System.Windows;
using System.Windows.Controls;
using System.Windows.Documents;
using System.Windows.Input;
```

(14) 按照步骤(4)添加 4 个依赖属性，相应的值如表 21-16 所示。

表 21-16　GameDecksControl 的依赖属性

类型	名称	所属的类	默认值
bool	GameStarted	GameDecksControl	false
Player	CurrentPlayer	GameDecksControl	null
Deck	Deck	GameDecksControl	null
Card	AvailableCard	GameDecksControl	null

(15) 添加 DrawDecks 方法：

```
private void DrawDecks()
{
    controlCanvas.Children.Clear();
    if (CurrentPlayer == null || Deck == null || !GameStarted)
        return;
    List<CardControl> stackedCards = new List<CardControl>();
    for (int i = 0; i < Deck.CardsInDeck; i++)
        stackedCards.Add(new CardControl(Deck.GetCard(i)) { Margin =
new Thickness(150 + (i * 1.25), 25 -(i * 1.25), 0, 0), IsFaceUp = false });
    if (stackedCards.Count > 0)
        stackedCards.Last().MouseDoubleClick += Deck_MouseDoubleClick;
    if (AvailableCard != null)
    {
        var availableCard = new CardControl(AvailableCard) { Margin =
new Thickness(0, 25, 0, 0) };
        availableCard.MouseDoubleClick += AvailalbleCard_MouseDoubleClick;
        controlCanvas.Children.Add(availableCard);
    }
    stackedCards.ForEach(x => controlCanvas.Children.Add(x));
}
```

(16) 步骤(14)中添加的 4 个依赖属性都需要在属性更改时调用回调方法。按照第(5)步添加各个回调方法，分别命名为 OnGameStarted、OnPlayerChanged、OnDeckChanged 和 OnAvailableCardChanged。

(17) 添加回调方法，代码如下：

```
private static void OnGameStarted(DependencyObject source,
    DependencyPropertyChangedEventArgs e) => (source as GameDecksControl)?
                                                            .DrawDecks();
    private static void OnDeckChanged(DependencyObject source,
DependencyPropertyChangedEventArgs e) => (source as GameDecksControl)?.DrawDecks();

    private static void OnAvailableCardChanged(DependencyObject source,
    DependencyPropertyChangedEventArgs e) => (source as GameDecksControl)?
```

```
                                            .DrawDecks();
private static void OnPlayerChanged(DependencyObject source,
    DependencyPropertyChangedEventArgs e)
{
    var control = source as GameDecksControl;
    if (control.CurrentPlayer == null)
        return;
    control.CurrentPlayer.OnCardDiscarded +=
                control.CurrentPlayer_OnCardDiscarded;
    control.DrawDecks();
}
private void CurrentPlayer_OnCardDiscarded(object sender, CardEventArgs e)
{
    AvailableCard = e.Card;
    DrawDecks();
}
```

(18) 最后为纸牌添加下列事件处理程序：

```
void AvailalbleCard_MouseDoubleClick(object sender, MouseButtonEventArgs e)
{
    if (CurrentPlayer.State != PlayerState.Active)
        return;
    var control = sender as CardControl;
    CurrentPlayer.AddCard(control.Card);
    AvailableCard = null;
    DrawDecks();
}
void Deck_MouseDoubleClick(object sender, MouseButtonEventArgs e)
{
    if (CurrentPlayer.State != PlayerState.Active)
        return;
    CurrentPlayer.DrawCard(Deck);
    DrawDecks();
}
```

(19) 回到 GameClientWindow.xaml 文件，删除 Row 2 中的 Grid 控件，插入下列新的 DockPanel
控件：

```
<DockPanel Grid.Row="2">
    <local:CardsInHandControl x:Name="Player2Hand" DockPanel.Dock="Right"
Height="380" Game="{Binding}"
        VerticalAlignment="Center" Width="180" PlayerOrientation="Vertical"
        Owner="{Binding Players[1]}" PlayerState="{Binding Players[1].State}" />
    <local:CardsInHandControl x:Name="Player4Hand" DockPanel.Dock="Left"
        HorizontalAlignment="Left" Height="380" VerticalAlignment="Center"
        PlayerOrientation="Vertical" Owner="{Binding Players[3]}" Width="180"
        PlayerState="{Binding Players[3].State}" Game="{Binding}"/>
    <local:CardsInHandControl x:Name="Player1Hand" DockPanel.Dock="Top"
        HorizontalAlignment="Center" Height="154" VerticalAlignment="Top"
        PlayerOrientation="Horizontal" Owner="{Binding Players[0]}" Width="380"
        PlayerState="{Binding Players[0].State}" Game="{Binding}"/>
    <local:CardsInHandControl x:Name="Player3Hand" DockPanel.Dock="Bottom"
        HorizontalAlignment="Center" Height="154" VerticalAlignment="Top"
        PlayerOrientation="Horizontal" Owner="{Binding Players[2]}" Width="380"
        PlayerState="{Binding Players[2].State}" Game="{Binding}"/>
    <local:GameDecksControl Height="180" x:Name="GameDecks"
```

```
        Deck="{Binding GameDeck}"
        AvailableCard="{Binding CurrentAvailableCard}"
        CurrentPlayer="{Binding CurrentPlayer}"
        GameStarted="{Binding GameStarted}"/>
</DockPanel>
```

(20) 运行该应用程序。会默认启用 ComputerPlayer 类，玩家数目会设置为两个。也就是说，在 Start Game 对话框中选择一个玩家即可。随后，就可以看到如图 21-18 所示的画面。

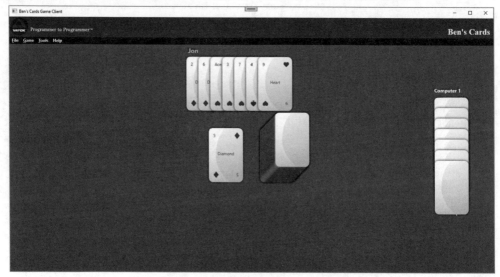

图 21-18

双击牌堆或任意可用的牌，即可取牌，然后单击自己手中的一张牌，弃之。

示例说明

尽管本练习包含了很多代码，但其中大部分都是依赖属性，而 XAML 都是为这些属性进行数据绑定的。CardsInHandControl 创建了三个属性 Game、Owner 和 PlayerState，用来显示自己，并响应更改。其中 Game 和 Owner 主要用于摸牌，PlayerState 还能用来控制 ComputerPlayer 操作。

```
private static void OnPlayerStateChanged(DependencyObject source,
                                DependencyPropertyChangedEventArgs e)
{
    var control = source as CardsInHandControl;
    var computerPlayer = control.Owner as ComputerPlayer;
    if (computerPlayer != null)
    {
        if (computerPlayer.State == PlayerState.MustDiscard)
        {
            Thread delayedWorker = new Thread(control.DelayDiscard);
            delayedWorker.Start(new Payload
            {
                Deck = control.Game.GameDeck,
                AvailableCard = control.Game.CurrentAvailableCard,
                Player = computerPlayer
            });
        }
        else if (computerPlayer.State == PlayerState.Active)
```

```
    {
        Thread delayedWorker = new Thread(control.DelayDraw);
        delayedWorker.Start(new Payload
        {
            Deck = control.Game.GameDeck,
            AvailableCard = control.Game.CurrentAvailableCard,
            Player = computerPlayer
        });
    }
}
    control.RedrawCards();
}
```

OnPlayerStateChanged 方法用来响应玩家状态的变化，判断当前玩家是不是 ComputerPlayer。如果是，就确保电脑玩家摸牌或弃牌。这种情况下，它会创建一个工作线程，并在该线程上执行相应的方法。这样可保证电脑在等待时，应用程序能继续工作：

```
private void DelayDraw(object payload)
{
    Thread.Sleep(1250);
    var data = payload as Payload;
    Dispatcher.Invoke(DispatcherPriority.Normal,
new Action<Deck, Card>(data.Player.PerformDraw), data.Deck, data.AvailableCard);
}
```

Dispatcher 用于发起调用，以保证调用是在 GUI 线程上发生的。

纸牌的绘制很简单。程序会根据 PlayerOrientation 中的设置，将它们水平或垂直排列。

GameDecksControl 控件使用 CurrentPlayer 类获得 CurrentPlayer 的变更通知。当玩家发生交替时，它会将该玩家关联到 CardDiscarded 事件上，使用该事件获得弃牌行为的通知。

最后在游戏客户端中添加一个 DockPanel，在其每一边插入一个 CardsInHandControl 控件，在中间插入一个 GameDecksControl 控件：

```
<local:CardsInHandControl x:Name="Player1Hand" DockPanel.Dock="Top"
    HorizontalAlignment="Center" Height="154" VerticalAlignment="Top"
    PlayerOrientation="Horizontal" Owner="{Binding Players[0]}" Width="380"
    PlayerState="{Binding Players[0].State}" Game="{Binding}" />
```

Game 的这个绑定将游戏客户端的 DataContext 与 CardsInHandControl 的 Game 属性直接绑定起来。PlayerState 被绑定到玩家的 State 属性。这种情况下，索引编号为 0 的玩家将访问该状态。

21.9　习题

(1) TextBlock 控件可用来显示大量文本内容，但如果文本内容超过了控件区域的大小，那么并不提供滚动功能。请将 TextBlock 和另一种控件结合起来，创建一个可包含大量文本内容，并且仅当文本内容超出显示区域时才会出现滚动条的窗口。

(2) Slider 和 ProgressBar 控件具有一些相同的属性，如最小值、最大值和当前值。仅在 ProgressBar 控件上使用数据绑定，创建一个包含侧边栏和进度条的窗口，且 Slider 控件可以控制进度条的最小值、最大值和当前值。

(3) 将上一题中的 ProgressBar 控件修改为从窗口左下角到右上角沿对角线显示。

(4) 新建一个名为 PersistentSlider，且包含 MinValue、MaxValue 和 CurrentValue 三个属性的类。这个类应该支持数据绑定，并且所有属性都可以更改通知给绑定的控件。

a. 在前两个习题所创建的窗口的代码隐藏文件中新建一个 PersistentSlider 类型的字段，并使用一些默认值对其进行初始化。

b. 在构造函数中将该实例绑定到窗口数据源。

c. 将 Slider 的 Minimum、Maximum 和 Value 属性绑定到数据源。

(5) 这个游戏客户端存在一个问题：可以在 Options 对话框中设置电脑玩家的级别，但下次打开 Options 对话框时，其中的单选按钮却没有更新，以反映上次的选择。其部分原因是没有相关的更新代码，另一部分原因是没有值转换器对 ComputerSkillLevel 进行转换。请新建一个值转换器，然后设置 IsChecked 绑定，来替代目前使用的 Checked 事件。

提示：此题需要用到 Converter 绑定中的 ConverterParameter 部分。

(6) 电脑可以作弊，玩家当然也希望可以作弊。请在 Options 对话框中添加一个选项，以显示电脑的牌面。

(7) 在游戏客户端的底部创建一个状态栏，显示游戏的当前状态。

附录 A 给出了习题答案。

21.10 本章要点

主题	要点
XAML	XAML 是一种使用 XML 语法，并且通过层级式声明方式将控件添加到用户界面的语言
数据绑定	可使用数据绑定将控件的某些属性和其他控件的值链接起来。也可以通过定义资源的方式将当前视图之外的类中所定义的代码用作数据源，既可以是属性的值，也可以是控件的内容。DataContext 可用于指定现有对象实例的绑定源，从而允许绑定到应用程序其他位置所创建的实例
路由事件	路由事件是 WPF 中的特殊事件，主要有两种事件：冒泡事件和下钻事件。冒泡事件首先在触发它们的控件上调用，然后一级一级往上传递，直到视图树的根元素。而下钻事件则不同，是从根元素向用户触发的控件传递。这两种事件都可以通过将事件参数的 Handled 属性设置为 true 的方式来终止
INotifyPropertyChanged 接口	INotifyPropertyChanged 接口由 WPF 视图中使用的一个类来实现。当该类的属性设置器被调用时，就会触发 PropertyChanged 事件，并在事件中包含发生更改的属性名。所有与触发事件的属性绑定在一起的控件属性都会得到通知，以便相应地更新自己的值
ObservableCollection 集合	ObservableCollection 集合的一个作用是实现 INotifyPropertyChanged 接口。当我们希望将属性或值的列表提供给 WPF 视图进行数据绑定时，可使用这一特殊集合
内容控件	内容控件可在其内容中包含一个控件。例如，Button 就是一个内容控件。控件可以是 Grid 或 StackPanel；并且可以进行复杂的自定义
项控件	项控件可以在其内容中包含一系列控件，例如 ListBox。列表中的每个控件都可以进行自定义

(续表)

主题	要点
布局控件	我们还学习了许多有助于创建视图的控件： • Canvas 允许显式放置控件，但其他功能很少 • StackPanel 在水平或垂直方向上排列控件 • WrapPanel 可根据面板方向排列控件，并自动换到下一行或下一列 • DockPanel 可让控件停靠到控件的边上，或充满整个内容区域 • Grid 可定义多行或多列，并借助这些行和列来放置控件
UI 控件	UI 控件用于在视图中显示特定内容，通常使用布局控件来帮助摆放它们。这些控件及其作用包括： • Label 控件用于显示简短文字 • TextBlock 控件用于显示可能需要多行显示的文字 • TextBox 控件让用户可以输入需要的文字内容 • Button 控件让用户可以执行某项操作 • Image 控件用于显示一幅图片 • CheckBox 让用户可以回答诸如"是否与计算机对战？"的是/否问题 • RadioButton 让用户可以从多个选项中选择一项 • ComboBox 用于显示包含一系列可选项的下拉列表，用户可从列表中选择一项。该控件还可以显示一个 TextBox，让用户输入其他选项 • ListBox 控件也可以通过列表形式显示选项。与 ComboBox 不同，ListBox 总是展开的。它还允许选择多项 • TabControl 允许将控件分组放到不同页面上
样式	使用样式，可为 XAML 元素创建能在许多元素中重复使用的样式。样式允许设置元素的属性。把某个元素的 Style 属性设置为预定义的样式时，该元素的属性就会使用 Style 属性中指定的值
模板	模板用于定义控件的内容。通过模板，可改变标准控件的显示方式，还可建立复杂的自定义控件
用户控件	用户控件用来创建便于在自己的项目中重复使用的代码和 XAML。这些代码和 XAML 也可导出到其他项目中